注射模具设计与制造300问

石世铫　编著

机 械 工 业 出 版 社

本书以问答的形式全面系统地介绍了注射模具设计规范和制造技术的基础理论，并对当前国内外的模具设计要求和国内模具企业存在的关键问题，结合丰富的实践经验作出了回答。主要包括：注射模具设计规范；注射模具有关设计资料；基本结构和支承件；分型面设计、排气系统设计、模具表面抛光；注射模具的浇注系统、无流道、气体辅助注射、双色注射；注射模具的冷却系统；注射模具的抽芯机构；注射模具的顶出脱模机构；注射模具的先复位机构；注射模具的制造工艺和装配，注射模具的试模和验收；常见注塑件缺陷的解决方法；附录中给出了12个注射模具的参考资料，可供相关人员设计与查阅。

本书可作为设计人员设计注射模具指导用书或广大模具工参考用书，也可以作为大中专院校模具专业的补充教材。

图书在版编目（CIP）数据

注射模具设计与制造300问/石世铫编著. —北京：机械工业出版社，2010.7（2011.5重印）

ISBN 978-7-111-31301-4

Ⅰ.①注… Ⅱ.①石… Ⅲ.①塑料模具-设计-问答②塑料模具-制造-问答 Ⅳ.①TQ320.5-44

中国版本图书馆CIP数据核字（2010）第134032号

机械工业出版社（北京市百万庄大街22号 邮政编码100037）
策划编辑：邝 鸥 责任编辑：王春雨 责任校对：申春香
封面设计：姚 毅 责任印制：杨 曦
北京圣夫亚美印刷有限公司印刷
2011年5月第1版第2次印刷
169mm×239mm · 31.75印张 · 619千字
3001—6000册
标准书号：ISBN 978-7-111-31301-4
定价：53.00元

凡购本书，如有缺页、倒页、脱页，由本社发行部调换

电话服务
社服务中心：（010）88361066
销售一部：（010）68326294
销售二部：（010）88379649
读者购书热线：（010）88379203

网络服务
门户网：http://www.cmpbook.com
教材网：http://www.cmpedu.com
封面无防伪标均为盗版

策划编辑（010）88379732

前言

我国已成为世界模具制造的重要基地之一，从事模具行业的人员有100万人左右，占世界首位，生产总量占世界第三位（2008年模具销售额达950亿元人民币，模具出口19.22亿美元；2009年模具销售额达980亿元人民币，模具出口18.44亿美元），但是目前我国注射模具设计制造大多集中在低档次领域，技术水平与附加值偏低，对于那些精密、复杂、大型、科技含量高和寿命长的高中档模具，国内模具企业在技术上还有一定差距。

20世纪80年代，国内很多模具产品是依靠模具钳工师傅用手錾出来的；到了90年代，由于引入了数控加工机床以及EDM等较先进的设备，大大地提高了模具的生产水平，生产周期大大缩短，模具的品质也有了很大的提高。

目前，热流道的注射模具已应用普遍，如双色注射模、气体辅助注射模、无熔接痕高亮度模具正在广泛应用；同时，CAE的模流分析和模具信息化的管理系统（CAE、CRP、EMS）已开发应用，通过信息化的管理系统能对模具项目计划、材料、进程进行有效的控制，提升了企业的生产效率和质量。

面对国外先进技术与模具质量高、市场价格低、制造周期短的挑战，模具行业应不断地提高设计、制造、工艺技术及管理水平。我们必须打破传统习惯的模具生产工艺，使模具设计规范化、标准化，使模具生产零件化，使模具企业管理信息化、网络化。只有这样，才能使模具行业整体水平跃上一个新的台阶，缩短与国外水平的差距，使中国的模具工业有一个更大的发展。

现代模具制造加工业，虽然普遍使用模具CAD/CAE/CAM技术来实践高效、低成本的模具生产，但是下面的因素却影响了模具行业的整体水平：①从事模具行业的设计人员虽然受过模具专业知识教育，但缺乏扎实的模具设计基础和制造工艺知识。学校内本专业课时较少，教材内容重点不够突出且脱离实际，相关专业知识缺乏。学校缺少良好的实习场地，加之实习时走马观花，流于形式，故实习效果较差，对注射模具制造的完整过程模糊不清。②由于模具是单件生产，模具结构和工艺较为复杂，设计时往往无从下手，所设计的图样存在问题较多。③从事模具生产的第一线人员，大多是采用师傅带徒弟的传统方式培训，甚至有的师傅自身也未受到模具专业的系统培训，大多是边学边干，理论基础薄弱，知识面较狭窄，不适应当前模具发展的趋势。④有的企业管理还停留在家庭作坊模式，谈不上信息化、规范化管理。因此编写一本既有理论知识，又有实践经验的切实可用的书籍很有必要。

本书作者身处中国注射模具之乡——宁波（宁海），从事机械、注射模具行业40余年，在有关模具的设计、制造、管理等方面积累了丰富的实践经验，同时经常同国内外客户（日本、美国、德国、法国等十多个国家和地区）的同行专家共同评审模具结构、交流设计规范、确认标准件的要求。本书结合作者几十年的实践经验、心得体会编撰而成。其目的：一是给从事模具设计和制造人员提供一本实用的参考书，在处理问题时起到启示、借鉴的作用。书中资料较全，可供设计人员查阅。二是针对刚出校门的模具专业学生或设计经验不足、理论基础较薄弱的从事模具行业的人员，给予相关知识的补充，帮助其成为一名优秀的注射模具设计师或模具技师。同时本书也可作为注射模具专业的补充教材和工具书。

书中所提及的有些问题是在设计和制造中经常碰到，又容易被忽略，影响模具质量的细节问题，同时也是模具企业的薄弱环节和普遍存在的问题，故特意作了详细的分析。把“细节决定成败”的理念，贯彻在全书之中。

本书还根据国内模具行业的现状和与国外行业的差距，结合ISO认证体系内容，找出存在的重要问题（如质量意识淡薄、设计理念陈旧、管理手段落后等），并将解决方案体现在各章节中。

愿本书能成为从事模具行业人员的好朋友、好帮手，也恳切希望同行们不吝赐教、批评指正。

本书在编写过程中得到石世云先生、陈建文等同志的帮助，在此表示衷心感谢！

石世铫

目　　录

第一章　注射模具设计规范

1. 什么叫塑料注射模具？

注射模具是用装配形成的一个或多个空腔，由注射装置通过压力使塑料成型，使制品获得所需形状的一种装置。简单地说，塑料注射成型使用的模具称为注射模具。

2. 什么叫标准？标准有哪几类？什么叫标准化？

（1）标准的定义

标准是对重复性事物和概念所作的统一规定。它以科学技术和实践经验的综合成果为基础，经有关方面协商一致，由公认机构批准，以特定形式发布，作为共同遵守的准则和依据。标准是为了在一定的范围内获得最佳秩序，经协商一致制定并由公认机构批准，共同使用的和重复使用的一种规范性文件。

（2）标准分类

标准有国际标准 ISO、国家标准 GB、地方标准、行业标准、企业标准。

（3）什么叫标准化

标准化是为所有有关方面的利益，特别是为了促进最佳的全面经济，并考虑到产品使用条件与安全要求，在所有有关方面协作下，为进行有秩序的特定活动所制定并实施各项规则的过程。标准化以科学技术与实践的综合成果为依据，它不仅奠定了当前的基础，而且还决定了将来的发展，它始终和发展的步伐保持一致。

标准化在经济、技术、科学和管理等实践中，对重复性事物和概念，通过制定、发布和实施标准，达到统一，以获得最佳秩序和社会效益。

3. 模具标准体系有哪些？做好企业标准化工作有什么重要意义？

（1）标准层次

我国模具标准化技术委员会制定的模具标准体系分为五层，如图 1-1。

模具标准体系（企业技术标准应满足国家标准化法律、法规、行业标准以及企业总的方针、目标的要求）。

1）技术标准体系：设计标准、工艺标准。

2）管理标准体系：生产、质量、经营、采购、设备、档案、安全等。

3）工作标准体系：工作岗位的内容、方法、要求、检查、监督与考核（职、责、权）、奖励等。

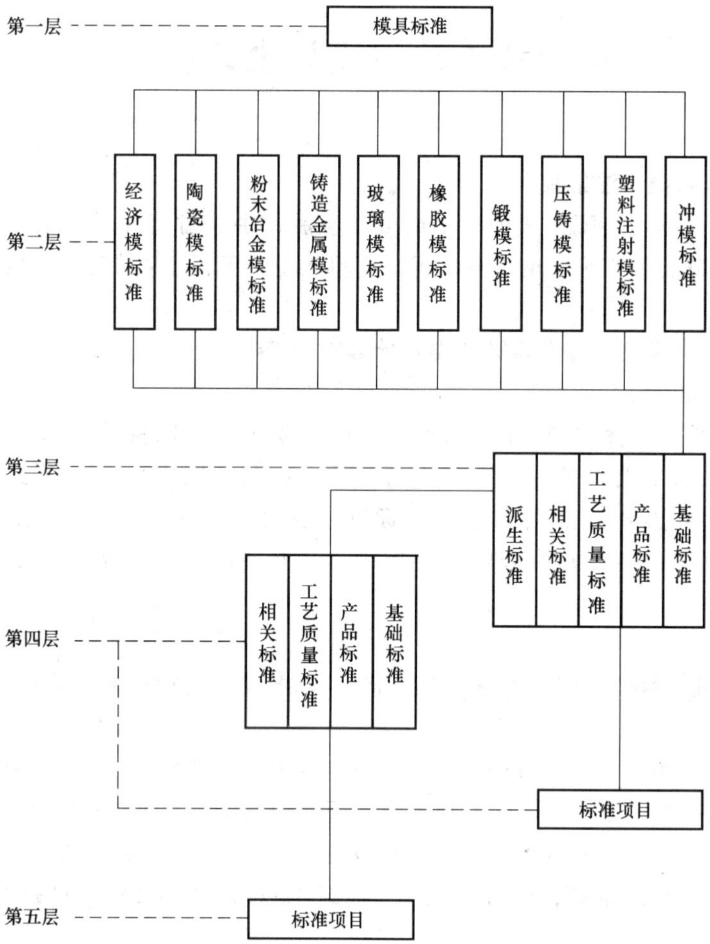

图 1-1　模具标准体系

（2）设计标准化的重要意义

1）标准化有利于研究开发，缩短生产周期。使设计规范化，并使设计人员摆脱大量重复和一般性设计，减少设计人员在制造中的麻烦，专心于解决模具中的关键技术问题。提高设计能力水平和进度。减少设计工时，使存在的问题更容易解决，使经验缺乏的设计者更容易设计。

2）模具的标准化有利于采用 CAD/CAM 技术，有利于信息化管理。

3）有利于模具技术的国际交流和模具的出口，便于打入国际市场，使模具设计能和国际接轨。

4）标准化是稳定和提高模具质量的重要保证，为创建品牌打下坚实的基础。

5）可使企业节约材料和能源，节约工具和工装费用，降低生产成本。

6）便于企业职工的培训教育。

7）提高客户对企业的信任度。

4. 我国现有的注射模具有哪些有关标准？有哪些国际标准化组织的标准件？

1）现有 28 项塑料模国家标准，见表 1-1。

表 1-1　有关塑料模的国家标准

GB/T 8846—2005	《塑料成型模术语》	GB/T 4169.11—2006	《塑料注射模零件　第 11 部分：圆形定位元件》
GB/T 12554—2006	《塑料注射模技术条件》	GB/T 4169.12—2006	《塑料注射模零件　第 12 部分：推板导套》
GB/T 12555—2006	《塑料注射模模架》	GB/T 4169.13—2006	《塑料注射模零件　第 13 部分：复位杆》
GB/T 12556—2006	《塑料注射模模架技术条件》	GB/T 4169.14—2006	《塑料注射模零件　第 14 部分：推板导柱》
GB/T 4169.1—2006	《塑料注射模零件　第 1 部分：推杆》	GB/T 4169.15—2006	《塑料注射模零件　第 15 部分：扁推杆》
GB/T 4169.2—2006	《塑料注射模零件　第 2 部分：直导套》	GB/T 4169.16—2006	《塑料注射模零件　第 16 部分：带肩推杆》
GB/T 4169.3—2006	《塑料注射模零件　第 3 部分：带头导套》	GB/T 4169.17—2006	《塑料注射模零件　第 17 部分：推管》
GB/T 4169.4—2006	《塑料注射模零件　第 4 部分：带头导柱》	GB/I 4169.18—2006	《塑料注射模零件　第 18 部分：定位圈》
GB/T 4169.5—2006	《塑料注射模零件　第 5 部分：带肩导柱》	GB/T 4169.19—2006	《塑料注射模零件　第 19 部分：浇口套》
GB/T 4169.6—2006	《塑料注射模零件　第 6 部分：垫块》	GB/T 4169.20—2006	《塑料注射模零件　第 20 部分：拉杆导柱》
GB/T 4169.7—2006	《塑料注射模零件　第 7 部分：推板》	GB/T 4169.21—2006	《塑料注射模零件　第 21 部分：矩形定位元件》
GB/T 4169.8—2006	《塑料注射模零件　第 8 部分：模板》	GB/T 4169.22—2006	《塑料注射模零件　第 22 部分：圆形拉模扣》
GB/T 4169.9—2006	《塑料注射模零件　第 9 部分：限位钉》	GB/T 4169.23—2006	《塑料注射模零件　第 23 部分：矩形拉模扣》
GB/T 4169.10—2006	《塑料注射模零件　第 10 部分：支承柱》	GB/T 4170—2006	《塑料注射模零件技术条件》

2）国际标准化组织的标准件，如图 1-2 所示。

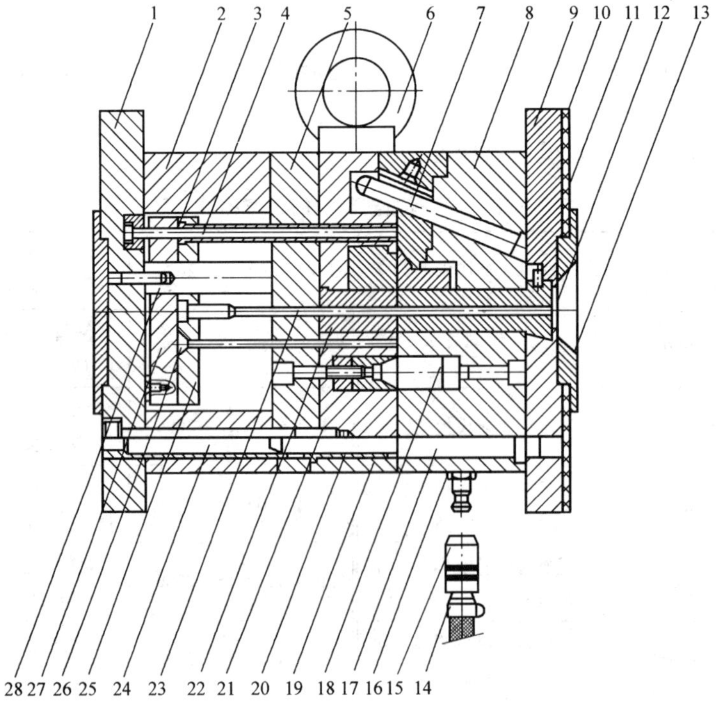

图 1-2　国际标准化组织的标准件

1—底板　2—支架　3—推管（ISO 8405—1998）　4—圆柱头形推杆（ISO 6751—1998）　5—垫模板　6—吊装螺钉　7—斜导柱（ISO 8404—2003）　8—型腔板　9—底板　10—隔热板（ISO 15600—2000）　11—定位销（ISO 8734—1997）　12—主流道衬套（ISO 10072—2004）　13—定位环（ISO 10907—1996）　14—软管夹　15—连接器（管接头）　16—连接螺纹接口　17—定位导向柱（ISO 8017—1985）　18—圆形定位装置（ISO 8406—2001）　19—动模板　20—定位导向套（ISO 8018—1985）　21—内六角螺钉（ISO 4762—2004）　22—流道冷料推杆嵌件（ISO/CD 16915—2003）　23—圆柱头肩状推杆（ISO 8694—1998）　24—对准套管（ISO 9449—1990）　25—顶杆固定板　26—锥形头推杆　27—顶出底板　28—支承柱（ISO 10073—2008）

除图中所列，还有一些标准件：平板（ISO 6753-2—1998）；标志与符号（ISO 12165—2000）；注射模具说明书（ISO 16916—2004）。

5. 注射模具设计有哪三大关键问题？

1）浇注系统设计。

2）温控系统设计（冷却系统、加热系统）。

3）模具强度和刚性设计。

6. 模具设计的输入条件齐全有什么重要意义？

为了使模具设计完美、顺利，要求客户和销售部门提供的资料齐全，以免中途返工，影响设计进度，增加不必要的设计工作量和设计难度，甚至影响模具质量、交模时间和双方信任度。因此要求销售、营运部门在与客户沟通、订合同时，把已知条件尽量一次性地提供给设计部门。

7. 客户和销售部门应向技术部门提供哪些已知数据？

要求客户（销售部门）提供的数据和相关技术要求等内容应完整，其具体内容如下：

1）客户的原塑件3D造型为stp和igs、x-t格式；2D图样按dxf、dwg格式用电子文档发给文控处；图片格式为jpg、tif。

2）塑件材料牌号、成型收缩率多少的要求。

3）塑件外观（表面粗糙度、烂花、皮纹等）要求，塑件的装配关系、配合要求。

4）型腔数多少的要求。

5）模具材料牌号及热处理要求，模具生产塑件数量，模具使用寿命要求。

6）模具所使用的注射机规格、型号、技术参数及特殊要求。

7）模架的生产厂家及标准件要求DME（欧洲/美国—米制/英制）、HASCO、LKM 、MISUMICORP、FACE、盘起、正钢或哪个标准的复印件。

8）动、定模结构是整体的还是镶块结构的。

9）浇道系统要求：浇口形式和浇口点数、位置、形式；热流道系统要求及采用的标准（YUDO、MOLD-MASTERS、国产）。

10）模具制作周期（包括何时试模、交样件和最后出货时间）及塑件成型周期要求。

11）采用什么标准设计，要求用什么软件设计。

12）塑件牌号标志、环保章、日期章、型腔号、模具铭牌等具体要求。

13）文字资料要求以表格形式提供给设计部门（国外资料最好翻译成中文）。

14）提供完成构想图的时间要求及客户确认过程中的信息反馈时间。

8. 为什么要评审客户提供的3D造型及相关资料？

由于客户可能对注射模具结构和注塑工艺不是很熟悉，或在注射件结构设计（功能结构、工艺结构、造型结构）、尺寸设计（制件尺寸、尺寸公差）、制件表面质量设计等方面不够合理、正确。这样给注射模具设计和制造带来不必要的麻烦，甚至有些塑件精度要求本身就超过了塑件的公差范围，因此对塑件设计必须进行评审。

9. 注射模具设计任务书包括哪些内容？

把客户提供的信息资料转化为“注射模具设计任务书”，也是输入评审的一个重要过程，设计任务书内容见表1-2。

表 1-2 注射模具设计任务书 NO：

订货单位	订货单位地址					
	订货单位名称					
	模具交货期		年 月 日			
			T0		T1	
制品	名称					
	使用树脂名称					
	成型收缩率					
	色调	透明度	透明		不透明	
		色别				
	制品单件质量		g	成型周期		
	制器投影面积		cm^2			s
注射机	注射机制造厂家					
	注射	g	制品重	g	料道	g
	锁模力					kN
	型号规格					
	导柱内间距	纵向	mm	×横向		mm
	顶出孔孔径 ϕ					mm
	模具外形（长×宽×高）					mm
	定位孔直径 ϕ					mm
	喷嘴孔径 ϕ					mm
	喷嘴圆弧 R					mm

其他	模具编号					
	模具项目负责人				开始日期	
	模具设计	3D			2D	
模具主要结构	流道	方式	普通、绝热流道、热流道			
		截面形状	圆形、半圆形、U 形、梯形			
	热流道喷嘴方式		井式喷嘴、延伸喷嘴、半绝热喷嘴、全绝热喷嘴、内部加热喷嘴、针阀式			
	气辅注射		点		CAE 分析	
	浇口	类型	直浇口、侧浇口、扇形浇口、点浇口、圆环形浇口、羊角浇口、潜伏浇口			
		位置尺寸	见结构简图		浇口尺寸	
	浇口点数					
	侧向分型与抽芯	种类	侧型芯、瓣合模			
		脱模	斜导柱滑块、倾斜			
	冷却加热		水、蒸汽、热油、模温机、冷冻机			
	有无特种加工		亚光面抛丸、电加工、电铸、线切割（快、慢）、花纹加工、精密铸造、冷挤压、压力锻造、NC 加工、抛光、刻字			

（续）

模具主要结构				
模具结构		标准型、三板式、瓣合模		
每模型腔数		型腔		
模具外形尺寸(长宽高)		mm		
分型面		平面、阶梯面、异型面、曲面、其他、允许穿透(直)、不允许穿透(横)		
顶出方式	推杆	推杆、带台肩推杆、方形推杆、碟形推杆	顶出行程	
	推件板(型芯外)	板状、杆状、块状、环状		
	扁顶杆、推套、特殊推套、圆顶杆、			
	顶出行程			
	压缩空气	仅用空气、与其他并用		
	其他	二次顶出、先复位机构		
动、定模结构		整体	锥度、垂直	模架
		镶入	单边楔紧块	

模具主要结构					
是否电镀	需要，不需要				
动定模定位结构	1. 长键;2. 标准键镶入;3. 圆柱定位;4. 导套边台阶;5. 动定模镶块台阶定位;6. 动定模模框外形台阶定位;7. 滑块楔紧块定位;8. 外形正定位;9. 动定模中心定位;10. 正定位				
主要材料 定模 动模	P20、40Cr、2738(进口、国产)、718(进口、国产)、PX5、SKD61、638、618(进口、国产)铍铜、T8 、T10A、55、45、浇结合金、铜合金				
热处理	调质		淬火		
要 求	氮化		应力释放		
标准件	DME、HASCO、正钢、盘起	备注			

提供	物品、图样	实样、3D 已造型(未造型、没有脱模斜度、有脱模斜度)、2D 制品图样、模型、雕刻原稿、注射机样本			
客房要求		班产		使用寿命	万件
模具项目负责人		3D 设计人员	2D 设计人员	评审签名	备注
年　月　日		年　月　日	年　月　日	年　月　日	

××××××××××××××××　公司

注：选用处打“√”。

10. 如何确定注射模具的设计程序？

1）对客户的 3D 造型、2D 图样的塑件资料进行结构和工艺评审。

2）把客户和销售部提供的数据、资料转化为“注射模具设计任务书”（表 1-2）。

3）选用注射机，了解注射机的主要技术参数、性能、特点，使所设计的模具与注射机相匹配。

4）根据“注射模具设计任务书”，拟定模具结构方案，应广泛征求意见，对几种结构方案进行分析论证与权衡，选取最合理方案。

5）按选定的方案进行模具构想图设计，并给予评审、确认。确认后，提交模具材料清单（先提交动、定模和模架等大件清单，其他零件清单在 3D 造型、2D 图样经审查确认后提交）。

6）确定 3D 造型与 2D 图样的设计进度（见表 1-3“3D 造型与 2D 图样的设计进度表”）的内容和日期，并需经项目负责人的认可，原则上要求与“生产进度表”协调一致。

7）根据“3D 造型与 2D 图样设计进度表”，完成 3D 造型、2D 图样的设计，经审查、确认并经文控部门发放。

8）编制零件工艺规程和审查。

9）设计人员对在施工过程中出现的必要更改或客户中途变更，须按规定进行。

10）模具总装后，需试模验证所设计的模具结构、制造工艺的合理性和可靠性，并写好设计总结。

表 1-3 3D 造型与 2D 图样设计进度表

客户名称		模具名称		模具编号	开始日期	
					T0 日期	
工作内容		工作日	计划完工日期	实际完工日期	备　注	
结构图	结构图					
	材料清单					
3D 造型	产品造型					
	模具造型					
2D 图样	动模框					
	定模框					
	定模镶芯					
	动模镶芯					
	镶件					
	侧抽芯机构零件					
	顶出机构零件					
	标准件					
	标准件清单					
	其他					
3D 设计签名		2D 设计签名		项目负责人签名		审核

因各企业情况不同，可根据质量体系制订企业的“质量手册”来确定，注射模具设计流程如图1-3所示，注射模具设计程序框图如图1-4所示。

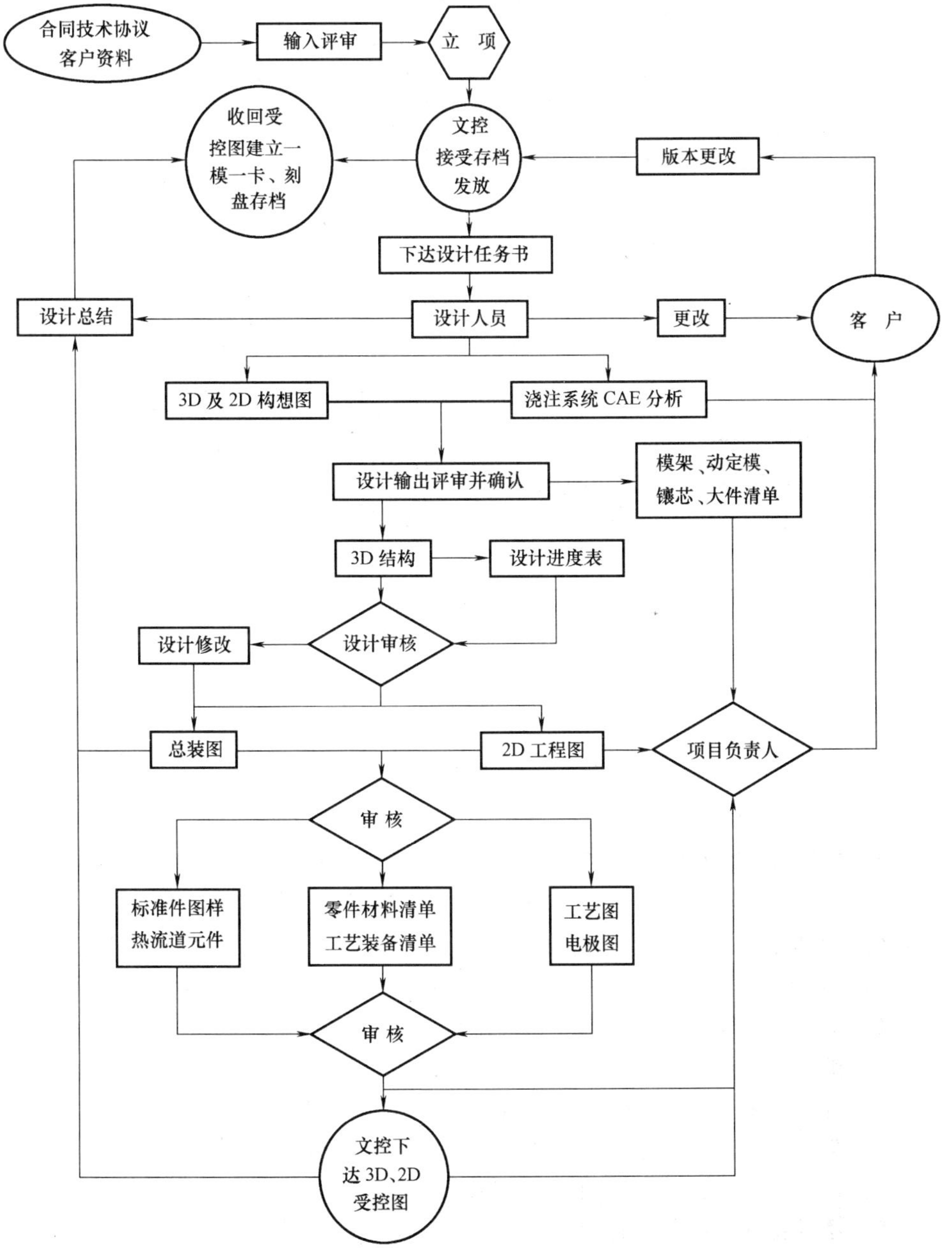

图1-3 注射模具设计流程

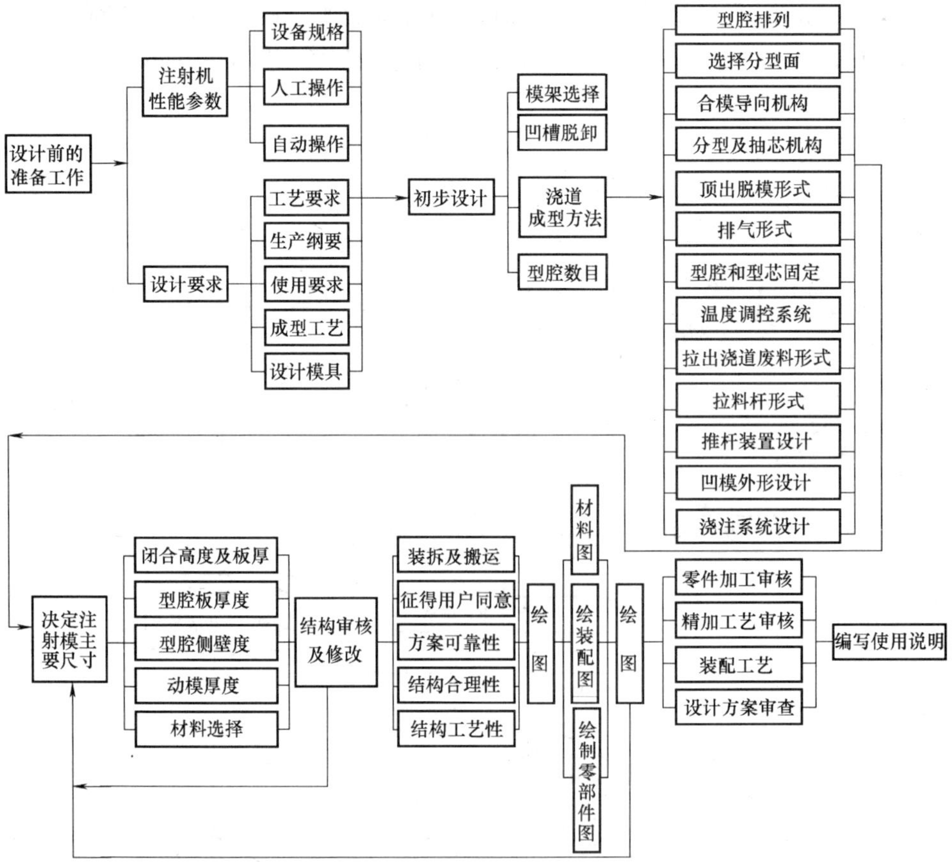

图 1-4　注射模具设计程序框图

11. 如何确定注射模具设计步骤？

对客户提供的塑件图样、3D 造型和资料等进行装配尺寸审查，对塑件结构工艺，所使用的注射设备是否与模具相关尺寸匹配进行审查后，确无问题，根据客户的要求按以下两种步骤选择进行设计。

（1）设计步骤 1

1）决定每一模中的型腔数目，确定型腔的布局排列、模具类型。

2）确定冷浇道、热流道、浇注系统类型、浇口部位及数目。

3）温控系统（冷却系统）的设计。

4）模具的总体结构，如确定成型收缩率及型腔尺寸的计算，分型面、动、定模结构（常规结构、特殊结构）、抽芯机构、顶出脱模机构的设计。

5）型腔排气系统的设计。

6）模架的选用（动、定模、整体还是镶块）。

7）模具钢的选用。

8）标准件的选用确定，外购件的选用。

9）成型零件及其他动作零件的细节设计。

10）绘制模具图样。

11）校核及修改。

12）确认。

（2）设计步骤2（见图1-5）

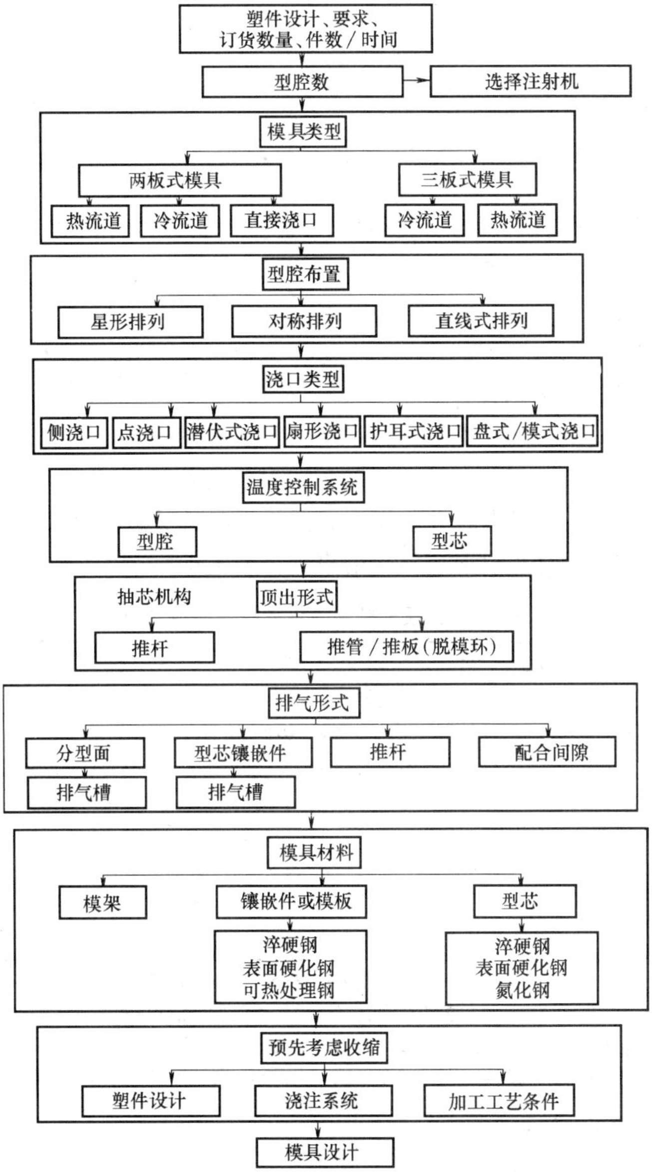

图1-5　注射模具的设计步骤

12. 设计注射模时应考虑哪些问题？

依靠设计程序、标准规范化，努力达到“标准、优化、完美、高效”。

设计注射模时应考虑下列有关问题：

1）首先考虑客户和销售部门提供的条件是否有问题及遗漏。

2）根据塑件结构分析确定注射工艺性能及成型周期。

3）了解塑件形状与尺寸、装配方式、装配关系，考虑塑件尺寸配合程度是否合理。

4）根据客户合同要求，选择合理的分型面，考虑动、定模定位结构、定模的镶拼结构形式是否合理。

5）选择型腔数和浇注系统形式、浇口位置，考虑浇注系统压力平衡、塑件变形及内应力问题。

6）确定模具顶出机构的结构形式，考虑塑件能否顺利脱模。

7）考虑模具强度、刚度，考虑钢材牌号选用和热处理要求。

8）有侧孔或内凹时应考虑抽芯机构。

9）考虑温控系统结构和效果。

10）考虑排气系统的设计。

11）考虑模具的加工工艺和方法的经济性、合理性。

12）考虑模具有关尺寸与注射机的相关参数是否匹配。

13）设计模具时要考虑有关制品在成型时可能出现的表面质量缺陷，对不同的表面质量缺陷，设计模具时应注意的事项见表1-4。

表1-4　制品表面质量缺陷与设计模具时应注意的事项

序号	表面缺陷	设计时注意事项
1	缺料(注塑量不足)	①加大喷嘴孔，流道浇口的截面尺寸；②浇口的位置应当合理；③增加浇口数量；④加大冷料穴；⑤扩大排气槽
2	溢料，飞边	①模腔需准确对合；②提高模板平行度；③去除模板平面毛刺，保证分型面紧密贴合；④提高模板厚度；⑤排气槽尺寸和位置应恰当合理
3	凹陷，气孔	①加大喷嘴孔、流道、浇口的截面尺寸；②浇注系统应使塑料熔体的充模流动保持平衡；③浇口应开设在制品的厚壁部位；④模腔各处的截面厚度应尽量保持均匀；⑤排气槽尺寸和位置应恰当合理
4	熔接痕、错位	①加大喷嘴孔、流道、浇口的截面尺寸；②在熔接痕发生部位，模腔应具备良好的排气功能；③浇口应尽量接近熔接痕位置，必要时可设置辅助浇口；④浇注系统应使塑料熔体的充模流动保持平衡；制品壁厚不适太小；⑤动、定模需准确对合，成型零部件的定位应准确，不得发生偏差
5	降解脆化	①加大分流道、浇口截面尺寸；②注意制品壁厚不宜太薄；③制品应带有加强肋，轮廓过度处应为圆角

（续）

序号	表面缺陷	设计时注意事项
6	物料变色	①应有恰当合理的排气结构；②加大喷嘴孔、流道、浇口的截面尺寸
7	银纹，斑纹	①加大流道、浇口截面尺寸，加大冷料穴；②应具有良好的排气功能；③减小模腔表面粗糙度；④制品壁厚不宜太小
8	浇口处发浑	①加大分流道、浇口的截面尺寸；②加大冷料穴，选择合理浇口类型（如扇形浇口等）；③改变浇口位置；④改善排气功能
9	翘曲与收缩	①改变浇口尺寸、浇口位置或增加辅助浇口；②保持顶出力平衡；③增大顶出面积；④制品的强度和刚度不宜太小；⑤与制品需要加强肋，轮廓过渡处应有圆角
10	尺寸不稳定	①提高模腔尺寸精度，顶出力应均匀稳定；②浇口、流道的位置应恰当合理；③浇注系统应使塑料熔体充模流动保持平衡
11	制品粘模	①减小模腔表面粗糙度，去除模腔加工疤痕；②制品表面脱模方向保持一致；③增加模具整体刚度，减小变形；④选择合理的顶出位置；⑤加大顶出面积；⑥改变浇口位置，减小模腔压力；⑦减小浇口截面尺寸，增设辅助浇口
12	塑料粘附流道	①主流道衬套与喷嘴具有良好的配合；②确保喷嘴孔入口处的直径；③适当增大主流道的斜度；④抛光流道表面，减少流道凝料的脱模力

13. 根据构想图，注射模具评审内容有哪些？

评审虽有繁琐之感，但可有效地避免疏忽和遗漏，甚至可防止发生错误，把差错减小到最低程度。注射模具评审内容见表1-5。

表1-5 注射模具评审内容

序号	内容	是	否
客户要求等方面			
1	客户提供的信息、资料要求是否齐全		
2	是否对客户的塑件设计进行结构和工艺审查，如有异议是否向客户提出并进行确认		
3	是否对客户的塑件（产品）装配关系、要求进行审查		
4	所设计的模具图能否满足客户的要求		
注射机方面			
5	模具厚薄是否满足注射机的闭合高度		
6	注射机的最大空间能否容纳模具的最大外形，注射机的拉柱间距和直径是否有双点划线画出，是否标出注射机的型号、规格		

（续）

序号	内　　　　容	是	否
7	是否有动模顶板拉回设置(客户要求)		
8	定位圈直径、喷嘴尺寸、球半径是否符合注射机的要求尺寸,定位圈结构是否符合客户要求		
9	顶出孔位置大小是否符合注射机要求,顶出孔是否需要顶柱(客户需要)		
10	客户要求动模底板有定位圈(HASCO、DME 标准),其尺寸、固定是否相符		
11	压板槽尺寸是否正确、符合要求,模板和定模盖板、动模底板(厚度)尺寸是否正确		
12	冷却水接口水道是否设置在动模底板与定模盖板处,是否同注射机相符(特殊模具冷却水从注射机镶板引出)? 动、定模固定板固定在注射机上有否要求,并且与注射机是否相符		
13	塑件和浇注系统的总质量是否超过了注射机的注射量		
14	塑件的投影面积是否超过了注射机的最大投影面积容量(一般选用 80% 比较合适)		
	设计方面		
15	是否符合机械制图国家标准或绘制模具图的专用标准		
16	标题栏内容是否填写清楚正确		
17	构想图的比例是 1:1,是否对		
18	2D 绘图软件是 AutoCAD、(CAXA),2D 格式:dwg、dxf;3D 造型软件是 Pro/E、UG、PowerSHA 等,3D 格式:Stp、igs,图片格式:jpg		
19	模具设计图的图层是否统一,颜色标志是否达到要求		
20	模具所有零件图、结构图是否合理,装配关系是否层次分明、表达清楚		
21	斜顶块与滑块分模动作位置在虚拟图形是否画上		
22	零部件是否遗漏,配合性质及位置是否明确标注,必要的技术要求、公差配合、尺寸标注是否妥当		
23	布局是否合理,剖面、剖视名称及轨迹是否标注清楚		
24	模板外形尺寸、顶出行程是否标注		
25	所设计的图样版本是否为最终版本,如中途有变更,是否按变更信息重新设计		
26	基准角是否标注在地侧,是否标注在导柱孔偏移的这个孔		
27	2D 构想图是否按期提供给客户确认		
28	3D 造型是否按期提供给客户确认		
29	零件图是否达到要求,同构想图的结构要求是否相符? 基准角是否与构想图统一		
30	模具的总装图与客户确认的构想图是否一致(如有改动要征得客户的同意)		

（续）

序号	内　　　　容	是	否
31	模具总装图内的零件图代号及备件、附件和详细的图样是否齐全		
32	构想图及清单上的标准代号与零件图的代号、总装图是否相符		
33	是否按客户要求提供总装图和编程的刀路图以及2D刻盘（客户有的需要）		
34	同一张图样，字体大小（阿拉伯数字采用3.5号字体技术要求，采用7号字体，英文LST采用3.5字体。）是否统一按标准规定		
35	模具图设计时间是否达到要求，是否影响生产进度和交模时间		
36	第三角图样是否按第三角要求绘制，图样上是否标注第三角标志，视图布局是否符合规定要求（并用英文标明视图名称）		
37	模具、电路、水路、液压抽芯、热流道、位置开关是否有详图及相对应的铭牌图样（包括模具铭牌）		
38	模具需要做皮纹的，侧面脱模斜度是否合理，图样上是否有具体要求		
39	是否把标准件代号在总装图或明细表中表达出来		
40	非配合面有间隙处，是否画出间隙线		
41	英制尺寸标注是否符合客户要求		
42	更换备件是否提供给客户详图		
43	顶杆固定板和顶杆尾部台阶平面是否按顺时针进行编号		
	浇注系统方面		
44	浇注系统是否做过CAE分析，是否有分析报告让客户确认		
45	料道，浇口类型、尺寸，浇口点数、位置、结构是否正确合理、平衡，图样上是否表达清楚（标准要求浇口放大4倍比例）		
46	浇口是否自动脱落，浇口是否影响塑件外观		
47	多型腔的塑件和非相同塑件的复合型腔、流道分布、注塑压力是否平衡		
48	模具主流道是否设计太长（或太短），浇口套的进料处是否离注射机的定模镶板太深，浇口套有关尺寸是否正确		
49	料道是否设置冷料穴，是否设置料道排气		
50	多型腔的模具，是否具有单独的流道转换结构		
51	流道内所有的交叉、转折处是否有死角		
52	拉料杆的结构是否合理、是否达到客户的要求		
53	热流道的流道板及加热圈电功率是否达到要求		
54	热流道的喷嘴是否漏料或堵塞，设计是否合理		
55	电源线是否从天侧进出		
56	电线槽转角处是否有圆角过渡（最小圆角半径为6.5mm），所有电线是否编号，并用护管集结起来组装在一个分配盒中		
57	压力传感器是否需要，设计是否合理		

（续）

序号	内　　　　容	是	否
58	进料口偏心，偏心距是否按标准设计，顶出孔是否保持同步偏位		
	结构方面		
59	成型收缩率是否正确		
60	塑件有无倒锥度，脱模斜度是否足够		
61	零部件结构设计及表面粗糙度是否合理		
62	模具零部件的加工工艺和经济性是否合理		
63	模具是整体还是镶块合理，是否满足了客户要求		
64	模具强度是否足够，材料是否满足客户要求		
65	导套是否固定，导套的底部是否开设垃圾槽，导柱头部是否为锥形		
66	所有模具是否需要复位弹簧，结构尺寸是否正确，是否按客户要求而定		
67	是否按标准要求有一组导柱及回退杆偏位（DME）（基准角位置）		
68	是否需要一个顶板导柱偏位（LEAR），顶板导柱结构是否合理		
69	顶出系统结构是否合理，塑件能否顺利脱模，塑件自由脱落或应用机械手的空间位置是否足够。塑件是否会产生顶高、顶白、粘模等现象		
70	是否设置顶出限位块，顶出行程是否标注，塑件脱模是否有余地		
71	推管、顶杆位置、数量是否足够，在平面图上是否表达清楚，布局及位置是否合理。顶杆是否需要定位装置		
72	抽芯机构是否合理。抽芯距是否足够		
73	多型腔模具是否在动模处刻有型腔号，对称塑件是否有左右件标志		
74	是否在动模处需设置日期章		
75	是否在动模处设置环保章		
76	是否在动模上刻有塑件名称（零件号）和材料牌号		
77	排气槽的位置、数量、尺寸是否合理		
78	模具结构、设计标准、标准件、模架的采用是否符合客户要求的标准（DME、HASCO（英制/米制）、正钢 MISUMI 等）		
79	模具是否设计起模槽，尺寸、位置是否正确		
80	分型面结构是否合理，是否有尖角、是否影响外观。分型面的封胶面尺寸、表面粗糙度是否达到要求		
81	动模芯、型腔是否需要设置工艺基准孔		
82	滑块底部和楔紧块处是否有设计耐磨块		
83	滑块底部是否有顶杆，客户是否认可，如认可，是否设置先复位机构		
84	滑块的压紧块是否用定位销，滑块是否有定位装置和弹簧		
85	斜顶块的斜度和滑块的斜导柱角度是否超过设计标准		
86	斜顶杆的固定方法是否正确，斜顶杆有无铜导套导向保护装置		

（续）

序号	内　　　容	是	否
87	滑块的锁紧角是否比斜导柱角度提前,是否符合标准		
88	大型的斜顶块与滑块是否设置有冷却水,滑块是否设有吊环螺纹孔		
89	顶出制品时,制品跟着斜顶同向移动时,是否有制动机构		
90	滑动部分是否要设置油槽		
91	模具外形是否有倒角,倒角大小是否合适		
92	对三开模的模具,塑件的料道取出行程是否足够,是否满足自动脱模的要求		
93	导柱的长度是否高于模具型芯及其他零件(型芯斜导柱)起到先导向作用		
94	模具的动、定模定位结构是否合理,是否会产生错位		
95	模具动、定模定位结构是否需要采用 DME 的正定位标准件		
96	回程杆(复位杆)数量是否足够,位置是否合理		
97	顶杆固定板与顶板固定螺钉数量大小是否足够		
98	电器线路图是否合理,是否同实际相符合。是否有电器铭牌		
99	模具分型面是否需要设置平衡块		
100	模具是否需要设置保护支承柱		
101	模具的闭合处的角度是否达到设计标准要求		
102	模具四角是否设置为锁模斜度闭合,除封胶面外其他是否有间隙（避空),尺寸是否合理		
103	是否设置锁模安全条,是否设置在模具的对角位置上,安全条尺寸是否标准		
104	动模处要更换的镶块,能否在注射机上快速更换(内六角螺钉不能在塑件面或流道上)		
105	塑件的加强肋是否按照标准采用镶块结构		
106	模具所有零部件设计是否按标准件、设计标准设计		
107	支承柱的位置是否适当,数量是否足够,高度公差是否达到标准		
108	液压缸是否符合要求规格		
109	液压缸安装和接头是否合理		
110	液压缸位置开关是否设置(图样上是否有“型芯进入和型芯退出”的标注字样)		
111	液压缸抽芯装置是否会产生让模,是否需要设置楔紧装置		
112	多个液压缸是否设置了分配器		
113	是否足够强度的模板或护脚保护液压缸		
114	定模底板定模板(在没有定位圈和浇口套的定位下)、动模底板、垫块和动模板是否已采用定位销		

（续）

序号	内　　　容	是	否
115	吊环位置是否正确，起吊时是否能水平，承受负荷是否合适		
116	模板四侧是否都有吊环孔。动、定模板（镶块）、俯视图（指平面）上是否有吊环孔		
117	吊环是否设置在锁模条上（HASCO 标准，客户要求）		
118	水管接头、吊环螺钉、液压缸装置、安全锁条等在模具装夹和吊装时是否发生干涉		
119	所有螺钉的工作深度是否符合标准		
120	模脚（垫块）是否需设置有二头防尘板装置（HASCO、DME 客户要求）		
121	顶板强度是否足够		
122	垃圾钉数量是否足够，位置是否妥当		
123	是否需要隔热板		
124	小型芯是否采取镶芯结构		
	模温控制方面		
125	热流道的多喷嘴的流道板上是否刻有相应的进料口的编号		
126	冷却水结构是否合理，是否遵循冷却水设计原则和标准要求设计		
127	冷却水管接口是否设置在反操作面		
128	冷却水的水道位置和尺寸是否正确，是否满足成型工艺要求		
129	堵头、隔水片、水管接头及沉孔的大小和深度是否符合要求		
130	三路以上的水路，是否设置分流器，是否设置在反操作面		
131	冷却效果不好的模具结构是否采用铍铜或散热棒、铜合金		
132	有无进出水路标志，进用“IN”、出用“OUT”编组及示意图铭牌		
133	冷却水管接头的螺纹规格（NPT、PT、PS、PF）是否正确		
134	流道或热流道喷嘴附近有无冷却水结构		
	模具材质和热处理方面		
135	模具焊接是否经质量部认可和签字、是否开过施工单（国外进口模具需客户签字同意烧焊，其烧焊一切后果由制造商负责，同时图样上要标明“此处烧过电焊”字样）		
136	用户要求动、定模进行应力释放，图样上有无要求		
137	模具材质选用是否正确，热处理方法、硬度是否合理		
138	模具材料是否代用（一般不得随便代用，如代用需客户同意）		
139	模具的材质是否有质保单（要求生产厂家的质保单）		
140	模具零件热处理是否有热处理质保单		
141	排气困难的模具结构是否选用烧结合金多孔材料		
142	导套、滑块压条、耐磨块等材料是否根据客户的要求来选用		
143	模架的材料选用是否符合客户要求，特别是整体的模架		

14. 注射模设计出错原因是什么？有哪些出错现象？应怎样防止出错？

1）设计出错原因是多方面的，由于设计水平不高、工作能力有限、经验不足或时间紧迫，使得对客户告知的条件没有熟悉和理解，甚至有可能是因为工作粗心大意，不够仔细。有时会出现设计流程不规范，同时又没经过评审和确认等原因而出现差错。模具设计人员应把模具设计规范、细节始终贯彻在设计中，一些不应该出现的错误是完全可以避免的。

2）现把设计部门容易出错的现象和预防措施给予归纳，见表1-6。

表1-6　设计出错现象和预防措施

出错现象	预防措施
版本搞错	加强文件版本管理
成型收缩率放错	检查收缩率的原始数据是否正确？复查已放收缩率的长×高×宽一组尺寸是否正确
非对称的塑件设计成镜像	对非对称的塑件加强辨认
倒锥度或脱模斜度不够	检查立体造型是否有倒锥度，可把3D造型转化成2D图样，若有虚线就是倒锥度。加强塑件结构分析
标准件与客户要求不符，同时与客户的企业设计标准不符	熟悉标准件，熟悉客户的企业标准和具体要求，加强评审
模具材料不符	熟悉客户的具体要求，模具材料不能随便改动
斜顶与抽芯行程不够。顶杆顶出行程不够	提高设计水平，复杂的抽芯机构和斜顶要画虚拟动作图，检查确认，加强评审
浇口形式和位置设计错	提高设计水平，用CAE分析，加强确认
脱模困难	精心设计，加强塑件结构分析，考虑模具顶出结构及塑件包紧力的大小。加强确认
尺寸标注出错	加强图面检查，注意CAD捕捉设置、注意公差标注和考虑模具的修正值是否正确。图样及文件的更改要规范
冷却水孔位置不正确，动、定模漏水	加强图面检查，检查冷却水孔进径和位置及密封圈尺寸
热处理方法和硬度要求不符	提高设计水平，注意预硬钢的采用
细节忽视，2D图样上有R角，在3D造型时成倾角	加强3D造型检查、确认
热流道电源线不是从天侧进出	加强检查。设计要规范
模具同注射机参数不配套	加强图面检查

15. 版本和文件变更有哪些规定？

接到“客户模具修改变更通知单”（见表1-7）后，要求按“模具设计管理程序”进行评审修改办法变更文件，内容如下：

（1）文件的版本管理

1）把文件的版本按顺序编号：A、B、C、D、E等。

2）每次更改的版本不能替代，要把各版本的所有内容按顺序保存。

3）接到变更前的原图样还未发放或还未施工时，收回原图盖上“作废”图章，以免版本搞错。

（2）按图样文件更改原则的有关规定更改图样

1）要做好更改版本记录，凭文件更改通知单更改。

2）图样及文件的更改不得降低模具质量，亦不得违背有关标准的规定，更改后的图样及文件应正确、完整、统一、清晰。

3）文控处接到“模具修改变更通知单”，图样及文件的更改必须履行签字（技术部长、设计人员）手续，同时进行标准化审查，并保证更改前的原图样及文件数据（文件）可查。

4）变更后的图样必须达到版本和文件变更规定。

5）客户提供的更改文件要保管好，并做好备案记录。

（3）图样及文件的更改方法

1）接到“模具修改变更通知单”（表1-7），必须重新造型（3D）和绘制2D图样。

表1-7　模具修改变更通知单　　　　NO：

客户		模具名称		组长		设计人员	
数据类型	传真□	造型□	图样□	合议内容□	邮件□	其他□	
内容	变更□	修改□	图样要求□	其他□		日期	
客户意见：							
要求完成时间		协定时间			实际时间		
备注	以上内容如有任何疑问，请在当天提出，如不提出视为可行						
销售担当	销售部长	组长	生产部长	技术人员	技术部长	质量部长	文控
附件编号							

注：1. 第一联销售部、第二联技术部、第三联生产部。变更修改通知单发放流程：销售（营运）部收到客户的修正变更指示，在通知单上描述相关内容和模具组长或生产部长确认修模具时间并经销售部长、生产部长（组长）、模具担当签字确认后送文控。文控对附件进行编号。

2. 把盖有“受控”文件的施工图样收回，妥为保管存档。

3. 如在加工时，由于生产施工特殊原因，同时在不影响质量的前提下而改动的尺寸（指与图样不符的尺寸），必须由模具担当（责任人）签字、取得设计人员同意。

2）图样及文件的更改一般应采用划改：将需要更改的尺寸、文字、符号、图形等，用细实线划掉。被划掉部分应仍能清楚地看出更改前的情况。然后填注新的尺寸、文字符号、图形等。当划改不能表示清楚时，在保证更改有据（档案）可查的条件下，允许采用刮改或洗改的方法。

3）划改时在靠近图样或文件更改部位写上更改标记，用加圈的小写汉语拼音字母表示，例如：ⓐ、ⓑ、ⓒ、ⓓ、…，如图 1-6 所示。更改标记一般按每张图样或文件编排，但对由多张表示同一代号的图样或文件，更改标记，应按全份图样或文件编排，并填写在需要更改的各张图样或文件上，也可填写在该份图样或文件的第一页上。

4）刮改或洗改图样及文件时，应将原图样及文件的复印图存档备查，然后按照更改通知单进行刮改或洗改，并在更改部位附近写上更改标记。

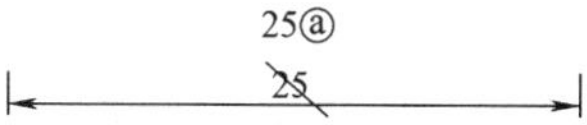

图 1-6　更改标记

5）在更改栏中均应填写：①更改标记；②同一标记下的更改数；③更改文件（更改通知单）编号及版本；④更改日期。

16. 注射模设计图层有什么具体要求？

注射模的图形是由各种不同的图线绘制而成的，为了使图样清晰便于看图，对图线的线型、颜色、线宽，需要进行设定。图层要求的设定，如表 1-8 所示。

表 1-8　图层要求

序号	名称			线型	代号	颜色	线宽
1	粗实线		HEAVY LINE		A	白色	0.30
2	细实线	尺寸界线	DIMENSION SOLID LINE		B	青色	0.09
3		尺寸线	射 LINE			青色	0.09
4		剖面线	SECTION LINE			黄色	0.09
5		引出线	PIN OUT			咖啡色	0.09
6	波浪线		BROKEN LINE		C	灰色	0.09
7	双折线		PART BORDER LINE		D	灰色	0.09
8	虚线		DASH		F	绿色	0.12
9	细点画线		CENTER		G	红色	0.09
10	双点画线		DASH DOUBLE-DOT		K	粉红色	0.15
11	塑件		INJECTION PART		(A)	红色	0.30
12	排气		VENT		(A)	天蓝色	0.30
13	水路		WATER LINE		(F)	蓝色	0.09
14	进水管接头（局部剖视）		WATER(SECTION) CONNECTOR(IN)		(A)	蓝色	0.30
15	出水管接头（局部剖视）		WATER(SECTION) CONNECTOR(OUT)		(A)	红色	0.30
16	电器		ELECTRICAL EQUIPMENTS		(A)	粉红色	0.30
17	液压		HYDRAULIC CYLINDER		(A)	绿色	0.30

注：1. 英文字体格式：txt，3.5 号字。

2. 中文字体格式：工程字，3.5 号字。

3. 尺寸标注照本文格式：2.5 号字。

4. 文字高度与图样缩放比例成反比。

17. 怎样安排注射模具总装图画图顺序?

1）首先按标准建立图层（已建立标准块的引进即可用）。

2）把塑料件3D实体造型转换成2D图样（根据形状决定剖视图个数）和塑料件内形图及塑料内形相反方向的俯视图（动模视图）。

3）把转换好的2D视图的所有尺寸，按塑料的成型收缩率换算成模具制造尺寸。

4）把塑料图层改为红色图层，并处理好不必要的虚线和过渡线、实线。

5）把转换处理好的2D视图按视图布局放在适当位置，并分别建立各视图的 $X—Y$ 坐标的中心线。

6）绘制动模（一般动模绘制好后再绘制定模）、绘制动模的封塑量。

7）绘制动、定模的PL线（分型面）。

8）绘制浇注系统、浇道、浇口、浇口套及定位的俯视图。

9）绘制抽芯机构。

10）绘制模架（选用标准模架）、顶杆板、顶杆固定板、复位杆。

11）温控系统（冷却水布局、热流道系统）。

12）顶出机构（推杆位置、直径、数量）。

13）其他附件、标准件（导柱导套、隙模条、排气槽、起模槽）。

14）绘制注射机拉杆尺寸（双点画线）。

15）标注模具外形尺寸、顶出行程，标注各模板模芯滑块、定位圈等尺寸及装配关系。

16）填写技术要求。

17）填写标题栏。

18）总装图要按顺序编制零件序号、填写明细表内容。

19）核对、审核、签名。

18. 注射模具的总装图有哪些习惯画法?

模具图中的画法主要按机械制图的国家标准规定绘制，考虑到模具图的特点，允许采用一些常用的习惯画法。

1）模具总装图的布局一般主视图在左上角。习惯上把动模作为俯视图。在俯视图中可绘制动模和定模各一半的视图（需要时再绘制其他视图）。

2）塑件（红色表示）绘制成剖视图或断面图，并作剖面线，动、定模等可以不作剖面线。

3）外形倒角可以不绘制。

4）有装配间隙应绘制双线。

5）视图右下角或左下角为基准角，并以偏移的导柱孔为基准角（按图1-9绘制基准角符号）。

6）在模具中，大多数人习惯采用简化画法绘制弹簧，用双点画线表示。当弹簧个数较多时，在俯视图中可只绘制一个，其余只绘制窝座示意。

7）直径尺寸大小不同的各组孔可用涂色、符号、阴影线区别。

8）同一规格、尺寸的内六角螺钉和圆柱销，在模具总装配图中的剖视图中可各绘制一个，引出一个件号，当剖视图中不易表达时，也可从俯视图中引出件号。内六角螺钉在俯视图中用双圆表示（螺钉头外径和窝孔），圆柱销在俯视图中用单圆（并在 1/4 圆内涂黑）表示，当剖视位置比较小时，螺钉和圆柱销可各画一半。在总装配图中，螺钉过孔一般情况下要绘制出。

9）当螺钉、定位销零件用虚线表达时，不能用件号引出线，只可在其中心线处绘制引出线。

19. 第一角的模具总装图如何布局?

第一角的模具总装图布局，如图 1-7 所示。

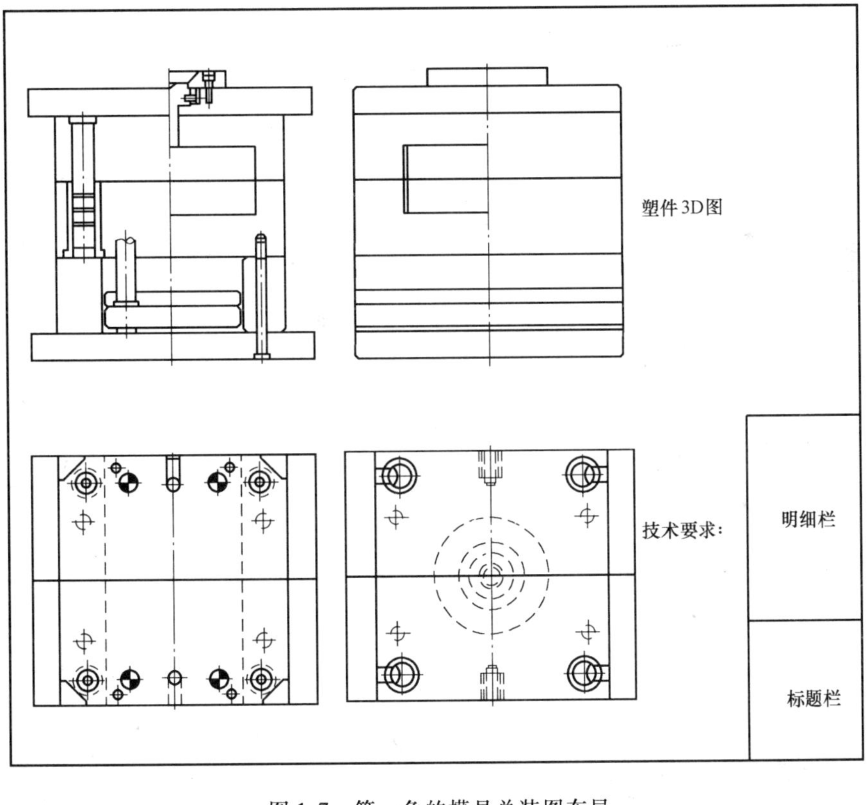

图 1-7　第一角的模具总装图布局

20. 第三角的模具总装图如何布局?

第三角的模具总装图布局，如图 1-8 所示。

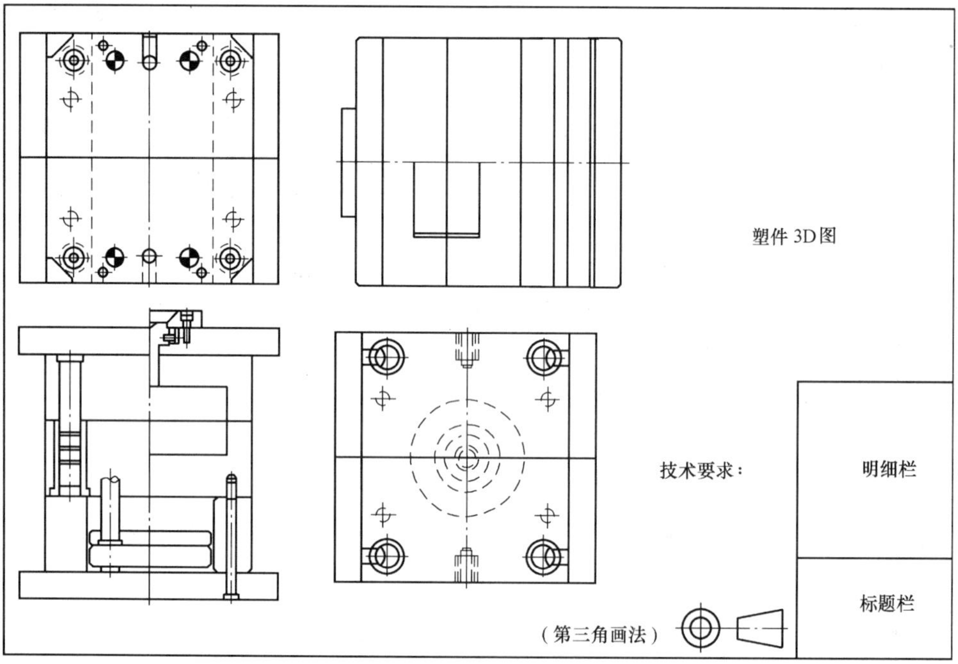

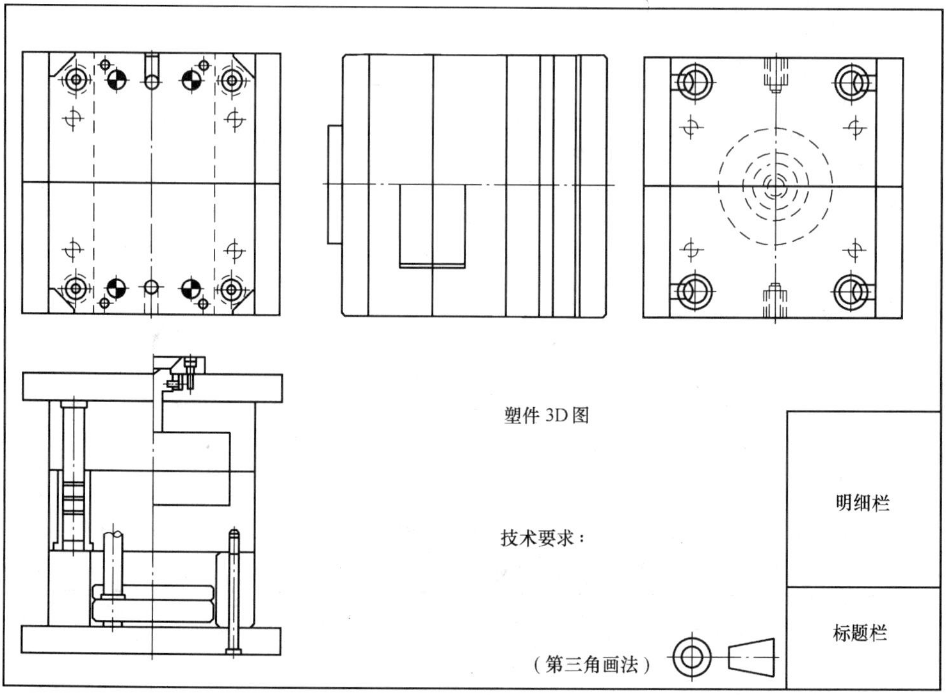

图 1-8　第三角的模具总装图布局

21. 注射模具的基准角画法有什么规定和要求?

1）导柱孔向中心偏移的一侧，作为基准角。

2）基准角标记，如图 1-9 中右下角所示；用 O 表示，并引出 45°细实线，两边标注 O。

3）基准角一般设定在地侧。

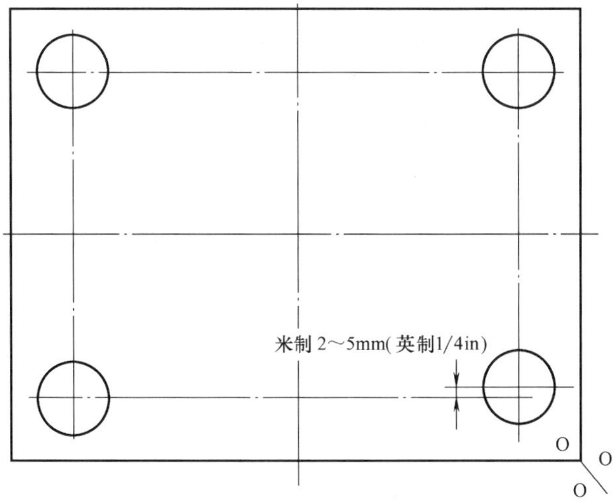

图 1-9　基准角画法规定

注：in 为英寸单位，1in＝0.0254m，下同。

22. 构想图和总装图的要求有什么不同?

把已知条件转化为设计任务书后，绘制构想图，以便尽快确认模具结构（方案）。

（1） 构想图要求

1） 构想图要求最好为 1:1 比例绘制。

2） 构想图可以没有明细表和序号。

3） 构想图浇口尺寸要求 4:1 放大绘制。

4） 构想图要求把模具结构、浇注系统（冷、热流道，浇口位置，数量等）、排气系统、分型面、脱模机构（顶杆位置）、抽芯机构、冷却系统的结构形式与部位、导向合模机构、模具外形、装配关系等表达清楚。

5） 要求附上与构想图视图方向一致的塑件立体图（二等轴测状况，放在视图左边）。

（2） 总装图与构想图的区别

总装图与构想图不同的地方，是总装图在构想图的基础上进行精耕细作：

1） 总装图要求有序号和明细表。

2）要具有模具总装图的技术要求。

3）比例最好按 1:1，也可以按 1:2、4:1 绘制。

23. 注射模具的总装图有什么具体要求？

注射模具的总装图规范要求的具体内容如下：

1）按国家机械制图标准规定（GB/T 4457.4—2002、GB/T 4458.6—2002、GB/T 4458.2—2003）的总装图的习惯画法，绘制模具总装图。

2）用主视图和俯视图表示模具结构。主视图上尽可能将模具的所有零件绘制出，可采用全剖视、局部剖视、单一平面剖视、多平面剖视。

3）根据构想图和最后版本绘制总装图，总装图的比例按国标规定绘制。

4）总装图的图层要按图层规定（16 题）绘制。总装图的布局按布局要求（16 题、19 题）绘制。

5）总装图要求把模具结构（浇道、热流道系统和浇口、抽芯机构、顶出机构、冷却系统、分型面等）、装配关系、配合关系，层次分明地表达清楚。对于复杂模具，要画上动作虚拟位置图形（双点画线画），把抽芯机构、顶出机构、开模顺序表达清楚。同注射机的配套的定位圈、压板槽尺寸、顶出孔距及大小等有关尺寸要标注清楚。

6）所有的剖面、剖视都需画上轨迹及断面图、剖视的名称。

7）模具的外形尺寸、模板的厚度、动、定模镶芯尺寸要标注清楚。

8）用双点画线画出注射机的拉柱直径及间距，并标出注射机型号和吨位。

9）排气系统在平面图和剖视图上表达清楚。

10）把支承柱、垃圾钉、回程杆、顶板导套等布局及相应代号、规格标注清楚。在平面分布图上把顶杆数量、大小布局表示清楚。要标注顶出行程和限位块尺寸。

11）基准角标志按规定标注在动、定模板地侧，位置处于向上偏移的导柱孔的旁边。

12）吊环必须在天侧，并注上螺纹尺寸和代号。

13）斜导柱角度、斜顶块角度、楔紧块高度、动、定模定位角度要求标注清楚。

14）复杂的抽芯顶出机构要绘制动作虚拟图。

15）冷却水管接头按规定细则画法（进水蓝色、出水红色），并标明水管接头大小及用英文表示进出，管接头要编号。简易的进出水走向示意图，最好有单独的立体图。

16）零部件的序号按顺时针或逆时针顺序编码。标题栏（外框线是粗实线）、明细表的格式及内容要按规定标准填写清楚，如图 1-10。

17）需标明模具铭牌、电器铭牌以及水路铭牌所在位置。

56	定位销	4	$\phi 8\times25$	T8A	天津
55	圆柱压簧	4	$\phi 12\times\phi 3\times55$	标准件	
54	定位块	2	20×14×30	T10A	28～30HRC
53	吊环	1	M16	20#	上海
52	螺堵	8	M18×10	标准件	北京
	⋮		⋮		⋮
5	内六角螺钉	8	M8×25	标准件	北京
4	定模框	1	270×250×90	P20	28～32HRC
3	定模固定板	1	300×270×22	45#	
2	定位销	2	$\phi 10\times35$	T8A	天津
1	定位圈	1	$\phi 120\times\phi 35$	标准件	正钢
序号	名称	数量	规格	材料	备注

<table>
<tr><td></td><td></td><td></td><td></td><td></td><td></td><td colspan="4" rowspan="4">模具总装图</td><td rowspan="3">(单位)</td></tr>
<tr><td></td><td></td><td></td><td></td><td></td><td></td></tr>
<tr><td></td><td></td><td></td><td></td><td></td><td></td></tr>
<tr><td>标记</td><td>束数</td><td>分区</td><td>更改文件号</td><td>签名</td><td>年、月、日</td><td rowspan="3">电风扇基座</td></tr>
<tr><td>设计</td><td></td><td></td><td>标准化</td><td></td><td></td><td colspan="2">阶段标记</td><td>质量</td><td>比例</td></tr>
<tr><td></td><td></td><td></td><td></td><td></td><td></td><td></td><td></td><td></td><td>1:1</td></tr>
<tr><td>审核</td><td></td><td></td><td></td><td></td><td></td><td colspan="2" rowspan="2">共1张</td><td colspan="2" rowspan="2">第1张</td><td rowspan="2">模具编号</td></tr>
<tr><td>工艺</td><td></td><td></td><td>批准</td><td></td><td></td></tr>
</table>

图 1-10　注射模具的总装图、标题栏、明细表

18）选择代表塑件主要特征的3D造型（按正等测轴投影图或二等测轴投影图要求）放在总装图的右边适当位置。

19）写上模具总装图必要的“技术要求内容”，详见本章21题。

24. 模具总装图必要的技术要求有哪些？

1）对该模具总装的技术要求。

2）复杂模具开模动作顺序说明。

3）必要的模具使用方法和注意事项，如注射设备型号要求、热流道板和喷嘴使用温度要求、注射件的塑料质（重）量和浇道系统的总质量等。

4）模具特殊检验要求。

5）特殊模具的拆卸方法。

6）模具包装、防锈要求。

7）附件、备件说明及装箱清单内容。

25. 注射模具总装图的编号是怎样规定的？

注射模具总装图的编号，如图1-11所示。

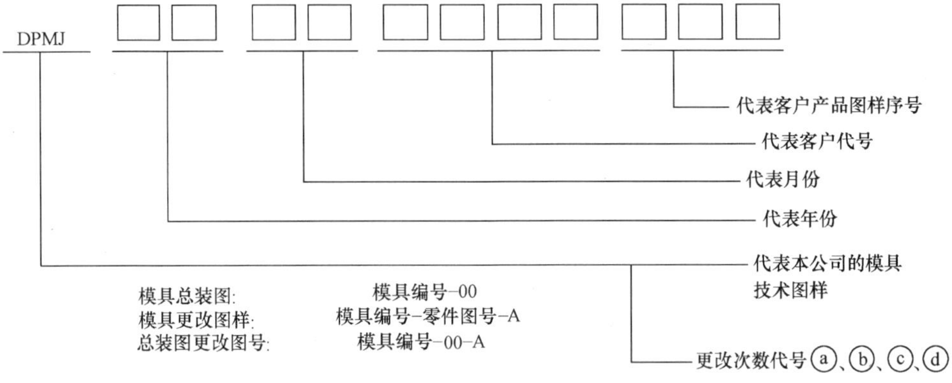

图 1-11　注射模具总装图的编号

26. 在总装图中标准件的代号是怎样标注的?

在总装图中标准件的代号如表 1-9 所示，要求把代号标注在总装图俯视图或主视图中。

表 1-9　总装图中标准件的代号

美国		日本	
顶板导柱导套	GE	反导柱导套	SP
定位钉	SB	正导柱导套	GP
支承柱	SP	尼龙拉扣	PL
顶出柱	KO	顶板导柱导套	EGP
先复位	FS	复位杆	RP
		推管	BOSS
		顶出柱	KO

27. 选择注射模具零件的主视图原则是什么? 视图分为哪四种?

选择主视图应综合考虑以下四个原则:

1）选择最能代表零件结构形状和相对位置关系的视图为主视图，并尽量使形体上的主要面平行于投影面，以便使投影能得到真实形状。

2）零件工作状态位置选择原则，动模一般以设计状态为基准绘制主视图。

3）零件加工状态位置选择原则，定模以分型面朝上的视角绘制主视图，也就是以加工状态绘制主视图。

4）所绘制零件图的基准要求与总装图基准统一。

GB/T 17451—1998 将视图分为：基本视图、向视图、局部视图、斜视图四种。

28. 注射模零件图的绘制有哪些要求?

1）用必要的视图、剖面、剖视及其他画法，正确、完整、合理、清晰地表达零件的各部分结构和形状。

2）正确选定尺寸的基准面，每组尺寸要求正确、合理、完整地标注。一张图样尺寸单位要求统一，米制公差精确到小数点后两位。

3）零件的表面粗糙度要求标明。

4）要求标注零件表面的形状尺寸及公差、位置尺寸及公差。

5）标明必要的技术要求，如材料、热处理、尺寸公差、形状和位置公差、公差配合及其特殊的技术要求等。

6）标题栏内容填写清楚正确，包括零件序号、零件数量、比例、设计、审核、签名日期等。

29. 注射模零件图的编号有哪些规定？

1）模板从定模固定板到动模固定板101、102等顺序排列。

2）型腔类零件由动模到定模201、202等顺序排列。

3）模架类零件、结构类零件、导向零件、浇注系统零件、温控冷却系统零件的定位圈起点按301、302等顺序排列。

4）标准件和外购件的定位圈的固定螺钉起点按401、402等顺序排列。

零件编号的具体含义是首位表示零件的类别，后两位是零件的顺序号。如模具编号要求按客户编号写，总装图的代号跟着编写。总装图的明细表零件代号要按零件图编号规定编写，并在零件图标注上相应零件代号。

30. 标注尺寸时应注意哪些问题？

按国家标准机械制图的规定（GB/T 4458.4—2003、GB/T 4458.5—2003）的基本方法标注，标注尺寸时应注意以下几个问题：

1）尺寸应标齐全、合理、醒目，不得遗漏有误。

2）各形体的定形尺寸和定位尺寸，应尽量集中标在一个视图上。

3）尺寸宜标注在形体投影比较明显的视图上，尽量避免在虚线上标注尺寸。

4）圆弧的半径尺寸应标注在投影为圆弧的视图上。

5）除了要标注出各组成部分的定形尺寸和定位尺寸外，还要标出整个物体的总体尺寸，即长、宽、高。

6）标注的尺寸既要满足设计要求，又要便于加工测量。按测量要求，从测量基准出发标注尺寸，如图1-12所示，图1-12a中的几何中心点是无法实际测量到的。

7）图上不应标注封闭的尺寸链。如图1-13a所示，轴的长度方向尺寸，除了标注全长尺寸外，又对轴上各段尺寸逐次进行标注。因此，形成尺寸链式的封闭图形，即封闭尺寸链。这种标注，轴上的各段 A、B、C 的尺寸精度可以得到保证，而总长 L 的尺寸精度则得不到保证。各段尺寸的误差积累起来，最后都集中反映到总长尺寸上。为此，在标注尺寸时，应将次要的轴段空出，不标注尺寸

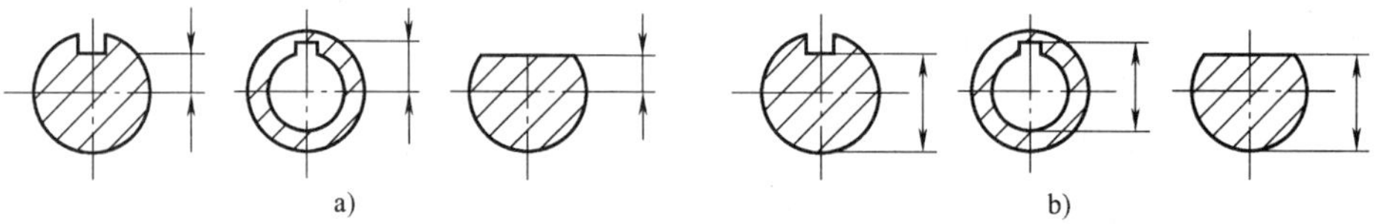

图 1-12　从测量基准出发标注尺寸

a）错误　b）正确

或标注带括号的尺寸，作为参考尺寸，如图 1-13b 所示尺寸“（*C*）”。该轴段由于不标注尺寸，使尺寸链留有开口，称为开口环。如图 1-14a 链式标注轴的总长尺寸，而图 1-14b 中坐标式标注轴的右段尺寸（空出）、图 1 14c 中综合式标注轴的右段尺寸（空出），均为开口环。开口环尺寸在加工中自然形成。

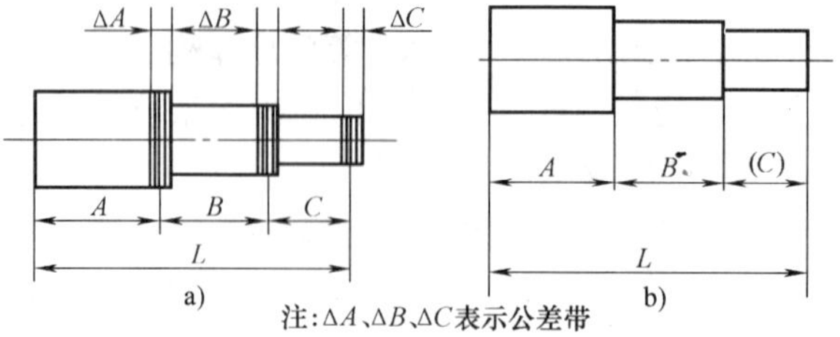

图 1-13　封闭尺寸链

a）封闭　b）开口环

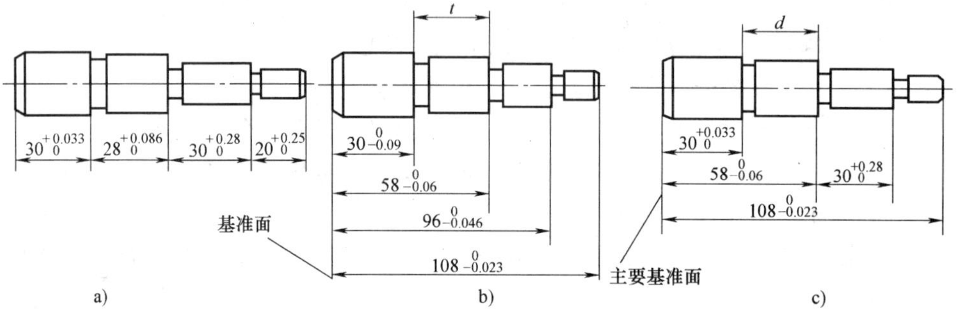

图 1-14　轴类零件尺寸标注

a）链式　b）坐标式　c）综合式

8）按加工顺序、从工艺基准出发标注尺寸，如图 1-15 所示，轴向尺寸是考虑到轴的加工顺序。因此，选择右端面为工艺基准。

9）重要尺寸（设计尺寸、测量尺寸、装配尺寸）要从基准出发直接标注，不应靠间接推算得到。如图 1-16 所示。

10）尺寸标注应遵守《机械制图　尺寸注法》（GB/T 4458.4—2003）的有关规定。

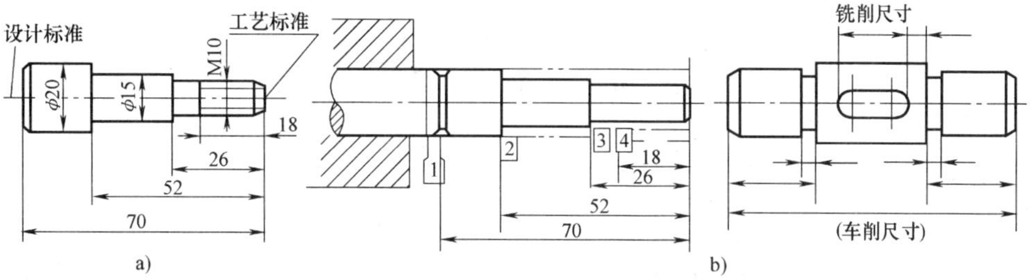

图 1-15　按加工顺序标注尺寸

a）阶梯轴及其加工情况　b）不同工种加工的尺寸标注

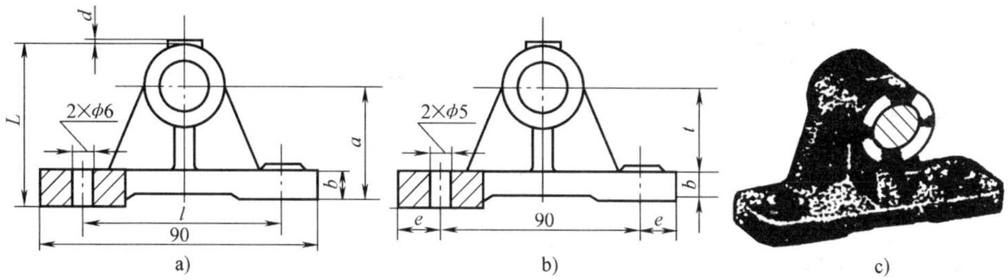

图 1-16　重要尺寸应直接注出

a）正确　b）错误　c）轴承座立体图

31. 注射模具的零件图画法、标注的常见错误有哪些？

1）视图选择不正确，如图 1-17 所示。

2）视图画法错误、尺寸标注错误。

3）要考虑工艺上的需要，如图 1-18、图 1-19 所示，其错误画法不便于车床加工。

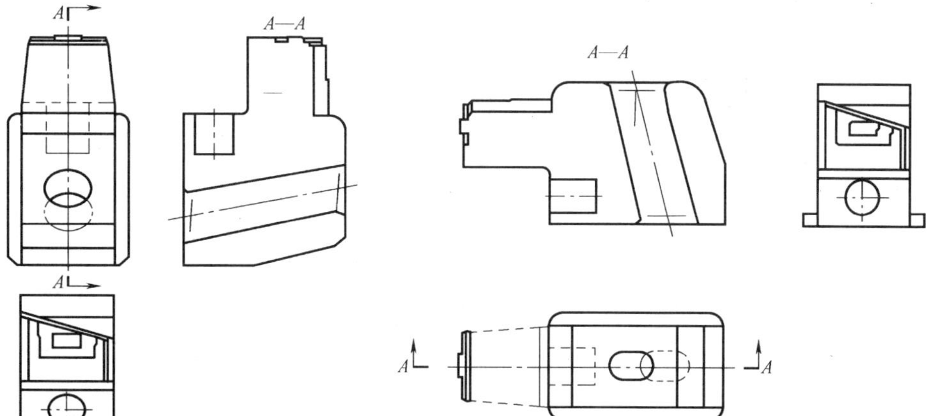

图 1-17　视图选择（滑块）

a）错误　b）正确

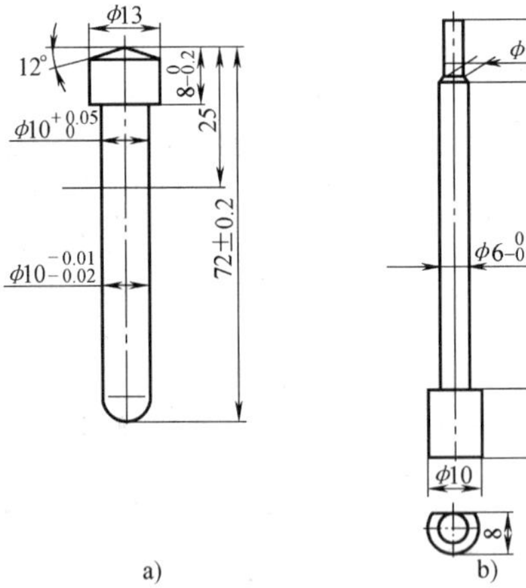

图 1-18　视图画法

a）错误　b）正确

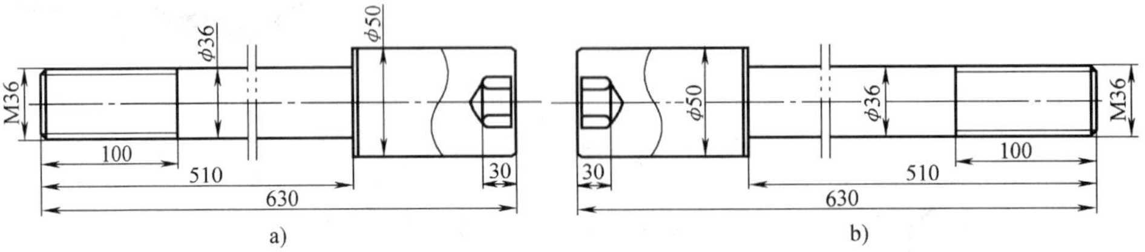

图 1-19　标注尺寸要考虑工艺

a）错误　b）正确

4）尺寸标注的字高、字体不统一，尺寸标注单位不统一，米制英制混合使用，如图 1-20 所示。

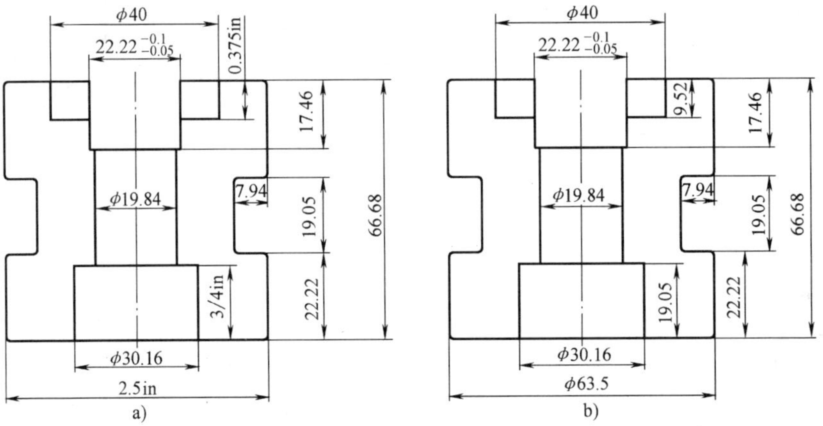

图 1-20　尺寸标注要求统一

a）错误　b）正确

5）标题栏和明细表格式、尺寸大小不规范、内容填写错误或比例与实际尺寸不符。

6）第三角画法没有标志，应画出标志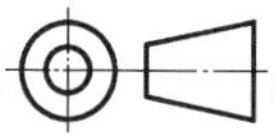。

7）不应在虚线上标注尺寸。

8）剖视图的三要素（剖切线、剖切符号、字母）没有标注，如图 1-21 所示。

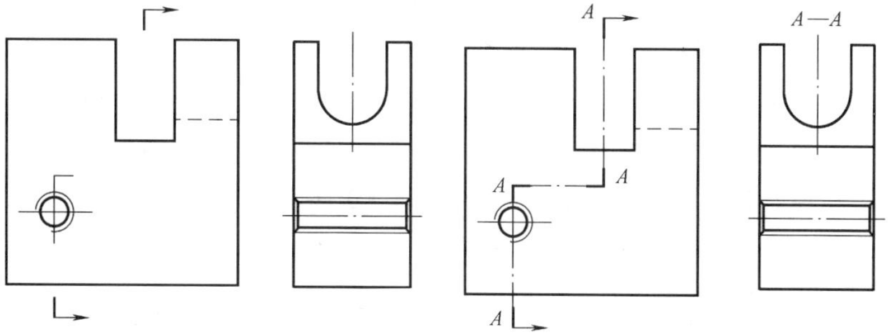

a)　　b)

图 1-21　剖视图的三要素画法

a）错误　b）正确

9）中断处的边界线可用波浪线、双折线、双点画线作为断裂处的边界线，但局部视图的断裂边界线及单边断裂的边界线不得使用细双点画线。避免出现以下错误：①中断处的边界线画法错误，如图 1-22a 为波浪线长于轮廓线；②如图 1-22c中的双折线是旧标准画法，图 1-22d 是新标准画法；③如图 1-22e，外形轮廓线是细实线的断裂处不得用双点画线，要用波浪线。

10）螺纹在装配图中的画法：①如图 1-23b 所示螺纹钻头底孔应是粗实线，

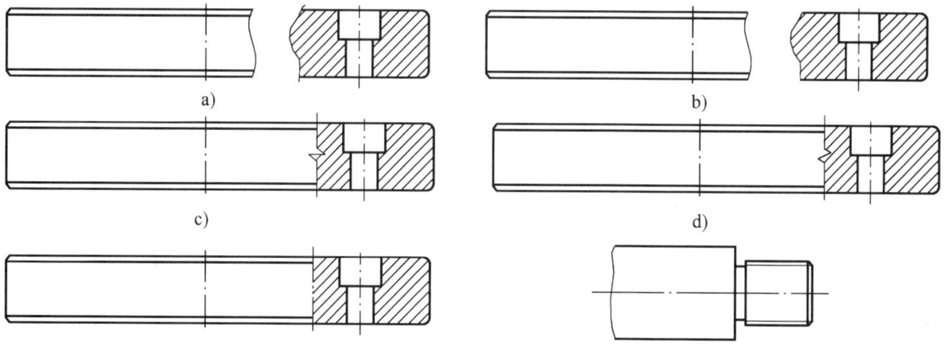

a)　b)　c)　d)　e)　f)

图 1-22　中断处的边界线画法

a）、c）、e）错误　b）、d）、f）正确

螺纹孔的牙底线是细实线；②螺纹的外径应是粗实线，底径是细实线，螺纹的根部应是粗实线。

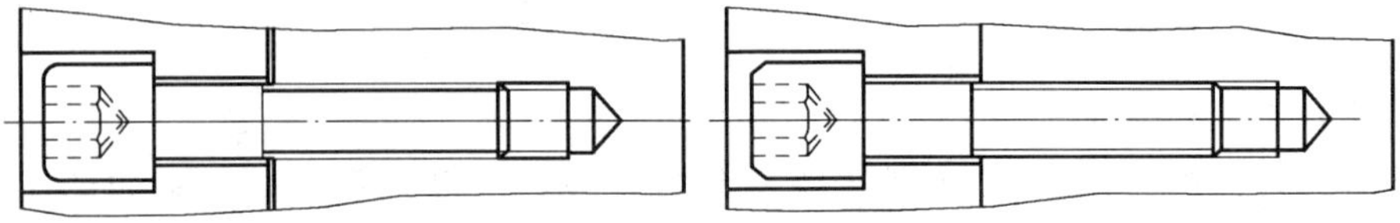

a) b)

图 1-23 螺纹（装配图）画法

a）错误 b）正确

11）标注尺寸时，基准选择错误。定模型腔的深度规定以分型面作为工艺基准标注型腔深度。这样可以减少设计与基准的积累误差。如图 1-24a 所示，“95 ±0. 02”标注错误，应如图 1-24b 标注“25 ±0. 02”。

12）画法错误、标注尺寸任意性较强，如图 1-25 所示。

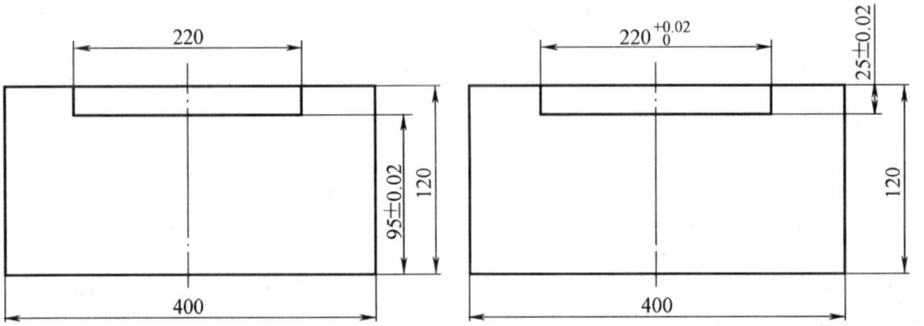

a) b)

图 1-24 标注尺寸时的基准选择（动模座板）

a）错误 b）正确

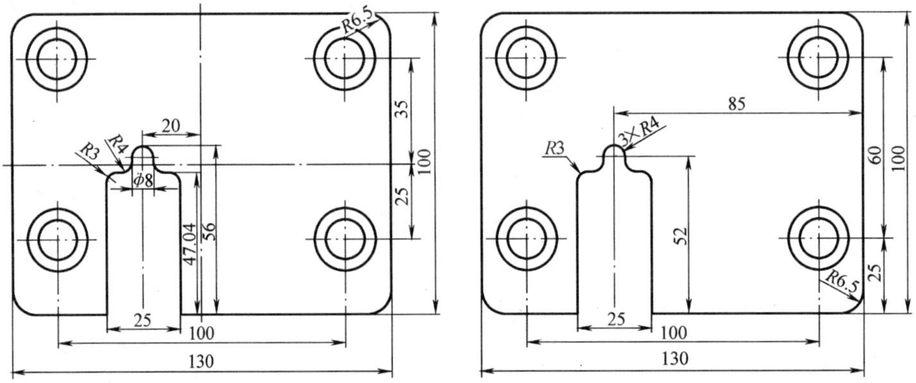

a) b)

图 1-25 尺寸标注

a）错误 b）正确

13）如图 1-26a 画法错误，孔的位置应以圆心为基准用直径标注。

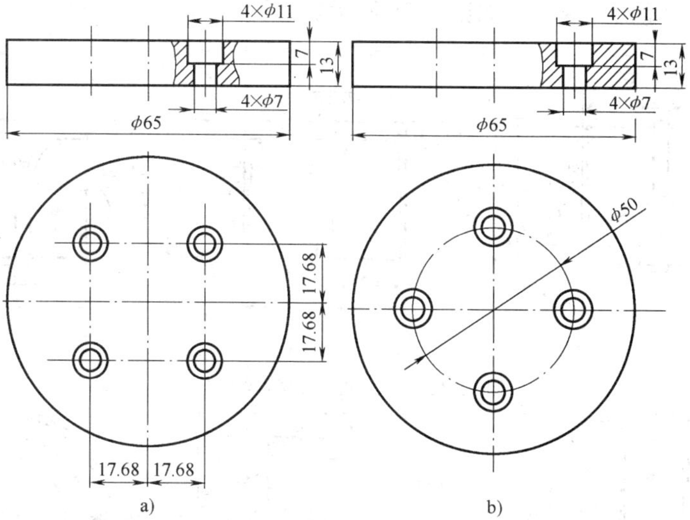

图 1-26　尺寸标注不规范

a）错误　b）正确

14）尺寸标注不规范、不完整（遗漏）、不清晰、不正确、不合理，如图 1-27所示。

15）过渡线画成粗实线，应是细实线，不是粗实线（如图 1-28a、b、d 所示），并且两头必须要与轮廓线空 3～5mm，如图 1-31b 所示。

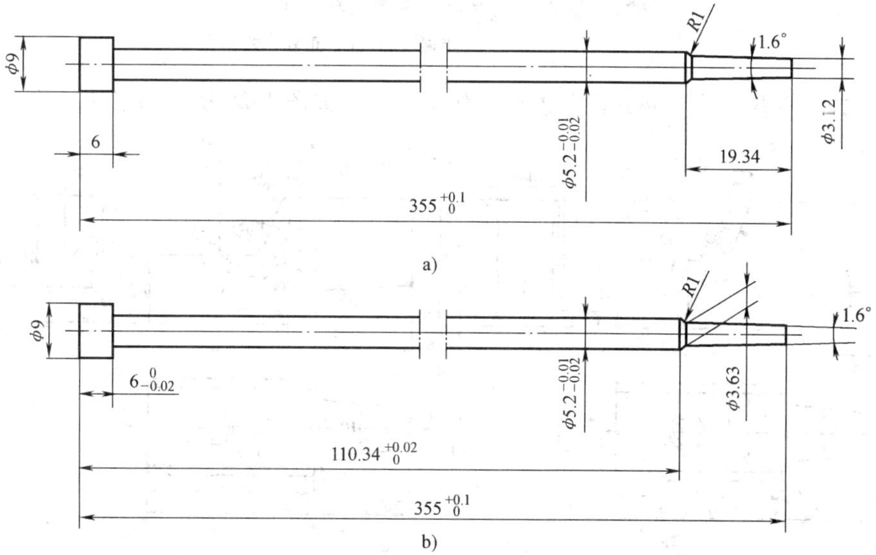

图 1-27　尺寸标注要求完整、清晰、正确、合理

a）错误　b）正确

16）半剖视图画法与标注。半剖视的外形应绘制在下半部，内形绘制在上半部，内外尺寸应分开标注，如图 1-28 所示。

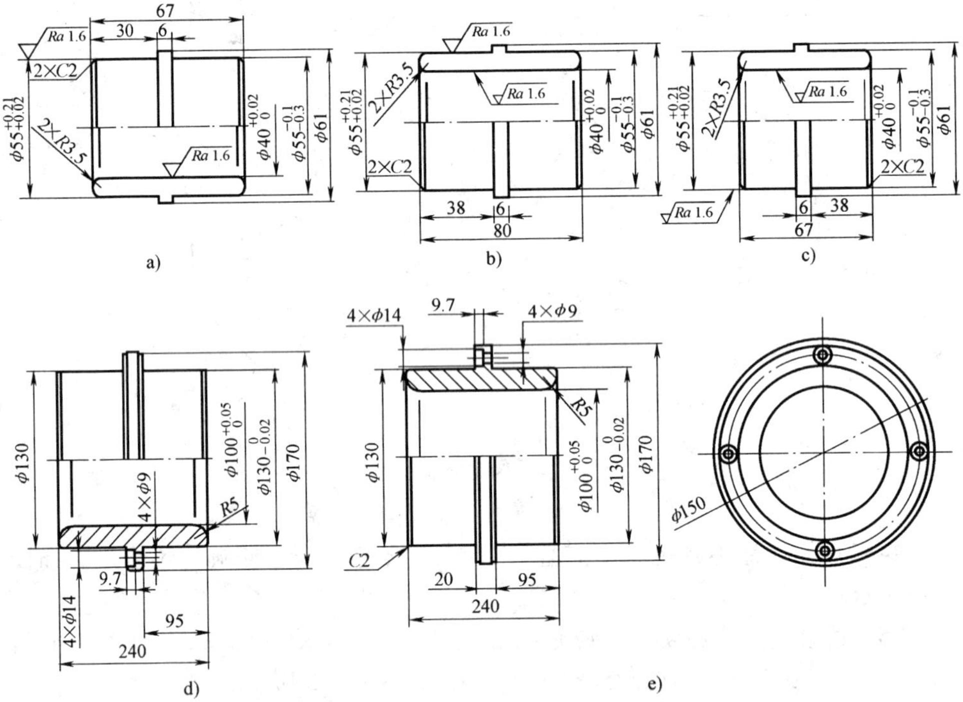

图 1-28　半剖视图画法与标注

a）、b）、d）错误　c）、e）正确

17）有些尺寸不必标注公差的，作了标注，如图 1-29 所示的滑块画法。

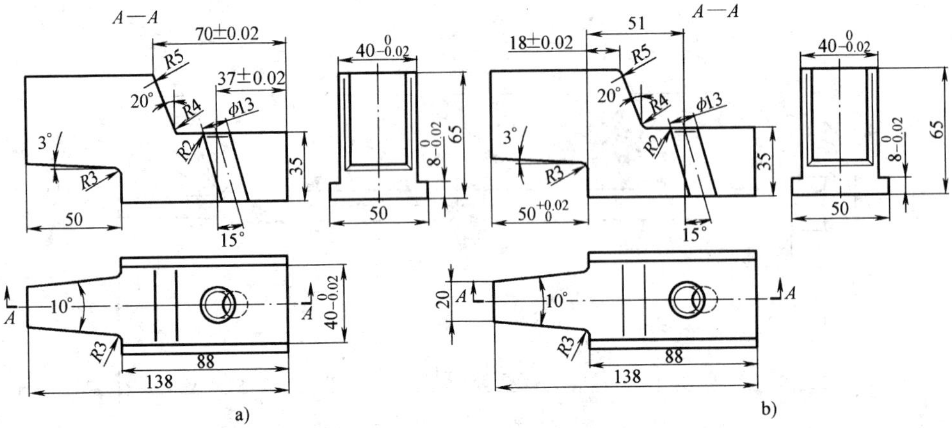

图 1-29　公差标注（滑块画法）

a）错误　b）正确

18）公差标注不合理，如图 1-30 所示，支承柱公差标注太大。

19）没有采用新标准画法，仍采用旧标准画法。

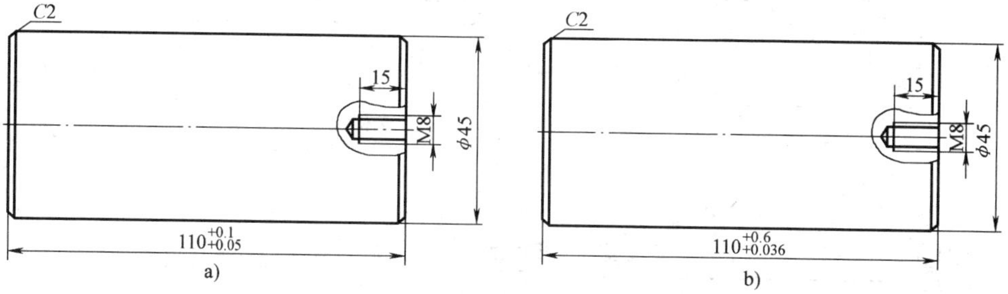

图 1-30　公差精度标注（支承柱）

a）错误　b）正确

20）图样上标注了重复尺寸和封闭尺寸链，如图 1-31 中的重复尺寸“$32_{-0.02}^{\ \ 0}$”、封闭尺寸“29.79”。

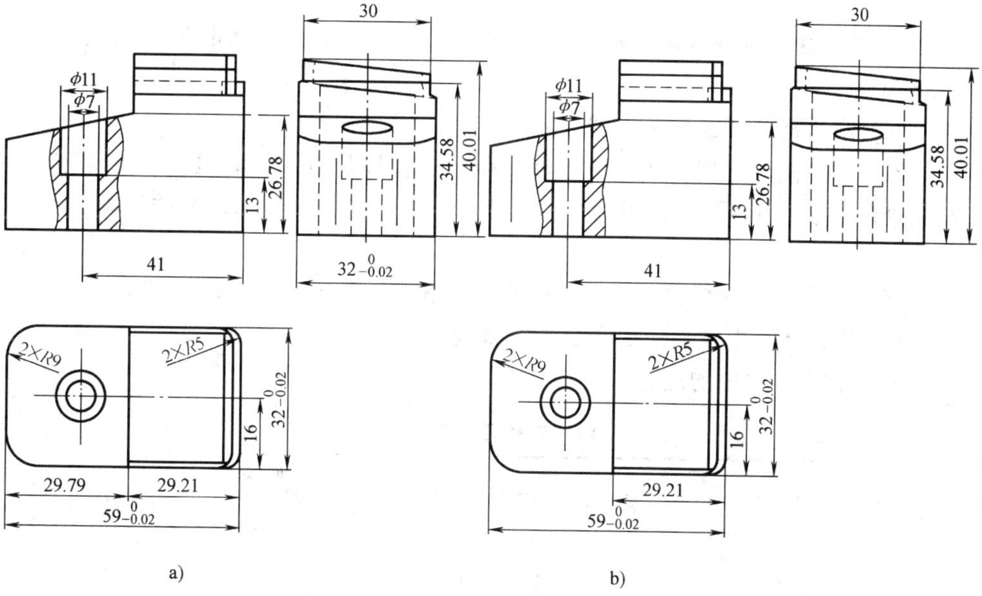

图 1-31　尺寸标注

a）错误　b）正确

21）图样上具有相同表面粗糙度的表面则应统一简化标注，如图 1-32 所示。

22）技术要求内容填写不正确或没有写上必要的内容，形位公差没有标注，如图 1-33 所示。

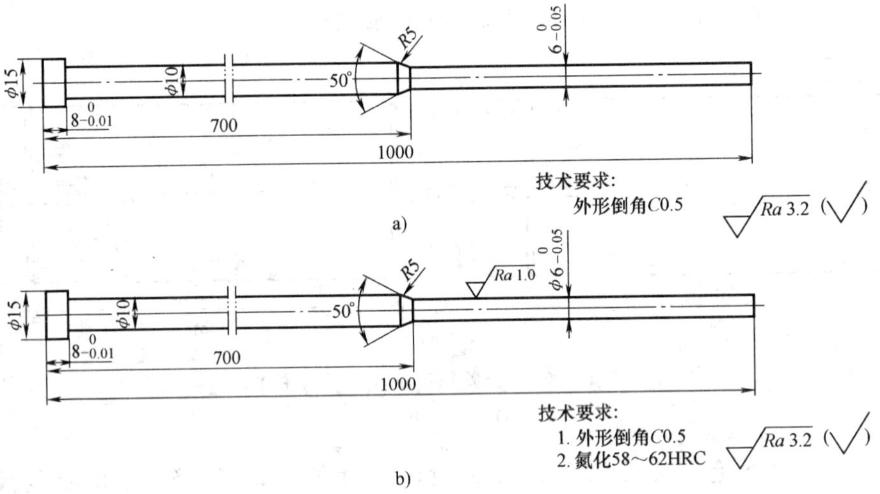

图 1-32　表面粗糙度标注

a）错误　b）正确

23）2D 视图过分依赖 3D 造型，外形尺寸和必要的位置尺寸没有标注，如图 1-33 所示。

24）浇口尺寸要绘制放大图，如图 1-34 所示。

25）构想图没有把模具结构、浇口位置、顶杆位置、抽芯机构、冷却系统、模具外形、装配关系等表达清楚。具体见 22 题“构想图和总装图的要求有什么不同”。

26）总装图画法错误，由于图幅关系这里不举图例，具体见 23 题。

32. 模具制造中常用的配合公差有哪些?

模具制造中常用的配合如表 1-10，最好选用优先配合。

表 1-10　模具制造中常用的配合

过渡配合		间隙配合	
基孔制	基轴制	基孔制	基轴制
H7/k6 *	K7/h6 *	H7/g6 *	G7/h6 *
H7/n6 *	N7/h6 *	H7/h6 *	H7/h6
H8/m7	M8/h7	H8/f7 *	F8/h7 *
H7/p6	P7/h6 *	H8/h7 *	H8/h7 *
		H8/d8	D8/h8
		H9/e8	E8/h8

注：1. H6/n5、H7/p6 在基本尺寸小于或等于 3mm 和 H8/r7 在小于或等于 100mm 时，为过渡配合。

2. 注 * 符号为优先配合。

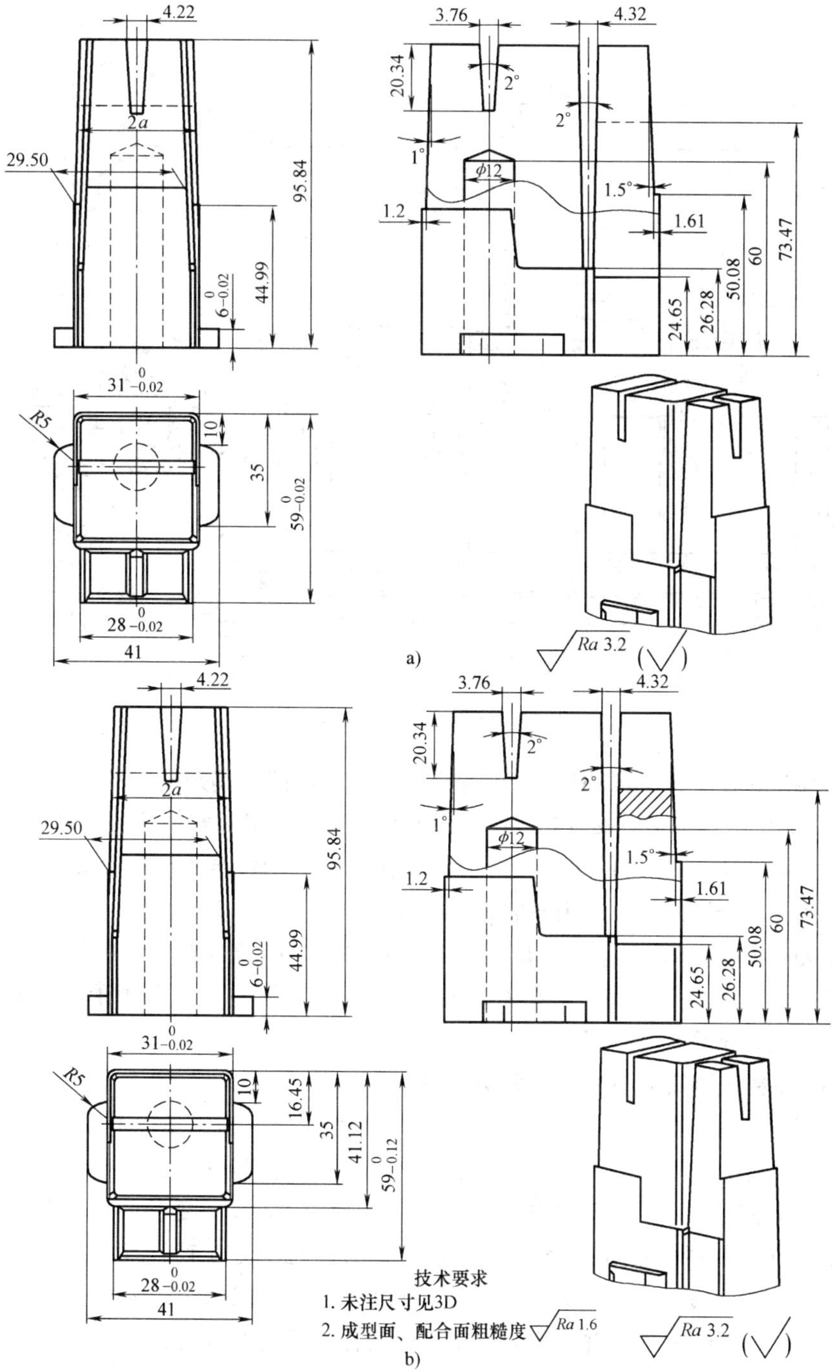

图 1-33　尺寸标注

a）错误　b）正确

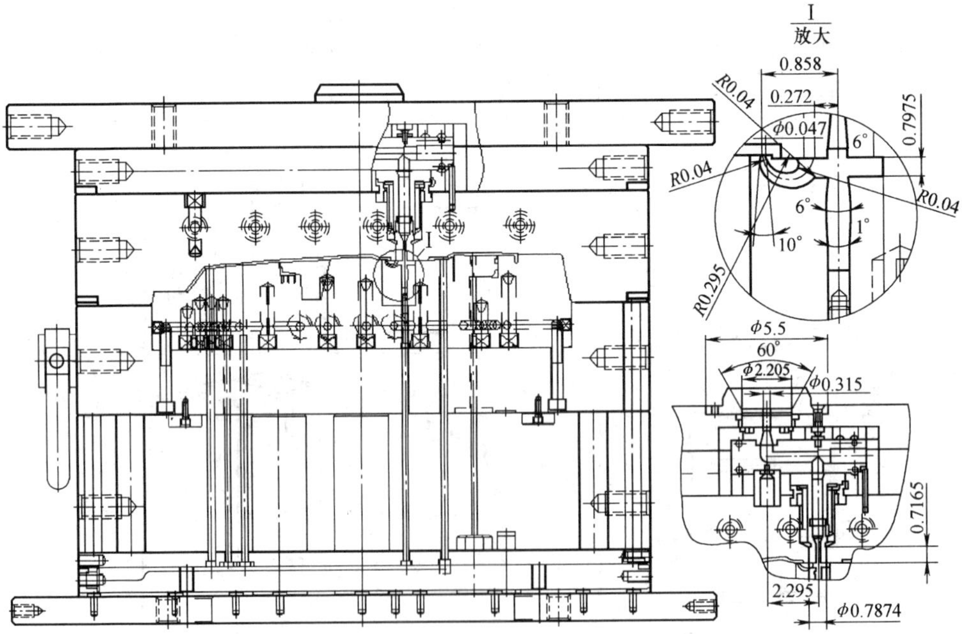

图 1-34　浇口尺寸要绘制放大图

间隙配合中：H7/h6、H8/h7 的配合下限为 0 间隙。其余配合的下限有间隙。H8/d8（D8/h8）和 H8/e8（E8/h8）为大间隙，常用于需要加热的模具中。

过渡配合中：H7/k6（K7/h6）为可能出现间隙的机会大于可能出现过盈的机会，而 H7/n6（N7/h6）则与它相反。

H7/p6（P7/h6）是基本上出现少量的过盈。H8/m7（M8/h7）是过盈与间隙的极限值大致相等，如加工在中值附近时，可以出现 0 值，适用于型腔模中的小而长的嵌件配合。

33. 模具设计周期一般需要多长时间？

在客户提供的 2D 工程图和 3D 塑件造型的情况下，模具的（构想图、3D 分模图、2D 视图，不包括总装图）设计所需时间要根据塑件形状、模具结构的复杂程度不同而估计，一般简单的（构想图）需要 2～3 天，复杂的 5～10 天，大型复杂、高难度的模具 10～15 天。设计所需时间也决定于设计能力和水平、软件的使用熟练程度，是否有标准件库、模块功能、专家系统等。

34. 塑料注射模具有哪些 2D、3D 设计软件？其功能特征如何？

塑料注射模具的设计软件很多，有 UG（NX）、Pro/E、CATIA、SolidWorks、PowerSHAPE、Cimaton、ViSi、AutoCAD 等。

目前 UG 和 Pro/E 使用较为广泛。

UG 其功能特征：

使用于曲面较多、形状复杂的汽车部件，功能较强大，而且国际通用。

Pro/E 其功能特征：

1）实体建模，自动标注草绘尺寸。

2）详细的文档和 2D 工程图，用模板自动创建工程图，能创建 3D 模型。

3）专业曲面设计。

4）革命性的“扭曲”设计。

5）钣金件建模，自动从 3D 几何进行全局变形。

6）装配建模。

7）将 2D 工程图转换成 3D 模型。

第二章　注射模具有关设计资料

35. 塑件设计评审有哪些内容?

模具设计的主要依据，就是客户所提供的塑料制品图、实样、3D 造型及具体要求。模具设计人员必须对塑件的结构设计要求是否合理进行评审，包括塑件的壁厚、脱模斜度、塑件尺寸精度、塑件形位公差、加强肋、支承面、圆角、外形表面等项目。具体对塑件评审要求内容如下。

（1）塑件的结构设计评审内容

1）塑件的造型结构设计。塑料的外部造型设计要经过滚花、抛光、修饰等美化表面设计，要考虑分模线位置是否直接影响到制品外观，是否满足塑件的表面粗糙度要求。

2）塑件的功能结构设计审查。对塑件在静、动负荷下冲击、疲劳、磨损及强度和刚性的校核。

3）塑件的工艺结构设计审查。主要是考虑模塑成型的可行性、对塑件的脱模变形等技术问题，同时还需要考虑保证塑件在生产线上能否高速装配。

（2）塑件精度

塑件尺寸精度、塑件形位公差等级可按附录 A“常用塑料模塑件公差等级和选用（摘自 GB/T 14486—2008）”以及附录 B“模塑件尺寸公差表（摘自 GB/T 14486—2008）”选取。

（3）塑件的壁厚均匀性

1）若壁厚不均匀，会使塑料熔体的充模速率和冷却收缩不均匀。由此产生许多质量问题，如凹陷、真空泡、翘曲甚至开裂。确定合适的制品壁厚是设计制品的主要内容之一。如图 2-1、图 2-2 所示，设计时可考虑将壁厚部分局部挖空或在壁面交界处逐步过渡的方法，使制品的壁厚尽可能均匀一致。

通常热塑性塑料的注塑件壁厚为 2 ~ 4mm。为提高注塑件的刚性，通常不是采用增加塑件壁厚的方式，而是采用增设加强肋或以形体的刚性结构设计来满足。

2）塑料制品的壁厚一般为 2 ~ 3mm，小制品取小值，中等制品取偏大值，大制品可适当地加厚。采用流动性好的塑料，如尼龙、聚乙烯等最薄为 0.2 ~ 0.4mm；流动性不好的聚氯乙烯、聚碳酸酯的最小壁厚为 0.8mm，热塑性塑料件的壁厚推荐值见表 2-1。

（4）塑件的圆角

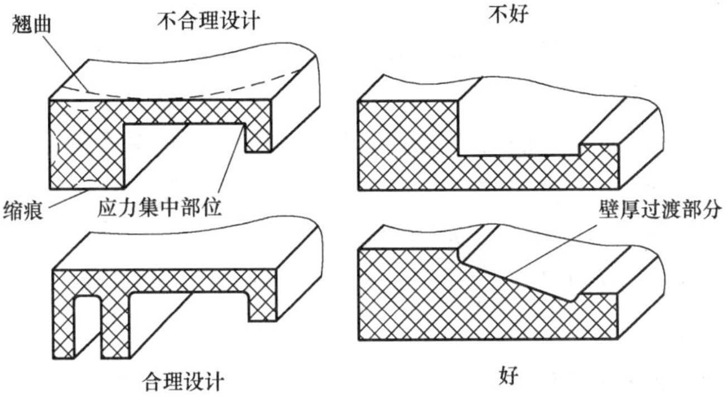

图 2-1　塑料模塑制品壁厚的设计

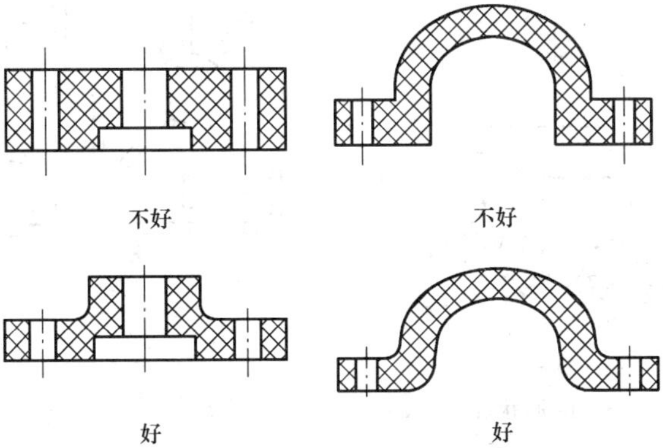

图 2-2　塑料模塑制品避免壁厚不均匀的设计形式

塑件的圆角和圆角半径，详见 36 题“塑件的圆角设计有什么作用和要求？”

表 2-1　热塑性塑料件的壁厚推荐值　　　（单位：mm）

塑料材料	最小塑件	小塑件	中等塑件	大塑件
聚酰胺	0.45	0.76	1.50	2.40 ~ 3.20
聚乙烯	0.60	1.25	1.60	2.40 ~ 3.20
聚苯乙烯	0.75	1.25	1.60	3.20 ~ 5.40
高抗冲聚苯乙烯	0.75	1.25	1.60	3.20 ~ 5.40
硬聚氯乙烯	1.20	1.60	1.80	3.20 ~ 5.80
聚甲基丙烯酸甲酯	0.80	1.50	2.20	4.00 ~ 6.50
聚丙烯	0.85	1.45	1.75	2.40 ~ 3.20
氯化聚醚	0.90	1.35	1.80	2.50 ~ 3.40
聚碳酸酯	0.95	1.80	2.30	3.00 ~ 4.50
聚苯醚	1.20	1.75	2.50	3.50 ~ 6.40
醋酸纤维素	0.70	1.25	1.90	3.20 ~ 4.80
乙基纤维素	0.90	1.25	1.60	2.40 ~ 3.20
丙烯酸类	0.70	0.90	2.40	3.00 ~ 6.00
聚甲醛	0.80	1.40	1.60	3.20 ~ 5.40

（5）塑件的加强肋和凸台

1）设置加强肋，形状一定要正确，合理布置。加强肋的壁厚容易产生缩孔、凹痕。一般肋的高度 L 不超过 $5a$，肋的根部厚度 t 不超过（0.40～0.7）a，$R=t/8$，如图 2-3 所示。加强肋的合理布置具体见图 2-4、图 2-5 所示。

2）加强肋的端面不应与塑件的支承面相平，否则会给加工带来困难。端面应低于支承平面 0.5～1.0mm，如图 2-6 所示。

3）塑件的凸台结构尺寸要求，如图 2-6、图 2-7、图 2-8 所示。

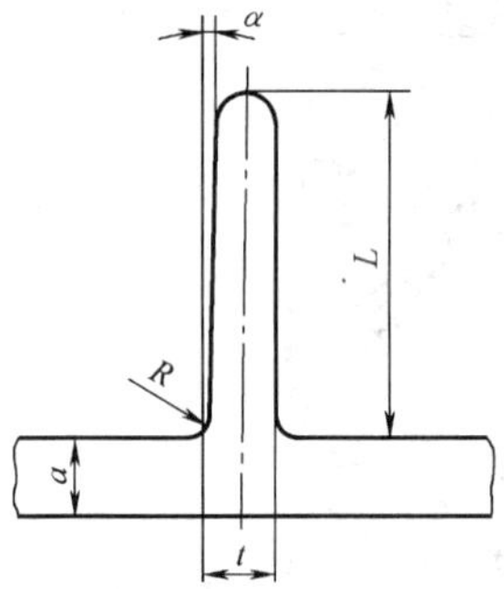

$\alpha=0.5°\sim1.5°$　$L=(2.5\sim5.0)a$

$t=(0.4\sim0.7)a$

$R\geqslant(0.10\sim0.15)a$

两肋中心的间距为（3～5）t

图 2-3　注塑件上加强肋的形状和尺寸

图 2-4　加强肋的合理布置

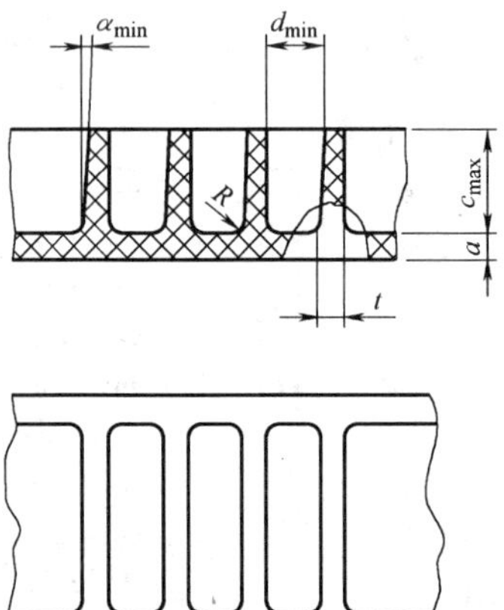

$\alpha_{min}=0.5°$　$t=(0.5\sim0.70)a$　$d_{min}=2.5a$

$R=0.25a$　$c_{max}=3a$

图 2-5　多肋板加强肋结构尺寸

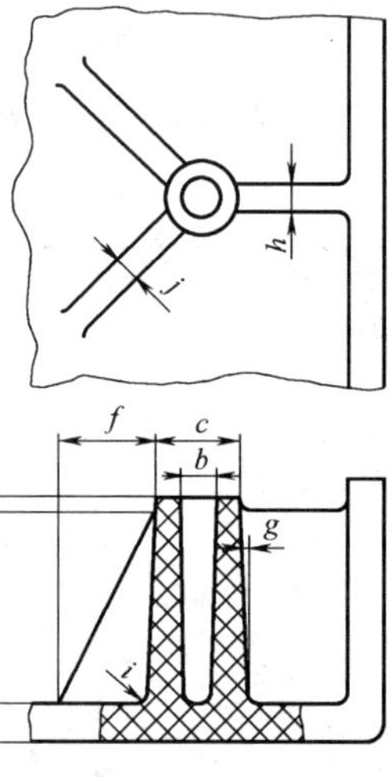

a 为塑件壁厚　b 为装配孔孔径；

$c=2.5b$　$d=5a$　$e=0.9d$　$f=(0.3\sim1)e$

$g=0.5°$　$h=0.6a$　$i=0.25a$　$j=0.6a$

图 2-6　凸台的结构尺寸

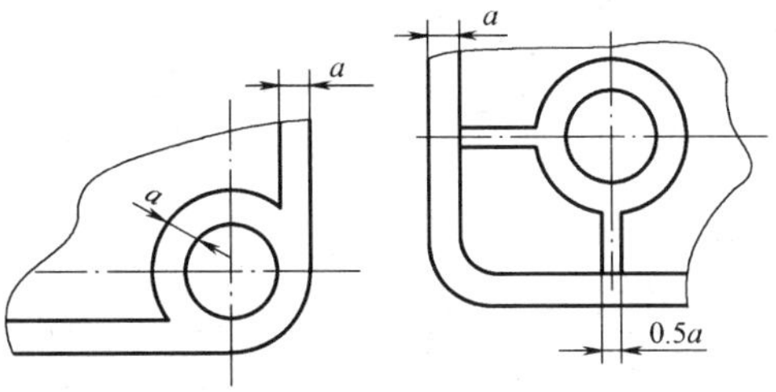

图 2-7　圆角上的凸台结构

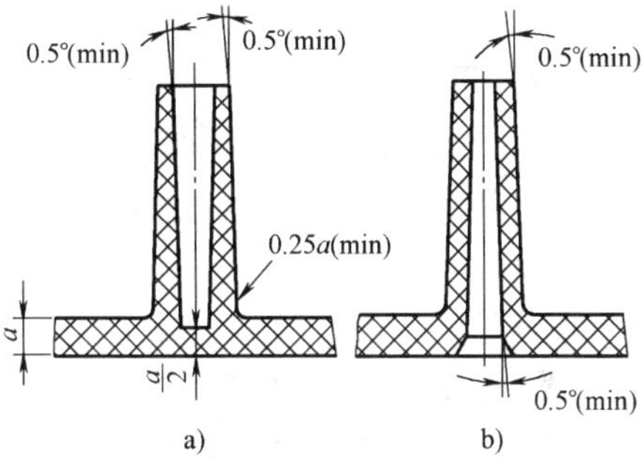

图 2-8　通孔与不通孔的凸台结构

a）不通孔凸台，内孔与外圆斜度方向相反

b）通孔凸台，内孔与外圆斜度方向相同

（6）脱模斜度是否合理

脱模斜度直接关系到塑料制品的脱模质量。因此要求塑料制品有足够的脱模斜度。脱模斜度的方向应与塑料制品在成型时的分型面或模具分型面相适应，否则会影响制品的外观和壁厚尺寸精度，甚至会影响塑料制品某些部位的强度。几种常用塑料的脱模斜度，见本章 43 题。

如果在塑料制品的侧壁上设置有装饰花纹，且花纹布置处于图 2-9 所示的范围内，则制品成型后可直接强制脱模。透明件的脱模斜度比一般塑件用料 PS（聚苯乙烯）侧面脱模斜度应大 3°。侧壁为亚光面，则脱模斜度需 2°以上，亚光面常见的有皮革纹、布纹等。若花纹的侧表面需特大的脱模斜度，如 8°～10°，则每增加 0.025mm 花纹深度要增加 1°以上的脱模斜度。壳类型件上有成排网格式孔时，要取 4°以上型孔斜度。孔越多越密，斜度越大。

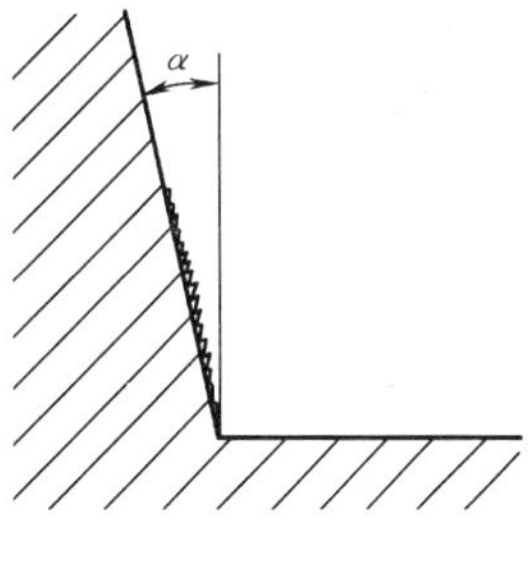

图 2-9　侧壁花纹脱模斜度

（7）注意细节

一般无特殊使用功能要求，应尽量避免侧凹槽、内凹槽、凸槽，同时须考虑能否采用侧向抽芯、滑块、斜顶等脱模机构成功脱模。复杂形状孔的设计办法，见图 2-10。

（8）塑件的颜色

1）在制品壁较厚、制品较大的情况下，易产生颜色不匀，而且制品颜色越深，其制品缺陷暴露得越明显。模温料筒温度及注塑工艺变动也影响同批量的塑件色差，在多点浇口的模具更要注意这个问题。

2）对有颜色的、不允许有色差的两件以上的塑件，最好考虑多型腔的同副模具，不要把塑件分开制造成单型腔模具。

（9）尺寸精度及其他相关尺寸的正确性

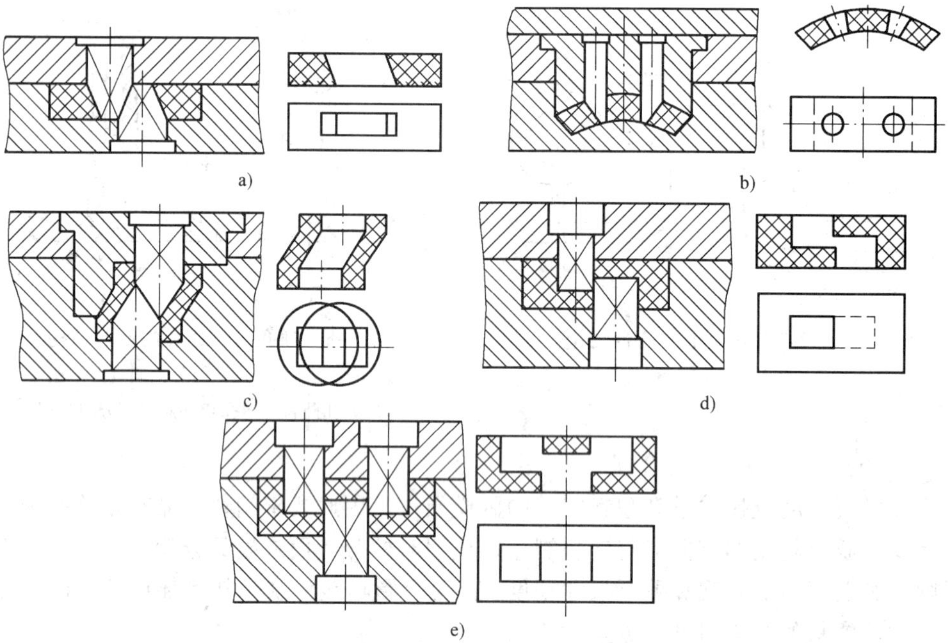

图 2-10　复杂形状孔的成型

1）审查塑件相互装配的相关尺寸是否存在问题。

2）根据塑料制品在整个产品上的具体要求和功能，来确定其外观质量和具体尺寸属于哪一类。①外观质量要求较高，尺寸精度要求较低的塑件。例如，玩具的外形件其外观必须美观，具体尺寸除装配尺寸外，其余尺寸只要吻合较好、形状逼真即可。②功能性塑料制品，尺寸要求严格，其尺寸必须在允许的公差范围内，否则会影响整个产品的性能，如齿轮等。③外观与尺寸都要求很严格的塑料制品，如照相机用塑料件，公差已超出标准要求，那就要进行具体分析，看能否在试模过程中进行适当调整来达到其要求。再如汽车的装饰条外形是弧度，由于成型脱模后塑件就变形、收缩，造成弧度和长度尺寸不符合图样要求，同整机装配后很不美观。这个问题不是靠调整工艺能解决的，解决办法是在制模前先放好修正值，确认工艺无误，经过试模验证尺寸，再修改到要求尺寸，实在不行再重新研制模具，使注塑制品达到其设计要求。

（10）塑料制品成型后是否要求后处理

某些塑料制品在成型后需进行热处理或表面处理。需进行热处理的制品在计算成型尺寸时，要考虑热处理对其尺寸的影响。需进行表面处理的制品，如需表面电镀的制品，若制品较小而批量又很大时，则必须考虑设置辅助流道，将制品连成一体，待电镀工序完成后，再将制品与辅助流道分开。

（11）塑件尺寸公差的选定是否合理，见38题。

36. 塑件的圆角设计有什么作用和要求?

(1) 圆角设计的作用

一个塑件上有许多相交面，在相交之处一般都用圆角过渡（有特殊要求的除外），其作用如下：

1) 避免应力集中。若相交面采用尖角过渡，那么在尖角处易产生应力集中，在受力或受冲击振动时易发生破裂。特别是在脱模过程中，由于模塑内应力和尖角处的应力同时作用，极易使塑件开裂，而圆角则可避免应力集中。

2) 改善熔体的流动性。如果采用尖角过渡，熔体在流经此处时会产生流动困难、流线紊乱的现象，造成熔体充模困难，而圆角过渡可加大此处的流通面积，从而改善熔体的流动性，给熔体充模带来方便。

3) 提高模具使用寿命。与塑件相对应的模具相交面处也是圆角过渡，使得模具的机械加工变得容易，热处理时也不易出现裂纹。

4) 便于脱模。带尖角的塑件与型腔粘附较紧，脱模阻力大，难以脱模；而圆角过渡的模具，摩擦因数较小，为脱模带来便利。

5) 使塑件外形更美观。塑件相交面间的圆角过渡，增加了塑件的美观性和商品价值，也避免了尖角的易损性。

6) 增加了塑件强度。塑件在相交面间的圆角过渡，减少了塑件的波纹和熔体充模时的不均匀性。

(2) 圆角的设计要求

1) 圆角的设计要考虑制品壁厚不能太厚，如图 2-11 所示。

2) 在加强肋或凸台与塑件主体的相交处也应设计成圆角，圆角半径一般为 0.2~0.8mm，如图 2-12 所示。

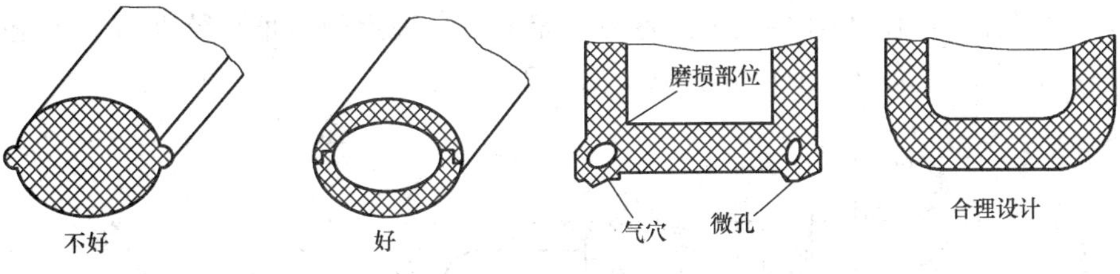

图 2-11 塑料制品的壁厚及圆角的设计

3) 在模具的分型面、型腔与型芯相配合之处，不宜采用圆角，因为采用圆角过渡容易溢料，塑件易产生毛刺，甚至卡住型芯，妨碍塑件脱模。

4) 当一个塑件的某处有内、外拐角时，应同时采用内、外圆角，若只采用一个圆角，此处的壁厚便会增加，比附近的塑件壁厚要大许多，这样将易使此处出现应力集中、凹陷等缺陷，但若内、外都不采用圆角，那问题就更大，如图 2-13 所示。

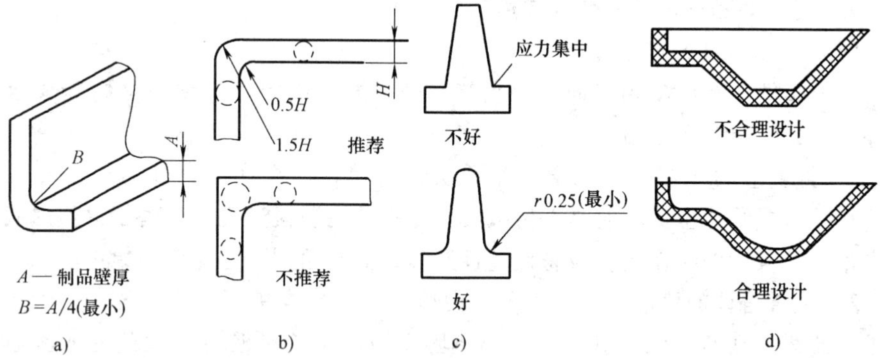

图 2-12　塑料模塑制品圆角半径

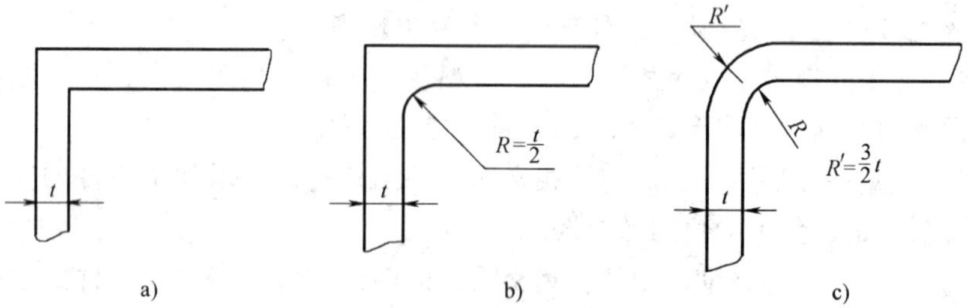

图 2-13　塑件的内、外圆角

a）不合理　b）较合理　c）合理

因此塑件结构尽量使内、外圆角半径取最大值，实验证明，圆角半径与转角处壁厚的比值为 1:1.7，即转角处的圆弧半径为壁厚的 0.5 倍，结构设计时尖角改为钝角至少为 0.5°，这样可延长模具的使用寿命。

5）塑件的内圆角半径与其壁厚有一定要求，理想的圆角半径 R 应大于壁厚的 1/4，这样才能取得圆角的效果（见图 2-14 ）。

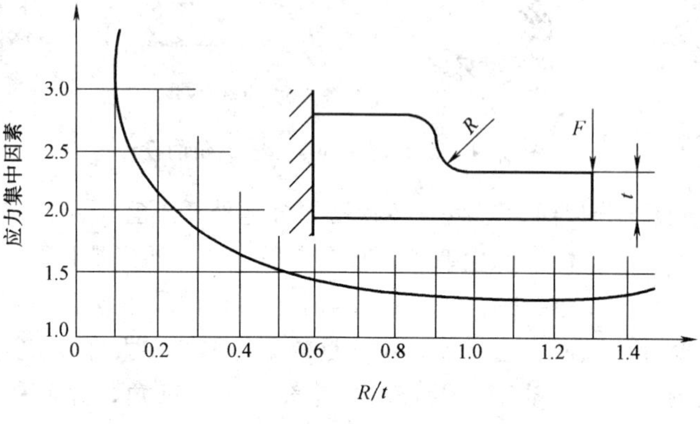

图 2-14　壁厚与圆角的关系

37. 影响塑件尺寸精度的因素有哪些?

影响尺寸精度的因素较多，且极为复杂。这就给确定合适的塑件尺寸公差带来困难。影响尺寸精度有以下几个主要因素（见图2-15）。

（1）模具因素的影响

模具类型不同，对塑料制品的尺寸精度的影响也不同，单型腔模具比多型腔模具所成型的塑料制品精度高。模具型腔与型芯的磨损，包括型腔表面的修磨和抛光，所造成这些成型零件误差约占塑件公差的1/6。单个型腔模塑的成型制品精度较高。模具的型腔数目每增加一个，就会降低塑件精度的5%。由模具上运动的零件所成型的塑件尺寸其精度较低。模具上浇注系统和冷却系统设计不当，会使成型塑件的收缩不均匀。脱模系统的作用力不当，会使被顶出塑件变形造成尺寸误差。以上这些都会影响注塑件的质量。

模具的制造尺寸公差（或误差）大体上是制品尺寸公差值的1/3左右，把这个值作为标准级的模具公差，那么精密级的公差为标准级的1/2，粗级的公差约为标准级的2倍。

（2）塑料材料因素的影响

塑料的性能如刚性、收缩率，会对制品尺寸精度造成影响。收缩率是影响塑料制品尺寸精度的最基本也是最重要的因素。收缩率小的塑料如聚砜、ABS、聚苯乙烯、聚碳酸酯等由于成型工艺条件的波动使得尺寸误差小，可得到较高尺寸精度的塑件。收缩率大的塑料，如软聚氯乙烯、低压聚乙烯等，波动大、成型收缩率误差大，如PP、尼龙1010等收缩率居中的材料就能获得中等的尺寸精度。如有填充剂的材料成型收缩率就小，制品精度就高。

（3）设计因素的影响

若制品本身设计的几何形状结构合理，收缩和变形就小，尺寸精度就较高。

（4）成型工艺因素的影响

成型操作条件，如温度（模温、加料室温度、料筒温度）、压力（压制压力、传递压力、注射压力）、时间（保压时间、注入或注射时间、冷却时间）以及在成型期间塑料制品中所产生的填料取向、分子取向、结晶分布等，均会对制品尺寸精度产生影响。成型条件变化的表现为塑料收缩波动，这也是产生塑料制品尺寸误差的直接原因，是仅次于模具成型零件加工精度的重要因素。

（5）使用环境因素的影响

模塑件由于存放、使用条件的变化会导致性能变化，如发生翘曲变形等现象。这些变化主要与塑料的性能、温度、湿度等有关。

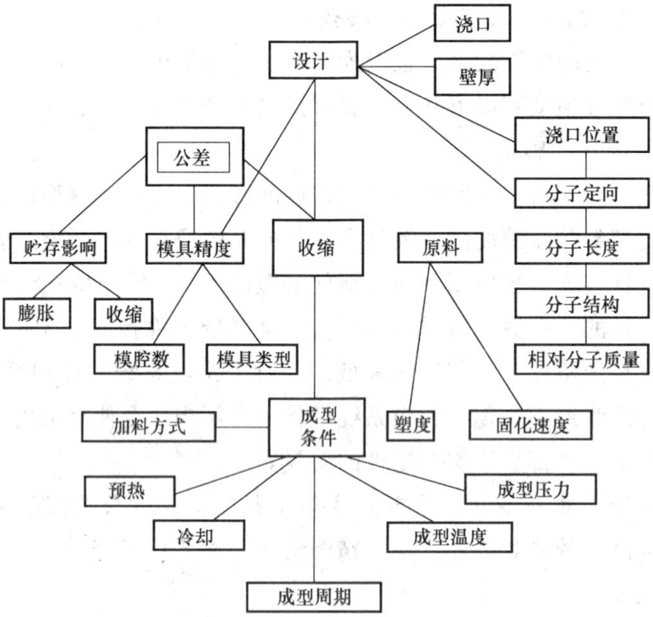

图 2-15　影响塑件尺寸精度的因素

38. 如何确定注塑件的尺寸公差?

塑件尺寸公差是指塑料制品实际尺寸与塑料制品图样上所要求尺寸的符合范围。由于影响制品尺寸精度的因素较多，而且又十分复杂，这就给正确确定尺寸公差带来了一定的困难。因此使用塑件尺寸公差标准，并将其作为确定尺寸精度等级的依据。

塑件的尺寸公差可依据 GB/T 14486—2005《工程塑料模塑塑料件尺寸公差》标准，把附录 A“常用塑料模塑件尺寸公差等级和选用”和附录 B“模塑件尺寸公差表”这两个表配合起来使用。先用附录 B 根据塑件材料类别选出适宜的精度等级，然后再由附录 B 中查出其基本尺寸的公差值。

该公差表将塑件分成 7 个精度等级，每种材料的塑件可选用其中的 3 个等级，即高精度、一般精度和低精度（未标注公差尺寸）。1 ~ 2 级精度要求较高，一般不采用。表中的公差值。所具体分配的上、下偏差值可根据塑件配合性质确定。一般而言，对塑件图上无公差要求的自由尺寸，建议采用标准中的 7 级精度。对孔类尺寸可取表中数值冠以(+)号的公差值，视为基准孔；对轴类尺寸可取表中数值冠以(-)号的公差值，视为基准轴，对中心距尺寸可取表中数值之半，冠以(±) 号的公差值。模具活动部分对塑件尺寸影响较大，其公差值为表中数值再加上附加值之和，2 级精度的附加值为 0. 05mm，3 ~ 5 级精度的附加值为 0. 10mm，6 ~ 7 级精度的附加值为 0. 20mm。当沿脱模方向两端尺寸均有要求时，应考虑脱模斜度对精度的影响。

制品的标准公差（德国 DIN7710）见表 2-2，供需要使用时参考。

表 2-2　制品的标准公差（德国 DIN7710）　　（单位：mm）

尺寸范围 / 级别	0~18	18~30	30~50	50~80	80~120	120~180	180~250	250~500
标准级	±0.10	±0.15	±0.25	±0.40	±0.60	±0.90	±1.20	商定
精密级	±0.08	±0.10	±0.15	±0.20	±0.30	±0.40	±0.60	商定

39. 如何确定注塑件的表面粗糙度?

塑件的表面粗糙度可参照 GB/T 14234—1993《塑料件表面粗糙度》选取，(见附录) 一般取 $Ra0.2 \sim 1.6\mu m$。塑件的外观要求越高，表面粗糙度值应越低。为确保表面粗糙度达到标准值，除了在成型时从工艺上应尽可能避免冷疤、云纹等疵点，主要取决于模具型腔表面粗糙度。一般模具表面粗糙度要比塑件的要求低 1~2 级。模具在使用过程中，由于型腔磨损而使表面粗糙度不断加大，所以应随时予以抛光复原。透明塑件要求型腔和型芯的表面粗糙度相同，而不透明塑件则可根据使用情况决定。

40. 什么叫塑料的收缩性? 何谓注射模具的成型收缩率? 各种常用塑料的成型收缩率是多少?

(1) 塑料的收缩性

塑件从注射模具中取出，冷却到室温后，塑件的各部分尺寸都比原来在塑料模中的尺寸有所缩小，这种性能称为塑料的收缩性，其收缩量视树脂的种类、成型条件、模具设计变量等不同而有所差异。

(2) 成型收缩率

注塑制品因其成型冷却后收缩而引起的尺寸变化同模具型腔的尺寸的比值，称为成型收缩率（简称收缩率）。成型收缩率，一般是表示制件成型后的尺寸收缩的程度。它用同一部位的制品尺寸同模具尺寸之差，再与模具尺寸相比的百分率表示。

$$\eta_1 = \frac{L_0 - L_1}{L_0} \times 100\%$$

式中，η_1 为制品的收缩率；L_0 为模具尺寸（mm）；L_1 为同一部位的制品尺寸(mm)。

制品成型 2~4h 后测定的收缩率称为初期收缩率，制品成型 16~24h 或24~48h 后所测定的收缩率称为成型收缩率。

在成型作业中，由于受到热或者压力等外因引起的成型收缩可以分为三种：

一是由于树脂固有收缩引起的成型收缩，二是由于制品形状引起的成型收缩，三是由于成型条件引起的成型收缩。可以认为引起成型收缩的原因是热、弹性恢复结晶化、分子定向缓和引起的。除此之外，还有塑性变形等因素。

（3）国产常用注射成型塑料名称及成型特性

各种塑料的成型收缩率见表2-3、表2-4，详细见附录E“国产常用注射成型塑料名称及收缩率和成型特性”、附录F“国外生产常用注射成型塑料名称及成型特性”。

表2-3　收缩率范围较小的收缩率　（%）

塑料名称	收缩率	塑料名称	收缩率
聚苯乙烯	0.5～0.8	聚碳酸酯	0.5～0.8
硬聚氯乙烯	0.6～1.5	聚砜	0.4～0.7
聚甲基丙烯酸甲酯	0.5～0.7	苯乙烯-丁二烯-丙烯腈共聚体(ABS)	0.3～0.8
有机玻璃	0.5～0.9	氯化聚醚	0.4～0.8
半硬聚氯乙烯	0.5～2.0	注射酚醛(塑11-10)	1.0～1.3
聚苯醚	0.5～1.0	乙酸纤维素	0.5～1.2

表2-4　收缩范围较大的收缩率　（%）

<table>
<tr><td rowspan="2">塑料名称</td><td colspan="9">塑件壁厚/mm</td><td rowspan="2">塑件高度方向的收缩率与水平方向收缩率的百分比</td></tr>
<tr><td>1</td><td>2</td><td>3</td><td>4</td><td>5</td><td>6</td><td>7</td><td>8</td><td>>8</td></tr>
<tr><td rowspan="3">尼龙1010</td><td colspan="2">0.5～1.0</td><td colspan="2"></td><td colspan="2">1.8～2.0</td><td colspan="2" rowspan="3">2.0～2.5</td><td rowspan="3">2.5～4.0</td><td rowspan="3">70</td></tr>
<tr><td rowspan="2">—</td><td colspan="2">1.1～1.3</td><td></td><td rowspan="2">—</td><td rowspan="2"></td></tr>
<tr><td></td><td colspan="2">1.4～1.6</td></tr>
<tr><td>聚丙烯</td><td colspan="3">1.0～2.0</td><td colspan="2">2.0～2.5</td><td colspan="3">2.5～3.0</td><td>—</td><td>120～140</td></tr>
<tr><td rowspan="2">低压聚乙烯</td><td colspan="3">1.5～2.0</td><td colspan="4" rowspan="2">2.0～2.5</td><td colspan="2" rowspan="2">2.5～3.5</td><td rowspan="2">110～150</td></tr>
<tr><td colspan="2">—</td><td></td></tr>
<tr><td>聚甲醛</td><td colspan="4">1.0～1.5</td><td colspan="3">1.5～2.0</td><td colspan="2">2.0～2.6</td><td>105～120</td></tr>
</table>

41. 影响成型收缩的因素有哪些？其规律怎样？怎样确定注射模具的成型收缩率？

在一般情况下，塑料制品成型收缩是向其几何中心收缩的。影响塑料制品收缩的因素很多，有些因素直接影响、有些因素间接影响，或者有些因素是在某些情况下起相反作用。因此比较复杂，必须综合考虑，分析哪些是最主要的，其影响程度如何等。

（1）影响成型制品收缩的因素

塑料品种、塑件形状、模具、成型条件及其规律，已用表2-5概括表达。

（2）规则补充

从生产实践出发，塑料对热塑性塑料成型收缩的主要因素及其规律作如下详细补充：

表 2-5 影响成型收缩的因素

影响因素		收缩率(比结晶性料)	方向性收缩差(比结晶性料)
塑料品种	无定型塑料	小	小
	结晶度大	大	大
	热膨胀系数大	大	—
	易吸水、含挥发物多	大	—
	含玻璃纤维及矿物填料	小	方向性明显,收缩差大
塑件形状	包紧型芯直径方向	小	—
	与型芯平行方向	大	—
	薄壁	小	大
	厚壁	大	—
	内孔	大	—
	外形	小	—
	形状复杂	小	—
	形状简单	大	—
	有嵌件	小	小
模具	进料口截面大	小	大
	与料流平行方向	大	—
	与料流垂直方向	小	—
	距进料口近部分	小	大
	距进料口远部分	大	—
	模温不均	—	大
	非限制进料口	小	大
	限制进料口	大	小
成型条件	料温高	料温高,收缩变小,但料温继续升高到某值后,收缩随料温再升高也随之增大	—
	注射压力大	小	大
	模温高	大	—
	冷却速度快	小	大
	闭模时间长,冷却时间长	小	大
	结晶性塑料,经退火处理	小	小
	注射速度高	对收缩影响较小,略微有增大倾向	—
	保压补缩作用大	小	大
	脱模慢	小	小
	填充时间长	小	大
	柱塞式注射机	大	大

1）塑料的温度。这里所说的塑料的温度是指注塑机熔融料筒的温度。它与模具的温度相同，当温度升高则膨胀系数增大，成型收缩增大，当温度下降，则成型收缩量逐渐变小。

2）塑件的种类、性能牌号。生产厂家产地不同，塑料收缩率也有所不同；塑料含有玻璃纤维及矿物填料收缩小，并且其结晶度还因冷却速度不同而异，结晶度大则收缩大。

3）塑件的制品形状、结构。塑件加强肋多则收缩小，壁厚的塑件比薄的塑件收缩大。形状复杂的，收缩小；形状简单的，收缩大。内孔收缩大，外形收缩小。包紧型芯方向处，收缩小；平行型芯处，收缩大。

4）模具设计所造成的成型收缩。①注塑的浇道方向，纵向成型收缩率明显比横向大。应指出，分子取向而形成的收缩是随取向的内应力增大而增大。对于分子取向性强的塑料，其成型收缩率的值一般在料流方向较大，垂直方向较小；②浇口的结构形式、尺寸和设置位置等造成的收缩均对成型收缩率有影响。其中影响最大的是浇口截面积，浇口截面大，收缩大；限制性进料口，收缩大；非限制性进料口，收缩小；通常，若加大浇口则可以对模具内熔融树脂施加足够的注射压力，起到与提高注射压力相同的效果并减小成型收缩。若浇口处的注射速度快，则成型收缩按正比例增大，并可以通过实验了解这种现象。但是，对于相同的注射量来说，若加大浇口截面积，则流速降低且成型收缩减小。

5）模具温度是控制制品冷却定型的主要因素，一般说来，模具温度升高，塑料的收缩程度加大。模腔内温差大，塑料的收缩增大。

6）增大注射压力，会加快填充速度，从而减小作用于流动层上的剪切应力，减小成型收缩。成型条件对成型收缩率和方向性收缩量的影响及其塑件成型收缩的规律与注塑的成型工艺有关；通常模内的有效压力越高，保压时间越长，冷却时间越长，塑料的收缩率越小。若浇口处的注射速度快，则成型收缩按正比例增大，并可以通过实验了解这种现象。但是，对于相同的注射量来说，若加大浇口截面积，则流速降低且成型收缩减小；提高充模速度会使结晶和取向作用加强，结晶收缩和取向收缩都会增大。

7）制品厚度越大，则成型收缩也越大。

除上述因素之外，成型收缩率还受成型物料的状态、注射机的技术状况以及制品的形状复杂程度等许多其他因素影响。这些因素的影响程度，有时甚至能超过压力和温度等工艺因素。因此，如何减小制品的成型收缩，实际上是如何提高制品精度或涉及精密注射成型的问题，这一问题只能通过科学实验与生产实践相结合才能解决。

常见塑料的成型条件、壁厚的成型收缩率见表2-6。

表 2-6　常见塑料的成型条件、壁厚的成型收缩率　（%）

名称	成型条件				壁厚 3mm 以下		壁厚 3～6mm		壁厚 6mm 以上		摘要
	注射压力/MPa	树脂温度[①]/℃	模具温度/℃	成型时间/min	流动方向	垂直方向	流动方向	垂直方向	流动方向	垂直方向	
聚丙烯酸酯	105～140	225～230	80～88	35～60	0.4	0.3	0.4	0.3	0.5	0.4	流动方向的值越大，壁厚越厚，值越大
醋酸纤维	70.5～140	170～265	21～82	10～150	0.2～0.7	0.2～0.7	0.2～1.5	0.2～1.5	0.4～2.5	0.4～2.4	壁厚越厚，值越大
尼龙 6	84.5～170	235～295	21～93	15～120	0.8～1.5	0.8～1.5	1.5～1.7	1.5～1.7	1.7～2.2	1.7～2.2	同上
尼龙 66	105～210	275～315	21～93	30～60	1.5～2.0	1.2～2.0	2.0～3.0	2.0～3.0	3.0～4.0	3.0～4.0	同上
中密度聚乙烯	35～210	175～340	13～93	10～120	1.8～4.0	1.5～4.0	1.8～5.0	1.5～5.0	1.8～6.0	1.5～6.0	流动方向的值大，壁厚越厚，值越大
聚丙烯	56～210	205～285	16～104	6～120	1.0～2.5	1.0～2.0	1.0～2.5	1.0～2.0	1.2～3.0	1.2～2.5	同上
普通聚苯乙烯	70～140	175～315	32～65	4～150	0.2～0.8	0.2～0.8	0.2～1.5	0.2～1.5	0.4～2.5	0.4～2.5	壁厚越厚，值越大
丙烯腈-苯乙烯	70～140	220～290	38～83	10～150	0.2～0.8	0.2～0.8	0.2～1.5	0.2～1.5	0.4～2.5	0.4～2.5	壁厚越厚，值越大
ABS	105～210	205～245	38～93	30～75	0.3～0.5	0.3～0.5	0.3～0.5	0.3～0.5	0.3～0.5	0.3～0.5	壁厚薄，值影响不大
硬聚氯乙烯	70.5～140	55～175	43～80	30～240	—	—	1.0～3.0	1.0～3.0	0.4～0.6	0.4～0.6	壁厚越厚，值越大
软聚氯乙烯	70.5～140	155～175	43～80	30～60	1.0～3.0	1.0～3.0	—	—	—	—	—
聚碳酸酯	105～210	290～325	83～121	20～80	0.5～0.8	0.5～0.8	0.5～0.8	0.5～0.8	0.5～0.8	0.5～0.8	壁厚薄值，影响不大
聚甲醛	105～140	215～225	66～121	30～60	壁厚 2.3	1.6mm 2.3	壁厚 2.5	3mm 2.5	壁厚 2.7	6mm 2.7	壁厚越厚，值越大

① 树脂温度是料筒温度。

(3) 注射模具的塑件成型收缩率的确定

1) 注射模具的塑件成型收缩率，资料上只介绍收缩率的范围，一般根据经验值确定成型收缩的数值，因此要根据影响成型时的综合因素来考虑分析，确定收缩率的正确数据；塑件精度要求高的注塑模，在没有把握的情况下，如果塑件制品精度要求高，最好先开样条模验证后，再决定收缩率大小。

2) 收缩率取理论的中间值，塑件大的取大值，塑件小的取小值。

3) 要热处理的塑件，应考虑热处理或吸湿处理后塑件的再（后）收缩或膨胀。

4) 成型温度要求较高及收缩率难以掌握时，对成型尺寸的计算应留有试模修正余量。

5) 常用典型制品的收缩率，其塑件的长、宽、高收缩不一样，见表 2-7。特别提醒形状复杂的塑件，成型收缩率不是千篇一律地取同样的值。如洗衣机的盛水桶上、下口直径和高度就要取不同的成型收缩率。再如汽车件的装饰条，成型后长度由于弧度变形，引起长度尺寸控制困难，需要多次试模并做好工艺记录，取得经验修正值数据后，再确定模具的正确尺寸。

表 2-7 常用典型制品的收缩率

典型制品	主要几何参数		参数值/mm	收缩率							
				聚苯乙烯	聚乙烯	聚丙烯	聚酰胺(610)	聚酰胺(6)	聚甲醛	聚甲基丙烯酸甲酯	聚碳酸酯
圆箱壁厚2mm	外径	底部	100	0.50	2.20	2.10	1.35	1.25	2.40	0.65	0.60
		顶部	100	0.40	2.05	1.95	1.25	1.15	2.35	0.55	0.55
	高度		100	0.45	2.10	2.05	1.20	1.20	2.40	0.30	0.57
矩箱壁厚3mm	长度	底部	200	0.50	2.20	2.15	1.40	1.25	2.35	0.70	0.65
		顶部	200	0.45	2.10	2.05	1.35	1.20	2.35	0.60	0.60
	宽度	底部	150	0.55	2.50	2.30	1.45	1.30	2.40	0.75	0.70
		顶部	150	0.50	2.40	2.20	1.40	1.25	2.30	0.65	0.65
	高度		80	0.55	2.20	2.10	1.50	1.35	2.40	0.70	0.65
圆饼壁厚2mm	外径		100	0.45	2.00	2.00	1.35	1.25	2.35	0.60	0.60
平板壁厚3mm	长度		200	0.45	2.00	2.05	1.35	1.25	2.30	0.65	0.60
	宽度	浇口面	100	0.50	2.25	2.15	1.40	1.30	2.40	0.70	0.65
		浇口对面	100	0.45	2.10	1.95	1.30	1.20	2.20	0.55	0.55
圆箱壁厚3mm	外径	浇口面	70	0.55	2.20	2.00	1.40	1.20	2.50	0.70	0.65
		浇口对面	70	0.45	2.05	1.85	1.35	1.10	2.30	0.60	0.60
	高度		60	0.50	2.10	1.90	1.35	1.15	2.40	0.65	0.55

42. 什么叫脱模斜度？脱模斜度表示方法有哪几种？

1）脱模斜度的定义：为了塑件能从模腔中脱出，或便于从塑件中抽出型芯，在平行于脱模方向的表面上，须设有一定的斜度，此斜度称为脱模斜度。所谓脱模方向就是为了便于塑料制品从模具动模或型腔中取出、或从制品中抽出型芯的方向，如图 2-16 所示。

2）脱模斜度表示方法有三种：线性表示方法（图 2-17a)、角度表示方法（图 2-17b)、斜度表示方法（图 2-17c)。

脱模斜度的角度标注，如图 2-17b 所示，对于塑料制品部分表示的任何高度或长度，斜角都保持不变，因此能够广泛地选用斜度的测定单位，对模具零件加工极为方便，无须换算，使用较普遍。

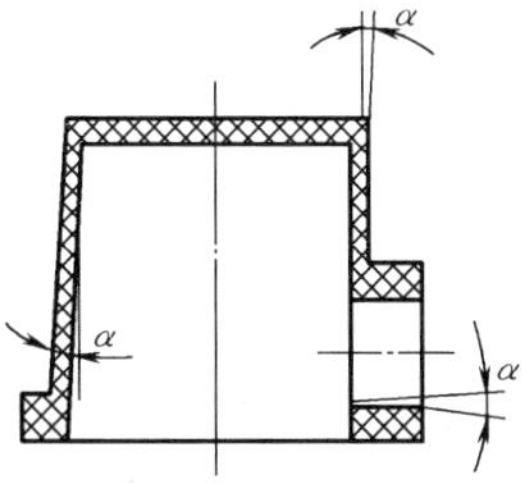

图 2-16　塑料制品的脱模斜度

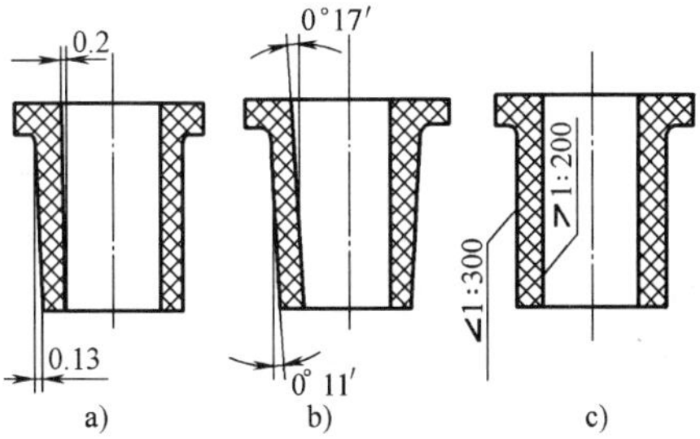

图 2-17　脱模斜度的角度标注

43. 影响脱模斜度的因素有哪些？怎样选取脱模斜度？

根据影响脱模斜度的因素，考虑选取脱模斜度。影响脱模斜度大小的因素有以下几点：

（1）塑料类型的影响

1）热固性塑料制品的脱模斜度，应比热塑性塑料制品的脱模斜度小些。

2）塑料的刚性大，在其垂直于脱模的方向，脱模容易。塑料的刚性小，塑料制品脱模受压时，在其垂直于脱模的方向上胀大变形，与型腔贴得很紧，来自型腔的脱模阻力大，因此，塑料制品外表面的脱模斜度应适当大些。

3）根据塑料类型和塑料刚性选取脱模斜度，几种热塑性塑件的最小脱模斜度，见表 2-8。增强塑料制品宜选用较大的脱模斜度。

（2）成型收缩率的影响

成型收缩率大的，则制品对型芯的包紧力大，对型腔的附着力小，所以就要加大制品内表面的脱模斜度，适当地减小塑料制品外表面的脱模斜度。成型收缩率小，制品对型芯的包紧力小，型芯脱模斜度则小。

（3）壁厚与尺寸精度的影响

制品壁薄，收缩而产生的包紧力小，其脱模斜度可取小些；制品的壁厚过大的，应选用较大的脱模斜度。

表 2-8 几种热塑性塑件的脱模斜度

塑料名称	脱模斜度	
	塑件外表面	塑件内表面
尼龙(通用)	20′~40′	25′~40′
尼龙(增强)	20′~50′	20′~40′
聚乙烯	20~45′	25′~45′
氯化聚醚	25′~45′	30′~45′
聚甲基丙烯酸甲酯	30′~50′	35′~1°
聚碳酸酯	35′~1°	30′~50′
聚苯乙烯	35′~1°30′	30′~1°
ABS	40′~1°20′	30′~1°

（4）制品尺寸精度的影响

制品尺寸精度低的，脱模斜度应尽量取大些。若尺寸精度高，则其脱模斜度取小值，应在其尺寸公差范围内确定其脱模斜度，如加强肋的尺寸。若必须保证塑件尺寸精度或制品有特殊要求时，脱模斜度造成的制品尺寸误差必须限制在该尺寸精度的公差范围之内，以满足特殊要求。

当考虑到要保证模塑件尺寸精度时，其长度越长、内腔越深，其脱模斜度应适当地减小；反之，则取大些。当塑料制品为轴时，应保证其大端尺寸，斜度向小的方向取；当塑料制品为孔，应保证其小端尺寸，斜度向大的方向取。成型深度较大的制品，要求内形、外形（凸凹模）均匀，应有足够的斜度。

（5）制品几何结构的影响

制品形状复杂、不易脱模的，应选用较大的脱模斜度；制品较高、较大的，应选用较小的脱模斜度。通常，塑料制品的几何形状复杂，脱模斜度应取大些。

设计制品时，要努力使其结构满足功能要求和成型工艺要求。塑料对成型零件的包紧力大小不同，故各部分的脱模斜度也应不同。如制品留于型腔，但是该塑件的内腔形状复杂，有留于动模的可能性，此时若沿脱模方向制品的外表面长度小于10~15mm，就可不设置动模表面脱模斜度。如果该塑件外表面的长度小于3~4mm，则可取与其脱模方向相反的脱模斜度。根据模具结构情况，特殊塑件的形状在必要的时候，脱模斜度有时也可以采用无斜度或倒锥度。

（6）脱模后制品要求留在哪一侧的影响

一般情况下，开模后希望模塑件留在模具设有脱模装置的一边（多为动模侧）。如要求模塑件留在型芯上，则该塑件内表面脱模斜度应比其外表面小。反之，若要求模塑件留在型腔内，则其外表面的脱模斜度应小于其内表面的脱模斜度。

在确定模腔和模芯尺寸时，要密切注意那些能保证留在顶出侧面不产生内应力的特征。制品留在顶出侧，是通过塑件在模芯上收缩并紧紧附着在模芯上来实现的。在这样的场合，最好使模芯的表面比模腔的表面粗糙些。

（7）花纹的影响

制品外形表面有花纹的影响。

（8）塑料制品上斜度用途的影响

有时还兼有其他的功能，如连接配合、储存运输时的重叠堆积等。

（9）注射压力大小的影响

注射压力大的包紧力大，脱模斜度也应加大。

（10）浇道系统类型和位置的影响

热流道多浇口的脱模斜度比其他浇口小，靠近浇口附近，包紧力较大，脱模斜度也应加大。

44. 注射机怎样分类？注射机由哪几部分组成？各部分的结构和作用是什么？

（1）注射机常见的三种分类方法

1）按注射机成型能力可将注射机分为五种类型，如表 2-9 所示。

表 2-9　注射机按成型能力分类

类型	合模力/kN	理论注射量/cm^3
超小型	<160	<16
小型	160~2000	16~630
中型	2000~4000	800~3150
大型	5000~12500	4000~10000
超大型	>16000	>16000

2）根据塑化方法的不同，常用的有柱塞式注射机和螺杆式注射机两大类。

3）注射机的外形结构对于工艺操作、生产效率和模具设计均有影响，按其特征分类通常有如下三种类型。①立式注射机外形特征如图 2-18 所示。其特点是注射装置与合模装置的轴线重合并与机器安装底面垂直。立式注射机占地面积小、模具装拆方便、易于安装嵌件、料斗中的物料能均匀地进入机筒。但制品被推出模具后需要人工取出，不易实现机械化或自动化操作。此外还有机身不稳定、加料不方便、对厂房高度有一定要求等缺点。立式注射机主要用于生产注射量小于 60cm^3 的多嵌件制品，其结构也多为柱塞式结构；②角式注射机，如图 2-19 所示；③卧式注射机是注射机中最普遍和最主要的形式，如图 2-20 所示。

图 2-18　立式注射机

（2）注射机的组成

根据塑料注射成形过程，一般可将注射机分为以下几个部分：

1）注射装置。注射装置的主要作用是使固态的塑料颗粒均匀地塑化呈熔融状态，并以足够的压力和速度将塑料熔体注入到闭合的模具型腔中，对模腔内的熔料进行保压。注射装置包括料斗、料筒、加热器、喷嘴、计量装置、螺杆（柱塞式注射机为柱塞和分流梭）及其驱动装置等部件。

2）合模装置。合模装置的作用有三点：①实现模具的可靠启闭；②在注射、保压时保证足够的锁紧力，使模具锁紧，防止塑件溢边；③开模实现塑件脱模。合模装置可以是机械式、液压式、液压机械联合作用方式。

图 2-19　角式注射机

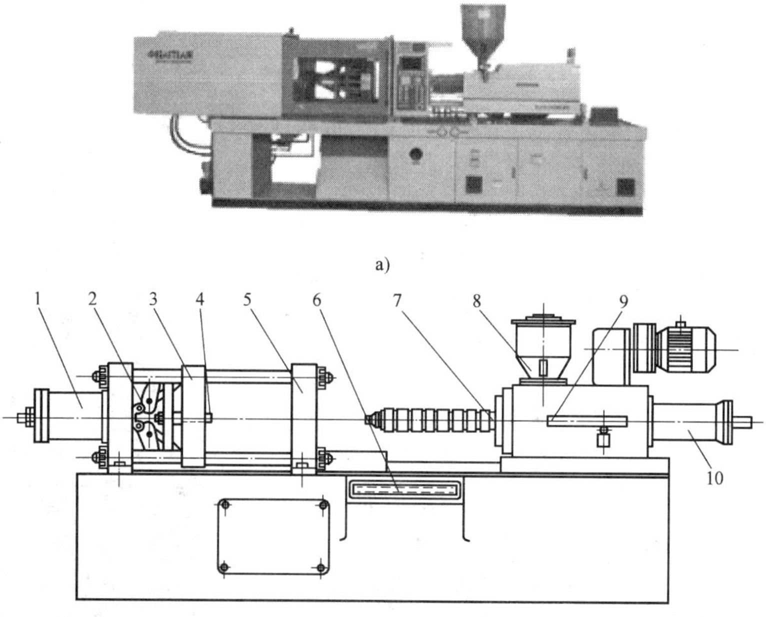

b)

图 2-20　卧式注射机结构

1—锁模液压缸　2—锁模机构　3—移动模板　4—顶杆　5—固定模板　6—控制台　7—料筒及加热器　8—料斗　9—定量供料装置　10—注射液压缸

3）驱动装置和电气控制。驱动装置的主要作用有两点：①为注射机按工艺要求进行动作时提供所要求的动力；②满足运动部件在运动时所需力和速度的要求。现在使用的驱动装置多为液压驱动装置，通常由控制系统压力和流量的主回路和由各执行机构的分回路所组成。组成回路的元件主要有：泵、过滤器、流量阀、压力阀、方向阀、调速阀、行程阀、蓄能器、指示仪表、开关元件等。

4）控制系统。它控制着注射机的各种动作，使它们按预先制订的程序，实现对时间、位置、压力、速度等参数的有效控制和调节。

目前使用较多的控制系统仍是继电器控制系统，少数已采用微机控制。继电器控制系统可以进行动作程序控制、温度控制、液压泵电动机控制等，主要由继电器、电子元件、检测元件、自动化仪表组合而成。控制系统与液压系统的有机组合，可对注射机的工艺程序进行精确而稳定的控制。

45. 注射机有哪些主要技术参数?

卧式注射机的型号及相对应的技术参数，见表2-10。注射机的主要技术参数及注塑模具设计和注塑工艺有关内容如下：

1）公称注射量（即注射机的一次最大注射量）：是指螺杆作一次最大注射行程时，注射装置注射出的最大注射量，用两种方法表示，一种是以聚苯乙烯原料为标准，用质量单位（g）表示；另一种用注射出的容积单位（cm^3）表示。

2）注射压力（MPa)：注射机使熔融塑料注入模具型腔时所需施加的压力。

3）注射时间（s)：是指螺杆射出一次最大注射量所能达到的最短时间。

4）注射速度（mm/s)：注射时螺杆（或柱塞）移动的最大速度。

5）塑化能力（g/s)：单位时间内可塑化PS物料的最大质量。

6）螺杆直径（mm)：螺杆的外径尺寸，以D表示。

7）螺杆转速（r/min)：物料塑化时螺杆最低和最高转速。

8）合模力（kN)：合模成型时，使动模、定模相互紧密闭合而需施加的力。

9）投影面积（cm^2)：模具型腔、浇注系统及溢流系统在垂直于锁模力方向上投影的面积总和。

10）最小模厚（mm)：注射机上能安装闭合模具的最小厚度。

11）最大模厚（mm)：注射机上能安装闭合模具的最大厚度。

12）拉杆内距（mm)：注射机拉杆的水平方向和垂直方向内侧的间距。

13）模板最大开距（mm)：注射机或压力机的动模与定模安装板之间可打开的最大距离。

14）顶出行程（mm)：顶出机构顶出时的最大位移距离。

15）顶出孔直径、顶出孔孔位置和孔距。

16）定位圈直径、喷嘴SR（球面半径）和喷嘴伸出量（喷嘴伸出前模板模具安装平面的长度）。

表 2-10 卧式注射机主要技术参数

技术参数	国际通用规格	60/32	90/40	250/80	450/160	880/200	1600/300
	国内型号	SZ-30/32	SZ-68-40	SZ-160/80	SZ-250/160	XS-ZY-500C	SZ-1000/300
理论注射容积	cm^3	37、49	58、77	125、163	200、254、314	536、630、730	1030、1200
实际注射量	g	33、44	53、68	110、145	187、566、280	478、560、650	920、1070
螺杆直径	mm	26、30	26、30	35、40	40、45、50	60、65、70	75、80
塑化能力	g/s	3.6、5.4	5.6、8.3	11、13	13.8、16.7、21	22.7、29.5、36.7	41.6
注射速率	g/s	43、57	61、78	100、130	145、184、227	180、210、250	450、525
注射压力	MPa	170、130	160、123	205、157	229、180、147	166、140、122	155、136
螺杆转速	r/min	10~160	40~250	10~220	10~200	10~150	10~145
螺杆行程	mm	70	110	130	160	190	240
锁模力	kN	320	400	800	1600	2000	3000
拉杆有效间距	mm	300×300	250×230	330×310	415×385	540×440	670×600
模板行程	mm	110	220	260	280	560	660
模具最小厚度	mm	80	130	170	205	180	310
模具最大厚度	mm	110	240	320	400	390	600
模具最大开距	mm	220	460	580	680	950	1260
模板尺寸	mm×mm	400×400	410×390	550×520	690×690	790×690	1030×1030
顶出行程	mm	50	40	55	70	100	130
液压顶出力	kN	12	17	28	40	79	89

注：除常规控制外、还有电脑控制注射机。

46. 注射模具钢材的选用有哪些原则和要求？使用注射模具钢材时应注意哪些事项？

塑料模具钢的选用应根据所成型的塑料种类，被成型塑料制品的形状、尺寸、精度、质量及数量的不同要求选择，同时要考虑制造模具的条件和加工方法，选用不同类型的钢材，如渗碳钢、调质钢、高碳工具钢、耐蚀钢、低碳马氏体时效钢等。

（1）模具材料选用原则

模具材料的选用应遵循“满足制品要求、发挥材料潜力、经济技术合理”

的原则。具体来说应该从以下六个方面加以考虑：

1）选用较理想的、使用性能和工艺性能好的材料。①机械加工性能优良，易切削。适用于深孔、窄缝等难加工和三维较复杂形面的雕刻加工；②抛光性能优良，没有气孔等内部缺陷，组织均匀且有一定的使用硬度（能达到镜面光泽，钢材硬度必须≥38HRC，最好为40～46HRC，而达到55HRC为最佳）；③良好的表面腐蚀加工性，要求钢材质地细而均匀，适于花纹腐蚀加工，但对一些特殊的塑料，如聚氯乙烯，要求钢材具有耐蚀性；④耐磨损、有韧性，可以在热多变负荷的作用下长期工作。对于有腐蚀性物质产生的塑料模，必须考虑钢材耐蚀性；⑤电火花加工性好，放电加工后表面的硬化层要浅，以便于抛光；⑥耐摩擦焊接性能好，焊后硬度不发生变化，且不开裂变形等；⑦热处理性能好，具有良好的淬透性和很少的变形，易于渗氮等表面处理；⑧膨胀系数小，热导率高，防止变形，提高冷却效果；⑨尺寸稳定性好；⑩价格比较合理，市场容易买到，供货期短。

2）在满足制品质量前提下，要考虑模具的整体经济性。

3）模具工作寿命因素的考虑。在保证制品质量的前提下，模具工作寿命往往是选择模具材料考虑的主要因素。

4）选择钢材要考虑可持续发展的综合因素：①外观要求高的塑件，选用镜面钢材料；②形状复杂、体积较大的塑件，选用易切削钢材料；③加工批量大（注塑件）、尺寸精度高的，选用优质模具钢。

5）客户指定用钢，不能随意代用更改，如代用须经客户同意。热处理要按客户要求做到，因为很多模具失效都是由材质和热处理达不到要求等原因而引起的。

6）在选用动、定模材料时最好尽量选用预硬钢，不采用调质钢为好。

（2）模具材料设计和制造使用时注意事项

1）模具材料要求有生产厂家的质保单，不是所谓供应商的质保单。

2）模具的动、定模经热处理后，要求热处理厂家提供质保单，并须八点检验规则，硬度检查合格后才可入库。

3）模具材料入库前须经超声波检测后才可入库。

4）动、定模如是整体的、不采取镶块结构的，要特别注意模架的定模材料是否符合客户要求。

5）注射模具用钢的选用，见47题。

47. 注射模具钢的分类、钢号有哪些？其性能、用途如何？热处理怎样选用？

模具的使用寿命取决于正确的设计制造和使用。优质的钢材对模具的性能有很大影响，选择合理的热处理工艺能充分发挥模具材料的各种性能。

注射模具钢材的选用根据53题中所述的注射模具钢材选用原则和要求及选择注射模具钢材时应注意事项，参照以下内容来选用。

（1）塑料模具钢分类及性能简介：

1）碳素结构钢。通用型塑料模具钢生产批量较小，尺寸精度和表面粗糙度无特殊要求时，均采用碳素结构钢，如 20 钢、45 钢、50 钢、55 钢、SM50 钢，SM 钢。

2）碳素工具钢。如 T8 钢、T8A 钢、T10 钢、T10A 钢、高级 YCS3 钢、YK30 钢，用于小型模具零部件。

3）耐磨塑料模具钢。采用耐磨性好的模具钢，生产强化工程塑料制品，4Cr5MoSiV1、Cr12MoV、Cr12Mo1V1 等钢，并经淬火、回火后使用。为了提高耐磨性，可进行表面处理。

4）渗碳型塑料模具钢。采用冷挤压反印法制造模具型腔，可以采用合金渗碳钢，冷挤压后需要进行渗碳，然后进行淬火和低温回火。这种模具表面具有高的硬度和耐磨性，碳的质量分数一般在 0.1% ~1.2% 左右，而心部具有很好的韧性，而且模具互换性好。常用钢号如美国 AS TM A 681—1994 的标准钢号；国际标准化组织 ISO 标准中的 5CrNi4、7CrMoNi，我国常用的 20Cr、12rCrNi2、12CrNi3、20CrMnTi、20Cr2Ni4 等。

5）耐蚀型塑料模具钢。用于制造腐蚀性较强的塑料成型模具（如聚氯乙烯、氟化塑料、阻燃塑料），低碳镍铬型耐蚀钢 1Cr17Ni2、中碳高铬型耐蚀钢（代表性钢种 4Cr13）、高碳高铬型耐蚀钢 9Cr18Mo。国外各主要新钢种，如 BOHLER 公司的 M300、M310、M314 等，美国的 Crucible 公司的 MOD420，瑞典 STAVAXV，欧洲 2083。

我国各种耐蚀塑料模具钢，相对于其他类型的塑料模具钢，主要使用的有 PCR、2Cr13、3Cr13、4Cr13、4Cr13Mo、PCr18、PCr18moV，近些年来引进了 3Cr17Mo，开发了 5Cr17 MoV，该钢具有良好的综合使用性能。

6）高镜面塑料模具钢。对精度和表面粗糙度要求很严格的塑料制品（型腔模具），常采用 PMS、3Cr2Mo、3Cr2NiMnMo、4Cr5MoSiV1、Cr12Mo1V1、25CrNi3MoA 等，或马氏体时效钢，如 18Ni（250），18Ni（300）及低镍马氏体时效钢 06Ni6CrMoVTiA 等。

7）预硬化易切削塑料模具钢（钢号后写有“H”字代表预硬钢）。一般在 30 ~40HRC（38 ~42HRC），不需再热处理可直接加工动、定模，热处理到28 ~40HRC，在预淬硬的条件下供货，用户可直接加工使用，如 P20（3Cr2Mo），BOHLER 的 M200，TEW 的 1.2311、1.2312、1.2344，瑞典 718（3Cr2MnNiMo）618H、718H，蒂森 GS738、GS312、SNiCaS、2738H，日本 FDS5、NAK80、NAP55、SKD61，美国的 H13 等。

国外开发的易切削塑料模具钢主要是 S 系，如日立金属的 HPM2 和大同特殊钢的 PDS5 等。我国研制了一些含硫易切削预硬化塑料模具钢，如 5NiSCa、

8Cr2MnWMoVS、P20BSCa 等。

8）无磁塑料模具钢。压制磁性塑料的模具，如 18-8 不锈钢，其型腔经氮化处理后使用，或采用 Mn13 型耐磨奥氏体钢，如无磁塑料模具钢 7Mn15Cr2Al3V2WMo 等。

9）非调质型预硬塑料模具钢。硬度一般为 30 ~ 40HRC，国内 25CrMnVTiSCaRE（代号 FT）、2Cr2MnMoVS 和 2Mn2CrVCaS。

10）时效硬化塑料模具钢。常用的钢材在热处理时，通过时效处理，使模具硬度达到 40HRC 以上。时效处理变形小，可以在加工后进行，如大同特殊钢公司的 NAK55、NAK80，BOHLER 的 M261，日立金属的 HPM1、HPM50 等。这类钢成本高，目前国内外普遍应用较多的就是 10Ni3 MnCuAl 钢。

11）整体淬火高硬度塑料模具钢。如 Cr12、Cr12MoV、SKD11、SKD12、SKD61 等，日立金属的 HPM31、FDAC，高周波的 KD21 和大同特殊钢的 PD613、DH2F 等钢种。

12）高可焊性塑料模具钢。国外发展一些专用钢种，焊前可不预热，焊后可不后热，尤其是日本大同特殊钢公司发展的 PXZ 和 PX5 钢。

13）铍青铜。PCR、AMPCO940。

（2）塑料模具主要构件的材料及热处理选择

1）塑料模具用钢及适应的工作条件见表 2-11。

2）塑料模具主要构件的材料及热处理选择，参照表 2-12。

3）动模、定模、镶块的材料及热处理选择，参照表 2-13。

4）“我国与主要工业国家模具钢号（相同或成分相似）的对照表”见附录 G。

表 2-11　塑料模具用钢及适应的工作条件

钢的类型	牌　号	适应的工作条件
渗碳钢	12CrNi2、12CrNi3A、20Cr、20CrMnMo、20Cr2Ni4A	生产批量较大，承受较大动载荷，受磨损较重的模具
	10 钢、20 钢	生产批量较小，精度要求不高，尺寸不大的模具
调质钢	45 钢、55 钢	
	3Cr2Mo、40CrNiMoA、40CrNiMo、40CrMnMo、45CrNiMoVA、5CrNiMo、5CrMnMo、40Cr、4Cr5MoVSi、4Cr5MoSiV1、35SiMn2MoVA	大型、复杂、生产批量较大的塑料注射模或挤压成型模
高碳工具钢	Cr12、Cr12MoV、CrWMn、9Mn2V、9CrWMn、Cr6WV、Cr4W2MoV、GCr15、SiMnMo	热固性塑料模具。生产批量较大，精度要求高及要求高强度、高耐磨的塑料注射模
耐蚀钢	4Cr13、9Cr18、9Cr18MoV、Cr14Mo、Cr14MoV	要求耐腐蚀性及表面粗糙度要求较高的模具
沉淀硬化不锈钢	17-7PH、PH15-7Mo、PH14-8Mo、AM-350、AM-355	
杨氏体时效钢	Ni8CoMo5TiAl、Ni20Ti2AlNb、Ni28Ti2AlNb、Cr5Ni2Mo3TiAl	复杂、精密、耐磨、耐腐蚀、超镜面的模具

表 2-12　塑料模具主要构件的材料及热处理选择

构件名称	材料	热处理硬度(HRC)	构件名称	材料	热处理硬度(HRC)
定模座板	30、35、45	—	斜销	T8A、T10A、GCr15	55～60
动模座板	30、35、45	—	弯销	T8A、T10A、GCr15	55～60
热流道板	45、50、55	30～35	滑块	45、3Cr2Mo、40CrNiMo	35～45
推件板	45、3Cr2Mo、40CrNiMo	30～35	斜滑块	45、3Cr2Mo、40CrNiMo	35～40
型芯固定板	30、35、45	—	滑块导板	45、T8A	45～50
支承板	45、50、T7A	40～45	锲紧块	45、T8A、CrWMn	50～55
推杆固定板	30、35、45	—	斜槽导板	45、50、T7A	45～50
推板	45、50、T7A	40～45	定距拉杆	45、T8A	45～50
垫块	30、35	—	定距拉板	45、T8A	45～50
定位圈	45、50	40～50	限位钉	45	30～35
浇口套	T8A、T10A	50～55	限位块	45	—
复位杆	T8A、T10A	50～55	支承柱	45	—
拉料杆	T8A、T10A	50～55		T8A、T10A、GCr15	55～60
推杆 $d \leqslant 4mm$	65Mn、0CrV	45～50	导柱 导套	20(渗碳 0.5～0.8)	55～60
推杆 $d > 4mm$	T8A、T10A	50～55	推板导柱 推板导套	T8A、T10A、GCr15	
推管 孔径 $\leqslant 3mm$	65Mn、50CrVA	45～50		20(渗碳 0.5～0.8)	55～60
推管 孔径 $> 3mm$	T8A、T10A	50～55		T8A、T10A、GCr15	
分流道拉料杆	65Mn、50CrVA	45～50	精密定位件	CrWMn、Cr12MoV、GCr15	55～60

表 2-13　动模、定模、镶块的材料及热处理选择

钢厂编号	标准规格	硬度	一般特性、用途	适用模具零件	备注
8407	H-13(改良型)	热处理 48～52HRC	热模钢、高韧性、耐热性好，适合 PA、POM、PS、PE、EP 塑胶模，挤压模	上下内模、行位、模芯镶件、行位镶件、浇口套、斜顶	一胜百钢材

（续）

钢厂编号	标准规格	硬度	一般特性、用途	适用模具零件	备注
2344	H-13	热处理 48～52HRC	热模钢，高韧性、耐热性好，适合PA、POM、PS、PE、EP塑胶模。金属压制，挤压模	上下内模、行位、模芯镶件、行位镶件、浇口套、斜顶	LKM
2344 super	H-13（改良型）				
S136	420	热处理 48～52HRC	高镜面度、抛光性能好、高锈防酸性佳，适合PVC、PP、EP、PC、PMMA塑胶模	上下内模、行位、模芯镶件、行位镶件、浇口套、斜顶	一胜百钢材
S136H		不需热处理（预加硬）			
2083	420	热处理 48～52HRC	防酸、抛光性能良好，适合酸性塑料及要求良好抛光模具	上下内模、行位、模芯镶件、行位镶件、浇口套、斜顶	LKM
2083H		不需热外理（预加硬）			
718	P20（改良型）	不需热处理（预加硬）	高抛光度、高要求内模性，适合PA、POM、PS、PE、PP、ABS塑料模具	上下内模、行位、模芯镶件、行位镶件	一胜百钢材
718H					
738	P20加镍	不需热处理（预加硬）	适合高韧性及高磨光性塑料模具	上下内模、模芯镶件	LKM
738H					
P20HH	P20（改良型）	不需热处理（预加硬）	高硬度、高光洁度及耐磨性能，适合PA、POM、PS、PE、PP、ABS塑料模具	上下内模、模芯镶件	美国芬可乐
NAK80	P21（改良型）	不需热处理（预加硬）	高硬度、镜面效果佳，放电加工良好、焊接性能佳，适合电蚀及抛光性能模具	上下内模、行位、模芯镶件、行位镶件、斜顶	日本大同
NAK55	P21加硫（改良型）	不需热处理（预加硬）	高硬度、易切削、加厚焊接性良好。适合高性能塑胶模具	下内模、模芯镶件	日本大同
2311	P20	不需热处理（预加硬）	适合一般性能塑胶模具钢	上下内模、模芯镶件	国产相应代号（P20）
638	P20	不需热处理（预加硬）	加工性能良好，适合高要求大型模架及下模	下内模、下模芯镶件	国产相应代号（P20）

（续）

钢厂编号	标准规格	硬度	一般特性、用途	适用模具零件	备注
DF2	0-1	热处理 54～56HRC	微变型油钢，耐磨性好	压条、耐磨板、大推圈齿条、滚轮等	国产相应代号（0-1）
2510					
S50C-S55C	1050	不需热处理（预硬）	贡牌钢，适合模架配板及机械配件	模板、拉板、支板、撑头、定位块等	国产相应代号（1050）
Moldmax 30	BE-CU	预硬 26～32HRC	合金铍铜，优良导热性、散热效果好，适合需快速冷却的模芯及镶件	上下模芯镶件、斜顶行位镶件	价格高美国合金铍铜
Moldmax 40		预硬 36～42HRC			
C1100P	JIS H3100	80HV	电蚀纯铜，导电性能特佳	电极、镶块	日本三宝

注：相对滑动零件使用不同钢材及硬度要求相差2HRC。美国模具行业斜顶一般用加硬钢材，或斜顶用铍铜料，除特别说明处。

第三章　基本结构和支承件

48. 注射模怎样分类？注射模具的基本结构由哪几部分组成？

注射模结构形式多种多样，分类方法很多：

1）按成形工艺特点可分为热塑性塑料注射模、热固性塑料注射模、低发泡塑料注射模和精密注射模。

2）按其使用注射机的类型可分为卧式注射机用注射模、立式注射机用注射模和角式注射机用注射模。

3）按模具浇注系统可分为冷流道注射模、绝热流道注射模、热流道注射模和温流道注射模。

4）按模具安装方式可分为移动式注射模和固定式注射模。

注射模的基本结构都是由定模和动模两大部分组成的。若根据注射模的典型结构特征可分为单分型面注射模、双分型面注射模。

单分型面注射模开模时，动模和定模分开，从而取出塑件，称单分型面模具，又称双板式模具，其典型结构如图 3-1 所示。单分型面注射模是注射模中最简单最基本的一种形式，也是应用最广泛的一种注射模。它根据需要可以设计成单型腔注射模，也可以设计成多型腔注射模。根据模具上各部件的作用不同，一

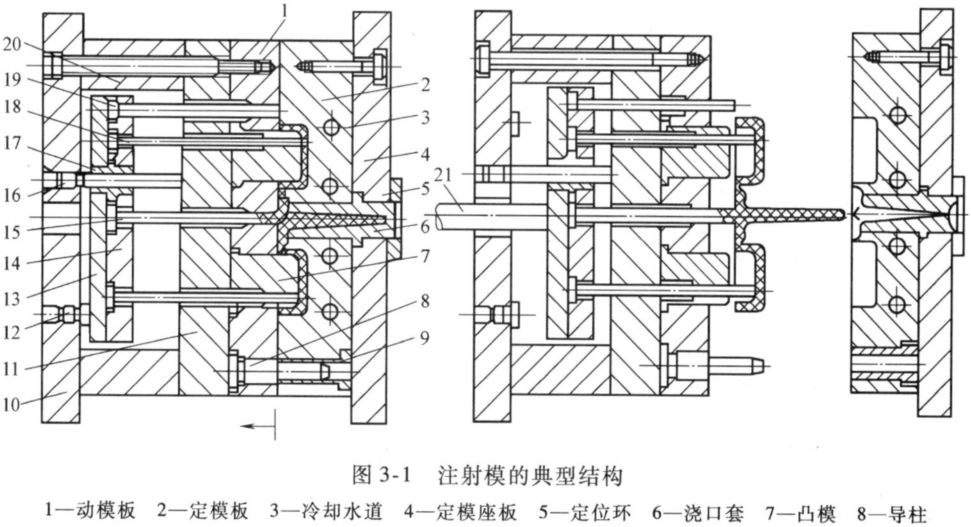

图 3-1　注射模的典型结构

1—动模板　2—定模板　3—冷却水道　4—定模座板　5—定位环　6—浇口套　7—凸模　8—导柱　9—导套　10—动模座板　11—支承板　12—限位钉　13—推板　14—推杆固定板　15—拉料杆　16—推板导柱　17—推板导套　18—推杆　19—复位杆　20—垫板　21—注塑机顶杆

般注射模由以下几个部分组成。

1）成型零部件。指定模、动模组成的零部件（如型芯、镶块等），它决定塑件的形状和尺寸。如图 3-1 所示的模具中，动模板 1 和凸模 7 决定了成型塑件的内部形状，定模板 2 决定了成型塑件的外部形状。

2）浇注系统。浇注系统是熔融塑料从注射机喷嘴进入模具型腔所流经的通道，它由主流道、分流道、浇口和冷料穴组成。

3）导向机构。导向机构分为动模与定模之间的导向机构和顶出机构的导向机构两类。前者是令动模和定模在合模时能准确对合，以保证塑件形状和尺寸的精确度，如图 3-1 中导柱 8、导套 9 所示；而推板导柱 16、推板导套 17，是避免顶出过程中推出板歪斜而设置的。

4）脱模机构是用于开模时将塑件从模具中脱出的装置，又称顶出机构。其结构形式很多，常见的有顶杆脱模机构、推板脱模机构和推管脱模机构等。图 3-1 中推板 13、推杆固定板 14、拉料杆 15、推杆 18 和复位杆 19 组成顶杆脱模机构。

5）侧向分型与抽芯机构。当塑件上的侧向有凹凸形状的孔或凸台时，就需要有侧向的凸模或型芯来成型。在开模推出塑件之前，必须先将侧向凸模或侧向型芯从塑件上脱出或抽出，塑件才能顺利脱模。使侧向凸模或侧向型芯移动的机构称为侧向抽芯机构。图 3-2 为斜导柱驱动型芯滑块侧向抽芯顶管脱模式注射

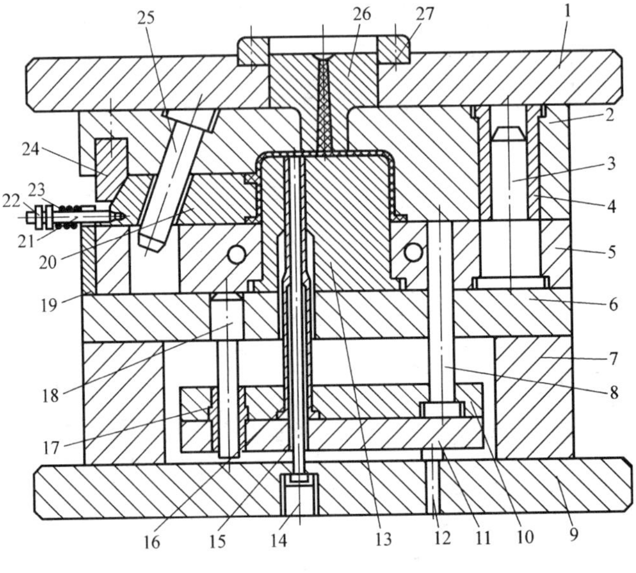

图 3-2　斜导柱驱动型芯侧向抽芯顶管脱模式注射模

1—定模固定板　2—定模型板　3—导柱　4—导套　5—动模型板　6—垫板　7—支撑块　8—复位杆　9—动模固定板　10—顶杆固定板　11—顶杆垫板　12—支撑钉　13—凸模　14—内六角螺塞　15—型芯　16—顶管　17—顶板导套　18—顶板导柱　19—挡块　20—活动滑块　21—滑块拉杆　22—螺母　23—弹簧　24—锁紧楔　25—斜导柱　26—浇口套　27—定位环

模，侧向抽芯机构是由斜导柱25、活动滑块20、锁紧楔24和活动滑块的定位装置（挡块19、滑块拉杆21、弹簧23）等组成。

6）温控系统。为了满足注塑工艺对模具的温度要求，必须对模具温度进行控制，所以模具常常设有冷却系统并在模具内部或四周安装加热元件。冷却系统一般在模具上开设冷却水道（如图3-1中冷却水道3）。

7）排气系统。在注射成型过程中，为了将型腔内的空气排出，常常需要开设排气系统，通常是在分型面上有目的地开设若干条沟槽，或利用模具的推杆或型芯与模板之间的配合间隙进行排气。小型塑件的排气量不大，因此可直接利用分型面排气，而不必另设排气槽。

8）基本结构件和支承件。如用来固定、支承成型零部件或起定位和限位作用的零部件等。

49. 注射模常用零件名称及作用?

注射模常用零件名称及作用，如表3-1所示。

表3-1 注射模常用零件名称及作用

零件类别	零件名称	作用
成型零件	凹模(型腔)	成型塑件外表面的凹状零件
	凹模板(型腔)	板状零件，其上有成型塑件外表面的凹状轮廓。置于定模部分称为定模型腔板，置于动模部分称作动模型腔板
	型芯	成型塑件内表面的凸状零件
支承固定零件	定模座板	使定模固定在注射机的固定工作台面上的板件
	动模座板	使动模固定在注射机的移动工作台面上的板件
	凹模固定板	固定凹模(型腔)的板状零件，也可称型腔固定板
	型芯固定板	固定型芯的板状零件
	模套(模框)	使镶件或拼块定位并紧固在一起的框套形结构零件，或固定凹模或型芯的框套形零件
	支承板	防止成型零件(凹模、型芯或镶件)和导向零件轴向位移，并承受成型压力的板件
	垫块	调节模具闭合高度，形成脱模机构所需的推出行程空间的块状零件
	支架	调节模具闭合高度，形成脱模机构所需的推出行程空间，并使动模固定在注射机上的I形块状零件，亦称模脚
	支承柱	为增强动模支承板的刚度而设置在动模支承板和动模座板之间，起支承作用的圆柱形状零件
定位和限位零件	定位圈	使模具主流道与注射机喷嘴对中，决定模具在注射机上的安装位置的圆环形或圆板形零件
	锥形定位件	合模时，利用相应配合的锥面，使动、定模精确定位的零件
	复位杆	固定于推杆固定板上，借助模具的闭合动作，使脱模机构复位的零件
	限位钉	对脱模机构起支承和调整作用，并防止脱模机构在复位时受异物障碍的零件，或限定滑块抽芯后最终位置的零件

（续）

零件类别	零件名称	作　　用
定位和限位零件	定距拉板	在开模分型时，用来限制某一模板仅在限定的距离内作拉开或停止动作的板件
	定距拉杆	在开模分型时，用来限制某一模板仅在限定的距离内作拉开或停止动作的零件
	定位销	使两个或几个模板相对位置固定，防止其产生位移的圆柱形零件
冷却和加热零件	冷却水嘴	用于连接橡皮管，向模内通入冷却水的管件
	隔板	为改变冷却水的流向而设置在模具冷却水通道内的金属条或板
	加热板	设置由热水（油）、蒸汽或电热元件等具有加热结构的板件，用以确保模温满足塑料成型工艺要求
	隔热板	防止热量传递扩散的板件
成型零件	侧型芯	成型塑件侧孔、侧凹或侧凸台的零件，可手动或随滑块在模内作抽拔和复位运动的型芯
	镶件	凹模或型芯有容易损坏或难以整体加工的部位时，与主体分开制造，并嵌入主体的局部成型零件
	活动镶件	根据工艺和结构的要求，须随塑件一起出模，才能与塑件分离的成型零件
	拼件	用以拼合成凹模或型芯的若干个分别制造的成型零件，可以分别称凹模拼块、型芯拼块
	螺纹型芯	成型塑件内螺纹的成型零件，可以是活动的螺纹型芯（取出模外）或在模内作旋转运动的螺纹型芯
	螺纹型环	成型塑件外螺纹的成型零件，可以是活动的螺纹型环（整体的或拼合的）或在模内作旋转运动的螺纹型环
导向零件	导柱	与安装在另一半模具上的导套（或孔）相配合，用以保证动模与定模的相对位置，保证模具开合模运动导向精度的零件。有带头导柱和带肩导柱两种
	推板导柱	与推板导套（或孔）呈间隙配合，用于脱模机构运动导向的圆柱零件
	导套	与安装在另一半模具上的导柱相配合，用以保证动模与定模相对位置，保证模具开合模运动导向精度的圆套形零件；有直导套和带头导套两种
	推板导套	固定于推板上，与推板导柱呈间隙配合，用于脱模机构运动导向的圆套形零件
推出零件	推杆	直接推出塑件或浇注系统凝料的杆件，有圆柱头推杆、带肩推杆和扁头推杆等。圆柱头推杆可用来推顶推件板，亦称顶杆
	推管	直接推出塑件的管状零件
	推（件）板	直接推出塑件的板状零件
	推（件）环	局部或整体推出塑件的环状或盘形零件，亦称顶环
	推杆固定板	固定推出或复位零件以及推板导套的板状零件
	推板	支承推出和复位零件，直接传递推力的板件
	连接推杆	连接推件板与推杆固定板，传递推力的零件
	拉料杆	设置在主流道的正对面，头部形状特殊，能拉出主流道凝料的杆件。头部形状有Z形、球头形、倒锥形及圆锥形
	推流道板	随着开模运动，推出浇注系统凝料的板件。亦称推料板

（续）

零件类别	零件名称	作　用
抽芯（分型）零件	斜销（斜导柱）	倾斜于分型面装配，随着模具的开闭使滑块（或凹模拼块）在模具内产生往复运动的圆柱形零件
	滑块	沿导向结构运动，带动侧抽芯（或凹模拼块）完成抽芯和复位动作的零件
	侧型芯滑块	由整体材料制成的侧型芯或滑块。有时几个滑块构成凹模拼块，需先将其分开后，塑件才能顺利脱出
	滑块导板	与滑块的导滑面配合，起导滑作用的板件
	楔紧块	带有斜角，用于台模时锁紧滑块或侧型芯的零件
	弯销	随着模具的开闭，使滑块作抽芯和复位运动的矩形或方形截面的弯折零件
	斜滑块	利用斜面与模套的配合产生滑动，兼有成型、推出和抽芯（分型）作用的凹模拼块
	斜槽导板	具有斜导槽，随着模具的开闭，使滑块随槽作抽芯和复位运动的板状零件

50. 如何确定注射模的型腔数？流程是怎样的？一模多腔模具布局有何要求？

（1）注射模型腔数的确定

必须首先确定模具型腔的数量，这通常是由用户对模具投资与塑件成本权衡之后决定的。从成型加工人员的观点，建议模具型腔数以经验公式为依据求得，即把塑件的年生产量除以约每50天的订货频数，求得50天的需要量。这50天的需要量应当在200h三班操作时间内生产出来。举例来说，如果年生产任务为1000000件，要求50天完成，每天的需要量为20000件。估计的注塑周期为60次/h，即60件/(模腔·h)。在本例中，模腔数应为：

$$模腔数=\frac{20000}{200h\times 件数/(模腔\cdot h)}$$

$$=\frac{20000}{200\times 60}=1\frac{2}{3}(近似取2)$$

上式经大量制件验证，证明是正确的。使用条件的优劣和生产任务的持续时间，是选择适当模腔材料的重要标准，而与所确定的模腔数无关。当模具的使用时间达到其有效寿命一半左右时，称严酷用途；为有效寿命的10%时，视为轻度用途。

从订货批量、质量要求、订货期入手，然后经过模具方案的初步设计，选用注射机要根据注射机的参数，反过来修正初步设计，一般反复几次才确定最经济的型腔数目。

型腔数的确定并不简单，它主要涉及注射设备、技术、经济及制品的尺寸精度要求。一般注射机每次的注射量不应超过最大注射量的80%。

（2）确定多腔模腔数的流程（见图3-3）

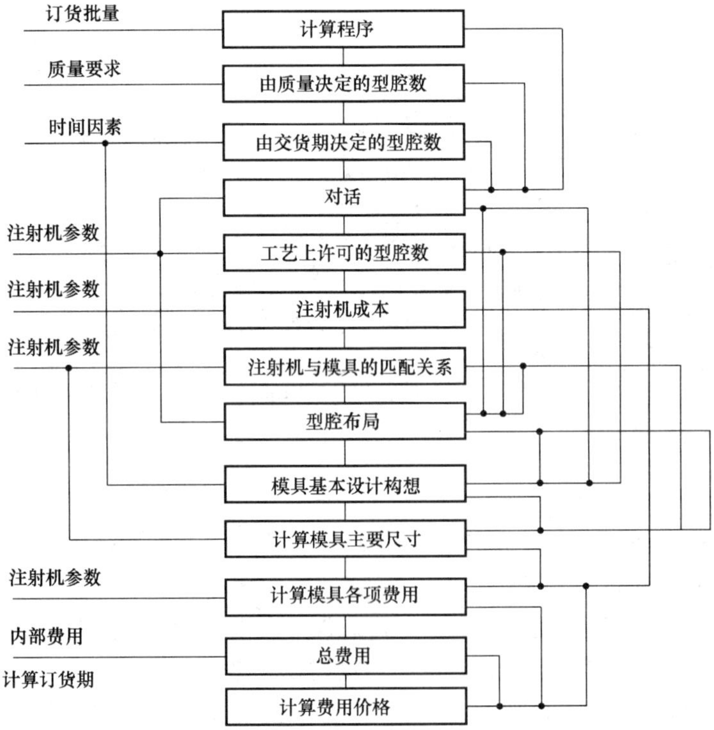

图 3-3　确定型腔数的流程

（3）一模多腔模具的布局

一模多腔时，型腔在模板上通常采用圆形排列、H 形排列、直线形排列以及复合排列等。在设计时应注意如下几点。

1）尽可能采用平衡式排列，以便构成平衡式浇注系统，保证制品质量的均匀和稳定。

2）型腔布置和浇口开设部位应力求对称，以便防止模具承受偏载而产生溢料现象，如图 3-4 所示。

3）尽可能使型腔排列得紧凑，以便减小模具的外形尺寸。如图 3-5 所示，图 3-5b 的布局优于图 3-5a 的布局，因为图 3-5b 的模板面积小。

4）型腔的圆形排列所占的模板尺寸大，虽有利于浇注系统的平衡，但加工困难。除圆形制品和一些高精度制品外，在一般情况下，常用直线形排列和 H 形排列，如图 3-6 所示。从平衡的角度来看，应尽量选择 H 形排列，比较图中所示的三种排列方案，图 3-6b 和图 3-6c 的布置要比图 3-6a 的布置好。

5）多型腔模具动模型芯、定模图样上必须分别编号（动、定模上分别敲钢字码），规范见图 3-7 所示。

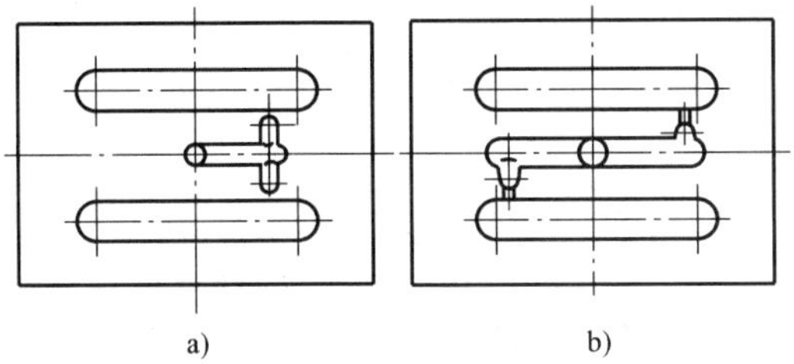

图 3-4　型腔布置力求对称
a）不合理　b）合理

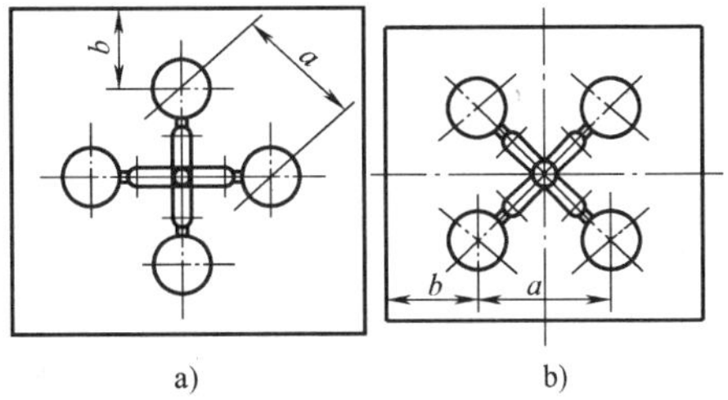

图 3-5　型腔布置力求紧凑
a）不合理　b）合理

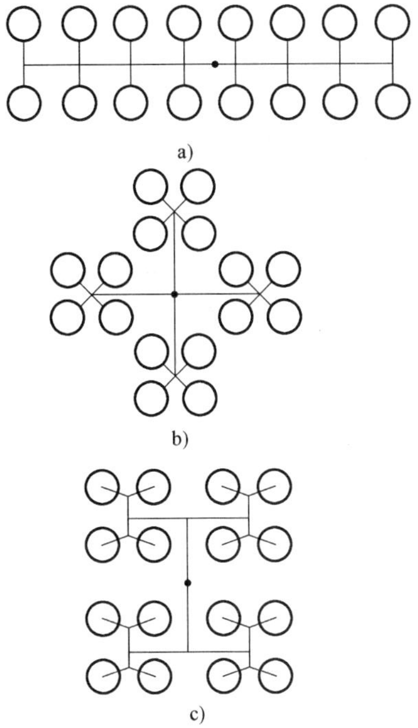

图 3-6　一模十六腔的三种排列方案
a）直线形　b）圆复合形　c）H 复合形

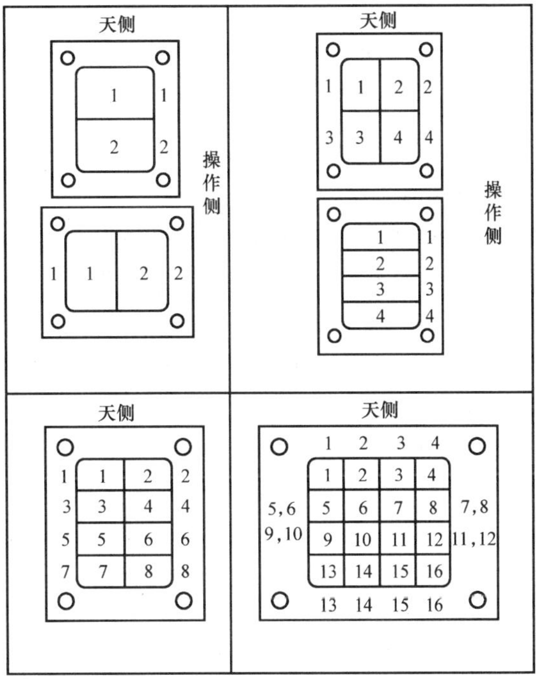

图 3-7　多型腔模具编号规范

51. 中小型模架、大型模架怎样分类？中小型、大型模架结构形式有哪几种？标记方法怎样？

（1）中小型模架、大型模架的分类

塑料注射模标准模架按模具外形尺寸分类共有两种，即《塑料注射模模架技术条件》GB/T 12556—2006 和《塑料注射模模架》GB/T 12555—2006。两种标准模架的区别主要在于适用范围。中小型标准模架的模板尺寸 $B \times L \leqslant$ 500mm × 900mm，而大型标准模架的模板尺寸 $B \times L$ 为 630mm ×（630 ~ 1250）mm × 2000mm。

（2）中小型模架结构形式特征分类

1）按结构特征可分为基本型和派生型。基本型分为A1～A4四种，如图3-8所示。

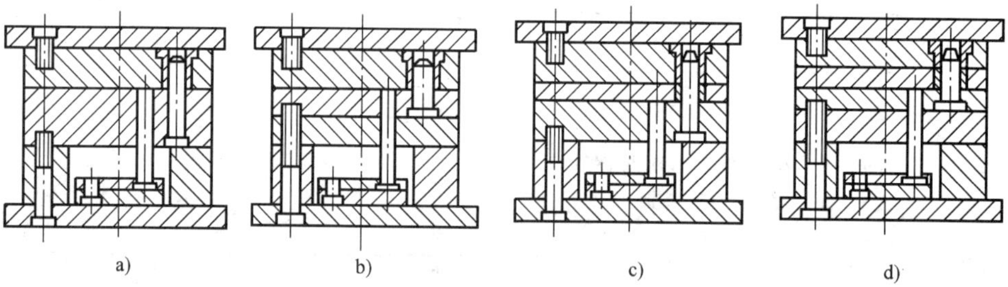

图3-8　基本型模架结构A1～A4
a）A1型　b）A2型　c）A3型　d）A4型

A1型模架定模采用两块模板、动模采用一块模板，设置推杆推出机构。适用于单分型面注射成形模具。

A2型模具定模和动模均采用两块模板，设置推杆推出机构。适用于直接浇口，采用斜导柱侧抽芯的注射成形模具。

A3型模架定模采用两块模板、动模采用一块模板，设置推件板推出机构。适用于薄壁壳体类塑料制品的成形以及脱模力大、制品表面不允许留有推出痕迹的注射成形模具。

A4型模架均采用两块模板，设置推件板推出机构，适用范围与A3型基本相同，动、定模均有型芯（腔）固定板。

派生型分为P1～P9九种。由图3-9可见，P1～P4型模架由基本型架A1～A4型对应派生而成。结构形式的差别在于去掉了A1～A4型定模座板上的固定螺钉，使定模一侧增加了一个分型面，成为双分型面成形模具，多用于点浇口。其他特点和用途同A1～A4型。

P5型模架的动、定模各由一块模板组合而成。主要适用于直接浇口简单、整体型腔结构的注射成型模具。

在P6～P9型模架中，P6型与P7型、P8型与P9型是相互对应的结构。P7型和P9型相对于P6型和P8型只是去掉了定模座板上的固定螺钉。P6～P9型模架均适用于复杂结构的注射成形模具，如定距分型自动脱落浇口的注射模等。

2）按导柱和导套的安装形式可分正装（代号取Z）和反装（代号取F）两种。序号1、2、3为分别表示带头导柱、有肩导柱和有肩定位导柱，如图3-10所示。

3）按动、定模座板的尺寸可分为有肩和无肩两种。

4）模架动模座结构以V表示，分V1型、V2型和V3型三种，如图3-11所

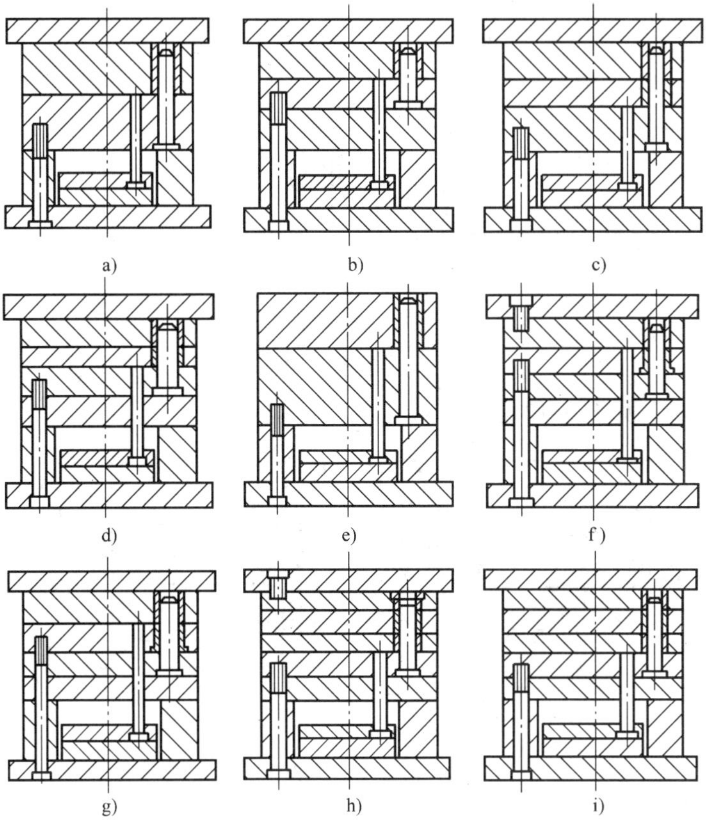

图 3-9 派生型模架结构 P1 ~ P9

a) P1 型 b) P2 型 c) P3 型 d) P4 型 e) P5 型 f) P6 型 g) P7 型 h) P8 型 i) P9 型

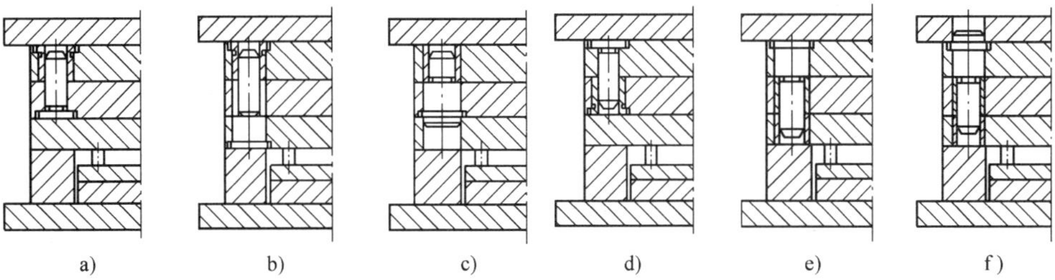

图 3-10 正装和反装导柱模架结构

a) Z1 型 b) Z2 型 c) Z3 型 d) F1 型 e) F2 型 f) F3 型

示。国家标准中规定，基本型和派生型模架动模座均采用 V1 型结构，需采用其他型结构时，由供需双方协议商定。

(3) 大型模架的结构形式

按结构特征来划分，大型模架也分为基本型和派生型两类，基本型又分为 A

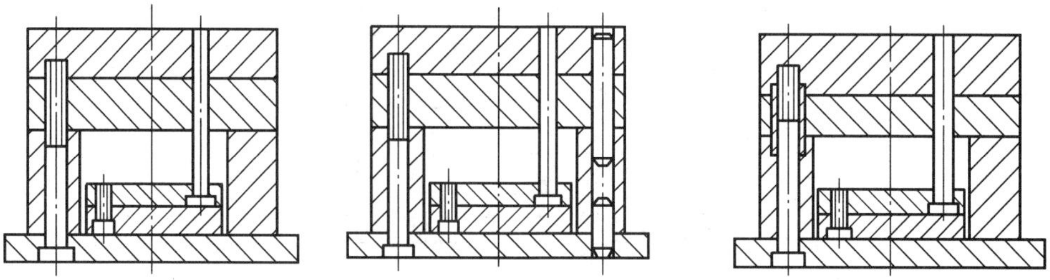

a)　　b)　　c)

图 3-11　模架动模座结构

a）V1 型　b）V2 型　c）V3 型

型和 B 型两种，如图 3-12 所示。

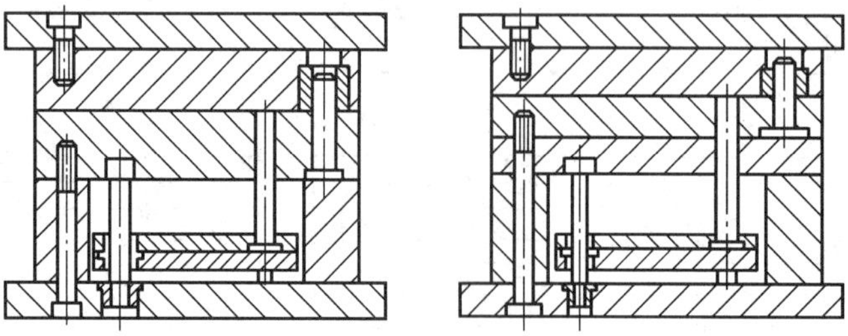

a)　　b)

图 3-12　塑料注射模大型模架基本型结构

a）A 型　b）B 型

A 型由定模两模板、动模一模板组成，设置推杆顶出机构。B 型由定模两模板、动模两模板组成，设置推杆推出机构。如图 3-13 所示，派生型模架有 P1、P2、P3 和 P4 四个品种。

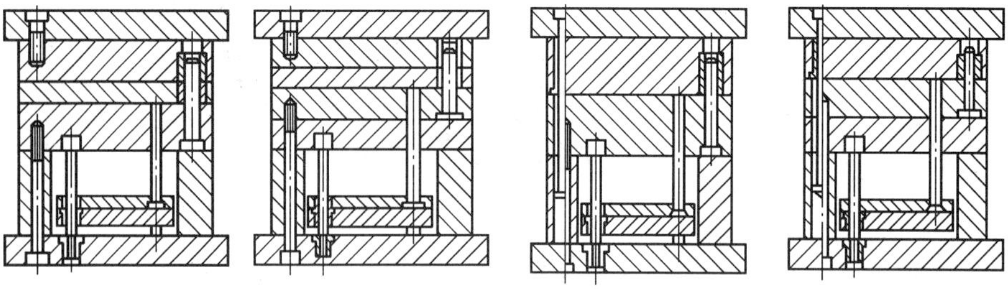

a)　　b)　　c)　　d)

图 3-13　塑料注射模大型模架派生型结构 P1 ~ P4

a）P1 型　b）P2 型　c）P3 型　d）P4 型

P1 型由定模两模板、动模两模板组成，设置推件板推出机构。

P2 型由定模两模板、动模三模板组成，设置推件板推出机构。

P3 型由定模两模板、动模一模板组成，用于点浇口的双分型面结构。

P4 型由定模两模板、动模两模板组成，用于点浇口的双分型面结构。

（4）中小型模架标记方法

塑料注射模中小型模架规格的标记方法如图 3-14 所示。例如 A3-355450-16-F2 GB/T 12556—2006，即为基本型 A3 型模架，模板 $B \times L$ 为 355mm × 450mm，规格编号为 16，有肩导柱反装。

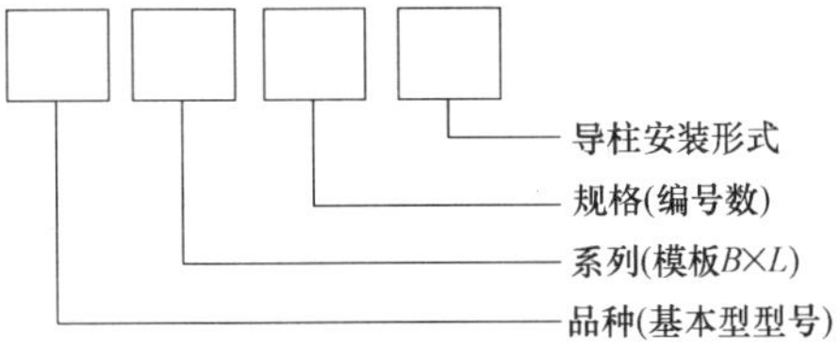

图 3-14　中小型模架规格的标记方法

（5）大型模架标记方法

塑料注射模大型模架规格的标记方法和中小型模架的标记方法基本相同，不标记导柱的安装方式，如图 3-15 所示。

图 3-15　模架订货标识

例如：A-80125-26 GB/T 12555—2006 所标记的模架为基本型 A 型结构，宽度为 80cm，长度为 125cm，编号为 26 的大型模架。模板尺寸 $B \times L$ 为 1250mm × 800mm。查标准模架规格 $800 \times L$ 模架尺寸组合系列中可知，定模板厚度 $A = 160$mm、动模板厚度 $B = 100$mm，垫板厚度 $C = 200$mm，模架总高为 $H = 113 + A + B + C = 573$mm。

52. 如何确定标准模架尺寸？模架选用的具体原则和要求是什么？

（1）标准模架尺寸的确定

对塑件图样分析后，考虑模具的结构形式和制造工艺的可行性，确定一个最佳的设计方案，一般根据构想图经确认后，再确定模架尺寸。

1）首先确定型腔数目、分型面的位置及浇口类型后，确定塑件在模具中的排布及动、定模的塑件封胶面宽度尺寸。注意塑件在模具中的排布方式，会直接影响到模架的大小。

2）确定动、定模型腔的成型方式结构，即根据模具结构特点来确定采用整体式还是镶拼式，同时确定整体式尺寸或型腔镶块的大致尺寸。

3）确定侧抽机构和导向机构、顶出机构的结构及位置排布，如滑块、斜导柱、斜滑块、斜楔、斜推杆、导柱、导套、复位杆、顶杆、液压缸等。确定冷却水道的分布形式及通过位置等。如点浇口形式的三板模，要考虑到安放拉杆的位置等。

4）根据模具结构，确定动模板（B 板）和定模板（A 板）的厚度。同时要考虑各部分的合适比例、镶块的固定深度、滑块的高度与长宽比等，选定动、定模板的厚度。另外，垫块（C 板）的高度需根据实际塑件的特点而定。若型腔较深，需加高垫块以保证足够的推出距离。

5）采用标准模架，根据结构形式和模板外形大小、厚度要求在标准模架中查出相近的模架尺寸，选定模架，并要尽量选用模架标准中的尺寸系列数。

（2）模架选用原则和要求

1）按客户指定模架要求标准“DME”、“HASCO”、“LKM”等，选取标准模架。

2）所选取的模架要适合注塑设备的技术参数，能满足最大与最小的闭合高度，满足在开模行程中的顶出行程和顶出方式。外形尺寸要小于注射机立柱间距 5mm，在保证模具足够的强度和刚性的前提下，尺寸宜小不宜大。偏心浇口的尺寸不能超过模具外形长度尺寸的 2/3。

3）当模具的型腔、型芯采取整体时，A 板、B 板要按动、定模板要求的材料订做标准模架，在定制模架的图中要标明材料牌号和热处理要求。

采用镶块结构的标准模架，最好要求生产厂家把模架上镶框尺寸加工好，或留有 2～5mm 加工余量，以防变形。

53. 注射模架如何验收？

1）注射模架按《塑料注射模模架技术条件》GB/T 12556—2006 标准规定的要求验收，其验收内容见表 3-2。

表 3-2 塑料注射模模架的要求

标准条目编号	内 容
3.1	组成模架的零件应符合 GB/T 4169.1—2006～4169.23—2006 和 GB/T 4170—2006 标准
3.2	组合后的模架表面不应有毛刺、擦伤、压痕、裂纹、锈斑
3.3	组合后的模架，导柱与导套及复位杆沿轴向移动应平稳，无卡滞现象，其紧固部分应牢固可靠
3.4	模架组装用紧固螺钉的力学性能应达到 GB/T 3098.1—2000 的 8.8 级规定
3.5	组合后的模架、模板的基准面应一致，并做明显的基准标记
3.6	组合后的模架在水平自重条件下，定模座板与动模座板的安装平面的平行度应符合 GB/T 1184—1996 中的 7 级规定
3.7	组合后的模架在水平自重条件下，其分型面的贴合间隙为 1. 模板长 400mm 以下≤0.03mm 2. 模板长 400～630mm≤0.04mm 3. 模板长 630～1000mm≤0.06mm 4. 模板长 1000～2000mm≤0.08mm
3.8	模架中导柱、导套的轴线对模板的垂直度应符合 GB/T 1184—1996 中的 5 级规定

（续）

标准条目编号	内　容
3.9	模架在闭合状态时，导柱的导向端面应凹入它所通过的最终模板孔端面，螺钉不得高于定模座板与动模座板的安装平面
3.10	模架组装后复位杆端面应平齐一致，或按顾客特殊要求制作
3.11	模架应设置吊装用螺孔，确保安全吊装

注：1. 粗糙度要求达到 GB/T 4169.8—2006，平面粗糙度 *Ra*0.8，四周 *Ra*3.2。
2. 模架的动模垫板与垫铁、动模固定板必须用定位销。
3. 模架的外形倒角要求统一，大于 500mm，外形倒角 *C*2.5；小于 500～200mm，外形倒角 *C*2；小于 200mm，*C*1.5。
4. 模架导柱孔有一个偏位，龙记模架偏距 2mm，DME 模架偏距 1/4in。

2）模架的标志、包装、运输和贮存，见表 3-3。

表 3-3　塑料注射模模架的标志、包装、运输和贮存

标准条目编号	内　容
5.1	模架应挂、贴标志，标志应包括以下内容：模架品种、规格、生产日期、供方名称
5.2	检验合格的模架应清理干净，经防锈处理后入库贮存
5.3	模架应根据运输要求进行包装，应防潮、防止磕碰，保证在正常运输中完好无损

54. 注射模具的三板模结构、开模顺序如何？

(1) 三板模结构

塑料注射模三板模结构为定距分型自动脱落浇口式注射模，如图 3-16 所示。

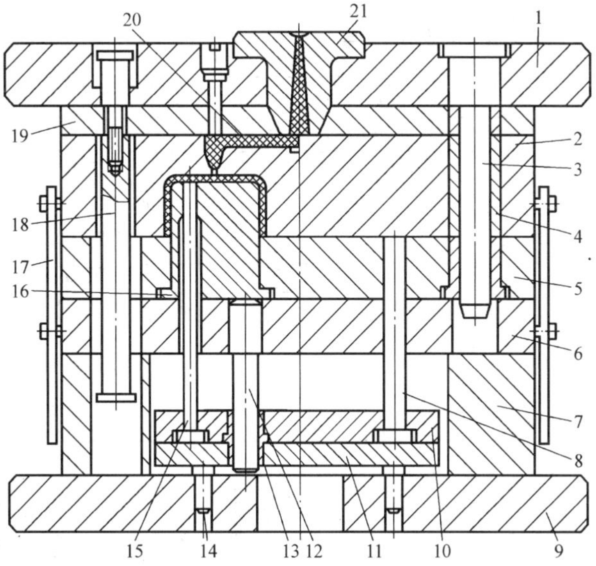

图 3-16　三板模典型结构及零部件名称

1—定模固定板　2—定模型板　3—导柱　4—导套　5—动模型板　6—垫板　7—垫铁　8—复位杆　9—动模固定板　10—顶杆固定板　11—顶杆垫铁　12—顶板导柱　13—顶板导套　14—限位钉　15—顶杆　16—型芯　17—定距板　18—定距拉杆　19—浇道卸料板　20—浇道拉料杆　21—浇套口

(2) 三板模开模顺序

双分型面注射模有三个分型面，如图 3-17a、b 所示。Ⅰ为第一分型面，分

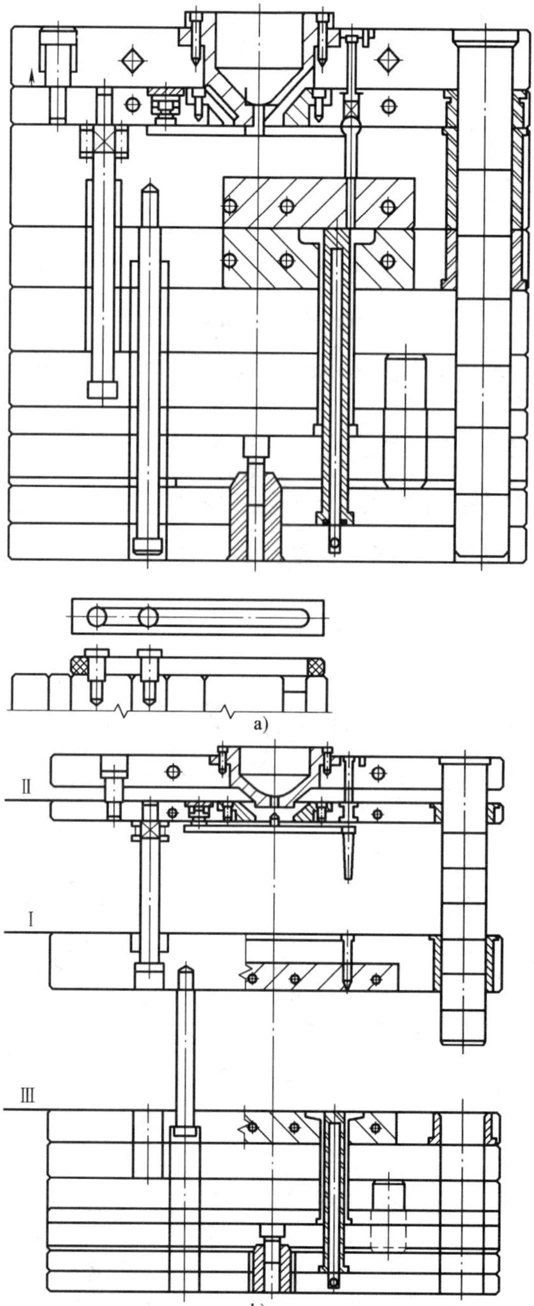

a)

b)

图 3-17　双分型面注射模

a）用拉板控制的三板模分模结构　b）三板模开模顺序

型后（浇道卸料与板定模）拉动主流道；Ⅱ为第二分型面（定模固定板与浇道卸料板），分型后浇注系统凝料由此脱出；Ⅲ为第三分型面（动、定模），分型后塑件由此脱出。与单分型面注塑模具相比较，三板模在定模部分增加了一块可以局部移动的中间板（又叫活动浇口板，其上设有浇口、流道及定模所需要的其他零件和部件），所以也叫三板式（动模板、中间板、定模板）注射模具，它常用于点浇口进料的单型腔或多型腔的注射模具，开模时，中间板在定模的导柱上与定模板作定距离分离，以便在这两个模板之间取出浇注系统凝料。

55. 怎样计算三板模的各部分尺寸？

三板模中大拉杆行程、小拉杆行程与料头之间的关系，及各部分尺寸计算如图 3-18 所示。

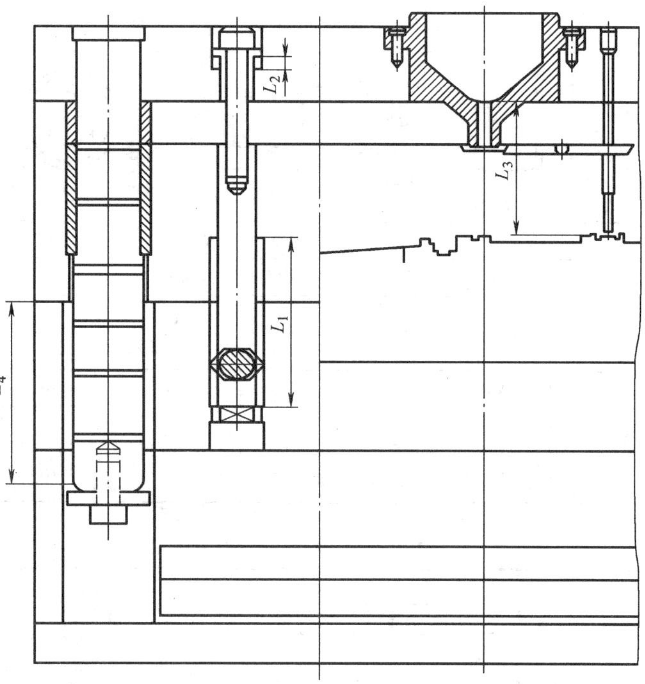

图 3-18　三板模拉杆行程

注：L_1 为小拉杆行程，L_2 为脱料板行程，L_3 为料头的长度，L_4 为大拉杆行程。

$L_1 = L_3 + (25 \sim 40)\text{mm}$，$L_2 = 8 \sim 12\text{mm}$，$L_4 = L_1 + L_2 + 2\text{mm}$。

56. 三板模的拉杆结构如何？

三板模拉杆结构如图 3-19 所示，拉杆限位螺钉见表 3-4，拉杆螺钉见表3-5、卸料拉杆见表 3-6。

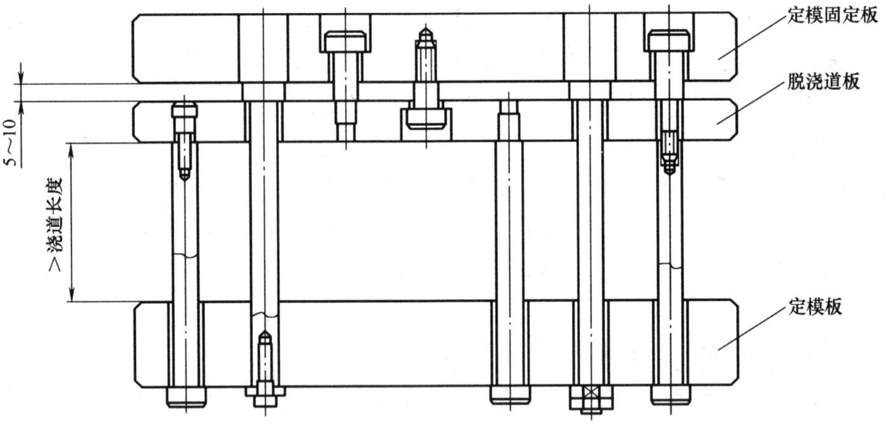

图 3-19　三板模拉杆结构

表 3-4　三板模拉杆限位螺钉结构　　（单位：mm）

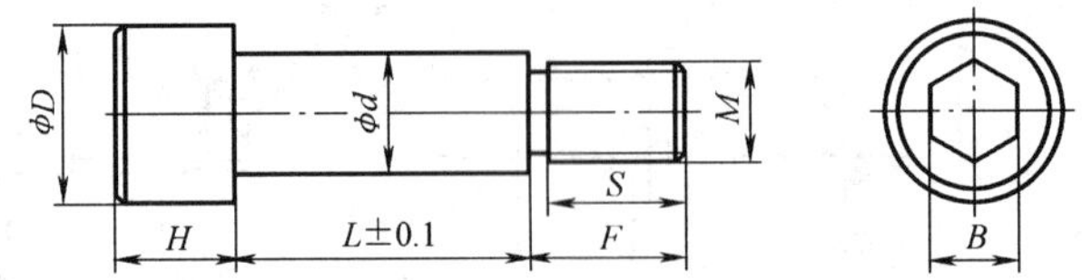

d		D		H		M	S	B
尺寸	公差	尺寸	公差	尺寸	公差	尺寸	尺寸	尺寸
10	0 -0.15	16	0 -0.43	8	0 -0.36	6	18	6
13		18		10		8	24	8
16		24	0 -0.52	14	0 -0.43	10	26	10
20	0 -0.20	28				12	30	14
25		33	0 -0.52	18		16	38	17

表 3-5　三板模的拉杆螺钉　　（单位：mm）

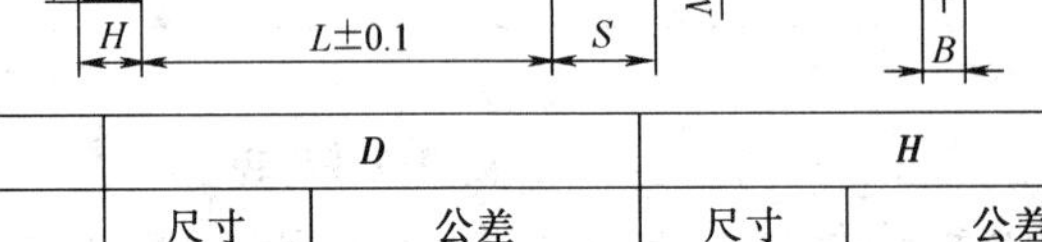

d		D		H		M
尺寸	公差	尺寸	公差	尺寸	公差	
10	0 -0.15	16	0 -0.43	8	0 -0.36	8
13		18		10		10
16		24	0 -0.52	14	0 -0.43	12
20	0 -0.20	28				16
25		33	0 -0.52	18		20

表 3-6　三板模的卸料拉杆　　　　（单位：mm）

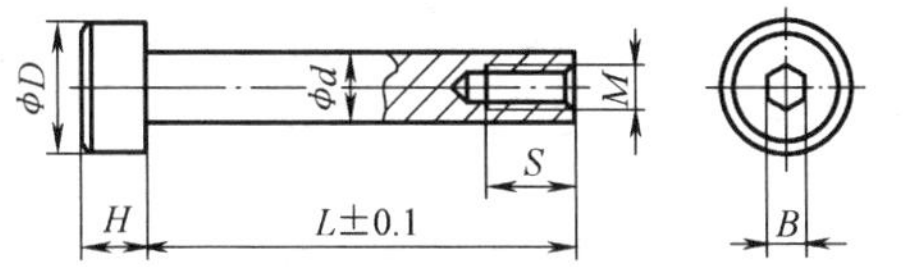

d		D		H		M	S	B
尺寸	公差	尺寸	公差	尺寸	公差			
10	0 -0.15	16	0 -0.43	8	0 -0.36	6	12	6
13		18		10		8	23	8
16		24	0 -0.52	14	0 -0.43	10	25	10
20	0 -0.20	28				12	30	14
25		33	0 -0.52	18		16	35	17

57. 三板模的装配卸料螺钉及有关孔的尺寸如何设计?

卸料螺钉结构及有关孔的尺寸，见图 3-20、图 3-21，有关尺寸见表 3-7、表 3-8。说明：a、B、h_2、H 尺寸视具体情况而定。

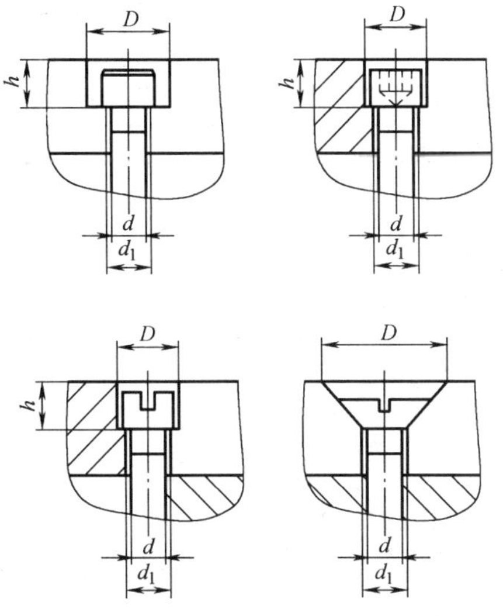

图 3-20　装配卸料螺钉结构

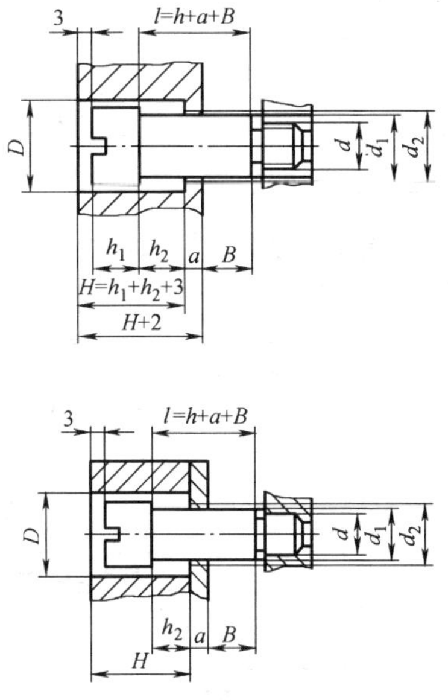

图 3-21　三板模的装配卸料螺钉有关孔的尺寸

注：a 的最小值应为 $0.5d_1$，使用垫板时 a = 垫板厚度，在扩孔情况下 $H=h_1+h_2+3$，如使用垫板时应全部打通。h_2 为卸料板的行程　B 为弹簧（橡皮）压缩后的高度（根据模板厚度来定 B 尺寸）。

表 3-7　螺钉孔钻孔直径有关尺寸　　(单位：mm)

d	钻孔直径 d_1			Ⅰ型		Ⅱ型		Ⅲ型		Ⅳ型
	精装配用	普通装配用	粗装配用	D	h	D	h	D	h	D
M3	3.2	3.6	—	—	—	—	—	6.0	3.0	7.0
M4	4.3	4.8	—	—	—	—	—	8.0	3.5	9.0
M5	5.5	6.0	—	—	—	10.0	5.5	9.5	4.0	11.0
M6	6.5	7.0	—	24.0	5.0	12.0	6.5	11.0	4.5	13.0
M8	8.5	9.0	—	28.0	6.5	13.5	8.5	13.5	6.5	17.0
M10	10.5	11.0	12.0	30.0	8.0	16.0	10.5	16.0	8.0	21.0
M12	12.5	13.0	14.0	34.0	9.0	20.0	13.0	20.0	10.0	25.0
M14	14.5	15.0	16.0	37.0	10.0	23.0	15.0			
M16	16.5	17.0	18.0	41.0	12.0	26.0	17.0			
M16	19.0	20.0	21.0	46.0	14.0	30.0	19.5			
M20	21.0	22.0	23.0	49.0	15.0	33.0	21.5			
M22	23.0	24.0	25.0	55.5	16.0	36.0	23.5			
M24	25.0	26.0	27.0	60.0	17.0	39.0	25.5			

表 3-8　装配卸料用螺杆有关孔的尺寸　　(单位：mm)

d	d_1	d_2	D	h_1	
				柱头螺钉	内六角螺钉
M4	6.0	6.5	9.0	3.5	4.0
M6	8.0	8.5	12.0	5.0	6.0
M8	10.0	10.5	14.5	6.0	8.5
M10	12.0	13.0	17.0	7.0	10.0
M12	14.0	15.0	20.0	8.0	12.0

58. 拉板的应用尺寸如何设计?

拉板的应用尺寸，如表 3-9、表 3-10 所示。

表 3-9　拉板 1 尺寸　　(单位：mm)

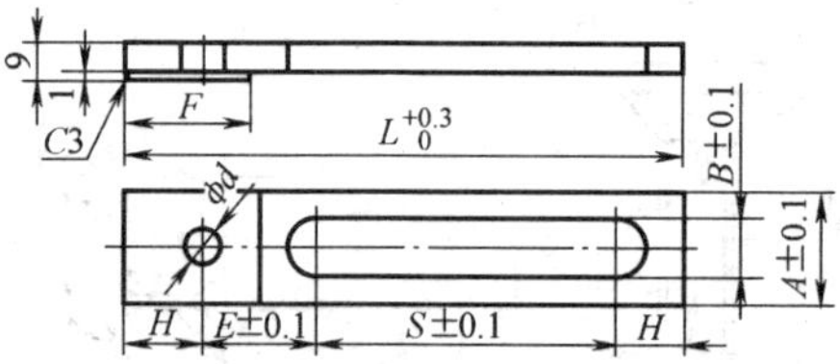

B	E	H	L	d	A	F	S
11	16	14.5	S + 45	6.5	19	19	50 ~ 170
14	20	17	S + 54	8.5	25	25	50 ~ 200
17	30	18.5	S + 67	10.5	32	32	80 ~ 200
21	30	20.5	S + 71	12.5	38	38	100 ~ 200

表 3-10　拉板 2 尺寸　　（单位：mm）

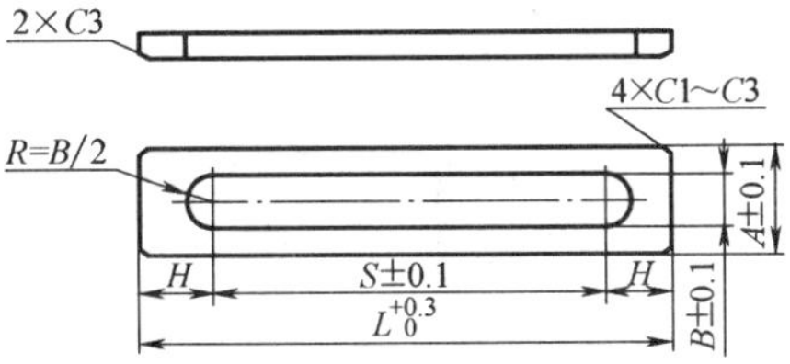

B	H	L	A	S
14	17	S + 34	25	80 ~ 250
17	18.5	S + 37	32	100 ~ 300
21	20.5	S + 41	38	100 ~ 300

拉板套的尺寸见表 3-11 所示。

表 3-11　拉板套尺寸　　（单位：mm）

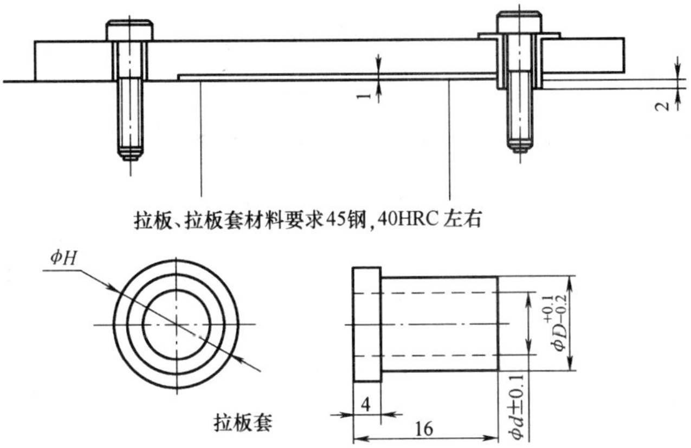

B	d	H	D	所用螺钉
11	6.5	13	10	M6 × 25
14	9	16	13	M8 × 30
17	11	19	16	M10 × 30
21	13	23	20	M12 × 35

59. 除拉板外有无其他形式的三板模的开模机扣？

除拉板外其他形式的三开模用控制机扣较多，以下介绍三种常用开模机扣。

1）GB/T 4169.23—2006 规定的标准矩形拉模扣见表 3-12。

表 3-12　标准矩形拉模扣（摘自 GB/T 4169.23—2006）（单位：mm）

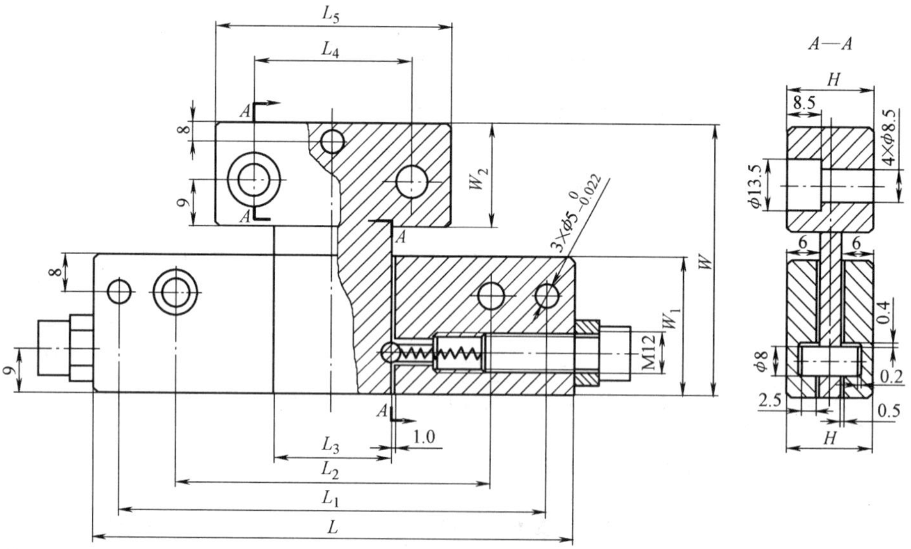

未注倒角为 C1

标记示例：宽度 W = 52mm、长度 L = 100mm 的矩形拉模扣标记为：矩形拉模扣 52 × 100 GB/T 4169.23—2006

W	W_1	W_2	L	L_1	L_2	L_3	L_4	L_5	H
52	30	20	100	85	60	20	25	45	22
80									
66	36	28	120	100	70	24	35	60	28
110									

注：1. 材料由制造者选定，本体与插体推荐采用 45 钢，顶销推荐采用 GCr15。
2. 插件硬度 40 ~ 45HRC，顶销硬度 58 ~ 62HRC。
3. 最大使用负荷应达到：L = 100mm 为 10kN，L = 120mm 为 12kN。
4. 其余应符合 GB/T 4170—2006 的规定。

2）法国 RABOURDIN NUDUSTRIE 三开模用机扣结构如图 3-22 所示。

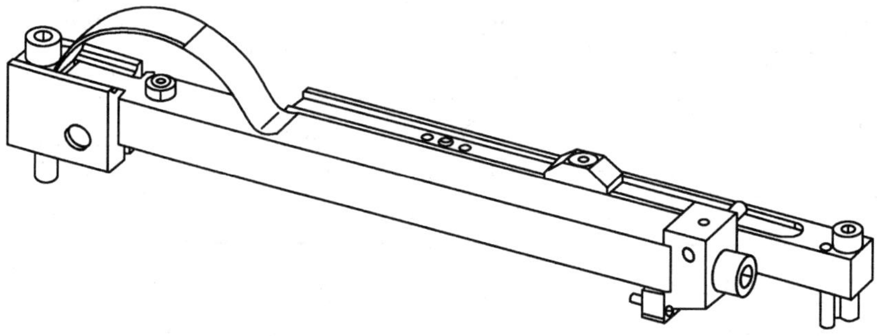

图 3-22　法国三开模用机扣结构

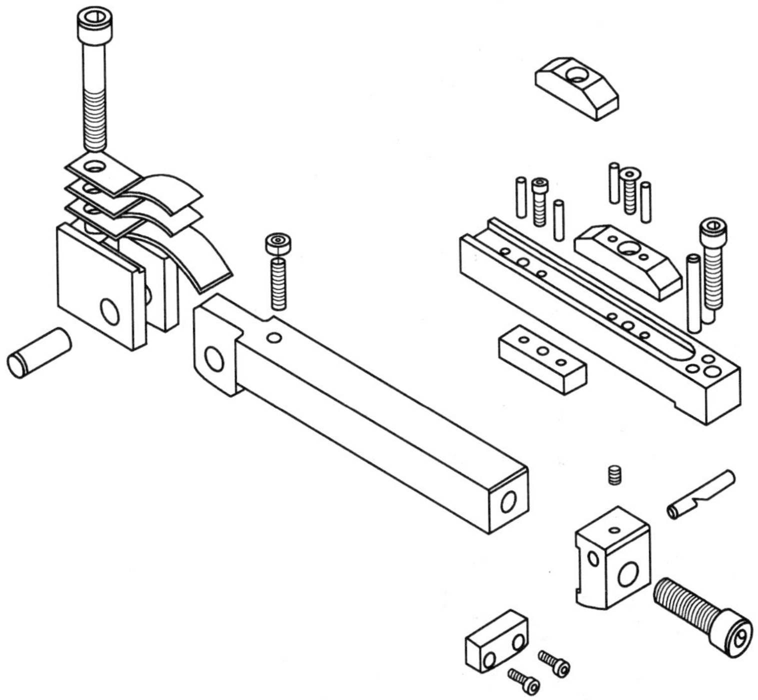

图 3-22 法国三开模用机扣结构（续）

3）DME 三开模用机扣，控制开模，如图 3-23 所示。

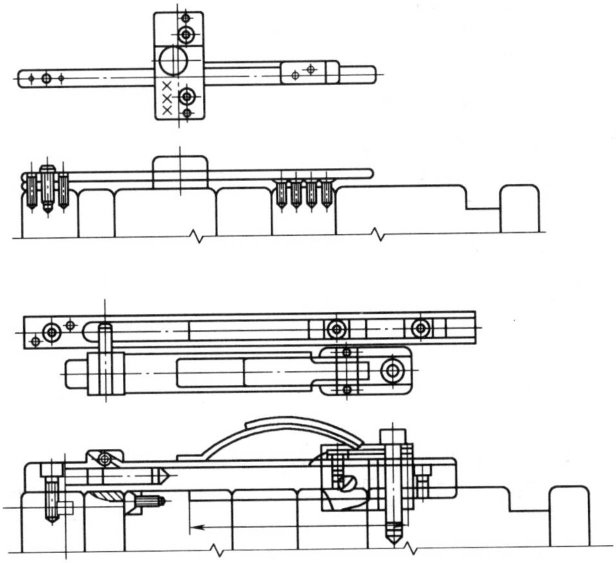

图 3-23 DME 三开模用机扣结构

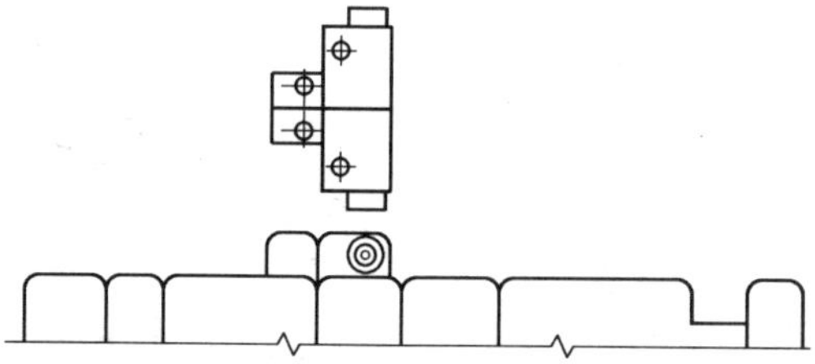

图 3-23　DME 三开模用机扣结构（续）

60. 结构件和模板装配关系、公差配合要求如何？

模具零件配合关系见表 3-13：

表 3-13　模具零件配合关系

零件名称	配合关系简图	
导柱和导套	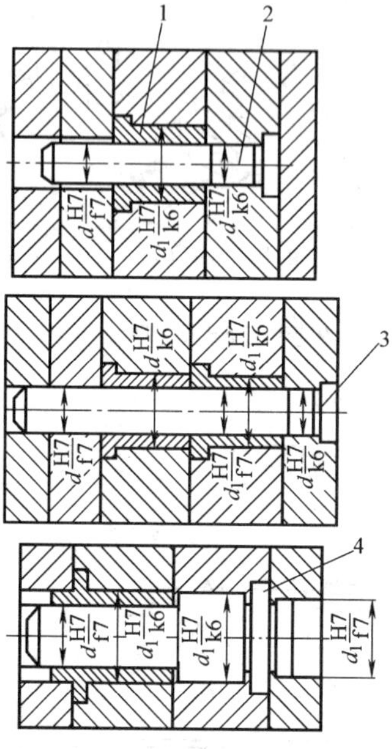	1—导套 2—带头导柱 3—带肩导柱 4—带件定位
推管推出机构	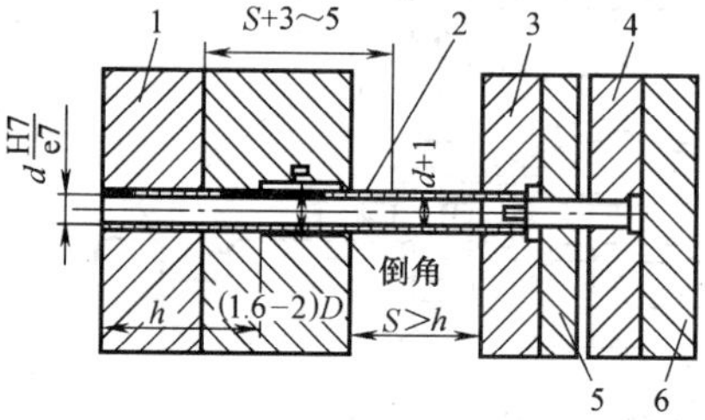	1—动模板 2—推管 3—推杆固定板 4—定模座板 5—推板 6—垫板

（续）

零件名称	配合关系简图	
复位杆	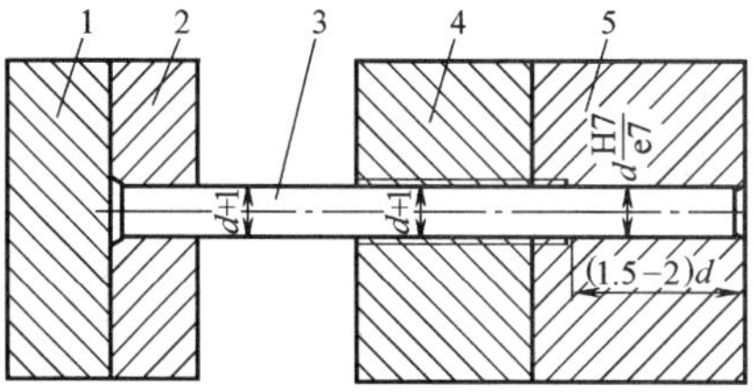	1—推板 2—推杆固定板 3—复位杆 4—支承板 5—动模板
拉料杆	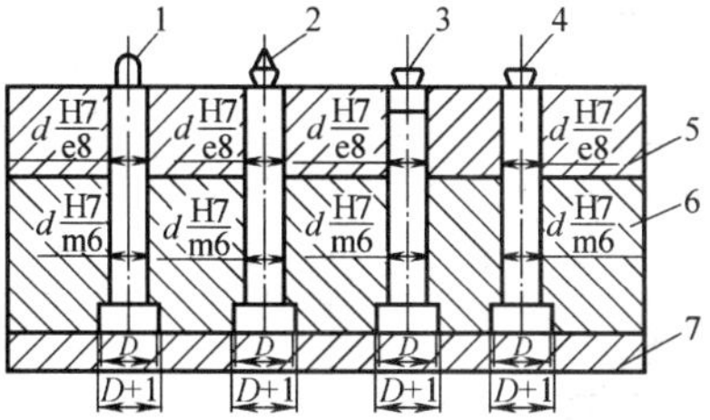	1—球形拉料杆 2—圆锥头拉料杆 3、4—倒锥形拉料杆 5—推件板 6—固定板 7—支承板
	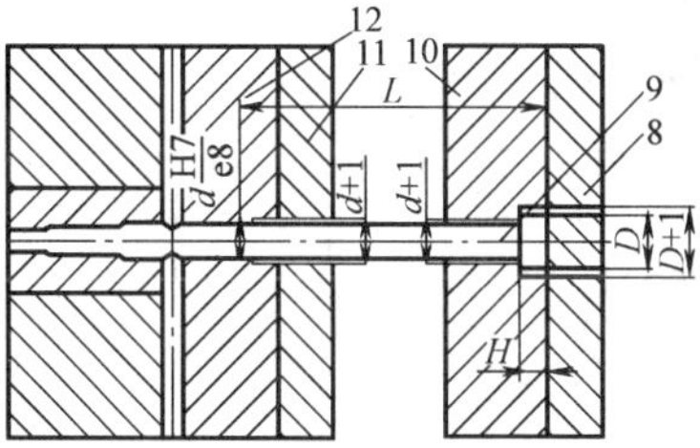	8—推板 9—钩形拉料杆 10—推杆固定板 11—支承板 12—动模板
斜销抽芯机构	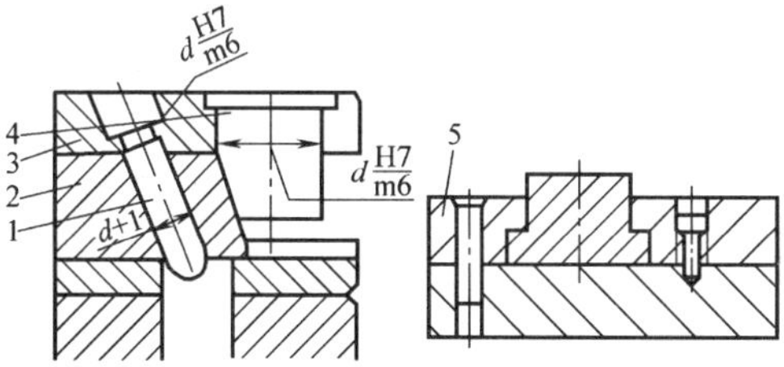	1—斜销 2—滑块 3—定模板 4—锲紧块 5—滑块导板
斜滑块机构	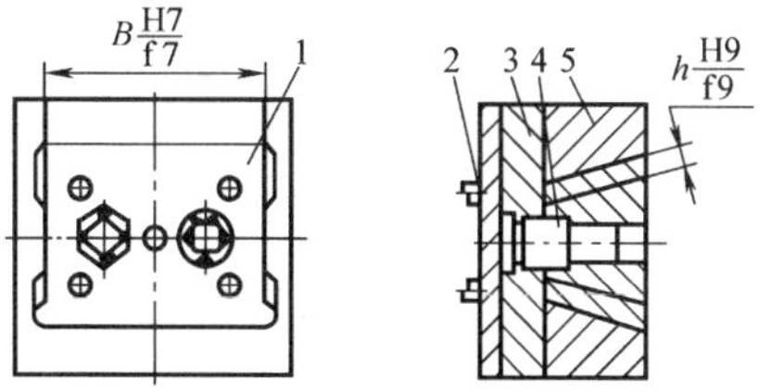	1—斜滑块 2—推杆 3—固定板 4—型芯 5—锥形模套

（续）

<table>
<tr><th>零件名称</th><th>配合关系简图</th><th></th></tr>
<tr><td>支承柱和顶出机构</td><td>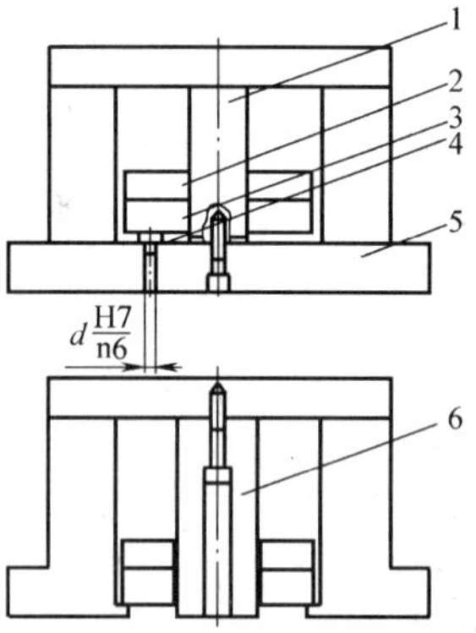</td><td>1、6—支承柱
2—推杆固定板
3—推板
4—限位钉
5—动模座板</td></tr>
<tr><td>限位柱和导套</td><td>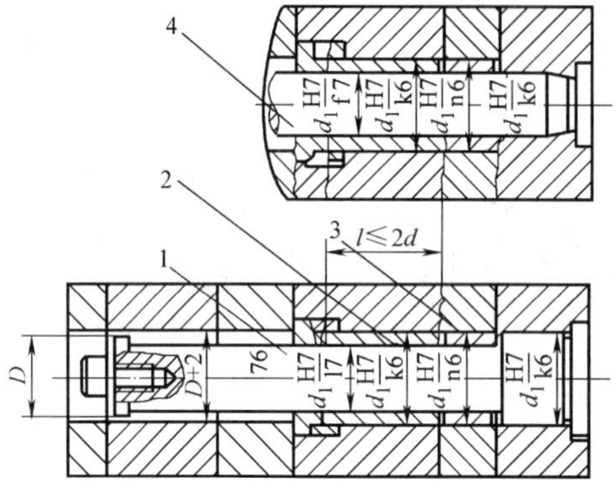</td><td>1、4—注塑模浇口套
2—带头导套
3—直导套</td></tr>
<tr><td>浇口套和模板</td><td>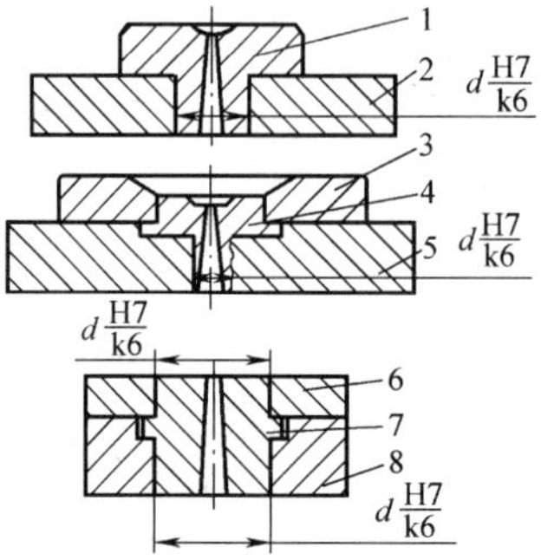</td><td>1、4—注塑模浇口套
2、5、6、8—模板
3—定位圈
7—压铸模浇口套</td></tr>
</table>

（续）

零件名称	配合关系简图	

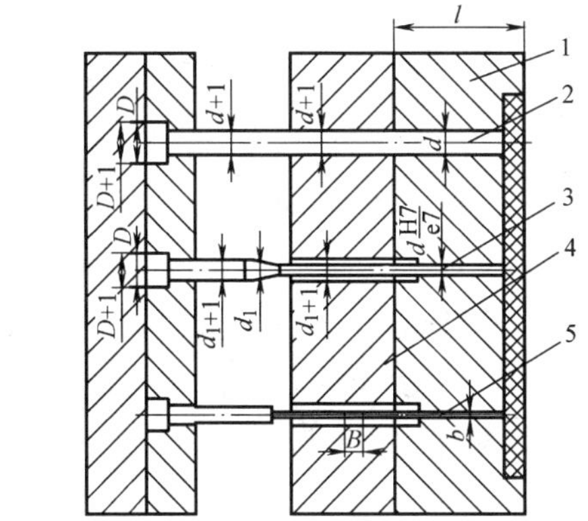

1—动模板
2—圆柱头推杆
3—带肩推杆
4—支承板
5—扁推杆

圆形推杆	
d/mm	l
2.5～6	4d～3d
6～10	3d～2d
>10	2d～1.5d

矩形推杆	
B/mm	l
<10	<4B
10～16	4B～3B
>16	3B～2B

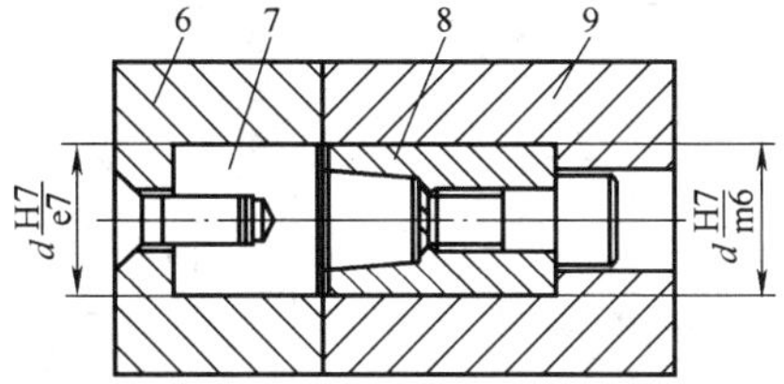

6—定模板
7—圆锥定位件
8—圆锥定位套
9—动模板

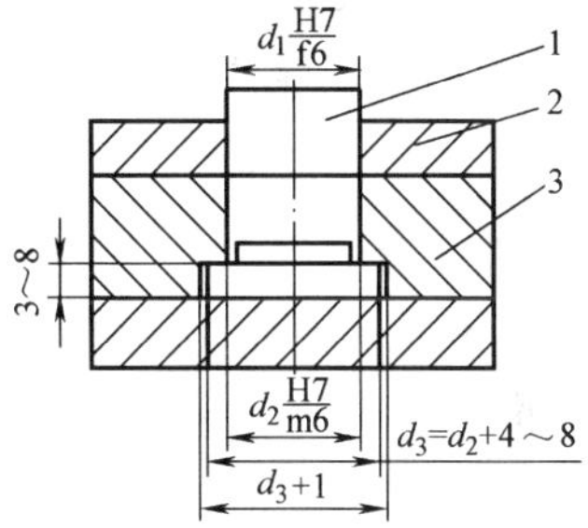

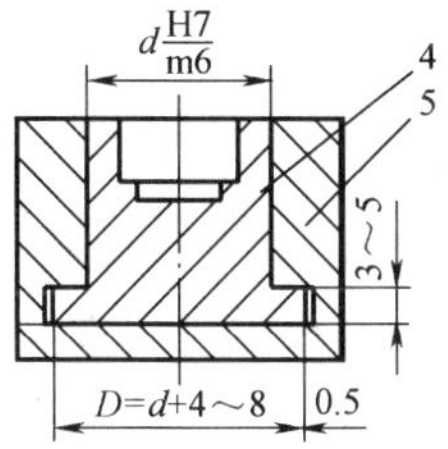

1—镶拼型芯
2—推件板
3—固定板
4—镶拼型腔
5—模板

61. 怎样确定导柱孔位置和直径？

导柱孔位置和直径要求：

1）导柱直径 d 与模板外形尺寸关系，见表 3-14。

表 3-14　导柱直径 d 与模板外形尺寸关系　　（单位：mm）

模板外形尺寸	≤150	150～200	200～250	250～300	300～400
导柱直径 d	≤16	16～18	18～20	20～25	25～30
模板外形尺寸	400～500	500～600	600～800	800～1000	>1000
导柱直径 d	30～35	35～40	40～50	50～60	>60

2）导柱安装时模板上与之配合的孔径公差按 H7 确定，安装沉孔直径可取 $d+(1\sim2)$mm。

3）导柱孔位置是模板外形尺寸至导柱孔中心位置，其值等于导柱直径 d 或（$D+5$mm）。如图 3-24 所示。

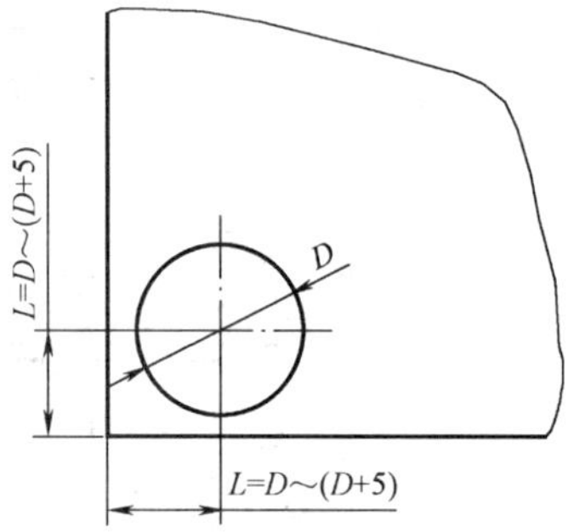

图 3-24　导柱孔位置

62. 常用导柱、导套结构和安装形式如何？

导柱、导套结构和安装形式，导柱导套和模板装配关系及公差配合如图 3-25 所示

1）导柱在动模，导套在定模，如图 3-25a。

2）带肩导柱固定在动模，带肩导套在定模，台阶各伸入动模垫板和定模盖板中，如图 3-25b 所示。

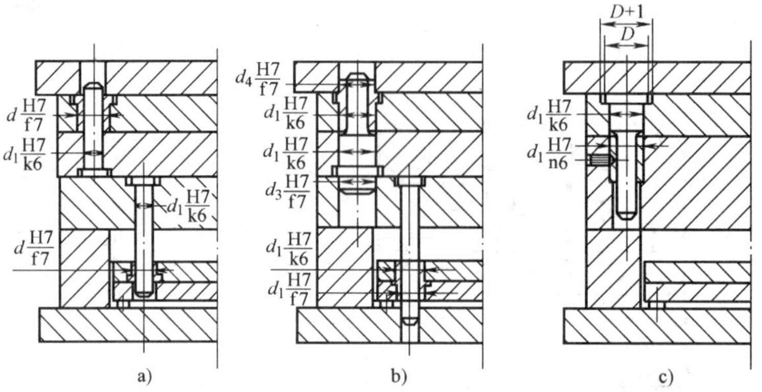

图 3-25　导柱导套和模板装配关系及公差配合

3）阶梯导柱在定模，直导套在动模，如图 3-25c 所示。

4）直导套可以采用图 3-26 所示的三种方法固定。具体尺寸和要求：标准直导套见附录表 K-2、标准带头导套见附录表 K-3、标准带头导柱见附录表 K-4、标准带肩导柱见附录表 K-5。

5）大型模具的直导管在定模、导套顶面用垫圈和螺钉固定或用轴用挡圈固定，如图 3-27 所示。

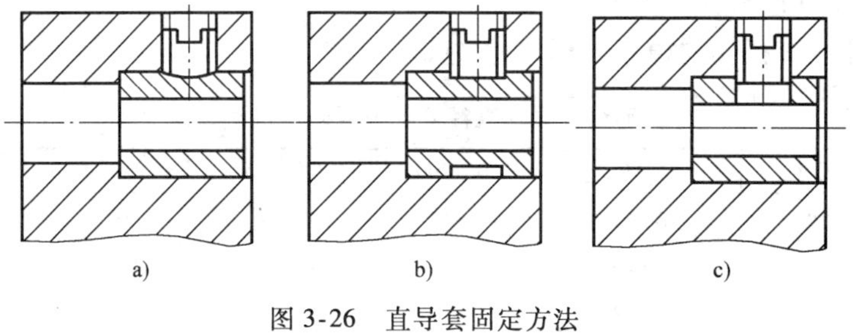

图 3-26　直导套固定方法

63. 大型高型芯模具的导柱、导套应如何设计？

大型高型芯模具的导柱、导套的结构，可参照图 3-27、表 3-15、表 3-16 选用。

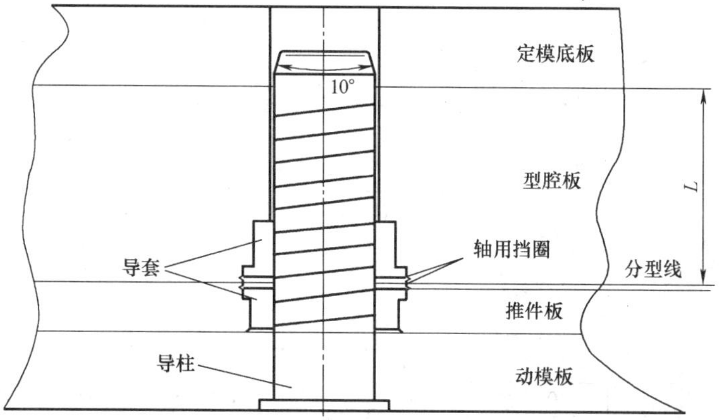

图 3-27　大型高型芯模具的导柱、导套的结构

1）非配合面避空 1mm。

2）轴用挡圈离动、定模分型面（P/L）4.5mm，并要求统一。

3）大型高型芯模具的导柱、导套的尺寸见表 3-15、表 3-16。

表 3-15　大型高型芯模具导柱、导套结构尺寸

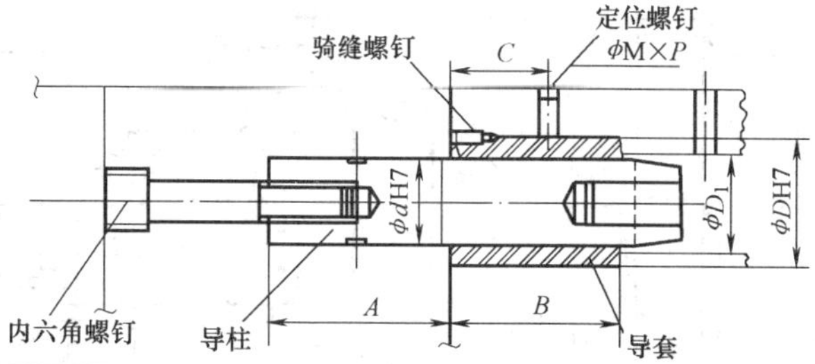

<table>
<tr><th>φdH7</th><th>φDH7</th><th>φD1</th><th>A</th><th>B</th><th>C</th><th>ΦM×P</th><th>ΦM×P</th><th>适用成形机/kN</th></tr>
<tr><td>20</td><td>30</td><td>22</td><td>30</td><td>31</td><td>16</td><td>M8×1.25</td><td>M6×1.0</td><td>750</td></tr>
<tr><td>25</td><td>35</td><td>28</td><td>40</td><td>41</td><td>21</td><td rowspan="2">M12×1.75</td><td rowspan="5">M8×1.25</td><td>750～1500 未满</td></tr>
<tr><td>30</td><td>42</td><td>33</td><td>45</td><td>51</td><td>26</td><td>1500～3000 未满</td></tr>
<tr><td>35</td><td>49</td><td>38</td><td>50</td><td>51</td><td>26</td><td rowspan="3">M16×2.0</td><td>3000～5500 未满</td></tr>
<tr><td>40</td><td>55</td><td>43</td><td>60</td><td>61</td><td>31</td><td>5500～8500 未满</td></tr>
<tr><td>50</td><td>70</td><td>55</td><td>75</td><td>81</td><td>41</td><td>8500～10000 未满</td></tr>
<tr><td>60</td><td>80</td><td>65</td><td>90</td><td>92</td><td>47</td><td rowspan="2">M20×2.5</td><td rowspan="2">M10×1.5</td><td>10000～20000 未满</td></tr>
<tr><td>80</td><td>100</td><td>85</td><td>120</td><td>122</td><td>62</td><td>20000～30000 未满</td></tr>
<tr><td>100</td><td>120</td><td>105</td><td>150</td><td>152</td><td>—</td><td>—</td><td>M10×1.5</td><td>30000 以上</td></tr>
</table>

64. 导柱高度应怎样确定？

导柱高度：导柱高度比动模芯和斜导柱高出 20～25mm，如图 3-28 所示。

表 3-16 大型高型芯模具导柱尺寸

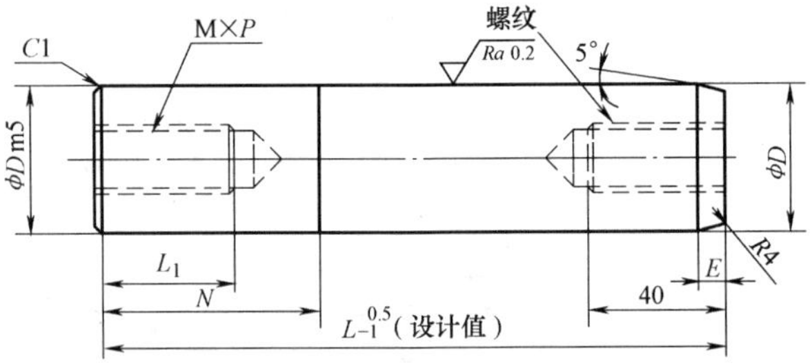

序号	ϕDm5	ϕD_1f7	N	E	M × P	l_1	适用成型机
1	$20^{+0.017}_{+0.008}$	$20^{-0.020}_{-0.041}$	30	5	8 × 1.25	16	75 以下
2	$25^{+0.017}_{+0.008}$	$25^{-0.020}_{-0.041}$	40		12 × 1.75	24	75 ~ 150 未满
3	$30^{+0.017}_{+0.008}$	$30^{-0.020}_{-0.041}$	45				150 ~ 300 未满
4	$35^{+0.020}_{+0.009}$	$35^{-0.025}_{-0.050}$	50	8	16 × 20	32	300 ~ 550 未满
5	$40^{+0.020}_{+0.009}$	$40^{-0.025}_{-0.050}$	60				550 ~ 850 未满
6	$50^{+0.020}_{+0.009}$	$50^{-0.025}_{-0.050}$	75				850 ~ 1000 未满
7	$60^{+0.024}_{+0.011}$	$60^{-0.030}_{-0.080}$	80		20 × 2.5	40	1000 ~ 2000 未满
8	$80^{+0.024}_{+0.011}$	$80^{-0.030}_{-0.080}$	120	10	20 × 2.5	40	2000 ~ 3000 未满
9	$100^{+0.028}_{+0.013}$	$100^{-0.036}_{-0.071}$	150	20	20 × 2.5	40	3000 以上

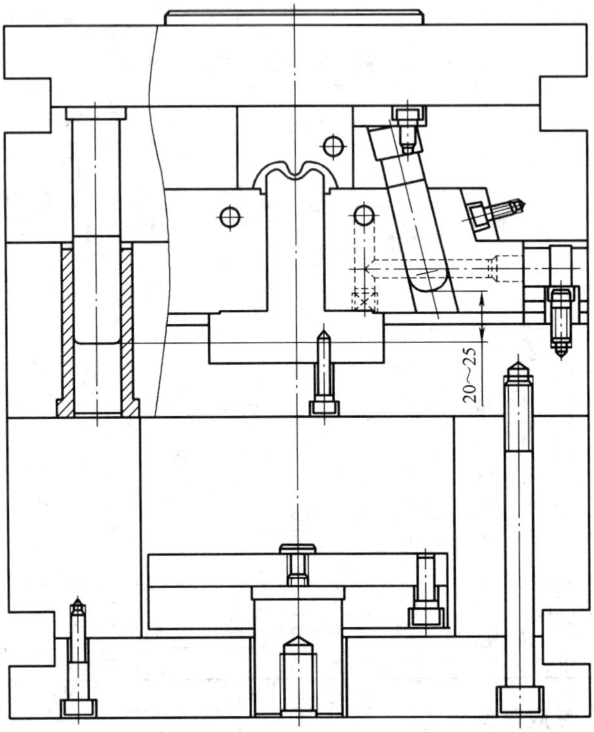

图 3-28 导柱高度

65. 支承柱的结构形式有哪几种？支承柱的尺寸和要求如何？

支承柱的结构形式分为两种，一种是支承柱用内六角螺钉固定在底板上，如图 3-29a 所示，另一种结构支承柱与动模板用定位销连接，如图 3-29b 所示。

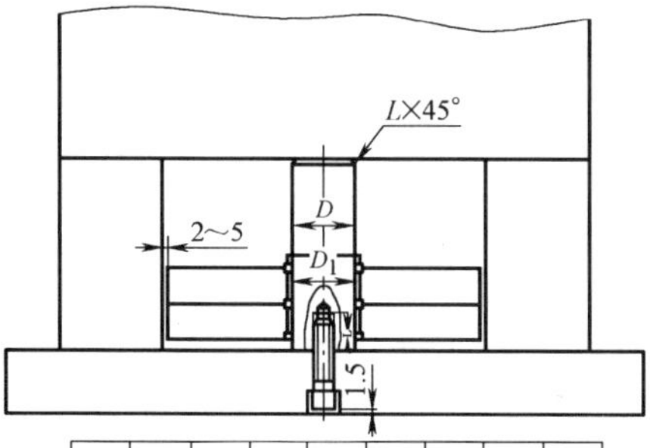

M	6	M8	M8	M8	M8	M10	M10	M10
D	20	30	35	40	50	60	70	80
D_1	23	33	38	43	53	63	73	83
L	12	16	16	16	16	20	20	20

a)

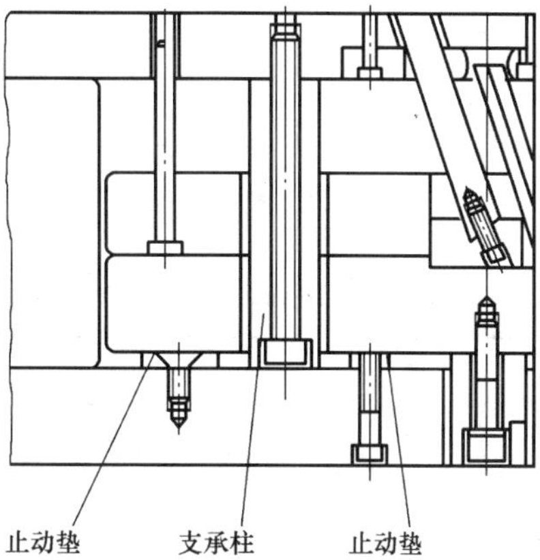

b)

图 3-29　支承柱结构形式

动模板支承柱要求：

1）支承柱的尺寸规格和公差见附录 M 中的表 M-10。

2）支承柱比垫铁高 +0.065mm ~ +0.03mm（GB/T 4169.10—2006 若 *L* 取 +0.15 ~ +0.05mm 公差太大，容易把动模支撑板顶凹变形）。

3）支承柱的数量要满足动模的强度和刚性的需要。支承柱设计在受力最大的部位附近。支承柱的面积大于动、定模受力面积的 10%。

4）支承柱要求的表面处理，其材质及硬度与垫铁相同（或高于垫铁 5HRC），一般为 45 钢。

5）支承柱与顶杆板和顶杆固定板的间隙单边 3mm。

6）内六角螺钉深入动模板为 1.50mm。

66. 限位钉的尺寸和要求如何？限位块有什么要求？

限位钉用于支承推出机构，并用以调节推出距离，用来防止推出机构复位时受异物障碍的零件，限位钉也叫止动垫、垃圾钉，标准限位钉见表 3-17。

（1）限位钉的形状、技术参数、结构形式。

1）未标注的表面粗糙度取 *Ra*6.3μm；未注倒角取 *C*1。

2）可选砂轮越程槽或半径为 0.5 ~ 1mm 圆角。

3）限位钉位置在复位杆的同一轴心线处，需要有一定的数量防止顶杆板变形。

表 3-17 标准限位钉（摘自 GB/T 4169.9—2006） （单位：mm）

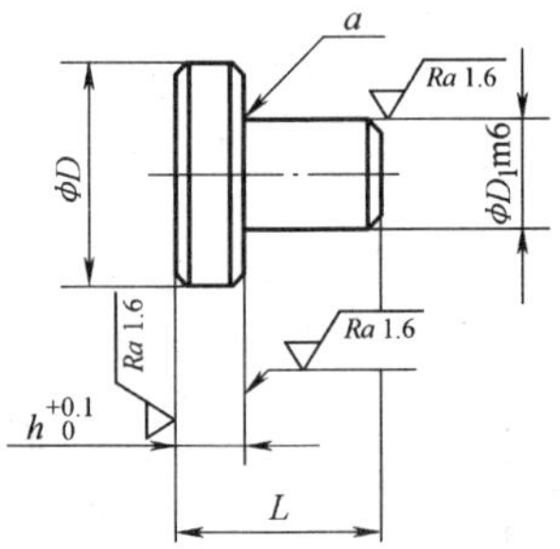

标记示例：直径 $D=16$mm 的限位钉，标记为限位钉 16 GB/T 4169.9—2006

D	D_1	h	L
16	8	5	16
20	16	10	25

注：1. 材料由制造者选定，推荐采用 45 钢。
2. 硬度 40～45HRC。
3. 其余应符合 GB/T 4170—2006 的规定。

4）限位钉要固定在动模垫板上，小型模具固定在顶杆固定板上，大型模具限位钉固定在动模固定板上。

（2）限位块要求

1）限位块最小高度为 6.35mm。

2）限位块至少两件，并保证塑件顶出比动模高出 5mm。

3）限位块位置（用螺钉固定）在动模垫板底面（如图 3-32）或顶杆固定板上面。

67. 复位杆的作用和要求是什么？

（1）复位杆的作用

复位杆的作用是保证在模具合模时所有顶杆都回到原始位置，避免顶杆和模腔表面接触。复位杆最重要的作用是保护模腔壁，防止顶杆被破坏。即使通过注射机或其他方法已将顶杆板复位，也必须设置复位杆。

（2）复位杆要求

1）标准复位杆要求，见表 3-18：①复位杆的最小直径是 10mm，直径大小查表选用；②未注表面粗糙度 *Ra*6.3μm；③*a* 表示可选砂轮越程槽或 $R=0.5\sim1$mm 圆角，*b* 表示端面允许留有中心孔。

2）通常设四个复位杆，平均分布，防止顶杆托板翘起。圆形的模具，可按 120°排列三个复位杆。复位杆的最大间距为 627mm，头部需有 *C*1.5 倒角，大型模具复位杆的间距超过 600mm 时，复位杆需增添两个。

表 3-18　复位杆（摘自 GB/T 4169.13—2006）　　（单位：mm）

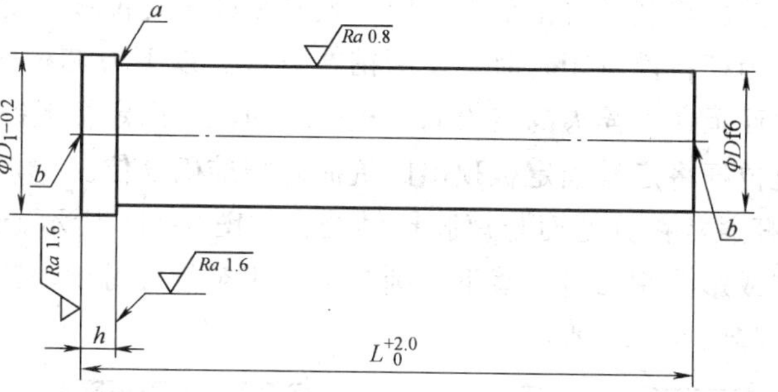

标记示例：直径 $D=10$mm、长度 $L=100$mm 的复位杆，标记为复位杆 10×100 GB/T 4169.13—2006

D	D_1	h	L									
			100	125	150	200	250	300	350	400	500	600
10	15	4	×	×	×	×						
12	17		×	×	×	×	×					
15	20		×	×	×	×	×	×				
20	25			×	×	×	×	×	×	×		
25	30	8			×	×	×	×	×	×	×	
30	35				×	×	×	×	×	×	×	×
35	40					×	×	×	×	×	×	×
40	45	10					×	×	×	×	×	×
50	55						×	×	×	×	×	×

注：1. 材料由制造者选定，推荐采用 T10A、T8A、GCr15。
2. 硬度为 56～60HRC。
3. 其余应符合 GB/T 4170—2006 的规定。

3）复位杆的形式及安装设计，见图 3-30。

4）复位杆装配要求，如图 3-30a 所示。为获得复位杆在模板中的合理间隙，防止复位杆发生磨损或卡位，在板中的复位杆孔要稍大于顶杆孔，如图 3-30b 所示。装配后的复位杆端面应齐平一致，允许低于分型面最多 0.2mm。

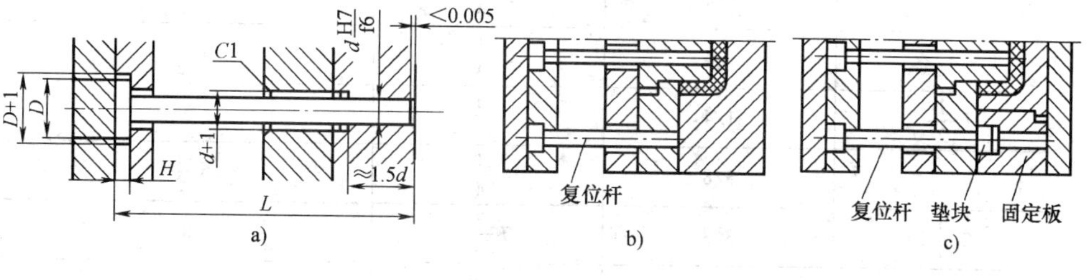

图 3-30　复位杆的形式及安装设计

5）复位杆在分型面处与模腔相遇。如果复位杆超出分型面，将会与引出装置发生干涉，并影响制品自由落下，因此就必须减短复位杆长度，并在其相对位置另外设置一销杆，模具闭合时，使两销在分型面以下模芯板内接触。图 3-30c 是复位杆的顶面顶在不淬火的定模固定板上，为此在固定板上镶入淬火垫块，以免在工作中复位杆将定模固定板顶出凹坑而影响准确复位。

6）复位杆通常在分型面与模腔接触处，如图 3-31a 所示，但如果复位杆与装置发生干涉或影响制品自由落下，则必须在相对位置另设一销，使两销在分型面以下接触，如图 3-31b 所示。

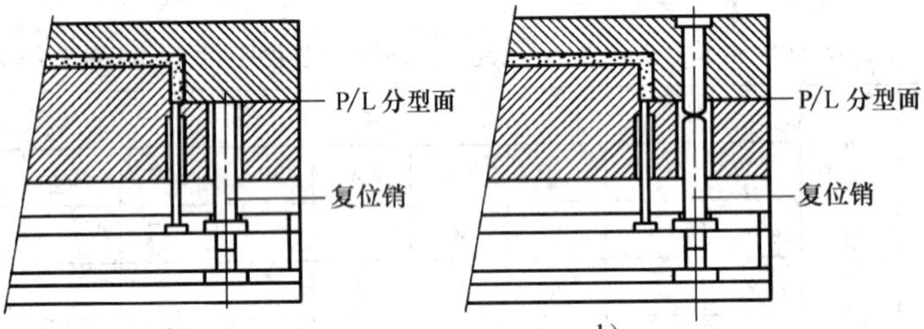

a) b)

图 3-31 复位杆超出分型面

68. 复位弹簧有什么要求？

1）弹簧必须预压 5% ~15%，弹簧最大压缩比例在 35% ~40% 之间，见表 3-19。

表 3-19 复位弹簧压缩长度 （单位：in）

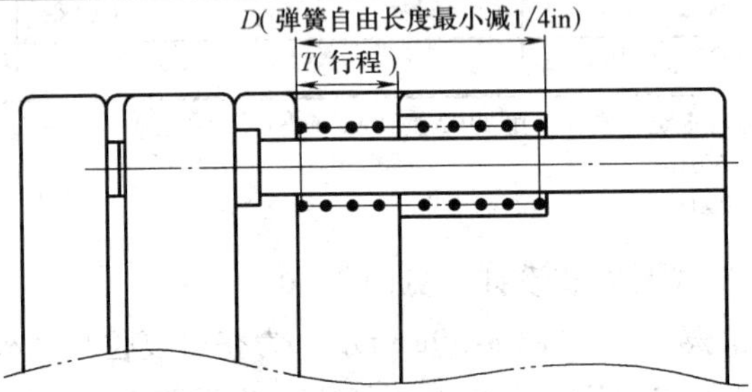

T	预压深度	*D*	弹簧自由长度
5/8	1/4	$2\frac{1}{4}$	$2\frac{1}{2}$
1	1/4	$3\frac{1}{4}$	$3\frac{1}{2}$
$1\frac{1}{2}$	1/4	$4\frac{3}{4}$	5
2	3/8	$6\frac{1}{4}$	$6\frac{1}{2}$
$2\frac{1}{2}$	3/8	$7\frac{3}{4}$	8
3	1/2	$9\frac{3}{4}$	10

2）一般采用橘黄色、蓝色标志的弹簧（轻负荷），特殊情况用红色标志弹簧（重负荷）。

3）采用弹簧时必须有导杆（若是复位杆可将弹簧直接套在推杆上）。

4）弹簧外径与动模板孔的间隙为 1～1.5mm。

5）弹簧总承压力需大于顶板质量的 150%，使弹簧有足够的负荷推回顶杆固定板和顶杆板。

6）斜顶抽芯的模具，一般不用复位弹簧，采用弹簧时要得到客户认可才可以使用。有斜顶不能用弹簧的情况，可以采用顶板拉回先复位机构。

7）复位杆、复位弹簧和限位钉、限位块的结构如图 3-32 所示。

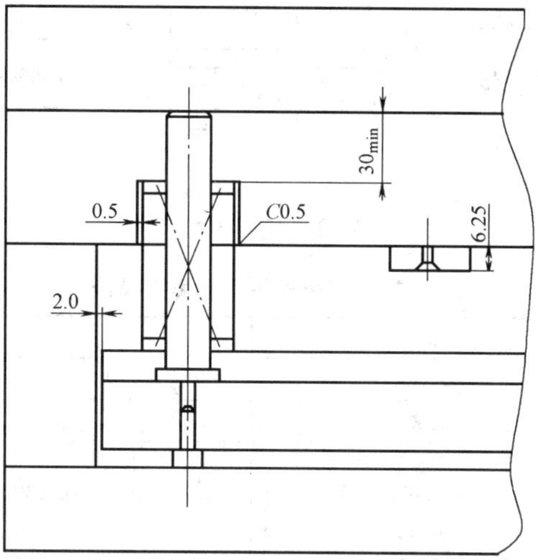

图 3-32　复位杆、复位弹簧和限位钉、限位块的结构

69. 顶板导柱、导套结构类型有哪几种？装配关系和结构如何？

1）顶板导柱、导套结构，优先采用图 3-33 的 B 型顶板导柱结构，适用于中、大型模具。图 3-33 的 A 型适用于小型模具。图 3-33D 型，适用于大型模具。

2）顶板导柱与导套配合关系、导套与顶板配合要求，见表 3-20。①顶板导柱与动模板、动模固定板配合要求，见图 3-33A 型、B 型。顶板导柱与动模板配合一般采用 B 型，顶板导柱与动模板配合间隙为 0.1mm，英制采用顶板导柱与动模板配合间隙为 0.38mm，油槽可以不采用，导柱尾部采用米制螺纹。②导套用青铜而不用石墨。③顶极导套尺寸要求详见附录表 K-20。

70. 定位环有哪几种结构形式？

其主流道衬套与喷嘴对中，必须凭借定位零件来实现，通常采用定位环定位。设计定位环结构，应考虑塑模的拆装方便。定位环直径 *D* 尺寸应按注射机的定位孔径选用。标准定位圈，见表 3-21。

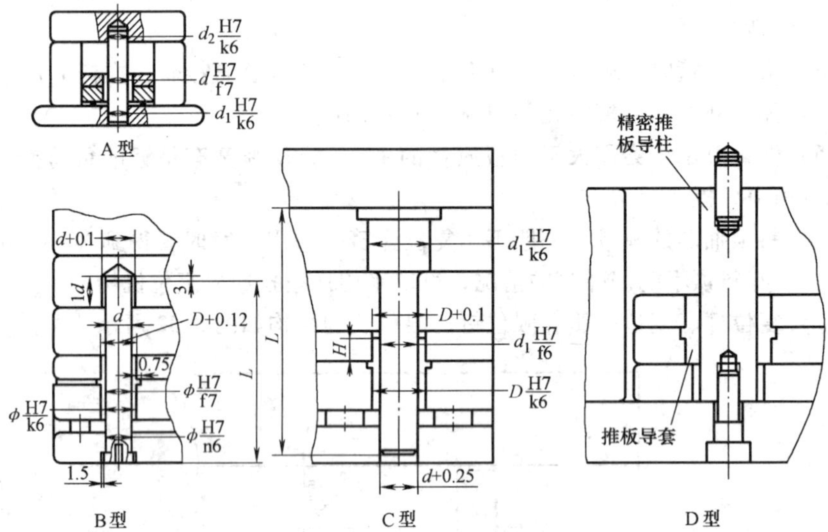

图 3-33　顶板导柱尺寸

表 3-20　顶板导柱导套类型及配合　　　　（单位：mm）

公称尺寸	B 型			C 型				
	d		*L*	*d*		*D*	*H*	*L*
	尺寸	公差		尺寸	公差			
15	15	-0.032 -0.030		15	-0.032 -0.030	20	10	
20	20	-0.040 -0.051		20	-0.040 -0.051	25	10	
25	25	-0.040 -0.051	选用尺寸	25	-0.040 -0.051	30	15	选用尺寸
30	30	-0.040 -0.051		30	-0.040 -0.051	35	15	
35	35	-0.050 -0.075		35	-0.050 -0.075	40	15	

定位环与浇口套结构：

1）对于小型注射模具，直接利用主流道衬套的台肩与注射机镶板孔配合，见图 3-34。

2）定位环与主流道衬套定位配合，见图 3-35。对于大中型模具，常常将模具的定位环与主流道衬套分开设计，定位环沉入模板，压紧主流道衬套，使定位环直径与注射机镶板孔配合，见图 3-36。

3）特殊型定位环及应用实例，见图 3-37。

4）DME 标准的特殊型定位环应用实例，见图 3-38。

表 3-21　标准定位圈（摘自 GB/T 4169.18—2006）　（单位：mm）

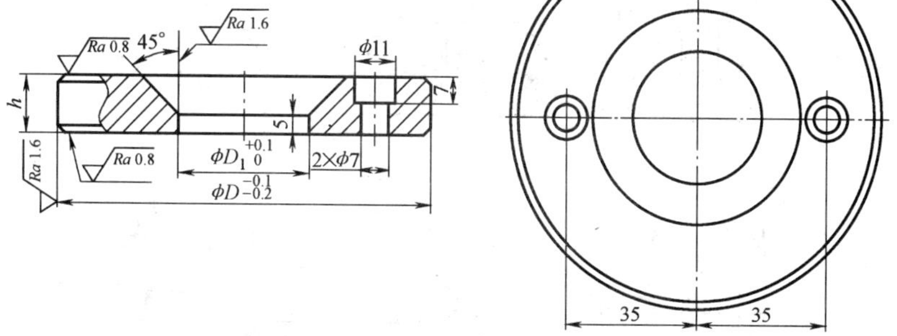

未标注表面粗糙度 $Ra6.3\mu m$；未注倒角 C1

标记示例：直径 $D=100mm$ 的定位圈，标记为定位圈 100 GB/T 4169.18—2006

D	D_1	h
100		
120	35	15
150		

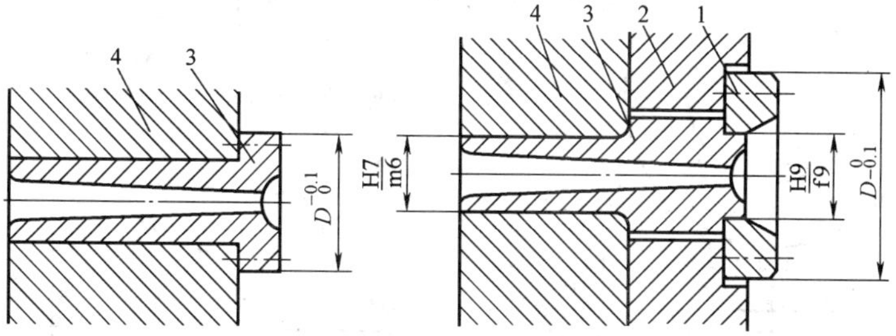

图 3-34　主流道衬套与定位环

1—定位环　2—定位垫板　3—主流道衬套　4—定模

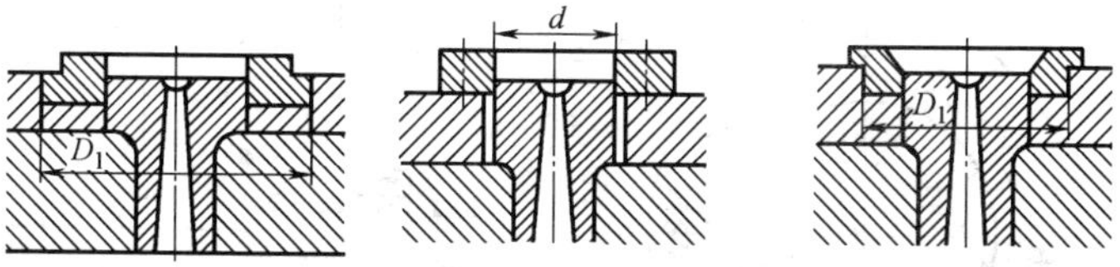

图 3-35　定位环与主流道衬套配合

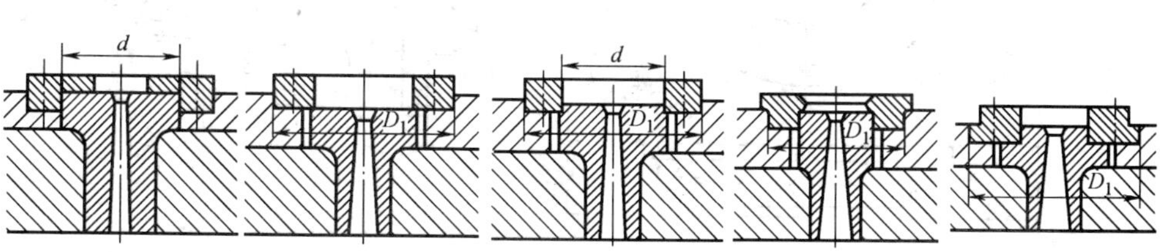

图 3-36　定位环压紧主流道衬套

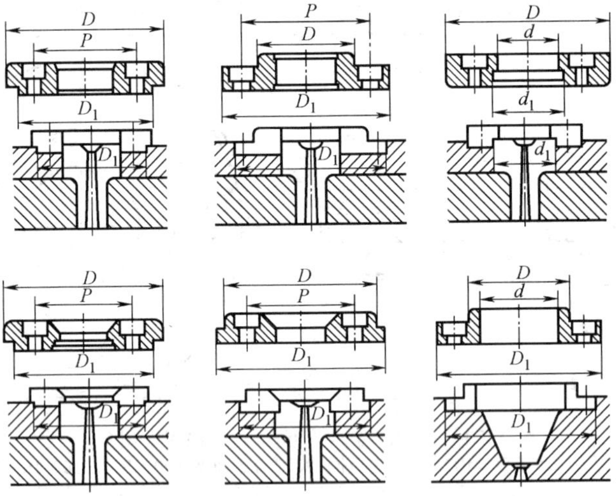

图 3-37　特殊型定位环及应用实例

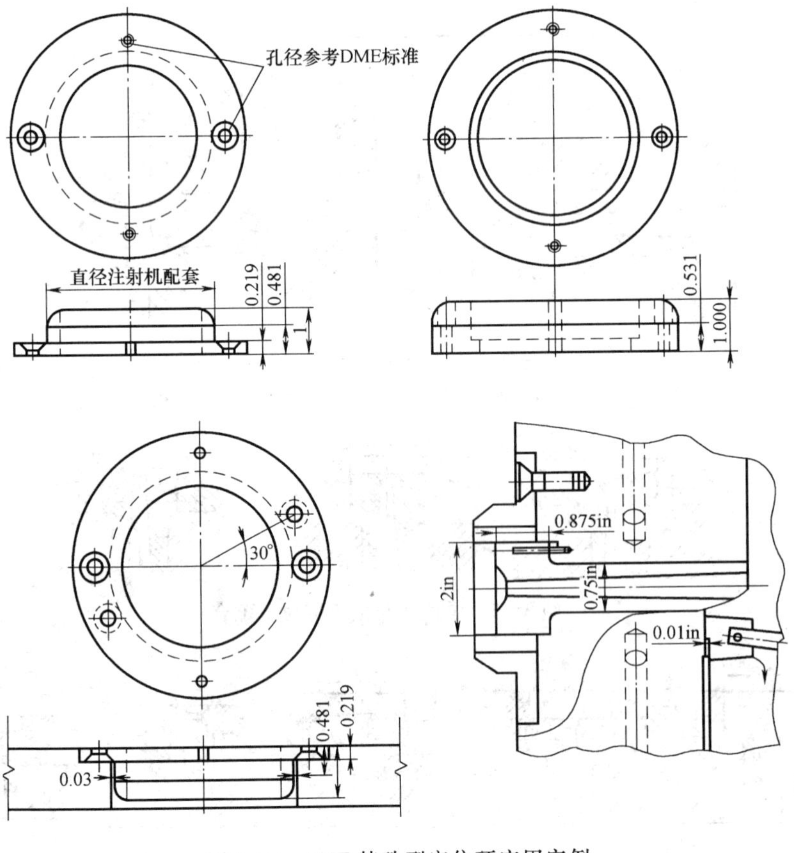

图 3-38　DME 特殊型定位环应用实例

71. 模板的吊环孔如何设计？设计吊环螺栓时要考虑哪些事项？

（1）模板吊环孔要求规范

1）每块模板侧面各边和沿模板两面中心线，均需要设置相应的吊环螺孔（模板重量超过22.65kg的，都要设计吊环螺孔），模具大于550t的动、定模上、下盖板，其顶面和侧面需各四个供吊模板用的吊环螺孔，如图3-39、图3-40所示。

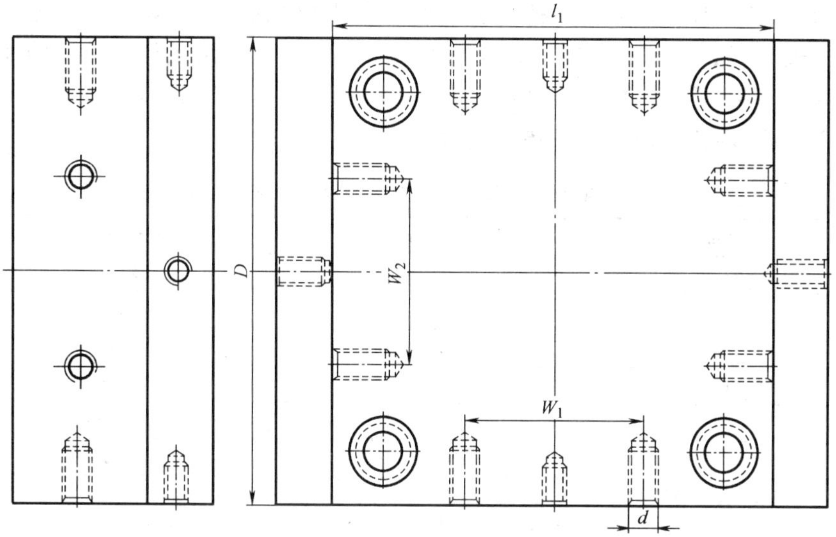

图3-39　模板吊环孔规范

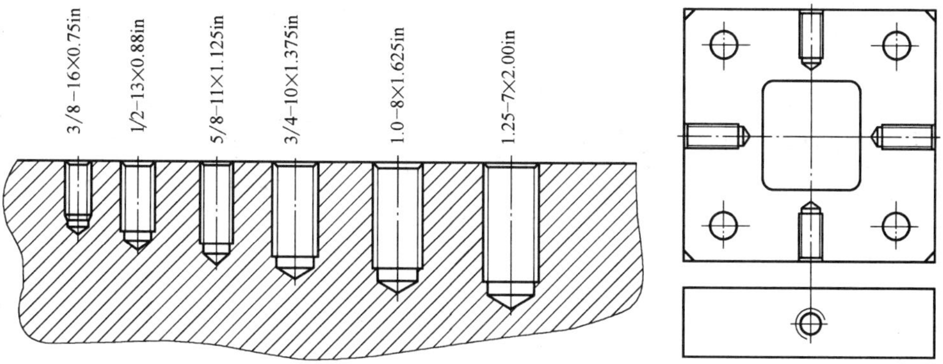

图3-40　模板吊环孔规范

注意事项：

1）模板外形最少有一个吊模孔。

2）7in×8in以下的模坯，只需在模板两短边各钻一个。

3）吊模孔深度最少要有直径的1~1.5倍。

4）吊模孔的位置应放在每块模板边的中央。

2）螺纹入口处倒角 120°，一定要按标准要求加工螺纹，保证深度（吊环螺纹的螺纹长度是螺钉直径的两倍）和螺纹底孔深度。

3）动模板底部、定模板顶面需要有相应的吊环孔。模脚如有吊环孔的，在顶板、顶杆固定板运动时不能干涉；吊环应与模架上的其他零件有 3mm 以上的空隙，避免有所干涉。

（2）设计吊环螺栓时要考虑事项

1）设计吊环螺栓允许负荷。①美制、米制螺钉孔尺寸与模具质（重）量关系，见表 3-22；②米制吊环孔要规范，吊环孔的大小能满足吊环螺钉的允许负荷，如图 3-41 所示，具体数值见表 3-23、表 3-24；③英制 DME 旋转吊环，见表 3-25，图 3-42 吊环要配有垫圈使用。

表 3-22　螺钉孔尺寸与模具重量关系

美制(in)	米制(mm)	安全重量(lb)
3/8-16×0.75 深	M10×20 深	550lb 以下
1/2-13×0.88 深	M12×22 深	1000lb 以下
5/8-11×1.125 深	M16×28 深	2000lb 以下
3/4-10×1.375 深	M20×35 深	3000lb 以下
1.0-8×1.625 深	M24×42 深	6000lb 以下
1.25-7×2.00 深	M30×50 深	6000lb 以下

注：1. 1lb = 0.45359237kg

2. 3/8-16×0.75in 深，其中：3/8 指螺纹外径；16 指 1 英寸的牙数；0.75 指螺纹的有效深度。

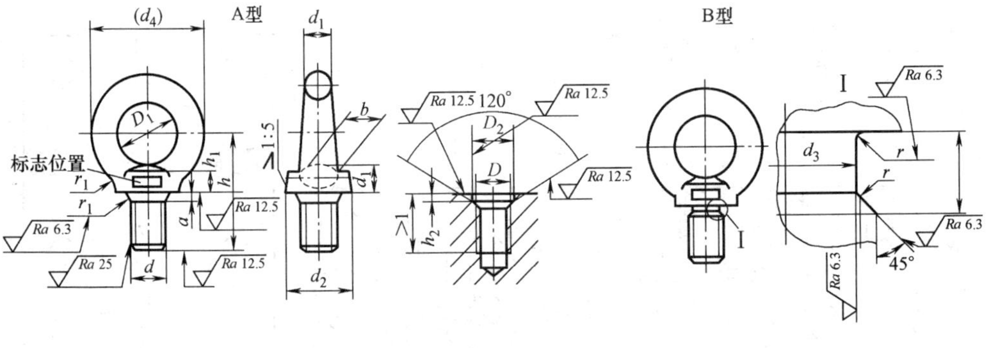

图 3-41　吊环螺钉

注：（A 型）螺孔加工成锥口（B 型）螺孔加工成沟槽

2）当用两个吊环螺栓提升负载，就要使用“吊起”术语。如表 3-26 所示。（注：表图中所示的吊环螺栓位置是最坏的方案，应该避免两个吊环螺栓使用同一根链条吊起模板）。

3）吊环螺栓性能等级为 12.9 级。

表 3-23　吊环螺钉　　（单位：mm）

规格 $d(D)$	M8	M10	M12	M16	M20	M24	M30	M36	M42	M48	M56	M64	M72×6	M80×6	M100×6
d_{1min}	7.6	9.6	11.6	13.6	15.6	19.6	23.5	27.5	31.2	37.1	41.1	46.9	58.8	66.8	73.5
D_{1max}	20	24	28	34	40	48	56	67	80	95	112	125	140	160	200
d_{2max}	21.1	25.1	29.1	35.2	41.4	49.4	57.7	69.0	82.4	97.7	114.7	128.4	143.8	163.8	204.2
h_{1max}	7.0	9.0	11.0	13.0	15.1	19.1	23.2	27.2	31.7	36.9	39.9	44.1	52.4	57.4	62.4
l	16	20	22	28	35	40	45	55	65	70	80	90	100	115	140
d_4 参考	36	44	52	62	72	88	104	123	144	171	196	221	260	296	350
h	18	22	26	31	36	44	53	63	74	87	100	115	130	150	175
r_1	4	4	6	6	8	12	15	18	20	22	25	25	35	35	40
r_{min}	1	1	1	1	1	2	2	3	3	3	4	4	4	4	5
a_{1max}	3.75	4.50	5.25	6.00	7.50	9.00	10.50	12.00	13.50	15.00	16.50	18.00	18.00	18.00	18.00
d_3	6.00	7.70	9.40	13.00	16.40	19.60	25.00	30.30	35.60	41.00	48.30	55.70	63.70	71.70	91.70
a_{max}	2.5	3.0	3.5	4.0	5.0	6.0	7.0	8.0	9.0	10.0	11.0	12.0	12.0	12.0	12.0
b	10	12	14	16	19	24	28	32	38	46	50	58	72	80	88
D_2	13.00	15.00	17.00	22.00	28.00	32.00	38.00	45.00	52.00	60.00	68.00	75.00	85.00	95.00	115.00
h_2	2.50	3.00	3.50	4.5	5.00	7.00	8.00	9.50	10.50	11.50	12.50	13.50	14.00	14.00	14.00

表 3-24　轴向载荷

规格外径	M8	M10	M12	M16	M20	M24	M30	M36	M42	M48	M56	M64	M72×6	M80×6	M100×6
每 1000 个的质量/kg	54	111	178	295	470	873	1580	2441	3718	5541	8090	10925	18209	25400	43820
单螺钉起吊/t	0.16	0.25	0.4	0.63	1	1.6	2.5	4	6.3	8	10	16	20	25	40
双螺钉起吊/t	0.08	0.125	0.2	0.32	0.5	0.8	1.25	2	3.2	4	5	8	10	12.5	20
技术要求	材料:20 钢或 25 钢,整体锻造,正火处理					螺纹公差 8g		力学性能:应进行保证轴向载荷试验,轴向最小断裂载荷不低于规定值							

表 3-25　英制吊环孔规范

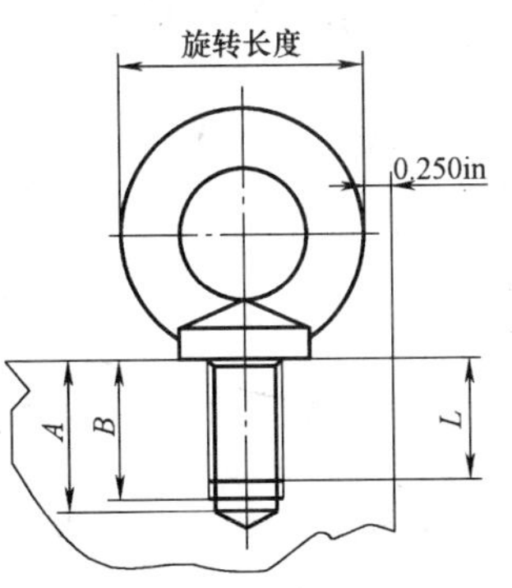

B/in 螺纹孔深度	A/in 底径孔深度	L/in 吊环螺纹长度
1/2-13	2 1/8	1 1/2
5/8-11	2 9/16	1 3/4
3/4-10	2 13/16	2.00
1-8	3 9/16	2 1/2
1 1/4-7	4 7/16	3.00
1 1/2-6	5 3/16	3 1/2
2-4 1/2	6 7/8	4.000

表 3-26　吊环螺柱不同吊链夹角下的载荷

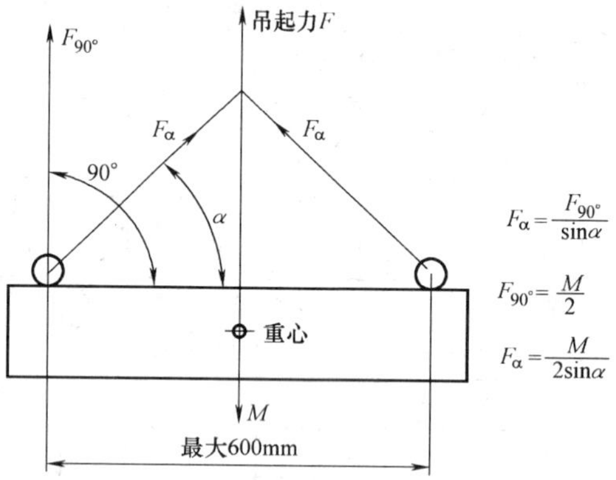

吊链夹角 α	每个链的负载 F_a/kg	吊链夹角 α	每个链的负载 F_a/kg
90°	1000	30°	2000
75°	1040	15°	3800
60°	1150	5°	11480
45°	1410	0°	∞

3）模具的吊环孔位置，要考虑模板分开，单独与整体吊重的平衡，要求先加工 LH1 与后加工 LH2 重心上的吊孔如图 3-43 所示。吊环孔的位置要通过重心，确保起吊平衡，模具起吊倾斜度不得超过 5°（只许为仰角）。若安装时倾斜度太大（如图 3-44），模具底边会首先碰到压板。

图 3-42　DME 旋转吊环

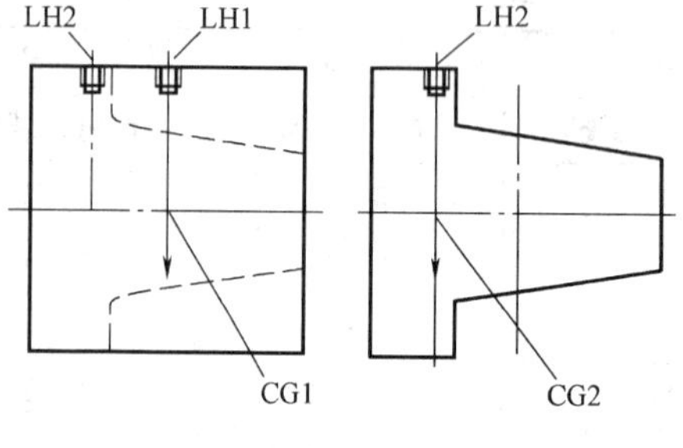

图 3-43　加工前 LH1 与加工后 LH2 重心上的吊孔

注：LH1、LH2 为吊孔，CG1 为加工前、CG2 为加工后。

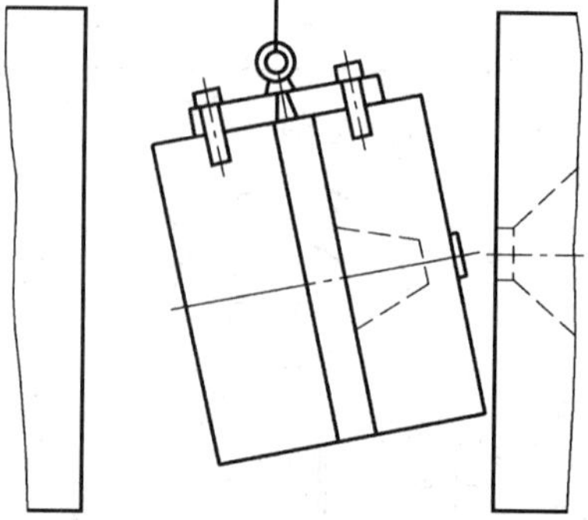

图 3-44　安装时倾斜度太大

72. 注射模内六角螺钉使用有何要求？选用螺钉时要注意什么？

（1）注射模内六角螺钉使用要求及相关数据

1）内六角圆柱头螺钉 GB/T 70.1—2008，性能等级为 8.8 级；内六角平圆头螺钉 GB/T 70.2—2008，性能等级为 12.9 级。

2）按标准选用内六角螺钉，不能任意选用非标准件螺钉，也就是说螺钉不能任意改短或加长。螺纹的有效长度在外径的 1.5～1.8 倍之间。

3）应避免与其他螺纹有所干涉，孔边距最小为 6mm。

4）米制内六角螺纹孔大小、沉孔深浅、螺纹底径大小深浅要求，见表 3-27。

表 3-27　米制内六角螺纹　（单位：mm）

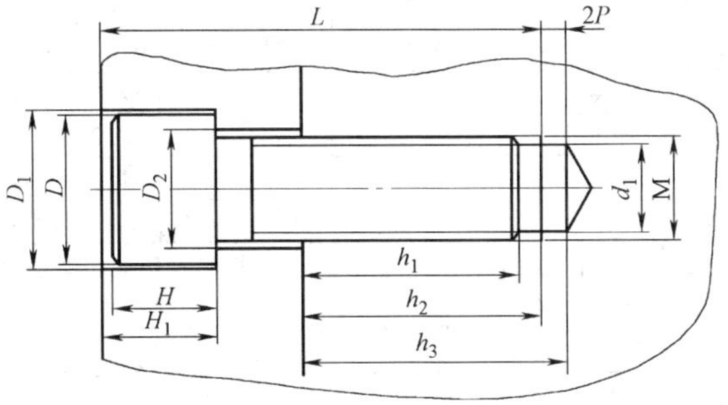

参数 \ 规格	M4	M5	M6	M8	M10	M12	M14	M16	M20	M24	M30
P	0.7	0.8	1.0	1.25	1.5	1.75	2.0	2.0	2.5	3.0	3.5
d_1（底孔直径）	3.0	4.4	5.2	6.8	8.6	10.6	12.4	14.2	17.5	21.5	27.0
h_1	6.0	7.5	9.0	12.0	15.0	18.0	21.0	24.0	30.0	36.0	45.0
h_2	8.5	9.1	11.0	14.5	18.0	21.5	25.0	28.0	35.0	40.0	52.0
h_3	12.0	13.9	15.0	19.5	24.0	28.5	33.0	36.0	45.0	54.0	66.0
D	7.0	8.5	10.0	13.0	16.0	18.0	21.0	24.0	30.0	36.0	45.0
D_1	8.0	10.0	11.0	14.0	18.0	20.0	23.0	26.0	32.0	39.0	48.0
D_2	5.0	6.0	7.0	9.0	11.0	14.0	16.0	18.0	22.0	26.0	33.0
H	4.0	5.0	6.0	8.0	10.0	12.0	14.0	16.0	20.0	24.0	30.0
H_1	5.0	6.0	7.0	9.0	11.0	13.0	16.0	18.0	22.0	22.0	32.0

注：尺寸 L、d 视具体情况而定。

5）英制内六角螺纹的相关尺寸见表 3-28；1/2in 英制螺纹与 1/2in 美制螺纹有所不同（1/2in 美制螺纹是每英寸 12 牙，1/2in 英制螺纹是每英寸 13 牙，其他相同）。

（2）在模具设计中选用螺钉应注意的问题

1）螺钉主要承受拉应力，其尺寸及数量一般根据模板厚度和其他的设计经验来确定，中小型模具一般采用 M6、M8、M10 或 M12 等螺钉，大型模具可选 M12、M16 或更大规格的螺钉，再根据模板厚度来确定螺钉规格，可以参考表 3-29。

表 3-28　英制内六角螺纹　　(单位：in)

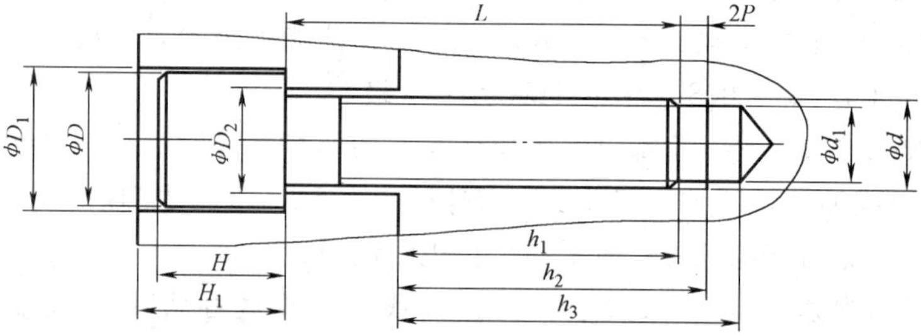

螺纹规格 M	每英寸牙数	底孔的钻头直径 ϕd_1		ϕD	ϕD_1	ϕD_2	ϕd	H	H_1	S
		铸铁、黄铜、青铜	铜、可锻铸铁							
1/4	20	5.1	5.2	9.65	11.0	7.50	6.35	6.36	7.50	25
5/16	18	6.6	6.7	11.93	13.0	9.00	7.94	7.95	9.0	3
3/8	16	8	8.1	14.22	16.0	10.50	9.50	9.50	10.5	32
1/2	13	10.6	10.6	19.05	21.0	14.0	12.70	12.77	14.0	4
5/8	11	13.6	13.6	23.87	26.0	18.0	15.88	15.88	18.0	46
3/4	10	16.6	16.8	28.7	31.0	21.0	10.50	19.05	21.0	5
1	8	22.3	22.5	38.1	40.0	27.50	25.4	25.4	27.0	65

注：$2P$ 是螺纹有效长度，取外径的 1.5～2.0 倍；L、h 根据模板长度和螺纹的标准件长度选定。

表 3-29　螺钉规格的选用

凹模厚度 H/mm	≤13	13～19	19～25	25～32	>32
螺钉规格	M4、M5	M5、M6	M6、M8	M8、M10	M10、M12

2）螺钉应尽量布置在被固定件的外形轮廓附近。当被固定件为圆形时，一般采用 3～4 个螺钉，当为矩形时，一般采用 4～6 个螺钉，如图 3-45、图 3-46、表 3-30 所示。

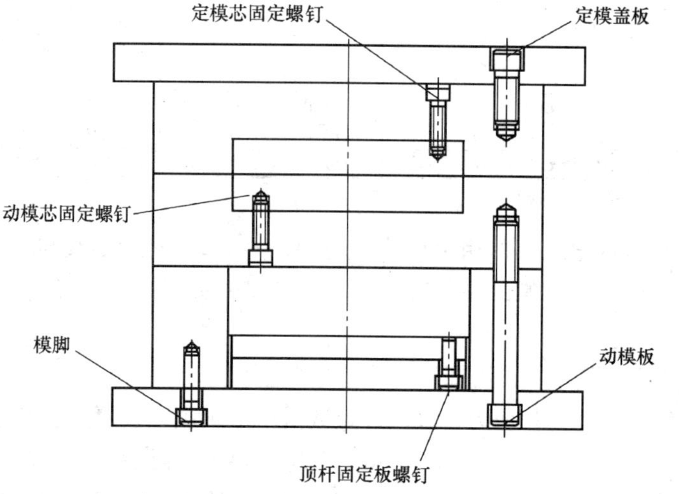

图 3-45　内六角螺钉

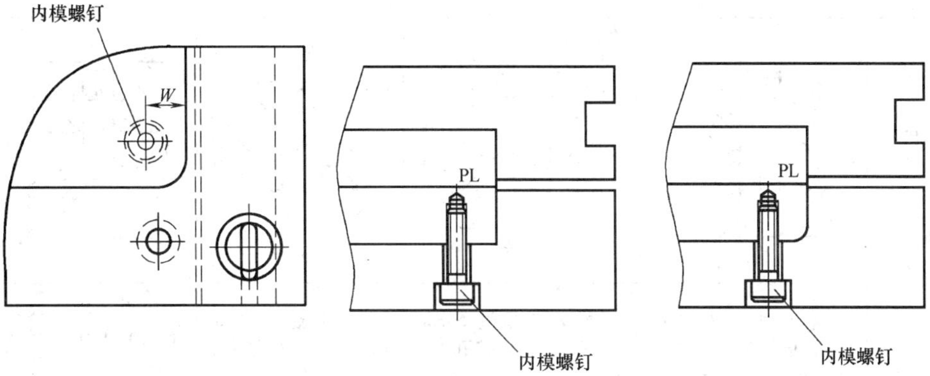

图 3-46 内六角螺钉选用

表 3-30 内六角螺钉选用

动、定模板螺钉		动、定模芯固定螺钉		顶板固定螺钉		模脚
规格	个数	规格	个数	规格	个数	规格
M12	4	M6 ~ M10	2 ~ 4	M8	4 ~ 6	M12
M12	6	M6 ~ M10	2 ~ 4	M8	6 ~ 8	M12
M16	6	M12	4 ~ 6	M10	6 ~ 8	M16
M20	8	M16	6 ~ 8	M14	10 ~ 12	M20
M24	12	M20	10 ~ 12	M14	12 ~ 14	M24
M24	16	M20	14 ~ 16	M14	16 ~ 18	M24

73. 定位销有什么作用？如何选用定位销？

(1) 定位销的作用

定模盖板与定模板，动模底板、垫铁与动模板，导轨压板与滑块座等，必须用两个或四个销钉作为定位销连接，以达到定位作用并能承受一般的错移力，保证装配精度。

(2) 定位销的选用

1) 定位销有圆柱销和圆锥销两类，通孔可采用圆柱销；不通孔可采用圆锥销，便于维修。

2) 两定位销尽量置于被固定件的外形轮廓附近并错开位置。

3) 定位销的直径应根据错移力和模板大小的情况选用。

4) 定位销深度一般不小于其直径的两倍，不宜太深。

5) 圆柱销钉孔的形式及其装配尺寸，见表 3-31。

表 3-31　圆柱销钉孔的形式及其装配尺寸

装配形式	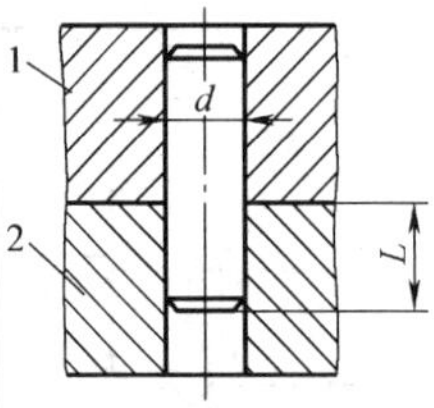	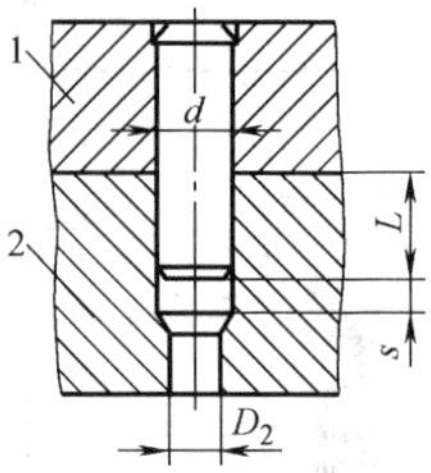	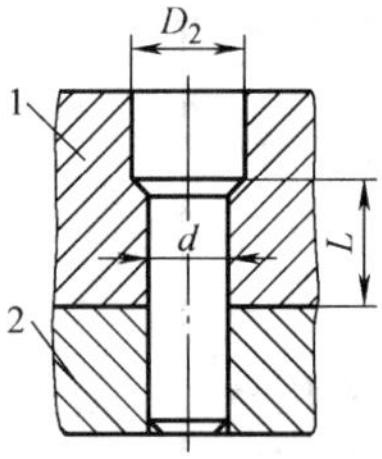	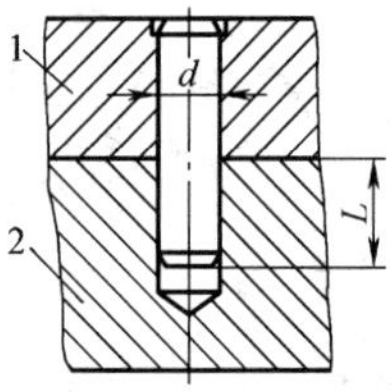
说明	两板厚均不超过50mm时，采用直通销孔，销孔在板1中可全长配合，在板2中的长度 $L=(1.5\sim2)d$	板2厚超过50mm时，采用半通销孔，取 $D_1=0.5d+(0.5\sim1)$mm；$L=(0.5\sim2)d$；$s=3\sim5$mm	板1厚超过50mm时，采用阶梯销孔，取 $D_2=d+(0.5\sim1)$mm；$L\geqslant(0.5\sim1)d$	当板2较厚或其下表面不允许有通孔时，采用不通孔形式，此时最好采用带螺纹的销钉，$L=(1.5\sim2)d$

74. 为什么要采用动、定模拼块、镶块结构？其目的和作用是什么？注意事项是什么？

（1）采用动、定模拼块、镶块结构的原因

一般模具的型腔和型芯都采用整体结构，但复杂形状的整体结构，使型腔和型芯的加工非常困难，难以采用磨削等加工方法，加工精度也因此受到限制，所以在设计其结构时应十分注意加工工艺性。由于型腔和型芯是模具对塑料进行成型的关键部件，其形状、精度和表面状态直接决定塑件的质量。因此，在设计时既要考虑加工的工艺性和精度，又要考虑模具的质量和加工的简便、成本等因素，应先征得客户认可，再决定采用整体结构还是镶块结构。

目前由于精密模具和长寿命模具大量增加，为了使模具零件结构和形状设计能达到设计精度要求，大多数模具都采用如图 3-47 所示的镶块式结构。

（2）采用镶块结构的目的和作用

1）使用镶块模具的目的是在于通过淬火、磨削，得到符合要求的高精度模具。镶块结构比动、定模整体结构更便于加工，可使凹凸模加工简化，改善其加工的工艺性。

2）镶块结构选用合适的钢材，可保证模具有足够的刚性，从而提高模具寿命，有时候可消除（内）应力。

3）排气效果好。

4）打光加工容易。

5）易刻字加工。

6）断裂磨损时容易更换。

7）若镶块采用铍铜材料，能加强其散热性。

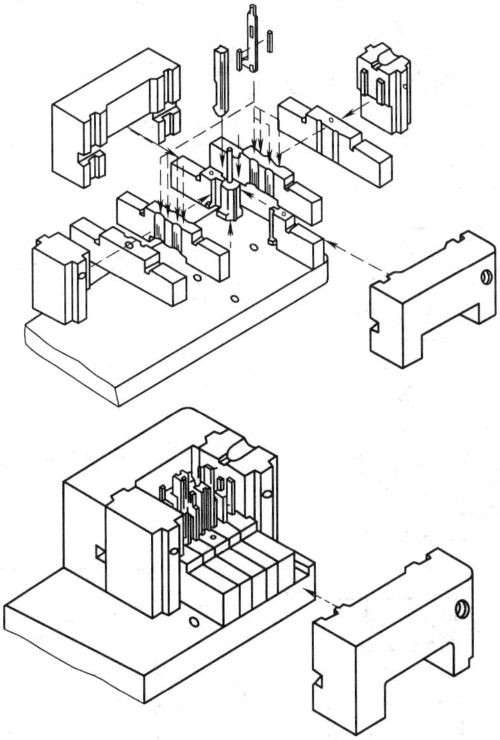

图 3-47　动、定模采用镶块结构

8）可采用淬火钢、预硬钢，降低成本，便于热处理。

（3）镶块模具的设计基础及设计注意事项

1）镶块应设计成适合于淬火和磨削加工的结构形式。

2）在设计成型部分镶拼结构时，必须首先考虑成型件的形状及其应有功能，保证成型部分具有足够刚性等问题。与此同时，从加工制造的角度出发，也必须顾及加工设备和加工技术的条件，从成型件的形状和功能出发，考虑模具的镶拼形式。

3）按照适宜于进行成型磨削的要求设计镶块，应尽量将各镶块设计成便于进行成型磨削的形状。

4）设计便于进行维修的镶块结构，如必须使用单独的镶块时，则应避免角部的应力集中。

5）设计便于装配和拆卸的镶块结构。

75. 如何选用动、定模镶块结构？动、定模镶块结构有哪几种？

（1）定模（凹模）镶块结构的选用

1）定模镶块结构见表 3-32 所示。

2）按其结构的不同可分整体式定模、整体嵌入式定模、局部镶嵌式定模、大面积镶嵌式定模等，定模按结构分类见表 3-33。

3）根据结构不同而选用配合关系：H7/m6，H9/f9，H7/js6。

表 3-32　定模镶块结构

简　图	说　明
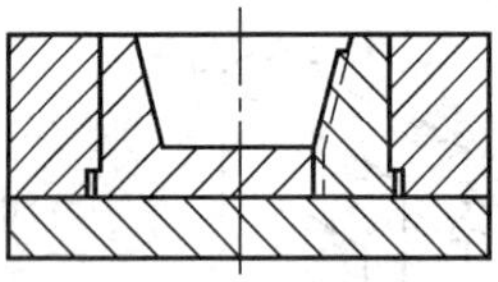	型腔侧壁有凸肋，采用镶块结构可简化加工、便于修理
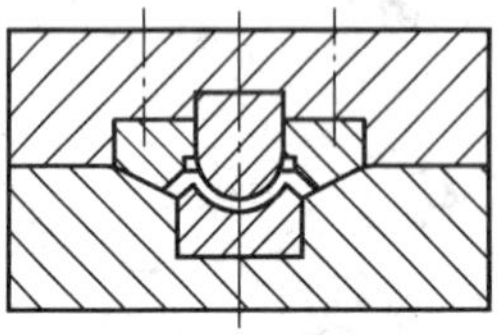	型芯、型腔为球面，采用拼块镶入，便于加工与修理
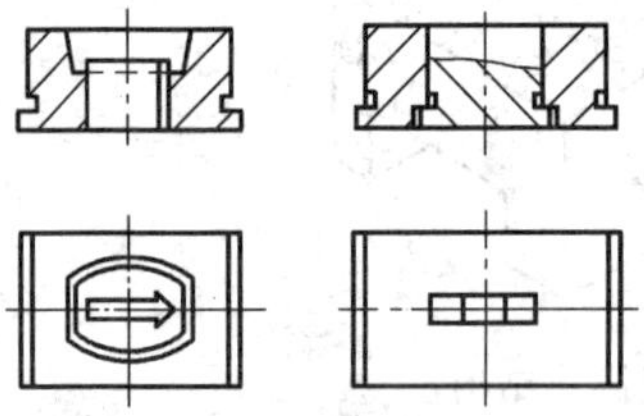	型腔底部有细小凸肋或深槽时，镶入成型镶块，可便于加工与修理
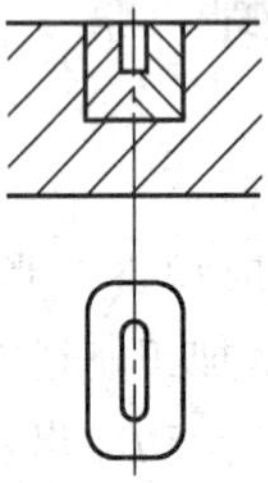	难以加工的型腔以两块对合的镶块镶入
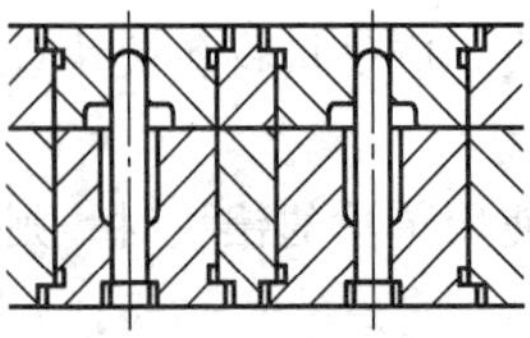	多型腔时，将定模板与动模板合起来一起加工各孔，各孔中各自镶入衬套，可保证各个塑件的同轴度以及各个型腔的同轴度
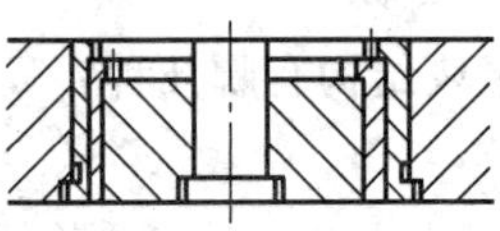	多层套的镶块结构可保证塑件各部位的同轴度，如用于多层的齿轮模具

表 3-33　定模按结构分类

定模形式	结构及使用说明	图　　例
整体式	整体式凹模是由模板直接加工而成的，其特点是强度高、刚性好，适用于塑件形状简单的模具	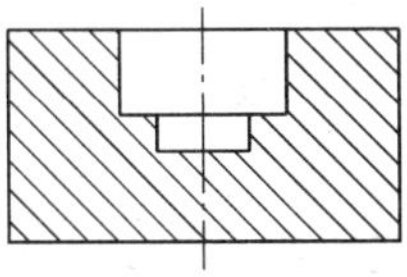
整体嵌入式	适用于塑件尺寸不大的多腔模。其特点是加工方便、易摘件、易于更换，凹模可用冷挤压或其他方法单独加工，型腔形状与尺寸一致性好	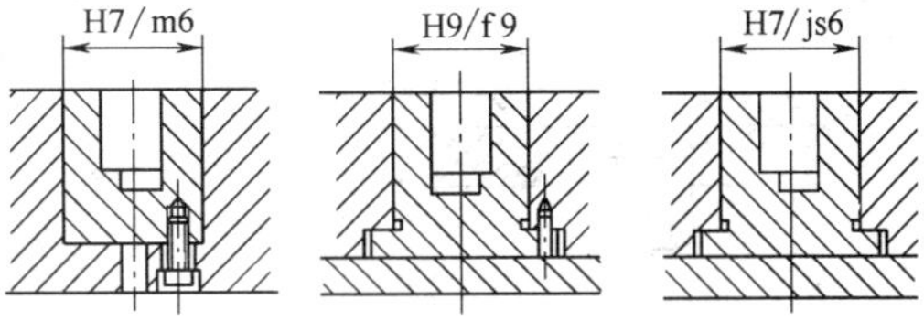 a)　b)　c)
局部镶嵌式	当凹模局部形状复杂时，可采用局部镶嵌式结构，用螺钉固定拼镶件，其特点是使加工容易，易损件更换方便	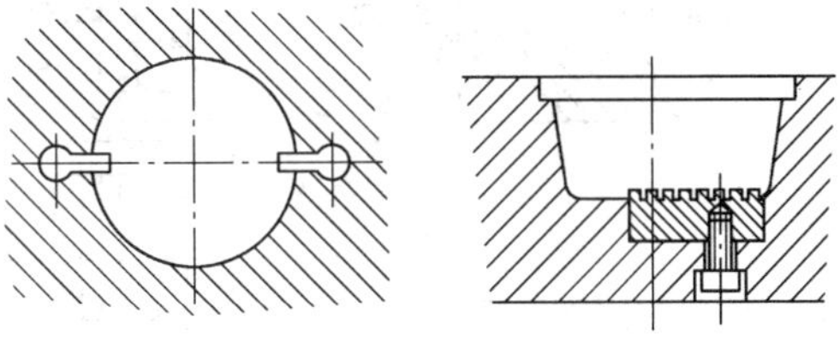 a)　b)
大面积镶嵌式	为便于加工、保证精度、可采用底部镶嵌的凹槽结构，适用于深腔且底部难于加工的组合型模具型腔。但图 a 为不良镶嵌形式	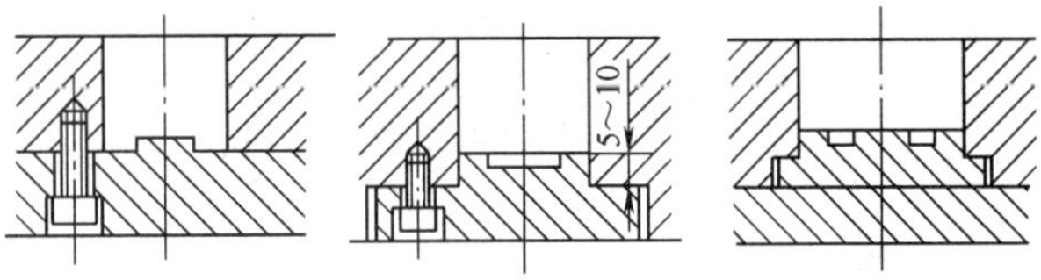 a)　b)　c)
同壁镶嵌式	适用于大型注射模以及四壁形状复杂的凹模结构	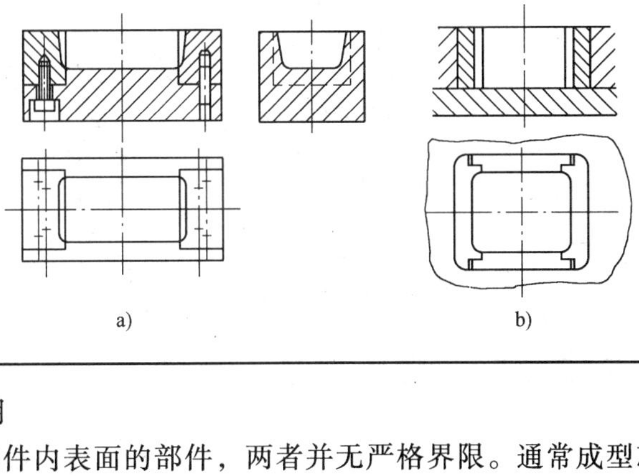 a)　b)

（2）动模镶块结构的选用

动模和成型芯是用于成型件内表面的部件，两者并无严格界限。通常成型芯特指成型塑件上具有小孔的零件。

1）为节约材料，型芯组合结构一般设计成如图 3-48a、b、c 所示的形式。

2）为提高加工性能，镶块组合结构一般设计成如图 3-48d、e 所示的形式。

3）小型芯和镶块组合形式，详见图 3-49。圆镶芯尺寸见表 3-34。

4）复杂型芯镶块组合结构形式，详见表 3-35、表 3-36。

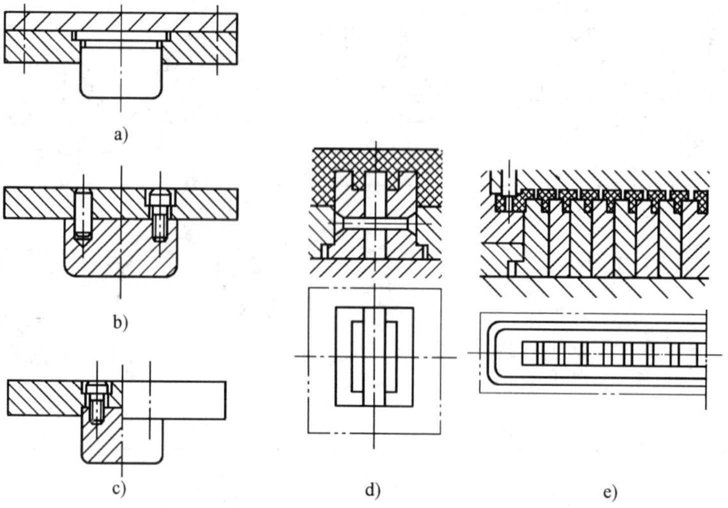

图 3-48　动模（凸模、型芯）镶块结构

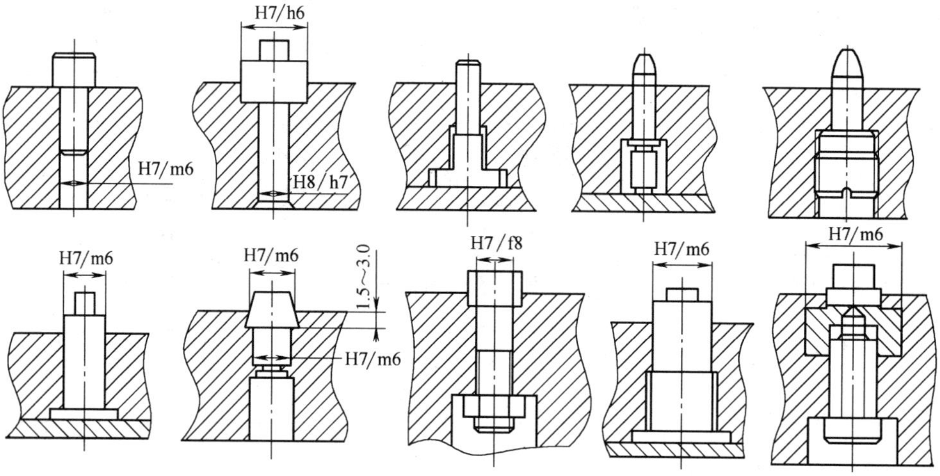

图 3-49　型芯镶块组合结构形式

表 3-34　圆镶芯尺寸　　（单位：mm）

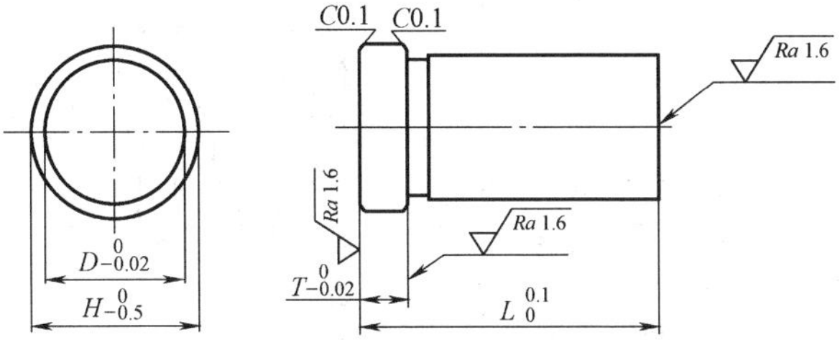

D	10	14	16	20	24	30	40	50	60
H	15	19	21	25	30	35	45	55	65
T	4　6　8								

表 3-35　型芯镶块组合结构形式

结构形式	结构及使用说明	图　例
整体式	整体式凸模是直接在模板上加工成面，一般无须进行热处理，多用于塑件形状简单的凸模	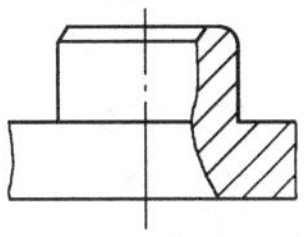
大直径组合式	采用整体嵌入结构，有利于合理选择模具材料及热处理，便于机械切削加工，适用于形状简单的凸模	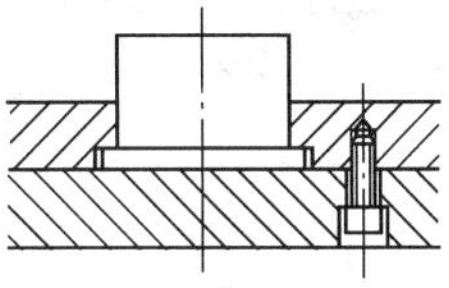
	凸模用止口定位，用螺钉与模板固定，适用于大尺寸、形状复杂的凸模，且便于设置凸模的冷却水路	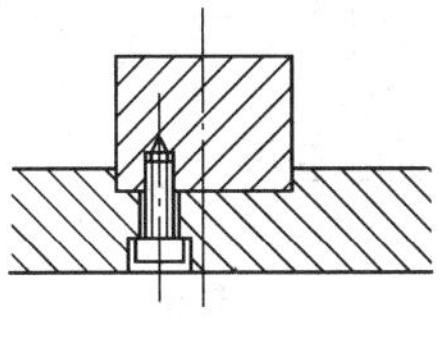
复杂型芯组合式	形状复杂的型芯采用组合式结构，便于机械加工，但须注意其结构的合理性	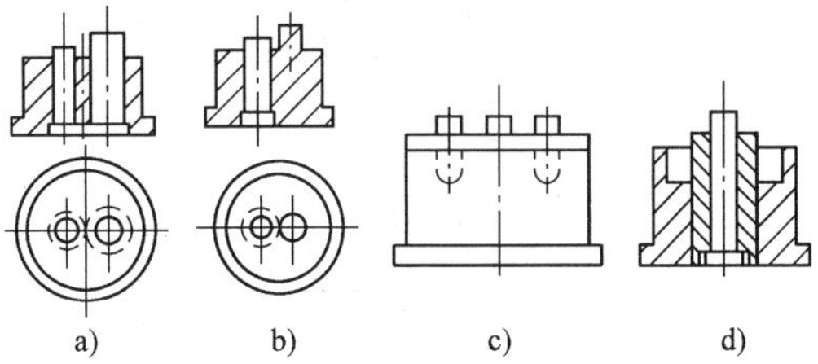

（续）

结构形式	结构及使用说明	图　　例
小直径组合式	采用轴肩与垫块固定的形式便于机械切削或热处理加工，且可将小型芯的下段加粗，有利于提高小型结构的刚性	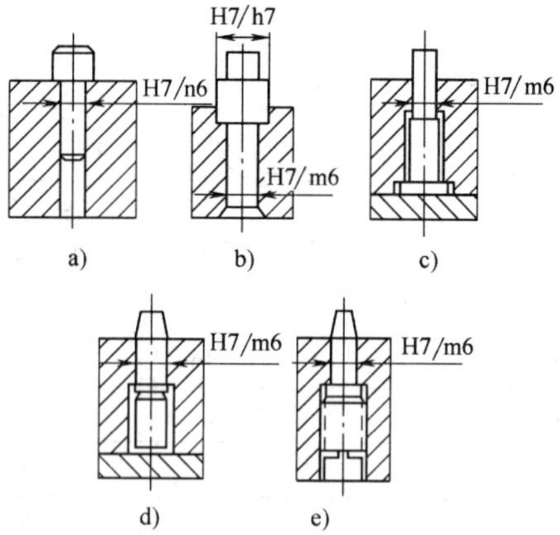

表 3-36　型腔与型芯的镶拼结构形式

序号	结 构 形 式	说　　明
1	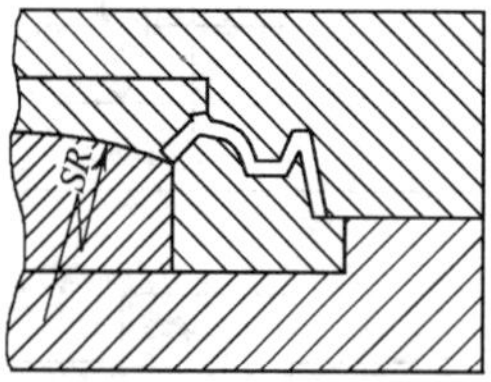	当型腔或型芯结构局部有球面时，把该部分制作成单独的镶块，便于加工
2	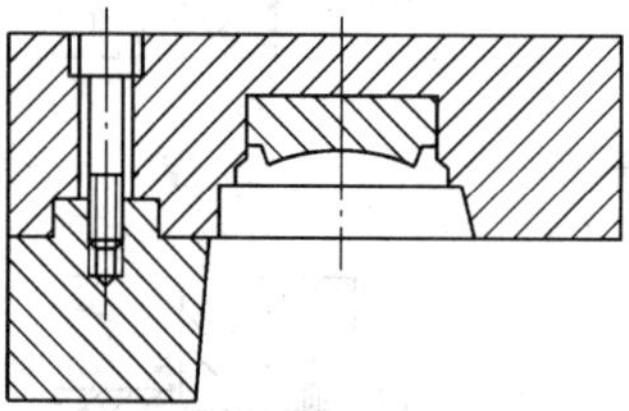	当型腔或型芯局部高度差异很大时，将高度最高部位制作成镶块，可节省材料和工时
3	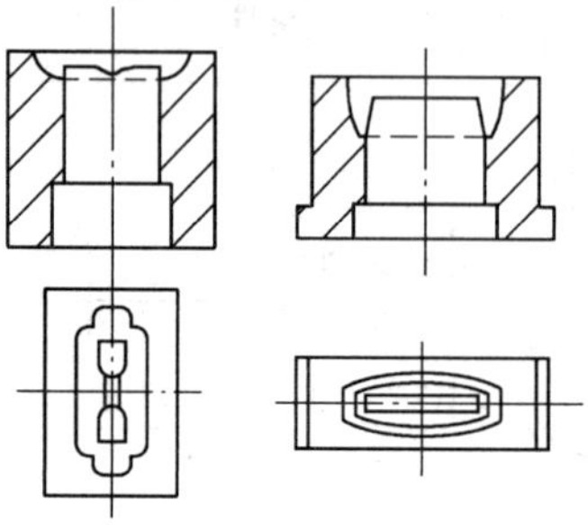	对于复杂形状中间带有凸起形状时，可将凸起部分制作成镶件，再将凹形制作成两块镶件拼合在一起，也可将凸起镶件加入整体的凹形镶件中

（续）

序号	结构形式	说　　明
4	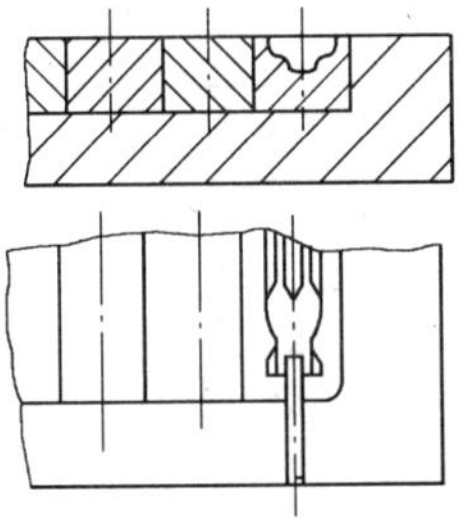	对型腔键节距很小的多型腔模具，可将各型腔制作成单独的镶件，镶入模板的沉坑中

76. 为什么成型小孔的圆柱不能整体设计、制造？

成型小孔的圆柱不能整体设计、制造，其原因是：

1）整体制造，损坏不便于维修。

2）整体制造，不便于抛光。

3）采用小型芯镶入有利于排气，有利于消除加工应力。

77. 防止动、定模错位的定位机构有哪几种？怎样选用？

一般注射模都有导柱、导套等导向结构，但对于注射成型精度要求高的大型、薄壁、深腔塑件或型腔、型芯侧面压力较大，塑件形状不对称的模具，易产生型腔或型芯偏移。为了使动、定模合模准确，防止动、定模相互间位置产生错位，应增设定位机构。注射模的定位机构较多，下面介绍十几种定位机构，可根据塑件形状、特征和模具分型面形状而选择设置。

1）定模板锥面定位（模板上加工出的互锁锥面），适用于大中型模具，如图3-50所示。

2）定模板锥面与动模板镶入斜键配合，如图3-51所示。

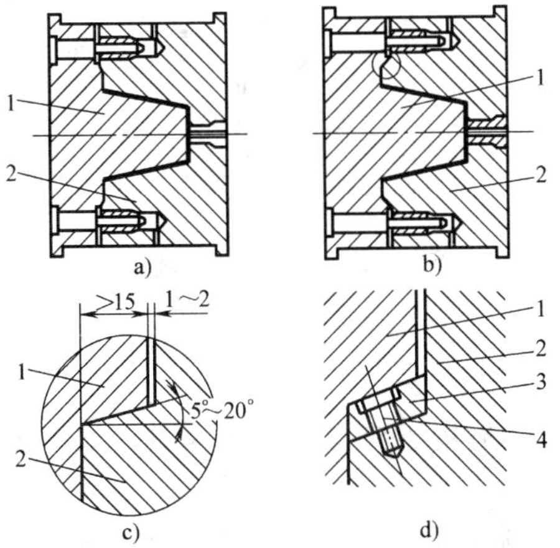

图3-50　动、定模板锥面定位

1—型芯模板　2—定模板　3—镶件　4—螺钉

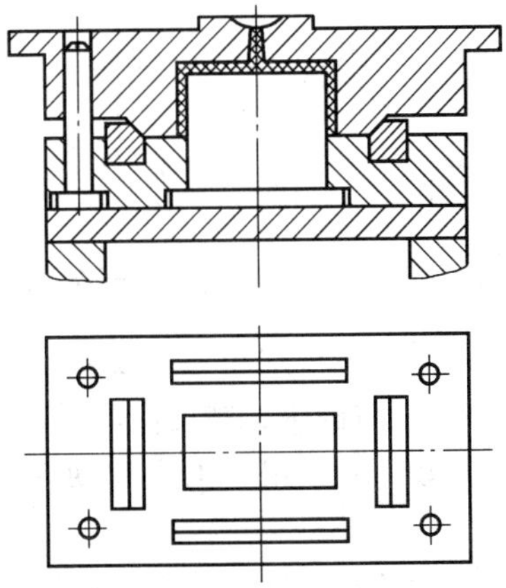

图3-51　定模锥面与动模板镶入斜键配合

3）动、定模模板长键定位适用于大型模具，如图3-52所示。

4）动、定模采用四个标准键定位，适用于中小型模具，如图3-53所示。

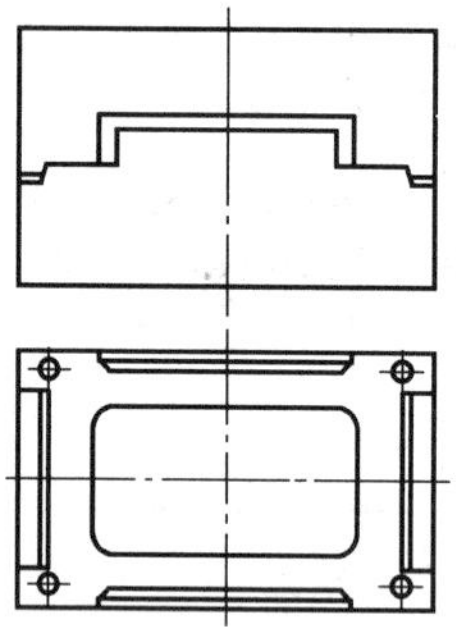

图3-52 动、定模模板长键定位

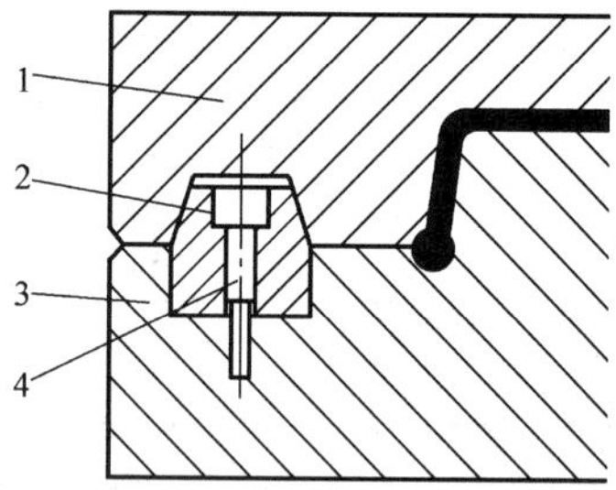

图3-53 动、定模用标准键定位

1—定模板 2—标准键 3—动模板 4—内六角螺钉

5）动、定模四个导柱两边，用台阶定位，适用于中小型模具，如图3-54所示。

6）动、定模用标准圆锥定位键定位，适用于小型模具，如图3-55所示。

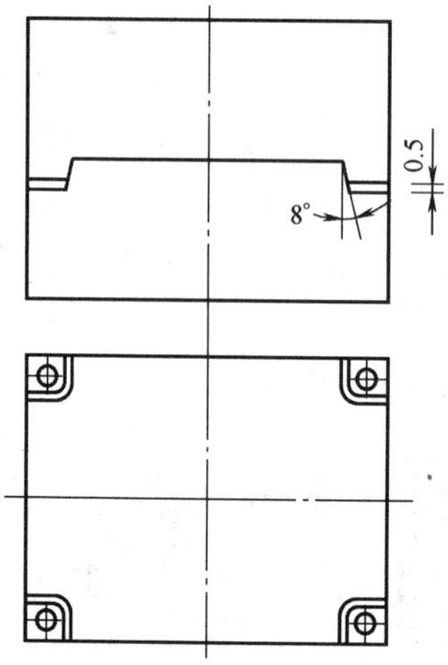

图3-54 动、定模导柱两边用台阶定位

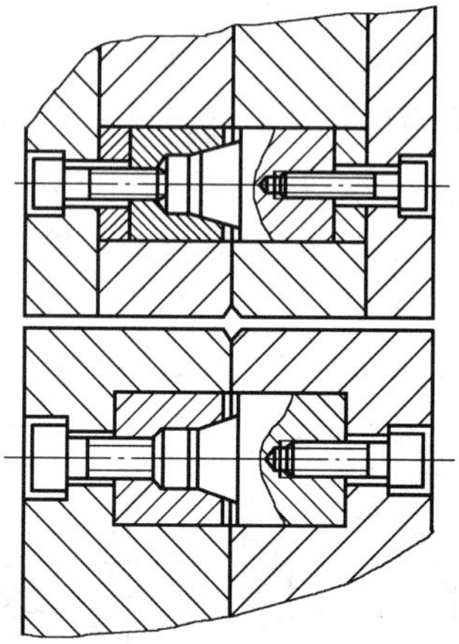

图3-55 动、定模用标准圆锥定位键定位

7）动、定模加精定位装置（标准件），四周对角线定位或十字定位，适用于中小型、防侧碰、精度高的模具，如图3-56所示。

8）动、定模滑块的锲紧块斜面定位，适用于有滑块结构模具，如图3-57所示。

9）型芯镶件锥面与定模板锥面配合，通过台阶定位，如图3-58所示。

10）动、定模圆锥面定位，适用于高大形模具，如图3-59所示。

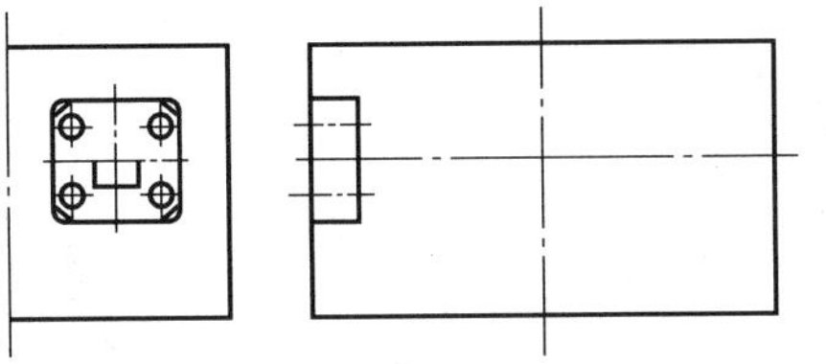

图 3-56　动、定模十字定位

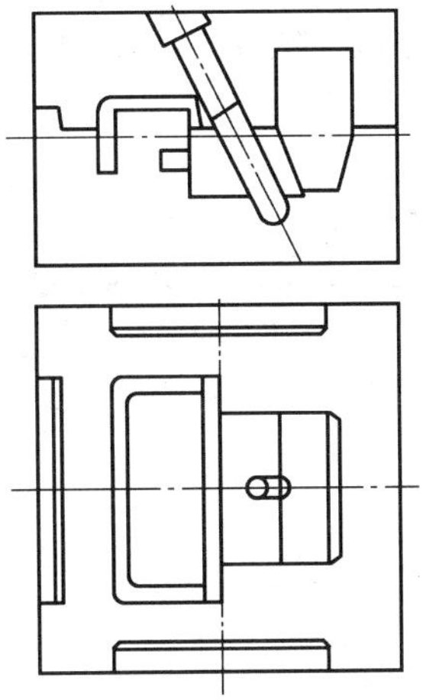

图 3-57　动、定模滑块的楔紧块斜面定位

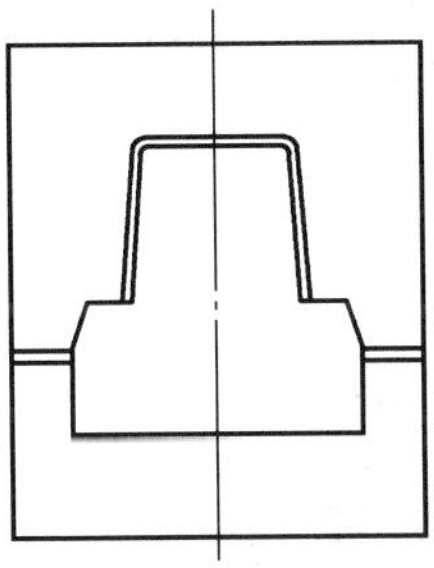

图 3-58　型芯镶件锥面与定模配合台阶定位

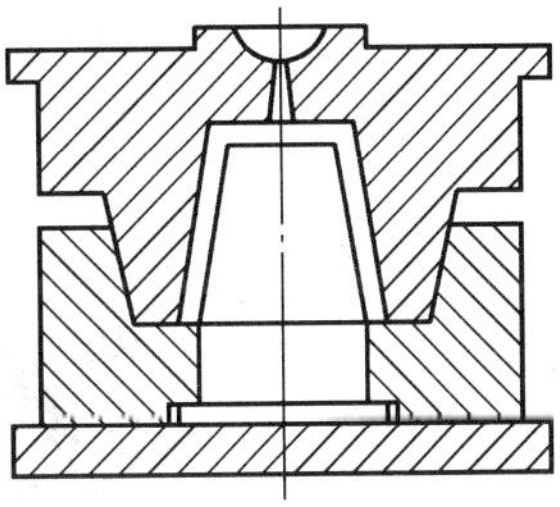

图 3-59　圆锥面定位

11）动、定模中心台阶定位，适用于高型芯模具，如图 3-60 所示。

12）导正销定位，直径通常大于 $\phi20$，适用于小型模具，如图 3-61 所示。

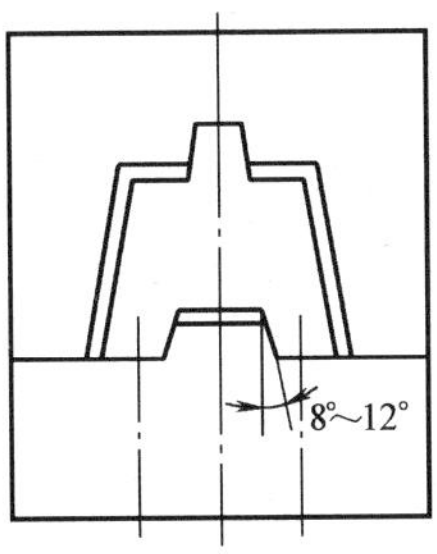

图 3-60　动、定模中心台阶定位

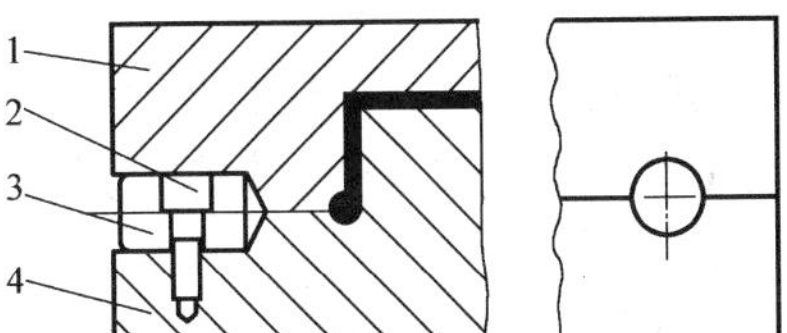

图 3-61　导正销定位

1—定模　2—螺钉　3—导正销　4—型芯模板

13）锥面定位结构分为：①模板上加工出的互锁锥面，见图 3-62a；②镶嵌件的互锁结构，见图 3-62b；③镶嵌耐磨片的互锁结构，见图 3-62c。

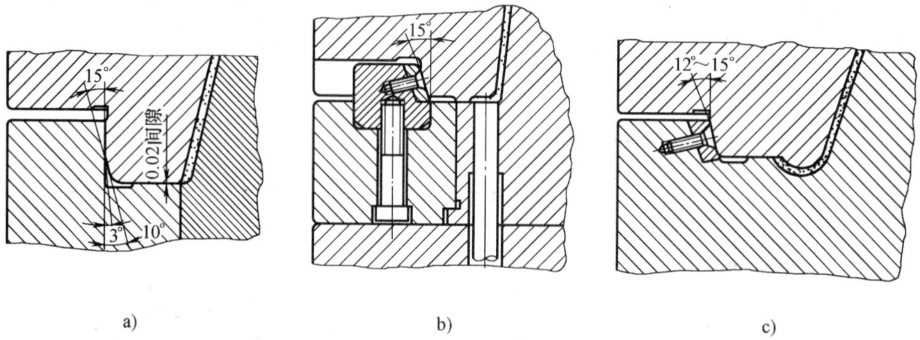

图 3-62　锥面定位结构

a）模板上加工出的互锁锥面　b）镶嵌件的互锁结构　c）镶嵌耐磨片的互锁结构

14）四周用正定位导向块，适用于高大型模具，如图 3-63 所示。

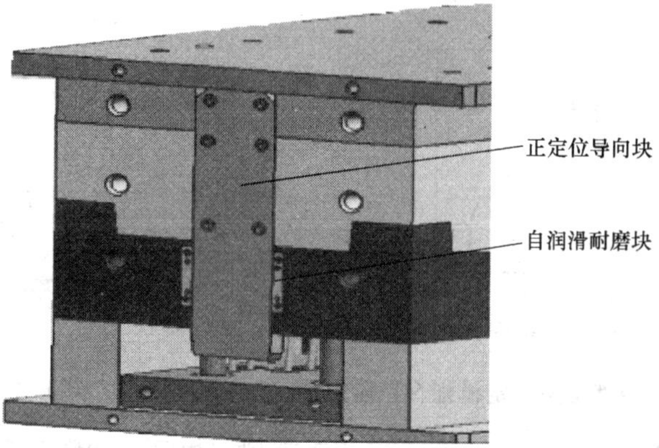

图 3-63　四周用正定位导向块

78. 如何设计动、定模的加工基准孔？

在动模、定模的分型面或模框平面处，设定加工基准孔，便于加工和维修时找加工基准，同时在模具外形垂直精度不好时可以替代基准。基准孔离模框边 1.5in 中心线交叉处或其他合适位置，两边各设定基准孔一个，如图 3-64a、b 所示。

79. 动、定模镶块侧碰处有什么要求？

侧碰处角度不得小于 4°，如图 3-65 所示。

有侧碰边之镶件钢材不能采用相同硬度，否则易擦碰伤，动、定模侧碰结构的硬度要求，如表 3-37 所示。

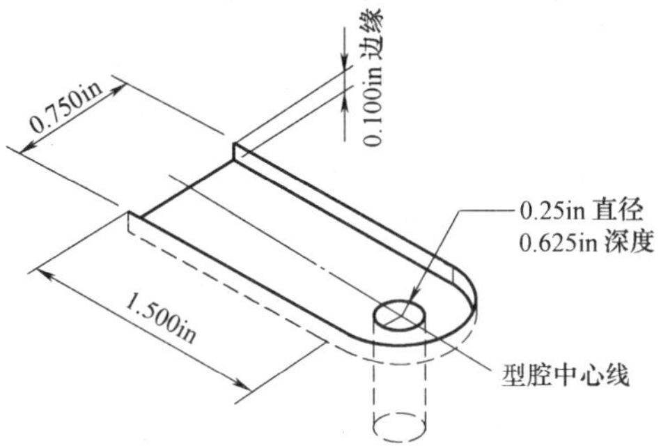

a)

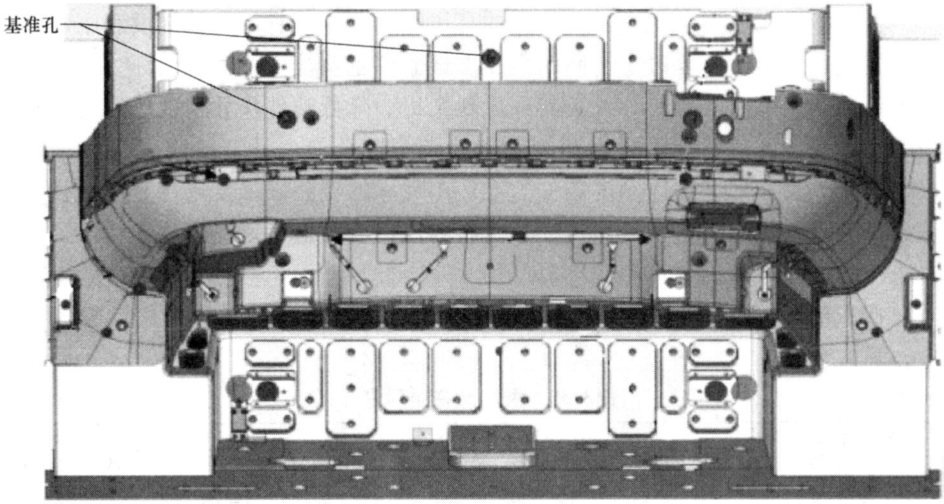

b)

图 3-64　动、定模的加工基准孔

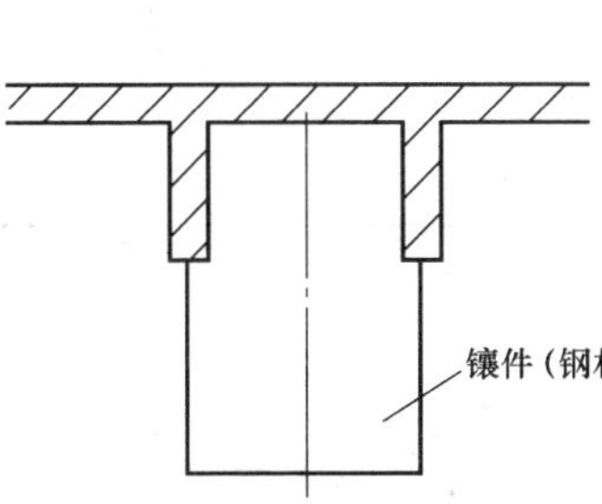

a)

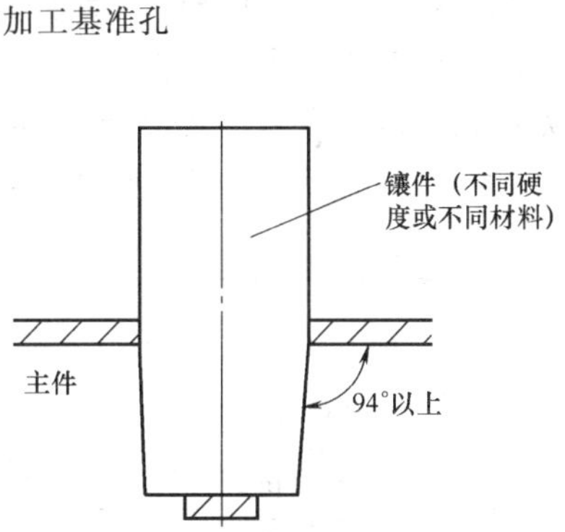

b)

图 3-65　动、定模镶块侧碰处角度要求

表 3-37 动、定模镶块侧碰处硬度要求

主件料及硬度	方法一（硬度提高 2 度）	方法二（不同铜材）
	镶件料及硬度	镶件料及硬度
P20 28 ~ 32HRC	P20 35 ~ 38HRC	H-13 48 ~ 52HRC
P20H 35 ~ 38HRC	P20 30 ~ 36HRC	H-13 48 ~ 52HRC
H-13 48 ~ 52HRC	H-13 52 ~ 54HRC	S-7 54 ~ 56HRC
S-7 52 ~ 54HRC 54 ~ 56HRC	S-7 54 ~ 56HRC	H-13 48 ~ 52HRC
※420SS 30 ~ 33HRC 48 ~ 52HRC 52 ~ 54HRC	420SS 52 ~ 54HRC	H-13 48 ~ 52HRC

80. 型腔侧壁厚度和底板的厚度为什么要计算？如何考虑刚度计算条件？

模具型腔在成型过程中受到熔体的高压作用，应具有足够的强度和刚度，如型腔侧壁和底板的厚度过小，则因强度不够而产生塑性变形甚至破坏，也可因刚度不足而产生翘曲变形，导致溢料或出现飞边、降低塑件尺寸精度、影响顺利脱模等。因此，要通过计算强度和刚度来确定型腔壁厚。计算时应以最大压力为准，对于大尺寸的型腔以刚度条件为准；小尺寸的型腔以强度条件为准。强度计算条件是型腔的受力值不得超过模具材料的许用应力值；计算刚度条件时，应从以下三个方面考虑，计算型腔壁厚。

1）模具成型过程中不发生溢料的变形量 [δ]，由塑件品种的粘度特性来确定，见表 3-38。

表 3-38 型腔允许变形量 [δ]　　（单位：mm）

粘度特性	塑料品种举例	允许变形量[δ]
低粘度塑料	尼龙（PA）、聚乙烯（PE）、聚丙烯（PP）、聚甲醛（POM）	≤0.025 ~ 0.04
中粘度塑料	聚苯乙烯（PS）、ABS、聚甲基丙烯酸甲酯（PMMA）	≤0.05
高粘度塑料	聚碳酸酯（PC）、聚砜（PSF）、聚苯醚（PPO）	≤0.06 ~ 0.08

2）保证塑件尺寸精度，要求模具型腔应具有很好的刚度，以保证注射过程中型腔不会产生过大的弹性变形。此时，型腔的允许变形量 [δ] 由塑件尺寸和公差值来确定，由塑件尺寸精度确定的刚度条件可用表 3-39 的公式计算求得。

3）根据塑件精度等级要求，用表 3-39 经验公式计算允许变形量 [δ]。

表 3-39 塑件尺寸精度计算公式

塑 件 尺 寸	[δ]
<10	$\Delta_i/3$
>10 ~ 50	$\Delta_i/3(1+\Delta_i)$
>50 ~ 200	$\Delta_i/5(1+\Delta_i)$
>200 ~ 500	$\Delta_i/10(1+\Delta_i)$
>500 ~ 1000	$\Delta_i/15(1+\Delta_i)$
>1000 ~ 2000	$\Delta_i/20(1+\Delta_i)$

注：i 为塑件精度等级；Δ 为塑件尺寸公差值。例如，塑件（ABS）尺寸在 200 ~ 500mm 范围内，其一般精度（MT3）和未注公差尺寸（五级精度）公差分别为 0.86 ~ 1.74mm 和 1.76 ~ 3.9mm，因此其刚度条件分别为 [δ] = 0.046 ~ 0.063mm 和 [δ] = 0.063 ~ 0.079mm。

4）保证塑件顺利脱模，如果型腔刚度不足，在熔体高压作用下会产生过大的弹性变形，当变形量超过塑件收缩值时，塑件周边将被型腔紧紧包住而难以脱模，强制顶出易使塑件划伤或破裂，因此型腔的允许弹性变形量应小于塑件壁厚的收缩值。

即：

$$[\delta] < \delta S$$

式中，$[\delta]$ 为保证塑件顺利脱模的型腔允许弹性变形量，单位为 mm；S 为塑件的收缩率。

81. 如何计算凹模侧壁和底板（支承板）厚度？

1）模具型腔（凹模）的类型有圆形和矩形，其结构又分为整体式与组合式（非整体式），其侧壁和底板（支承板）厚度的计算，见表 3-40 和表 3-41。计算公式中，大型模具按刚度条件计算。小型模具可按强度条件计算，也可按刚度条件和强度条件同时计算，取其最大值。

表 3-40　凹模侧壁和底板厚度计算公式

类型		简　　图	计 算 公 式		
			部位	按刚度条件计算	按强度条件计算
圆形凹模	整体式	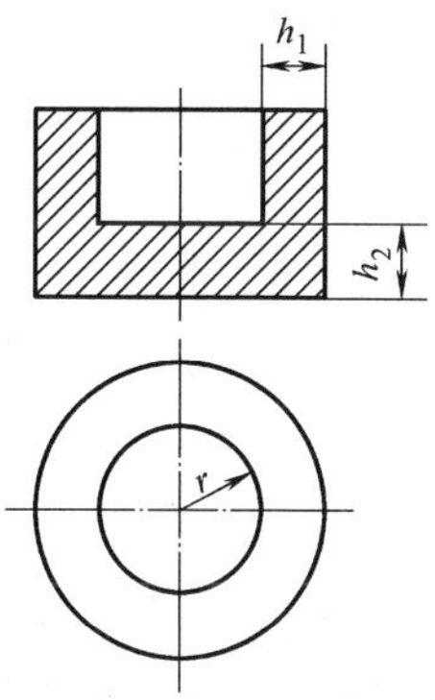	侧壁	$h_1 = r\left[\sqrt{\dfrac{1-\mu+\dfrac{E[\delta]}{rp}}{\dfrac{E[\delta]}{rp}-\mu-1}}-1\right]$	$h_1 = r\left(\sqrt{\dfrac{[\sigma]}{[\sigma]-2p}}-1\right)$
			底板	$h_2 = \sqrt[3]{\dfrac{0.175pr^4}{E[\delta]}}$	$h_2 = r\sqrt{\dfrac{3p}{4[\sigma]}}$
	组合式	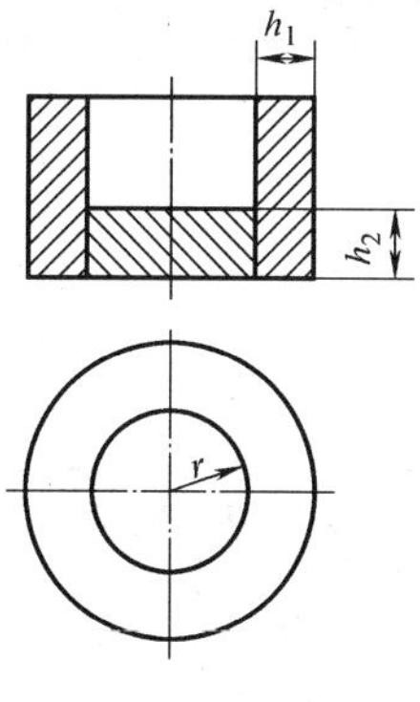	侧壁	$h_1 = r\left[\sqrt{\dfrac{1-\mu+\dfrac{E[\delta]}{rp}}{\dfrac{E[\delta]}{rp}-\mu-1}}-1\right]$	$h_1 = r\left(\sqrt{\dfrac{[\sigma]}{[\sigma]-2p}}-1\right)$
			底板	$h_2 = \sqrt[3]{0.74\dfrac{pr^4}{E[\delta]}}$	$h_2 = r\sqrt{1.22\dfrac{p}{[\sigma]}}$

（续）

<table>
<tr><th colspan="2" rowspan="2">类型</th><th rowspan="2">简　　图</th><th colspan="3">计 算 公 式</th></tr>
<tr><th>部位</th><th>按刚度条件计算</th><th>按强度条件计算</th></tr>
<tr><td rowspan="4">矩形凹模</td><td rowspan="2">整体式</td><td rowspan="2">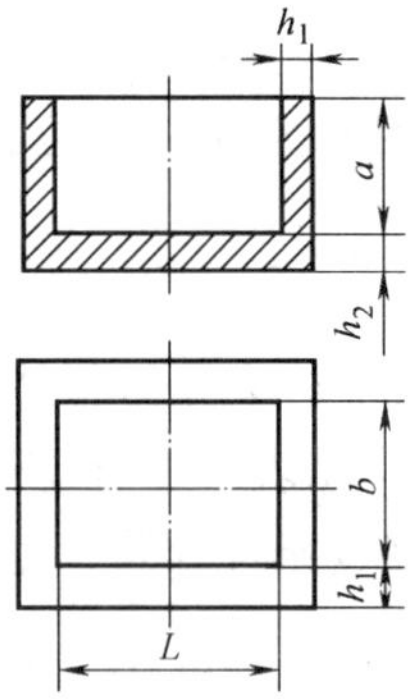</td><td>侧壁</td><td>$h_1=\sqrt[3]{\dfrac{cpa^4}{E[\delta]}}$</td><td>$h_1=a\sqrt{\dfrac{wp}{[\sigma]}}$</td></tr>
<tr><td>底部</td><td>$h_2=\sqrt[3]{\dfrac{c'pb^4}{E[\delta]}}$</td><td>$h_2=b\sqrt{\dfrac{w'p}{[\sigma]}}$</td></tr>
<tr><td rowspan="2">组合式</td><td rowspan="2">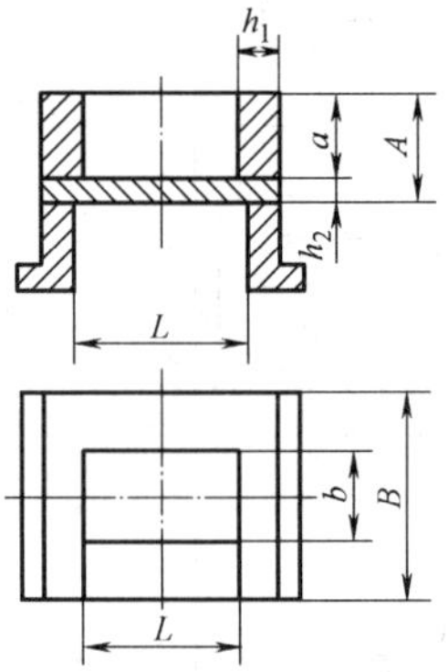</td><td>侧壁</td><td>$h_1=\sqrt[3]{\dfrac{pal^4}{32EA[\delta]}}$</td><td>$h_1=\sqrt{\dfrac{pal^2}{2A[\sigma]}}$</td></tr>
<tr><td>底板</td><td>$h_2=\sqrt[3]{\dfrac{5pbL^4}{32EB[\delta]}}$</td><td>$h_2=\sqrt{\dfrac{3pbL^2}{4B[\sigma]}}$</td></tr>
</table>

注：h_1、h_2 为凹模侧壁、底板厚度，单位为 mm；r 为凹模内半径，单位为 mm；μ 为泊松比，取 0.25～0.3；$[\delta]$ 为允许变形量，单位为 mm，按塑料性质选取，一般不超过塑料的溢边值，见表 3-38；p 为型腔压力，一般取 25～45MPa；$[\sigma]$ 为弯曲许用应力，单位为 MPa，对 45 钢 $[\sigma]=160$MPa，一般常用钢 $[\sigma]=200$MPa；c、c'、w、w'为常数，分别由 l/a、l/b、L/a、L/b 而定，见表 3-41；a 为凹模受力部分高度，单位为 mm；l、b 为凹模内腔长边和短边，单位为 mm；E 为弹性模量，钢取 2.1×10^5MPa；L 为垫块间距，单位为 mm；B 为支承板宽度，单位为 mm；A 为凹模高度，单位为 mm。

表 3-41　凹模侧壁和底板厚度计算常数表

	l/a	c	l/a	c	l/a	c	l/a	c
常数 c 值	1.0	0.044	1.4	0.078	1.8	0.102	4.0	0.140
	1.1	0.053	1.5	0.084	1.9	0.106	5.0	0.142
	1.2	0.062	1.6	0.09	2.0	0.111		
	1.3	0.070	1.7	0.096	3.0	0.134		

（续）

常数 c' 值	l/b	c'	l/b	c'	l/b	c'		
	1	0.0138	1.4	0.0226	1.8	0.0267		
	1.1	0.0164	1.5	0.0240	1.9	0.0272		
	1.2	0.0188	1.6	0.0251	2.0	0.0277		
	1.3	0.0209	1.7	0.0260				
常数 w 值	L/a	0.25	0.50	0.75	1.0	1.5	2.0	3.0
	w	0.02	0.081	0.173	0.321	0.727	1.226	2.105
常数 w' 值	L/b	1.0	1.2	1.4	1.6	1.8	2.0	∞
	w'	0.3078	0.3834	0.4356	0.4680	0.4872	0.4974	0.5000

2）整体式矩形型腔（定模）模具计算实例：

图 3-66a 为电视机后盖，塑料 ABS、壁厚为 2.7mm，要求达到 4 级精度。已知凹模内腔长边 l 为 440mm，短边长 b 为 361mm；凹模受力部分高度 a 为 77mm；允许变形量［δ］，查表 3-38 取 0.05mm；弯曲许用应力［σ］取 200MPa；模具钢材的弹性模量 E 取 2.1×10^5MPa。本例是大型模具，故按刚度条件公式计算侧壁厚度和底板厚度。经计算 $l/a=5.7$；$l/b=1.22$，按 5.0 及 1.2 查表 3-41 得常数 c 和 c' 值分别为 0.142 与 0.0188。当塑料熔体对型腔的成型压强 p 取 45MPa 时，$h_1=\sqrt[3]{\dfrac{cpa^4}{E[\delta]}}=27.76$mm、$h_2=\sqrt[3]{\dfrac{c'pb^4}{E[\delta]}}=111$mm。若成型压强 p 取 25MPa 时，$h_1=22.8$mm、$h_2=91$mm。

说明：本例中侧壁厚度按公式计算 h_1 为 22.8 及 27.76mm，而实际上是 143mm，远比计算大得多，其原因是受模具结构限制。

3）组合式矩形动模座侧壁厚度和支承板厚度计算实例：

如图 3-66b 所示，其垫块间距 L 为 450mm；支承板宽度 B 为 650mm；凹模高度 A 为 130mm，其他数据同上例题。

按刚度条件计算侧壁厚度，若成型压强 p 取 45MPa 时，$h_1=\sqrt[3]{\dfrac{pal^4}{32EA[\delta]}}=$ $\sqrt[3]{\dfrac{45\times50\times440^4}{32\times2.1\times10^5\times130\times0.05}}=124.5$mm。当 p 取 25MPa 时，$h_1=102.4$mm。

按刚度条件计算支承板的厚度，若成型压强 p 取 45MPa 时，$h_2=\sqrt[3]{\dfrac{5pbL^4}{32EB[\delta]}}=$ $\sqrt[3]{\dfrac{5\times45\times358.5\times450^4}{32\times2.1\times10^5\times650\times0.05}}=247.4$mm。当 p 取 25MPa 时 $h_2=203.3$mm。

说明：本例按计算公式，计算支承板厚度。h_2 比实际厚度大得多，其原因是例中支承板下面加了很多支承柱，减少了跨度，增加了刚度；动模嵌入了固定板与支承板合而为一的动模座板内，加强了动模座板的强度。

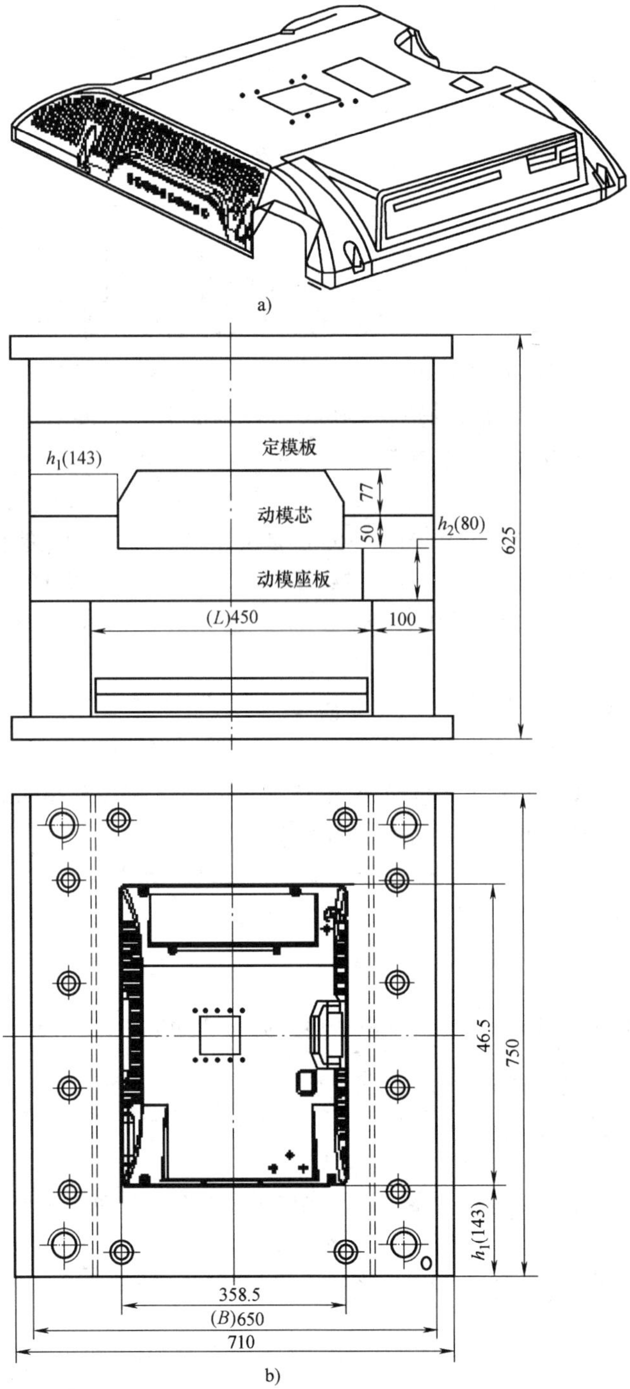

图 3-66　电视机后盖模具计算

82. 如何根据塑件投影面积，用经验值来确定模板和镶件尺寸？

模架和镶件尺寸的确定是根据产品的外形、投影面积和高度，以及塑件产品本身结构来确定的（最小镶块和外形边距20mm，美国1in、$1\frac{1}{2}$in适用）。确定模架大小，可参照下面图3-67和表3-42。

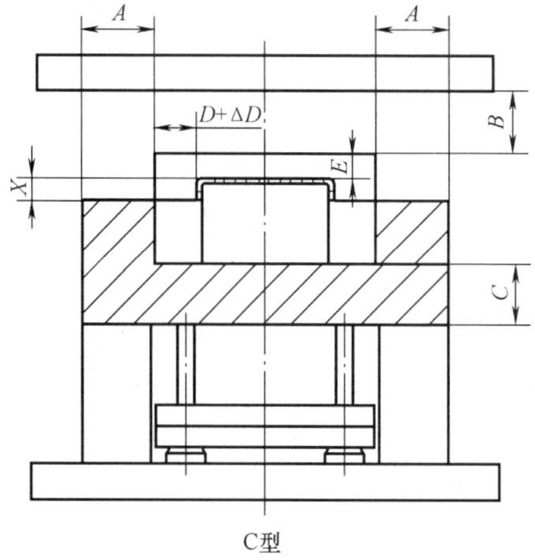

图3-67 模架和镶件尺寸确定

A—表示镶件侧边到模板侧边的距离 *B*—表示定模镶件底部到定模板底面的距离 *C*—表示动模镶件底部到动模板底面的距离 *D*—表示产品到镶件侧边的距离 *E*—表示产品最高点到镶件底部的距离 *H*—表示动模支承板的厚度（当模架为A型时） *X*—表示产品高度

表3-42 动、定模的镶块尺寸 （单位：mm）

产品投影面积 S/mm^2	*A*	*B*	*C*	*H*	*D*	*E*
100 ~ 900	40	20	30	30	20	20
900 ~ 2500	40 ~ 45	20 ~ 24	30 ~ 40	30 ~ 40	20 ~ 24	20 ~ 24
2500 ~ 6400	45 ~ 50	24 ~ 30	40 ~ 50	40 ~ 50	24 ~ 28	24 ~ 30
6400 ~ 14400	50 ~ 55	30 ~ 36	50 ~ 65	50 ~ 65	28 ~ 32	30 ~ 36
14400 ~ 25600	55 ~ 65	36 ~ 42	65 ~ 80	65 ~ 80	32 ~ 36	36 ~ 42
25600 ~ 40000	65 ~ 75	42 ~ 48	80 ~ 95	80 ~ 95	36 ~ 40	42 ~ 48
40000 ~ 62500	75 ~ 85	48 ~ 56	95 ~ 115	95 ~ 115	40 ~ 44	48 ~ 54
62500 ~ 90000	85 ~ 95	56 ~ 64	115 ~ 135	115 ~ 135	44 ~ 48	54 ~ 60
90000 ~ 122500	95 ~ 105	64 ~ 72	135 ~ 155	135 ~ 155	48 ~ 52	60 ~ 66
122500 ~ 160000	105 ~ 115	72 ~ 80	155 ~ 175	155 ~ 175	52 ~ 56	66 ~ 72
160000 ~ 202500	115 ~ 120	80 ~ 88	175 ~ 195	175 ~ 195	56 ~ 60	72 ~ 78
202500 ~ 250000	120 ~ 130	88 ~ 96	195 ~ 205	195 ~ 205	60 ~ 84	78 ~ 84

注：以上数据，仅作为一般性结构塑料制品的模架参考，对于特殊的塑料制品，应注意以下几点：①当产品高度过高时（产品高度 $X \geqslant D$），应适当加大 D 值，加大值 $\Delta D = (X - D)/2$；②因冷却水道的需要，也要对镶件的尺寸做以调整，以达到较好的冷却效果；③结构复杂需做特殊分型或顶出机构，或有侧向分型结构需要滑块时，应根据不同情况适当调整镶件和模架的大小以及各模板的厚度，以保证模架的强度。

83. 起模槽有什么要求?

1）起模槽尺寸根据模板大小来选用，如图 3-68、表 3-43 所示。

2）模板必须有撬模坑，位置在模板的四角。

3）如在特殊情况下，模板的四角不能有撬模坑，可在模板的两边做撬模坑，见图 3-69。

4）根据客户要求来选用。

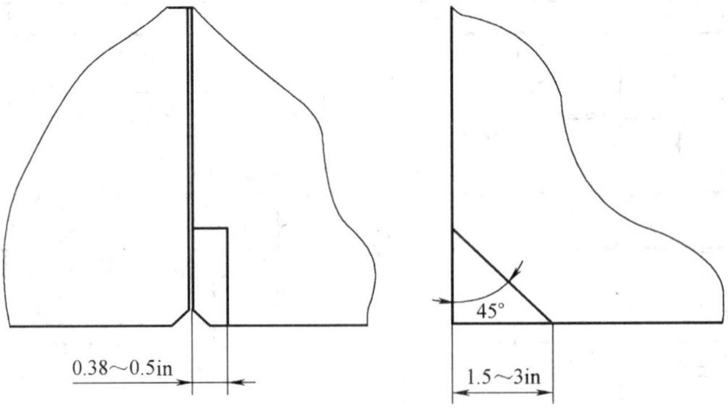

图 3-68　起模槽

表 3-43　起模槽尺寸要求　　（单位：in）

W(模板宽度)	撬模坑尺寸
10 以下	1.0 ×45° ×3/16 深
10 以上	1-1/4 ×45° ×3/16 深
顶针板	5/8 ×45° ×3/16 深

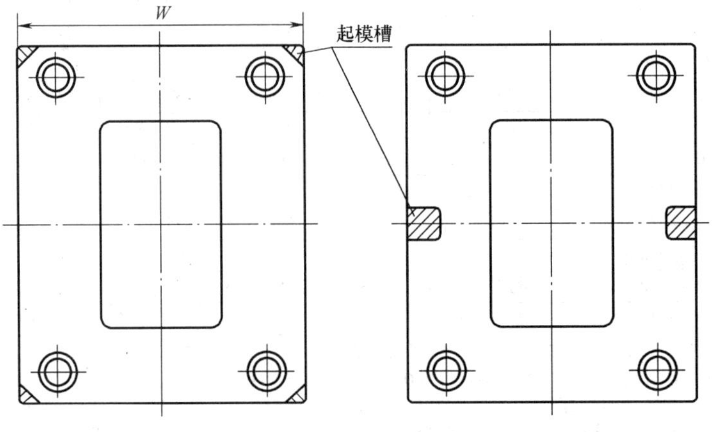

图 3-69　起模槽尺寸位置

84. 模架的锁模条有什么要求？

1）模架的锁模条（安全条），如图 3-70 所示。任何一个单独靠锥体来定位的模具，要是没用紧配合的定位销，提升时模具就会打开。这会引起锥面和模腔、模芯表面的破坏，特别是薄壁制品的模具。这种情况，如图 3-70b 的右图夸张表示的那样，而有锁模条就能够避免该现象。

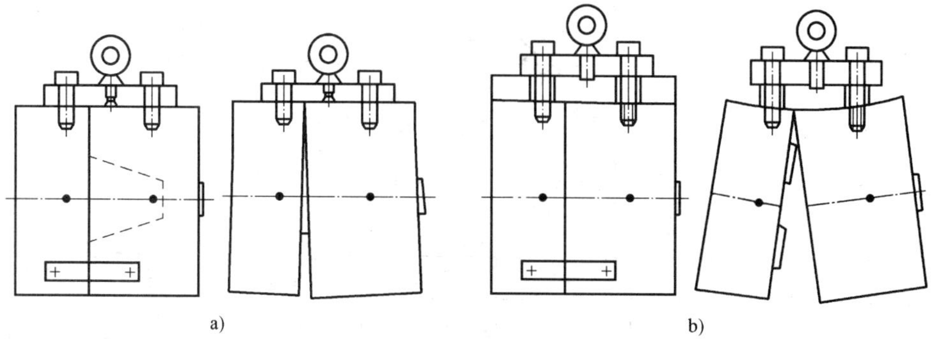

图 3-70　防止模具打开的锁模条

a）搭拌（左）防止锥度定位（右）的模具打开　b）锁模条（左）防止吊杆安装在支柱上的模具打开，防止螺栓折弯（右）

2）模架的锁模条尺寸见表 3-44。

表 3-44　模架锁模条的尺寸　（单位：in）

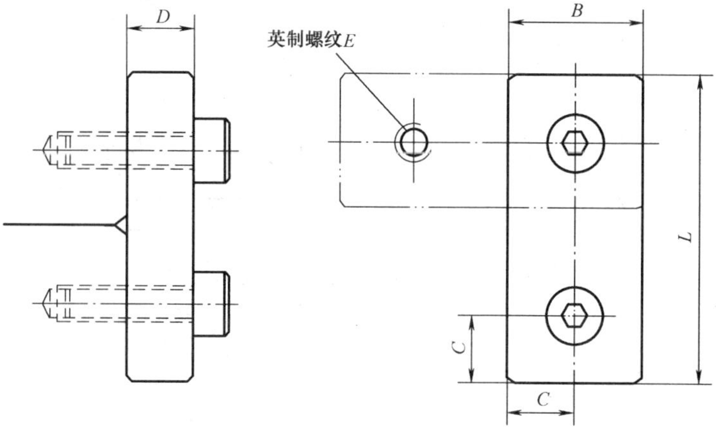

模具质(重)量	A	B	C	D	E
0～5t	3.00	1.50	0.75	0.50	1/2-13
6～15t	4.00	2.00	1.00	0.75	3/4-10
16～30t	5.00	2.50	1.25	1.25	1-8

注：$L=2.5B$（特殊加长自定）。

3）HASCO 模架锁模条尺寸要求，如表 3-45 所示。

表 3-45　HASCO 模架锁模条尺寸　　（单位：mm）

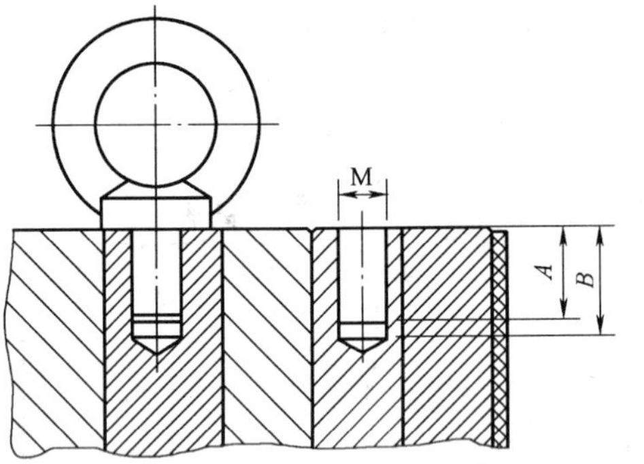

	M12	M16	M20	M24	M30
A	27	33	37	45	55
B	32	39	45	52	65
最大质量/kg	340	700	1200	1800	2600

4）A&B 模架锁模条，见表 3-46。

表 3-46　A&B 模架锁模条的尺寸　　（单位：in）

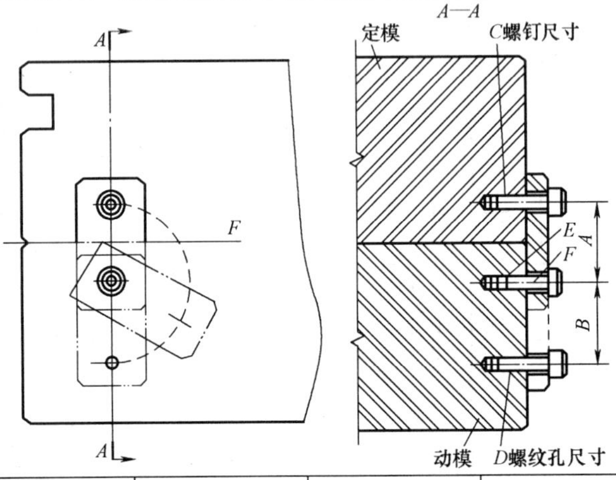

锁模条尺寸	*A* 或 *B*	*C*,*D* 或 *E*	*F*
3/8×1　1/2×3	2.00	3/8in-18	0.500
1/2×3/4	2.50	1/2in-13	0.625
1/2×2　1/4×4　1/2	3.00	5/8in-11	0.75
0/4×2　0/4×5　1/2	2.50	3/4in-10	1.000
1　1/8×3　1/2×6　1/2	4.25	1 1/8in-7	1.500

85. 注射模具有哪些具体的铭牌？

（1）铭牌规范要求

1）模具铭牌位置固定方法。铭牌用铝铆钉或平头螺钉固定在垫铁或动、定模板的操作侧。

2）< 250t 的模具外形尺寸为 90mm × 60mm，> 250t 的模具外形尺寸为 110mm × 80mm，见图 3-71a。

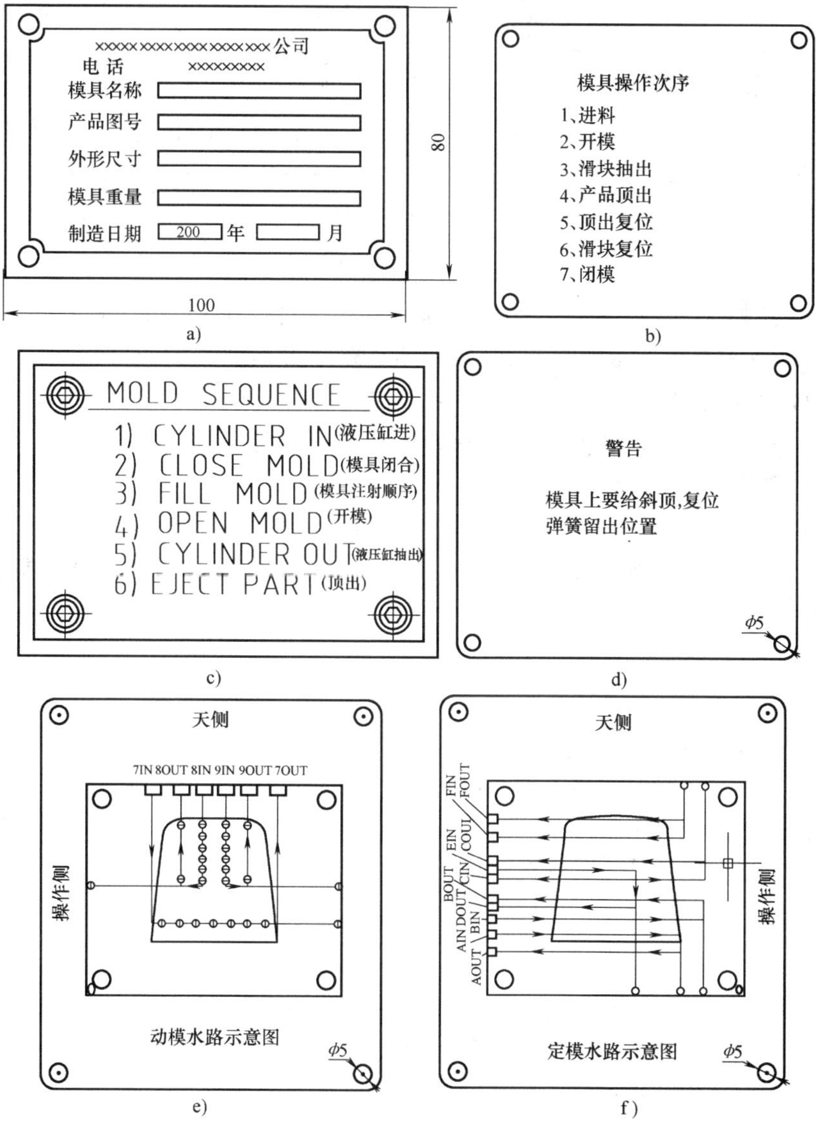

图 3-71 各类模具铭牌

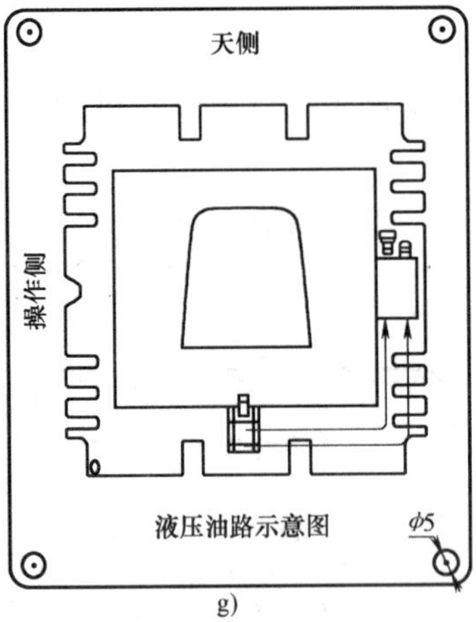

g)

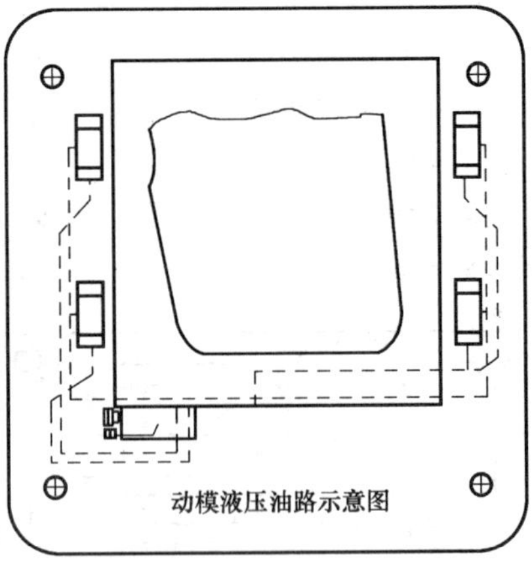

h)

图 3-71　各类模具铭牌（续）

3）铭牌厚度为 1.5mm，白字、黄底。铭牌字体为 1/4in 或 3/8in（3.5 号或 7 号字体），根据模具铭牌的大小而定，出口铭牌用英文，国内用中文。

（2）模具铭牌的目的

1）注射成型厂商或客人可按照铭牌上的电话地址联系。

2）模具容易辨识和保管。

（3）模具铭牌的种类（根据客户需要选用）

1）模具标志铭牌（每副模具必须要有），如图 3-71a 所示，要求黄底白字、字体 7 号。

2）模具操作铭牌，如图 3-71b、c 所示。

3）模具警告铭牌，如图 3-71d 所示。

4）动模水路铭牌，如图 3-71e 所示。

5）定模水路铭牌，如图 3-71f 所示。

6）热流道编号铭牌。

7）电器线路铭牌（包括热流道）。

8）抽芯动作铭牌。

9）液压缸油路铭牌，如图 3-71g、h 所示。

10）压力传感器铭牌。

86. 模架的保护支承柱有什么作用和要求？

1）保护支承柱位于模具的侧面，用来保护模具上的组件（即水接头、开关、液压缸、分配器、滑块抽芯装置等）。

2）保护支承柱一般处于地侧，使模具能平稳摆放，不致倾斜和摇动。

3）大型模具的保护支承柱至少沉入模板深度为其直径的1/2，如图3-72所示。

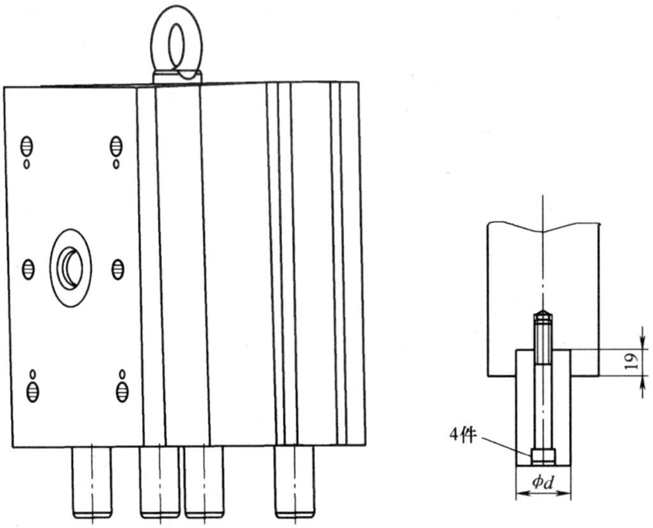

图3-72　模架支承柱

第四章　分型面设计、排气系统设计、模具表面抛光

87. 什么叫分型面？分型面有哪四种基本类型？分型面形状有哪几种？

1）分型面的定义。模具闭合时，动模和定模相配合的接触平面与塑件的取件方向相垂直的面，叫做模具分型面，也叫 PL 分型面。分型面的设计合理与否直接影响到塑件的质量、模具的整体结构、注塑工艺操作的难易程度及模具制造成本。

2）注射模分型面可分为四种基本类型，如图 4-1 所示：①制品全部在动模内成形；②制品全部在定模内成形；③制品同时在动、定模内成形；④制品在多个瓣合模块中成形。

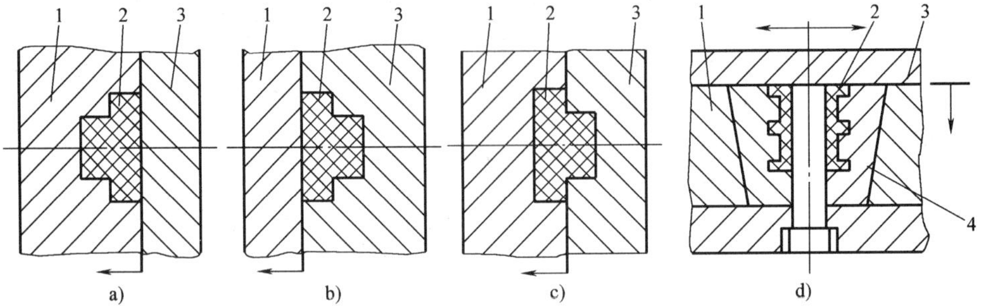

图 4-1　分型面的基本类型

a）第一类分型面　b）第二类分型面　c）第三类分型面　d）第四类分型面

1—动模　2—制品　3—定模　4—瓣合模块

具体采用哪种类型，要根据制品的几何形状、浇注系统、脱模机构以及制品质量要求等因素综合加以考虑。

3）分型面的形状应尽可能简单，以便于制品成形和模具制造。分型面的形状可以是水平分型面、斜面分型面、阶梯分型面、曲面分型面以及组合分型面等，如图 4-2 所示，非平面分型面，如图 4-3 所示。

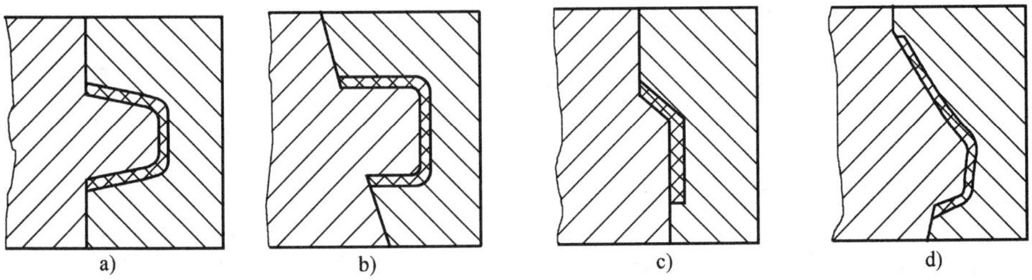

图 4-2　分型面的形状

a）水平分型面　b）斜面分型面　c）阶梯分型面　d）曲面分型面

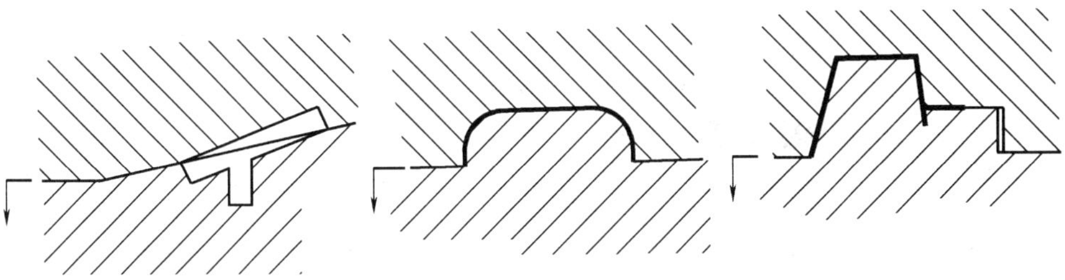

a)　　b)　　c)

图 4-3　非平面的分型面

88. 分型面有哪些设计原则？选择分型面应注意哪些事项？

(1) 在选择分型面时应遵守的原则

1) 分型面位置选择应确保塑件的表面质量、尺寸精度，对塑件外观没有影响。应设计在不影响制品尺寸精度的位置，以保证制品质量。塑件同轴度要求高的成型部分，应全部设计在分型面的一边，以确保塑件的同轴度，如图 4-4所示。

为保证制品的外观质量，在制品光滑平整的表面或圆弧曲面上，应尽量避免选择分型面，如图 4-5a、b 所示。分型面必须禁止有尖角分型面，要考虑模具的使用寿命。尽量采用横向的分型面，切勿采用直线分型面，如要采用，至少要有3°以上的斜度侧碰分型面。

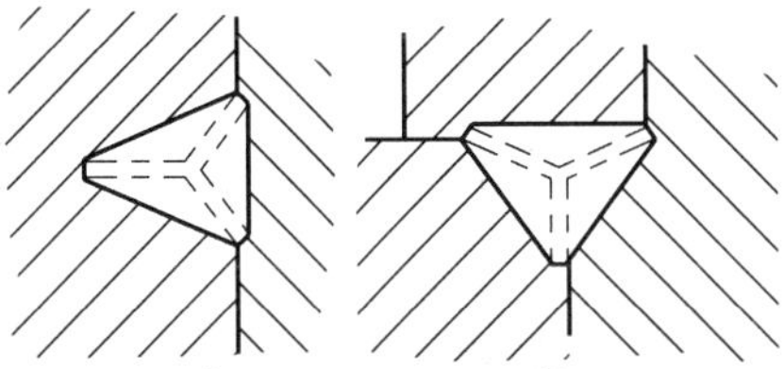

a)　　b)

图 4-4　有利于保证制品同轴度

a) 合理　b) 不合理

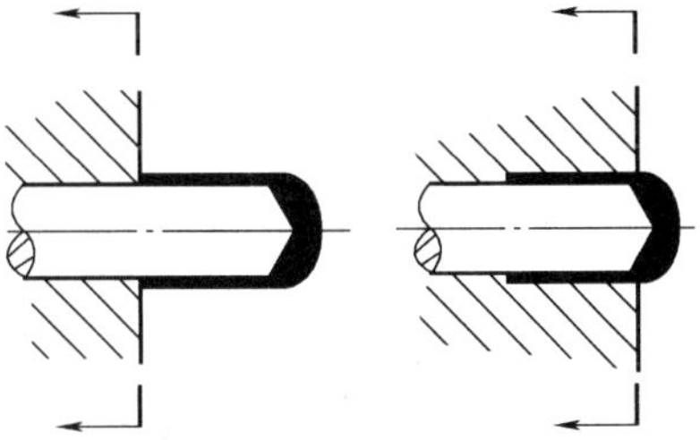

a)　　b)

图 4-5　有利于保证制品的外观质量

a) 合理　b) 不合理

2) 分型面选择应有利于制品脱模，应设计在塑件外形的最大轮廓处，如图 4-6a、c 所示。图 4-6b 则不易脱膜。

3) 分型面选择应有利于简化模具结构，减少模具加工难度；应考虑型腔的加工方便，如图 4-7 所示的布置方案。图 4-7a 的布置可避免侧向抽芯，模具结构要比图 4-7b 简单得多。

4) 分型面须考虑力的平衡。由于塑件形状不对称，注塑时动、定模之间存在侧面作用力，会使动、定模相互之间错位，造成开模困难，因此应考虑平衡侧面作用力，如图 4-8 所示。

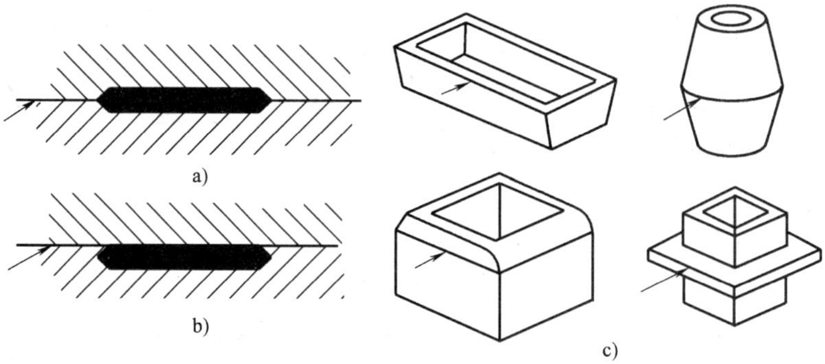

图 4-6　分型面应选在制品的最大截面处

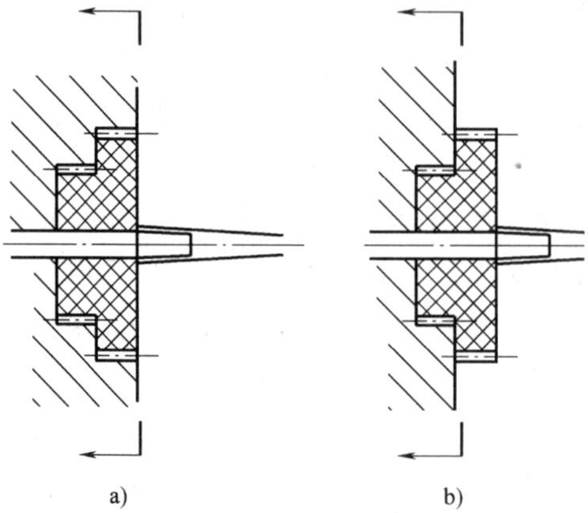

图 4-7　有利于简化模具结构

a）简单　b）复杂

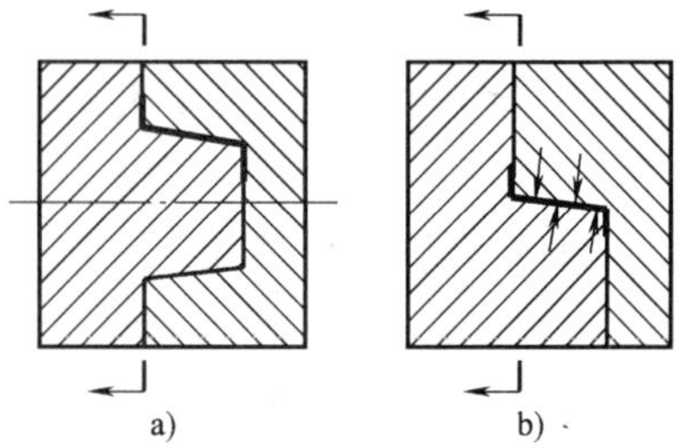

图 4-8　分型面上力的平衡

a）正确　b）错误

（2）选择分型面时的注意事项

1）当塑件有侧向抽芯时，应尽可能将侧抽芯设置在动模这一侧，使塑件留在动模侧有利脱模机构的设置，如图 4-9 所示。当塑件有多组抽芯时，应尽量避免长端侧向抽芯。在带有相互垂直的两个方向都有孔或凹槽时，应避免长距离抽芯，如图 4-10 所示。

2）尽可能满足制品的使用要求，在分型面设计时，应从使用角度避免这些工艺缺陷影响制品的使用功能，如图 4-11 所示。分型面选择不当，会增加由于脱模斜度引起的塑件大小端尺寸差异，如图 4-12 所示。

3）分型面选择应有利于排气（分型面应尽量与最后充填熔体的模腔表面重合）。分型面处需设立排气槽，一般设置在定模这一侧，如图 4-13 所示。

4）选择分型面时，应尽量减少制品在开、合模方向上的投影面积，以避免锁模力不够而产生的溢料现象，如图 4-14 所示的弯板制品，图 4-14a 的分型面选择比图 4-14b 好。

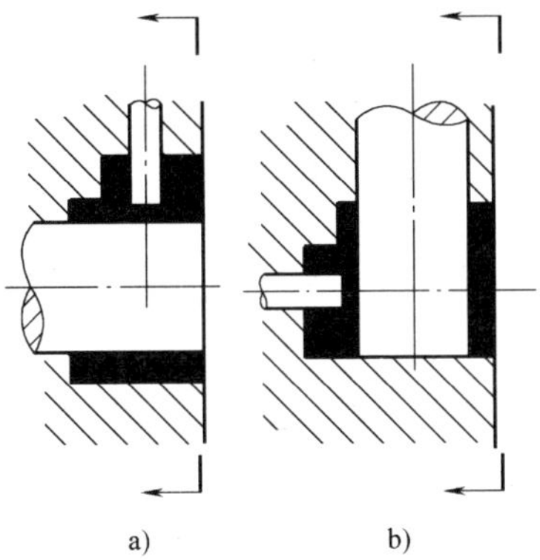

图 4-9　制品应尽可能留在动模一侧
a）合理　b）不合理

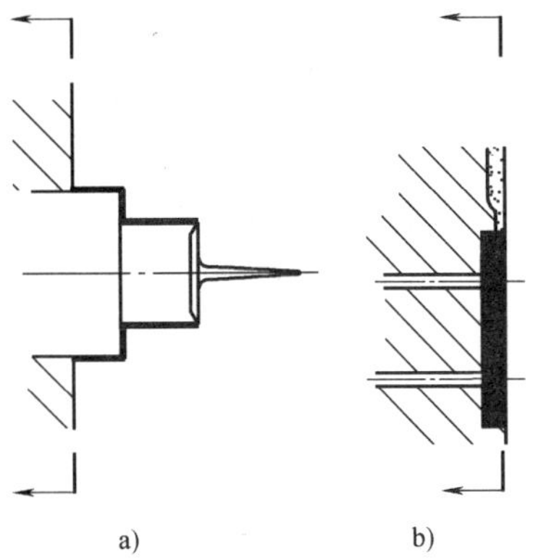

图 4-10　较长型芯应置于开模方向

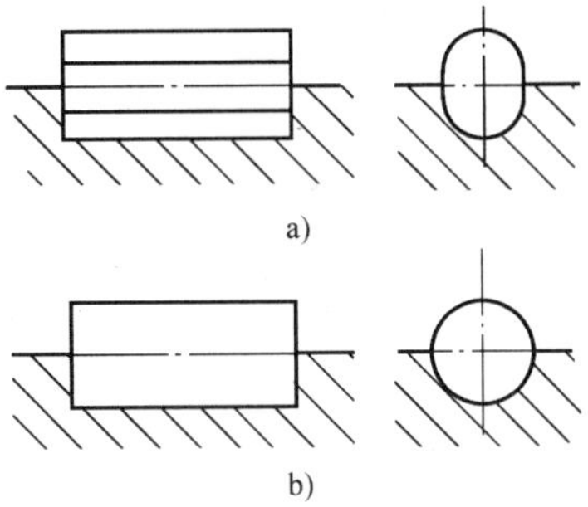

图 4-11　有利于保证塑料轴的转动功能

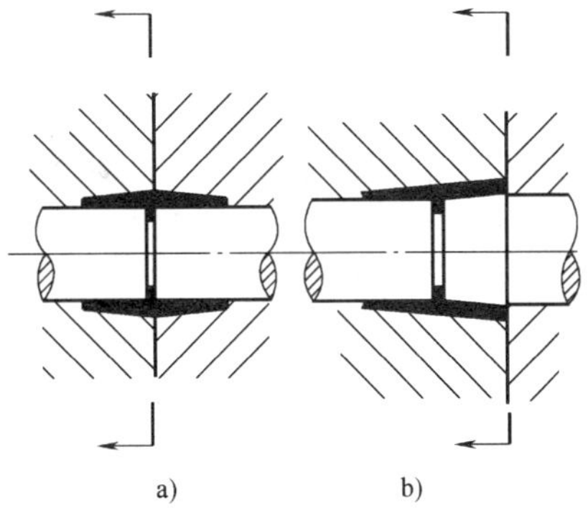

图 4-12　有利于减小制品的脱模斜度
a）差异小　b）差异大

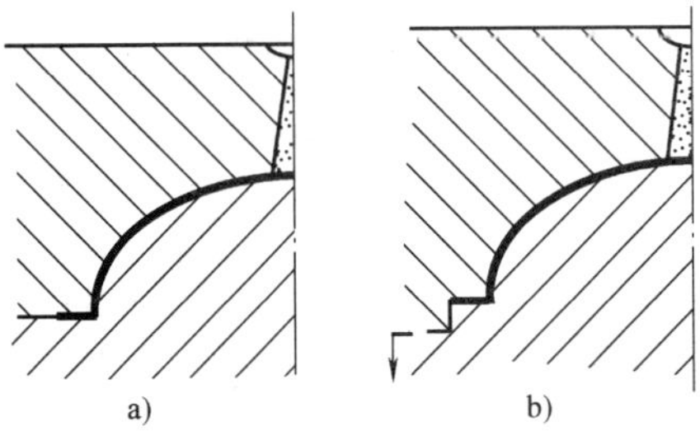

图 4-13　分型面应有利于排气
a）利于排气　b）不利于排气

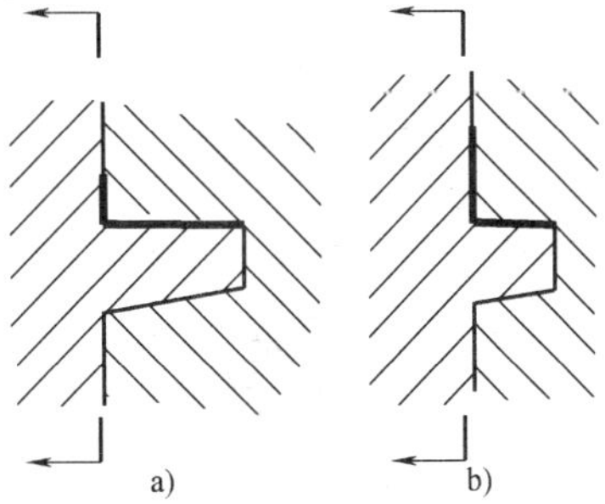

图 4-14　有利于减小制品在合模方向上投影面积
a）合理　b）不合理

5）根据塑件形状、特征，根据分型面设计原则和具体要求合理选择分型面形状，如图 4-15 所示。

6）合理选择分型面，见表 4-1。

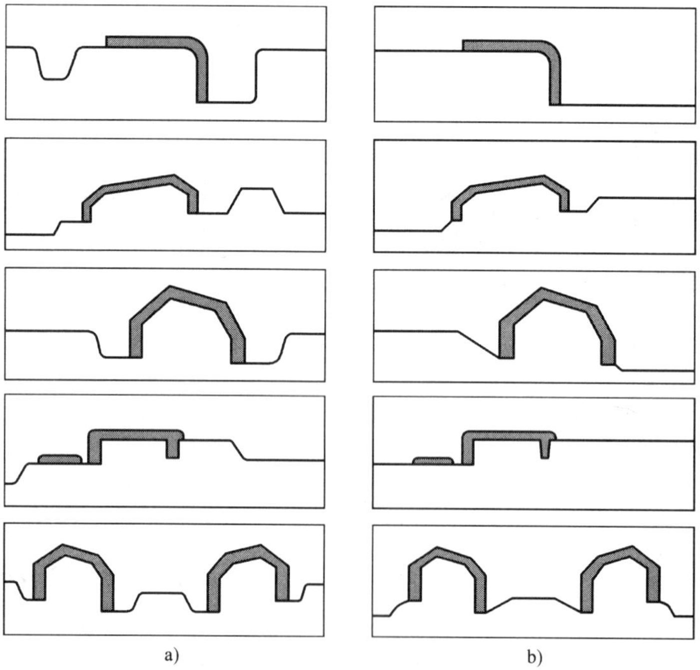

图 4-15　分型面结构示范

a）正确　b）错误

表 4-1　合理选择分型面示例

序号	推 荐 形 式	不 妥 形 式	说　明
1	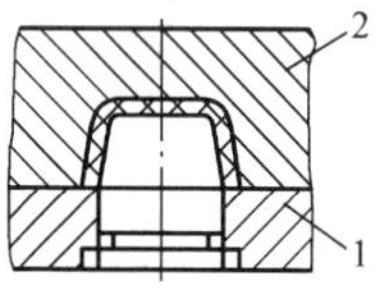	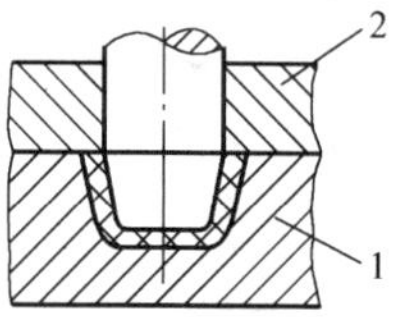	因脱模机构一般都在动模部分，分型面应选择使动模（或下模）分离后，塑件尽可能留在动模内，否则会增加脱模的困难，使其模具结构复杂化
2	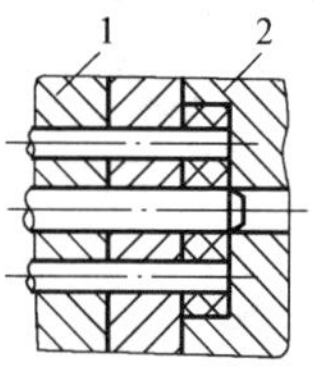	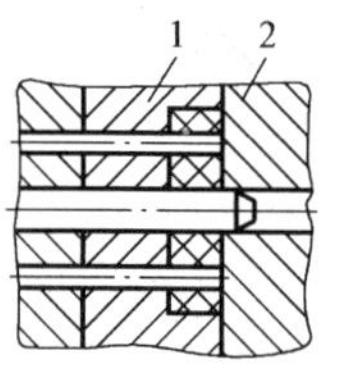	塑件外形较简单，但内有较多的孔或孔形复杂时，塑件成型收缩后必须留于型芯上，这时型腔可设在定模内，采用推件板，即可完成脱模，且模具结构简单
3	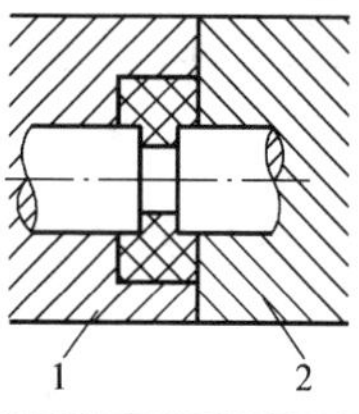	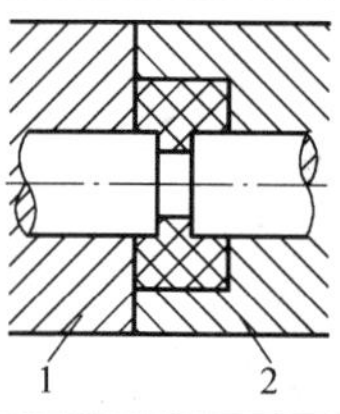	当塑件的型芯对称分布时，如果要迫使塑件留在动模内，可将型腔和大部分型芯设在动模内，采用推管脱模

（续）

序号	推荐形式	不妥形式	说　　明
4	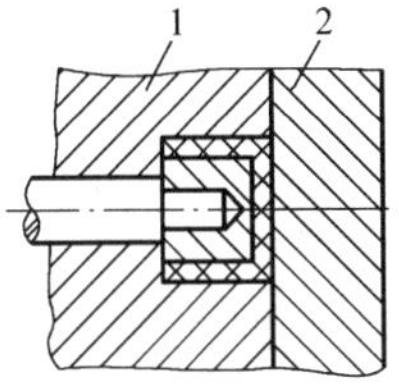	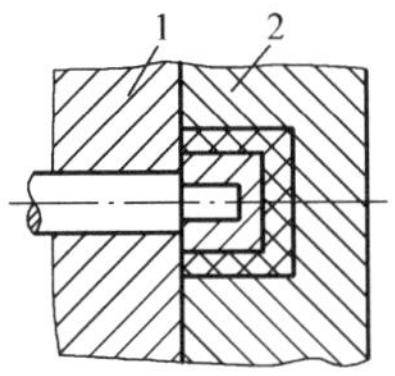	当塑件设有金属嵌件时，由于嵌件不会收缩，对型芯无包紧力，结果带嵌件的塑件留在型腔内，而不会留在型芯上，采用左图形式脱模比较容易
5	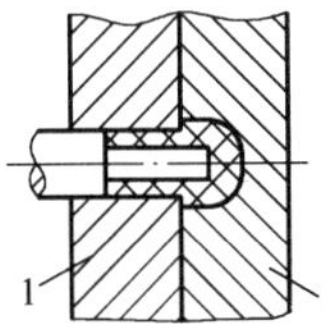	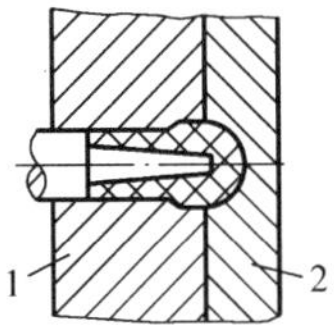	当塑件头部带有圆弧时，如果采用圆弧部分分型，会损伤塑件表面质量，若改用左边的推荐形式，塑件表面质量较好
6	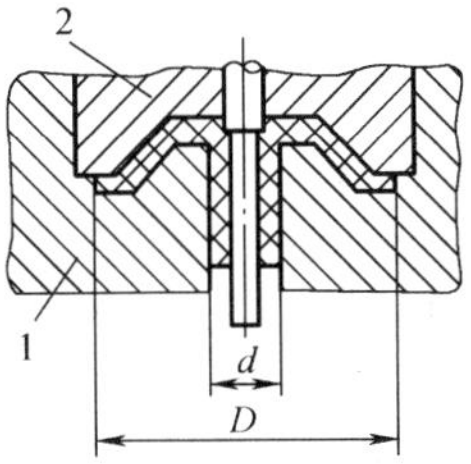	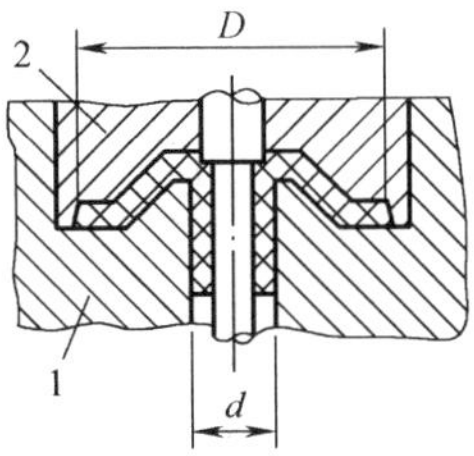	为了满足塑件同轴度的要求，尽可能将有同轴度要求的部分设在同一模板内
7	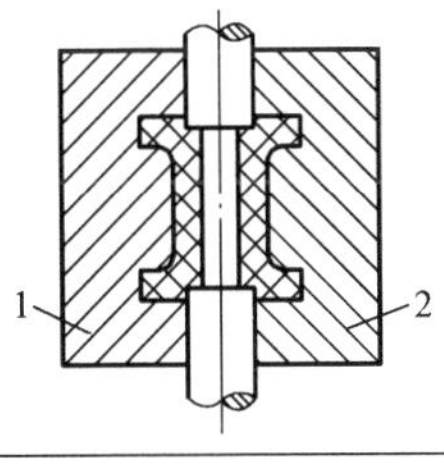	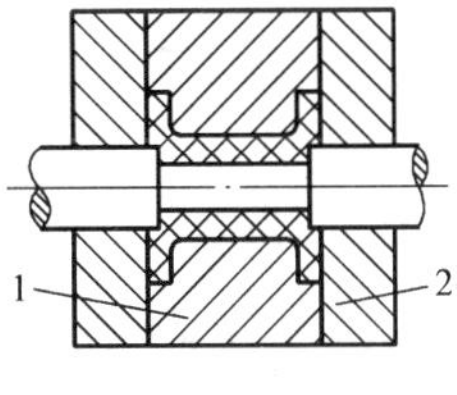	大型线圈骨架塑件的成型，采用镶块形式，当镶块的投影面积较大时，会造成锁模不紧，产生溢边，因此最好将型腔设于动、定模上，将受力小的侧面做抽芯
8	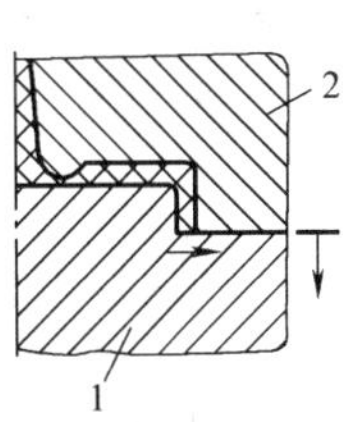	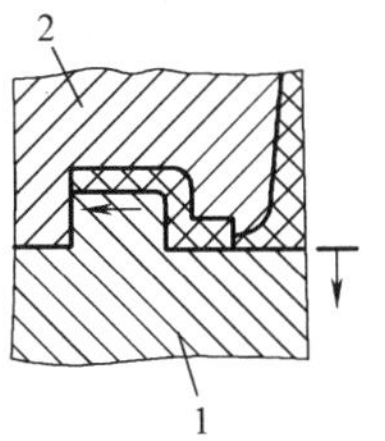	一般分型面应尽可能设在塑料流动方向的末端，以利于排气
	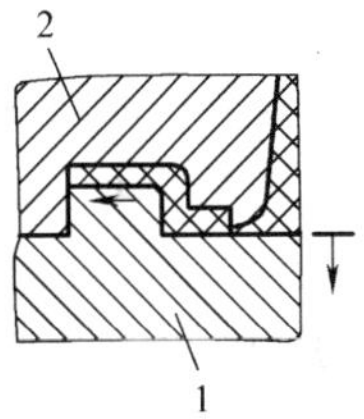	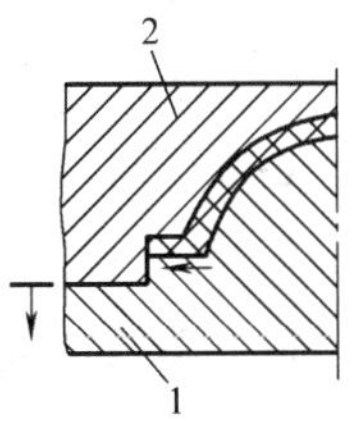	

（续）

序号	推荐形式	不妥形式	说　　明
9	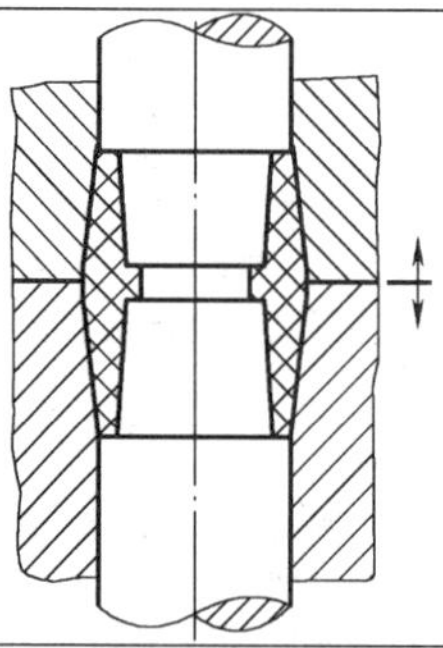	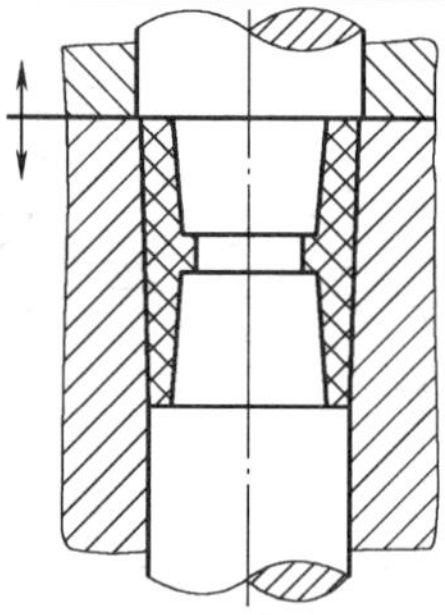	选择分型面时，应考虑减小由于脱模斜度造成塑件的大小端尺寸差异。若塑件对外观无严格要求，可将分型面固定在塑件中部
10	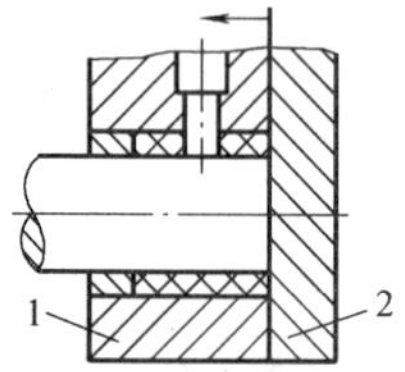	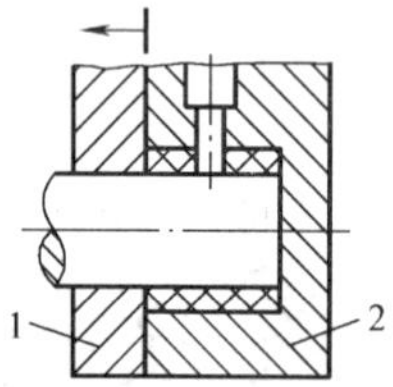	当塑件有侧向抽芯时，应尽可能放在动模部分。避免定模抽芯
11	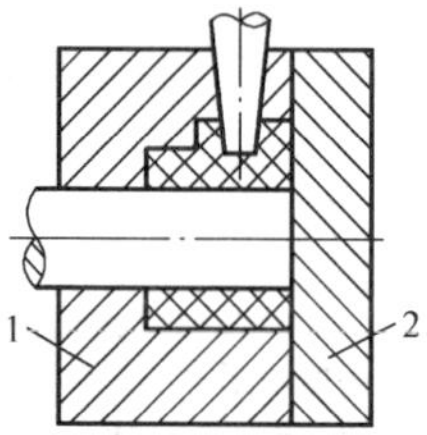	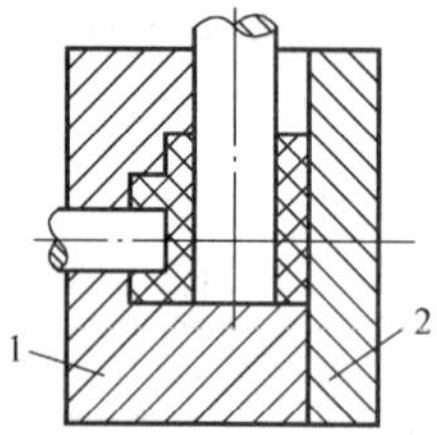	当塑件有多组抽芯时，应尽量避免大端侧向抽芯，因为除了液压抽芯机构能获得较大的抽拔距离外，一般的侧向抽芯的抽拔距离较小，故在选择分型面时，应将抽芯或分型面距离大的放在开模方向上

注：1 表示动模（下模）；2 表示定模（上模）。

89. 怎样确定分型面的塑件封胶处宽度尺寸？

根据模具大小考虑封胶量，一般分型面处封胶量小型模具为 10 ~ 15mm，中型模具为 15 ~ 30mm，大型模具为 30 ~ 50mm。

90. 分型面的非封胶面处有什么要求？

1）避空处不能有倒角、尖角，要设计成圆角，其目的是增强模具强度，减少内压力，防止模具提前失效。

2）所有非封胶面圆角均需避空，加工方便、保证精度，如图 4-16 所示。

91. 分型面的平面接触块（耐磨块）有什么要求？

1）大型模具分型面可设置平面接触块（耐磨块），总接触面积至少为模具外形（$A \times B$）的 20%（有剖面线处是动、定模的分型面的接触面），如图 4-18 所示。

2）平面接触块嵌入模板时应比模板面高出 0.25 ~ 0.40mm（其非封胶面的分型面避空间隙）。

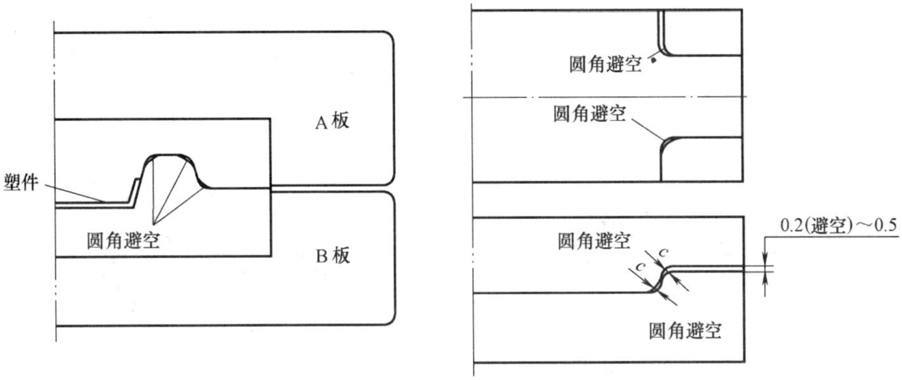

图 4-16　圆角避空要求

3）保证平面接触块受力均匀、平衡。导柱孔、回程杆孔部位的接触面不能避空。

4）平面接触块用 2 ~ 4 个内六角螺钉固定。

5）耐磨板材料 T8A，热处理后硬度达到 50 ~ 55HRC。

92. 注射模具内积聚的气体来自哪里？

1）进料系统和型腔中存在的空气。

2）塑料含有水分，在注塑温度下蒸发而成的水蒸气。

3）塑料在注射机的料筒内温度过高后，分解产生的气体。

4）塑料中某些配合剂挥发或化学反应产生的气体。

5）大气中含有气体。

93. 为什么要设排气系统？

排气槽没有开设或排气不充分、不合理，使进入型腔的熔体过早地被封闭，型腔内的气体不能顺利排出，使塑件产生如下弊病：

1）增加充模阻力，无法成型，导致制品棱边不清晰。

2）制品上会出现明显的流动痕、气痕和熔接痕，塑件性能降低。产生气泡、疏松、甚至注射不满、熔接不牢、剥层等表面质量缺陷。

3）在注射时由于气体被压缩型腔产生瞬时高温，使熔体分解变色，甚至产生斑点、局部炭化、烧焦。

4）由于排气不良，降低了充模速度，增加了成型周期。有了适当的排气，射速可以提高，充填和保压可达良好状态，不必过度增加料筒和喷嘴的温度。

5）塑件脱模困难，塑件产生变形，如高、薄的桶形塑件。

94. 注射模具排气途径和方法有哪些？

1）分型面间隙排气。图 4-17 所示是一个圆形模腔，所画分型面间隙排气适合于任何形状模腔的分型面。最好的排气孔如图 4-17b 所示，是一种无间断排气孔。它可以保证气体逸出所需的最大的排气孔面积，它的缺点在于模具闭合时的支承（接触面积）有一定损失。由于这个原因，在无间断排气孔加工困难时常使用点排气孔，如图 4-17a 所示。

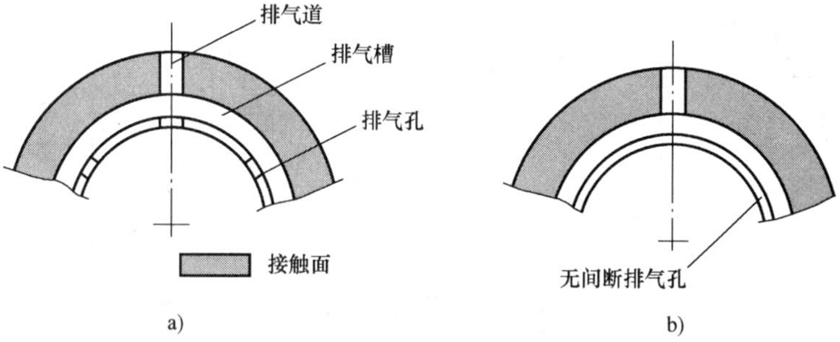

图 4-17 普通排气间隙

a）点排气孔，沿着分型面间隔分布 b）无间断排气孔，沿着分型面连续分布

2）大型模具可用等高垫块设置 0.02 ~ 0.04mm 排气间隙。增设排气槽和溢料槽排气，如图 4-18 所示。

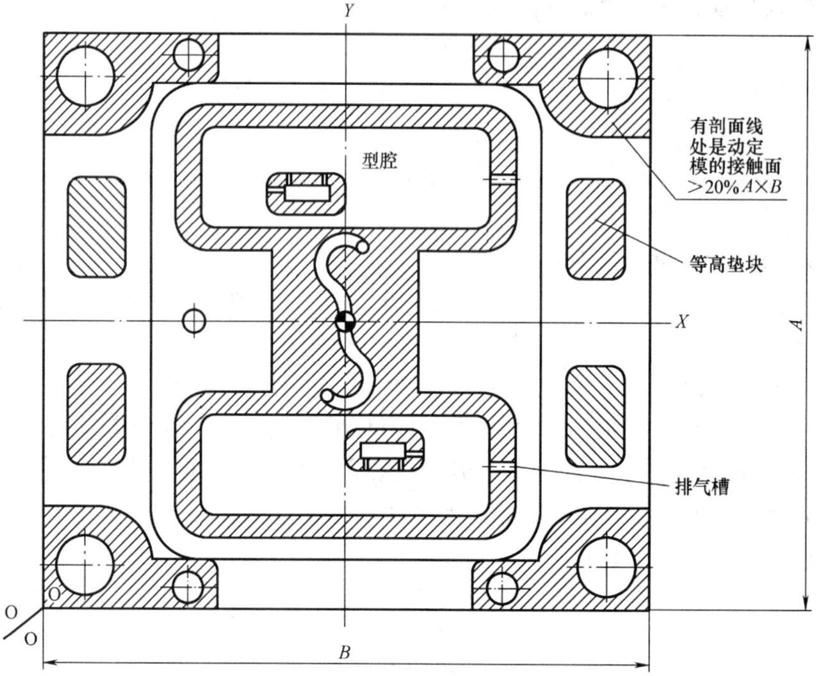

图 4-18 设置等高垫块 0.02 ~ 0.04mm 间隙排气

3）排气杆、顶杆、间隙排气。如图 4-19 所示。排气杆的标准设计是在排气槽以下的孔径部分，用手轻轻推入的配合（在直径方向上有 0.005 ~ 0.008mm 的

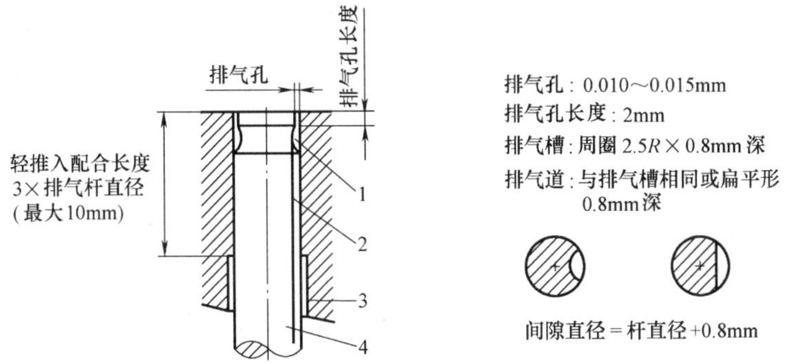

图 4-19　典型剖面及排气杆和排气孔

1—排气槽　2—排气道　3—间隙直径　4—排气杆

间隙）来保证排气孔与孔壁同心（均匀分布）。

4）推管间隙排气，如图 4-20 所示。

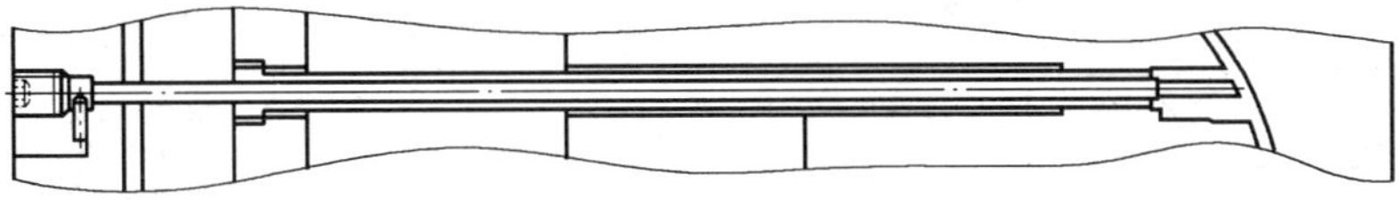

图 4-20　推管间隙排气

5）加强肋动、定模采用镶块结构排气，如图 4-21 所示。排气对保证塑料充满深的加强肋是绝对需要的。因为，如加强肋是整体形成的，只要加强肋的深度大于它宽度的 1.5 倍（塑件加强肋超过 15～25mm），加强肋的底部就必须设置足够数量和大小的顶杆或排气杆，以防止残存空气。动、定模采用镶块结构便于加工，防止电火花加工时产生的积炭，便于抛光。

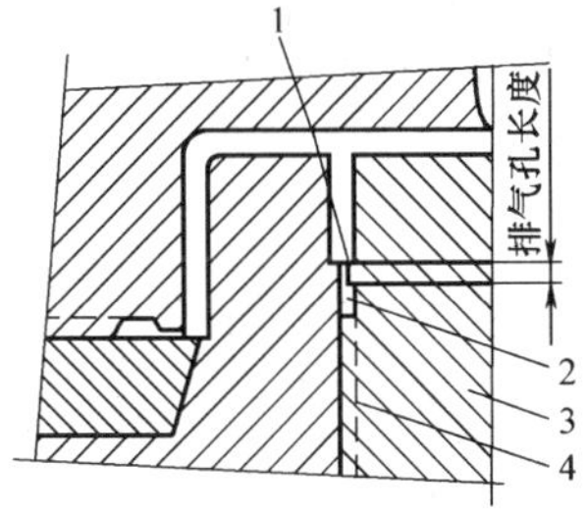

图 4-21　加强肋的镶块排气孔

1—排气孔　2—排气槽

3—镶块　4—排气道

6）利用浇道系统流道末端开设排气槽排气，见图 4-22。这种方法可以使被注入的塑料流推向前端的空气，在到达浇口前能够溢出，以利于冷流道系统充模。这里的排气孔尺寸应与分型面排气孔一样，也可以做得窄一些。

7）设置排气阀强制性排气，如图 4-23 所示。

8）在排气困难的情况下，利用“粉末烧结合金”镶块的气孔排气，如图 4-24 所示。

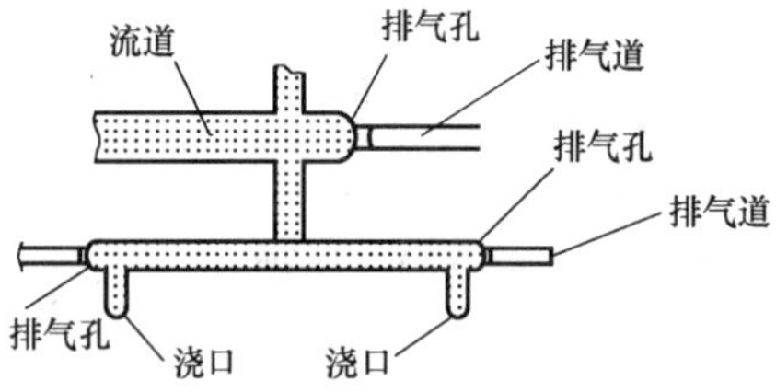

图 4-22 受冷流道系统中典型的流道排气孔

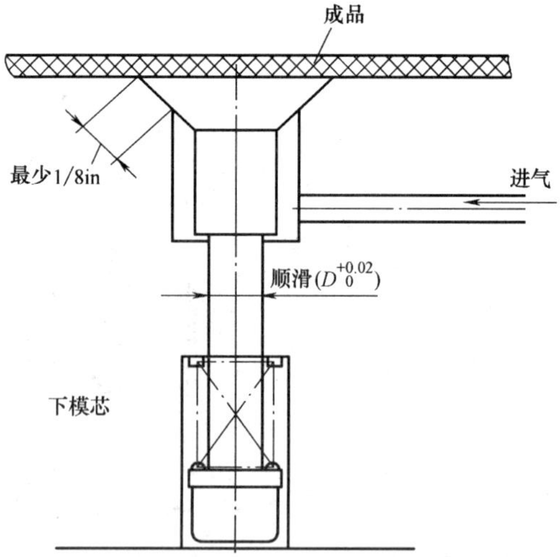

图 4-23 排气阀强制性排气

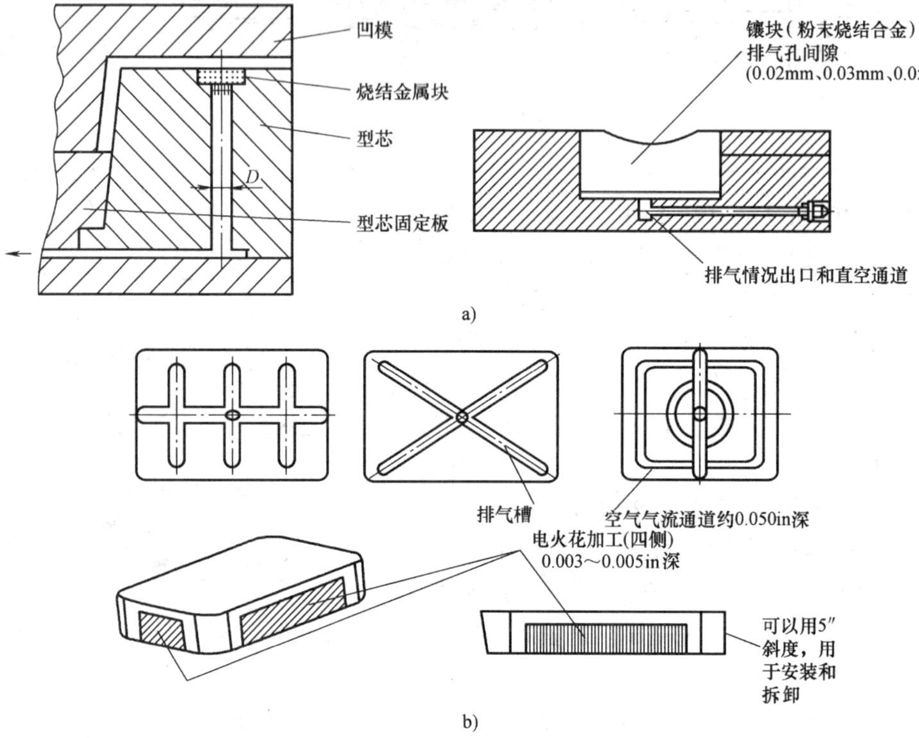

图 4-24 利用“粉末烧结合金”排气

9）利用型芯排气，如图 4-25、图 4-26 所示。

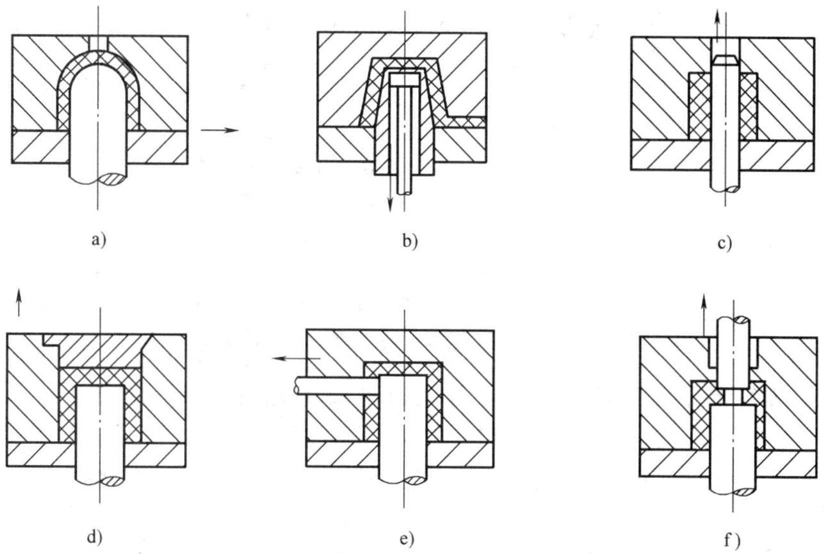

图 4-25　利用型芯排气 1

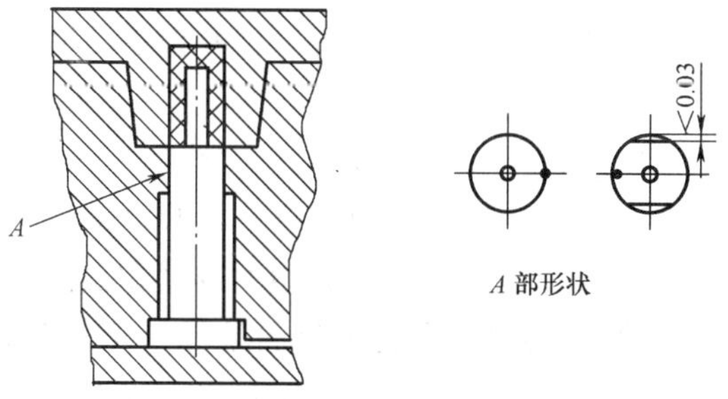

图 4-26　利用型芯排气 2

10）利用模腔底部排气，见图 4-27。对模腔底部进行排气的目的是将注入塑料前方的空气排出去，与流道排气类似。当打开模具时，排气孔也会破坏模腔中的真空，真空会将制品吸在模腔上，因而影响了正常的顶出。通常，这些排气孔要与压缩空气管线相连，以帮助制品松脱模腔。

图 4-27a 中，排气孔与塑料流成一直线；在图 4-27b 中，则成 90°角。排气孔可以做得大一些，孔洞必须大到不会对快速排气造成限制为好。

95. 排气槽设计原则是什么？应注意什么？

（1）在设计模具排气孔时遵循的原则

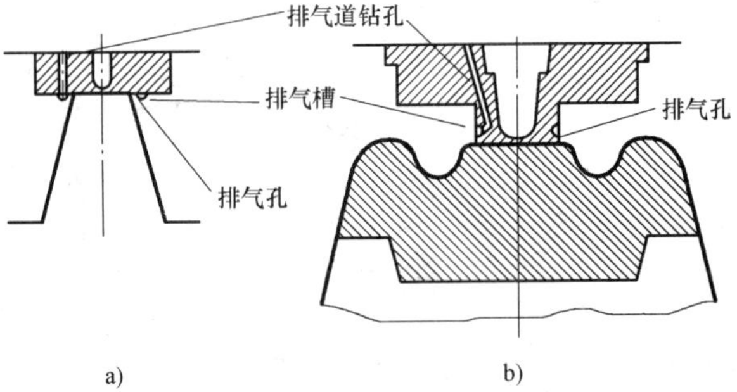

图 4-27　模腔底部排气

a）排气孔与塑料流成一直线　b）排气孔与塑料流成 90°角

1）排气要保证迅速、完全，排气速度要与充模速度相适应。尽可能扩大排气间隙，但不能大到塑料可以进入，形成溢料。排气槽深度和溢料槽深度、槽宽、间距等见 96 题“排气槽的平面如何布局？排气槽的尺寸如何要求？”。

2）排气槽尽量设置在塑件较厚的成型部位和各塑料（流道、冷料穴）流经的尽端的位置。如果塑料流源于两处以上或从浇口分流后重新熔接在一起，则在预期会夹入空气的位置必须设置排气间隙（孔）。

3）排气槽应尽量开设在分型面上，并在定模（凹模）的一侧较好（根据塑件形状、特征、模具结构不同，排气槽位置允许开设在动模一侧）。

4）排气槽排气方向应朝操作面反方向，以防止烫伤操作人员。

（2）注意事项

排气孔的清理是很重要的。很多塑料都会在模塑面上留下少量的残余物，这些残余物，时间长了，就会塞住排气孔。分型面排气孔在每个成型周期中都会被打开，可以随时方便地将其上的残余物或溢料清除干净。如由顶杆提供的排气孔，它由于自身的运动可以自行清理，如有需要也可以在敞开的模具中对其进行清理。

96. 排气槽的平面如何布局？排气槽的尺寸如何要求？

（1）排气槽的平面布局

1）在锁模力 1000kN 以下的注射机，排气槽间距为 50mm；1000kN 以上的注射机，排气槽间距为 75mm，见图 4-28。

2）在塑件两边角的相交处，开设排气槽为 45°，如图 4-28 所示。

（2）排气槽的尺寸

1）排气缝深度根据塑件不同而选择 0.02 ~0.04mm（流道末端见飞边为准）。

2）排气槽宽度为 3 ~5mm。

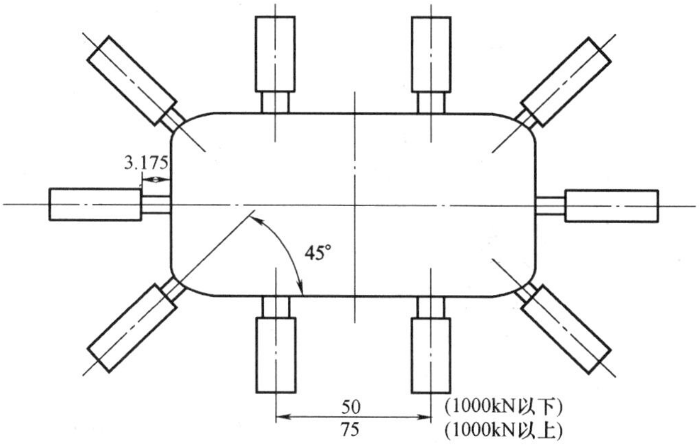

图 4-28　排气槽的平面布局 1

3）排气槽长度为 3.175 ~ 19mm（0.125 ~ 0.75in，根据封胶量确定）。

4）放气通道通大气，一般深度为 0.50 ~ 0.80mm。

5）横截面展示了梯形和圆形排气槽的深度、宽度和离模腔的距离，见图 4-29。设计者必须靠自己的常识来选用推荐的标准尺寸，表 4-3 列出了推荐尺寸。排气道横截面积至少要大于通向排气槽的所有排气孔横截面积之和，排气槽的平面布局如图 4-30 所示。排气槽尺寸设计如图 4-31 和图 4-32 所示。

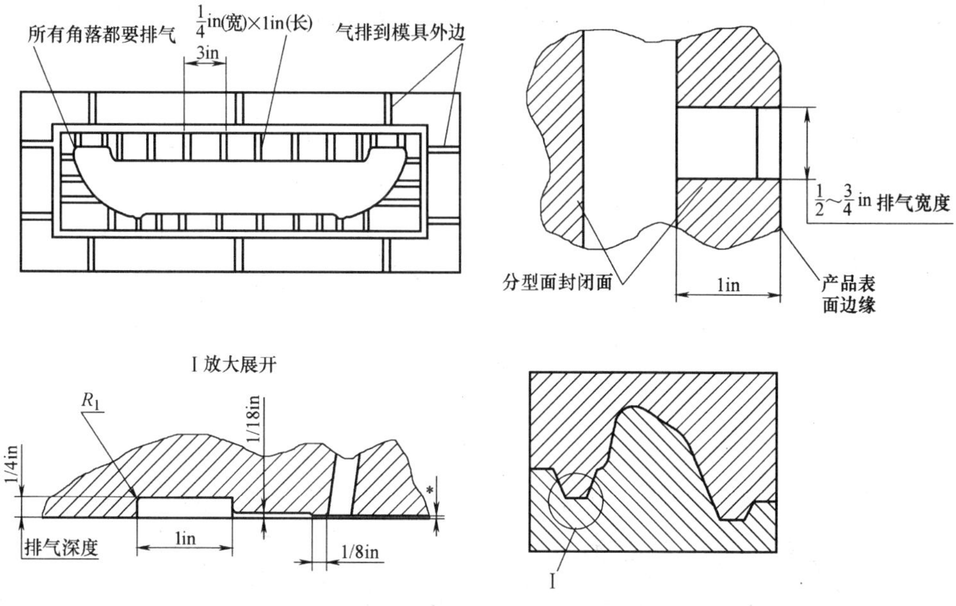

图 4-29　排气槽的平面布局 2

注：* 表示排气槽深度，参考表 4-2 取值。

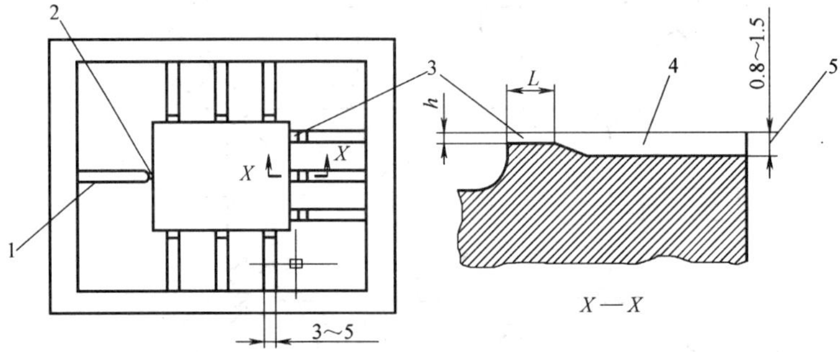

图 4-30　排气槽的平面布局（$h \leqslant 0.05$，$L=1.5\sim2.5$）

1—分流道　2—浇口　3—排气槽　4—导向沟　5—分型面

表 4-2　常用塑料排气槽深度 *h*

塑料品种	排气槽深度 /mm	塑料品种	排气槽深度 /mm
PE	0.02	AS	0.03
PP	0.01～0.02	POM	0.01～0.03
PS	0.02	PA	0.01
SB	0.03	PA(GF)	0.01～0.03
ABS	0.03	PETP	0.01～0.03
SAN	0.03	PC	0.01～0.03

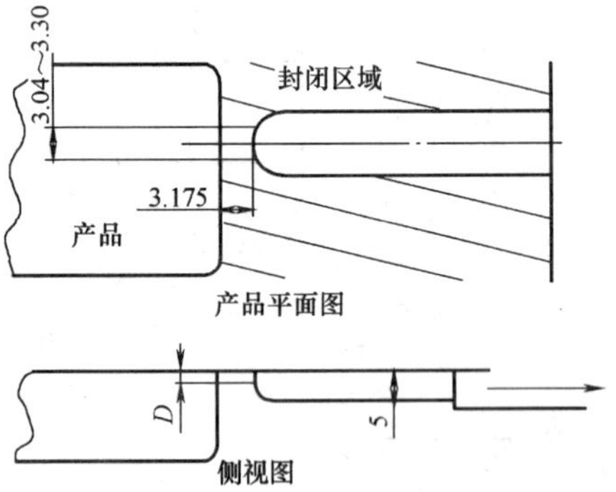

塑料种类	D	
	英制尺寸/in	公制尺寸/mm
ACETAL	0.0005	0.0127
ABS	0.0015	0.038
NYLON	0.0005	0.0127
PC	0.0015	0.038
PP	0.0005	0.0127
PPO	0.0020	0.005
PS	0.0010	0.0254

图 4-31　排气槽尺寸设计

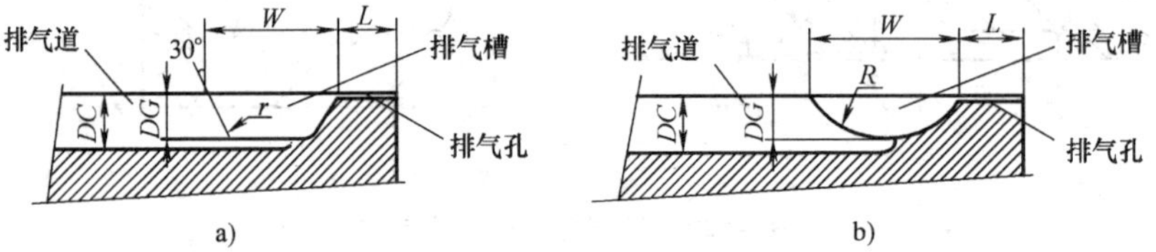

图 4-32　排气槽尺寸

表 4-3　排气孔长度（L）、排气槽和排气道的推荐尺寸

装置＼尺寸		L/mm	W/mm	R/mm	r/mm	DG/mm	面积/mm^2
排气槽	圆形	1.00	2.00	1.50		0.40	0.51
		1.50	3.60	2.50		0.80	2.07
		1.50	5.00	3.70		1.00	3.40
	梯形	1.00	2.00		0.2	0.40	0.70
		1.50	3.60		0.3	0.80	2.50
		1.50	5.00		0.3	0.80	3.64
		2.00	6.00		0.3	1.00	4.55
排气道	圆形		2.00	1.50		0.40	0.51
			3.60	2.50		0.80	2.07
			5.00	3.70		1.00	3.40
			6.00	5.00		1.00	4.14
			8.00	6.10		1.50	8.22
			10.00	9.00		1.50	10.56
			10.00	7.30		2.00	13.38
	梯形		2.00		0.2	0.60	1.05
			3.60		0.3	1.00	3.13
			6.00		0.3	1.00	4.55
			8.00		0.3	1.50	10.73
			10.00		0.3	2.00	17.60

6）不间断排气孔，如图 4-33 所示。排气孔的尺寸应在下面给出的尺寸范围内：①深度为 0.01～0.02mm，由注入的塑料量来定；②长度为 1.0mm、1.5mm 或 2mm，由模腔尺寸来定；③宽度（点排气孔）最小为 2mm，优先选用 5～6mm（如果可能，尽量选用无间断排气）。如果制品不允许使用这么宽的排气孔，较窄（1～2mm）的排气孔也是可以接受的。

图 4-33　不间断排气孔

如果有足够的空间容纳，采用较大的排气道更好，因为这样，较大的工具就可以使用，排气道也容易被加工出来。

97. 如何开设导柱孔的排气槽？

导柱孔要开设排气槽，可避免合模时产生阻力，开设方法如图 4-34 所示。

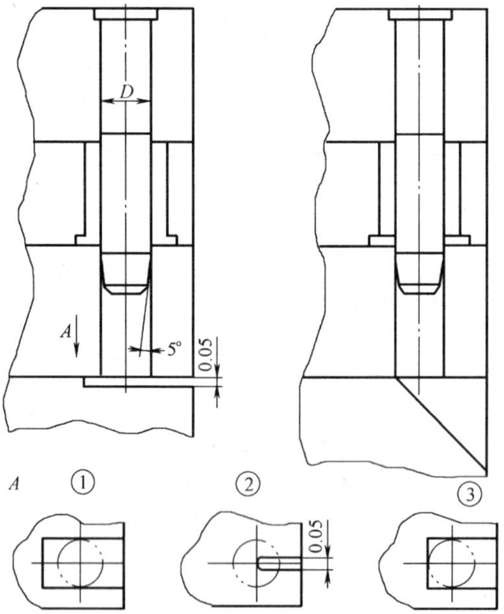

图 4-34　导柱孔开设排气槽

98. 什么叫模具表面抛光？抛光的目的和工作原理是什么？模具的抛光方法有哪几种？

（1）抛光的定义

抛光就是对型腔表面进行光整、微量加工的最后一道工序，也是模具制作过程中很重要的一道工序。

（2）抛光的目的

降低模具表面粗糙度，提高光泽度、精度，有利于脱模。

（3）抛光的工作原理

用磨料对被加工的模具表面进行加工，产生微切屑、化学处理、挤压塑性变形等工序，使加工表面微量凸起物被去除，提高精度，使表面更加光亮。

（4）抛光方法

1）机械抛光。

2）化学抛光。

3）电解抛光，是指利用电化学阳极溶解的原理，对金属表面进行抛光的表面加工方法。

4）超声波抛光，是指利用超声波的能量，通过机械装置对工件（型腔）进行加工的方法。

5）流体抛光。

6）磁研磨抛光。

99. 机械抛光有哪些基本程序？

机械抛光的基本程序：

1）对机械加工、电火花等加工的模具型腔、型芯经质量部门确认后，才可接受抛光。

2）检查抛光余量是否合适。研磨抛光余量大小取决于研抛型腔表面的表面粗糙度、精度和光泽度，研抛余量应能去除表面的加工痕迹和变质层。把型腔或型芯通过精密模削，并以很少的进给量和背吃刀量进行精加工。在这种情况下，其余量为0.05mm较为理想，表面粗糙度差的抛光余量要控制在0.05～0.10mm之间。

3）按图样要求或模具项目负责人的抛光要求选择抛光方法、抛光工具，然后进行加工。

4）用金刚锉刀、油石去除白色电火花层、加工刀痕痕迹，直到所有的痕迹消失为止。

5）用事先浸在煤油里的油石进行打磨。然后用手工按油石的粗细顺序号研磨、条状油石应加煤油作为润滑剂或冷却剂，不能跳跃使用，一般使用顺序为180目→240目→320目→400目→600目→800目→1000目等粗抛。

6）抛光流程从粗抛→半精抛→精抛→抛光结束。粗抛是用直径ϕ3mm、F400的WA轮子磨头抛光。半精抛主要使用砂纸和煤油，砂纸的粒度依次为400目→600目→800目→1000目→1500目，1500目砂纸只适用于硬度高（55HRC以上）的模具钢，防止表面抛光烧伤。精抛主要使用钻石研磨膏，用抛光布轮混合研磨粉或研磨膏进行研磨，研磨顺序是1800目→3000目→8000目。用粘毡和研磨膏进行抛光，顺序为14000目→60000目→100000目。

7）抛光结束，清洗表面的研磨剂，喷上防锈剂，粘上保护膜。

100. 超声波抛光有何特点？怎样进行超声波抛光？

（1）超声波抛光的特点

1）加工变形小。超声波抛光时磨粒对工件进行非接触加工，故对工件的作用力非常小，因此无机械变形，对薄壁件、低刚度件均能有效抛光。

2）抛光质量高。由于超声波抛光时对工件的作用力和热影响小，不致引起变形和烧伤，确保了加工质量。

3）可加工复杂型腔。由于工具头部可以用较易加工的材料加工成各种复杂形状，因此，超声波抛光即使对于复杂型腔加工也并不费力。

4）适应范围广。由于超声波抛光主要是靠磨粒的撞击作用而抛光的，因此，几乎可以抛光所有的金属材料和非金属材料，即使是陶瓷、玻璃、金刚石类的硬脆材料也不例外。

（2）超声波抛光的操作

1）利用超声波抛光的设备（超声波发生器、超声波换能器、机械振动系统、机床本体）进行超声波抛光的操作。

2）抛光余量的选择。抛光是型腔的一种精加工方式，因此抛光余量不能太大，一般控制在0.04mm以内，过大则难以达到要求。

3）抛光操作工序。为了保证抛光质量，一般要经过粗抛、细抛和精抛等三道工序：①粗抛。粗抛时可采用固定磨料，如金刚石油石、刚玉油石、电镀金刚石锉刀等，或较粗粒度（180目左右）的磨料进行抛光；②细抛。细抛时采用游离磨料方式，磨料可用氧化铝、碳化硅等，其粒度为F320左右。工作液用煤油、汽油或水；③精抛。精抛为最后的抛光，可采用F1200的磨料进行抛光，一般不加工作液，干抛即可。

（3）抛光时的注意事项

1）在每次更换磨料时，都应将工具头部和抛光表面清洗干净。

2）采用全损耗系统用油、煤油等矿物油作为工作液，比用水作为工作液时抛光的质量要好。

3）抛光时余量不能太大，若余量太大，则需耗去大量时间，大大影响生产率。

4）磨料与工作液之间的重量比应控制在合适的范围内才有利抛光，一般为0.5～0.1。

5）工具的振幅应控制在0.01～0.10mm之内，频率控制在1.6万～2.5万Hz之间，应尽量接近共振频率，以取得最大振幅。

6）工具与工件之间的间隙和静压力对抛光质量和生产率有很大影响，为找到其最佳值，常要作多方尝试，以确定合理的间隙和静压力。

7）被加工材料不同，磨料的种类也不同，因此要根据需抛光的材料来选择磨料种类。

8）磨料粒度的选择与振幅有关，当振幅为0.05mm时，粒度越大，加工效率越高；当振幅小于0.05mm时，粒度越小，加工效率越高。

101. 研磨的操作方法有哪两类？怎样研磨？

研磨抛光时基本工艺过程为：粗研磨、细研磨、精研磨、抛光等四步。在实际操作中并非每一步都要进行，可根据型腔表面的具体情况和要求进行选取。研磨的操作方法主要分为两类。

1）干研磨。干研磨就是研磨工具表面在完全干燥的情况下，均匀地嵌入一层研磨剂（在以后的研磨过程中就可以不再添加），然后在均匀的压力下实施研磨操作的方法。这种方法适用于精加工。

2）湿研磨。湿研磨就是在研磨过程中，不断地、充分地添加研磨混合剂，并在均匀的压力下实施研磨操作的方法。这种方法主要适用于粗加工。湿研磨的效率往往比干研磨的效率高 6 ~8 倍。

通常在实施研磨操作时，先用湿研磨的方法将工件的尺寸粗磨至适当程度后，再用干研磨进行最后的精加工。工件经湿研磨加工后，其表面乌光，经干研磨后其表面光泽美丽。

从表 4-4 所列的内容可以看出，研磨的操作方法应用范围是很广的，它既可以用于不同几何形状的零件，也可用于不同材料的零件。

表 4-4 研磨的应用范围

工件形状	平面、内外圆表面、圆锥面、齿面等特性表面
工件材质	金属：淬火件、硬质合金件、铸铁、铜；非金属：玻璃、水晶等

操作禁忌：实施研磨操作的时候，不宜将干、湿研磨的两种方法交混使用，这样往往会降低研磨的效率。

102. 有哪些研磨、抛光工具？

在型腔的光整加工中，由于型腔的形状比较复杂、表面要求又较高，因此，对型腔的光整加工多用手工或辅以简单工具进行。

（1） 研磨工具

研磨工具在研磨时起到两个作用：一是为涂研磨剂，二是可把自身的几何形状传递给工件。所以，研磨工具的质量直接影响了研磨质量。研磨工具的几何形状有三种：研磨平板、研磨环、研磨棒。研磨工具的材料和选用如表 4-5 所示。

表 4-5 研磨工具的材料和选用

研磨工具材料	应　　用
钢	余量大的粗研磨
灰铸铁	精细研磨
铅	研磨软钢和其他软金属
木、皮革	研磨铜和其他软金属
沥青	研磨玻璃、水晶和其他透明材料
软钢	研磨螺纹和小孔

（2） 抛光工具

抛光材料应比被研磨抛光的材料硬度低一些，常用材料有黄铜、纯铜、灰铸铁、硬木、塑料、毛毡、竹片等，也可使用油石、砂纸、抛光膏、抛光布、粘毡等。

103. 研磨材料有哪几大类？有哪些研磨剂？如何配制研磨膏？

1） 常用的研磨材料大致有：氧化物磨料、碳化物磨料和金刚石磨料三大类。磨料的系列、特性和用途见表 4-6。

表 4-6 研磨材料的系列、特性和用途

系列	磨料名称	代号	颜色	特性	适用范围
氧化物系	棕刚玉	GZ	棕褐色	硬度高,韧性好,价格便宜	粗、精研钢,铸铁,铜
	白刚玉	GB	白色	硬度比 GZ 高、韧性比 GZ 差	精研磨淬火钢、高速钢、高碳钢及薄壁零件
	铬刚玉	GG	紫色	韧性比 GB 高,磨削光洁	研磨量具、仪表零件及高光洁度表面
	单晶刚玉	GD	淡黄色	硬度和韧性比 GB 高	研磨不锈钢、高速钢等强度高、韧性好的材料
碳化物系	黑碳化硅	TH	黑色有光泽	硬度比刚玉高,脆而锋利,导热性和导电性良好	研磨铸铁、黄铜、铝等耐火材料及非金属材料
	绿碳化硅	TL	绿色	硬度和脆性比 TH 高,具有良好的导热性和导电性	研磨硬质合金、硬铬、宝石、陶瓷、玻璃等材料
	碳化硼	TP	灰黑色	硬度仅次于金刚石,耐磨性好	精研磨和抛光硬质合金、人造宝石等硬质材料
金刚石系	人造金刚石 (天然金刚石)	JB (JT)	灰色至黄白色	硬度高的研磨剂 (天然金刚石价格昂贵)	粗、精研磨硬质合金,人造宝石,半导体等高硬度脆性材料
其他	氧化铁	—	暗红色	比氧化铬软	精研磨或抛光钢、铁、玻璃等材料
	氧化铬	—	深绿色	较硬	

磨料的粒度差异较大，其粒度的选择主要根据型腔的表面粗糙度情况以及质量要求而定。粗研磨时用较大粒度，精研磨时用较小粒度。磨料的粒度按其颗粒大小分为磨粒、磨粉和微粉。不同粒度的磨料研磨抛光时可达到不同的表面粗糙度。

材料的选用要取决于被研磨工件表面粗糙度、标准公差和研磨余量的大小。研磨操作在选用磨料时，可以参考表 4-7。

表 4-7 磨料粒度及其应用

磨料粒度	能达到的表面粗糙度 $Ra/\mu m$	应用
F280 ~ F800	0.4 ~ 0.05	一般研磨
F1000 以下	0.05 ~ 0.006	精研磨和抛光

2）研磨剂的配制与作用。研磨剂是由研磨液（膏）与磨料配制而成的。在研磨过程中研磨剂起到三个作用：第一，使磨料分布均匀；第二，能起到润滑作用；第三，能在工件表面形成一层薄薄的氧化膜。研磨剂中常用的研磨液有：全损耗系统用油、煤油、猪油和水。如果在其中掺入适量的石蜡、蜂蜡、油酸、脂肪酸和工业甘油等，其研磨效果更佳。如要配成研磨膏，可适当再添加些粘合剂。在生产中对研磨剂的配制和应用可参考表 4-8。

表 4-8　研磨剂

常用研磨液(膏)	配　　制	用　　途
机油	机油、煤油的混合比 1:3	可适用于精密研磨
煤油	—	适用于快速和粗研磨
猪油	猪油与磨料调成糊状后,再将煤油以 30:1 进行均匀调和	用于高精密研磨
水	—	用于玻璃、水晶的研磨

3）研磨膏。研磨膏是在研磨粉中添加粘结剂、润滑剂调制而成的。通常添加剂有硬脂酸、石蜡、动物脂肪、凡士林、油酸等。研磨抛光膏为粘稠的膏状物，所含磨料较多。它又分硬磨料研磨抛光膏和软磨料研磨抛光膏。前者的磨料中含有氧化铝、碳化硅、碳化硼和金刚石等，其硬度较硬；后者的磨料中多为氧化铝、氧化铁和氧化铬等，其硬度稍软。

选择禁忌：在使用研磨剂（膏）时，一定要分清应用的场合，禁忌粗研磨的研磨剂（膏）与精研磨的研磨剂（膏）混用。

104. 研磨质量问题的弊病有哪些？研磨要注意哪些问题？

出现研磨质量问题的弊病及原因，见表 4-9。

表 4-9　研磨操作时常见的弊病及原因

研磨时的弊病	原　　因
被研磨的表面粗糙度太高	磨料太粗;研磨液选用不当;研磨剂涂抹得过厚或不均匀;研磨时有不清洁的杂物混入
研磨后平面出现凸形	研磨压力过大;研磨时轨迹没有错开;研磨剂涂得过厚,当被挤出后又没有及时擦去;研磨平板选用不当
工件的口部呈椭圆状,圆柱有锥度	研磨时研磨工具没有及时地更换和经常调头;被研磨的工件材质硬度不均匀或原加工的质量较差;研磨工具本身质量较差
研磨后工件的口部尺寸扩大	研磨剂在研磨过程中被挤到孔边未被及时擦去;研磨棒伸出孔口太长;研磨剂涂抹得不均匀;研磨棒与孔径间隙太大,研磨时产生径向摆动;工件的内孔或研磨棒有锥度

在进行工艺操作时要注意以下几点问题：

1）研抛的主要目的是提高被加工表面的精度和光泽度，因此，研抛时至少要除去其表面的加工痕迹和变质层。

2）在研磨的各个工序中，磨料的粒度应从粗到细，每道工序完成后，应将工具和模具零件彻底清洗干净，以免较粗磨料进入下道工序。

3）在研磨抛光时，不宜对工件实施过大的压力或研磨速度过快，而且研磨运动的范围也不能仅仅局限于一个较小的范围，以防止工件因压力过大，温度过高而产生变形，使磨具引起损坏。研磨操作的方法是一种用于精加工的慢工细活，所以这种操作的加工速度（当进行手工研磨时，速度一般为 20～40mm/min）和加工效果就是加工者十分关注的问题。在研磨操作时能灵活地运用研磨压力和研磨速度就是操作的关键。表 4-10 是根据大量实践经验总结出的一些研磨操作压力、速度、效率与效果的关系，在研磨的操作过程中可供参考。

表 4-10　研磨操作的压力、速度、效率与效果的关系

研磨要素	适用范围		效率与效果	
压力	粗加工	0.1～0.2MPa	正常	效率与压力成正比
	精加工	0.05～0.1MPa	太大	可能将研磨剂的颗粒压碎，研磨效率降低
	一般	0.05～0.3MPa		
速度	粗加工	10～15m/min	正常	效率与压力成正比
	精加工	<30m/min	太大	产生热量引起退火，由于热膨胀难控制尺寸
	一般	40～100m/min		

4）在研磨操作中，一般应先用较高的压力和较低的速度进行粗研磨，然后再用较低的压力和较高速度进行精研磨。由于被研磨的工件几何尺寸、材质和热处理后表面硬度情况均不相同，因此采用的研具和研磨剂也会各有不同，所以操作者就不宜机械地采用某种压力或研磨速度进行操作，而应边操作边总结经验。

5）使用研磨膏时，双手必须清洁，抛光时间不能过长，防止模具表面出现橘皮和点蚀现象。

6）被加工表面上的研磨运动轨迹有多种，如直线形、正弦曲线形、摆线形、椭圆形、螺旋形、“8”字形、仿“8”字形，如图 4-35 所示。用何种轨迹要根据被加工表面的大小和形状来定。磨料在被加工表面上的运动轨迹，要使各部位能均匀得到研磨，不要重复。

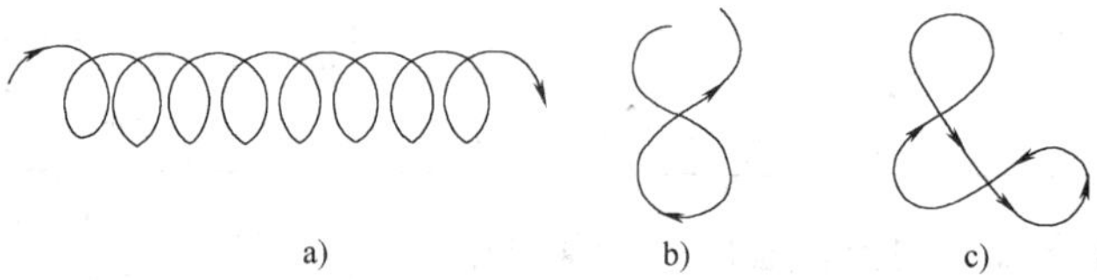

a)　　b)　　c)

图 4-35　手工研磨运动轨迹

a）螺旋形　b）“8”字形　c）仿“8”字形

7）要求表面平整度、光滑度以及几何精确度达到要求。表面抛光一般要求获得光亮即可，但对镜面加工的标准分为四级，A0：*Ra*0.008μm；A1：*Ra*0.016μm；A2：*Ra*0.024μm；A3：*Ra*0.032μm；A4：*Ra*0.063μm（表面粗糙度评定方法为三种，*Ra* 是第一种表面粗糙度判断方法，是指轮廓算术平均偏差）。

105. 抛光质量问题的弊病有哪些？抛光要注意哪些问题？

（1）抛光质量问题的弊病

1）型腔表面内孔的口部有塌角、混角或碰伤，研磨后内孔的孔口扩大（俗称喇叭口）。

2）模具表面的平整度差，出现凹痕或高低不平面、波痕面。

3）线条、圆弧面、轮廓线清晰度不好。

4）表面出现橘皮和点蚀现象。

5）抛光方向与脱模方向不一致。

6）表面粗糙度达不到要求。

（2）进行工艺操作时要注意的问题

1）当换用不同型号的砂纸时，抛光方向应变换45°~90°，在换不同型号砂纸之前，必须用100%纯棉棒蘸取酒精之类的清洁液对抛光表面进行仔细的擦拭。从砂纸抛光换成研磨膏抛光时，过程十分重要，必须把颗粒和煤油清洗干净才可继续抛光。

2）为了避免擦伤和烧伤模具表面，在用1200目和1500目砂纸进行抛光时，必须轻负荷并在两个不同方向进行抛光，每次转45°~90°方向。

3）要根据被加工表面形状的特点选择合适的抛光工具和研磨膏，再确定各部位抛光顺序。用砂纸抛光需要用软的木棒或竹棒，在抛光球面、弧面时，使用的软木棒与模具表面形状应吻合。

模具表面必须保持清洁，并按粒度规格分开贮放在煤油内，在使用之前应将所有的堵塞物除去。金刚砂抛光应当先用30~60μm的研磨膏后，再用8~22μm的研磨膏，最后用4~8μm的研磨膏进行抛光。金刚砂抛光压力要轻，以免产生焦烧作用。要记住，抛光是由细粒磨料或金刚砂粒的切削刃完成的，因此，必须用轻微的压力使它们擦过金属表面，以便产生微量的切削。否则它们就会嵌入金属内，引起麻坑。若麻坑不断发展，就必须在退火温度以下100°F[⊖]的温度下消除钢的内应力。然后重新用油石打磨抛光。

4）抛光模具的表面形状不能有棱角、圆角、平面、直线等形状改变。

5）抛光时容易引起棱边塌角，因此在操作时必须十分注意。

6）抛光后的模具一旦发现表面有点蚀、裂痕、焊疤、麻点等情况，应立即停止抛光工作并向质量部门反映。

7）对成形部分进行抛光时，与模具表面的接触面积尽量大些，以防止局部出现凹凸现象。

⊖ $t=\frac{5}{9}(\theta-32)$，t表示摄氏温度，θ表示华氏温度，下同。

8）如果有较深的伤痕时，不能在局部位置进行抛光。否则会使局部位置出现凹坑。

9）对容易抛光的部位和不容易抛光的部位都需注意均匀地进行抛光。

10）应选择灰尘少的场所进行抛光作业，特别是进行镜面抛光时，应在完全防尘的条件下操作。

11）用金刚砂研磨膏等进行抛光时，通过抛光所形成的尺寸减小量应在0.01mm左右。

12）抛光方向应与开模方向一致，不应妨碍脱模。

第五章　浇注系统设计、无流道设计、气体辅助注射

106. 浇注系统的作用是什么？浇注系统由哪几部分组成？

（1）浇注系统的作用

注射模的浇注系统是指模具中从注射机喷嘴开始到型腔入口为止的塑料熔体的流动通道。它的作用是将塑料熔体顺利地充满型腔的各个部位，并在填充及保压过程中，将注射压力传到型腔的各个位置，以获得组织致密、外形清晰、尺寸稳定、内在质量优良的塑件。

（2）浇注系统由四部分组成（见图5-1）

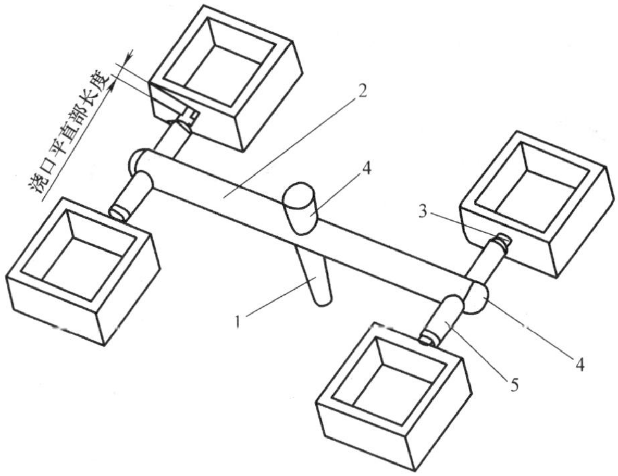

图5-1　浇注系统的组成

1—主流道　2—分流道　3—浇口　4—冷料穴　5—次分流道

1）主流道。主流道（也叫进料口）是指从注射机的喷嘴与模具接触的部位开始到分流道为止的一段流道。它与注射机喷嘴在同一轴线上，熔体在主流道中不改变流动方向。主流道是熔融塑料最先经过的流道，所以它的大小直接影响到熔体的流动速度和充模时间。

2）分流道。分流道是主流道与型腔进料口（浇口）之间的一段流道。它是熔体由主流道流入型腔的过渡段通道（次分流道），也是使浇注系统的截面变化和熔体流动转向的过渡通道。

3）浇口。浇口是塑料流进入型腔最狭窄的部分，也是浇注系统中最短的一段。浇口尺寸狭小且短，目的是使由分流道流进的熔体产生加速，形成理想的流

动状态从而充满型腔，便于注射成型后的塑件与浇口分离。

4）冷料穴。在每个注射成型周期开始时，最前端的塑料接触低温模具后会降温变硬，被称为冷料。为了防止在下一次注射成型时，将冷料带进型腔而影响塑件质量，一般在主流道或分流道的末端设置冷料穴，以储藏冷料使熔体顺利地充满型腔。

107. 为什么浇注系统是注射模具设计的关键问题？浇注系统的设计原则有哪些？

（1）浇注系统设计是注射模具关键的问题

浇注系统可分为普通（冷流道）浇注系统和无流道凝料浇注系统两大类，设计前首先要对塑件所采用的塑料品种，制品的几何形状、尺寸，使用的机床设备，注射时可能产生的缺陷及填充条件，模具的分型面选择等作全面的分析。

塑料模的浇注系统对一副模具的质量起着决定性作用。浇注系统向型腔中的传质、传热、传压情况决定着塑件的内在和外表质量，影响着成型的难易程度、成型效率和模具设计及加工的复杂程度。浇注系统设计的好坏是影响塑件生产的一个关键问题。

（2）设计浇注系统的基本原则

1）根据塑料的工艺特性合理设计浇注系统，正确选择浇口形式、数量和位置，使熔体在相同的压力和温度下迅速均衡地充模。

2）尽量缩短料道的流程，减少凝料用量，以降低熔体压力损失和减少热量损失，缩短成型周期，提高成型效率。

3）浇口开设位置和尺寸应确保浇口修整、去除方便，料道凝料脱出方便可靠；应考虑熔接痕位置，不影响塑件强度；防止塑件变形、翘曲等缺陷影响到塑件的美观和使用。

4）排气良好。浇注系统应能顺利地引导熔体充满型腔，使型腔内的气体能顺利地排出。

5）避免料流直冲型芯或嵌件，以防型芯产生弯曲或折断和嵌件变形和位移。

6）浇注系统在分型面上的投影面积应尽量小，以减小锁模力。

7）浇注系统的位置尽量与模具的轴线对称，应尽可能使主流道与模板中心重合。

108. 如何设计浇注系统的主流道？直浇口有什么优缺点？

主流道又称直浇口，是熔料直接进入模腔最先经过的部分，是连接喷嘴与模具型腔的桥梁。如图 5-2 所示。它适用于采用直接浇口的模具（单型腔模具）、成型深型腔的壳体形或箱形塑件，不宜用于成型平薄或容易变形的塑件。

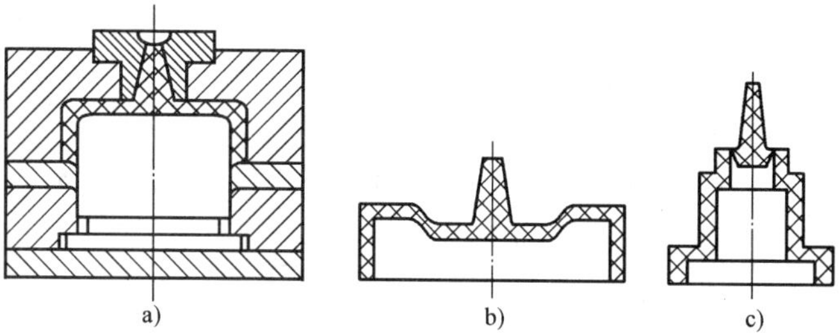

图 5-2　直浇口

（1）主流道（直浇口）设计要求

在成型过程中，注射机喷嘴与模具浇口反复接触、分离。为保证喷嘴与主流道口的吻合，提高模具使用寿命，应设置主流道衬套。设计主流道衬套应考虑下列因素：

1）主流道衬套进料口的直径 d，应比注射机喷嘴直径大 0.5 ~ 1.0mm，主流道衬套与喷嘴接触处的球半径 R 应大于喷嘴头球半径 1 ~ 2mm，以确保接触，防止溢料，便于冷料顺利脱出，见图 5-3。穿过两块模板的主流道设计，如图5-4所示。

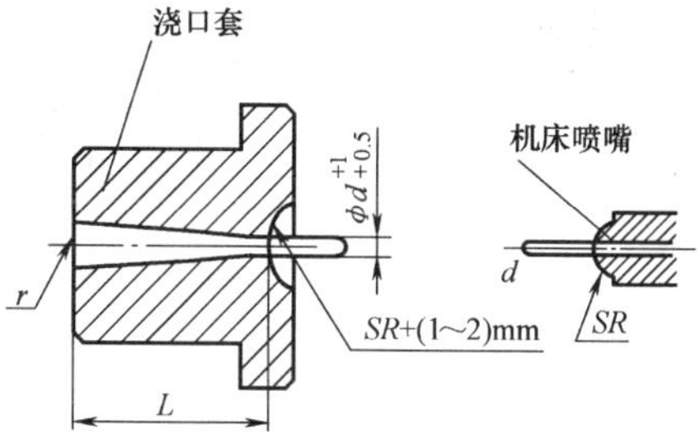

图 5-3　主流道形状

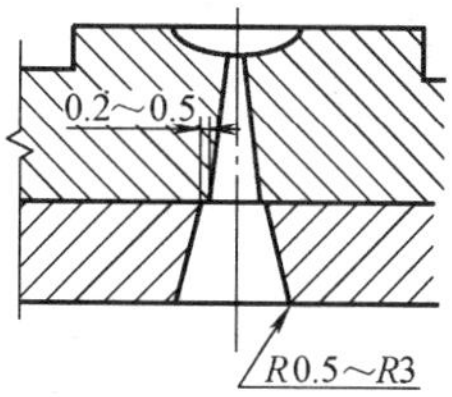

图 5-4　穿过两块模板的主流道

2）主流道长度 L 取 50 ~ 60mm 最佳（ABS 材料最好不要超出 80mm），主流道最短为 20mm，当塑件材料为 HCPP 时，可以为 6in（152.4mm）。

3）主流道呈圆锥形，锥度 α 一般为 1° ~ 3°，内壁表面粗糙度 Ra0.8μm。

4）主流道出口处应倒圆角（γ），改善熔料流动状态；分流道至浇口头部要圆滑过渡。

5）主流道的截面形状一般是圆形，便于机械加工。

6）根据成型制品的重量确定流道最小口径，可按表 5-1 选用。

（2）直浇口的优缺点

1）优点是塑料流程短、进料快、流动阻力小、传递压力好、压补缩作用强，有利于排气和消除熔接痕。浇注系统耗料少，模具结构简单而紧凑。

表 5-1　主流道口径推荐值　　　　（单位：mm）

注射机注射量	10g		30g		60g		125g		250g		500g		1000g	
进出端值	*d*	*D*	*d*	*D*	*d*	*D*	*d*	*D*	*d*	*D*	*d*	*D*	*d*	*D*
聚乙烯苯乙烯	3	4.5	3.5	5	4.5	6	4.5	6	4.5	6.5	5.5	7.5	5.5	8.5
ABS. AS	3	4.5	3.5	5	4.5	6	4.5	6.5	4.5	7	5.5	8	5.5	8.5
聚碳酸酯	3.5	5	4	5.5	5	6.5	5	7	5	7.5	6	8.5	6	9

2）缺点是去除浇口不便，塑件上有明显的浇口痕迹，浇口部位热量集中，型腔封口迟、内应力大、易产生气孔、缩孔等缺陷。

109. 浇口套怎样设计？有哪些特殊浇口套形式？三板模的浇口套结构要求怎样？

（1）标准浇口套尺寸（见表 5-2）

表 5-2　标准浇口套尺寸

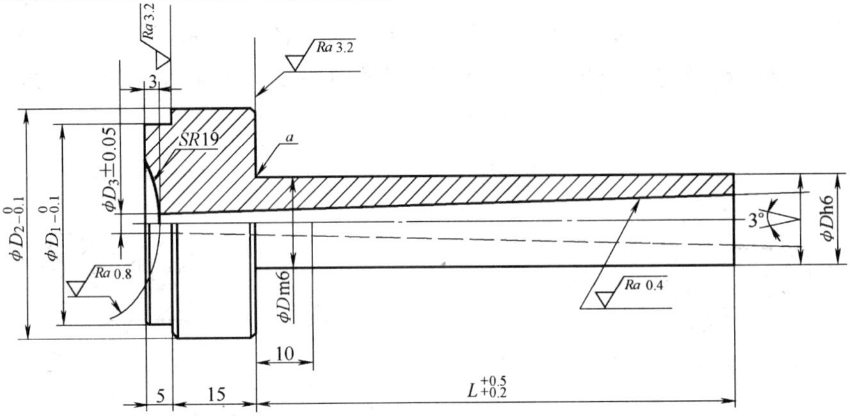

D	D_1	D_2	D_3	*L*		
				50	80	100
12	35	40	2.8	×		
16			2.8	×	×	
20			3.2	×	×	×
25			4.2	×	×	×

注：1. 材料由制造者选定，推荐采用 45 钢。

2. *a* 表示可选砂轮越程槽或半径为 0.5 ~ 1mm 的圆角

3. 其余应符合 GB/T 4170—2006 的规定。

1）未注表面粗糙度 $Ra = 6.3\mu m$；未注倒角 *C*1。

2）局部热处理，半径 *SR* 为 19mm，球面硬度 38 ~ 45HRC。

3）标记示例：直径 *D* = 12mm、长度 *L* = 50mm 的浇口套，标注为浇口套 12 × 50 GB/T 4169.19—2006

（2）浇口套形式、浇口套尺寸和应用实例

1）主流道衬套的结构形式有两种类型，如图 5-5 所示。具体尺寸见表 5-3。

2）带定位凸台的主流道衬套，其定位凸台尺寸根据所用注射机定模板上的定位圈直径而定，其配合为间隙配合。主流道衬套 *D* 与模板配合 H7/m6。防止注射、保压时因反压力作用松动衬套，必须加主流道衬套压圈或用螺钉固定。

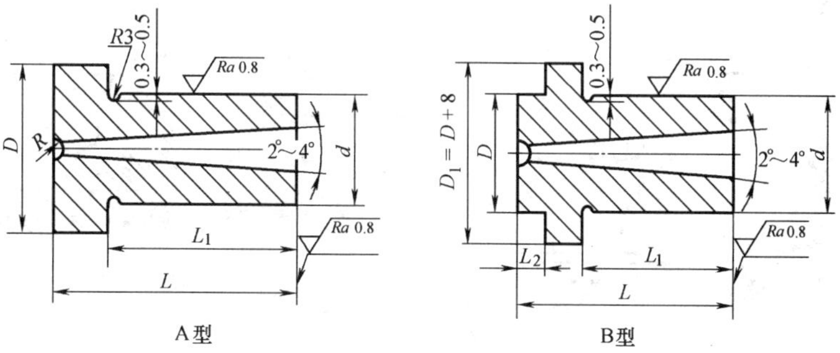

图 5-5　主流道衬套形式

表 5-3　标准型浇口套尺寸

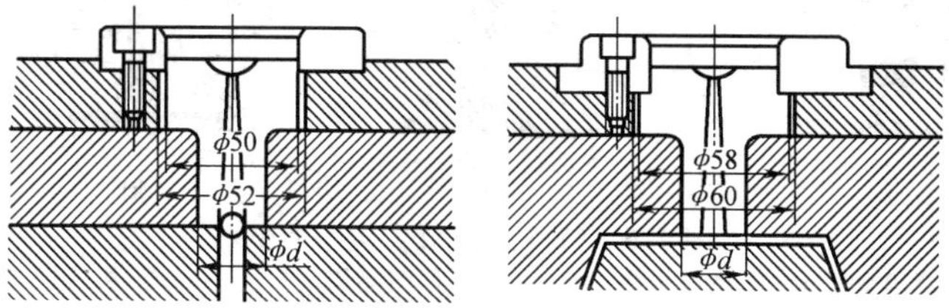

A型			B型		
d		与 *d* 配合的模板孔的极限偏差(H7)	*d*		与 *d* 配合的模板孔的极限偏差(H7)
基本尺寸	极限偏差(j7)		基本尺寸	极限偏差(j7)	
20	+0.013 −0.008	+0.021 0	16	+0.012 −0.006	+0.018 0
25	+0.013 −0.008	+0.021 0	20	+0.013 −0.008	+0.021 0
30	+0.013 −0.008	+0.021 0	25	+0.013 −0.008	+0.021 0
35	+0.015 −0.010	+0.025 0	30	+0.013 −0.008	+0.021 0
40	+0.015 −0.010	+0.025 0	35	+0.015 −0.010	+0.025 0

3）特殊型浇口套应用实例，见图 5-6。

（3）三开模浇口套结构形式

1）浇口套加法兰衬套设计图，如图 5-7 所示。

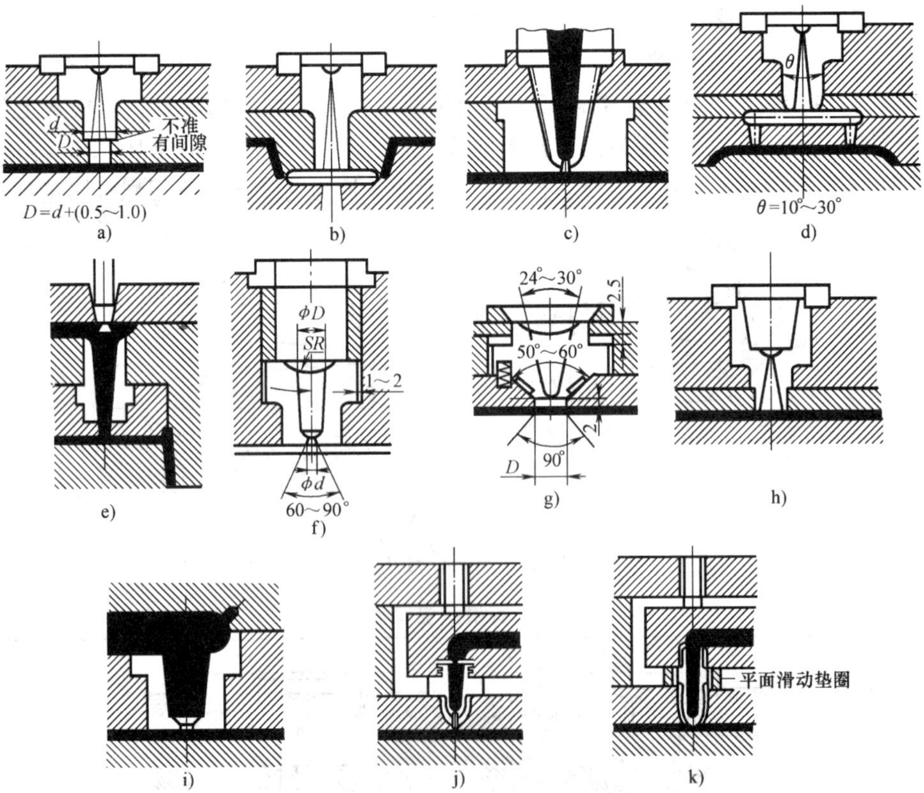

图 5-6　特殊型浇口套应用实例

a）直接浇口用浇口套　b）侧浇口用浇口套　c）延伸喷嘴用浇口套　d）三板式针点浇口用浇口套　e）针点浇口用浇口套　f）采用延伸喷嘴的井式浇口套　g）井式浇口套　h）延伸喷嘴直接浇口用浇口套　i）绝热流道针点浇口用浇口套　j）半绝缘浇口套　k）全绝热浇口套

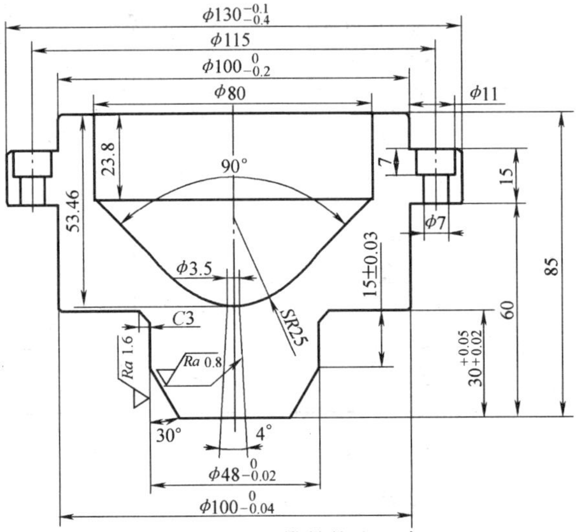

图 5-7　三开模结构浇口套

2）浇口套头部做成一定斜度，上部用定位销防止旋转，此设计在注塑时可使用机械手。

110. 主流道的偏移距离有何规定？

如果主流道偏移距过大，在注射压力较大的情况下，锁模时容易产生让模，分型面处会产生溢边现象。主流道偏移距离规定，如图 5-8 所示。

1）主流道要设置在模具中心，如偏心必须经用户同意。

2）偏心距是模具外形尺寸（A）的 2/3（偏心距 L 最好不超出 25mm）。

3）顶出孔必须与主流道中心位置一致。

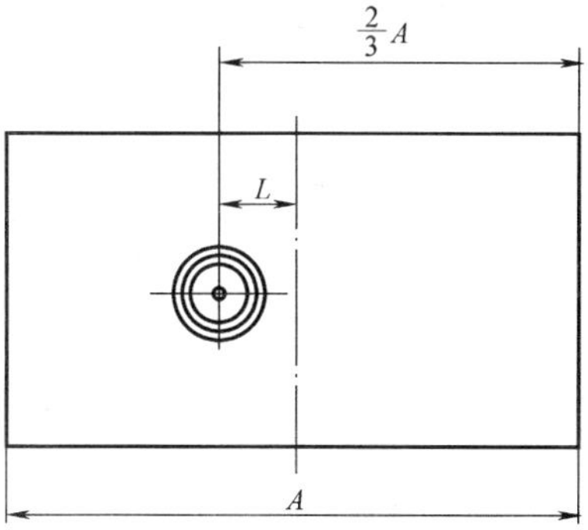

图 5-8　主流道的偏移距离

111. 倾斜主流道有什么要求？

1）倾斜浇口套须用定位销定位，防止旋转。

2）倾斜主流道尺寸、角度规范要求见表 5-4。

表 5-4　倾斜主流道尺寸、角度规范

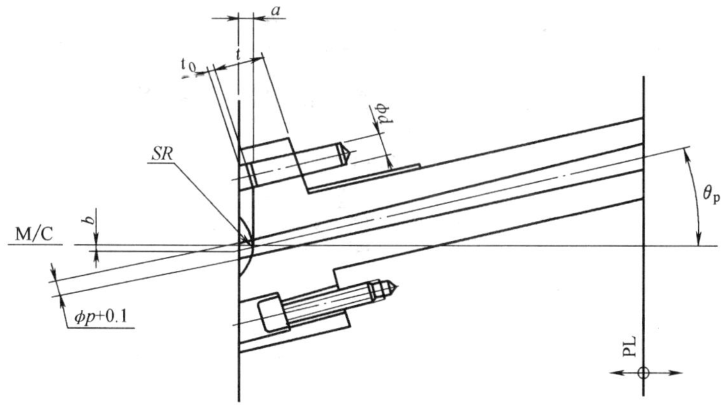

树脂材质	θ_p	$\phi p \pm 0.1$	SR	a	b	t	t_0
PP	30°（最大）	3、3.5、4、4.5、5.5、6、7、8	11、12、13、16、20、21、23	2.5、3.5	$a \cdot \tan\theta$	1.5d（最小）	1.0（最小）
ABS	25°（最大）						

注：ϕd 为定位圈直径，根据浇口套而选用。

112. 主流道冷料穴与拉料杆有哪几种类型？具体要求如何？

各种主流道冷料穴与拉料杆适用类型：

1）倒锥形冷料穴，适用于弹性较好的塑料品种，见图 5-9a（其中 D 为拉料

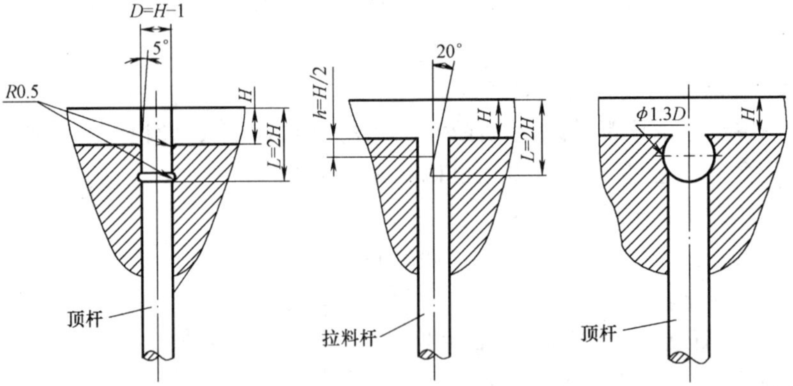

图 5-9 各种冷料穴拉料杆类型

杆直径，*H* 为流道厚度）。

2）Z 形冷料穴拉料杆，见图 5-9b，不适用于制品被顶出的机构，只能应用于定向侧移动制品的模具（顶杆固定板处的台阶，须做转向限位）。

3）球形冷料穴拉料杆，用于推件板脱模，适用于弹性较好的塑料品种，见图 5-9c。

4）圆环槽形冷料穴拉料杆及尺寸，见表 5-5。

表 5-5 圆环槽形冷料穴拉料杆及尺寸

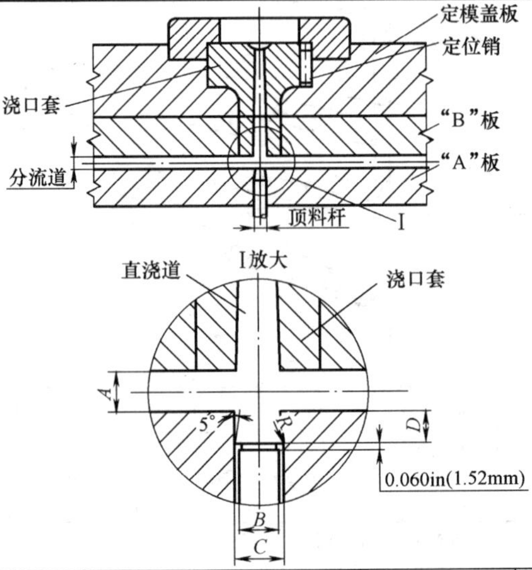

A		*B*		*C*		*D*	
in	mm	in	mm	in	mm	in	mm
0.25	6.35	0.25	6.35	0.315	8.0	0.255	6.47
0.375	9.525	0.375	9.525	0.440	11.17	0.380	9.65

5）主流道拉料杆实用类型，如图 5-10。

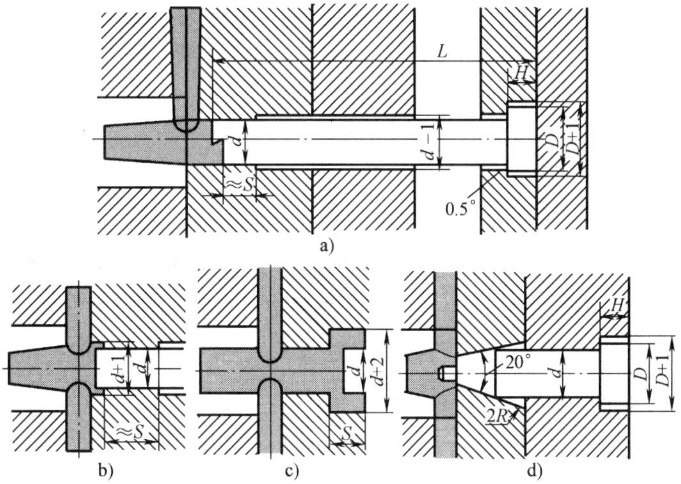

图 5-10　主流道拉料杆实用类型

表 5-6　主流道拉杆尺寸　　（单位：mm）

公称尺寸	*d* 尺寸	*d* 公差	*D*	*H* 尺寸	*H* 公差	公称尺寸	*d* 尺寸	*d* 公差	*D*	*H* 尺寸	*H* 公差
6.0	6.0	−0.02 −0.05	10	6.0	0 −0.01	10.0	10.0	−0.02 −0.05	15	8.0	0 −0.01
8.0	8.0	−0.02 −0.05	13	8.0	0 −0.01	12.0	12.0	−0.02 −0.05	17	8.0	0 −0.01

113. 定模固定板上平面到喷嘴处最深距离的选择？

一般模板与喷嘴要求最深距离最好为 80～101.6mm，如图 5-11 所示。

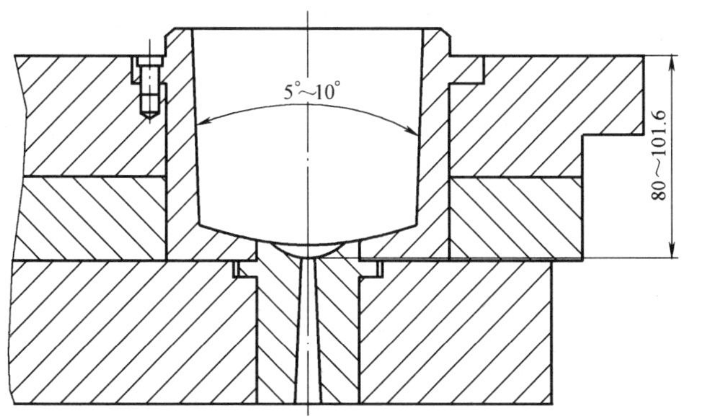

图 5-11　模板与喷嘴最深距离

114. 如何确定各种塑料分流道的截面形状、尺寸？

1）分流道的截面形状、尺寸确定，从节约经济方面考虑，最好使分流道尺寸为较小的值，不仅能减少料量，而且能加速浇口的冻结，减少压力损失。分流道尺寸应与模腔容积、制件壁厚模腔长度和相应的浇口成一定比例。

分流道截面形状、种类，如图 5-12 所示的五种。从效率来说宜采用圆形，但从加工制造要使两者完全吻合来考虑，半圆截面较困难。梯形截面、U 形截面在动模或定模上开设分流道，加工容易，且热量散失和流动阻力也不大。因此常用 U 形或梯形截面。

分流道截面形状面积越大，分流道的比表面积则越小，传热损失越小，压力损失越小，效率 = 截面积/表面积。常用圆形、U 形和梯形三种截面，圆形截面效率为 0.25，梯形截面效率为 0.195，半圆形和矩形截面的分流道比表面积较大，较少采用。各种流道的比表面积见表 5-7。

表 5-7　各种流道的比表面积

流道形式		比表面积
圆形：直径为 d		$0.25d$
正方形：边长为 d		$0.25d$
半圆形：直径为 d		$0.153d$
矩形：边长为 d	$d\times0.5d$	$0.66d$
	$d\times0.25d$	$0.1d$
	$d\times0.167d$	$0.071d$

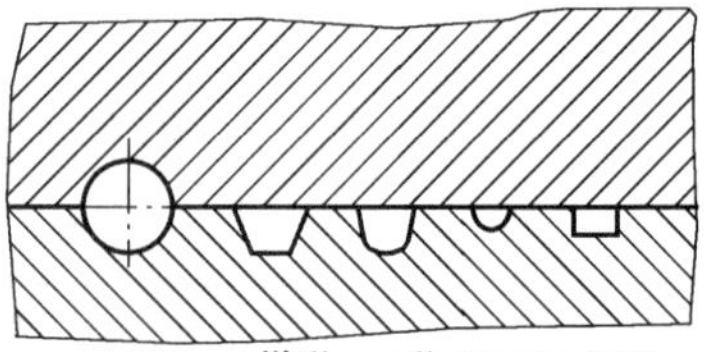

图 5-12　分流道截面形状

2）分流道的截面尺寸。圆形、U 形、梯形截面尺寸选用，见表 5-8、表 5-9、表 5-10。

表 5-8　圆形分流道截面尺寸　（单位：mm）

名义尺寸	4	6	(7)	8	(9)	10	12	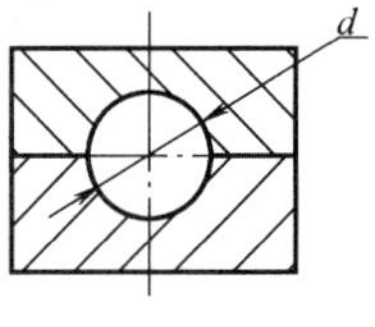
d	4	6	7	8	9	10	12	

表 5-9　U 形分流道截面尺寸　（单位：mm）

公称尺寸	4	6	(7)	8	(9)	10	12	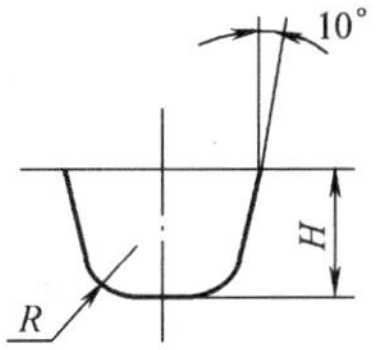
R	2	3	3.5	4	4.5	5	6	
H	4	6	7	8	9	10	12	

表 5-10　梯形分流道尺寸　　（单位：mm）

公称尺寸	4	6	(7)	8	(9)	10	12
W	2	6	7	8	9	10	12
H	3	4	5	5.5	6.0	7	8

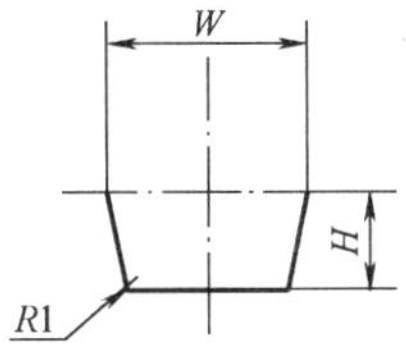

注：1. $H \approx 2/3W$。
　　2. 尽量避免采用括号内的尺寸。

3）根据制品质量、制品投影面积选择分流道尺寸，如表 5-11、表 5-12、表 5-13。

表 5-11　制品质量选择尺寸

尺寸/mm	制品质量/g	尺寸/mm	制品质量/g
4	80	10	450 以上
6	330	12	大型
8	330 以上		

表 5-12　制品投影面积选择尺寸

尺寸/mm	投影面积/mm^2	尺寸/mm	投影面积/mm^2
6	10 以下	8	500
7	50	9	800
(7.5)	200	20	1200

表 5-13　分流道截面形状和尺寸、产品质（重）量、产品投影面积

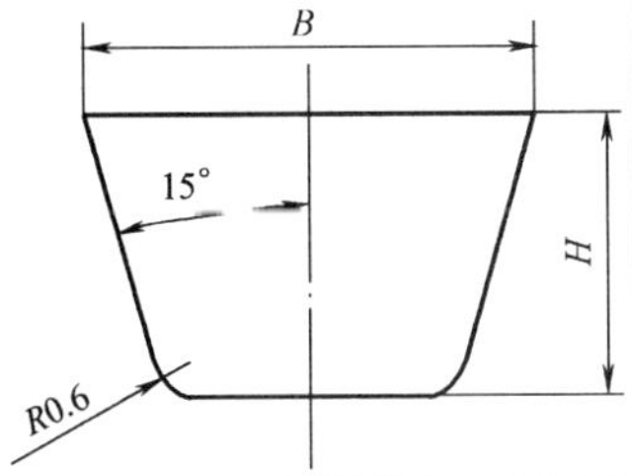

分流道尺寸 *B*/mm	产品质量/g	产品投影面积/mm^2
4	85	700
6	340	1000
8	340 以上	50000
10		120000
12	大型	120000 以上

115. 如何确定分流道直径和料道流程长度?

根据以下不同情况确定分流道直径和长度：

1）分流道直径大小要求合适，长度越短越好，从而使凝料浪费少，压力损失小。

2）米制分流道到浇口的长度见表 5-14。

表 5-14　米制分流道到浇口的长度　　（单位：mm）

塑料流道最细直径 \ 最长流道流程	75	150	255	380
PE/PP/POM/NYLON	1.5	2.3	3.0	4.7
ABS/PS	2.3	2.7	3.0	4.7
Acrylic/PC	3.0	4.0	5.0	6.3

3）英制分流道到浇口的长度尺寸，见表5-15。

表 5-15 英制分流道到浇口的长度尺寸 （单位：in）

塑料材料	长度		
	76.2	152.4	307.8
ABS-GE 6400	6.35	9.52	12.7
ABS-GE 6500	6.35	9.52	12.7
ABS HH-DOW 344	6.35	9.52	12.7
ACETAL-Celcon M90	6.35	9.52	15.87
NYLON 33% GF-70G33	3.175	4.76	6.35
NYLON ST-408	4.76	6.35	9.52
PC-GE 141	9.52	12.7	15.87
PC-GE EM3110	6.35	9.52	12.7
PP-Himont SB891	4.76	6.35	9.52
PPO-NORY1 844	4.76	9.52	12.7
PPO-NORY1 7100	4.76	9.52	12.7
PS-Mobit 5350	3.175	6.35	9.52

4）不同塑件塑料，料道直径与料道流程长度关系和要求表5-16。

表 5-16 塑料种类与流道尺寸关系 （单位：mm）

塑料品种	流道尺寸	塑料品种	流道尺寸
ABS、AS、SAN	4.7～9.5	聚酯树脂	4.7～9.5
聚缩醛	3.2～9.5	聚丙烯	4.7～9.5
丙烯酸酯树脂	7.5～9.5	聚苯醚	6.3～9.5
纤维素树脂	4.7～9.5	聚砜	6.3～9.5
尼龙	1.5～9.5	聚苯乙烯	3.1～9.5
聚碳酸酯	4.7～9.5	聚氨乙烯	3.1～9.5
聚乙烯	1.5～9.5		

116. 三板模分流道的拉料杆有哪些类型？

1）三板模分流道拉料杆的类型、尺寸及应用，如图5-13a～f及表5-17所示，图5-14a、b、c，分别为A型、B型、C型拉料杆。

2）分流道拉料杆的形状、尺寸标准与应用实例见图5-15、图5-16。

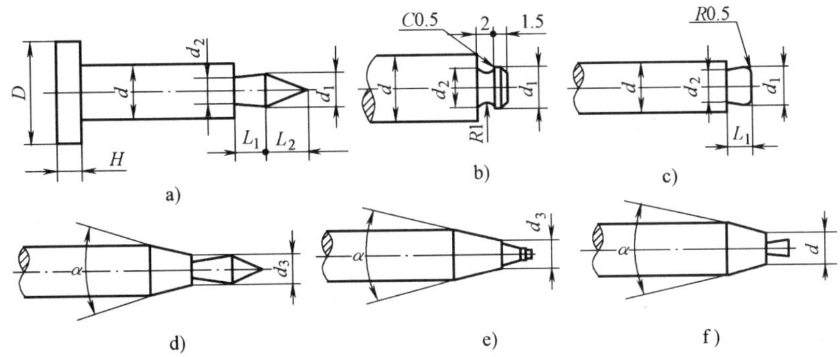

图 5-13　分流道拉料杆的类型

表 5-17　分流道拉料杆尺寸

基本尺寸 d		D	$H_{-0.1}^{\ 0}$	与拉料板配合的型板孔	
尺寸	公差		尺　　寸	d 孔公差	配合长度 L_1
6	−0.015 −0.055	10	4	+0.03 0	10
8		13			15
10	−0.020 −0.070	15	5	+0.035 0	
12		17			20
14		19	6		22

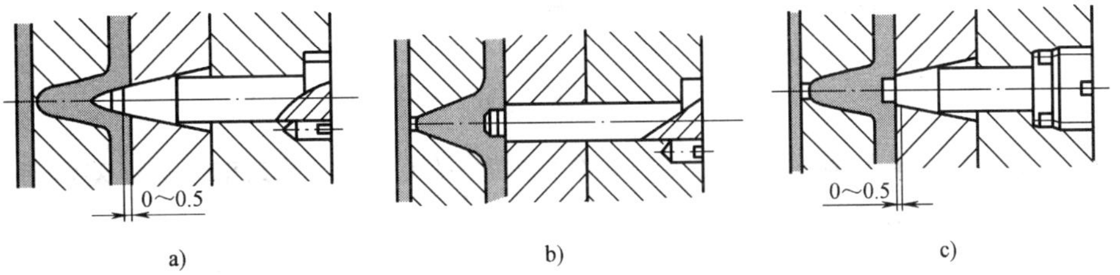

图 5-14　三板模分流道拉料杆的种类

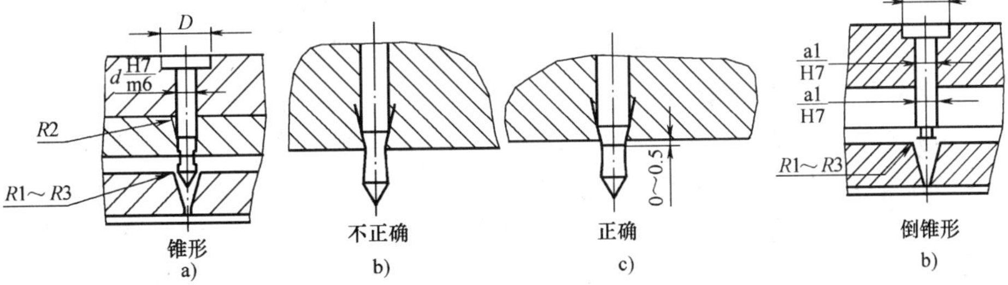

图 5-15　三板模分流道拉料杆应用实例

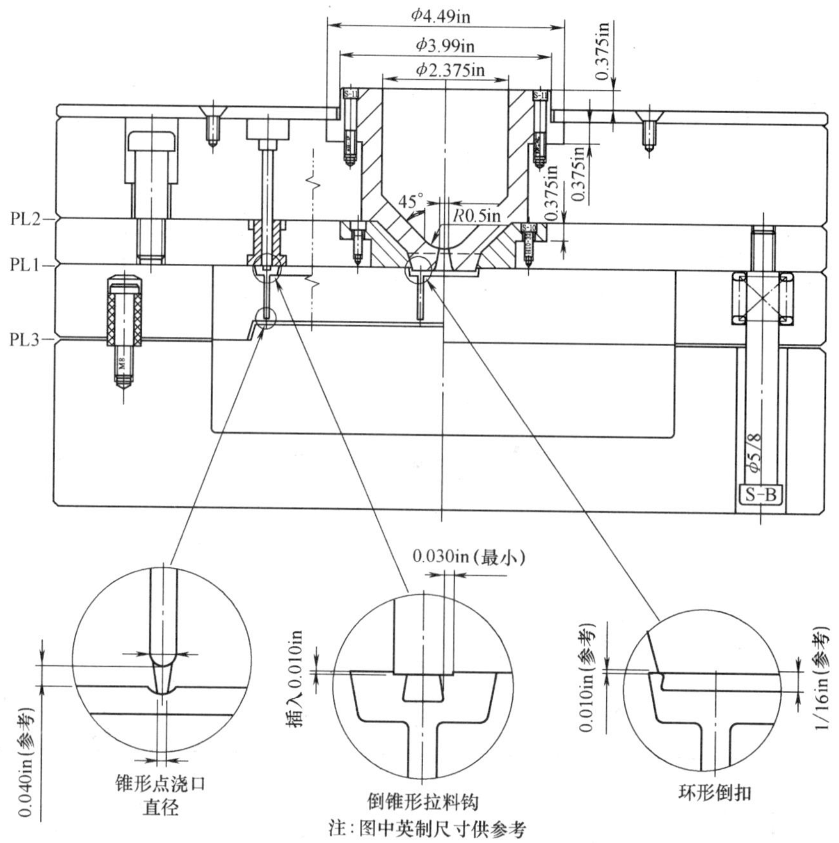

图 5-16 三板模拉料杆应用实例

117. 分流道如何设计？分流道布局形式有哪几种？平衡式的分流道如何布置？

（1）分流道设计基本要点

1）在保证正常的注射成型工艺条件下，分流道与型腔排列要紧凑，以减小模具尺寸和缩短流程，使熔体到达浇口时，温度和压力降低最少。

2）较长的分流道应该在末端开设冷料穴，其作用是容纳注射开始时产生的冷料，使空气进入模具型腔内。开设冷料穴形式如图 5-17 所示。

3）多型腔应尽量采用浇道平衡排布以保证各型腔同时充模，并且所占空间长宽比为最合理的型腔布局。

4）分流道系统表面粗糙度 *Ra* 与模腔的表面粗糙度相同，一般为 *Ra*0.2 ~ 0.4μm。良好的表面粗糙度不仅能降低压力，而且使料道附着力小，便于脱模。

5）分流道可开设在动模或定模，也可以在动模和定模同时开设，一般开设在动模。这主要是根据塑料特性、加工性和模具结构而定。当分流道开设在定模一侧，并且浇口处延伸很长时，要加设分流道拉杆，便于开模时冷料脱模。

6）流道布置力求对称，合理布置，如图 5-18 所示。这对于锁模的可靠性和锁模机构受力的均匀性都有利，而且还可以防止发生溢料现象。如图 5-18a 的流道布置不合理，图 5-18b 流道布置合理。

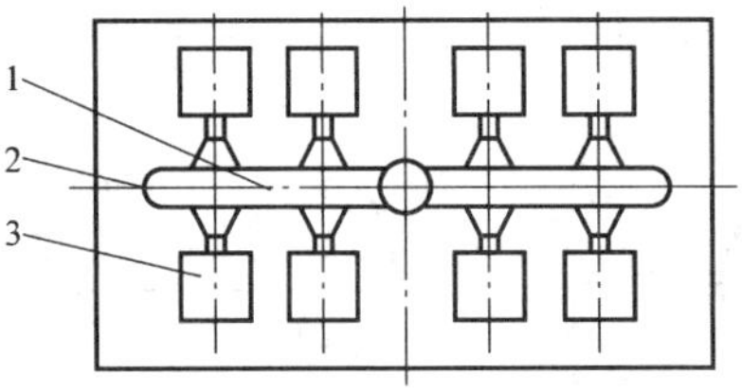

图 5-17　分流道的冷料穴

1—分流道　2—冷料穴　3—塑件

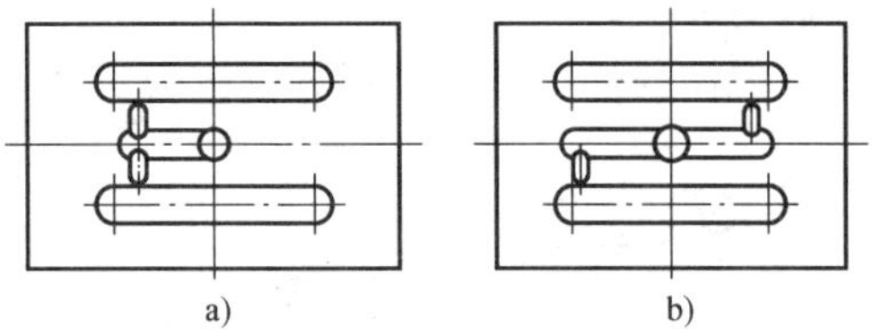

图 5-18　分流道布置形式

7）分流道布置考虑 S 形，可避免喷射。

（2）分流道布局形式分类

分流道的布置取决于型腔的布局，其遵循的原则应是排列紧凑，能缩小模板尺寸，减少流程，锁模力力求平衡。型腔与分流道的布置形式有平衡式和非平衡式两种。

1）平衡式布置。如图 5-19 所示，主要特征是分流道的长度、截面形状和尺寸都相同，各个型腔同时均衡地进料，同时充满型腔，显然，对成型同一种塑件的多型腔模，分流道布局以平衡式为佳。

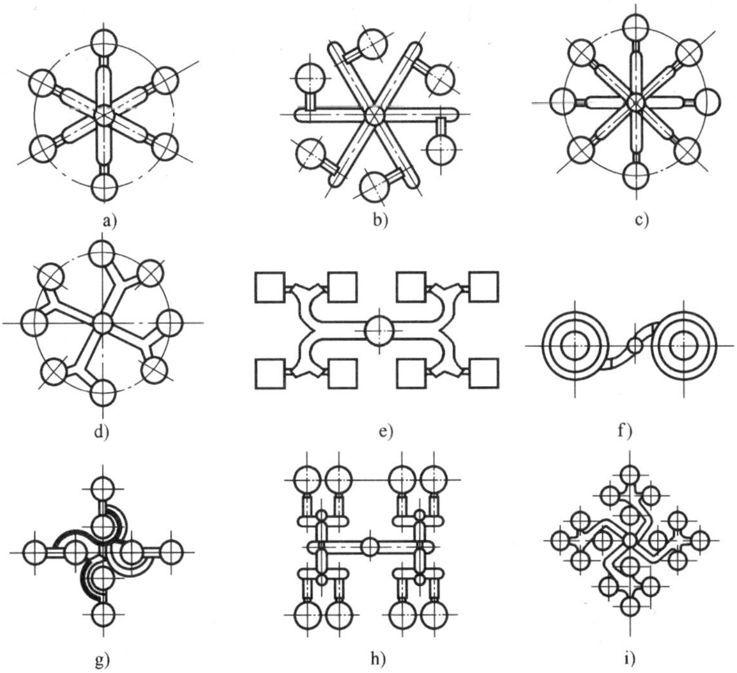

图 5-19　分流道的平衡式合理布置

2）非平衡式布置。如图 5-20、图 5-21 所示，主要特征是分流道截面形状和尺寸相同，但分流道长度不同，成型过程中充满型腔有先后，难以实现均衡进料。当然也可以通过调节各浇口的截面尺寸来实现均衡进料，但这种方法比较麻烦，需要多次试模和修整才能实现，故不适合模塑精度较高的塑件。非平衡式布局的分流道的优点是能缩短分流道的长度。

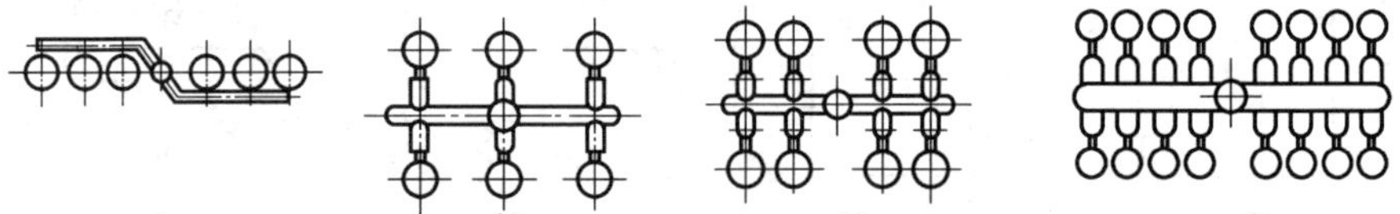

图 5-20　分流道非平衡布置形式

（3）浇口平衡法

如果不能获得平衡的流道系统，也可采用下述几种浇口平衡法，以达到这一目标，这种方法适用于多型腔注射模具。一种情况是改变浇口料道的长度，改变浇口的横截面积。在另一种情况下，即模穴有不同的投影面积时，浇口也需要平衡，这时就要决定浇口的大小，就要先将一个浇口尺寸定出，求出它与对应的模穴相互的体积比率，并且把这个比率应用到其浇口与各对应模穴的比较上，便可相继求出各个浇口尺寸，经过实际标注后，便可完成各型腔的浇口平衡。

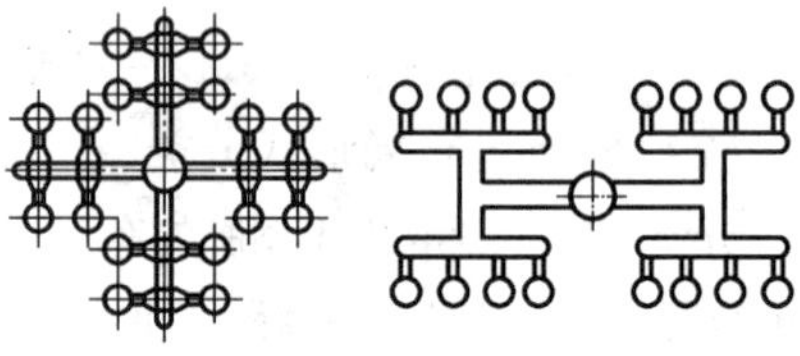

图 5-21　对称布置

（4）分流道结构要求

1）分流道要求每个型腔的流动距离，塑件体积，型腔压力一致。

2）每个分流道的末端要开设排气孔。

3）每个分流道的分支交叉点需圆滑过渡，不允许尖角存在。

4）料道截面是圆形的，各个流道的尺寸分配 D_1、D_2、D_3、D_4、D_5，见图 5-22。

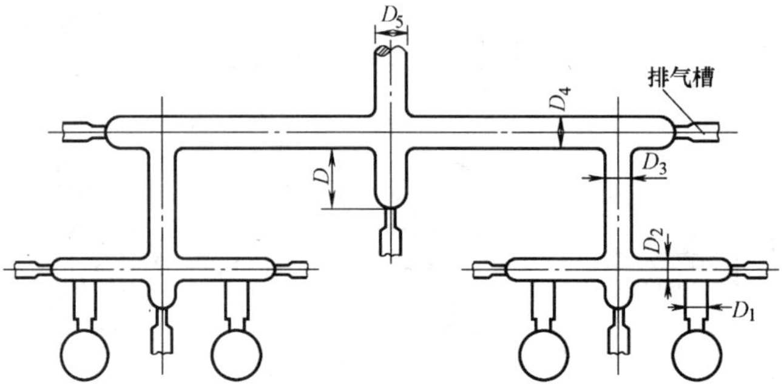

图 5-22　各流道尺寸分配

D_1 = 参考尺寸　$D_2 = D_1 \times 1.2$　$D_3 = D_2 \times 1.4$　$D_4 = D_5 = D_3 \times 1.2$

（5）分流道直径和长度

1）不同塑件塑料，流道直径与流程的关系见表 5-14。

2）分流道直径要求大小合适，长度越短越好，凝料浪费少。

118. 各种分流道与浇口连接的方式有什么要求？

分流道浇口的连接方式应加工成斜面圆弧过渡，有利于塑件熔体的流动及填充，如图 5-23 所示。

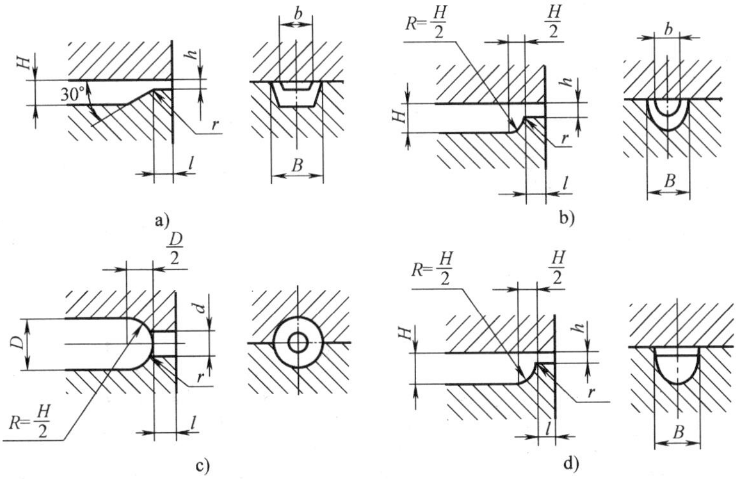

图 5-23　分流道与浇口连接的方式

a）梯形分流道，梯形浇口　b）U 形分流道，U 形浇口

c）圆形分流道，圆形浇口　d）U 形分流道，矩形浇口

119. 如何选择浇口位置？

浇口的开设位置对塑件的质量影响很大，因此十分重要。浇口开设位置要根据制品的几何形状和要求设置。浇口位置设置最好用 CAE 流道分析熔体在流道和型腔中的流动状态、填充、补缩、排气情况，并分析及其注射压力、温度、翘曲变形、熔接痕情况。在如何选择浇口应用时，可能会产生矛盾，要根据实际情况和经验全面考虑、灵活处理。

（1）浇口设置应遵循以下原则

1）浇口设置应注意要使进入模腔或动模芯的塑料折流流入，不会产生喷射现象。

有时熔体直接从型腔一端喷到另一端、造成折叠，会产生喷射和蠕动（蛇形流）等熔体破裂现象，使塑件形成波纹状痕迹，如图 5-24 所示。此外，喷射还会使型腔内气体难以排出，形成气泡，克服上述缺陷的办法是，采用冲击型浇口，或者浇口位置设在正对型腔壁或粗大型芯的方位，如图 5-25 所示，使高速料流直接冲击型腔和型芯壁上，从而使料流平稳地充满型腔，避免熔体断裂的现象，以保证塑件质量。

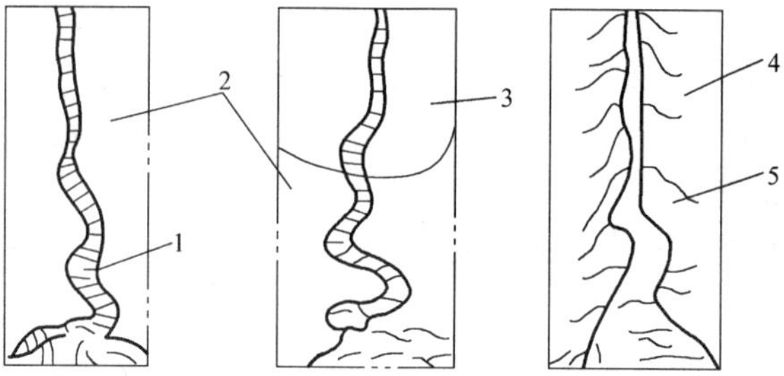

图 5-24　喷射造成塑件的缺陷

1—喷射流　2—未填充部分　3—填充部分　4—填充完成　5—缺陷

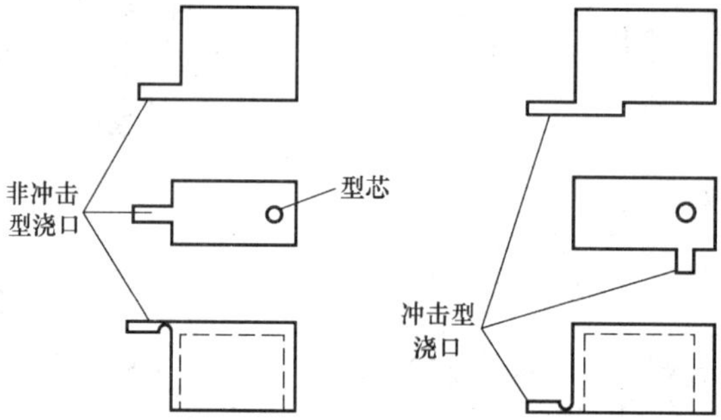

图 5-25　非冲击型浇口与冲击型浇口

2）浇口位置应开设在塑件最厚的部位，且在流道中间位置，以利于熔体流动、型腔的排气和补缩，避免塑件产生缩孔或表面凹陷、缩痕。

如图 5-26a 所示浇口位置，塑件厚薄不均匀，由于收缩时得不到补料，塑件会出现凹痕；图 5-26b 的浇口位置选在厚壁处，可以克服凹痕的缺陷；图 5-26c 为直接浇口，可以大大改善熔体充模条件，补缩作用大，但去除浇口凝料比较困难。如果塑件上设有加强肋，浇口的位置应设在使熔体顺着加强肋开设的方向，以改变熔体流动条件，如图 5-26d 所示。

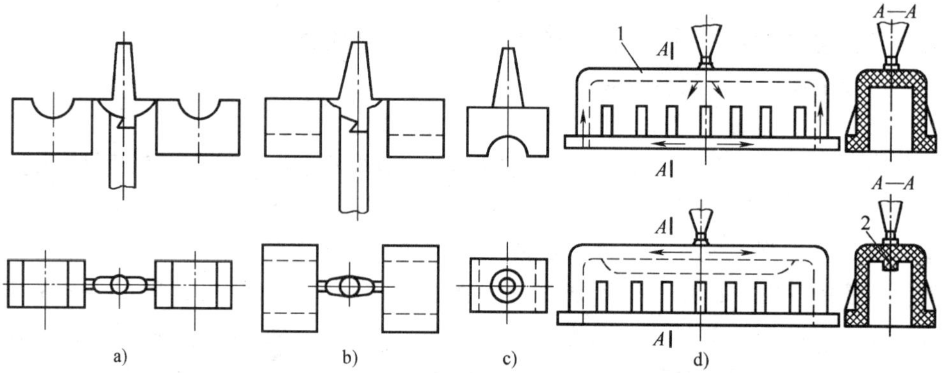

图 5-26　浇口位置对塑料熔体流动及塑件收缩的影响

1—气囊　2—长肋

3）浇口应设置在尽量能使流动比在允许范围内、使型腔的各个角落能同时充满、使塑料注入型腔时压力能平衡、使塑料能在最佳温度下熔合。多型腔的模具要选用对称位置的浇口。

流程比越大，充填型腔越困难。在保证型腔得到良好填充的前提下，应使熔体流程最短，流向变化最少，以减少能量的损失。如图 5-27b 所示的浇口位置，其流程（L_5）长、流向变化多、充模条件差，且不利于排气，往往造成制品顶部缺料或产生气泡等缺陷。对这类制品，一般采用中心进料为宜，可缩短流程，有利于排气，避免产生熔接痕，图 5-27a 为直接浇口，流程（L_2）短，可克服以上可能产生的缺陷。

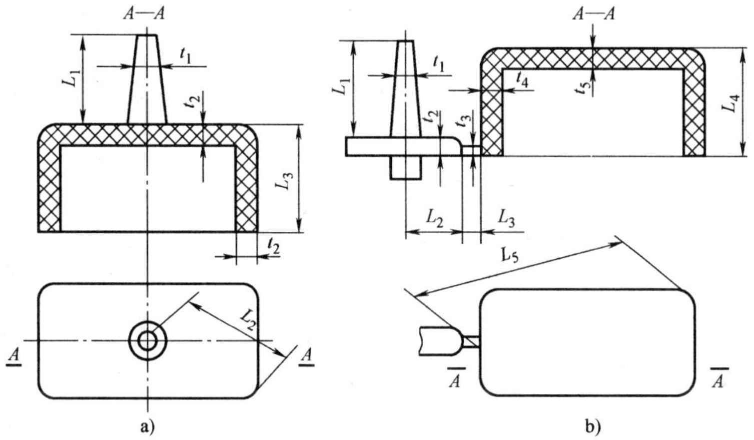

图 5-27　流动比示例

设计浇口位置时，为保证熔体完全充型，因而流动比不能太大，实际流动比应小于许用流动比。而许用流动比是随着塑料性质、成型温度、压力、浇口种类等因素而变化的，表 5-18，为常用塑料流动比允许值，供设计时参考，如果发现流动比大于允许值，需改变浇口位置或增加制品的壁厚。或采用多浇口进料等方式来减少流动比。

表 5-18　常用塑料的流动比允许值

塑料名称	注塑压力/MPa	流动比	塑料名称	注塑压力/MPa	流动比
聚乙烯	150	250～280	硬聚氯乙烯	130	130～170
	60	100～140		90	100～140
	120	280		70	70～140
聚丙烯	70	200～240	软聚氯乙烯	90	100～280
聚苯乙烯	90	280～300		70	100～240
聚酰胺	90	200～360	聚碳酸酯	130	120～180
聚甲醛	100	110～210		90	90～130

4）浇口应设置在有利于排除型腔中的气体的位置。如图 5-28 所示，这是一个盒形塑件，侧壁厚度大于顶部。如按图 5-28a 所示设置浇口位置，在进料时，熔体沿侧壁流速比顶部的快，因而侧壁很快被充满，而顶部形成封闭的气腔，在顶部留下明显的熔接痕或烧焦的痕迹。如果从排气角度出发，改用图 5-28b 所示的中心浇口，使顶部最快充满，最后充满的部位在分型面处。若不允许中心进料，但仍采用侧浇口时，应使顶部厚度增大或使侧壁厚度减小，如图 5-28c 所示，使料流末端位于浇口对面的分型面处，以利于排气。另外，也可在空气汇集处镶入多孔的粉末冶金材料，利用微孔的透气作用排气，或在顶部开设排气结构，如利用配合间隙排气或采用组合式型腔，效果都很好。

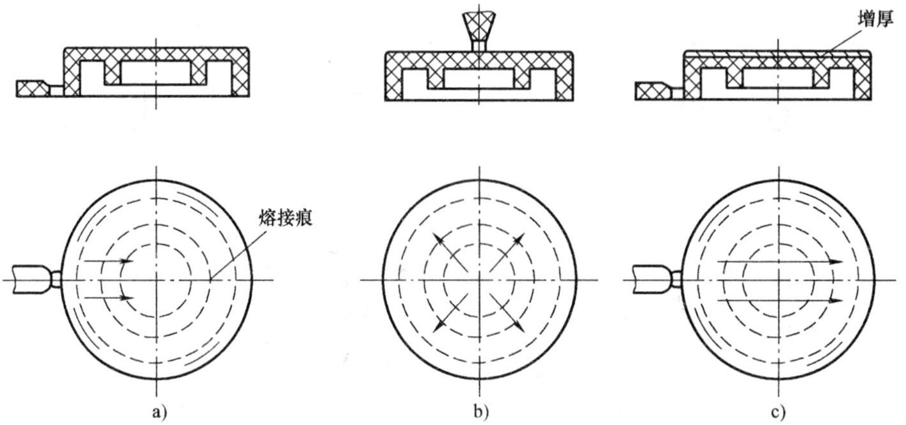

图 5-28　浇口位置对排气的影响

5）浇口设置应避免或减少塑件表面产生熔接痕；使浇口整修方便，而同时不影响塑料外观和使用要求。

产生熔接痕的原因很多，就浇口数目的设置而言，浇口数多，料流的流程缩短，熔接的强度有所提高。浇口数目多，产生熔接痕的概率就大，如图 5-29 所示。因而在熔体流程不太长的情况下，如无特殊要求，最好不设两个或两个以上浇口。因此，对大型制品而言，采用多点进料有利于提高熔接的强度。对于大型板状塑件，为了减少内应力和翘曲变形，必要时也设置多个浇口，如图 5-30 所示，在可能产生熔接痕的情况下，应采取工艺和模具设计的措施，增加料流熔接强度。如图 5-31 所示，可在熔接处的外侧开一冷料槽，以便冷料溢进槽内，另外，还可避免产生熔接痕。

如图 5-32 所示为箱形壳体塑件，其浇口位置的不同，不仅影响流程长短，而且还影响熔接的方位和强度。若增加过渡浇口或多点浇口，如图 5-33 所示的浇口位置。此外，浇口位置也应考虑熔接痕方位对塑件的影响。图 5-34 所示为

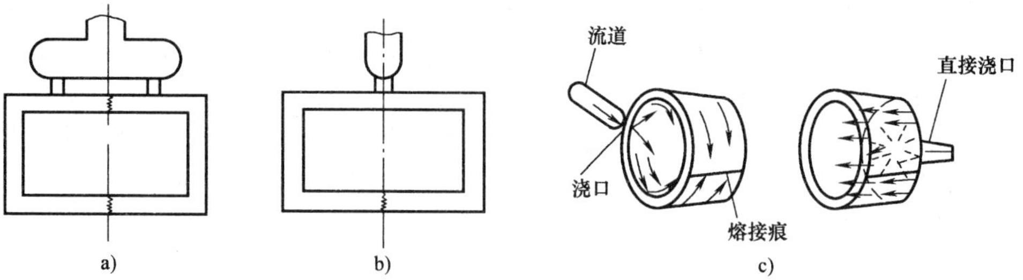

图 5-29　浇口数量和位置对熔接痕的影响

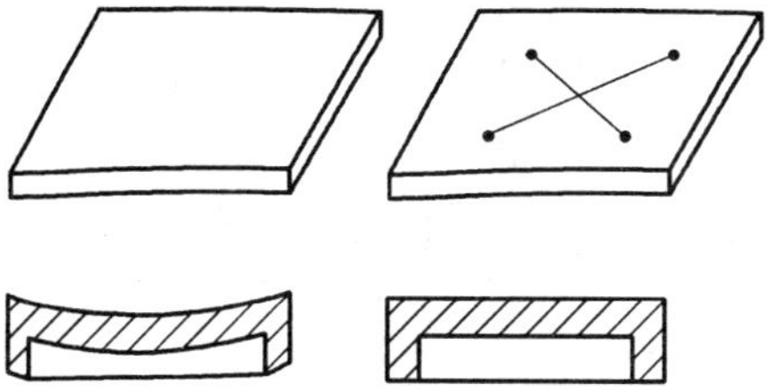

图 5-30　设置多浇口以减少变形

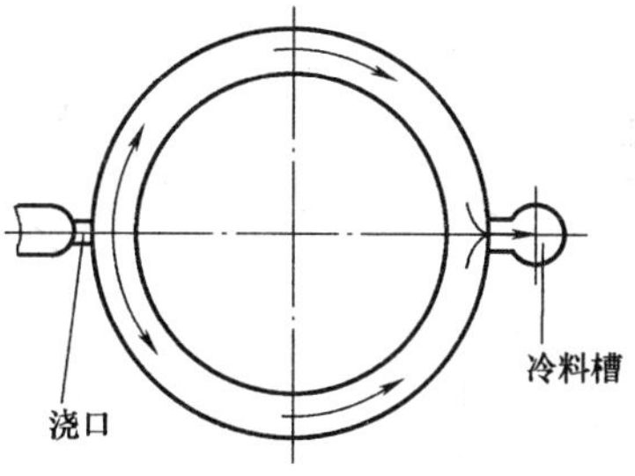

图 5-31　开设冷料槽以增加熔接强度

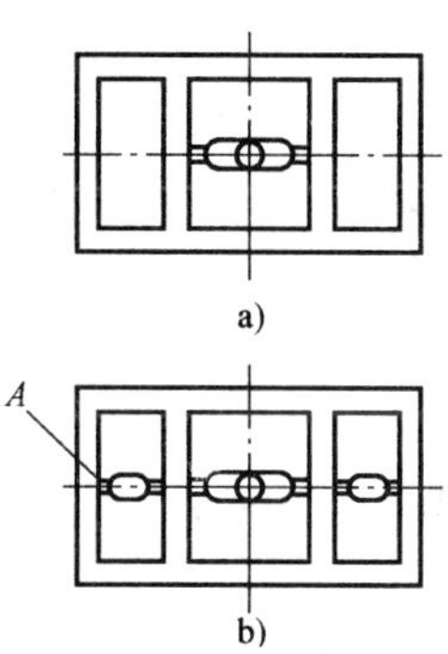

图 5-32　开设过渡浇口增加熔接强度

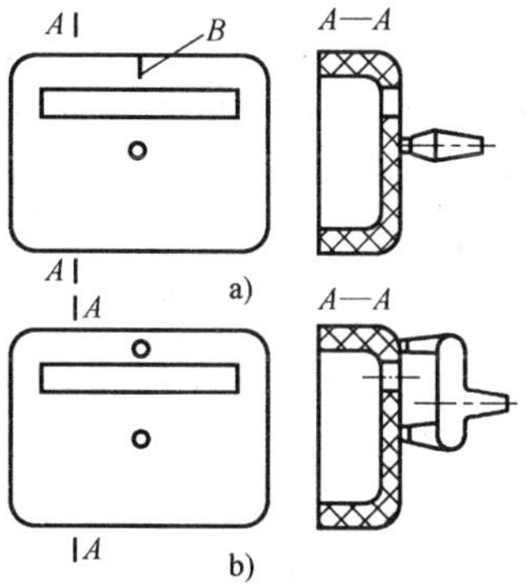

图 5-33　采用多点浇口增加熔接强度

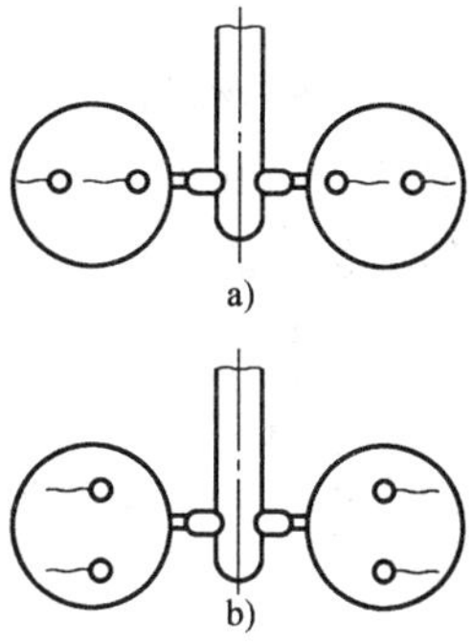

图 5-34　熔接痕在塑件上的方位

带有两个圆孔平板的塑件，图 5-34a 中的浇口位置在注射成型后，塑件的熔接痕与小孔连成一线，使塑件的强度被削弱，而图 b 中设置浇口位置比较合理。

6）浇口位置应尽量避免塑件熔体正面冲击小型芯或嵌件，防止型芯变形和嵌件位移。

对于筒形塑件来说，应避免偏心进料以防止型芯弯曲。如图 5-35a 是单侧进料，料流单边冲击型芯，使型芯偏斜导致塑件壁厚不均；图 5-35b 为两侧对称进料，可防止型芯弯曲，但与图 5-35a 一样，排气不良。采用图 5-35c 所示的中心进料，效果最好。图 5-36 为壳体塑件，当由顶部进料时，如果浇口较小，如图 5-36a 所示，因中部进料快、两侧进料慢，从而产生了侧向力 F_1 和 F_2。如型芯的长径比大于 5，则型芯会产生较大弹性变形，成型后熔体冷凝，塑件因难以脱模而破裂。图 5-36b 浇口较宽，图 5-36c 采用正对型芯的两个冲击型浇口，进料比较均匀，可克服图 5-36a 中的缺陷。

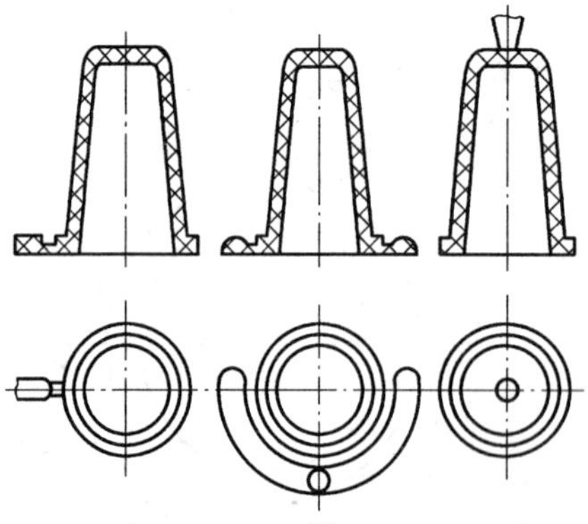

图 5-35　改变浇口位置防止型芯变形

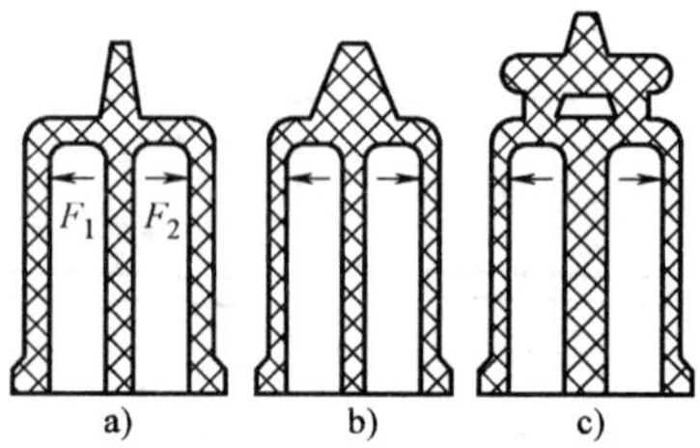

图 5-36　改变浇口形状和位置防止型芯变形

7）浇口位置设置应使熔接痕的位置避开强度最弱的地方（因熔接痕处塑件的强度会降低 30% 以上）。同时浇口不要设置在塑件使用承受弯曲载荷和冲击载荷的部位。浇口位置的设置要考虑不使塑料产生内应力。

8）浇口位置设置和数量要防止制品产生弯曲、扭曲变形。注射成型时，应尽量减少高分子熔体沿着流动方向上的定向作用，必须恰当设置浇口位置，利用定向作用产生有利影响尽量避免由于定向作用造成的不利影响。如图 5-37a 是浇

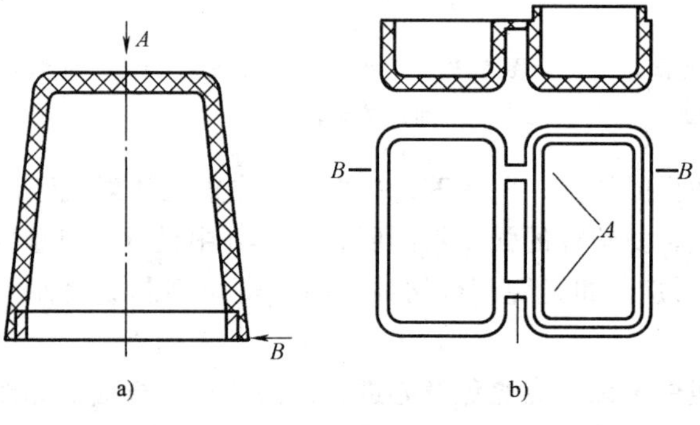

图 5-37　浇口的位置对定向作用的影响

口带有金属嵌件的聚苯乙烯制品，由于成型收缩使金属嵌件周围的塑料层产生很大的切向拉应力，如果浇口开设在 A 处，则高分子定向方向和切向拉应力方向垂直，该塑件容易开裂。图 b 为聚丙烯塑件，其铰链被称为“塑料合页”，把浇口设在 A 处（两点），注射成型时，熔体通过很薄的浇口（约 0.25mm）充满盖部，在铰链处产生定向，可满足几千万次弯折而不断裂要求。

（2）选择浇口的位置

1）采用不适当的位置开设浇口会引起如下缺陷：漩纹（从浇口出来的可见的熔接痕）、泛白（在浇口周围与浇口同心的云状缺陷）、抽芯、翘曲变形、树脂降温、欠注、很差的浇口痕迹。选择浇口的位置、浇口形式和数量可参照表 5-19、表 5-20。

2）各种浇口位置的塑料流动状况，如图 5-38 所示。

表 5-19　选择浇口位置的合理性分析

简图		说明
合理	不合理	
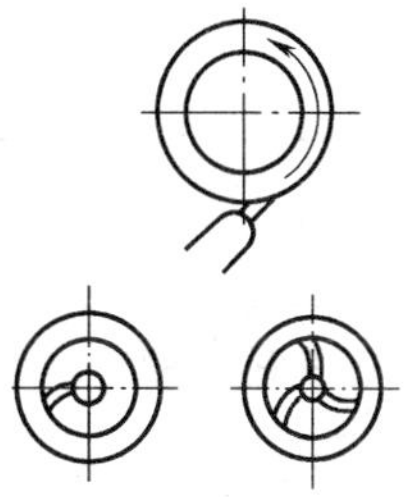	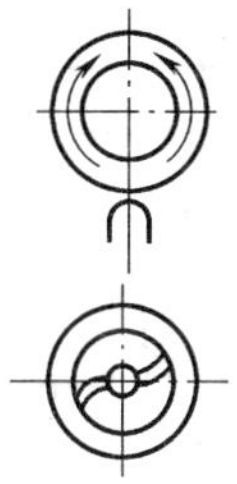	圆环塑件用切向进料，可减少熔接痕，提高熔接部位强度，有利排气（左图为大环形塑件）
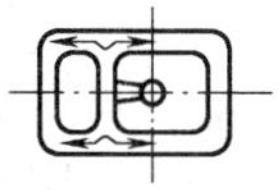	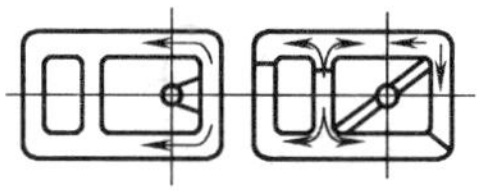	箱体塑件用左图布局，流程短、熔接痕少、熔接强度好
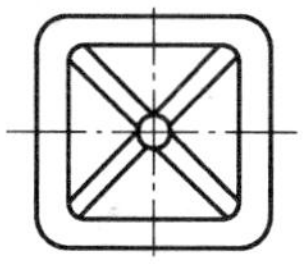	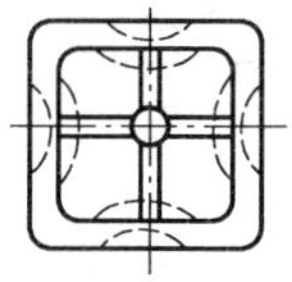	框架塑件对角设置浇口，可改善收缩引起的塑件变形，圆角处有反料作用可增大流速，有利成形
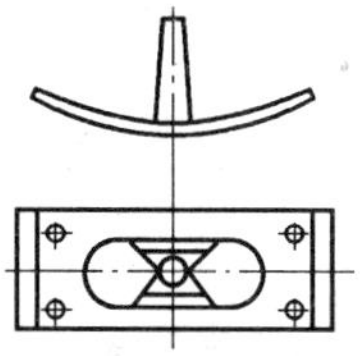	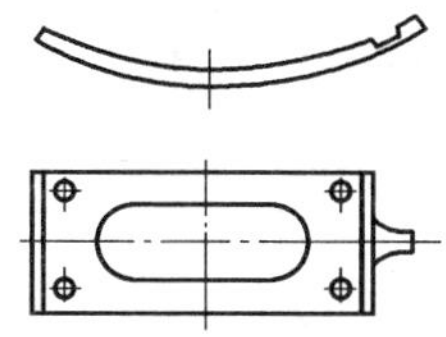	薄壁板件外形尺寸较大时利用中间孔两项进料，不仅可缩短流程，防止缺料或熔接不良，而且可以防止模具受力不均匀、锁模力不足而造成塑件厚薄不匀的现象
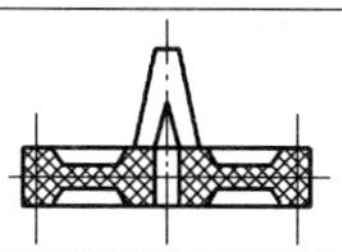	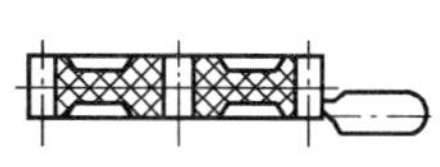	浇口位置注意去除后残留痕迹不影响塑件使用及外观

（续）

简图		说明
合理	不合理	
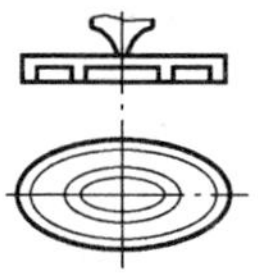	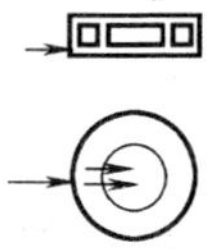	盒罩形塑件，顶部壁薄，采用点浇口可减少熔接痕，有利排气，避免顶部缺料或塑料炭化
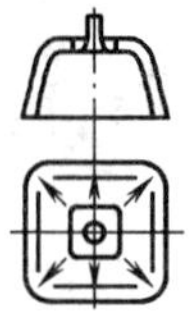	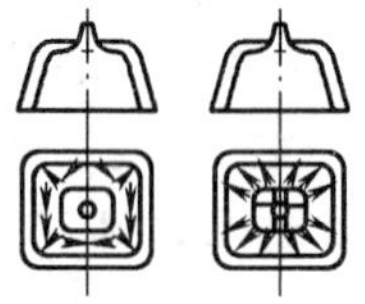	壳体塑件采用中心全面进料，可减少熔接不良
	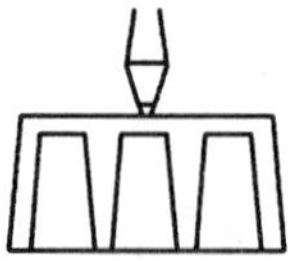	壳体多腔塑件，采用多点进料，可防止型芯受力不均而偏斜变形
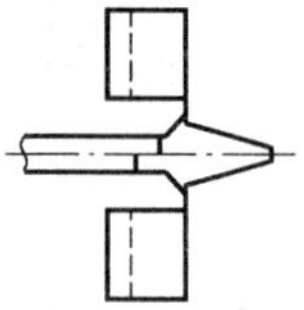	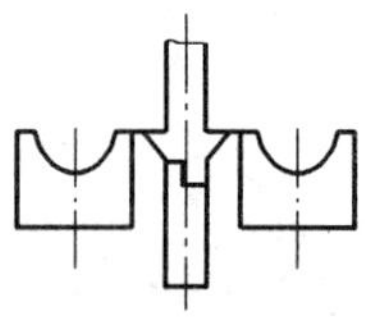	厚塑件浇口应设在厚壁处，可避免或减少缩孔、凹痕及气泡
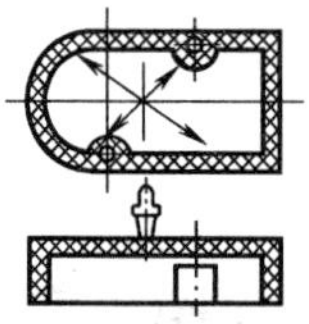	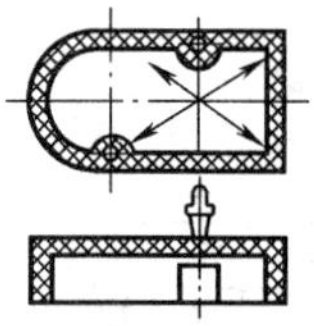	壁厚不均匀塑件，浇口应保证流程一致，避免涡流而造成明显熔接痕
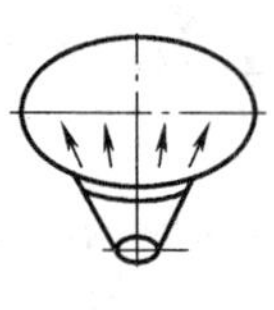	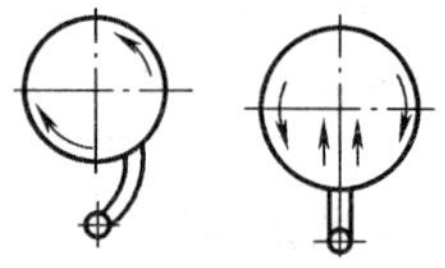	圆片塑件采用径向扇形浇口，尽量防止旋涡、排气不良产生接缝及气孔
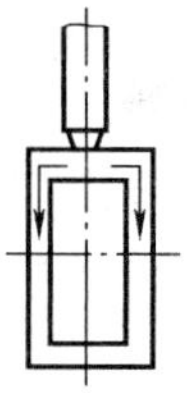	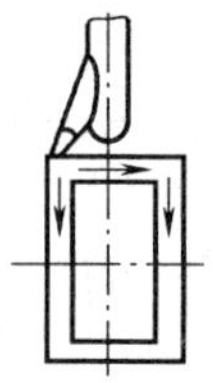	设置浇口应考虑可能产生熔接痕的部位，并控制其位置不致影响塑件强度

（续）

简图		说明
合理	不合理	
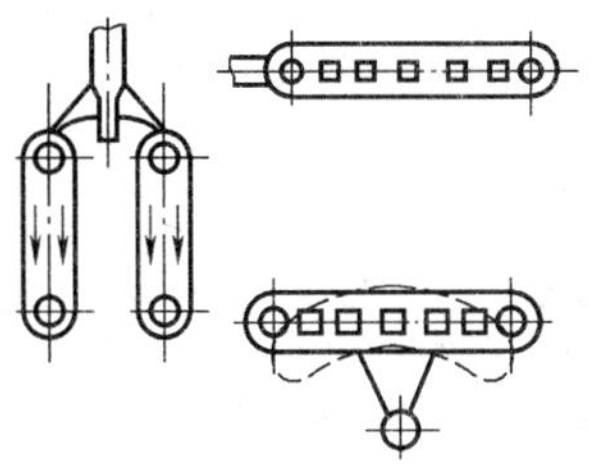	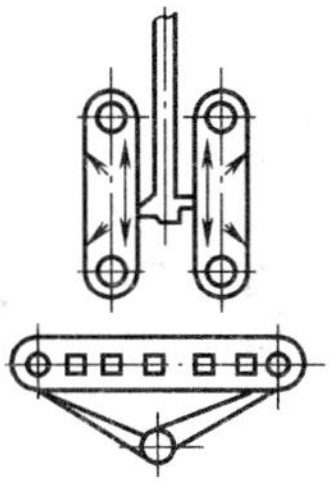	长形或长片形塑件，料流沿平行型腔方向进入可避免产生气泡、云纹、变形及压力损耗过大的现象，提高塑件力学性能。若流程长，当塑件无纹向要求时，可采用两端切向进料
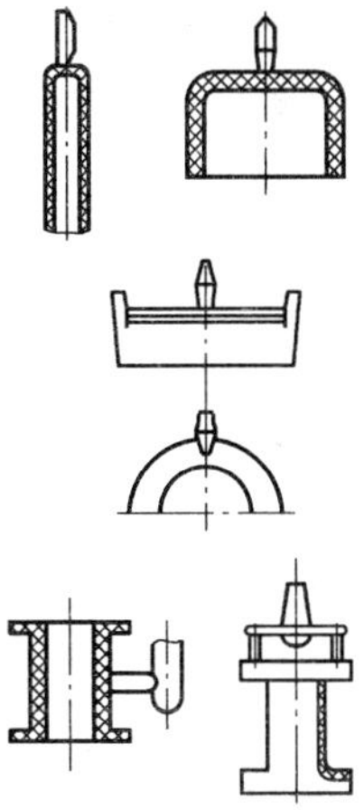	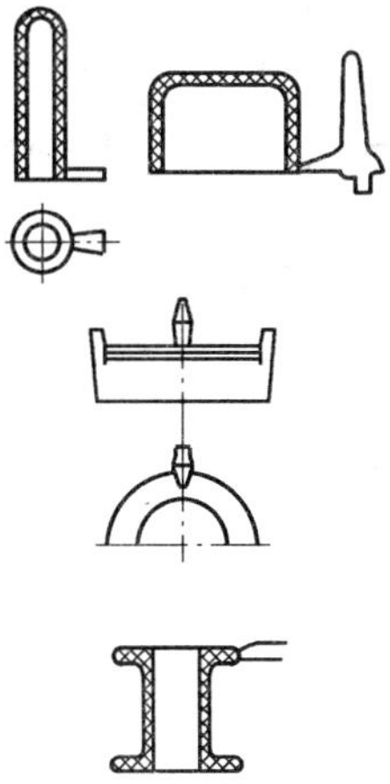	罩形、细长圆筒、薄壁等塑件，设置浇口应考虑防止缺料、熔接不良、排气不良、型芯受力不匀、流程过长等缺陷，必要时可增设工艺肋及多点进料

表 5-20　选择浇口的位置

塑料制品形状	简图	说明
框形	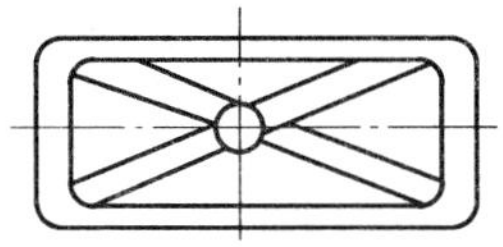	对于框形塑件浇口最好设置为对角设置，这样可以改善收缩引起的塑性变形，圆角处有反料作用，可增大流速，有利于成型
长框形	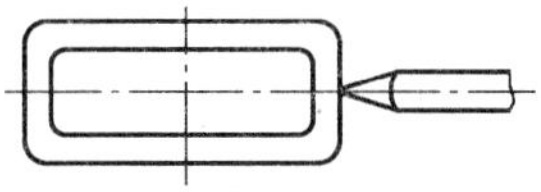	对于长框形塑件设置浇口时，应考虑产生熔接痕的部位，选择浇口位置应不影响塑件强度
圆锥形	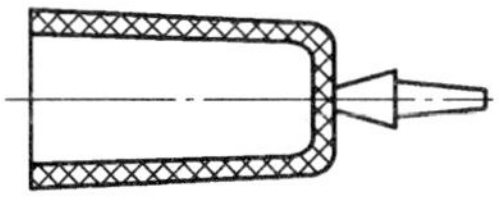	对于外观无特殊要求的塑料制品，采用点浇口进料较为合适

（续）

塑料制品形状	简　图	说　明
壁厚不均匀	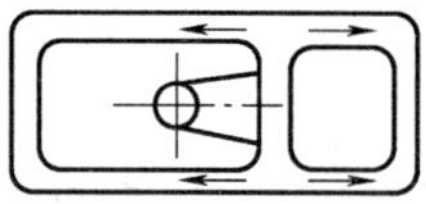	对于壁厚不均匀的塑件，浇口位置应保证流程一致，避免涡流而造成明显熔接痕
骨架形	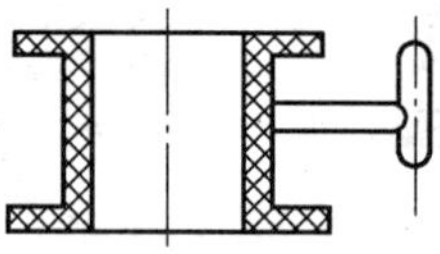	对于骨架形的塑件，设置浇口使塑料从中间部分分成两路填充型腔，缩短了流程，减少了填充时间，适用于壁薄而大的塑料
多层骨架形	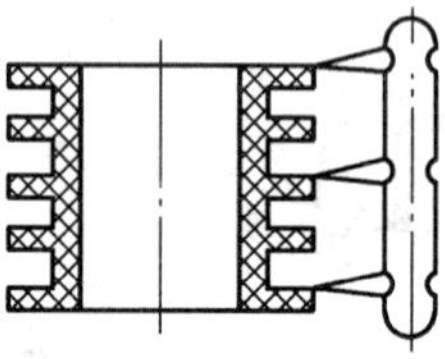	对于多层骨架形的塑件，可采用多点浇口，以便改善填充条件
	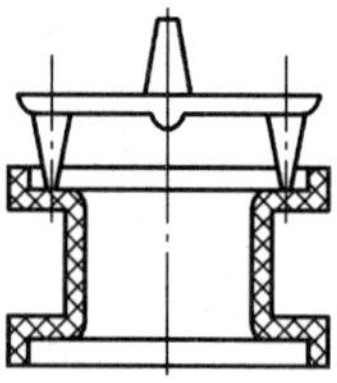	也可采用两个浇口进料，塑件成型良好，适用于大型塑件及流动性好的熔料
圆形齿轮	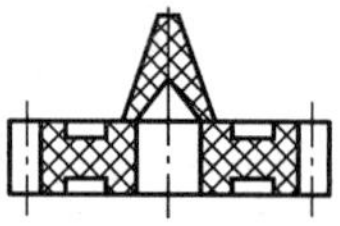	对齿轮形的塑件，可采用直接浇口进料，不仅能避免接缝的产生，同时齿轮齿形不会受到损坏
圆片形	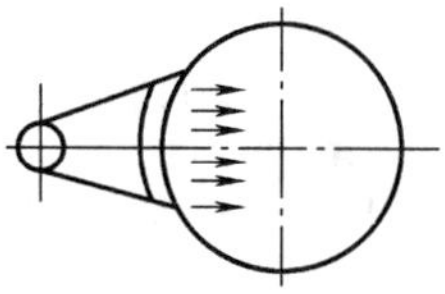	对于圆片形塑件可采用径向扇形浇口，这样进料可以防止旋涡，并且可获得良好的塑件
筒体形	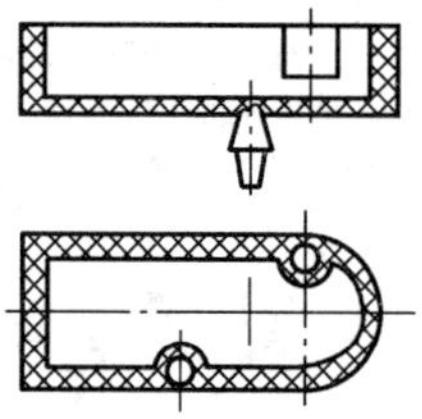	对于筒体形的塑件应用这种浇口，流程短、熔接痕少、熔接强度好

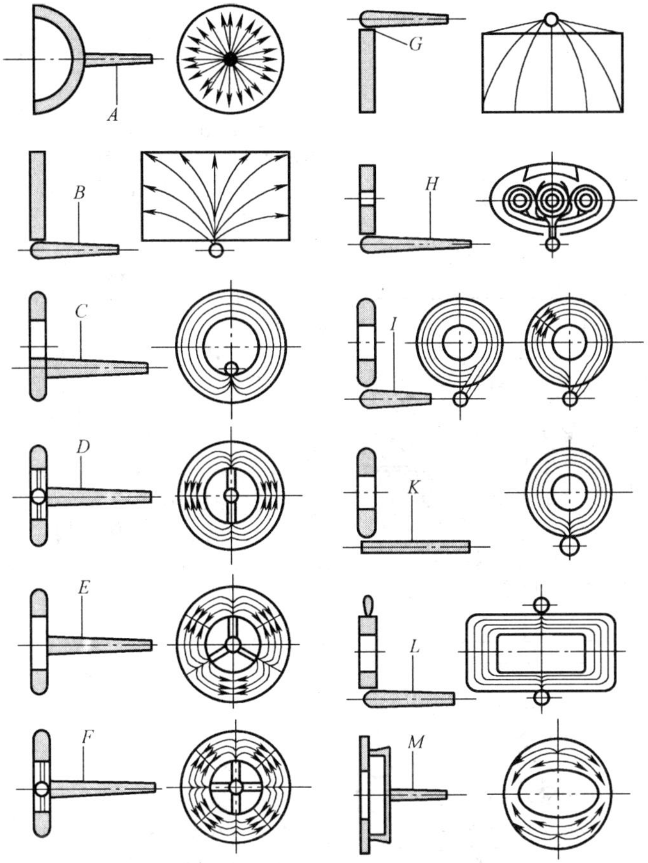

图 5-38　各种浇口位置的塑料流动状况

120. 浇口有哪几种形式？各有什么特点？

注射模的浇口结构形式较多。按浇口形状、大小、位置不同，浇口的形式的分类是多种多样的，但通常的浇口，其种类大致分为以下几种（共 12 种），其形式、形状和特点如表 5-21 所示。

表 5-21　浇口结构形式、形状和特点

序号	形　　式	形　　状	特　　点	缺　　点
1	直浇口	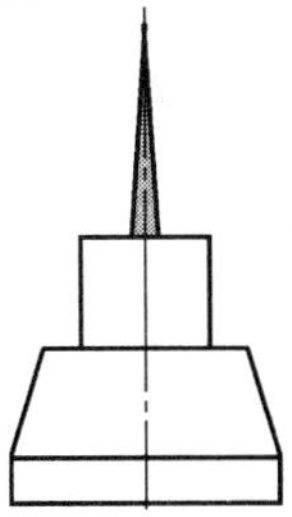	适用于单型腔模具。压力损失小，进料速度快，成型较容易，保压补流作用强，模具结构紧凑，制造方便，适合大型塑件厚壁、粘度高的塑件，非限制性浇口	去除浇口困难，浇口痕迹明显，浇口部位冷凝较迟，塑件易产生较大内应力

（续）

序号	形　式	形　状	特　点	缺　点
2	点浇口 （针状浇口）	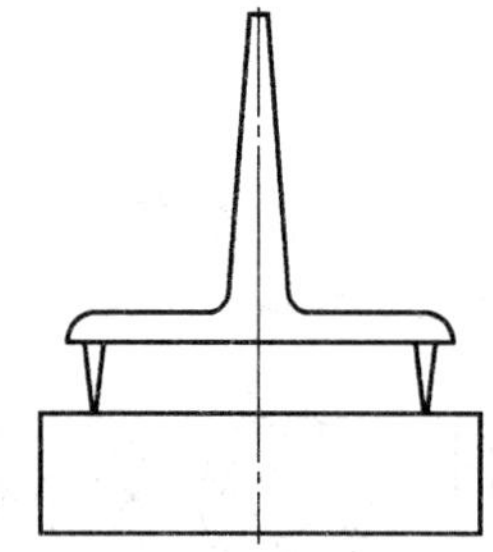	适用于流动性大的塑料，熔体聚苯乙烯，浇口长度很短，浇口位置限制小，去除浇口容易，不影响外观，开模时浇口自动切断，有利于自动化操作，浇口附近应力小，适用于面积大的、容易变形的塑件	1）不适宜用于薄塑件，容易开裂，如要用于薄塑件需增加浇口处的塑件壁厚，以圆角过渡 2）压力损失大 3）三板模模具结构复杂，成型周期长 4）当排气不良时，容易造成浇口部位塑料的烧焦，产生黑斑或黑点
3	潜伏式浇口 （隧道式浇口、羊角浇口）	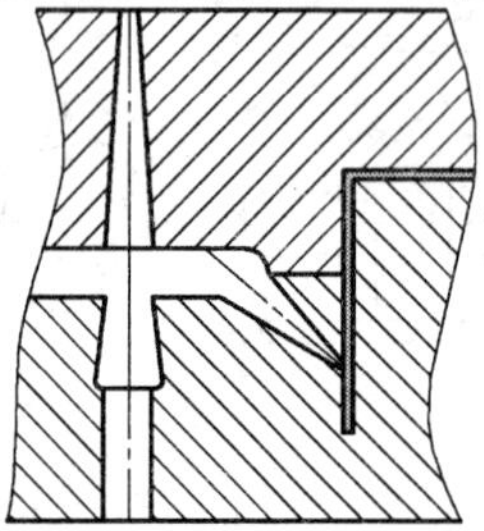	进料口设置在塑件内或隐藏处不影响塑件外观，开模时自动切断，流道凝料自动脱落	不宜用于 PA（强韧塑料）、PS（脆性塑料），原因是不易切断和易于断裂，容易堵塞浇口
4	侧浇口 （边缘浇口）	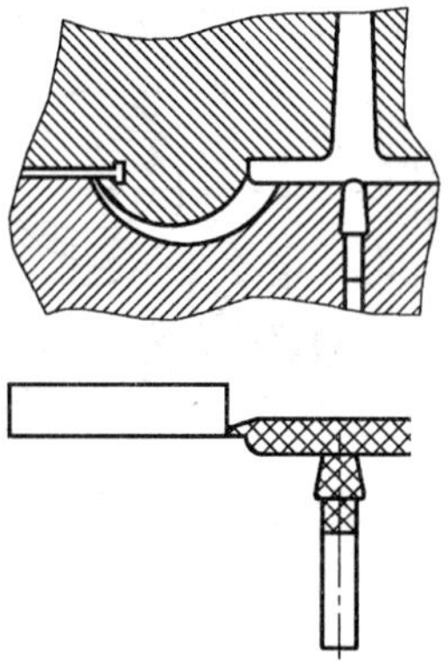	一般开在塑件外侧面出进料，浇口截面为矩形，也称标准浇口，加工方便，浇口位置选择灵活，取出方便，痕迹小，特别适用于多型腔的两板式模具	塑件造成熔接痕、缩孔、凹陷等缺陷，注射压力损失较大，对于壳体塑件会排气不良
5	扇形浇口	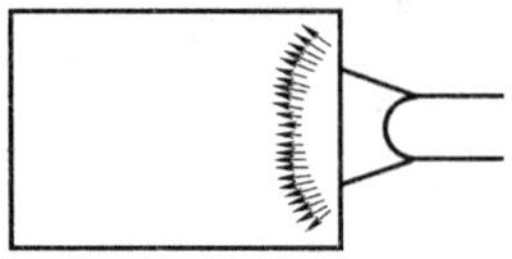	成型板状塑件，浇口沿进料方向逐渐变宽，厚度逐渐减至最薄，使熔体在宽度方向均匀分布，降低内应力，减少翘曲变形，排气良好	浇口清除较难，痕迹明显
6	重叠式浇口 （搭接浇口）	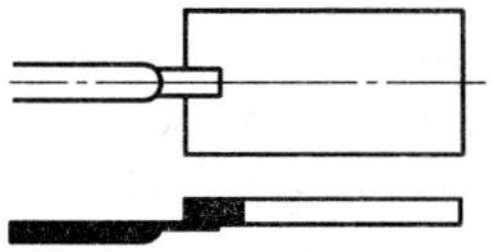	与侧浇口相似，但浇口不是在型腔的侧边而是在型腔（塑件）的一个侧面，可有效防止塑料熔体的喷射流动	同上，如成型不当会在浇口处产生表面凹痕

（续）

序号	形　　式	形　　状	特　　点	缺　　点
7	薄片浇口（半缝式浇口）	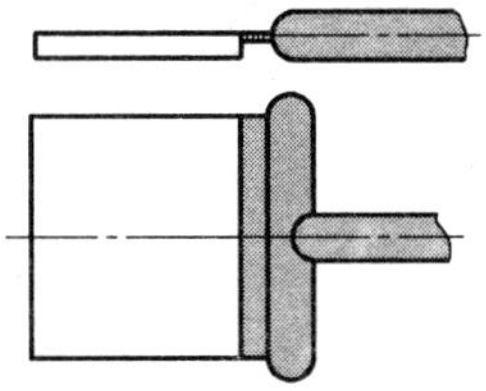	成形大面积的扁平塑件，浇口分配流道与型腔侧边平行，其长度可大于或等于塑件宽度，塑件内应力小，翘曲变形小，排气良好	浇口切除加工量大，痕迹明显
8	盘形浇口	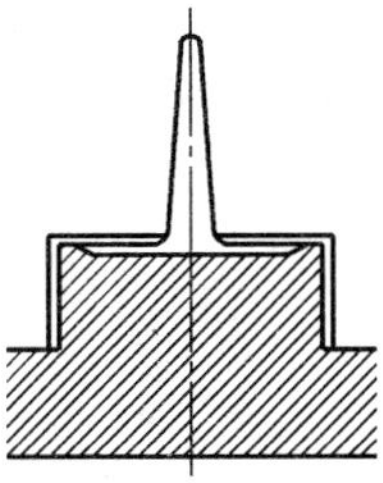	用于内孔较大的圆筒形塑件，浇口在整个内孔周边上，塑件不会产生熔接痕，塑件受力均匀（也可设置分流浇口）	切除浇口困难
9	环形浇口	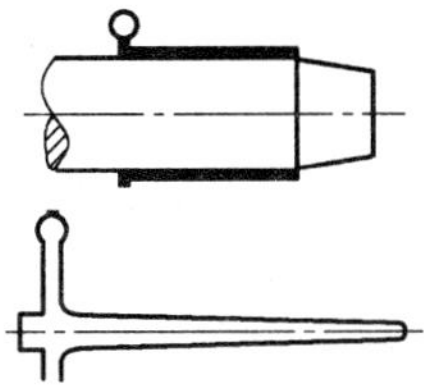	设置在与圆筒形型腔同心的外侧，它适用于薄壁长管形塑件，塑件成型均匀，无熔接痕，排气较好	浇口清除困难，外侧有明显痕迹
10	轮辐大浇口	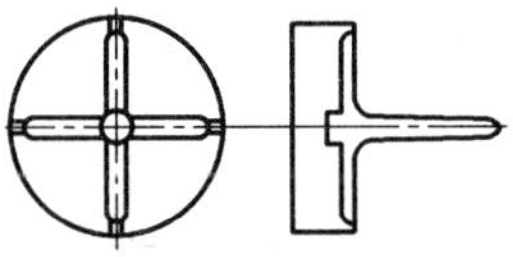	适用范围类似于盘形浇口，带有矩形的内孔塑件也适用，这种浇口切除方便，流道浇口料较小，型芯定位较好	塑件有熔接痕，影响外观
11	爪形浇口	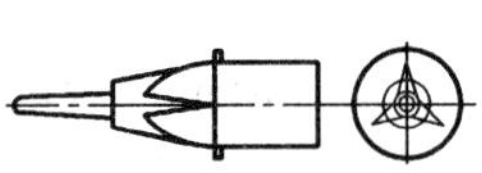	在型芯锥形端面上开设流道	浇口有明显痕迹，内孔太小时不能采用此浇口
12	护耳浇口（调整式浇口、分接式浇口）	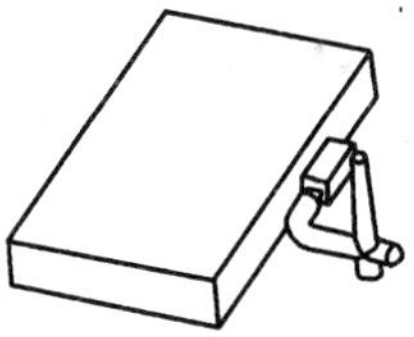	在型芯侧面开设护耳槽，经调整方向和速度后再进入型腔，可防止浇口对型腔注料时，产生的喷射现象，减少浇口附近的内应力，防止型腔压力过大。对于流动性差的塑料，如 PC、PMMA、HPVC 等极有效，浇口应设置在塑件壁厚处	去除浇口难，痕迹大

121. 如何选用浇口形式？

如何选择浇口形式是个综合性的技术和经济问题，在模具设计时应从下列的十个方面结合实践经验和模具 CAE 技术的应用予以考虑与权衡：

1）型腔数。

2）根据塑料不同选择不同浇口形式，根据表 5-22 选用。

3）制品外观及性能。

4）制品形状及尺寸。

5）制品精度要求。

6）制品的后续加工。

7）减少制品中的的残余应力。

8）模具结构。

9）浇口凝料的消耗。

10）成型周期。

表 5-22　各种树脂适用浇口形式

树脂种类＼浇口	直浇口	普通浇口	限制性浇口	护耳浇口	薄片浇口	环形浇口	盘形浇口	点浇口	潜伏式浇口
硬聚氯乙烯	○	○	○	○					
聚乙烯	○	○						○	
聚丙烯	○	○						○	
聚碳酸酯	○	○						○	
苯乙烯	○	○					○	○	○
橡胶改性苯乙烯									○
尼龙	○	○					○	○	○
聚甲醛	○	○		○	○	○		○	○
丙烯腈-苯乙烯	○	○		○			○	○	
ABS	○	○		○	○	○	○	○	○
丙烯酸酯	○	○		○					

注：○表示适用的浇口。

122. 如何确定各种浇口截面形状和尺寸？

1）浇口截面形状。浇口截面形状有矩形和圆形两种（也有三角形的，如爪形浇口），这是因为矩形和圆形的形状和尺寸便于加工，精度容易保证。因此这两种浇口被广泛应用。

2）浇口截面尺寸。浇口截面积通常为分流道截面积的 0.03 ~0.09 倍，浇口截面形状有矩形、圆形及椭圆形，浇口长度在 0.5 ~2mm 范围内，浇口厚度为 0.25mm、0.5mm、1mm、2mm；浇口具体尺寸一般根据经验确定，取其下限值，然后在试模时逐步修正（修改增大）。对于流动性差的塑料或尺寸较大、壁厚的塑件，其浇口尺寸应取较大值，反之取较小值。若浇口太小，会造成制品欠注，浇口过早冻结。在截面积相同的情况下，浇口厚度的大小对料流压力损失和流速的大小，以及成型难易和气体排出的影响很大。各种浇口尺寸可参照表5-23。

3）浇口至模腔的入口处，不应有锋利的刃口，应有圆角取半径 R 为0.015～0.025mm。

4）浇口的表面粗糙度不大于 $Ra0.2 \sim 0.4\mu m$，一般要求同型腔的浇口表面粗糙度一样。

表5-23　浇口经验计算公式

浇口形式		经验数据	经验计算公式	备注
点浇口	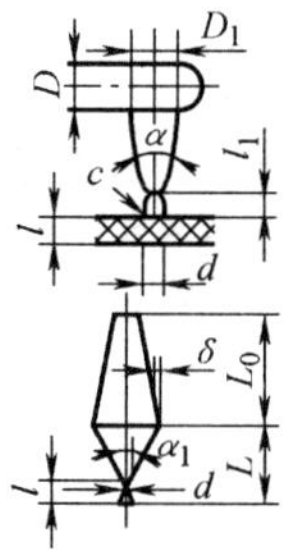	$l_1=0.5 \sim 0.75$ 有倒角 c 时取 $l=0.75 \sim 2$ c 为 $R0.3$ 或 $0.3 \times 45°$ $d=0.3 \sim 2$ $\alpha=2° \sim 4°$ $\alpha_1=6° \sim 15°$ $L<\frac{2}{3}L_0$ $\delta=0.3$ $D_1 \leqslant D$	$d=nK\sqrt[4]{A}$	K—系数，为塑件壁厚的函数，见表注。为了去浇口方便，可取 $l=0.5 \sim 2$
直浇口	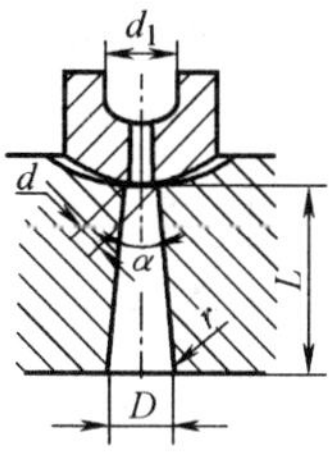	$D=d_1+(0.5 \sim 1.0)$ $\alpha=2° \sim 6°$ $D \leqslant 2t$ $L<60$ 为佳 $r=1 \sim 3$		d_1 为注射机喷孔直径，α 流动性差的塑料取 $3° \sim 6°$。t 为塑件厚度
侧浇口	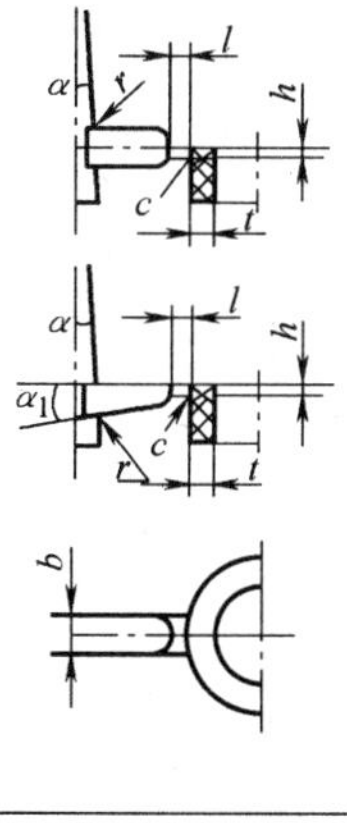	$\alpha=2° \sim 6°$ $\alpha_1=2° \sim 3°$ $b=1.5 \sim 5.0$ $h=0.5 \sim 2.0$ $l=0.5 \sim 0.75$ $r=1 \sim 3$ c 为 $R0.3$ 或 $0.3 \times 45°$	$h=ht$ $b=\frac{h \cdot \sqrt{A}}{30}$	n 为塑料系统，由塑料性质决定，见表注。为了浇口方便，也可取 $l=0.7 \sim 2.5$mm

（续）

浇口形式		经验数据	经验计算公式	备　　注
重叠式浇口	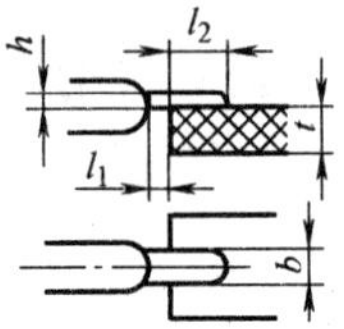	$l_1=0.5\sim0.75$	$h=nt$ $b=\dfrac{h\cdot\sqrt{A}}{30}$ $l_2=h+b/2$	l_2—为了去浇口方便，也可取 $l_1=0.7\sim2.0$mm，此种浇口对 PVC 不适用
薄片浇口	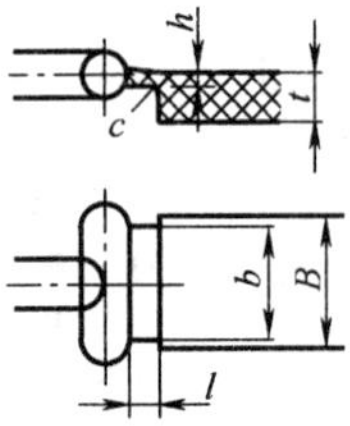	$l=0.65\sim1.5$ $b=(0.75\sim1.0)B$ $h=0.25\sim0.65$ c 为 $R0.3$ 或 $0.3\times45°$	$h=0.7nt$	可将浇口宽度与型腔宽度做成一致
扇形浇口	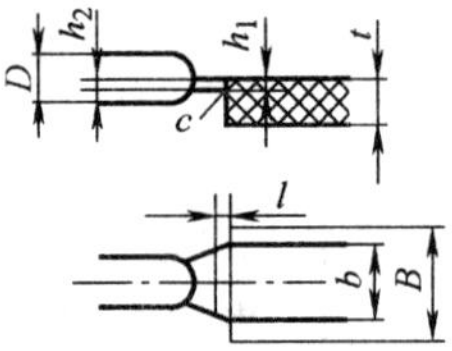	$l=1.3$ $h_1=0.25\sim1.6$ $b=6\sim B/4$ c 为 $R0.3$ 或 $0.3\times45°$	$h_1=nt$ $h_2=\dfrac{bh_1}{D}$ $b=\dfrac{n\cdot\sqrt{A}}{30}$	浇口截面积不能大于流道截面积
环形浇口	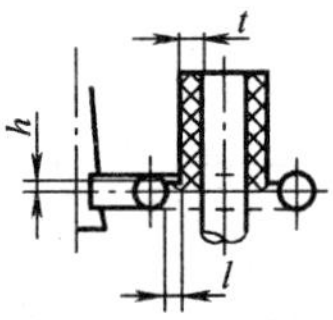	$l=0.75\sim1.0$	$h=0.7nt$	浇口可置于孔的内侧，也可置于外侧或置于制品的端面上，分流道成圆环布置，其截面为圆形或矩形
盘形浇口	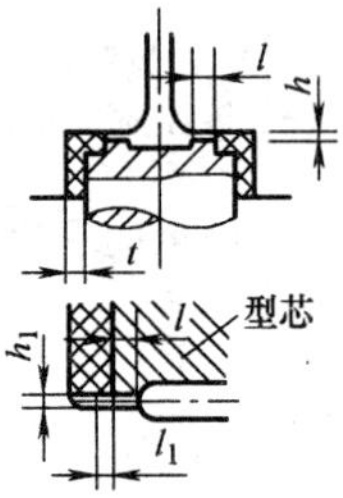	$l=0.75\sim1.0$ $h=0.25\sim1.6$	$h=0.7nt$ $h_1=nt$ $l_1\geqslant h_1$	浇口长度可取 0.7～2mm。浇口可重叠在端面上

（续）

浇口形式		经验数据	经验计算公式	备注
护耳浇口	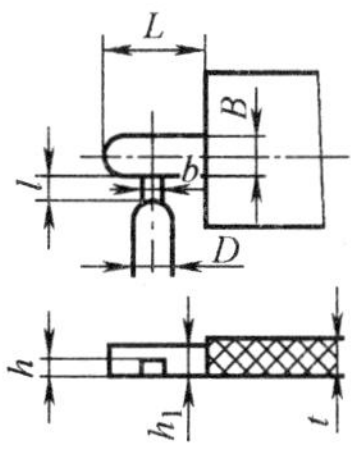	$L\geqslant 1.5D$ $B=D$ $B=(1.5\sim 2)h_1$ $h_1=0.9t$ $h=0.7t=0.78h_1$ $l\geqslant 15$	$h=nt$ $b\frac{n\cdot\sqrt{A}}{30}$	D 为流道直径 t 为制品厚度
潜伏式浇口	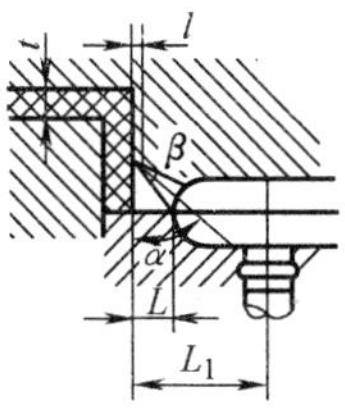	$l=0.7\sim 1.3$ $L=2\sim 3$ $\alpha=25°\sim 45°$ $\beta=15°\sim 20°$ $d=0.3\sim 2$ L_1 保持最小值	$d=nK\sqrt[4]{A}$	α—软质塑料 $\alpha=30°\sim 45°$；硬质塑料 $\alpha=25°\sim 30°$ L—允许条件下尽量取大值，当 $L<2$ 时采用二次浇口

注：1. 表中公式符号：h—浇口深度（mm）；l—浇口长度（mm）；b—浇口宽度（mm）；d—浇口直径（mm）；t—塑件壁厚（mm）；A—型腔表面积（mm）。

2. 塑料系数 n 由塑料性质决定，通常 PE、PS：$n=0.6$；POM、PC、PP：$n=0.7$PA；PMMA：$n=0.8$；PVC：$n=0.9$。

3. K 为系数，K 值适用于 $t=0.75\sim 2.5$mm，参见表 5-24。

表 5-24 浇口经验计算公式

t/mm	0.75	1	1.25	1.5	1.75	2	2.25	2.5
K	0.178	0.206	0.23	0.272	0.272	0.294	0.309	0.326

123. 侧浇口具体尺寸要求如何？

图 5-39 所示为侧浇口，又称边缘浇口。侧浇口一般开设在模具的分型面上，从塑件侧边缘进料，适用于一模多件的模具，能够提高生产效率，去除浇口方便。侧浇口可以根据塑件的形状特点和充模需要，灵活地选择浇口的位置。可将浇口位置设在塑件内侧，这样可使模具结构紧凑，流程缩短，改善成型条件。但压力损失大，保压补缩作用比直接浇口小，壳形件排气不便，易产生熔接痕、缩孔及气孔等缺陷。侧浇口的截面形状一般为矩形。

侧浇口尺寸见表 5-25 ~ 表 5-28。侧浇口示例，如图 5-40 所示。

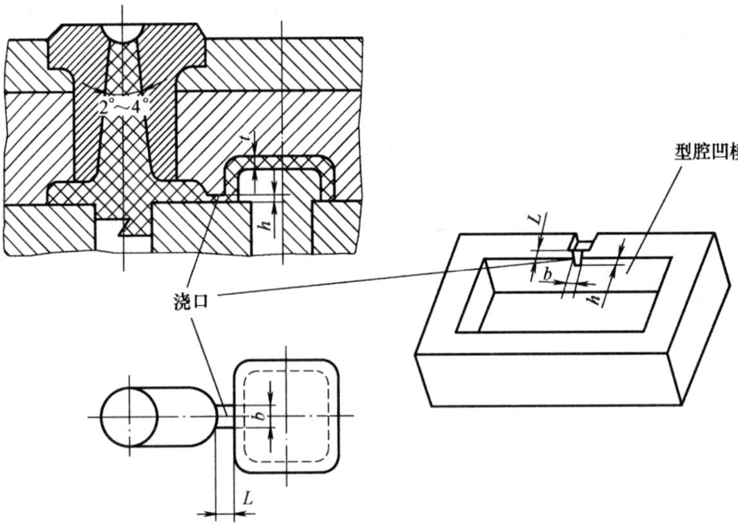

图 5-39 侧浇口

表 5-25 侧浇口尺寸 （单位：mm）

塑料	壁厚 t	塑件复杂性	厚度 h	宽度 h	长度 L
聚乙烯	<1.5	简单	0.5~0.7	中小型塑件 (3~10)h 大型塑件 >10h	0.7~2
		复杂	0.5~0.6		
聚丙烯	1.5~3	简单	0.6~0.9		
		复杂	0.6~0.8		
聚苯乙烯	>3	简单	0.8~1.1		
		复杂	0.8~1.0		
有机玻璃	<1.5	简单	0.6~0.8		
		复杂	0.5~0.8		
ABS	1.5~3	简单	1.2~1.4		
		复杂	0.8~0.2		
聚甲醛	>3	简单	1.2~1.5		
		复杂	1.0~1.4		

表 5-26 成型件壁厚和浇口尺寸关系 （单位：mm）

成型件壁厚	浇口尺寸		
	厚度	宽度	长度
<0.8	~0.5	~1.0	1.0
0.8~2.4	0.5~1.5	0.8~2.4	1.0
2.4~3.2	1.5~2.2	2.4~3.3	1.0
3.2~6.4	2.2~4.2	3.3~6.4	1.0

表 5-27　ABS 用侧浇口的标准尺寸　（单位：mm）

制品厚度	2.4	3.2	4.0
圆形	1.6～2.4	2.4～3.2	3.2～4.0
矩形 宽度	2.4～3.2	3.2～6.4	6.4～12.7
矩形 厚度	1.6～2.4	2.4～3.2	3.2～4.0

表 5-28　成型玻璃纤维增强尼龙 66 的侧浇口尺寸　（单位：mm）

成型件壁厚	浇口尺寸		
	厚度	宽度	长度
<0.8	<0.8	<1.2	0.7～1.3
0.8～3.2	1.3～2.0	1.3～2.0	0.7～1.3
3.2～6.5	1.5～3.5	1.5～3.5	0.7～1.3

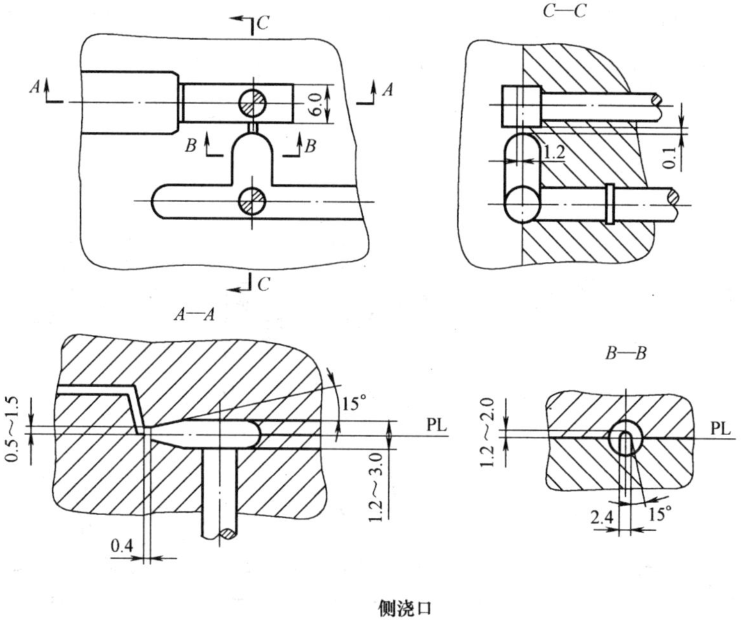

图 5-40　侧浇口示例

124. 点浇口有什么优缺点？

（1）点浇口优点

1）去除浇口后，塑件上留下的痕迹不明显。

2）开模后可自动拉断浇口，便于实现制品生产过程自动化。

3）成型时可减少熔接痕，不影响塑件外观。

4）在多型腔模中，易实现各型腔的平衡进料。

5）可以设置几个点浇口同时进料，以减少翘曲变形，它特别适用于表观粘度随剪切率增大而明显降低的塑料以及投影面积大的塑件和容易变形的塑件。

（2）点浇口缺点

1）若采用较高的注射压力，压力损失较大。

2）模具应设计成双分型面（三板模），以便脱出流道凝料。这类浇口一般用于流动性较好的塑料，如聚苯乙烯、尼龙、ABS 等，适用于壳体、盒、罩以及大平面塑件。

3）不适合厚壁或壁厚不均匀的制品成形。

4）不适合粘度高和对剪切速率不敏感的塑料熔体。

125. 如何确定三板模的点浇口尺寸？如何确定浇口数目？

（1）点浇口典型结构及尺寸

图 5-41 为点浇口典型结构及尺寸，其中图 5-41a 为常用结构。图 5-41b、图 5-41c 中与点浇口相接的流道下部具有圆弧，使其截面积增大，减缓塑料冷却速度，有利于补料，效果较好，但制造困难。图 5-41d、e、f 所示为一模多腔的点浇口。

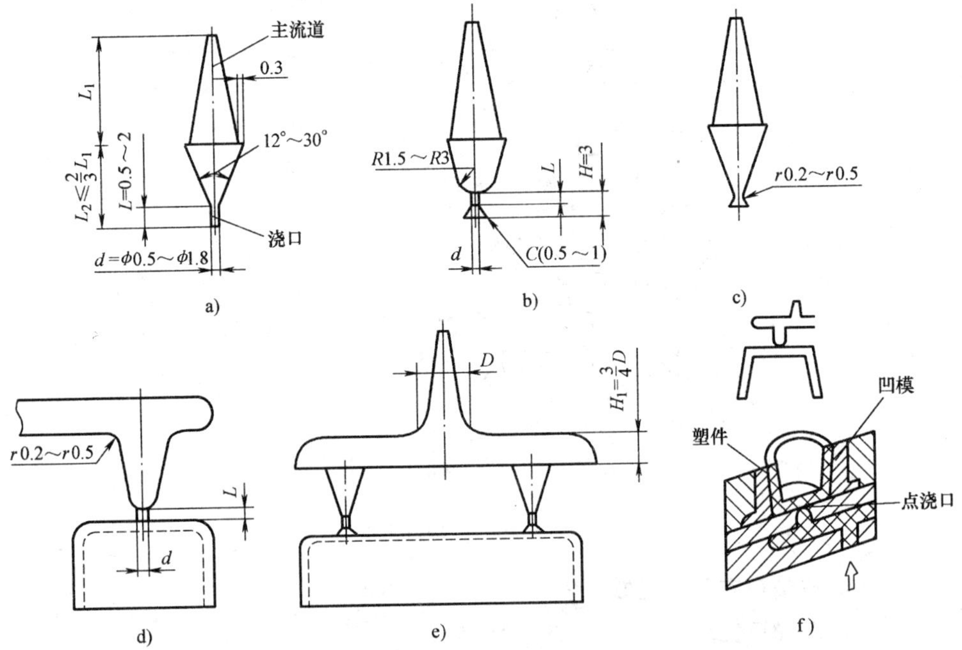

图 5-41　点浇口的典型结构

（2）点浇口尺寸的要求和注意事项

1）内模与模坯连接处的流道应做 0.3mm 的台阶，以免装模时发生偏差，导致浇口拔不出。

2）浇口处胶位应做凹位，以缓冲注塑压力，同时可避免在浇口处产生应力集中而影响成品品质。

3）点浇口适用于圆筒形、盒形、大型的板状制品。

4）对流动性差的塑件如 PMMA、PC 等不宜采用。

5）点浇口尺寸如表 5-29 所示，其中 $G=0.5\sim0.75$mm，$d=0.5\sim1.8$mm。为了减小流动阻力，浇口与塑件相接处采用圆弧或倒角过渡。

6）聚甲醛浇口的标准尺寸见表 5-30，玻璃纤维增强尼龙 66 的点浇口尺寸见表 5-31。

7）三开模点浇口设计，由于受到模具结构限制，L 尺寸较长的情况下，θ 的角度在 1°～2°之间，如图 5-42、表 5-32、表 5-33 所示。

表 5-29 点浇口尺寸与成型件壁厚的关系 （单位：mm）

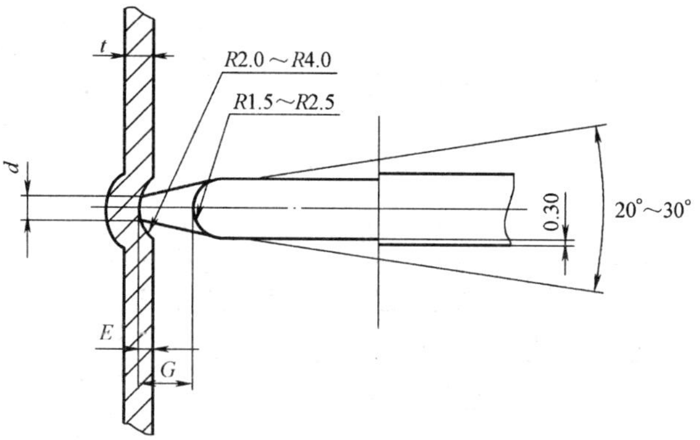

成型件壁厚 t	浇口直径 d	浇口长度 G
<3.2	0.8～1.3	1.0
3.2～6.4	1.0～3.0	1.0

表 5-30 成型聚甲醛浇口的标准尺寸 （单位：mm）

成型件壁厚	矩形浇口		圆形浇口	成型件壁厚	矩形浇口		圆形浇口
	厚度	宽度	直径		厚度	宽度	直径
1.0	0.9	1.4	1.0	4.5	2.8	4.2	4.0
1.5	1.0	1.5	1.5	5.0	3.0	4.5	4.5
2.0	1.3	1.9	1.8	5.5	3.4	5.0	5.0
2.5	1.5	2.3	2.0	6.0	3.7	5.5	5.5
3.0	1.8	2.5	2.4	6.5	4.0	7.5	6.0
3.5	2.2	3.3	3.0	7.0	4.3	8.5	7.0
4.0	2.5	3.8	3.5	7.5	4.5	9.0	7.5

表 5-31　成型玻璃纤维增强尼龙 66 的点浇口尺寸　　（单位：mm）

成型件壁厚	浇口尺寸	
	厚度	长度
<3.2	0.8 ~ 1.0	0.7 ~ 1.3
3.2 ~ 6.5	1.0 ~ 3.0	0.7 ~ 1.3

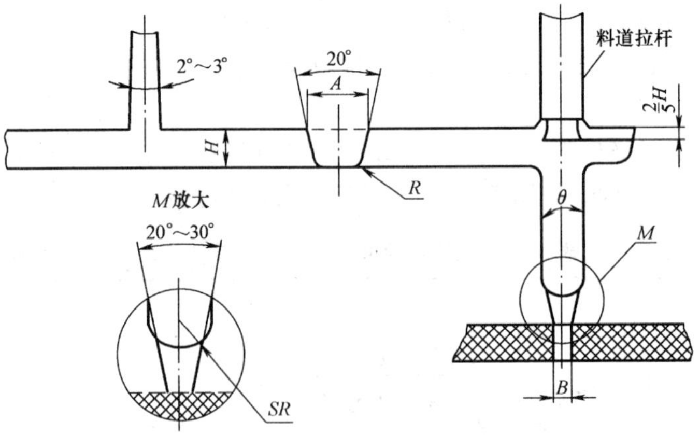

图 5-42　三开模点浇口

表 5-32　三开模点浇口设计标准　　（单位：mm）

	SR 类型	斜度类型(θ)		水口高(H)	水口直径(B)
30×30 以下模坯使用	SR1.25	1°	2°	φ1.2 ~ φ1.5	φ0.5 ~ φ0.8
	SR1.5	1°	2°	φ1.5 ~ φ2.0	φ0.8 ~ φ1.0
30×30 以上 60×60 以下模坯使用	SR2.0	1°	2°	φ1.5 ~ φ2.0	φ1.0 ~ φ1.5
	SR2.5	1°	2°	φ2.0 ~ φ3.0	φ1.2 ~ φ1.8
	SR3.0	1°	2°	φ2.0 ~ φ3.0	φ1.5 ~ φ2.0
60×60 以上模坯使用	SR3.5	1°	2°	φ2.0 ~ φ3.0	φ1.8 ~ φ2.5
	SR4.5	1°	2°	φ2.0 ~ φ3.0	φ2.0 ~ φ2.5

表 5-33　流道尺寸　　（单位：mm）

流道深度(H)	3	3.5	4	4.5	5	5.5	6	6.5
流道宽度(A)	4	4.5	5	6	7	8	9	10
底部圆角半径	1.0	1.0	1.5	1.5	2.0	2.0	2.0	2.0

注：表中为 ABS 作参考所制标准：材质较软塑料浇口按以上标准再偏小些；材质较硬塑料浇口按以上标准再偏大些；客户指定浇口时，按客户要求制作。

126. 潜伏式浇口结构有哪几种？

（1）典型的潜伏浇口结构

1）潜伏式浇口潜入动模（制品外形），如图 5-43 所示。

2）潜伏式浇口潜入定模（制品外形或制品底部），如图 5-44 所示。

3）潜伏式浇口潜入顶杆料槽，如图 5-45 所示。$t \leqslant$ 制品壁厚时要防止缩影。

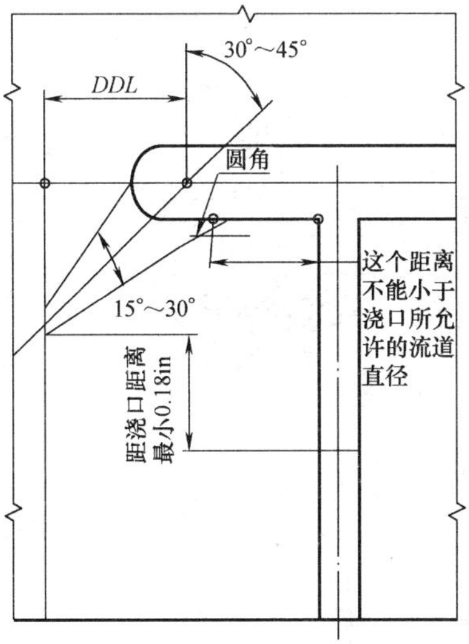

图 5-43　潜伏式浇口潜入动模

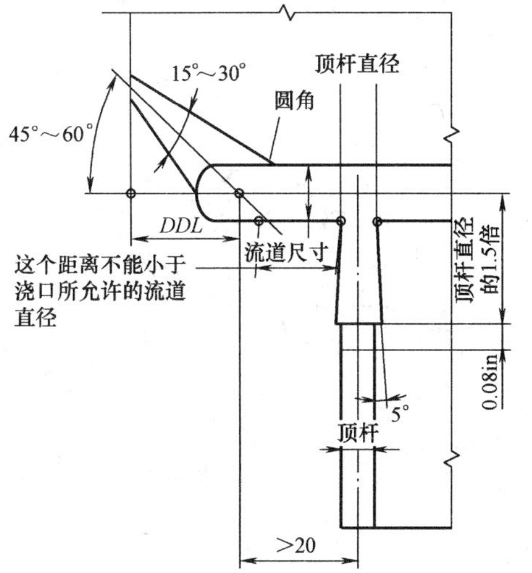

图 5-44　潜伏式浇口潜入定模

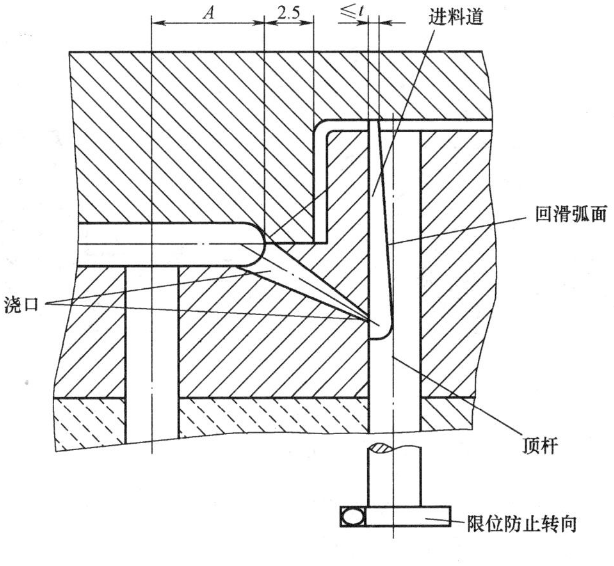

图 5-45　潜伏式浇口潜入顶杆料槽

（2）根据塑件不同而选用潜伏式浇口尺寸

1）潜伏式浇口尺寸根据塑件不同而选用，实际浇口尺寸根据塑件材料性质而定。

2）如图 5-46 所示的浇口可防止粉末留在浇口处影响塑件质量。适用于材质为 EVA、TPR 的塑料。

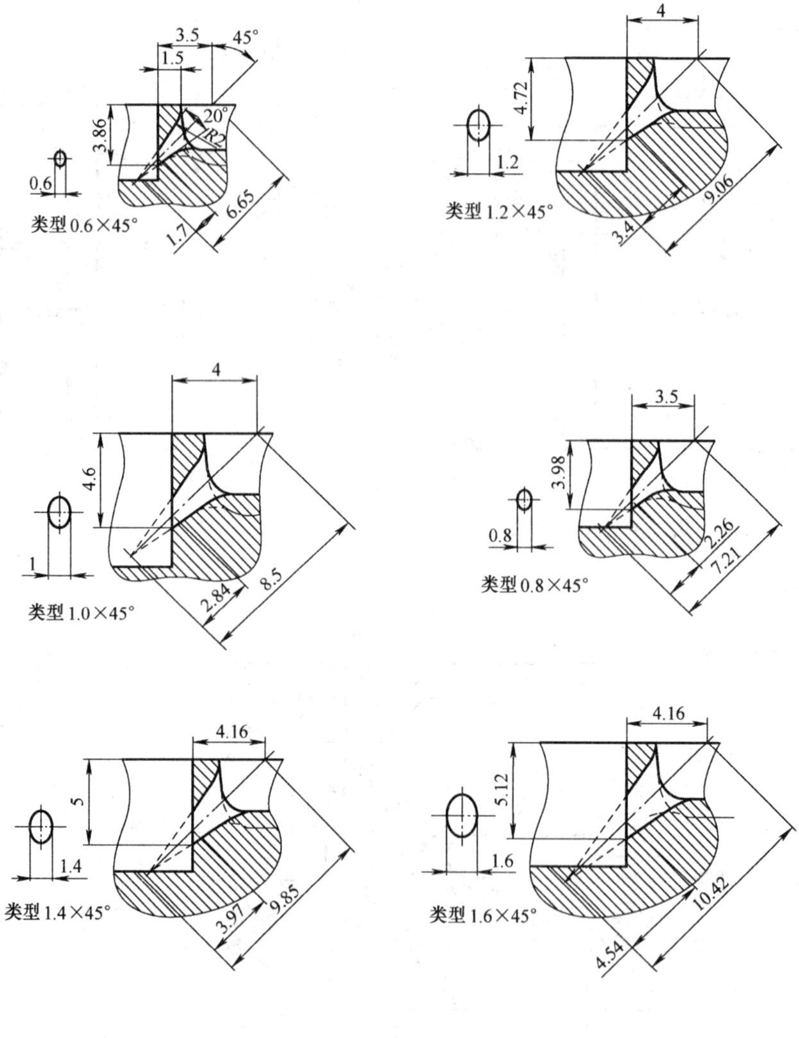

图 5-46　潜伏式浇口尺寸选用

特殊潜伏式浇口（羊角浇口），如图 5-47、图 5-48 所示，潜伏式浇口必须用块浇口镶件分别加工出羊角形状。为使浇道能被平衡顶出，所有潜伏式浇口的 L 都要比 L_1 长，或用尖头顶尖（图 5-49）。

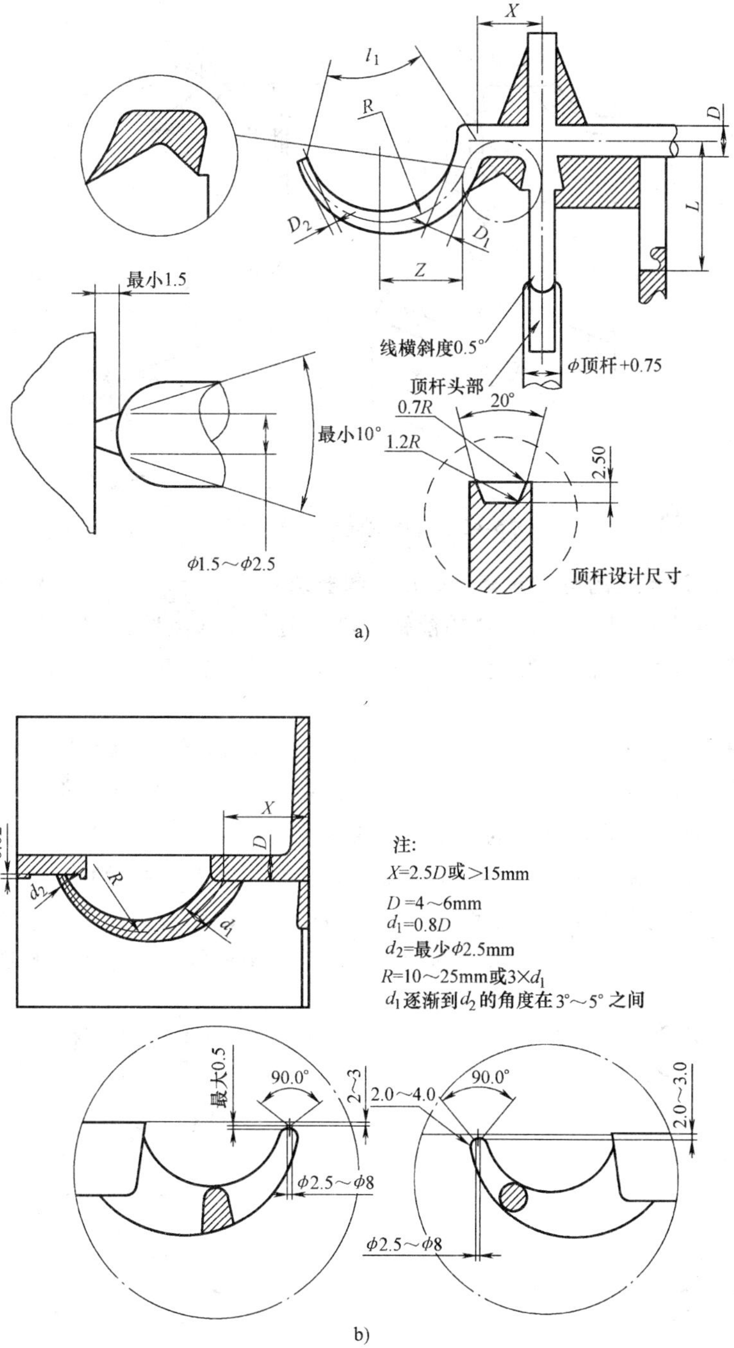

图 5-47　特殊潜伏式浇口

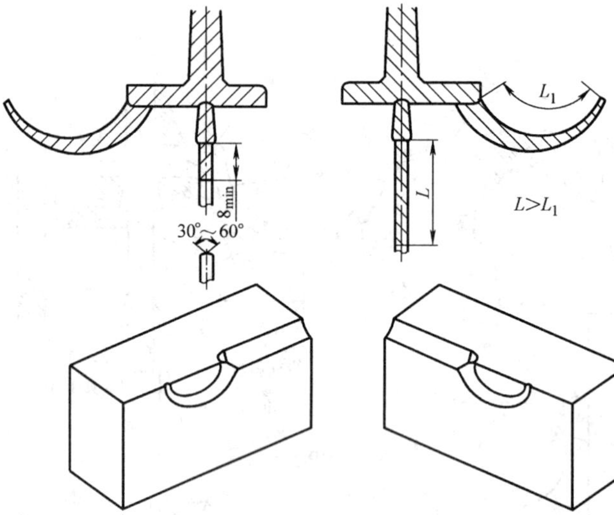

图 5-48　潜伏式浇口（羊角浇口）

127. 浇注系统的冷料穴有什么作用和要求？

1）冷料穴作用。收集熔料的前锋冷料，避免流入型腔使塑件强度降低。冷料穴要求设置在主流道和分流道的末端，长度是直径的 1.5～2 倍，如图 5-49 所示。

2）不与拉料杆或顶杆配用的冷料穴，如图 5-50 所示。其结构是在主流道末端开设一个锥形凹坑，并在凹坑锥面平行于相对的锥边上加工一个深度不大的小不通孔。开模时，靠不通孔的固定作用将主流道凝料从定模中拉出。使用这种冷料穴时，还需在制品下部或分流道下部设置顶杆，随着顶杆对制品或分流道的作用，穴内冷料先沿着不通孔轴线移动，然后向上运动脱模。为了能让穴内冷料沿不通孔进行斜向运动，分流道必须设计成 S 形或类似的带有曲线的形状。

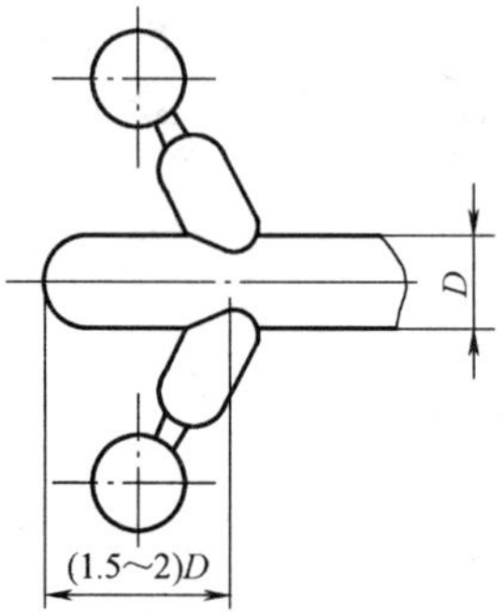

图 5-49　冷料穴

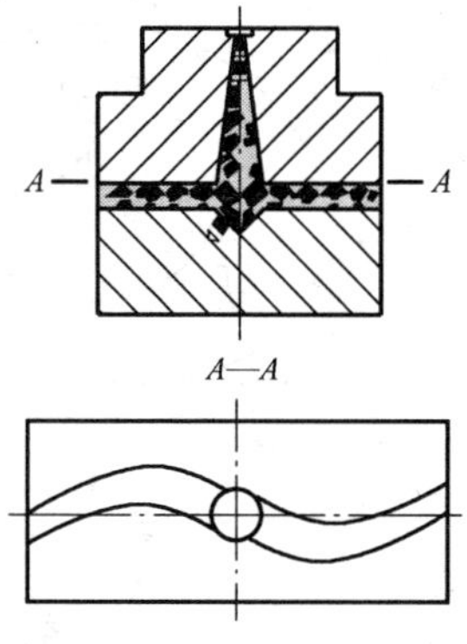

图 5-50　不与拉料杆或顶杆配用的冷料穴

128. CAE 模流分析有什么重要作用？目前 CAE 模流分析软件有哪几种？

制造一副好的模具，其浇注系统设计是关键问题，凭经验设计易出问题，而通过 CAE 的流道、浇口位置分析，可解决注塑压力的不平衡，以及熔接痕、翘曲变形等一系列问题，提高了模具的整体质量。假如没有通过 CAE 分析，浇口的位置及尺寸或流道截面选择不当，就会出现上述的问题，模具的质量也就不理想。甚至已开好的模具就得重新选择开制模具浇口位置、形式，从而改动模具的结构，几乎要重做。这样会带来很多的麻烦。因此有的客户要求每副模具必须要做 CAE 分析，则说明了 CAE 分析的重要性。

CAE 模流分析的作用：

1）通过 CAE 熔体充模的流动模拟，可以实现一次试模成功。一般模具都不能烧焊，尤其国外的模具不准烧焊，烧焊要经客户同意，即使同意了，也增加了工作量，延迟了交模时间，同时增加了金加工的费用和试模费用。

2）为模具的设计、改善模具结构提供依据，确定浇口数目和位置。可以优化注塑成型工艺参数，可预知所需的注射压力及锁模力。

3）能预测熔体的填充、冷却情况，熔接痕位置、翘曲变形等缺陷会否产生。

4）能预测保压过程中型腔内熔体的压强、密度和切应力分布等。

5）预知多浇口的注射压力的平衡情况，模拟熔料充填过程。

6）优化注塑工艺，以便设计者能尽早发现问题，减少试模次数。并通过模流分析验证结构的合理性。

目前，市面上可以看到的注塑成型仿真软件见表 5-34，CAE 模流分析举例如图 5-51、图 5-52 是生成 CAE 模流分析报告图。

表 5-34　注塑成型仿真软件

软件名称	开发单位	软件名称	开发单位
C-MOLD	A. C. Tech（美国）	POLYFLOW	SDRC（美国）
MOLDFLOW	Moldflow PTY（澳大利亚）	CAPLAS	佳能（日本）
SLMUFLOW	Gratfek Inc.（美国）	MELT FLOW	宇部兴产（日本）
TM Concept	Plastics&Compute Inc.（意大利）	SIMPOE	欣波科技（中国台湾）
CADMOULD	I. K. V（德国）	MOLDEX	科盛科技（中国台湾）
IMAP-F	（株）丰田中央研究所（日本）	INJECT-3	Phillips（荷兰）
PLAS	Sharp 公司（日本）	Pro/E Plastics	PTC（美国）
TIMON-FLOW	TORAY 公司（日本）	HSCAE3D	中国华中科技大学

图 5-51　CAE 模流分析

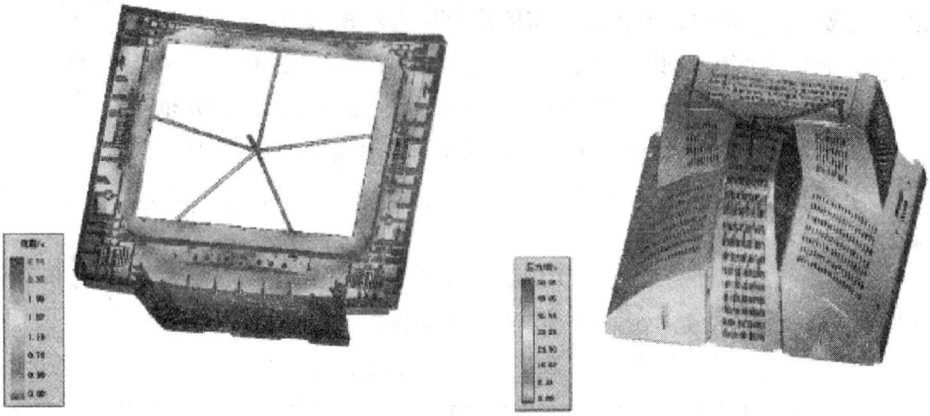

图 5-52　电视机前后盖 CAE 模流分析

129. 无流道模具包括哪些热流道类型？怎样应用？

在任一成型周期内均无须取出浇注系统凝料的模具，统称无流道注射模。浇注系统凝料的存在，不仅浪费原料和注射机的能耗，而且也增加了流道赘物的处理工序。因此采用无流道注射模可降低生产总成本。在无流道模具中，热流道模具应用最多，国外 60% 以上模具都采用热流道模具。

选用无流道模具时，要根据塑料性能、塑件形状、浇口位置、模具结构、客户要求等综合因素来考虑采用无流道的类型和喷嘴的种类、型号。在选用确定前，最好通过模流分析确定其浇口的位置和数量。若经验不足，可咨询供应商求助解决。

1）无流道模具包括，如表 5-35 所示的五种热流道类型。

表 5-35　无流道类型

分　　类	特　　征
热流道模具	在流道的外部或内部加热,使塑料始终维持熔融状态
井坑式喷嘴	在注射机喷嘴和模具浇口之间有一较大截面的蓄料坑,表层塑料熔体凝固绝热,中心层维持熔融状态。仍只适用于单型腔模具
绝热流道模具	主流道、分流道的横截面较大,表层塑料凝固绝热,中心层维持熔融状态。有时在二级喷嘴部位施以辅助加热
延伸式喷嘴	模具内无流道,将注射机喷嘴延长直线对准浇口向型腔注料。适用于单型腔模具
温流道模具	用于热固性塑料的无流道模具。通常用热水(热油)使模具流道系统保持在适当温度,从而维持树脂的流动性

2）塑料与无流道类型（方式）适配情况，见表 5-36。

表 5-36　塑料与无流道类型（方式）适配表

材料／方式	聚乙烯	聚丙烯	苯乙烯 AS	ABS	聚甲醛	聚氯乙烯	聚碳酸酯
井式喷嘴	可	可	稍有困难	稍有困难	不可	不可	不可
延伸喷嘴	可	可	可	可	可	不可	不可
绝热喷嘴	可	可	稍有困难	困难	不可	不可	不可
热流道	可	可	可	可	可	可	可

130. 什么是热流道？热流道模具有什么优缺点？哪些塑料适合使用热流道？热流道技术的应用趋势怎样？

（1）热流道的定义

1）热流道技术是应用于塑料注射模浇注系统的一种先进技术，是塑料注射成型工艺发展的一个热点方向。所谓热流道成型是指注射模具设置加热器使注射机喷嘴送往浇口的熔料始终保持熔融状态，在每次开模时不需要将废料取出，滞留在浇注系统中的熔料可在下一次注射时被注入型腔。理想的注塑系统应形成密度一致的部件，不受所有的流道、飞边和浇口的影响。相对冷流道来讲，热流道要做到这一点，就必须维持塑料在热流道内的熔融状态。热流道浇注系统为无流道模塑主要类型，应用较多。

2）热流道系统的组成：①热流道板：如图 5-53 所示，其主要任务是恒温地将熔体从主流道送入各个单独喷嘴，在熔体传送过程中，尽可能保持压强不变，且不允许塑料降解。常用热流道板的形式有：一字形，H 形，Y 形，X 形；结构上有外加热热流道板和内加热热流道板两大类。②喷嘴：如图 5-54 所示，热流道模具按喷嘴结构形式不同有多种形式，类型均大同小异，但各个厂家加工工艺和实施方法有很大区别，这决定了热流道系统的质量和价格的差异。一般有开放式、针阀式和其他几种特殊形式。③加热元件：如图 5-55 所示，加热元件是热流道系统的重要组成部分，其加热精度和使用寿命对于注塑工艺的控制和热流道系统的工作稳定影响重大。一般有加热棒、加热圈、管式加热器、螺旋式加热器（加热盘条）等。④温控器：如图 5-56 所示，温控器就是对热流道系统的各个位置进行温度控制的仪器，由低端向高端分别有通断位式、积分微分比例控制式和新型智能化温控器等种类，根据需要用户可以同其他模内组件配合使用。

图 5-53 热流道板

图 5-54 热流道喷嘴

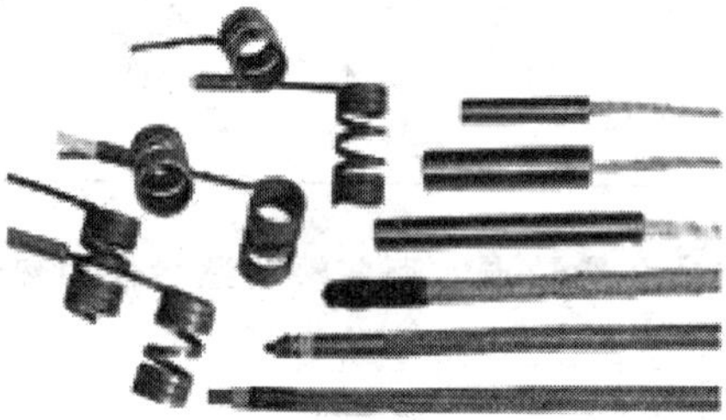

图 5-55 热流道加热元件

图 5-56 热流道温控器

（2）热流道模具的优缺点

1）优点：①节省原材料，保证制品高质量。②降低注射压力和锁模力。③缩短成型周期，提高注射机效率，有利于更多型腔的模具开发，因无需二次分型，不必用三板式模具即可以使用点浇口，容易实现自动化操作。④可直接以侧浇口成型单个制品，减少了制品的后续加工。⑤可直接浇口成型制品，可用针阀式浇口控制浇口启闭的时间，可改观、消除或转移制件的熔接痕、变形、气穴等外观缺陷。

2）缺点：①模具结构复杂，模具费增高。由于加热装置、温控系统绝热结构及其他因素，成型准备时间长，小批量生产效果不好。②需要增加设计和维修项目，模具的设计和维修较复杂。③不适用于某些塑料品种和注射周期长的制品。④注射成型的技术难度较高。⑤必须去除塑料中的异物（否则异物堵塞浇口时，检修麻烦又费时）。

（3）适合使用热流道的塑料

并非每种塑料都可以使用热流道。表 5-37 是一些常用的塑料与喷嘴类型的选用。

表 5-37　各种塑料与浇口类型的选用

类型 塑料		针阀浇口						开口浇口（大水口）						
		VV	VA	VF	VAE TVL	LVA TVA	LVF	CC	CA	CE	CF	TAC	TLC	TOF
结晶材料	PP	☆	☆	☆	☆	☆	☆	☆	☆	☆	☆	☆	☆	☆
	PE	☆	☆	☆	☆	☆	☆	☆	☆	☆	☆	☆	○	☆
	PBT	○	○	☆	○	○	○	○	○	○	○	○	△	○
	PET	○	○	☆	△	○	○	○	○	○	○	△	△	○
	POM	○	○	☆	☆	☆	☆	○	○	○	○	○	×	△
	PA	○	○	☆	△	○	○	○	○	○	○	○	×	△
	PPS	○	○	☆	△	○	○	○	○	○	○	○	×	△
	LCP	○	○	☆	△	○	○	△	△	△	△	△	×	×
特殊流道设计														
非结晶体	PS	☆	☆	☆	☆	☆	☆	☆	☆	☆	☆	☆	○	○
	ASS	☆	☆	☆	☆	☆	☆	☆	☆	☆	☆	☆	○	○
	PPO	☆	☆	☆	○	○	○	○	○	○	○	○	○	○
	PC	○	○	☆	○	☆	☆	△	○	○	○	○	×	△
	SAN	○	○	☆	○	○	○	○	○	○	○	○	×	△
	PUR	○	○	☆	○	○	○	△	○	○	○	○	△	△
	PVC	○	○	○	○	○	○	×	×	×	×	×	△	○
	PMMA	☆	☆	☆	○	☆	☆	○	○	○	○	○	△	○
添加剂	防火剂	○	○	☆	○	○	○	△	△	△	△	△	△	○
	玻纤	○	○	☆	○	☆	☆	△	△	△	△	△	○	○
								Two Pioce Tip						
	稳定剂	○	○	☆	○	○	○	△	△	△	△	△	△	○
		防火剂　玻纤　稳定剂												

注：☆为推荐使用；○为可用；△为慎重采用；×为建议不使用。

131. 热流道的设计要点有哪些？热流道设计有什么具体要求？

（1）设计要点

1）分流道内所有转折交叉处都要求圆滑过渡，不能有滞料死角。

2）热流道板喷嘴与定模盖板、型腔板等接触部分要有很好的绝热，采用空气绝热的间隙为 10～15mm。要防止热流道元件与模板直接接触，否则，会造成传导损失和辐射损失。

3）热流道模具的流道板，热加温功率需通过计算，在设定的时间内（一般为 30min ~ 60min，最好取 30min）把流道板温度和喷嘴温度加热到所需的温度。

4）热流道模具在工作时，热流道板和型腔板之间温差较大（200 ~ 300℃和 60 ~ 80℃），因此流道板热膨胀值与定模进料孔会产生错位的偏心距。偏心距要事先给出计算调整，否则要避空。

5）要防止喷嘴流涎、堵塞、降解，喷嘴与型腔板的装配尺寸公差必须符合设计要求，特别是敞开式喷嘴。

（2）热流道结构设计具体要求

1）所有要求热流道板的模具，将通过一个 CAE 流道分析，选择出浇口的正确位置和尺寸。

2）热流道板加热分内加热和外加热两种方式，加热力求均匀。加热棒和流道板的配合间隙为 H7/g6，间隙过大加热棒有空间，会使加热棒过热而易损坏，过小的孔径则使其不易装配。

3）热流道板可根据塑件形状结构做成一字形、H 形、X 形、Y 形等。流道板在许可强度下尽量减少质（重）量。分流道直径为 6 ~ 14mm 之间，根据塑件大小、塑料种类选择分流道直径。

4）承压圈将位于背部每个喷嘴的上方或注射机喷嘴的下方，以固定连接热流道板，承压圈的中间应两面车去环形槽，减少接触面积。喷嘴采用铍青铜，承压圈一般采用不锈钢（绝热用）。承压圈厚度须留有 0.03 ~ 0.05mm 压缩余量（承压圈与流道板喷嘴的总高，比定模盖板内面至喷嘴与定模板的接触面的装配空间，高度高出 0.025 ~ 0.05mm），如图 5-57 所示。

5）流道板的喷嘴与定模浇口的定位是用定位销结构固定的，在热流板的两端的中心线上铣长槽，其大小应保证与定位销为间隙配合。

6）热流道喷嘴与型腔板保持一定的间隙（绝热膜 0.2 ~ 0.5mm），根据塑料特性和热流道喷嘴结构的具体情况而定，同时要考虑喷嘴的热膨胀，在设计时计算好热膨胀尺寸并标注在模具图上。如喷嘴加热后轴向膨胀，可测量记下膨胀的数值给予修正，使其加热后与型腔板一样高。喷嘴与型腔板的装配尺寸公差必须符合设计要求，否则将产生溢料或堵塞。

7）热流道设计的相关数据：①流道直径。从表 5-38 中选用直径尺寸。在表中，当注射

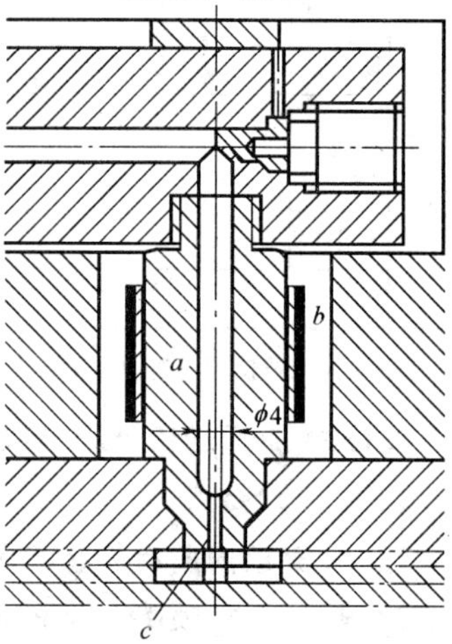

图 5-57　热流道承压圈要求

量小，流道长度小于200mm时，流道直径只取决于注射量。如果流道很长，为减少压力损失，通常直径应当大一点，这样就能保证热损失最小。②喷嘴浇口直径设计。自由流道直径应与喷嘴里通道直径相匹配，另外，浇口直径应当根据表5-39来选择。

表5-38 热流道模具的通道尺寸选择参考

流道直径 φ/mm	流道长度 /mm	注射量（型腔）/g	流道直径 φ/mm	流道长度 /mm	注射量（型腔）/g
4~5	200	约25	8~10	400~600	100~200
6~8	200~400	50~100	10~14	600以上	200以上

表5-39 点浇口特性尺寸参考值

注射量/g	点浇口直径 φ/mm	注射量/g	点浇口直径 φ/mm
~10	0.4~0.8	40~150	1.2~2.5
10~20	0.8~1.2	150~300	1.5~2.6
20~40	1.0~1.8	300~500	1.8~2.8

132. 如何计算热流道板的电功率？

1）钢制流道板的热量（功率）计算如下：

$$P = 0.115tw/860T\eta \tag{5-1}$$

式中 P——功率（kW）；

t——流道板的规定温度℃（基点为0℃）；

w——流道板的质（重）量（kg）；

T——温度从0℃上升至t℃需要的时间（h）；

η——加热器效率（$T=1$h，则实用效率为0.2~0.3）。

2）也可以用经验值计算：加热1kg的流道板，$t=240$℃，需要120~160W功率，或按照流道板的面积，0.002~0.003kW/cm^2计算，η为0.206~0.165。

133. 流道板喷嘴中心与浇口中心错位如何解决？

流道板喷嘴中心与浇口中心错位的解决方法如图5-58、图5-59所示。

1）在常温时，修正好热流道喷嘴的位置，修正量为流道板的热膨胀量，以使流道板的喷嘴中心在因加热而产生膨胀时不错离浇口中心。喷嘴采用高弹性钢或高张力镍青铜。

2）流道板的热膨胀量计算公式如下：

$$\Delta L = L \times \alpha(t_1 - t_2)$$

式中 L——中心距离（mm）；

α——钢的热膨胀系数，$\alpha = 11.3\times10^{-6} = 0.0000113$℃$^{-1}$；

t_1——注射温度（℃）；

t_2——模温（一般60℃）。

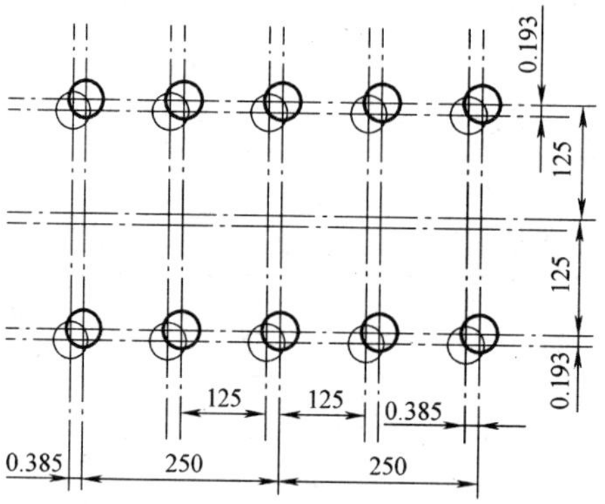

图 5-58　热流道板和型腔板的热膨胀差

注：流道板温度 200℃、型腔温度 60℃

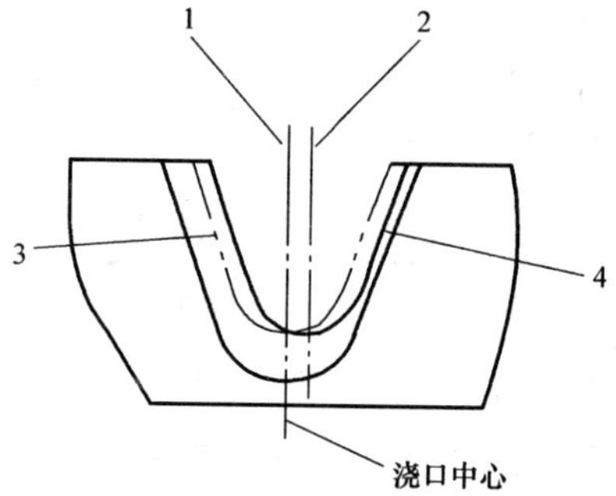

图 5-59　中心错位防止法

1—运转时喷嘴中心　2—常温时喷嘴中心

3—运转时喷嘴位置　4—常温时喷嘴位置

134. 热流道模具电气配置有什么具体要求？

热流道模具电气配置具体要求：

1）热流道的接线方式。在接线时候要确保加热器和电源温控线相对应，要将热流道板喷嘴点与型腔编上相应的编号。中心进料为 1，其余按 x 轴向 y 轴逆时针方向编号，如图 5-60 所示。接线盒上的连接方式，如图 5-61 所示。

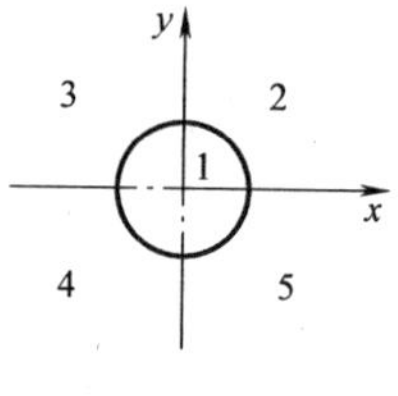

图 5-60　热流道的连接方式

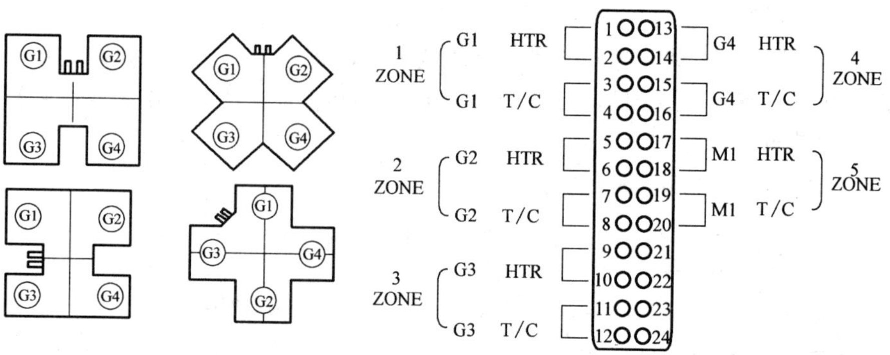

图 5-61　接线盒上的连接方式

2）热电偶布置要求。流道板与二级喷嘴要分别单独进行温控，热流道模具尽可能减少流道板与二级喷嘴的温差。热电偶要插入流道板一定的深度及选择正确的位置（热电偶通常被安置在温度最高的区域，应当安置在流道和加热器的最热处之间）。

3）电源线进出必须从定模天侧引进（引出），并用耐高温的套管保护，要求热流道板、热喷嘴、热电偶、电源线等编上相应编码。电线坑最小尺寸为9.5mm×16mm(3/8in×5/8in)。槽坑转角处要铣成圆角半径为10mm以上，以防电线损坏。槽坑盖片用铝片或铁片，厚度为3mm（1/8in），用沉头螺钉均匀固定电源线，如图5-62、图5-63所示。

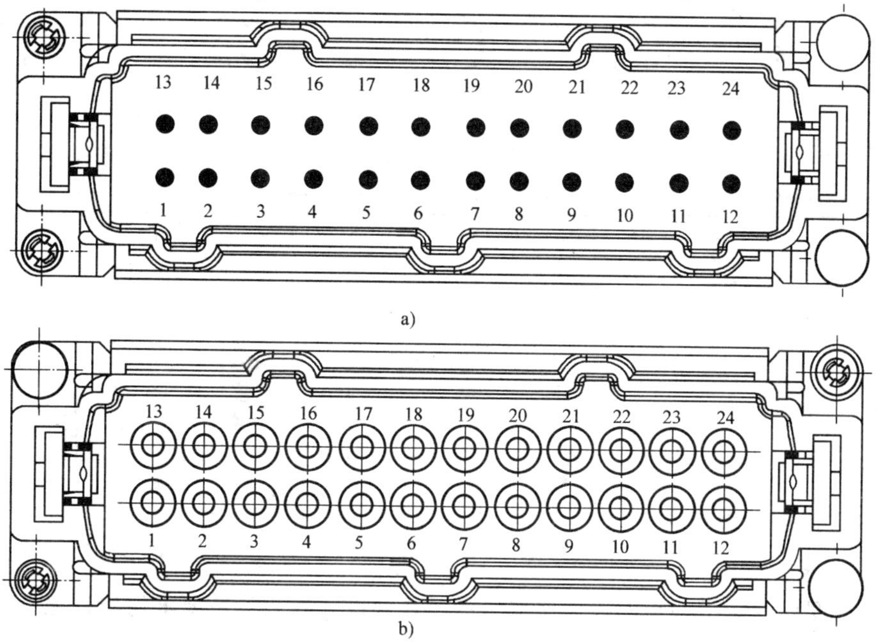

图5-62　电源线、热电偶配置

a）电源插头　b）电源插座

4）电源插座、电源铭牌安装在操作侧，热流道的电气铭牌内容要显示出热流道区域的电子图解和加热器的数量。所有外部电缆，功能盒和护管将由夹具整齐固定，不能影响注射成型时操作。

5）热流道加热的最大负荷为15A或3600W，240V（每个区域的电流不超过15A，总区域数不超过12）。用于HCPP或高流聚丙烯模的热流道分配器将使用尽可能低功率的加热器，以减少热扩散。

6）热流道元件电气配置组装好后，需要进行测试；并在加热过程中，使用

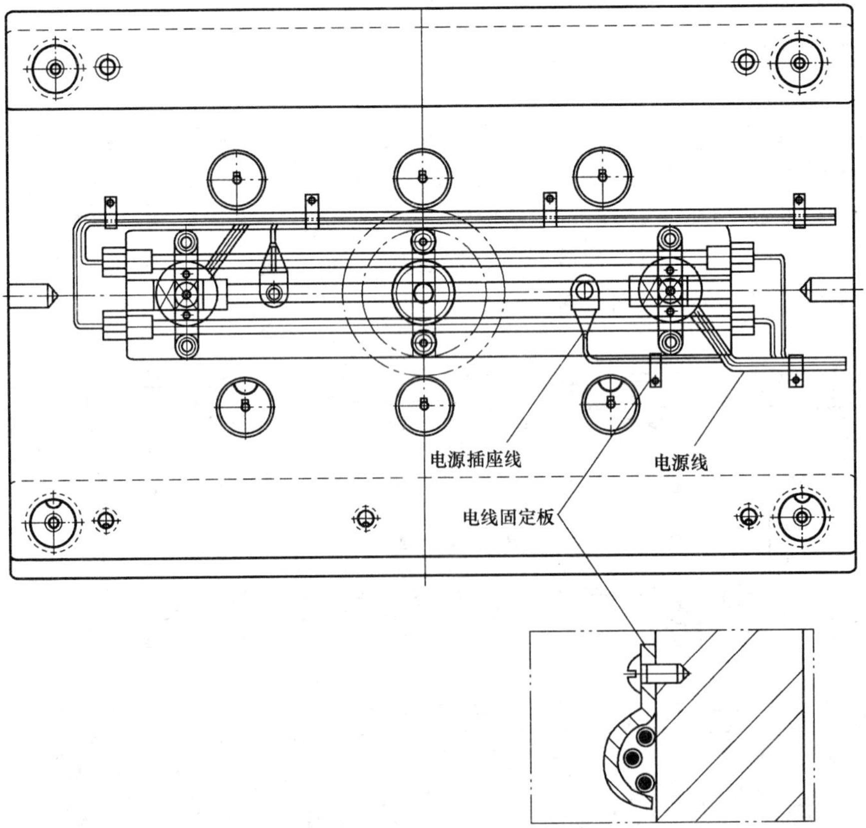

图 5-63　电源线固定

高温温度计，测量各点的表面所要求的操作温度。仪表读数要求均匀，允许显示读数误差在 ±10℃。

135. 热流道喷嘴的典型结构有哪些类型？其具体结构怎样？怎样选用？

热流道喷嘴的典型结构有如下三大类型：大水口喷嘴结构、点浇口喷嘴结构、针阀式喷嘴结构。

（1）大水口喷嘴结构

适用于大型塑件单点、多点直浇口（并且较长），在不影响塑件外观的条件下，允许留有浇口，或不剪除浇口（采用较多）。热流道的大水口喷嘴结构如图 5-64 所示。

（2）点浇口喷嘴结构

1）制品浇口痕迹小，如图 5-65 所示。

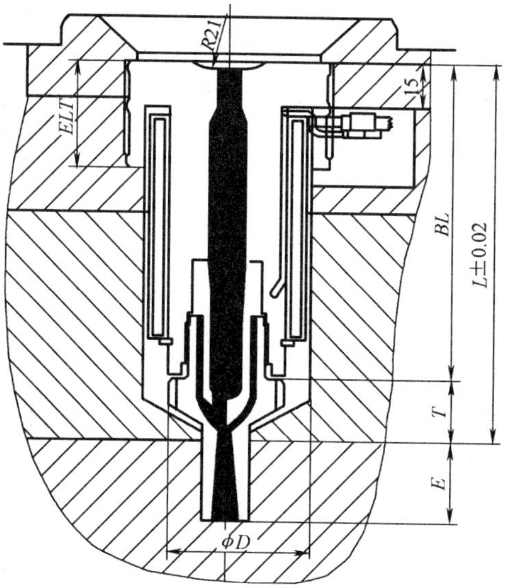

图 5-64　大水口喷嘴结构

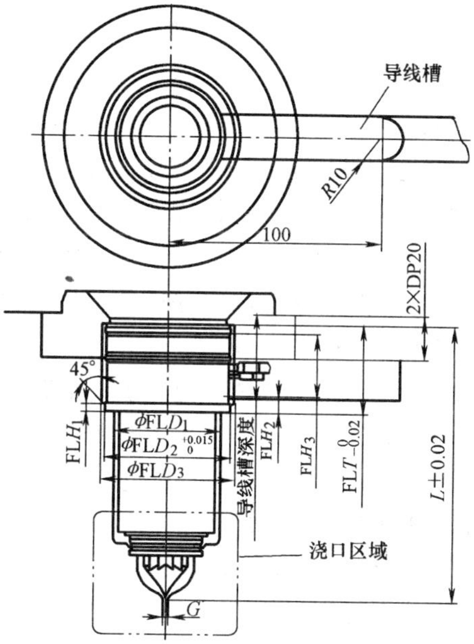

(单位：mm)

型　号	FLD_1	FLD_2	FLD_3	H_1	H_2	H_3	T
BALA 18	32	38	40	2.5	0	15	25
BALA 25	40	50	52	3	0	15	30
BALA 35	50	60	62	3	7	18	40
BALA 45	60	70	72	3	17	21	50

注：FL（D_1、D_2、D_3）—凸缘直径；FL（H_1、H_2、H_3、T）—凸缘深度。

图 5-65　点浇口喷嘴结构

2）设计热流道喷嘴结构要注意的事项。因金属热膨胀，所以在设计热流道喷嘴时要计算出膨胀的尺寸，并注明在模圈上，见图 5-66，计算公式如下：

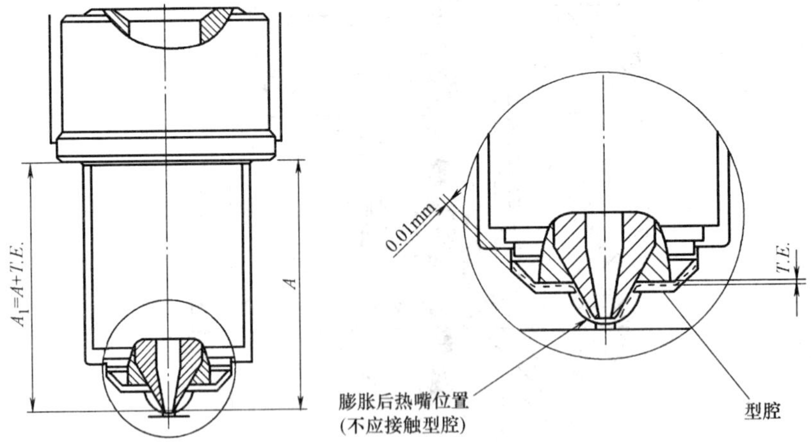

注：膨胀后的喷嘴位置（虚线处）与型腔的最小间隙为 0. 01mm。

图 5-66　热嘴膨胀情况

$$T.E.=A\times B\times\alpha$$

式中　A——热流道喷嘴尺寸（mm）；

B——温差，温度等于热流道喷嘴的料温减模温（℃）；

α——钢材的热膨胀系数，一般取 $\alpha=1.2\times10^{-5}$/℃。

$$A_1=A+T.E.$$

式中　A_1——工作尺寸，热流道喷嘴升温膨胀后的新长度；

A——室温下热流道喷嘴长度。

为了使车间了解详细尺寸，工作人员必须复印供应商所提供的资料及注意事项。

热流道喷嘴孔直径，查阅所用厂商的资料来计算。

型腔不应与膨胀后的热流道喷嘴接触，否则会使上模模温升高而热流道喷嘴本身热量损失，温度会迅速下降。

3）多点开放式热流道结构，如图 5-67 所示。

（3）针阀式喷嘴结构

1）针阀式喷嘴技术上较先进，优点有：①在制品上不留下进浇口残痕，进浇口处痕迹平滑。②能使用较大直径的浇口，可使型腔填充加快，并进一步降低注射压力，减小产品变形。③可防止开模时出现牵丝现象及流涎现象。④当注射机螺杆后退时，可有效地防止从模腔中反吸物料。⑤针阀式多点浇口应用时序控制阀，可能有效地控制进料速度以减少制品熔接痕。

2）针阀式喷嘴结构部件名称，见图 5-68。

3）针阀式喷嘴规格型号、标识，如图 5-69 所示。

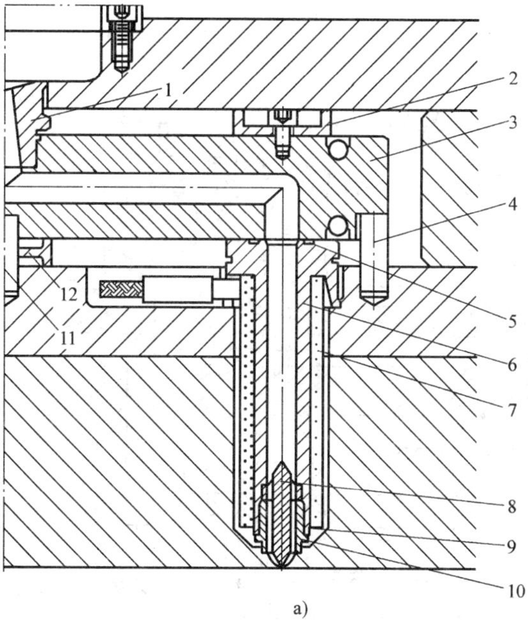

a)

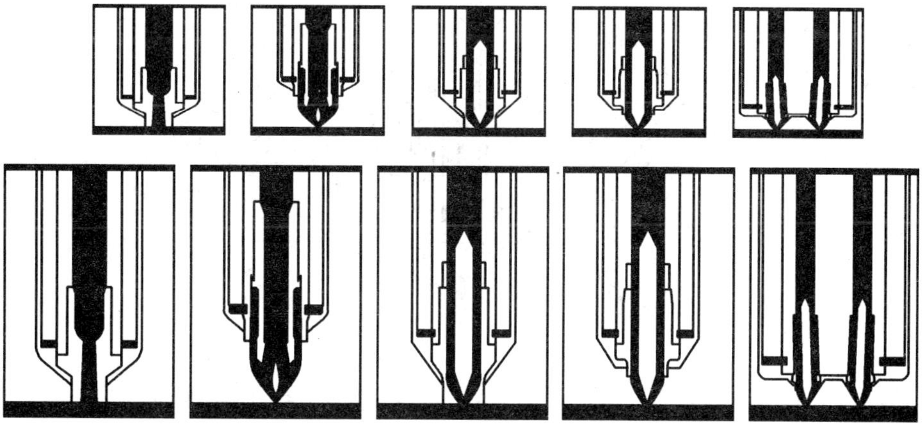

b)

图 5-67　多点开放式热流道结构、各种喷嘴头类型

a）热流道结构　b）喷嘴头类型

1—主喷嘴　2—隔热垫块　3—分流板　4—分流板定位销　5—流道密封圈

6—喷嘴体　7—加热器　8—分流梭　9—轴用弹性挡圈　10—喷嘴头

11—中心定位销　12—中心垫块

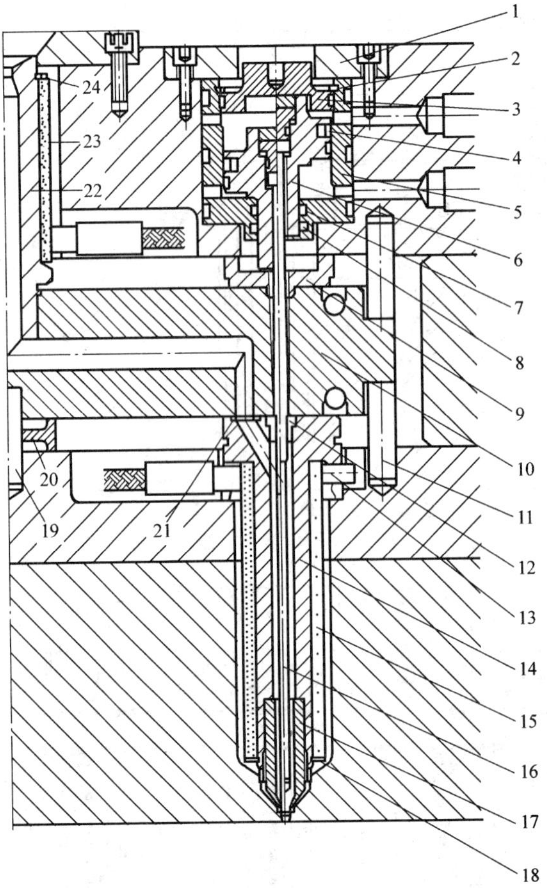

图 5-68 针阀式喷嘴结构

1—气缸压盖 2—孔用弹性挡圈 3—上盖 4—OE 密封圈 5—缸体 6—活塞 7—O 形密封圈 8—导向带 9—隔热垫块 10—分流板 11—分流板定位销 12—阀针导向套 13—喷嘴定位销 14—喷嘴体 15—芯体加热器 16—阀针 17—喷嘴头 18—轴用弹性挡圈 19—中心定位销 20—中心垫块 21—流道密封圈 22—加热型主喷嘴 23—主喷嘴加热器 24—轴用弹性挡圈

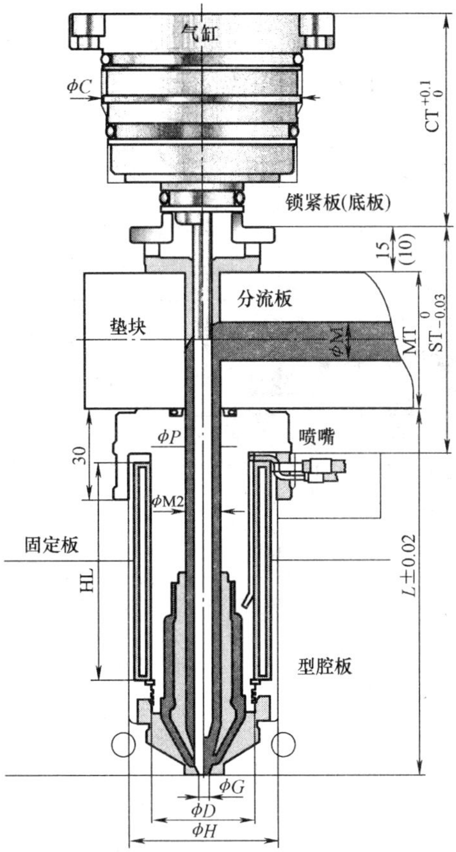

区分	BALA 18	BALA 25	
模号	BIM-18-□□-□□□	BIM-25-□□-□□	
注射量	最大至120g	最大至240g	
ϕC	58	58	68
CT(min)	60	60	65
MT	45	45	
ST	70	70	
ϕP	4	4	
ϕM1	8	10	
ϕM2	8	10	
L	75～175	90～320	
ϕG	1.2/1.5/2.0	1.5/2.0/2.5	
ϕD	18	25	
ϕH	32	40	
加热管	HTFR1518 □□□	HTFR3625 □□□	
热电偶	NZTP□□□□□□□□	NZTP□□□□□□□	

区分	BALA 35	BALA 45	
模号	BIM-35-□□-□□□	BIM-45-□□-□□	
注射量	最大至1000g	超过1000g	
ϕC	68	88	85
CT(min)	65	70	
MT	45	45	
ST	70	70	
ϕP	6	10	
ϕM1	12	16	
ϕM2	12	22	
L	90～390	110～320	
ϕG	2.5/3.0/3.5/4.0	4/5/6/7/8	
ϕD	35	45	
ϕH	30	60	
加热管	HTFR3635 □□□	HTFR3645 □□□	
热电偶	NZTP□□□□□□□□	NZTP□□□□□□□	

■ 喷嘴型号标识

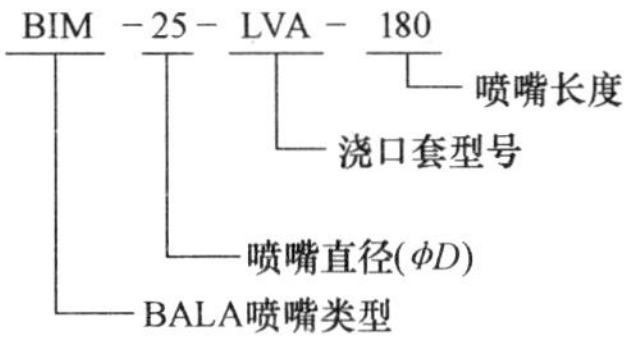

■ 加热器编码

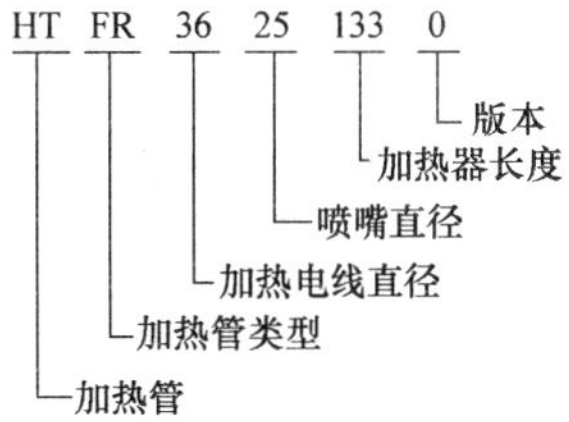

■ 热电偶编码

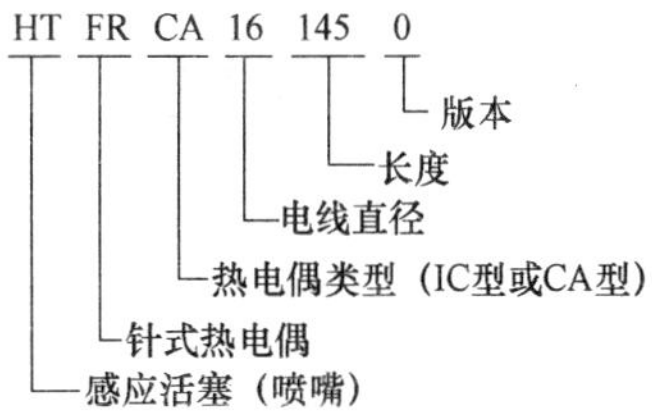

图 5-69 喷嘴规格型号、标识

136. 多点针阀式热流道结构如何？

多点针阀式结构，如图 5-70 所示。

1）多点开放式喷嘴系统——KBS 结构。开放式喷嘴与流道板是用平面连接，见表 5-40。

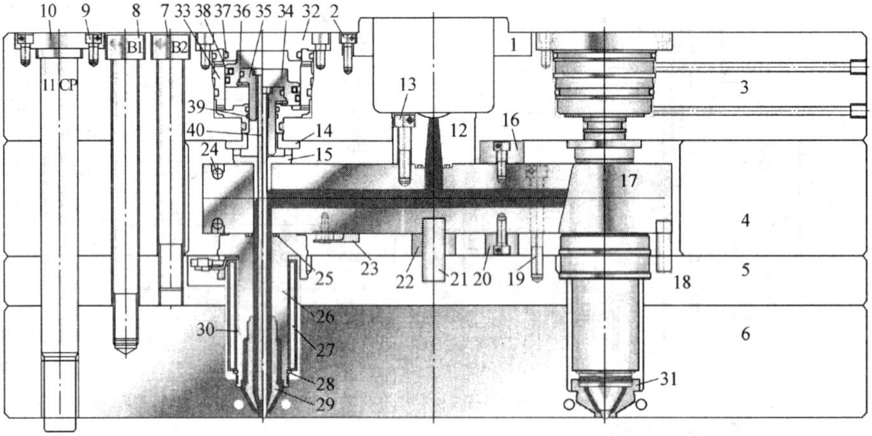

1—定位线圈
2—标准螺钉
3—压板
4—流道板
5—压承板
6—型腔板
7、8—吊环
9—内六角螺钉
10—型腔中心顶杆
11—中心顶杆
12—喷嘴
13、19—内六角螺钉
14—支撑块
15—导套
16—上绝缘板
17—流道板
18—锁
20—下绝缘板
21—定位销
22—定位垫
23—热电偶
24—加热圈
25—密封圈
26—喷嘴主体
27—加热管
28—止动环
29—喷嘴点
30—喷嘴上的热电偶
31—浇口衬套
32—气缸盖
33—Housing
34—活塞出口
35—气缸机座活塞入口
36—止动环
37、39—O 形圈
38—垫圈
40—针阀

图 5-70 多点针阀式结构部件名称

表 5-40 多点开放式喷嘴系统——KBS 结构

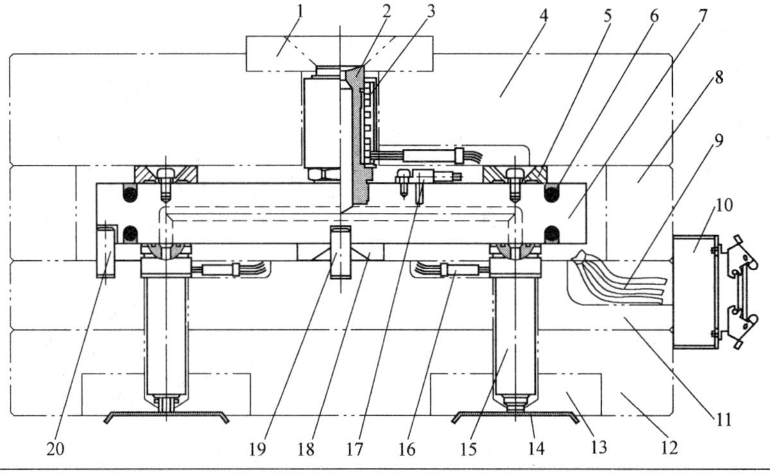

（续）

序号	部件名	备注	序号	部件名	备注
1	中心定位环		11	后夹板	
2	主喷嘴	*	12	前模板	
3	主喷嘴加热圈	*	13	型腔镶件	
4	顶部夹板		14	塑料产品	
5	隔热垫块	*	15	分喷嘴	*
6	分流板加热盘条	*	16	分喷嘴加热圈	*
7	分流板	*	17	分流板热电偶	*
8	垫板		18	中心隔热垫块	*
9	耐温导线	*	19	中心定位销	*
10	接线盒	*	20	回转定位销	*

注：* 表示标准件。

2）喷嘴标准规格。见表 5-41。

表 5-41 喷嘴标准规格

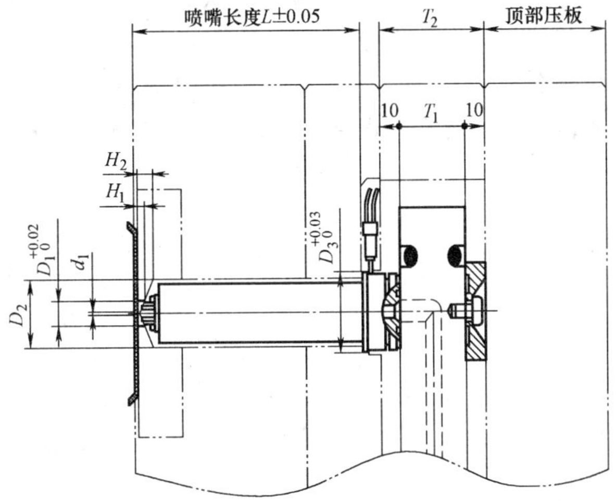

	KBP13	KBP15	KBP20	KBP25	KBP35
H_1	2.0	4.0	5.0	6.0	10.5
H_2	11.0	9.2	11.4	12.9	17.1

	KBP13	KBP15	KBP20	KBP25	KBP35
T_1	35.0	40.0	40.0	50.0	50.0
T_2	55.0	60.2	60.0	70.0	70.0

	喷嘴			浇口		喷嘴长度 L							
	D_1	D_2	D_3	d_1(min)	d_1(max)	40.0	50.0	60.0	70.0	80.0	90.0	100.0	110.0
KBP12	ϕ9.0	ϕ22	ϕ30	ϕ0.8	ϕ1.5	●	●	●	●	●	●	●	●
KBP15	ϕ10.5	ϕ28	ϕ35	ϕ0.8	ϕ1.5	●	●	●	●	●	●	●	●
KBP20	ϕ14	ϕ34	ϕ42	ϕ1.0	ϕ2.0		●	●	●	●	●	●	●
KBP25	ϕ16	ϕ40	ϕ50	ϕ1.5	ϕ2.5		●	●	●	●	●	●	●
KBP32	ϕ20	ϕ48	ϕ58	ϕ2.0	ϕ3.0		●	●	●	●	●	●	●

注：●表示优先选用。

3）喷嘴适配量见表 5-42。

表 5-42 喷嘴适配量

型号	喷嘴流道/mm	产品质量/g			浇口	塑料适应性
		低粘度树脂	中粘度树脂	高粘度树脂		
KBP12	ϕ5.0	≤20	≤12	≤8	ϕ0.8	PE、PP、PS、ABS、PMMA、PPO
KBP15	ϕ7.0	≤50	≤35	≤20	ϕ1.0	
KBP20	ϕ10.0	≤200	≤120	≤80	ϕ1.2	
KBP25	ϕ12.0	≤600	≤350	≤200	ϕ1.5	
KBP32	ϕ16.0	≤1500	≤900	≤600	ϕ2.0	

137. 井坑式喷嘴结构如何？

1）井坑式喷嘴（又名绝热主流道）是一类结构最为简单的单型腔绝热流道注塑模。它仅适用于注射成型周期少于 20s 的制品。井坑式喷嘴的结构和尺寸分别见图 5-71 和表 5-43。在注射机喷嘴端部和模具浇口之间，设置一截面积较大的锥形流道杯以储存熔料，其容积约为制品体积的 1/3 ~ 1/2。杯壁四周塑料壳层起绝热作用，使芯层熔体在压力作用下注入模腔。实际上，主流道井与定模板之间的空气也起绝热作用，如图 5-71a 所示。用弹簧将流道杯压在注射机喷嘴上，并可随其移动，以保证熔料能得到充分的供热。此种装置被称为浮动式流道杯，如图 5-71c 所示。

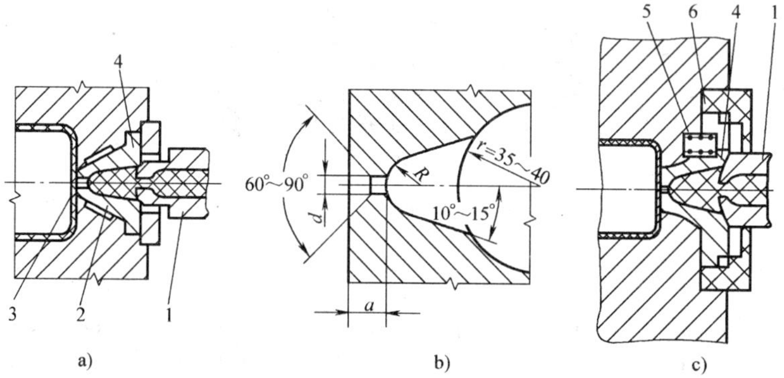

图 5-71 井坑式喷嘴推荐尺寸

1—注塑机喷嘴 2—储料井 3—浇口 4—主流道杯 5—压缩弹簧 6—定位圈

表 5-43 井坑式喷嘴尺寸

塑件质(重)量/g	成型周期/s	d/mm	R/mm	a/mm
3 ~ 6	6 ~ 7.5	0.8 ~ 1.0	3.5	0.5
6 ~ 15	9 ~ 10	1.0 ~ 1.2	4.0	0.6
15 ~ 40	12 ~ 15	1.2 ~ 1.6	4.5	0.7
40 ~ 150	20 ~ 30	1.6 ~ 2.5	5.5	0.8

2）常用井坑式喷嘴结构如表 5-44。它的特点是：①喷嘴头部与型腔没有截面空间；②其内贮存塑料熔体表层起凝固绝热作用，中心保持熔融状态，便于充模流动；③适用于单型腔模具；④井坑式形状尺寸与成型周期关系见表 5-43。

表 5-44　常用井坑式喷嘴结构

简　图	特征说明	简　图	特征说明
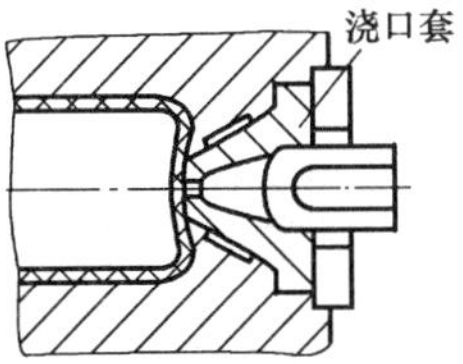	井坑式喷嘴为防止井坑内塑料凝固，应减少井坑浇口套与型腔板接触面积，使空气间隙绝热	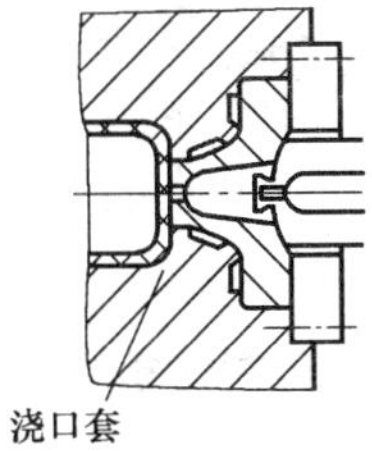	改进的井坑式喷嘴，喷嘴前端伸入井坑内，并带有钩。当停车后，可以方便地将井坑内凝固料拉出，便于清理井坑
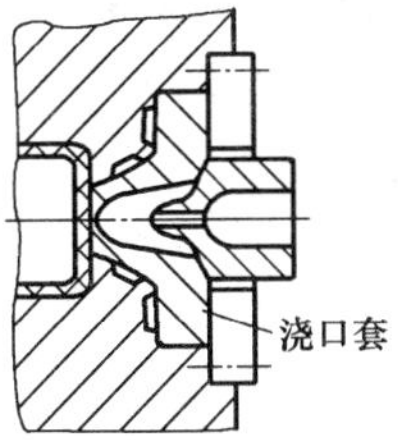	当井坑比较长时，注射机喷嘴应伸入到井坑内，以防止井坑内塑料凝固。利用空气间隙使井坑衬套与型腔板绝热	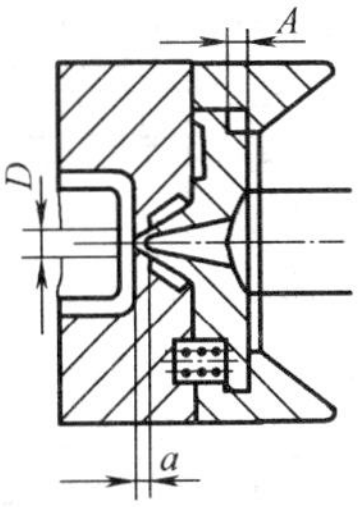	改进的井坑式喷嘴，井坑浇口套在塑件熔体固化后，井坑衬套随注射喷嘴后退 3 ~ 4mm，使型腔分开，防止热量传向模具

138. 绝热流道结构怎样？

将注射模流道截面积增大，利用塑料本身的绝热性让其流道表面层凝固，使流道中心始终维持熔融状态，以达到无流道凝料的目的，具有此种功能的模具称为绝热流道注射模。绝热流道分全绝热、半绝热、有加热圈、无加热圈等类型，如表 5-45 所示。

表 5-45　绝热流道类型结构

喷嘴类型	简　图	特 征 说 明
完全绝热（无加热喷嘴）	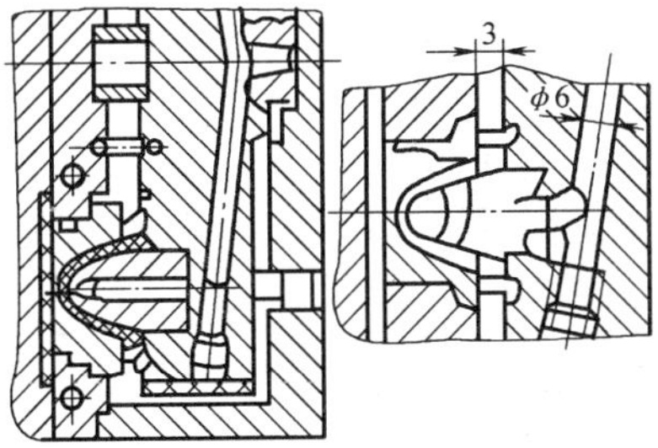	二级喷嘴用铍铜合金制造，流道板与浇口套之间由滑动压环隔离，二级喷嘴不与浇口接触，由塑料层绝热，厚度为 0.5 ~ 1mm，二级喷嘴温度不易降低，喷嘴孔不易凝固

（续）

喷嘴类型	简　　图	特 征 说 明
半绝热（无加热喷嘴）	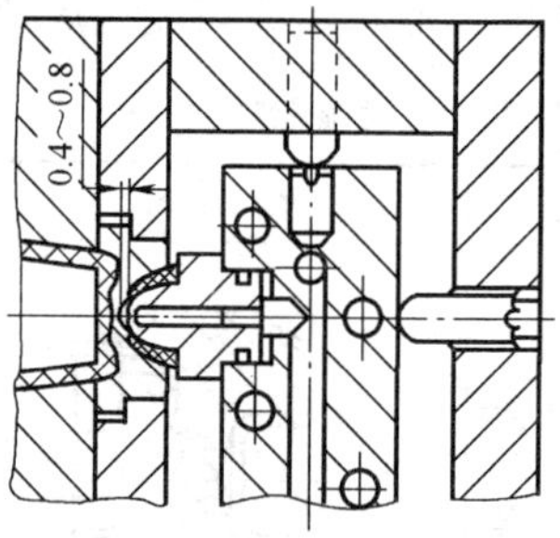	二级喷嘴用铍铜合金制造，喷嘴前端与浇口套间有塑料层绝热，喷嘴后部前凸台与型腔板接触，喷嘴热量可由此传向型腔板
半绝热（外加热喷嘴）	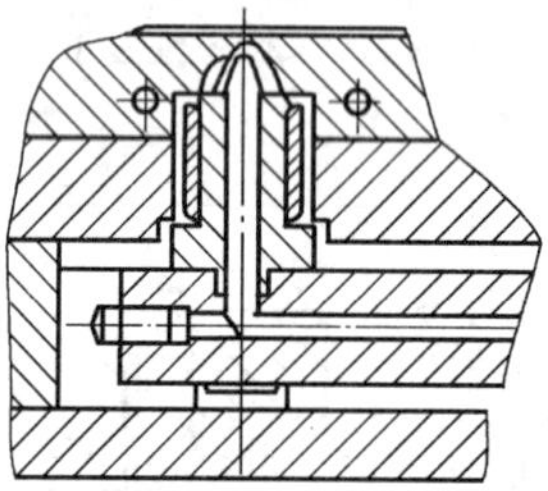	二级喷嘴用加热圈从四周加热，可防止喷嘴堵塞
	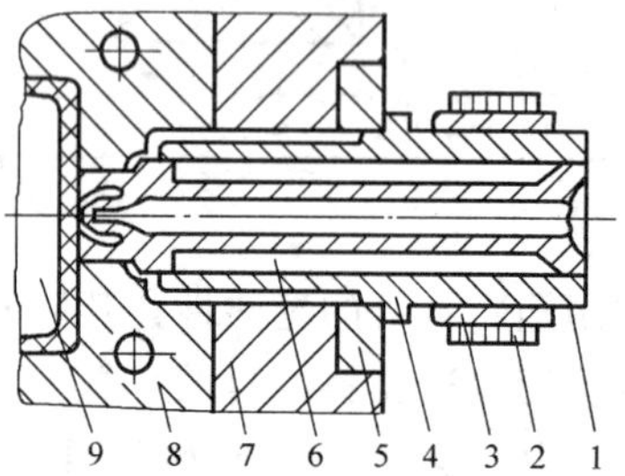 1—内管　2—加热圈　3—传热铝套　4—外壳 5—定位环　6—传热介质　7—模板 8—型腔板　9—型芯	称为热管浇口套，利用热管原理设计而成。浇口套中心为塑料通道，其外是起加热作用的夹套，热源在浇口套始端外侧，浇口套两端温差控制在2℃左右。中心流道直径大，阻力小，更换颜色块
半绝热（内加热喷嘴）	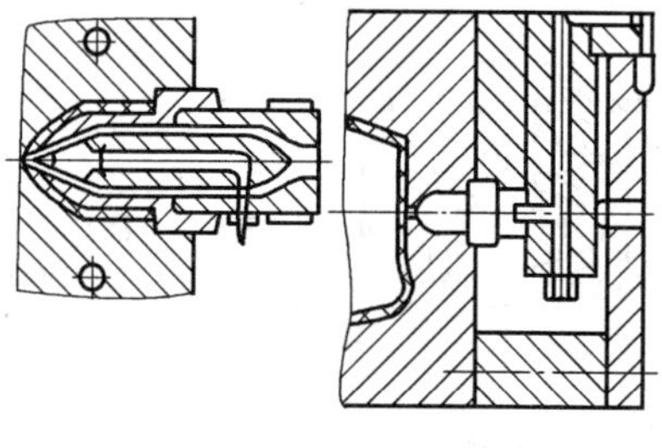	这是日本的TGK热喷嘴，喷嘴体前端与型腔板之间有0.5mm厚的塑料绝热层，后部两者相接触呈半绝热方式。喷嘴内部分流梭带有内加热器，分流梭前端呈针状，深入浇口内，距型腔0.5mm，防止浇口凝固，图b是TGK热喷嘴用于多浇口模具情况，该浇口已标准化，具有互换性

（续）

喷嘴类型	简　图	特征说明
半绝热（无加热喷嘴）	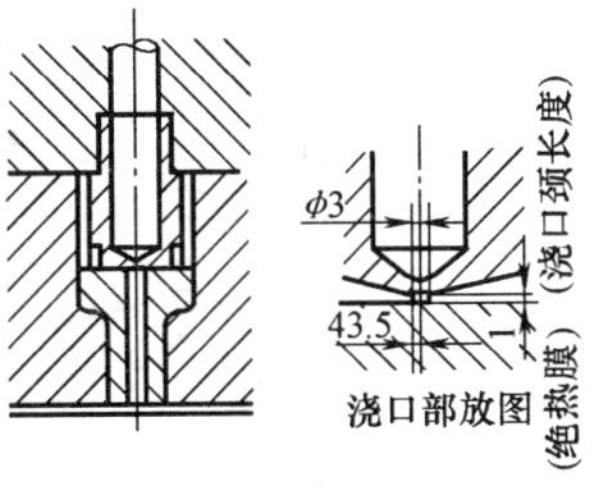	二级喷嘴前端与浇口套之间有0.5～1mm厚塑料层绝热，喷嘴直孔径2.5～3.5mm，孔长2.5～3mm，用于周转箱、汽车部件模具。因喷嘴上没装加热圈，当喷嘴长时温度会下降，喷嘴的浇口部就有固化的可能。一般喷嘴前端高出流道板的高度以40mm为界限，如使用铍铜虽然稍微好一些，但也有限度，一般突出长度在40mm以上时，在喷嘴上装加热圈

（1）绝热流道要求

1）树脂隔热层的厚度必须满足下述要求。这层树脂绝热层即使固化，由于下一次的注射压力，树脂也能通过。

2）喷嘴孔的长度应尽可能缩短，使树脂不至于因剪切、摩擦热而劣化。

（2）绝热流道的缺点

1）流道易冷却固化，因而使用树脂及成型周期有一定限制。在不进行辅助加热时，几乎只限于聚乙烯树脂。聚丙烯树脂虽也可用于小型制品，但是不适于成型周期长的大型制品。

2）不适于尺寸精度要求高的制品。

3）开始操作时，根据树脂的要求，达到设定条件很繁琐。

（3）常见绝热流道结构要求

1）绝热流道的主流道、分流道特别粗大。流道转弯处要圆滑过渡，减少流动阻力，一般为流道容积的1/3，中心维持熔融状态。

2）为减少流道板与型腔板的导热面积，常在浇口处局部加热。

139. 延伸式喷嘴典型结构怎样？

延伸式喷嘴是最简单的一类单型腔热流道注射模，结构如图5-72所示。它们有共同特点：①喷嘴本身带有加热圈和单独的调温系统。②高温喷嘴端部直接或间接成型塑件。③喷嘴口实为型腔浇口，其直径为0.5～1.2mm点浇口。图5-72a所示为球头延伸式喷嘴，图5-72b为锥形延伸式喷嘴，图5-72c为成型延伸式喷嘴，为延伸式喷嘴端部构成型腔的一部分，图5-72d为绝热延伸式喷嘴。绝热层厚度从中心的0.4～0.5mm增至外侧的1.2～1.5mm。

（1）延伸式喷嘴结构特点

1）通常用于单型腔模具。

2）延伸式喷嘴用铍铜合金制造，便于传热。

3）喷嘴与型腔接触面积宜最小，用空气或塑料隔热，如图5-72c所示。

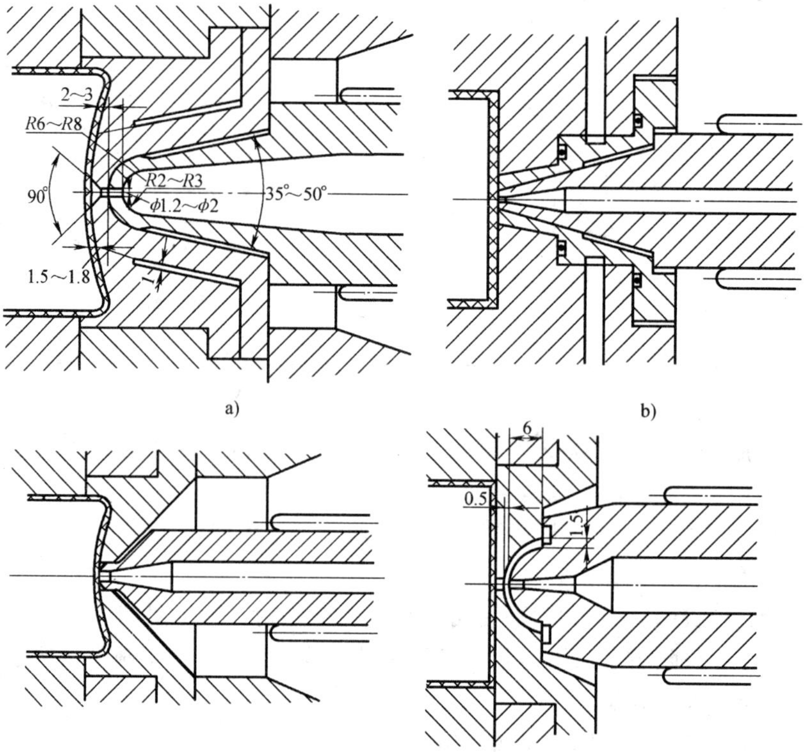

图 5-72　延伸式喷嘴结构

(2) 单型腔延伸式喷嘴结构

延伸式喷嘴直接接触结构，见表 5-46。

表 5-46　延伸式喷嘴接触结构

喷嘴类型	简　　图	特 征 说 明
直接接触(无加热喷嘴)	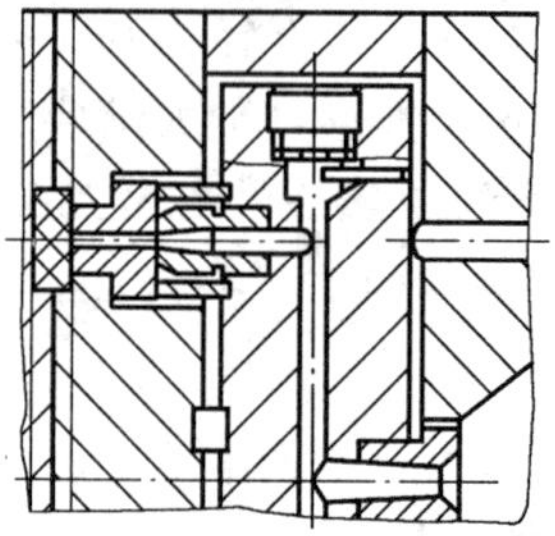	周转箱模具。二级喷嘴和压环与浇口套平面接触。流道板和型腔板的不同热膨胀可通过喷嘴、滑动压环与浇口套的滑动来补偿

（续）

喷嘴类型	简　图	特征说明
直接接触（无加热喷嘴）	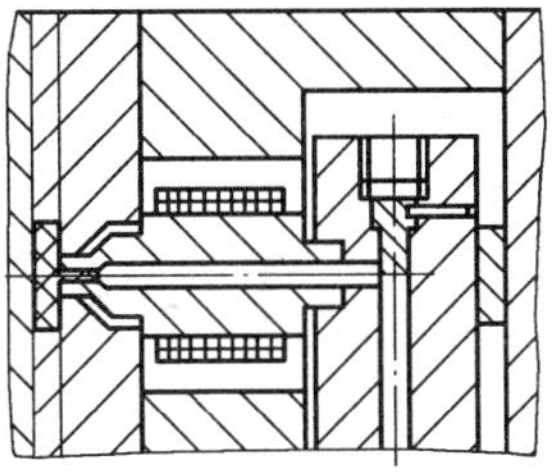	喷嘴与浇口套做成整体，前端面构成型腔，可视为延伸式喷嘴用于多浇口模具。直浇口长度缩短至15mm。二级喷嘴用高弹性钢或镍青铜制作。喷嘴较长，受其挠性吸收流道板热膨胀的影响
直接接触（内加热喷嘴）	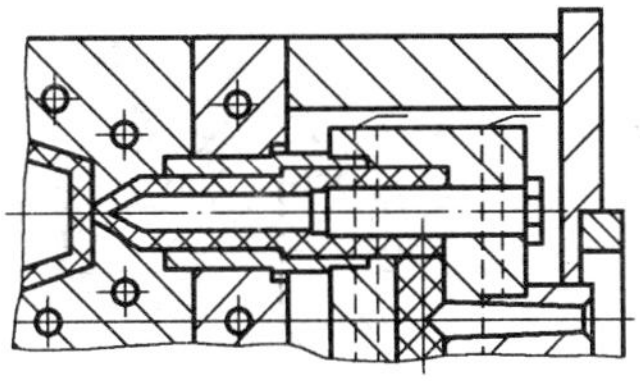	这是日本的矛头式热喷嘴。浇口部位有一个带有加热器的分流梭，矛头离型腔0.2mm，使浇口温度升至250℃左右，注射完毕，浇口部位冷却固化
直接接触（内加热喷嘴）	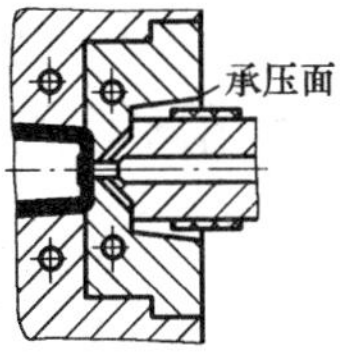	喷嘴前端呈球形，与模具接触紧密。承压面接触面积大，喷嘴热量易传给模具，使模温升高
直接接触（内加热喷嘴）	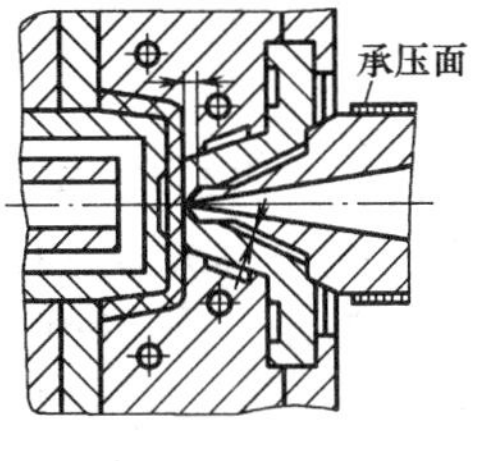	喷嘴前端呈球形，不接触型腔。利用空气间隙绝热，浇口套起绝热作用，应便于更换
直接接触（内加热喷嘴）	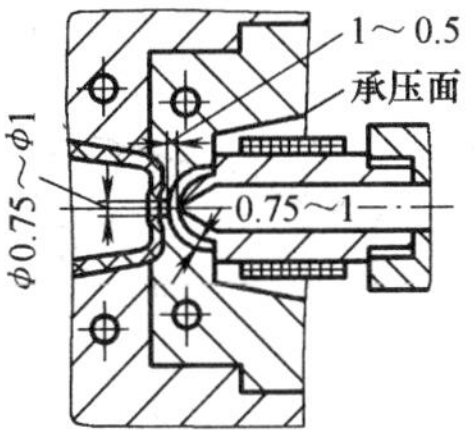	采用壁料层绝热隔热板效果好。浇口部位塑料层厚0.4～0.5mm，其余部位厚0.75～1.5mm，浇口不易堵塞，应用范围广，不适宜成型热稳定性较差的塑料
直接接触（内加热喷嘴）	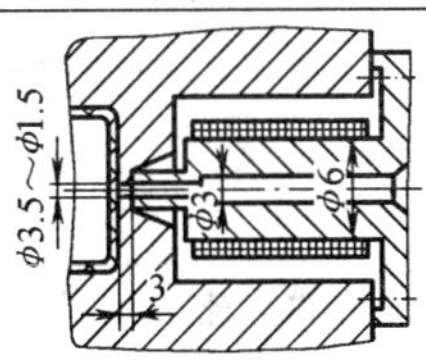	不必换注射机喷嘴，模内设置一般外加热喷嘴，喷嘴前端不接触型腔，采用空气绝热，结构简单，使用可靠，是改进的延伸式喷嘴

（续）

喷嘴类型	简　　图	特 征 说 明
直接接触（内加热喷嘴）	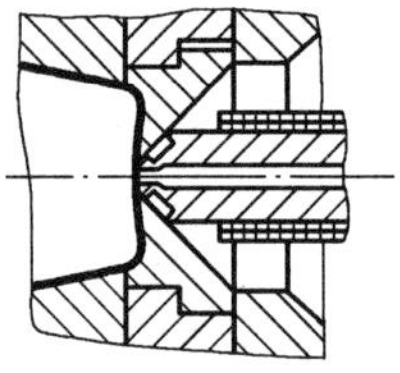	喷嘴前端呈 90°，头部几乎不接触型腔，采用空气间隙绝热，喷嘴头部与模具接触面尽量最小

(3) 喷嘴直接接触应用举例

图 5-73、图 5-74 是直接接触无加热喷嘴结构和瓶用周转箱的热流道模具。使用直接接触无加热喷嘴，四角分别设有锥形浇口。如图 5-73，喷嘴 3 和浇口套 5 成平面接触。喷嘴前端镶嵌止漏环 3 与浇口套也成平面接触。应用这种结构，在流道中心产生错位时，树脂止漏环可以相对于浇口套滑动。

大型制品的热流道周转箱模具，如图 5-75 所示。锥形浇口直接接触，外加热喷嘴结构，如图 5-76 所示。

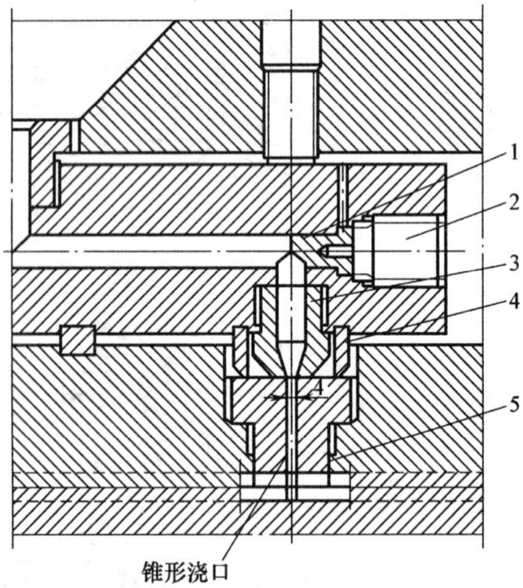

图 5-73　无加热喷嘴结构

1—堵头　2—紧定螺钉　3—喷嘴

4—止漏环　5—浇口套

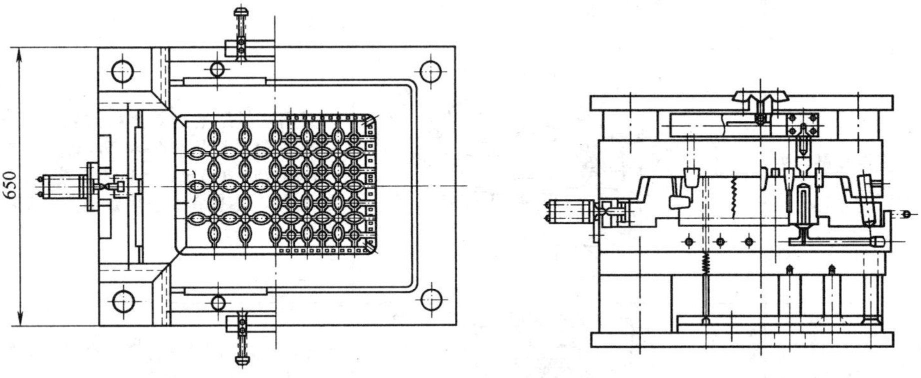

图 5-74　瓶用周转箱的热流道模具

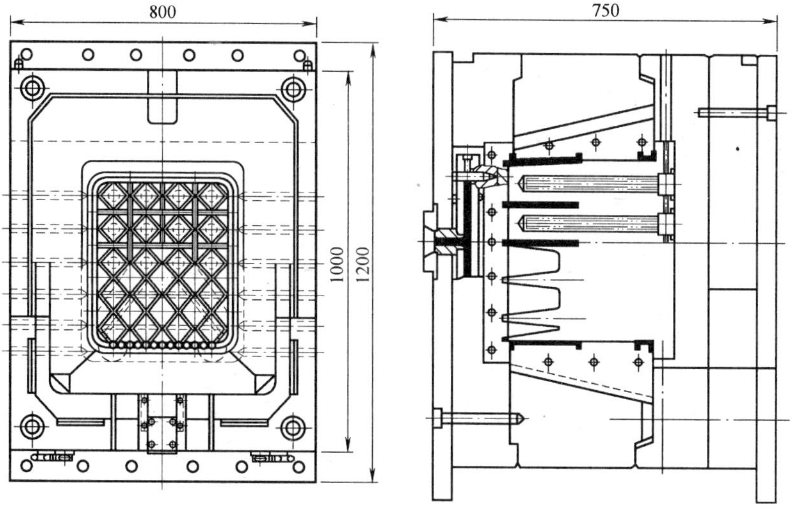

图 5-74 瓶用周转箱的热流道模具（续）

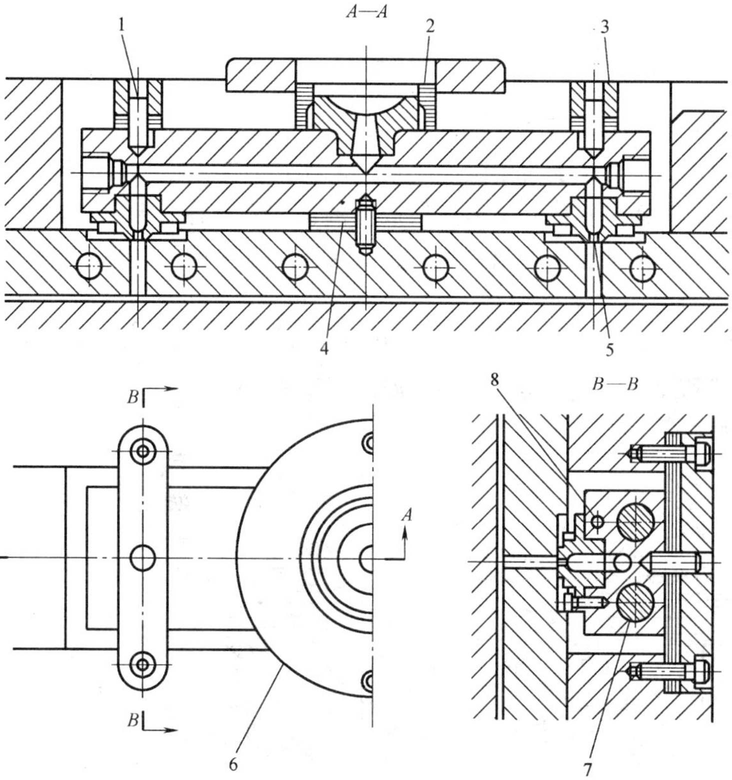

1—定位销（为了流道板能热膨胀，增大流道板上的孔径）

2—导环（为了防止热流道堵塞而使用的绝热导环）

3—承压垫（为了保证喷嘴密封而使用的绝热承压钢垫）

4—绝热垫

5—设计的喷嘴位置（因流道板加热后膨胀，成型温度下的喷嘴中心与浇口中心一致）

6—定位环（为避免传向注射机载模板的热损失，离开流道板）

7—加热棒（流道板的加热功率为 1.28 ~ 1.92W/cm^2）

8—热电偶用孔

图 5-75 周转箱的热流道

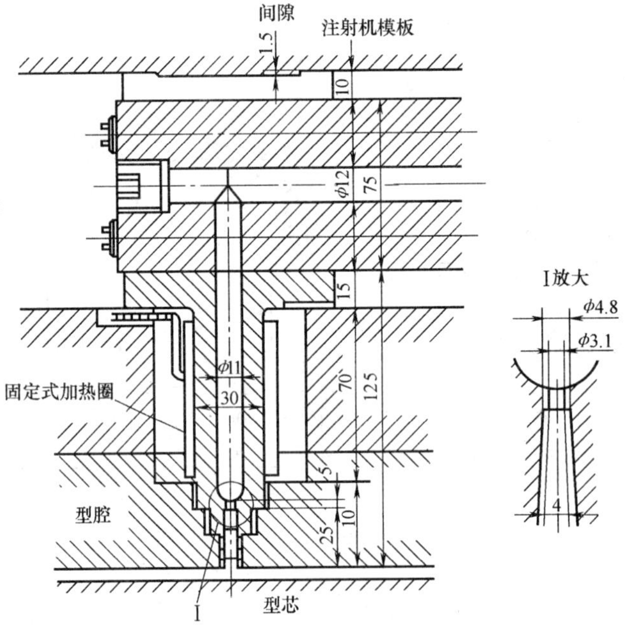

图 5-76　外加热喷嘴结构

140. 温流道注射模的结构要求如何?

热固性塑料交联固化后不能再生，因此它的无流道凝料注射模就具有更大的实用性。将热流道原理用于热固性塑料注射成型的工艺装置称为温流道注射模。温流道热源来于热水或热油循环控温系统，温度通常保持在 90～110℃。

(1) 单型腔温流道注射模

基本有两种结构形式，如图 5-77 所示。图 5-77a 为由专用温流道喷嘴代替注射机喷嘴并延伸到注射模中的形式，称为温流道延伸式喷嘴。图 5-77b 所示称为隔套式温流道喷嘴。

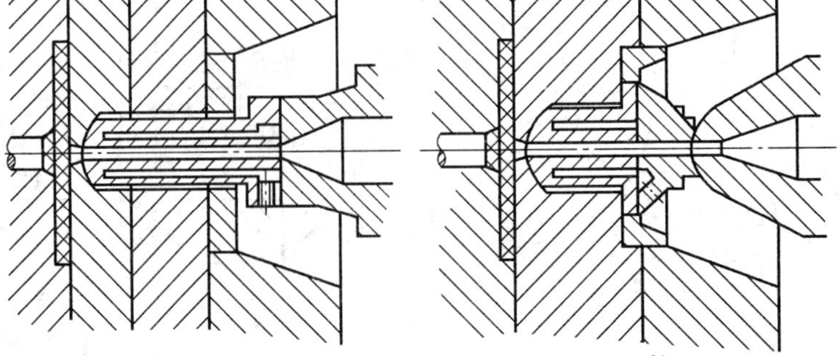

a)　　b)

图 5-77　单型腔温流道注射模

（2）多型腔温流道注塑模

如图5-78所示，型腔部分为高温区，温度大约在145～180℃。熔料注入型腔后，在受热承压条件下交联固化。与流道低温区之间的绝热是温度精确控制的关键。浇注系统通道应采用圆截面，直径通常为6～8mm，型腔与流道表面均需镀铬处理。喷嘴孔径一般不小于4mm，并带有0.5°～1°的锥角。分型面上应开设排气槽。在流道板上有分型面，并备有启闭锁扣。

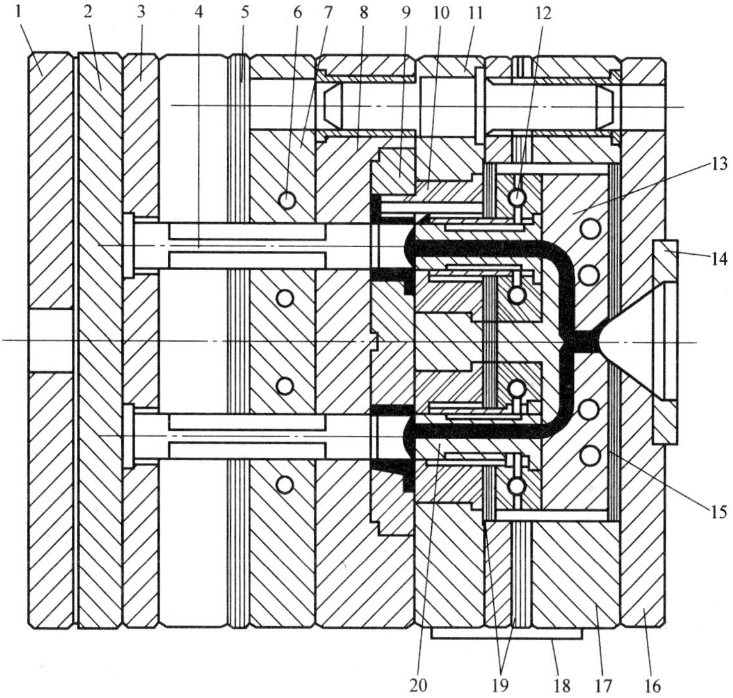

图5-78　多型腔温流道注塑模

1—动模座板　2—推板　3—推杆固定板　4—推杆　5、15、19—绝热板　6—加热棒　7—动模垫板　8—动模板　9—凹模镶块　10—型芯　11—定模板　12—水管　13—流道板　14—定位圈　16—定模座板　17—垫块　18—启闭锁扣　20—喷嘴

141. 什么叫气体辅助注射成型？气体辅助注射成型有什么优缺点？气体辅助注射成型设备包括哪些装置？

（1）什么叫气体辅助注射成型

气体辅助注射成型是在传统热塑性塑料注射成型技术的基础上开发的专用注射成型技术，是适合特殊性能要求的塑料注射技术。气体辅助注射成型是通过把高压氮气由气体喷嘴注入到制件的厚壁部位，利用气体的压力推动熔料充填模腔，实现气体保压、消除制品缩痕（使塑件形成所要求的中空断面和良好的外形）的一项新塑料成型技术，如图 5-79 所示。

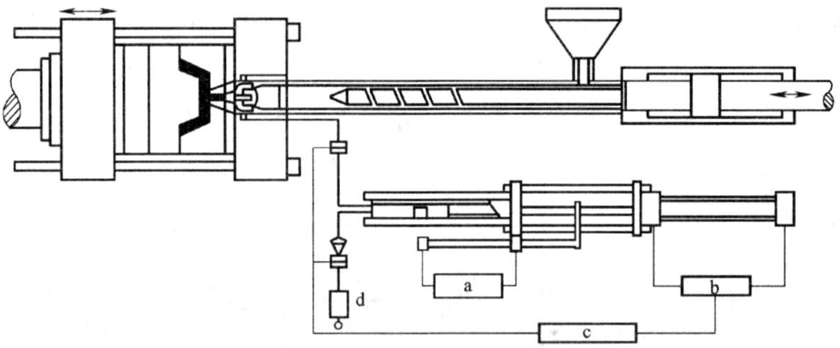

图 5-79 气体辅助注射成型

a—电子系统 b—油压系统 c—控制板 d—气筒

（2）气体辅助注射技术的优缺点

1）气体辅助注射成型主要有以下优点。①降低射压和锁模力，锁模力降低 30%～50%。提高注射机的工作寿命和降低耗电量，气体辅助注射压力为 7～25MPa，而普通注射压力为 40～80MPa 或更高。②塑料收缩均匀、残余应力低、消除厚壁塑件的表面凹陷，制品尺寸精准稳定。③省料和减重。④减少冷却时间，使生产周期缩短。⑤产品设计的自由度大为提高；制品的刚度和强度增加。⑥可将大小厚薄不同的零件一体成型，减少所需模具数目以及制件最终的数目。

用普通注射成型方法难以成型的制品可改用气体辅助注射成型，应用范围广。它主要用来成型以下三大类制品：①特厚的棒状制品。如建筑物门把手、汽车转向盘、窗框、圆或椭圆截面的座椅扶手等。②大型板状有加强肋的制品，如桌面等。③大型的、厚薄差异较大的复杂塑件。可以将采用传统注射成型时厚薄不均匀的几个制品合并起来，实现一次成型，如电视机面框、汽车仪表盘等。

2）气体辅助注射成型主要缺点如下：①增设的供气和回收装置及气体压力控制单元，增加了设备投资。②对注射机的注射量和注射压力的精度有较高的要求，技术难度较大。③在制品的注入气体与未注入气体的表面会产生不同的光泽。④制品质量对工艺参数更加敏感，增加了工艺设计的难度。

（3）气体辅助注射成型设备

气辅注射成型设备主要包括注射机、气体压力控制单元和供气、回收装置，如图 5-80、图 5-81 所示。

1）注射机。制品的中空率及气道的形状由注入型腔的塑料量来控制，所以气体辅助注射成型对注射机的注射量和注射压力的精度要求较高。一般情况下，要求注射机的注射量精度误差应在 ±0.5% 以内、注射压力波动相对稳定、控制系统能和气体压力控制单元匹配。此外，气体辅助注射成型有时要求注射机使用止逆喷嘴以防止熔体倒流，并通过反映螺杆行程的位移触发器触发气体压力控制单元。

2）气体压力控制单元。气体压力控制单元包括压力控制阀和电子控制系统，分固定式和移载式两种。固定式气体压力控制单元是将压力控制阀直接安装在注射机上，将电子控制系统直接安装在注射机控制箱内，即气体压力控制单元和注射机连为一体。移载式气体压力控制单元是将压力阀和电子控制系统做在一套控制箱内，使其在不同的场合和不同的注射机上搭配使用。

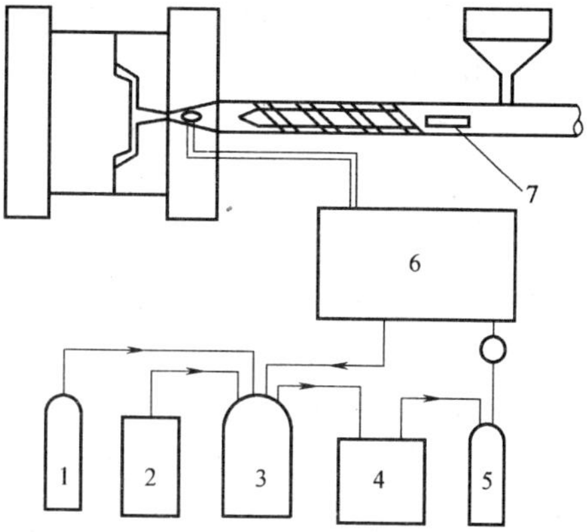

图5-80　典型的气体辅助注射成型设备

1—备用氮气罐　2—氮气发生器　3—低压氮气罐　4—增压装置　5—高压氮气罐　6—气体压力控制单元　7—位移触发器

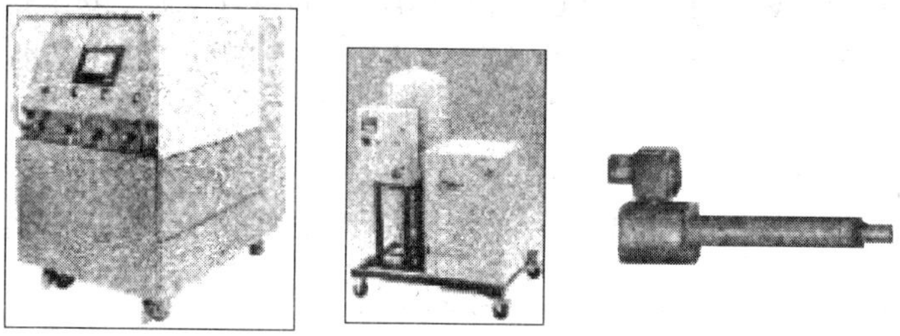

a)　b)　c)

图5-81　气体辅助注射成型设备

a）控制单元　b）氮气发生器　c）气嘴

3）供气和回收装置。供气装置由备用氮气罐、氮气发生器、低压氮气罐、增压装置和高压氮气罐组成。氮气发生器制备的氮气首先进入低压罐，然后经增压装置进入高压罐，高压氮气再经气体压力控制单元按设定压力进入模具。供气装置在模具方面还包括进气喷嘴。喷嘴分为主流道喷嘴和气体通路专用喷嘴。回收装置用于回收气体注射通路中残留的氮气，回收后的氮气进入低压罐。

142. 气体辅助注射的成型过程和成型周期有哪几个阶段？

（1）气体辅助注射的成型过程

对原料的选择：各种热塑性塑料均可用于气体辅助注射成型技术，但粘度高的塑料所需的气体压力高，技术上有一定难度。气体辅助注射成型时，用得较多的原料是PA、PP、PBTP类。

注射成型过程大致可分为三个阶段：熔料充填、注入气体及保压冷却、顶出脱模，如图 5-82 所示。

1）熔料充填阶段，见图 5-82a。这一阶段是通过喷嘴将熔料射入型腔，它的定量不是靠型腔容积，而是靠注射机的准确计量，它不需要将型腔注满，也不能注满。

2）注入气体及保压冷却阶段，见图 5-82b。当熔料注射结束，即转入气体注射，此时要通过浇口、流道、气孔或直接注入高压氮气。从气体开始注射到整个型腔充满时为止。这一阶段相对于整个成型周期来讲是很短的，但对塑件的质量影响很大，若控制不好会产生很多缺陷，如气穴吹穿、注射不足和气体向较薄处渗透等。

因工艺不同，成型过程有压力控制和体积控制两种方式，前者是按一定的压力规则注射气体；后者是先将一定量的气体放入压力容器中，再由活塞的移动控制气体注射。

当高压气体进入型腔中后，气体便在型腔中熔料的包围下沿阻力最小的方向扩散前进，对熔料进行穿透和挤压，推动熔料充满模具型腔。接着熔体内的气体压力保持不变或略有升高，使气体在熔体内部继续穿透，以补偿因冷却引起的收缩。

3）顶出脱模阶段，见图 5-82c。当塑件经保压、冷却到有一定强度时，即可将塑件中的高压气体释放，使压力与大气压相等。然后开模将塑件顶出、脱模，也就完成了成型过程。

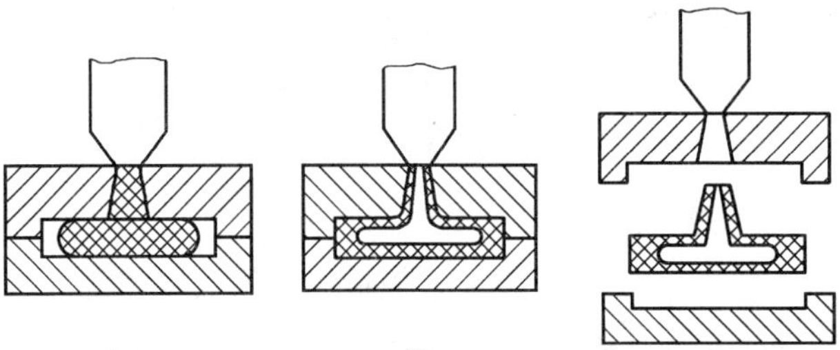

a)　　b)　　c)

图 5-82　辅注塑成型过程

a）熔料充填　b）注入气体及保压冷却　c）顶出脱模

（2）气体辅助注射成型周期

与传统注射成型相比，气体辅助成型增加了一个气体注射阶段，且由气体而非塑料熔体的注射压力完成保压过程。如图 5-83 所示，为气体辅助成型周期中的三个阶段，六个环节。

1）塑料熔体充填阶段。循环开始 1，注射熔体 1 ~ 2；熔体充满局部型腔，余下部分要靠气体补充。

2）切换延迟时间 2 ~ 3。从塑料熔体注射结束 2 到气体注射开始 3 的一段延迟时间，这一过程非常短暂。

3）气体注射 3 ~ 4。从气体开始注射到整个型腔被完全充满的时间。

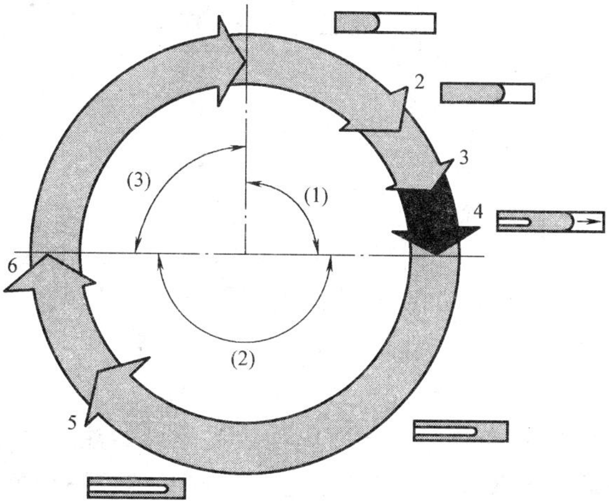

图 5-83　气体辅助注射成型周期示意图

4）气体保压阶段 4 ~ 5。气体压力保持不变或略有升高，使气体在塑料熔体内部继续穿透（称为二次穿透），以补偿塑料冷却引起的材料收缩。由于气体由内向外施压，可以保证制品外表面紧贴型腔壁。

5）排气 5（气体释放）。在该阶段中，气体入口压力降为大气压。

6）开模 6（推出阶段）。当制品冷却到具有一定刚度和强度后开模将制品推出。

143. 短射法和满射法有什么不同？短射法气体辅助注射成型设计应注意什么问题？

气辅注射成型可分为短射和满射两种形式。

（1）短射法

短射法如图 5-84，适用于厚壁的、充模阻力不大的塑件，特别是棒状制件，可节省大量原材料。短射时先向型腔注入部分树脂（一般只充入型腔体积的 50 %），立即在树脂中心注入气体，靠气体的压力推动树脂充满整个型腔，并保压，直至树脂固化，然后排出气体，获得一空心的塑件。图 5-83 的循环周期图就是短射循环。而对于薄壁的、充模阻力较大的塑件最好来用满射成型。

对于短射来说，注入气体前塑料熔体充满型腔的百分数和延迟时间是控制气

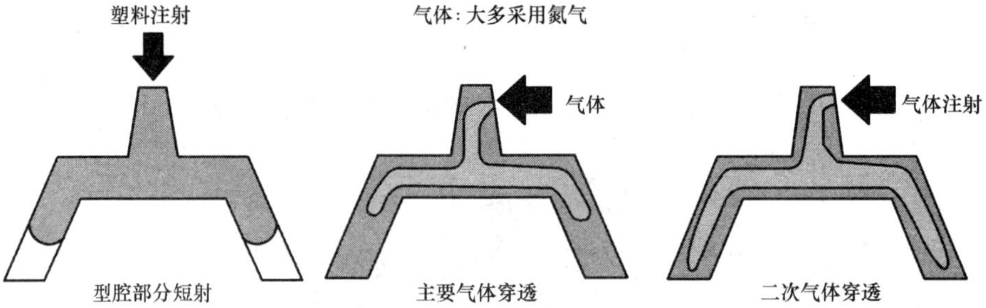

图 5-84　短射法

体通道长度的主要因素，此外塑料的进一步收缩也会使通道继续加长，前期注入塑料太多，将会使气体流动长度不够，见图 5-85。但如果注入塑料太少，则会使气体迅速地穿破塑料流动前沿而造成废品（见图 5-86）。

（2）满射法

满射法如图 5-87 是在树脂完全充满型腔后才开始注入气体，树脂由于冷却收缩而让出一条流动通道，气体沿通道进行二次穿透，不但能弥补塑料的收缩，而且靠气体压力进行保压效果更好，所形成的气体通道的尺寸必然与制品体积和塑料收缩率成一定比例。

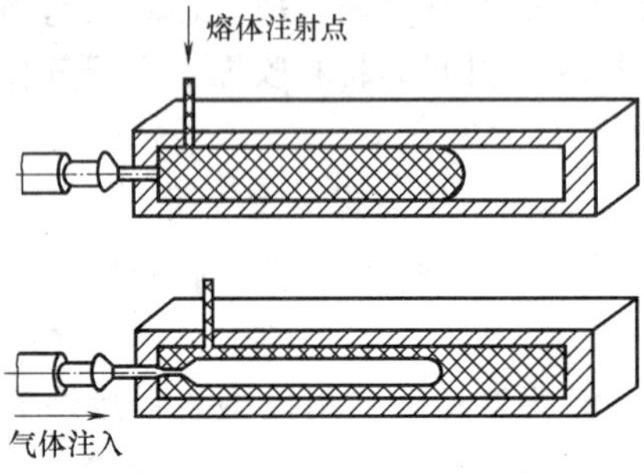

图 5-85　气体流动长度不够

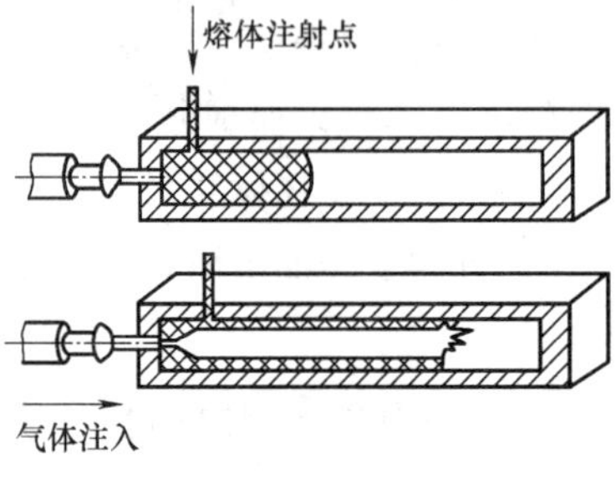

图 5-86　气体穿透塑料流动前沿

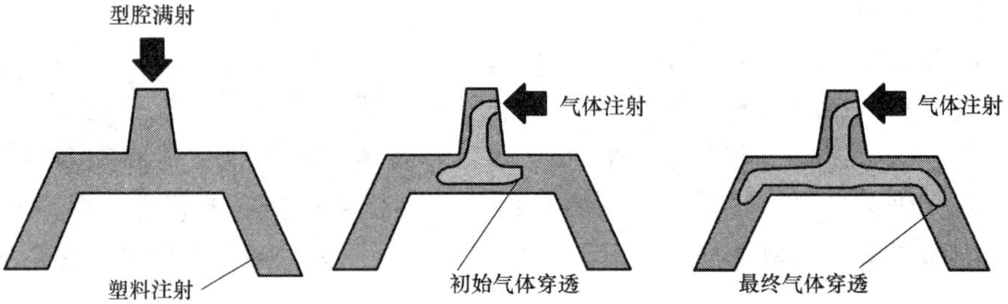

图 5-87　满射法

满射成型时气体通道是由塑料熔体冷却收缩形成的体积收缩率、体积大小和气道截面尺寸决定的，对于ABS所形成的气道长度，主要取决于原材料聚苯乙烯类塑料。虽然其模塑收缩率只有0.6%～0.8%，但注射时熔体体积收缩率仍有10%。对于PE、PP类塑料，其体积收缩率可达20%，即气体约占20%体积。据此可对气体通道作粗略估算。如图5-88所示的制品总体积为100单位体积，PP成型时体积收缩率为20%，如果气体通道内气道横截面积为1单位面积，则气道长度为$\frac{20}{1}=20$单位长度，基本能贯穿制品整个长度，能产生良好的保压效果。

例如：现有类似的ABS制件，气道外围尺寸改为1×1单位面积，所形成的气道截面尺寸为0.5单位面积，制品总体积为10单位体积。收缩10单位体积后气道长度为$\frac{10}{0.5}=20$单位长度。

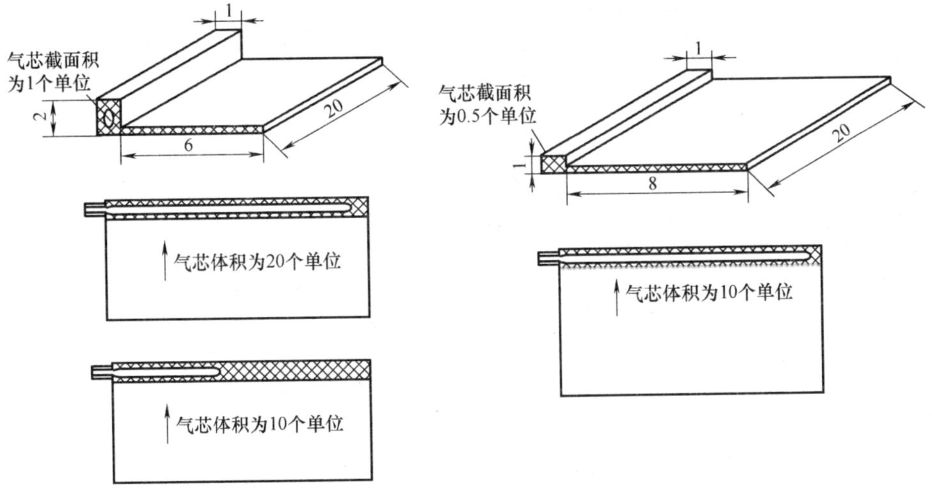

图5-88 PP和ABS气体辅助注射成型塑件的气体通道计算图

气体辅助注射成型设计应注意的问题：

1）采用满射法时，应该考虑塑料的压力比、体积和温度关系，使得气道总体积的一半大约等于型腔内塑料的体积收缩量。

2）采用短射法时，进气前，尚未充填的型腔体积以不超过气道总体积的一半为准。

3）距离塑件非外观面最远处定气口位置。

4）从气口（上游）到上述非外观面（下游）顺流而下，匀称的配置气道以涵盖整个产品面。

5）气道尽可能在两面或多面交会处或粗厚处，主气道以一气（口）呵成（一气道）为原则。以非外观面为最后充填区定浇口位置。微调浇口、气口和气道位置和尺寸。

控制气体穿透长度的两个办法，采用过溢出法或特殊的抽模芯法。①过溢出法可准确地控制气体通道长度，其办法是当型腔几乎注满或完全注满时，气体通过开启溢出型腔的阀，将塑料推入过溢出腔，在制件内部形成气体通道。②抽模芯形成气体通道的模具，如图 5-89 所示。注射型腔充满后型芯开始向后退缩，同时通入高压气体，这样便形成了气体通道，塑料由于继续收缩还会向下方形成气体通道。

6）微调浇口、气口和气道位置和尺寸。

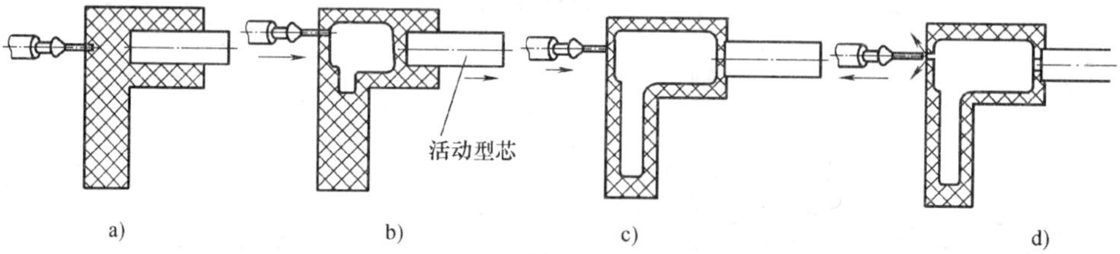

图 5-89　抽模芯气辅注射模具和过程

7）短射法气道尺寸设计，如图 5-90、图 5-91 所示。

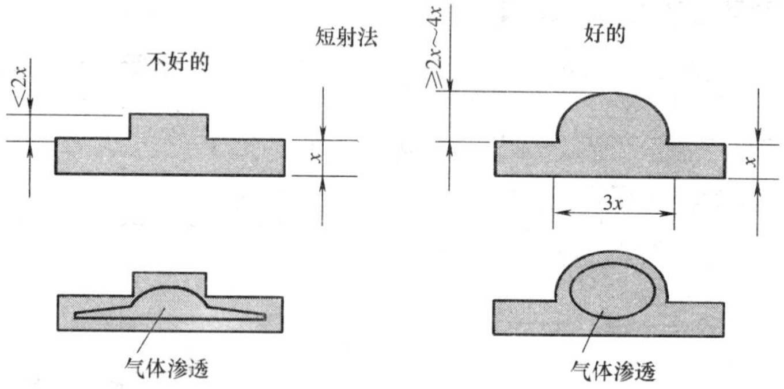

图 5-90　短射法气道尺寸设计

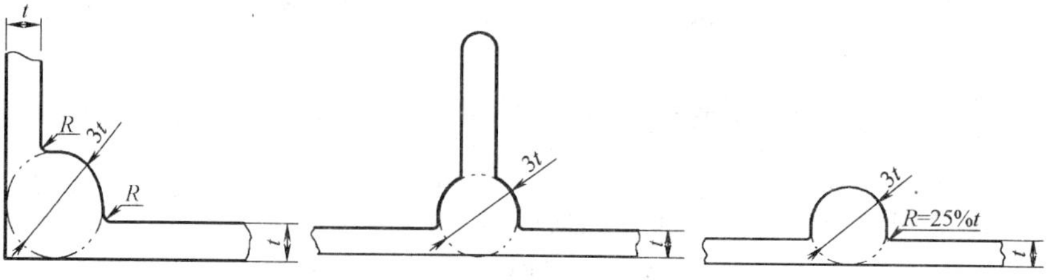

图 5-91　气道尺寸设计

144. 怎样设计气体辅助模具的气嘴位置和气道?

塑件和气体辅助模具设计的重要问题是根据所成型制品形状，确定塑料熔体浇口位置、气体入口位置和气道的设计。

(1) 气嘴位置设计

1) 气体辅助模具的气嘴（气体入口）位置有三种方法，可根据具体情况设置：①经喷嘴进气。气体入口位置可与浇口是同一位置，如图 5-92 所示。②直接进产品。塑料熔体和气体的注入口最好设在制件壁厚的地方，厚壁处不宜作为流动的末端。气针（气嘴）应置于距塑料最后充填处最远的地方，使熔料易于均匀充填型腔。③经流道。通常采用一个气针，与浇口保持 20mm 以上距离，也可以设置一个或多个气针，如图 5-93 所示。

2) 设计气嘴应当注意以下几点：①气嘴应置于离最后充填处最远处。②气嘴出气口应和塑流方向一致。③多型腔模，每一型腔由独立的气嘴供气。

(2) 在气道设计时应当注意的问题

1) 气道相对于浇口的布置应是对称或单一方向。

2) 气道必须是均衡连续的布置，不能形成回路。气道应均衡地配置到整个型腔上。

3) 气道的容积一般应小于塑件总体积的 10%。

4) 在气体辅助注射中加强肋可设计得比塑件主体壁厚大得多，作为气体通路。

5) 气道的布置应与主要的料流方向一致，气体注入时要有明确的流动方向，转角处应采用较大的圆角半径。

6) 气道的大小很重要，一般为壁厚的 2～4 倍，气道太大会产生熔接痕及气陷，太小会使气体流动失去控制；从气道的横截面看，气体倾向于走圆形截面，因此气道部分塑件外形最好带圆角，同时其截面高度与宽度之比最好接近于 1，否则气道外围塑料厚度差异较大（见图 5-94）。

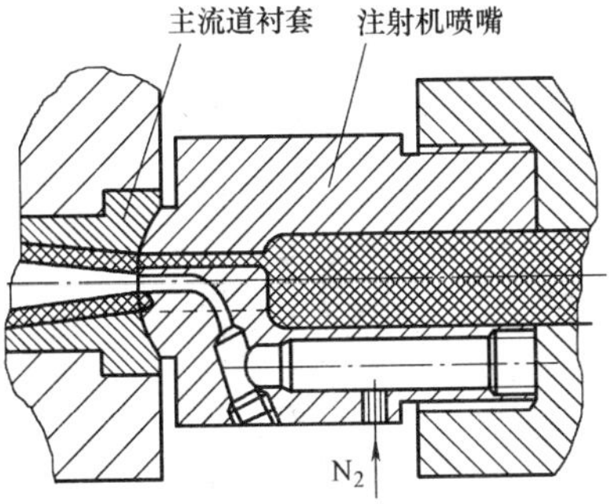

图 5-92　经由喷嘴进气的气体辅助注射机喷嘴

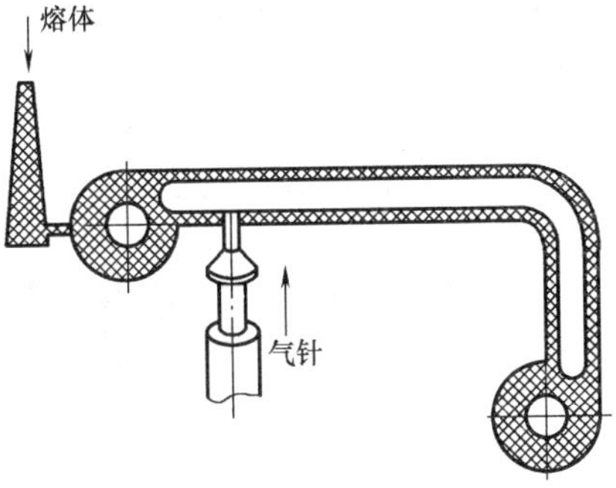

图 5-93　注射机喷嘴进气和气针进气的比较

7) 柱状件气道设计，采用接近圆形的断面。断面周边若有转折，应采用较大半径之圆角，见图 5-95。

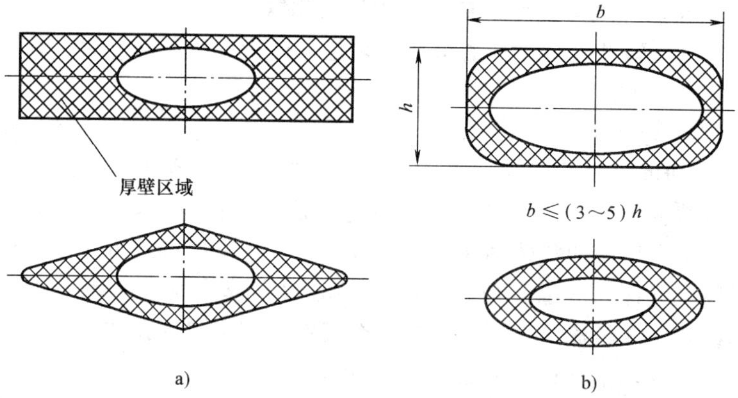

图 5-94　气道截面尺寸和壁厚

a）错误　b）正确

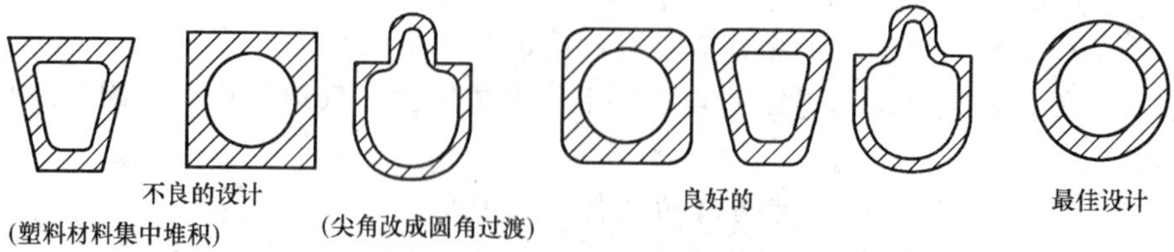

图 5-95　气道设计

8）气道的配置应按照主要的塑流方向。

9）气道转角处应采用较大的半径。

10）气体应穿透到气道的末端。

11）气道相邻过近气体会渗透到薄壁中。

12）气体应局限于气道以内。

13）最短路径（*R* 内）流动，如图 5-96。

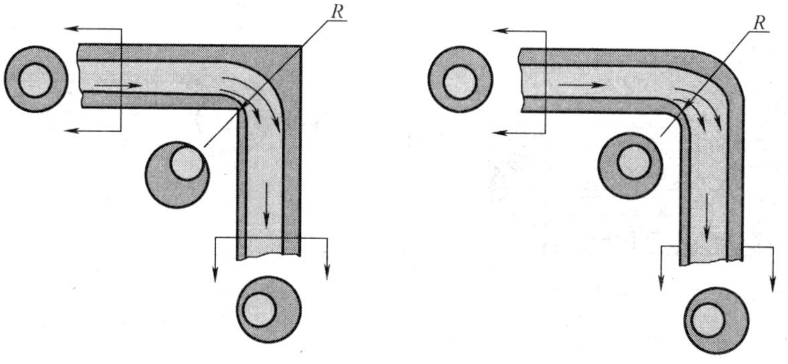

图 5-96　气道移角效应

145. 设计气体辅助注射成型塑件和气体辅助模具应注意哪些问题？

（1）气体辅助注射成型的塑件设计要求

塑料的气道部分和实心部分的壁厚应相差悬殊，以确保气体在预定的通道内流动，而不会进入邻近的实心部分。塑件的壁厚除了棒状手把类制品外，对于非气体通道的平板区而言，壁厚不宜大于3.5mm。壁厚过大也会使气体穿透到平板区，产生手指效应。

（2）气体辅助模具设计时应当注意的问题

1）冷却要尽量均匀，内外壁温差要尽量小。

2）在流道上放置合理流道半径的截流块，控制不同方向上气体流动的速度。

3）大的结构件全面打薄，局部加厚为气道。

4）均匀的熔胶非常重要。

5）准确的熔胶射入量非常重要。射入量要求准确到0.1%～0.2%。

6）精确的型腔尺寸非常重要。

7）匀称的冷却非常重要，冷却水要求达到紊流状态：

① 当雷诺数[⊖]小于2100，流体是层流。当雷诺数在2100和10000之间，流体从层流过渡到紊流。当雷诺数到了10000，流体全然成为紊流，如图5-97所示。②相应于不同水孔孔径与水温时，要达到紊流状态（$Re=6000\sim10000$）时，所需的流速及流量，如表5-47所示。

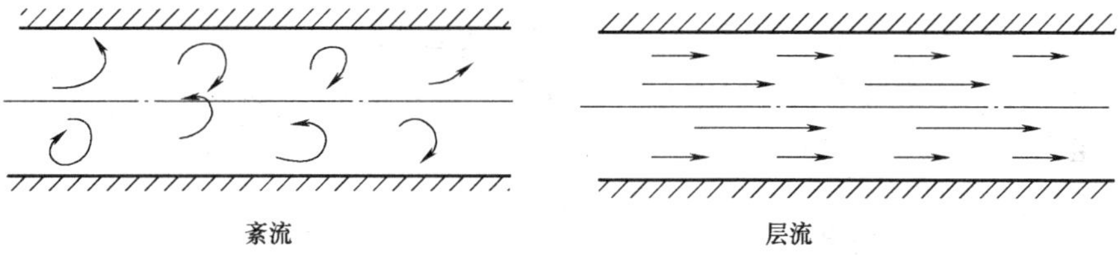

图5-97 紊流和层流

8）先考虑哪些壁厚处要掏空，再决定如何连接这些需要掏空的部位成为气道。

9）小浇口可防止气体倒流到流道。

10）熔胶浇口可置于薄壁处，并且和气体进口保持30mm以上的距离，以避免气体渗透和倒流。

11）当熔胶和气体自同一处进入型腔时，平衡的熔胶流动促进匀称的气体穿透。

⊖ 雷诺数计算 $Re=\frac{\rho D v}{\mu}$。式中，Re 为雷诺数（无因次），ρ 为密度，D 为直径，v 为速度，μ 为粘度。

表 5-47 紊流状态所需的流速及流量

水管直径/mm			6			8			10		
水温/℃			20	60	80	20	60	80	20	60	80
Re	6000	流速	1.01	0.48	0.29	0.76	0.36	0.22	0.60	0.29	0.18
		流量	1.71	0.81	0.50	2.28	1.08	0.67	2.84	1.35	0.83
	8000	流速	1.34	0.64	0.39	1.0	0.48	0.29	0.81	0.38	0.24
		流量	2.28	1.08	0.67	3.03	1.44	0.89	3.79	1.80	1.11
	10000	流速	1.68	0.80	0.49	1.26	0.60	0.36	1.01	0.48	0.29
		流量	2.84	1.35	0.83	3.80	1.80	1.11	4.74	2.25	1.39

注：流速单位为 m/s，流量单位为 L/min。

12）溢流井应置于最后充填处。

13）在型腔和溢流井之间加装阀门浇口可确保最后充填处发生在溢流井内。

14）溢流井可促进气体的穿透、增加气道的掏空率、移除迟滞痕以及稳定产品质量。

15）保持熔胶前沿以常速推进。

16）避免形成 V 字形熔胶前沿。

17）设计塑料密封墙。

18）整合薄壁及厚壁的设计，如图 5-98 气道截面。

19）浇口设置充填自下而上，熔胶推进平稳，图 5-99 所示为气体辅助注射成型电圆锯把手。

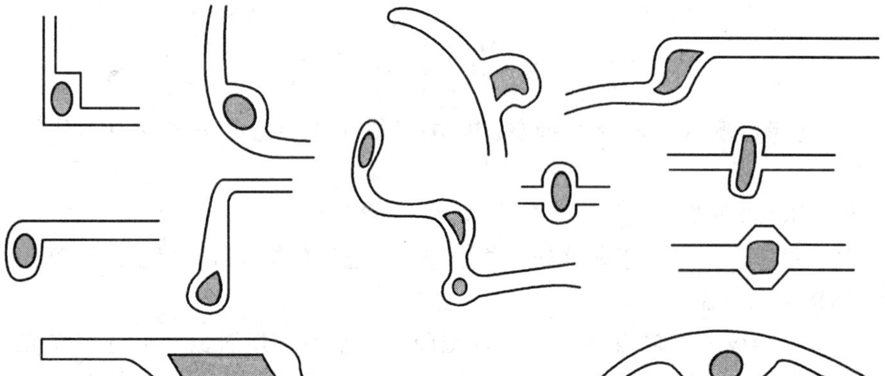

图 5-98 气道截面

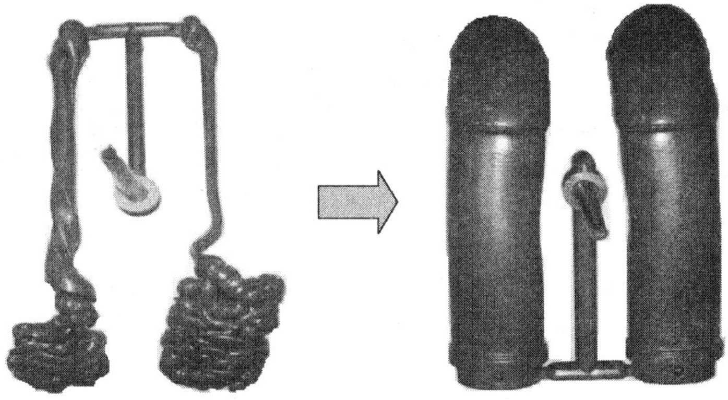

a)　　　　b)

图 5-99　气体辅助注射成型电圆锯把手

146. 气体辅助注射成型会碰到哪些典型问题？工艺方面如何解决？

1）气体辅助注射成型经常会碰到如下的典型问题：①气体穿透不佳，如图 5-100 所示。②气体手指现象，如图 5-101 所示。③气体吹穿，如图 5-102 所示。④跑道现象，如图 5-103 所示。⑤产品表观差，如图 5-104 所示。

2）气体辅助注射成型问题的工艺方面解决方法，见表 5-48。

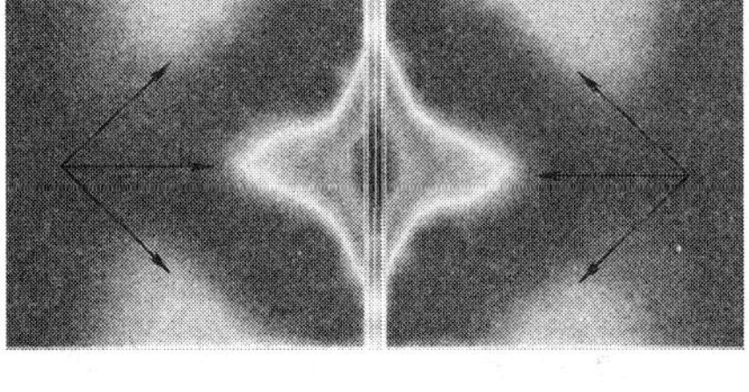

图 5-100　气体穿透不佳

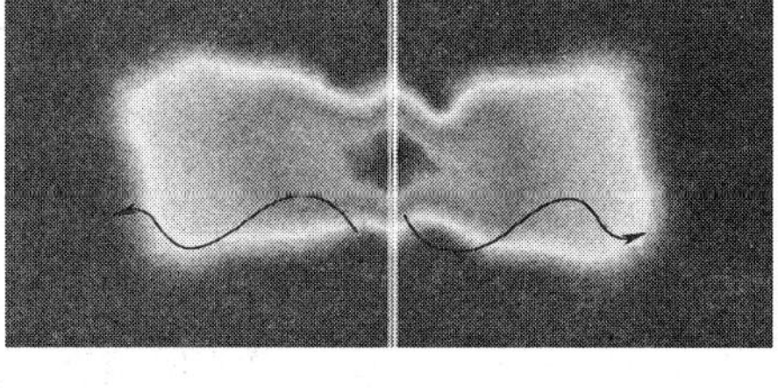

图 5-101　气体手指现象

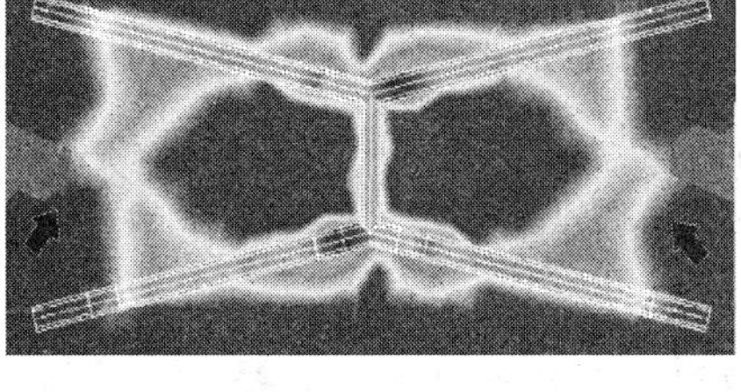

图 5-102　气体吹穿

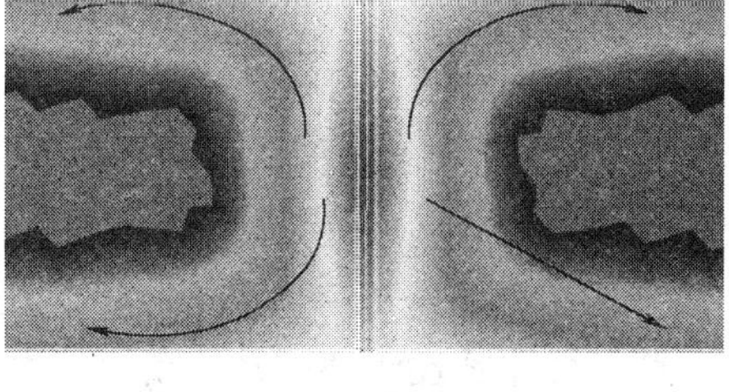

图 5-103　跑道现象

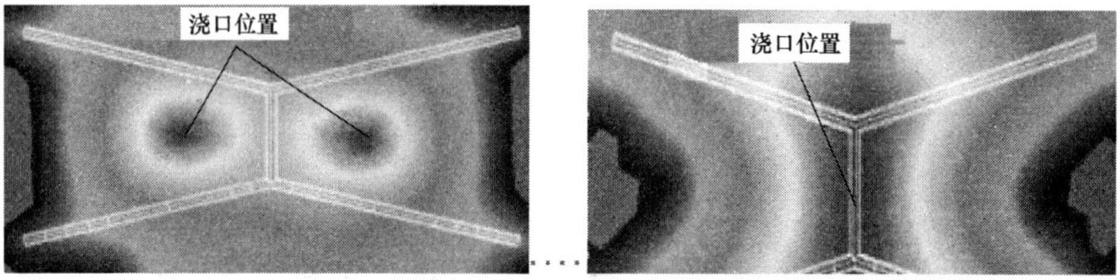

图 5-104　产品表观差

表 5-48　气体辅助注射成型问题的工艺方面解决方法

对策(参数) / 问题	塑料注射量	延迟时间	气压	气体保压的时间	流动平衡
气体吹穿	↑				↑
气体手指现象	↑	↑	↓		↑
气体穿劲差	↓	↓	↑		↑
缩痕			↑	↑	
迟滞痕	↑	↓			
气体泡沫		↑	↓		

注：↑表示增大或增加；↓表示降低或减小。

147. 什么叫双色注射成型？

使用具有两个或两个以上注射系统的注射机，将不同品种或色泽的塑料同时或先后注射进入同一模具内的成型方法称为共注射成型。共注射成型所用的注射机叫做多色注射机，目前国内使用的多为双色注射机。使用双色注射机，注塑工艺除了注射机作出相应的改动外，模具通过转动移位，达到同步注射不同物料的效果。

双色注射模具设计大致分为三大类：

1）转动的模具结构。有两个模腔，利用转动模式把半成型模件转移 180°到另一个模腔内，其好处是使第一和第二工序可以同步进行；另一类是单一模腔，半成型制品连同模具一起转动 180°，设计上比较简单，但生产效率相应降低。由于模具或半成品需要转动，所以要求模具设计及注射机更为精密。

如图 5-105 所示为双色注射成型原理图，成型时两个注射系统和两副模具共用一个合模系统。模具固定在回转板 6 上，当注射系统 A4 向模内注入一定数量的 A 种塑料之后（未充满型腔），回转板动作，将此模具送至另一个注射系统 B2 的工作位置，该系统立即向模内注入 B 种塑料，直至充满整个型腔为止，制品经过保压和冷却定型后脱模。对于双色注射，也可使用由两个机筒共用一个喷嘴的注射系统，通过液压装置来调整两个螺杆（或柱塞）对模具的注射顺序和注射量，以便成型出混色的塑料制品。

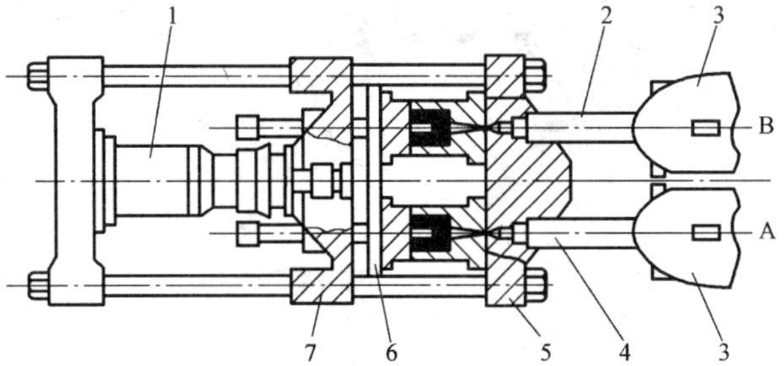

图 5-105　双色注射成型

1—混合液压缸　2—注射系统 B　3—料斗　4—注射系统 A　5—定模固定板　6—模具回转板　7—动模固定板

2）机械手平移的模具结构。如图 5-106、图 5-107 所示，此模具的设计制造不同于通常的注射模具，它有两组不同的型腔，每组型腔有四个穴，分二次成型，但需先成型主体件 1（PP + 增强的塑料，4 件）后，用机械手把已注塑好的 4 件（1、2、3、4）主体，当做嵌件平移放到另外一组四个型腔（1′、2′、3′、4′）上再注射件 2。此模具关键技术：①主体为第一型腔，型腔型芯要放成型收缩率 0.4%。②在第二型腔中（主体）不能加放收缩率。③注射 SEBS 的空穴型腔也不能降低收缩率。④第一型腔采用点浇口热流道

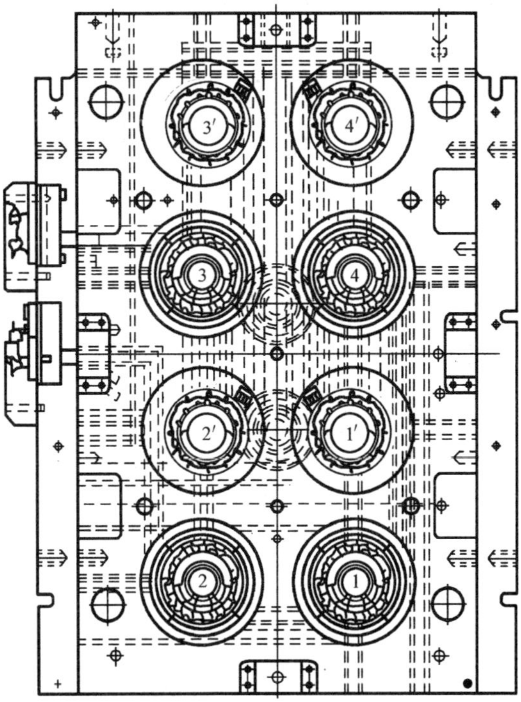

图 5-106　双色注射

中心进料，第二型腔采用热流道加羊角浇口侧进料，便于自动化生产。⑤模具制造精度要求极高，以保证在第二次成型时产品精度达到要求；当模具型腔和塑件外形之间有过盈间隙时，塑件的外形在模具闭合的时候容易造成损伤，若模具型腔和塑件外形之间的封胶处有间隙，就会产生溢边。

3）由两个注射系统的角式注射机成型的模具结构。

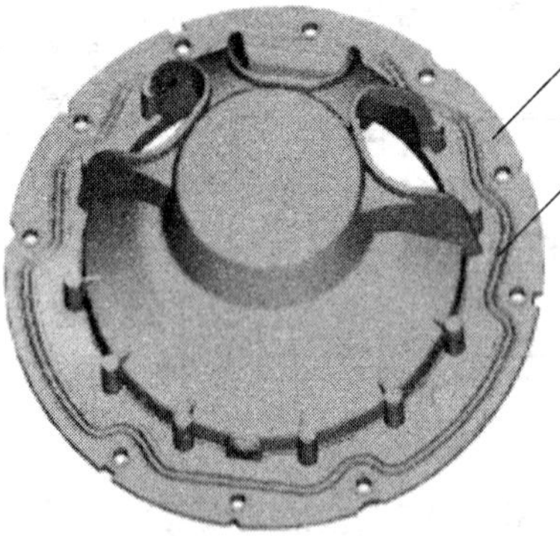

图 5-107　塑件

第六章　注射模具的冷却系统设计

148. 注射模具温控调节系统重要吗？模具温控系统有什么作用？

塑料充满型腔后，应通过冷却使之定型，从而得到质量稳定的塑件。因此注射模具大都需要设置冷却装置，使模温达到成型工艺的要求。对于粘度高、流动性差的塑料，由于模具温度低，在成型难的情况下，需要对模具采取加热措施，增加加热装置。

（1）模具温控调节系统重要性

模具温控调节系统直接影响到制品的质量、成型和生产效率。型腔表面温度过高，容易在合模处产生飞边，塑件壁厚处易出现缩陷；型腔温度过低出现填充不良，塑件熔接痕处强度不足等缺陷。如果型腔、动模表面温度不均，温差较大，则使成型塑件产生内应力，导致成型后发生翘曲变形。因此模具温控调节系统与浇注系统同等重要，也是模具设计的关键之一，对模温控制系统设计要相当重视。

模具温控调节系统的冷却水道对动、定模表面温度的影响：采用五个较大的水道孔时，型腔表面温度比较均匀，出现 60～60.05℃的变化，如图 6-1a、b 所示；如图 6-1c、d 所示，温度梯度大，会造成不均匀收缩，导致翘曲变形。

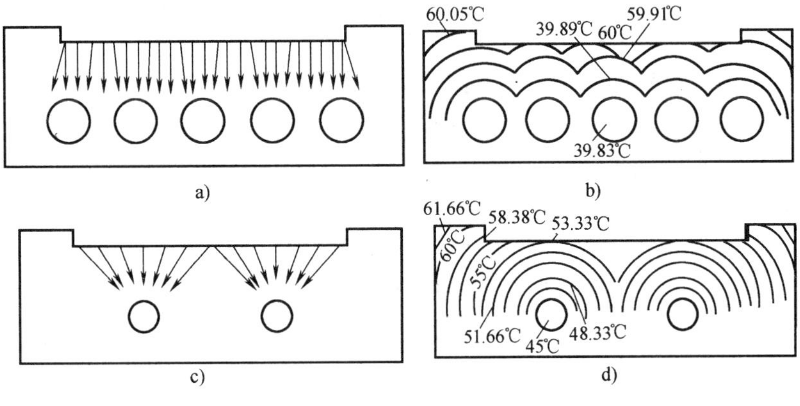

图 6-1　冷却水道对动、定模表面温度的影响

（2）模具温控调节系统的作用

1）改善成型性能，缩短成型周期。

2）稳定制品尺寸精度，防止变形。

3）消除外观缺陷，提高塑件表面质量。

4）改善塑件的力学性能和物理性能。

149. 冷却系统的设计原则是什么？设计冷却系统要注意哪些问题？

（1）冷却系统的设计原则

为了提高冷却系统的效率和使型腔表面温度分布均匀，在冷却系统设计中应遵循如下原则。

1）在模具设计时，应尽量先考虑冷却方式和冷却回路的位置，要有足够的空间，冷却孔内的水流状态应为紊流。冷却水路的设置要满足成型工艺的需要，要有充足、均匀、平衡的冷却效果。

2）考虑进出口的温差，流量压力降（计算管道直径和长度）。降低冷却水出入口处的温度差（一般模具为5℃、精密模具为2℃）。冷却回路的长度在1.2~1.5mm以下，流速控制在0~1.0m/s范围内，回路弯头数目不超过15个，使用隔水片串联时，转向次数为4次一组。对于中大型模具，可将冷却水管分成几个独立的回路，加大冷却液的流量，减少压力损失，提高传递效率。采用多而细的冷却管道比单独的大直径管道冷却效果好。

3）冷却水孔数量尽可能多，孔径尽可能大（大小根据塑件形状特征和模具结构选用，水管及管接头的内径应与冷却孔直径相等），数量、间隔以及至成型空间表面的距离对模具温度的控制有重大影响，详见150题“冷却水道与型腔表面有什么要求？”。

4）靠近浇口部位模具温度较高，应由内（离浇口近处）向外（离浇口远处）布置冷却的回路。模具主流道部位常与注射机喷嘴接触，浇口附近温度较高，应加强冷却，在必要时应设计单独冷却水道。

5）因熔接痕处的温度最低，应避免冷却管道设置在制品熔接的部位，否则温度下降，熔接痕更加严重，塑件熔接处强度更低。

6）进出水管接头应设在反操作面一侧。

7）动模、定模冷却回路应分开。注意凹模和型芯的冷却平衡，设计人员要特别注重型芯的冷却效果，应保证塑件充分冷却且收缩平衡。

（2）设计冷却系统时要注意的问题

1）普通模具可采用快冷方式，以获得较短的成型周期，精密模具可采用缓冷方式，并设置模温计。

2）尽量少采用密封圈的冷却水路设计，水管最好是双路直通的，便于阻塞时修理。注意密封处和水嘴管道漏水、渗水，密封槽尺寸公差应符合要求。

3）使用成型PE等材料时，因其成型收缩大，冷却管路宜沿收缩方向设置，使塑件不发生变形。水道按型腔的排布方向，纵向排布。

4）当模具仅设一个入水接口和一个出水接口时，应将冷却管道串联连接，若采用并联连接，各回路的流动阻力不同，很难形成相同的冷却条件。当需要用并联连接时，应在每个回路中设置水量调节装置及流量计及流量计。

5）如冷却效果不佳和受到结构形状限制的地方，为了提高冷却效果，考虑选择导热性好的材料或结构，如应采用铍铜、铜合金或采用导热棒结构。型芯、镶块、滑块在必要时，必须想方设法给予冷却。

6）进水管接头用红色标记，出水管接头用蓝色标记。

7）在动模板、定模板的冷却水进出口附近位置用英文标上进“IN”、出“OUT”标记；并且对水路进行编组标志（详见163题）。

150. 冷却水道与型腔表面有什么要求？

1）冷却水道直径一般为 $\phi8\sim\phi30$mm（$\phi8$mm、$\phi10$mm、$\phi12$mm、$\phi15$mm、$\phi20$mm、$\phi25$mm、$\phi30$mm）。

2）冷却水道的中心距为 $(3\sim5)d$，如图6-2所示。

3）冷却水道至型腔表面距离不可太近，也不宜太远，一般在12～15mm或者 $(1.5\sim2.5)d$，应尽量相等，如图6-3所示。水道外壁距型腔壁最小距离根据模具情况而定，小模具最小为6.5mm，中型模具以上至少为8～12mm，硬模为15～20mm。

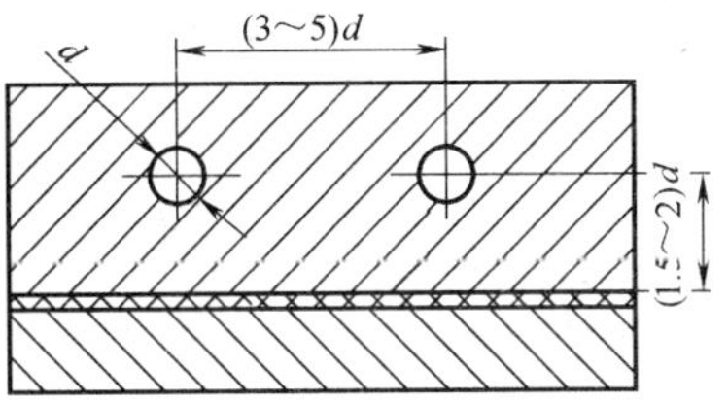

图6-2 冷却水道直径、间距与型腔之间的距离

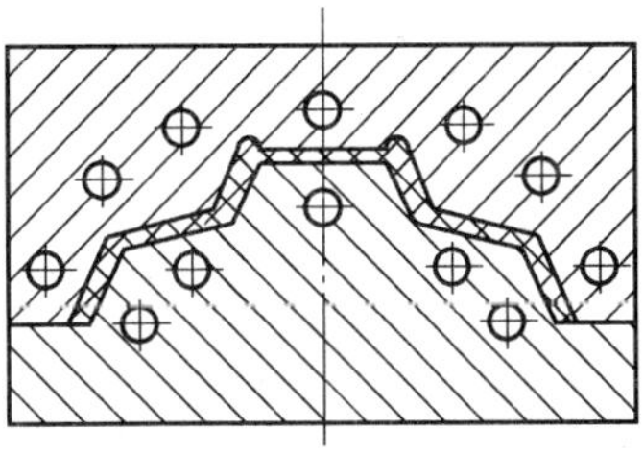

图6-3 冷却水道至型腔表面距离应尽量相等

4）塑件壁厚不同，型腔壁厚与冷却水道之间的距离也不同，如图6-4所示。

5）冷却水道钻头底部距型腔壁最小为19mm，见图6-5。

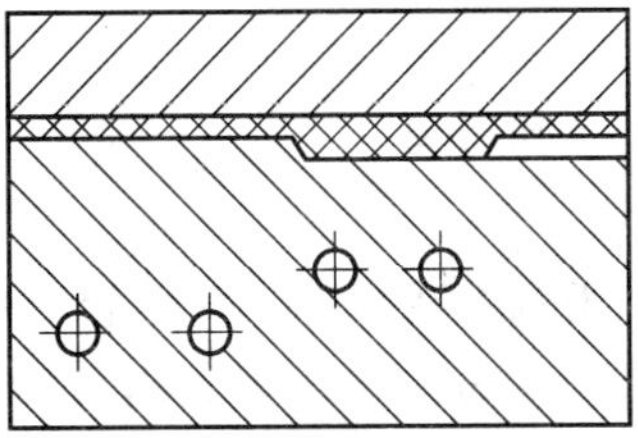

图6-4 不同壁厚塑件与冷却水道之间的距离也不同

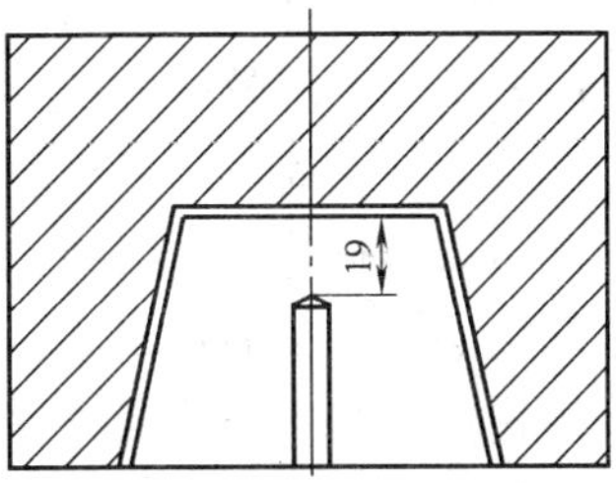

图6-5 冷却水道钻头底部距型腔壁最小距离

6）水道孔与螺纹孔之间的最小边距为 6.35mm（1/4in），见图 6-6。水道孔与其他孔或壁之间的推荐最小距离（*X*）分别是：孔和边缘的最少距离为 6mm，如图6-7a；交叉孔与其他孔之间的最小距离（水道外壁距顶杆外壁）为 5mm，如图 6-7b 所示；螺纹孔和壁的边缘为 4mm，如图 6-7c 所示。

7）水管接头与吊环装配时不能有所干涉。

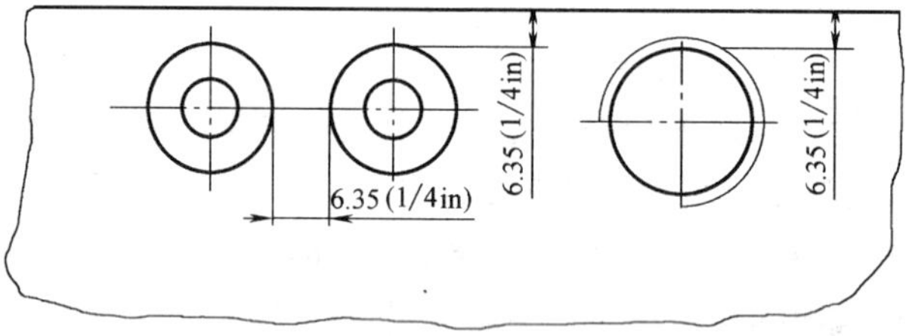

图 6-6　水道尺寸要求

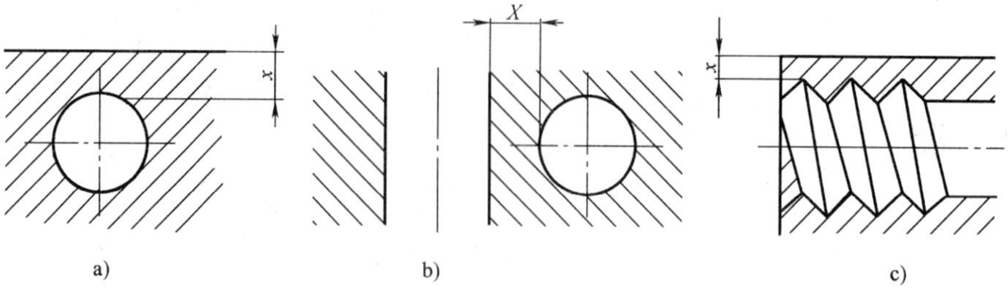

图 6-7　钻孔与其他孔或壁之间的推荐距离

a）孔和边缘　b）交叉孔　c）螺纹孔和壁

151. 冷却回路的配置方法有哪几种？

冷却回路的配置，取决于成型件形状、成型空间内所需温度分布的要求及浇口位置等。不同的冷却回路，常用的方法有：

1）钻孔法。适合四方形、圆筒形塑件。

2）沟槽法。塑件形状浅而宽的盒形塑件。

3）隔板法。型芯较大的模具。

4）套管法。圆筒形、方形塑件采用喷流式冷却通道。

5）采用高导热材料。铍铜、合金铜。

6）间接法。细长的小型芯、扁平的成型品用铜管或高导热合金管、热管。

7）焊接法。把冷却水的特殊通道、弯曲通道（各成型一半）做成对开（指整个零件剖成两半后的组合体）两块焊接而成，国外有的模具已经在使用。

152. 定模（凹模）冷却水通道形式有哪几种类型？怎样应用？

（1）定模冷却水通道形式的几种分类

根据塑件形状结构的不同和浇注系统的不同，按照冷却系统的设计原则和要求，采用不同的凹模冷却水回路。

1）外接直通循环式冷却通道。图6-8是最简单的外部连接的直通式管道回路。用水管接头和橡塑管将模内管道连接成单路或多路循环。该形式的管道加工方便，适合于较浅的矩形型腔，其缺点是外接部分容易损坏。

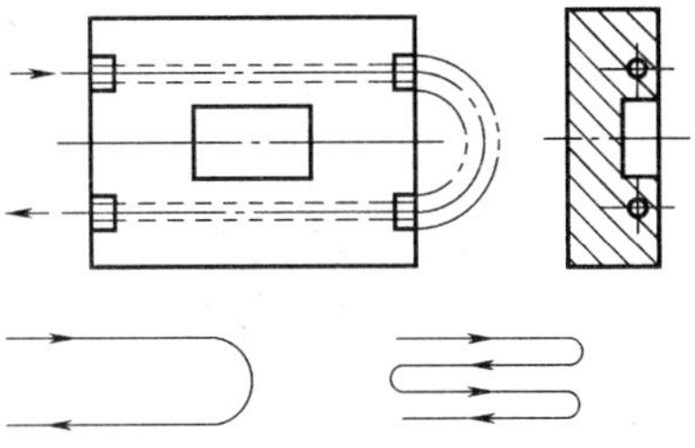

图 6-8　外接直通式管道回路图

2）模板内的平面回路。如图 6-9 所示是定模板的内平面上所开设的冷却管道回路。管道加工后必须用孔塞和挡板来控制冷却水的流动。该形式适合各种较浅的，特别是圆形的型腔，如图 6-9a 所示。对长宽比很大的矩形型腔，可采用如图 6-9b 所示的左右两回路平衡布置的方法。挡板的安装应便于从模外直接拆卸，修理更换方便。

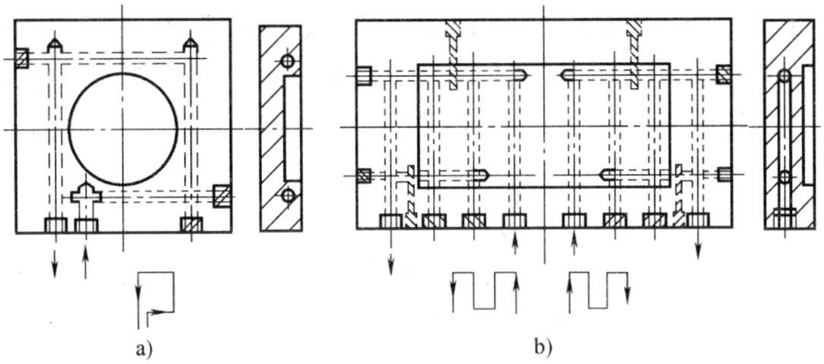

图 6-9　模板内的平面回路

3）多层式冷却通道。如图 6-10 所示，对深腔的定模，冷却管道应采用多层的立体布置。布置成曲折回路，能够对主流道和型腔底部进行冷却。将各层回路在深度方向连成一体，对大型模具会造成流程长、冷却不均匀的缺点。型腔四周也可采用各平面的单独整体回路，但这样会使模具外的管接头增多，各回路冷却参量平衡较难实现。

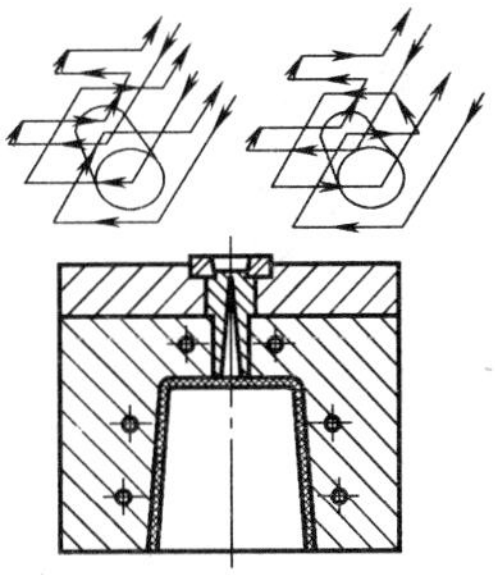

图 6-10　模板内的多层回路式

4）定模嵌入式回路，如图 6-11 所示。在注射模中，定模通常是以镶块的形式镶入到模板中的，此时需要注意防止嵌入定模与模板间的冷却水泄漏和增加管道的加工难度。①矩形嵌入定模。如图 6-11b 所示是用延伸式管接头，穿过模板直接连接在嵌入定模上。图 6-11c 所示是在分型面上开出沟槽来容纳延伸式接头。图 6-11d 所示是在模板上开设冷却孔，直接从嵌

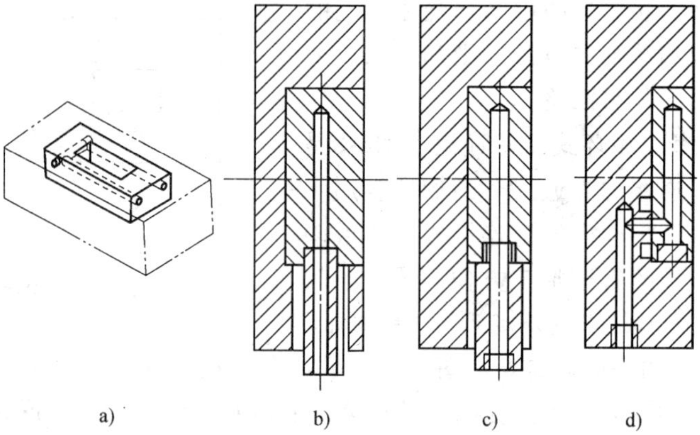

图 6-11 矩形嵌入定模回路

件底部与嵌入定模上的冷却孔对接。对接处必须有 O 形圈密封；②圆柱嵌入定模如图 6-12a 所示，可利用圆柱体上开出的环形沟槽，嵌入模板后形成矩形冷却管道。为了防止冷却水泄漏，必须在沟槽的上、下方装入 O 形圈密封。在一模多腔的模具中，直线布置的型腔可通过设在模板上的孔道相连，如图 6-12b 所示。多个嵌件的冷却沟槽相连有困难时，可在模板上开沟槽，如图 6-12c 所示。图 6-12c 的冷却效果不如图 6-12b，这是因为图 6-12b 中冷却水与三个传热表面接触，而在图 6-12c 中冷却水只与一个传热表面接触。图 6-12d 为五个圆柱嵌入定模，通过模板的沟槽形成冷却回路的例子。此时应注意沟槽之间的连接和间隔 x，要在节圆中设置间隔 x，并需加强模板的刚性。必要时在嵌入定模和模板之间再增设开沟槽的冷却套。

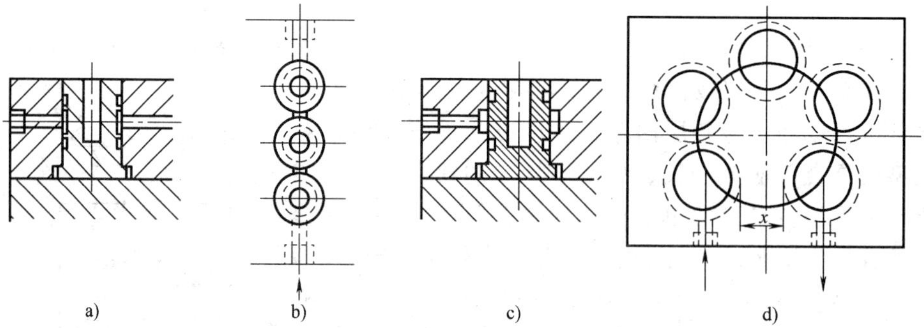

图 6-12 圆柱嵌入定模的冷却回路

（2）定模（凹模）冷却水通道形式应用举例

1）冷却水回路入口的选择，定模冷却水路进口要设在离浇口近处，出口在外围，如图 6-13 所示。

2）冷却水通道的排列形式，为直流循环式冷却水回路，如图 6-14、图 6-15、图 6-16 所示。

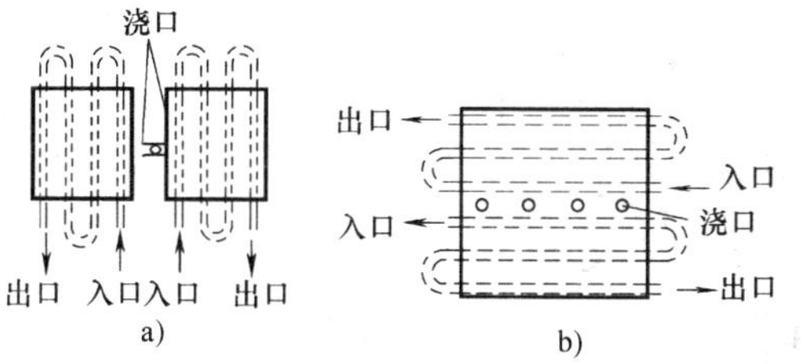

图 6-13　冷却水回路入口的选择

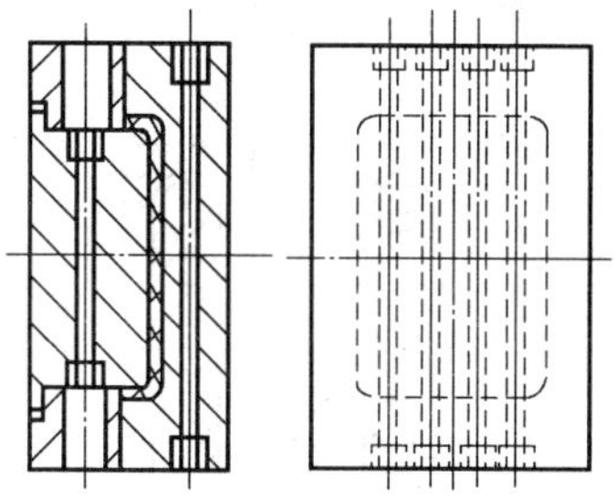

图 6-14　直流循环式冷却水回路 1

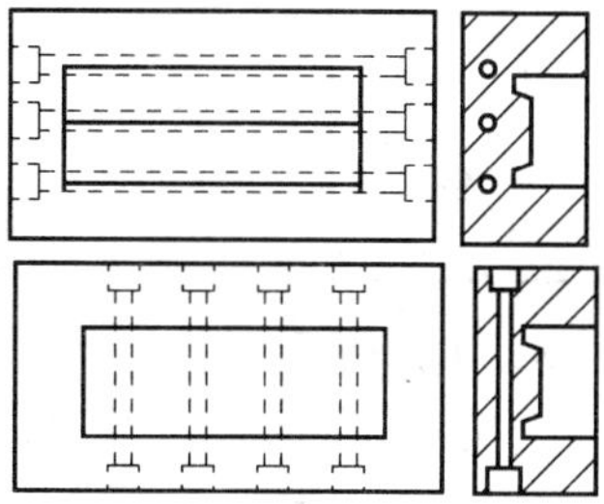

图 6-15　冷却水通道的排列形式

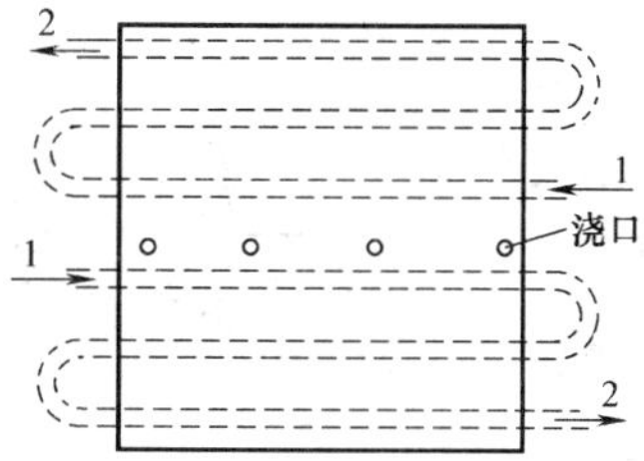

图 6-16　直流循环式冷却水回路 2

3）薄壁浅塑料件的冷却水回路，如图 6-17 所示。

4）冷却水回路的串、并联形式，如图 6-18 所示。

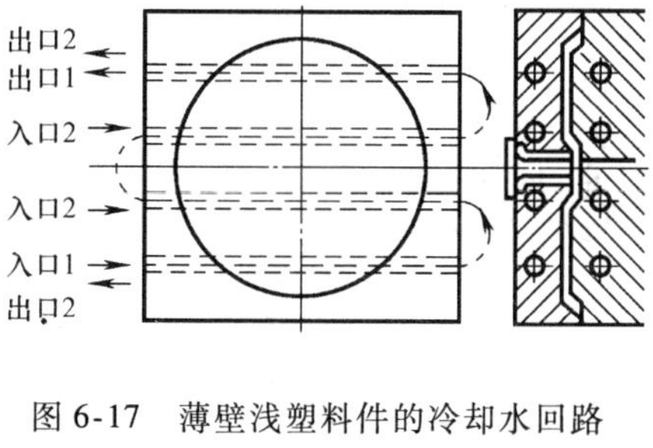

图 6-17　薄壁浅塑料件的冷却水回路

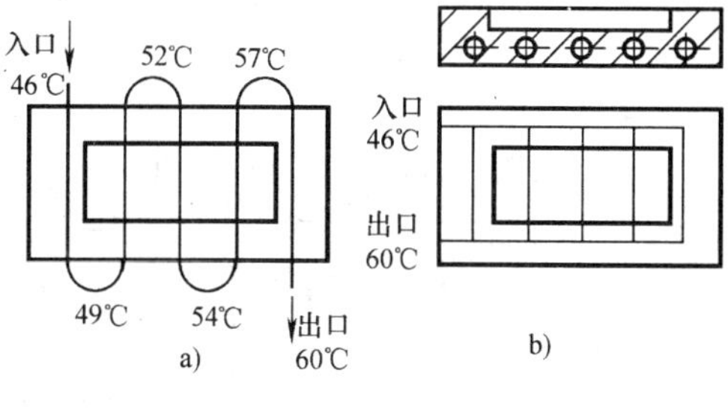

图 6-18　冷却水回路的串、并联形式

5）模板上的冷却水回路设计，见图 6-19 ~ 图 6-26。

6）进料口、型腔、定模型芯上的冷却水回路设计，见图 6-27 ~ 图 6-33。

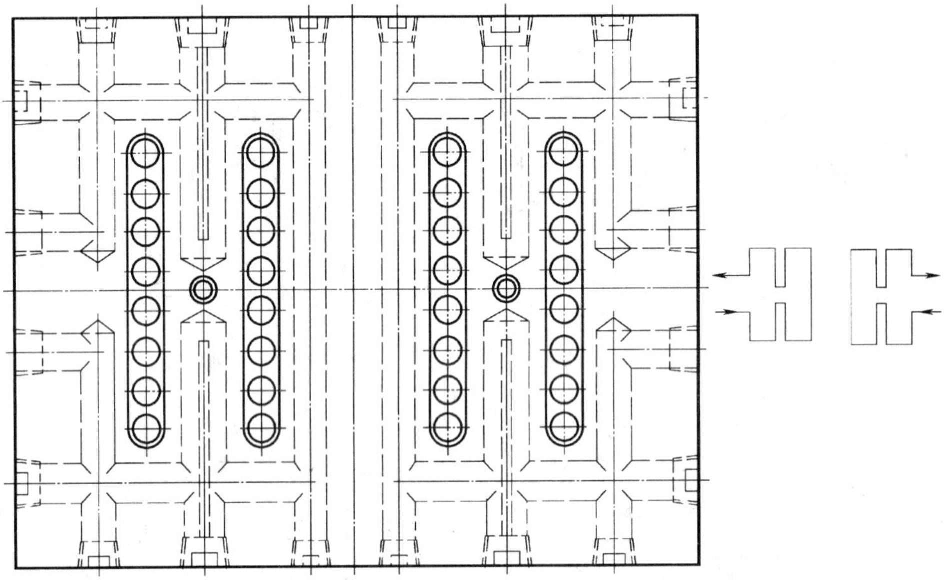

图 6-19　模板上的冷却水回路设计 1

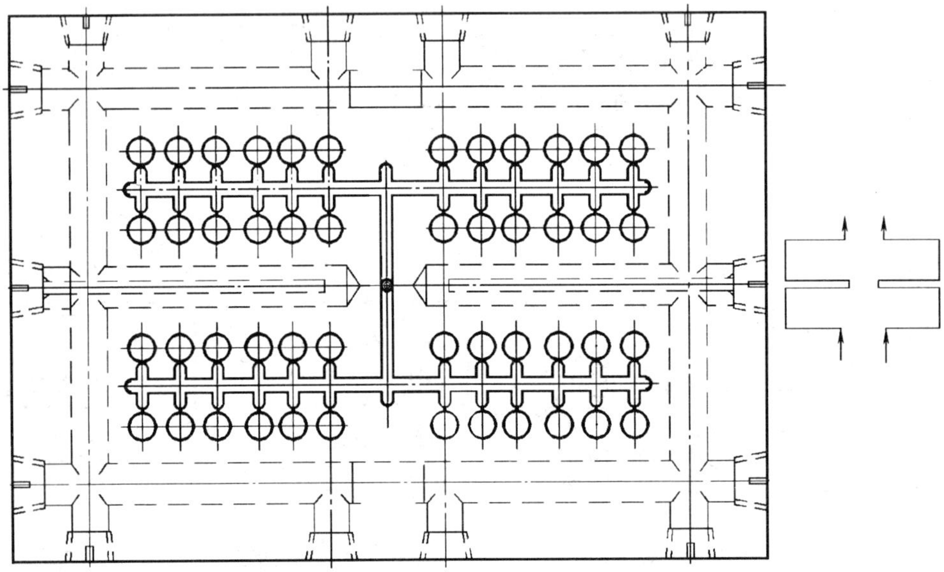

图 6-20　模板上的冷却水回路设计 2

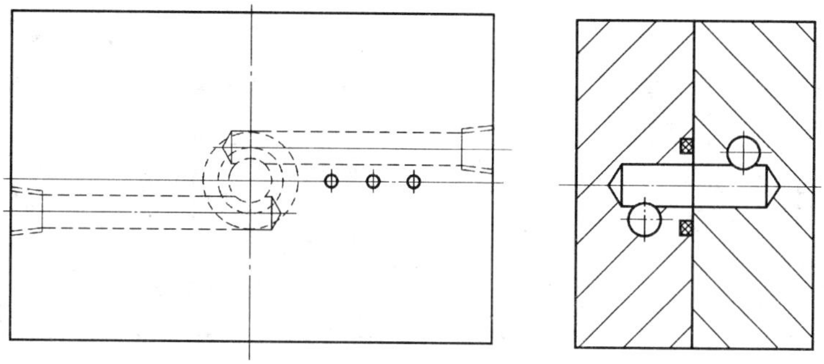

图 6-21　模板上的冷却水回路设计 3

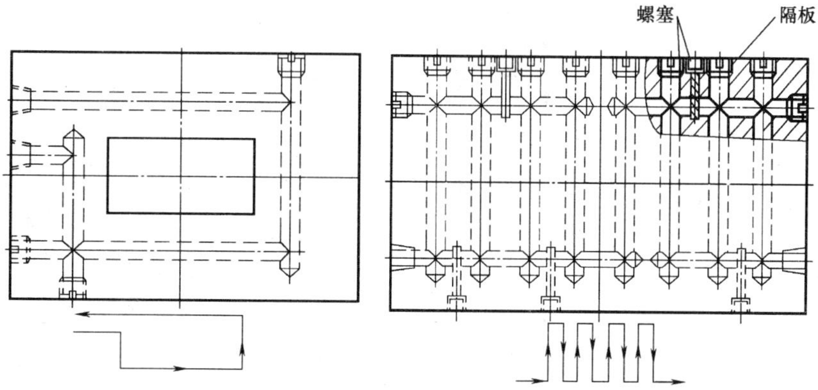

图 6-22　模板上的冷却水回路设计 4

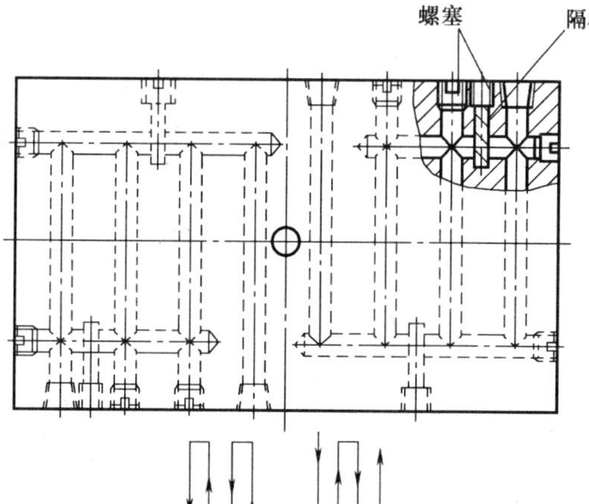

图 6-23　模板上的冷却水回路设计 5

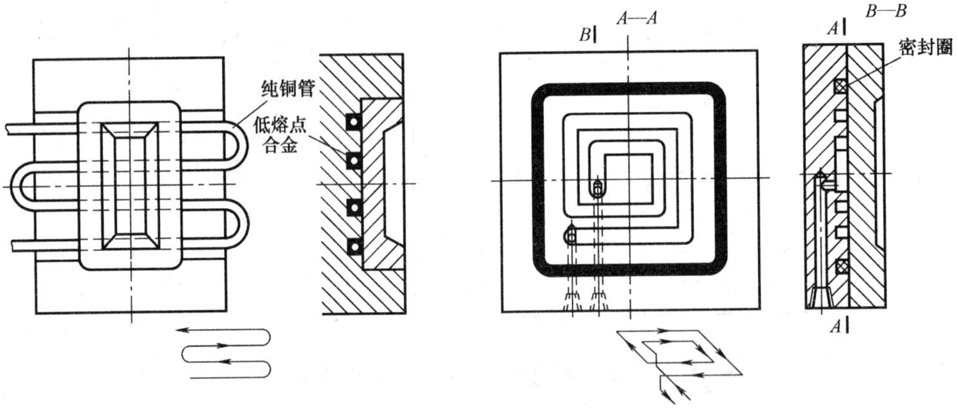

图 6-24　模板上的冷却水回路设计 6

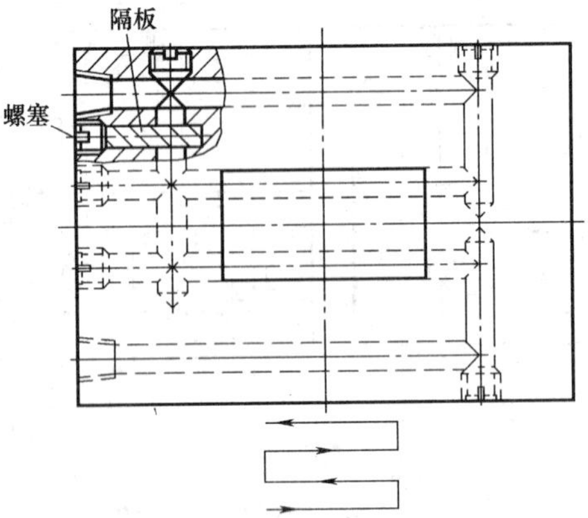

图 6-25　模板上的冷却水回路设计 7

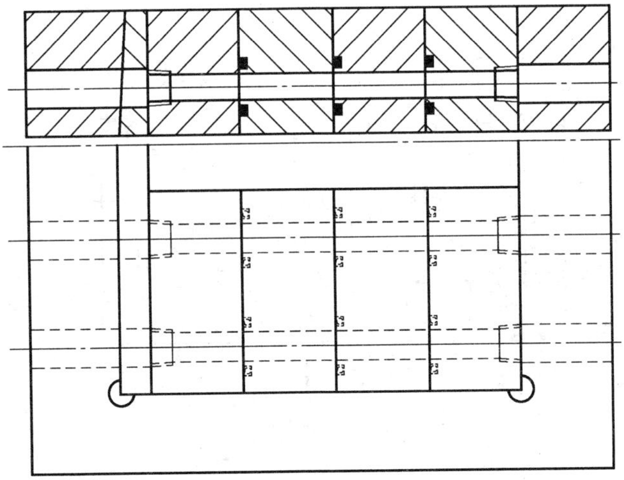

图 6-26　模板上有多个嵌件时的冷却水回路设计

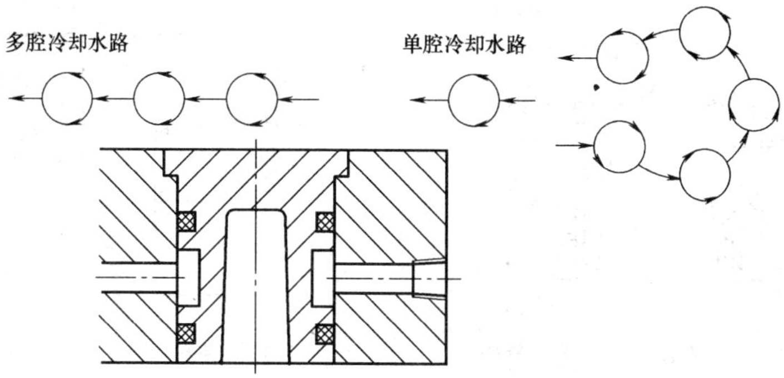

图 6-27　型腔上的冷却水回路设计之一

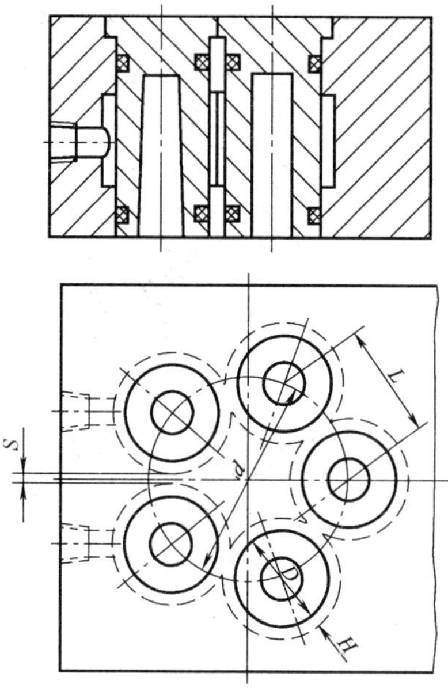

图 6-28　型腔上的冷却水回路设计之二

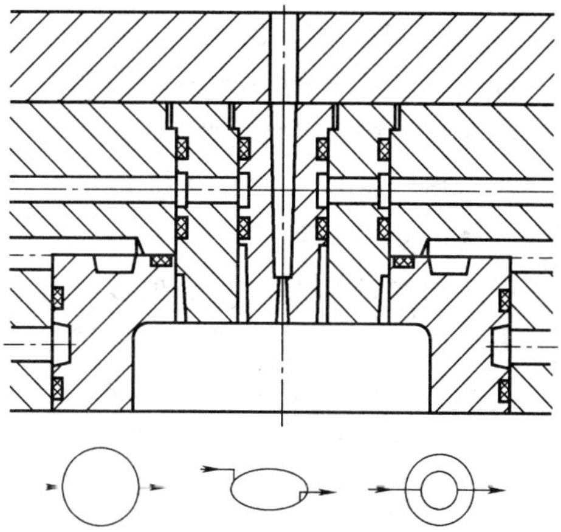

图 6-29　型腔上的冷却水回路设计之三

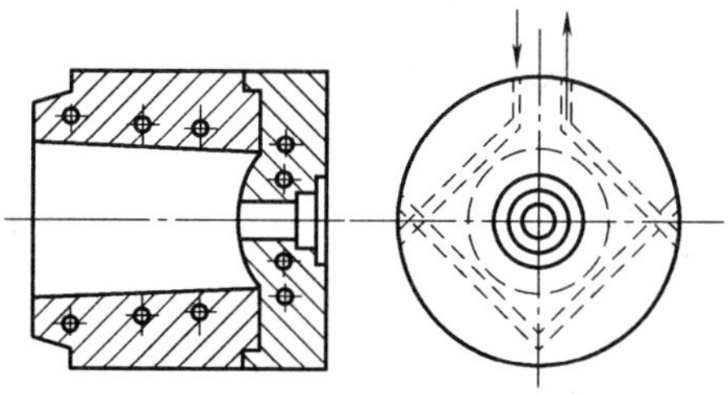

图 6-30　圆筒形定模塑件的外围冷却水回路

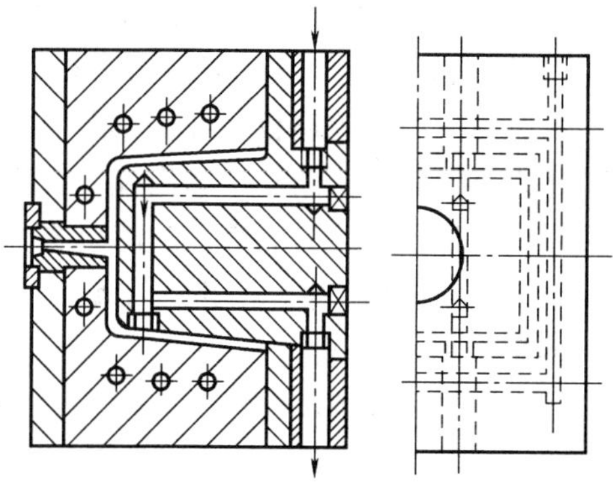

图 6-31　直径沿塑料形状加工的冷却水回路

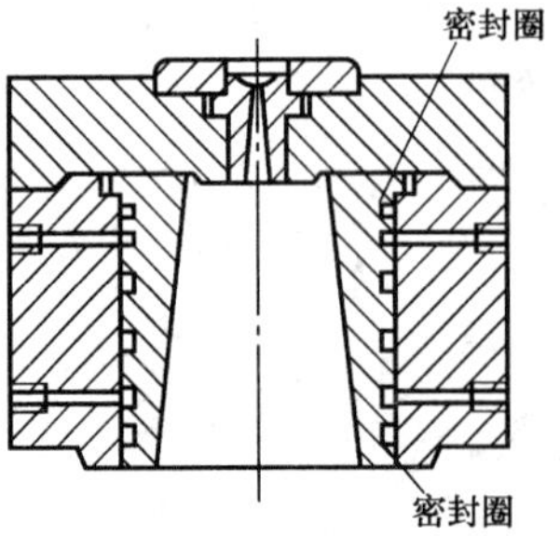

图 6-32　定模型芯冷却水回路形式

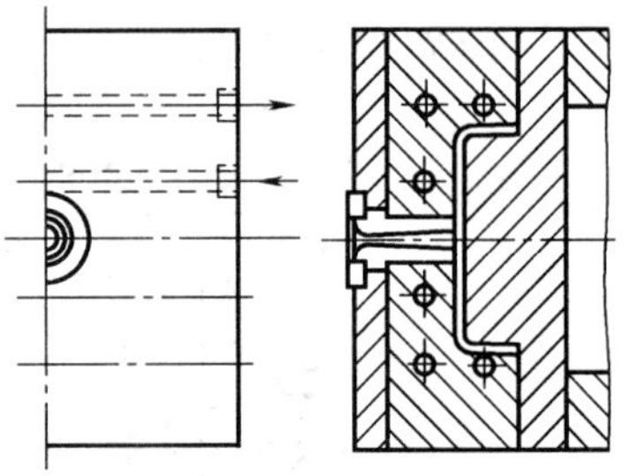

图 6-33　进料口附近及多级冷却水回路

153. 动模冷却水通道形式有哪几种类型？怎样应用？

布置动模冷却水回路要注意凹、凸模吸收的热量是不同的，动模热量较大，因制品包紧在凸模上，因此动模冷却更为重要。且布置回路有一定难度，因为顶杆、螺纹等零件的干涉，空间狭小。根据塑件形状不同及所需冷却温度分布要求，以及浇注系统（口形式、位置）、模具结构不同等，按照冷却系统的设计原则和要求，采用不同的动模冷却水回路类型。

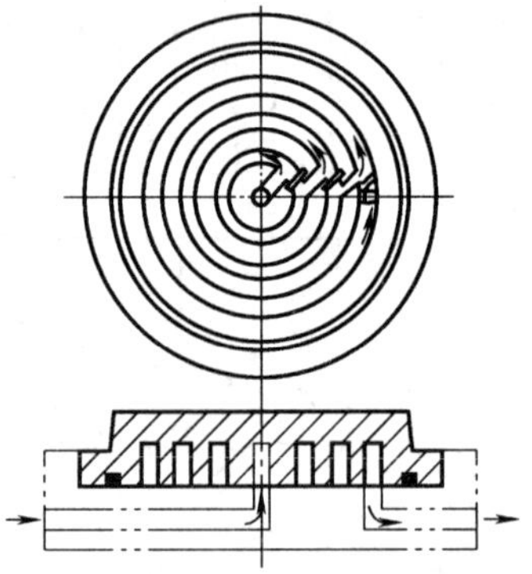

图 6-34　中等高度型芯的冷却水回路

对于很浅的型芯，可直接将平面冷却水回路开设在型芯下部。对于中等高度的型芯，可在型芯的底部端面上开设矩形冷却水槽回路，见图 6-34。对圆柱型芯可采用如图所示的环形布置，通过横沟和挡板构成冷却水回路并设置防漏橡胶圈。

（1）动模冷却水通道回路类型分类

对于较高的型芯，单层冷却水回路无法使冷却水迅速地冷却型芯的表面，因此应设法使冷却水在型芯内循环流动，常用以下三种内循环管道的流动方法。

1）隔板式冷却水回路。如图 6-35a 所示方法适用于单个圆柱高型芯。在型芯的直管道中设置隔板，进水和出水与模内横向管道形成冷却水回路。此方式也可用多个小直径的圆柱型芯代替，如图 6-35b 所示。用串接管路方法，可应用于窄长的矩形高型芯和大直径的高型芯，如图 6-35c 和图 6-35d 所示。

2）喷流式冷却水回路。在型芯中间装一个喷水管，进水从管中喷出后再向四周冲刷型芯内壁，如图 6-36 所示。低温的进水直接作用于型芯的最高部位。对位于中心的浇口，喷流冷却效果很好。喷流式既可用于单个小直径型芯，也可用于多个小直径型芯的并联冷却，此时底部进水和出水管应相互错开。

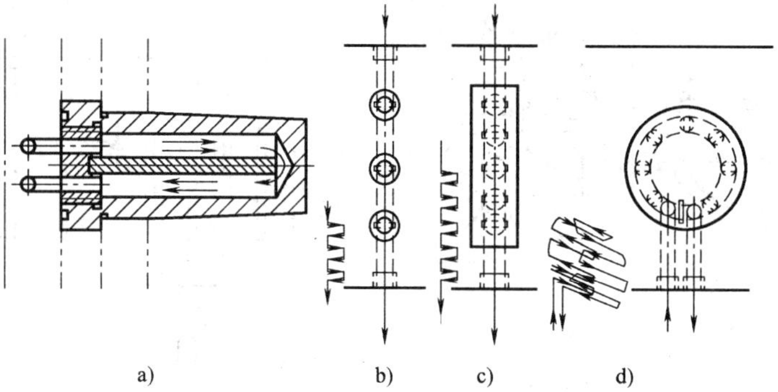

图 6-35　隔板式冷却水回路

3）螺旋式冷却水回路。如图 6-37 所示，大直径的圆柱高型芯，在芯柱外表面车制螺旋沟槽后压入型芯的内孔中。冷却水由中心孔引向芯柱顶端，经螺旋回路从底部流出。芯柱使型芯有较好的刚性，较薄的型芯壁改善了冷却效果，其缺点是加工较复杂。

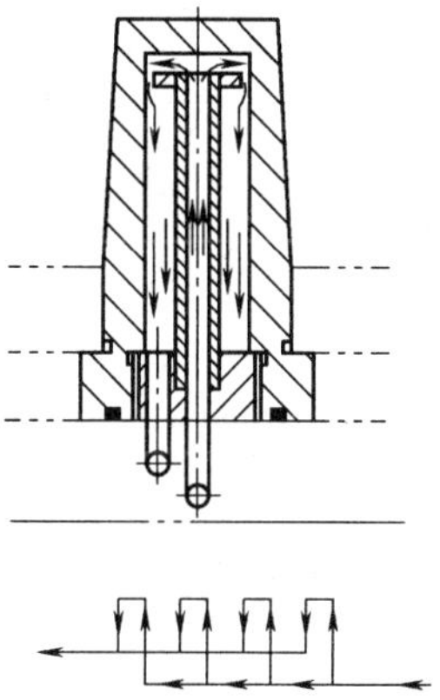

图 6-36　喷流式冷却水回路

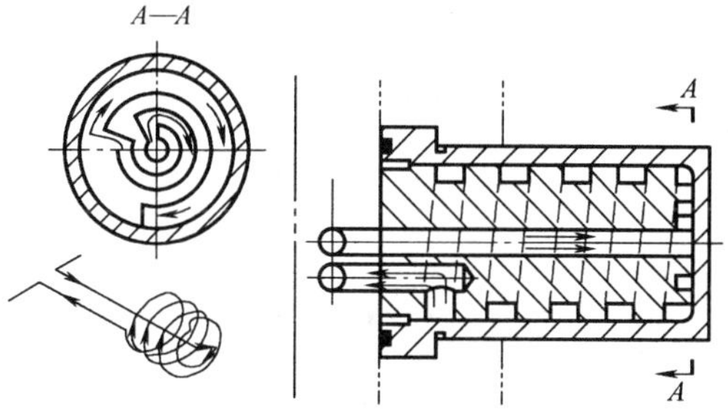

图 6-37　螺旋式冷却水回路

4）铜棒和热管式冷却水回路，见 154 题“冷却回路效果不好时采用什么办法解决?”

（2）动模冷却水回路的配置及模板上连接冷却水回路形式

1）根据浇注系统配置冷却水回路：①直接浇口冷却水回路，见图6-38；②侧浇口冷却水回路，见图 6-39；③薄片浇口冷却水回路，见图 6-40；④中心直浇口冷却水回路，见图 6-41、图 6-42；⑤多点浇口冷却水回路，见图 6-43。

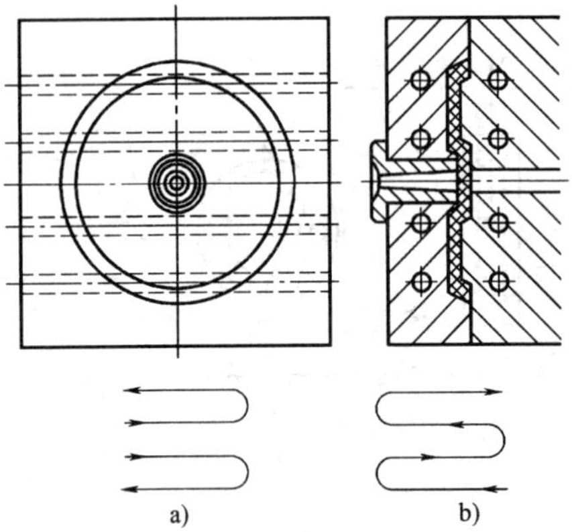

图 6-38　直接浇口冷却水回路
a）定模冷却水回路　b）动模冷却水回路

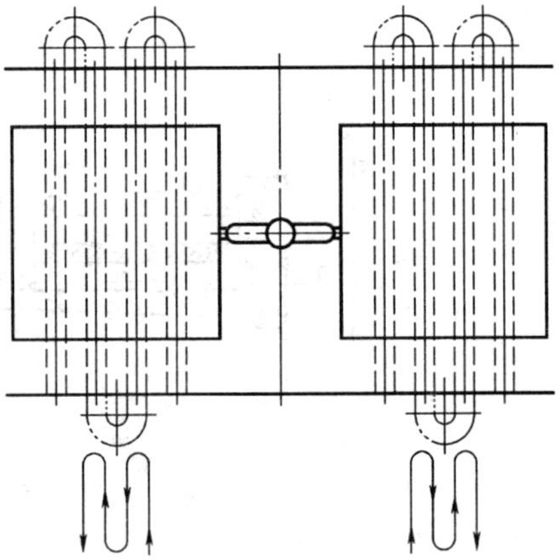

图 6-39　侧浇口冷却水回路

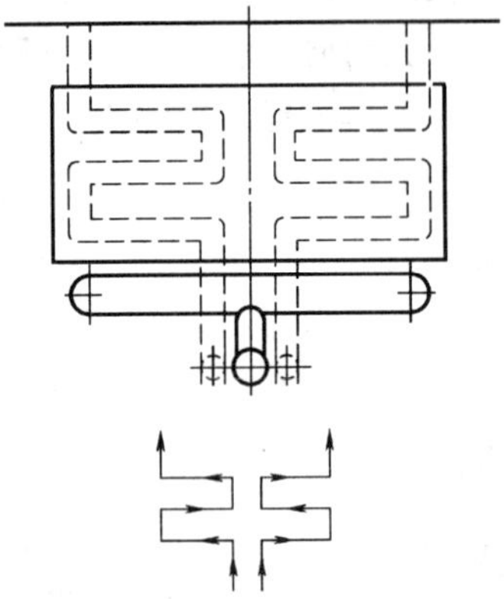

图 6-40　薄片浇口冷却水回路

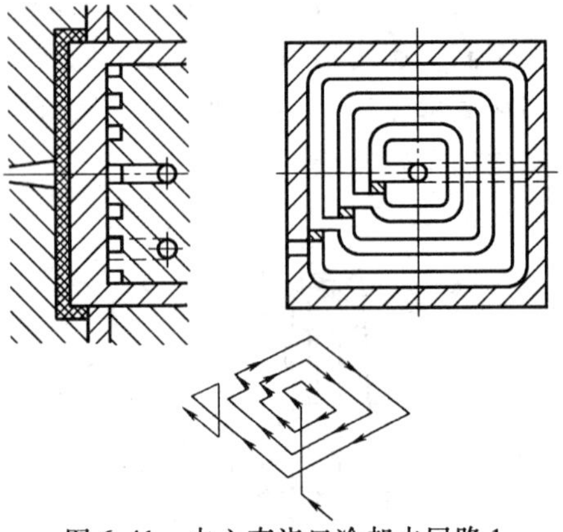

图 6-41　中心直浇口冷却水回路 1

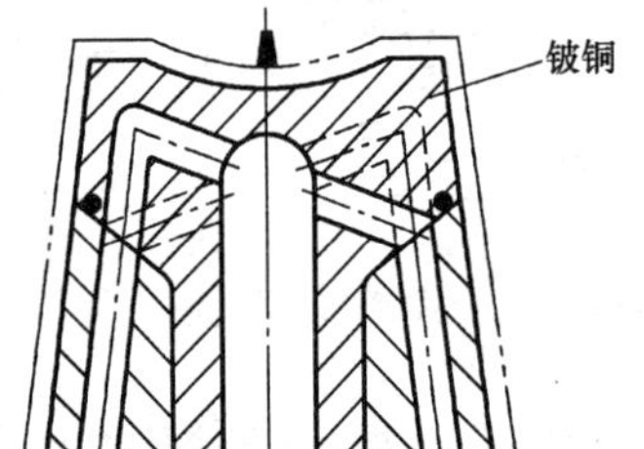

图 6-42　中心直浇口冷却水回路 2

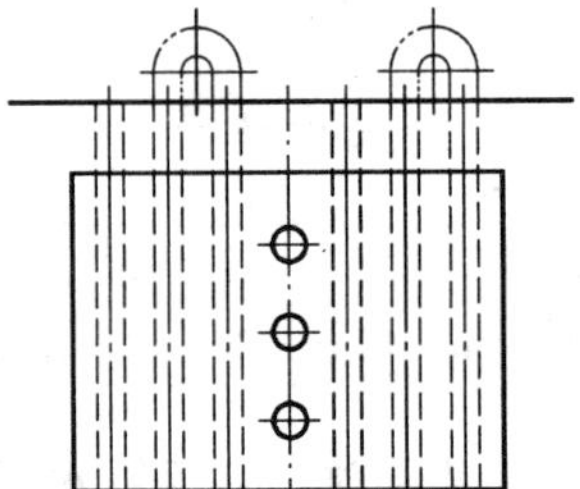

图 6-43　多点浇口冷却水回路

2）根据塑件形状配置冷却水回路：①薄壁浅塑料件、中等深度塑料件的冷却水回路，见图6-44；②较深的塑料件的冷却水回路，见图6-45；③深塑料件的冷却水回路，见图6-46；④杯形塑料件的冷却水回路，见图6-47；⑤带细长侧型芯的塑料件的冷却水回路，见图6-48。

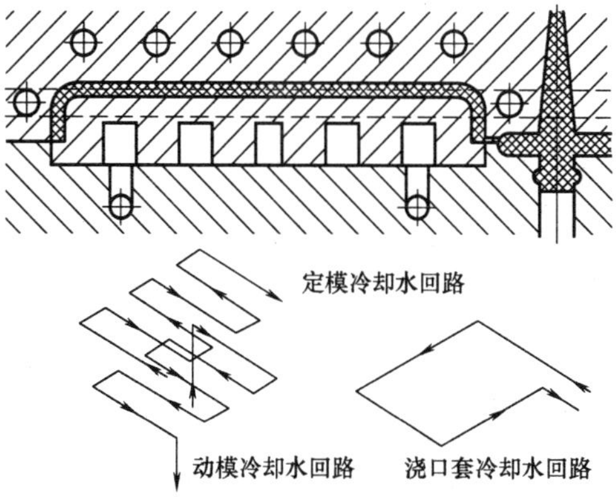

图6-44　薄壁浅塑料件、中等深度塑料件的冷却水回路

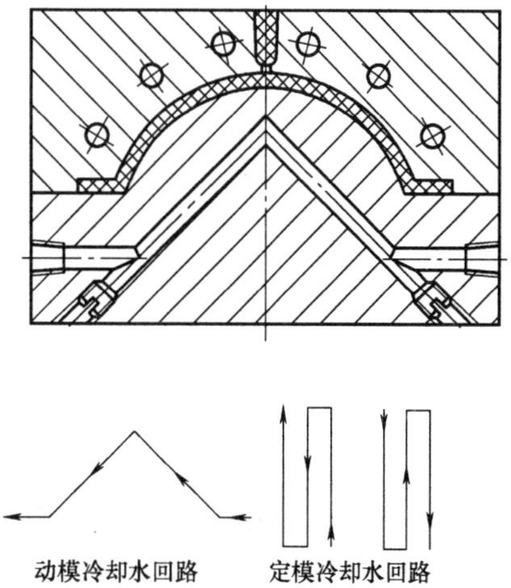

图6-45　较深的塑料件的冷却水回路

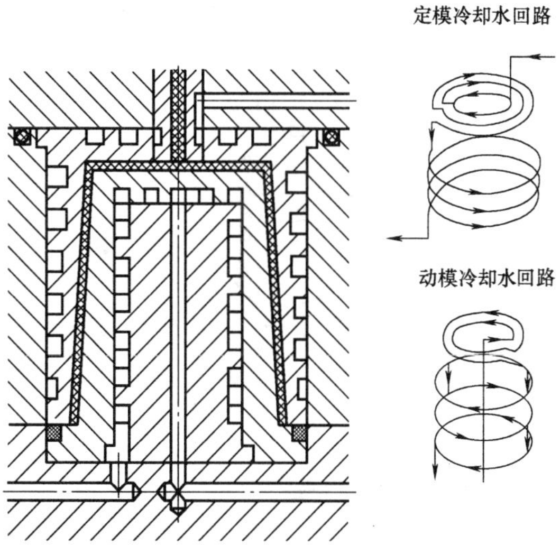

图6-46　深塑料件的冷却水回路

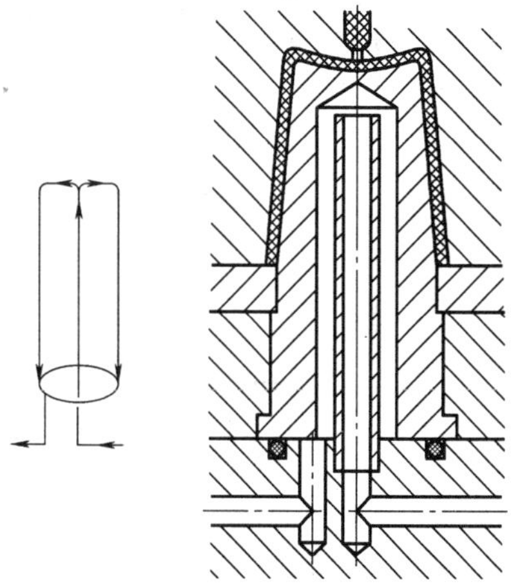

图6-47　杯形塑料件的冷却水回路

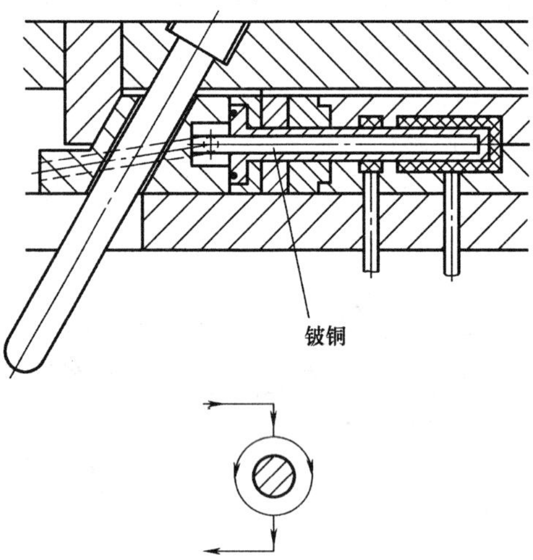

图 6-48　带细长侧型芯的塑料件的冷却水回路

3）型芯、模板上连接冷却水回路形式：①模板上连接冷却水回路形式，如图 6-49 所示；②型芯在动模座板上用冷却水管形式，如图 6-50 所示；③型芯上冷却水回路通过多层模板形式，如图 6-51 所示；④型芯上的冷却水回路设在动模座板上的形式，如图 6-52 所示。

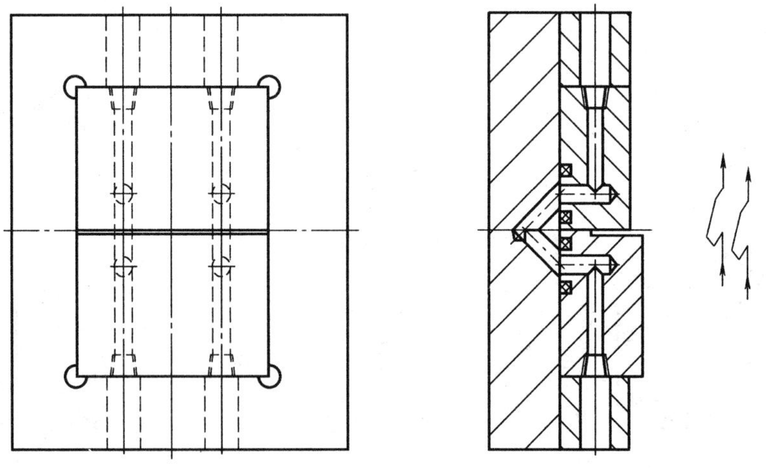

图 6-49　模板上连接冷却水回路形式

（3）实例应用

根据塑件结构形状不同，选取不同的冷却水结构形式，下面有许多冷却水回路的实例可供参考应用。

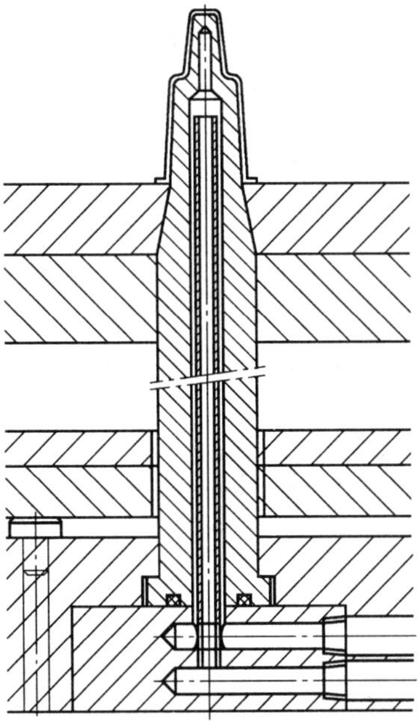

图 6-50 型芯在动模座板上用冷却水管形式

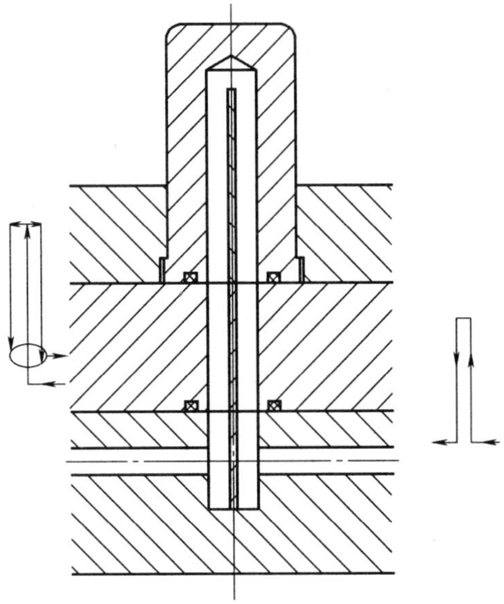

图 6-51 型芯上冷却水回路通过多层模板形式

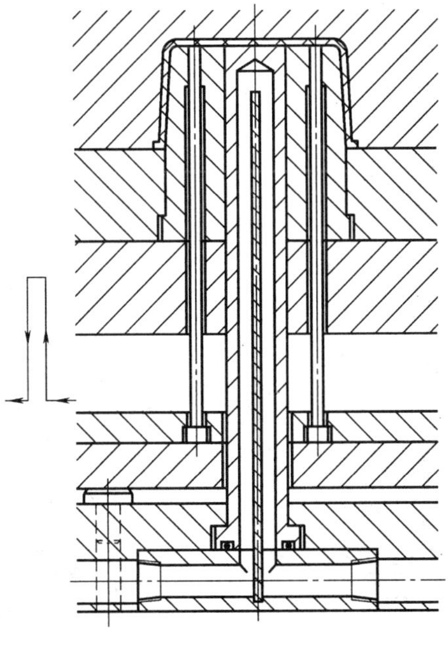

图 6-52 型芯上的冷却水回路设在动模座板上的形式

1）型芯上隔板式冷却水回路的设计：①在多型芯上用导流板串联冷却形式，见图6-53；②细长型芯用隔板冷却形式，见图6-54；③隔流板式型芯冷却形式，见图6-55；④隔板式冷却水回路，见图6-56；⑤在型芯四角采用导流板

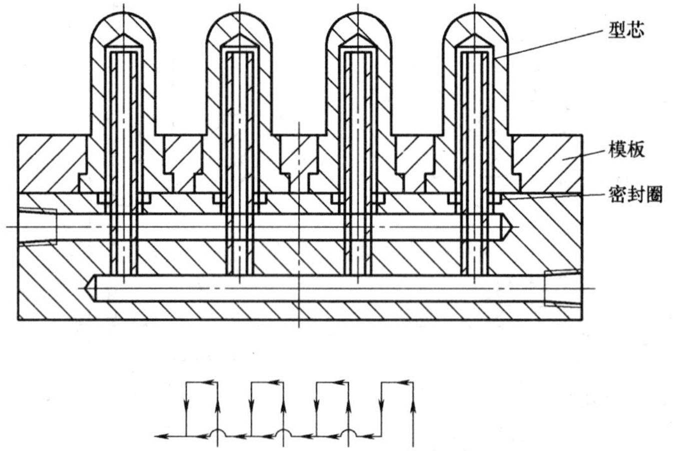

图6-53　在多型芯上用导流板串联冷却形式

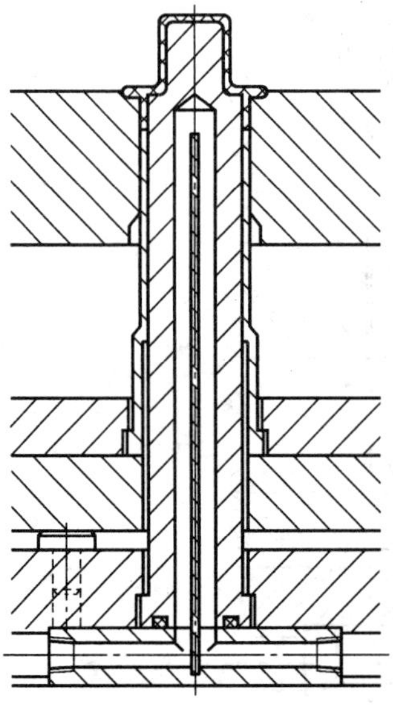

图6-54　细长型芯用隔板冷却形式

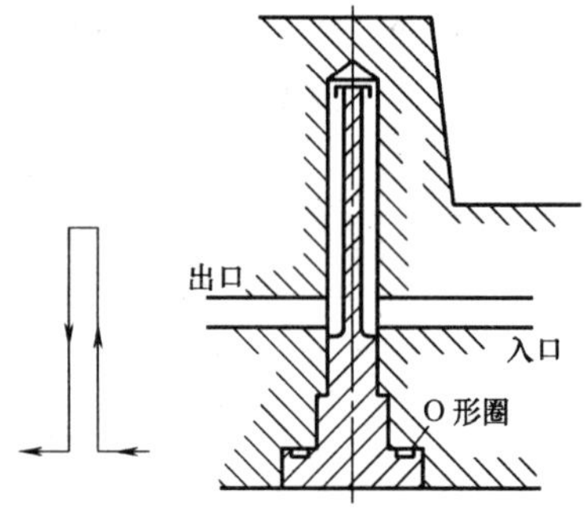

图6-55　隔流板式型芯冷却形式

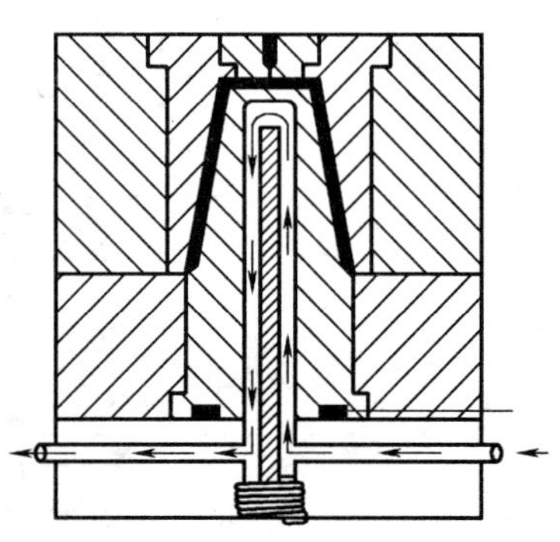

图6-56　隔板式冷却水回路

换向冷却形式，见图 6-57；⑥在型芯上采用导流板换向冷却形式，见图 6-58；⑦极深塑件直孔隔板式冷却水回路，见图 6-59、图 6-60；⑧连续冷却水回路，见图 6-61；⑨型芯上采用环形槽加导流板冷却形式，见图 6-62。

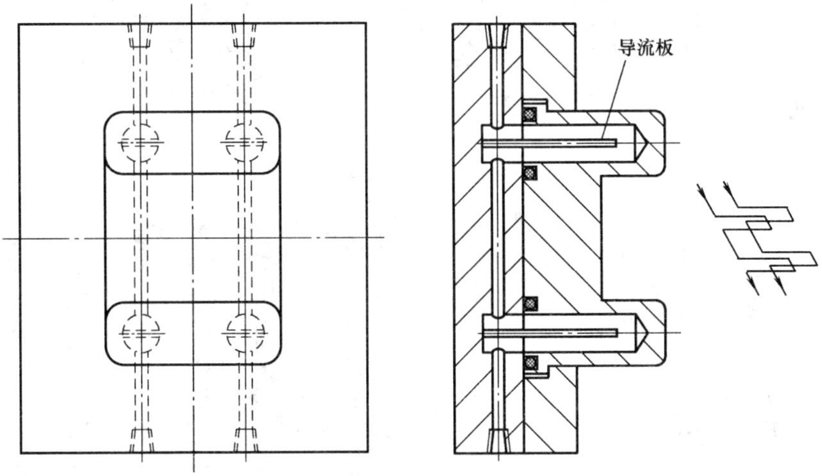

图 6-57　在型芯四角采用导流板换向冷却形式

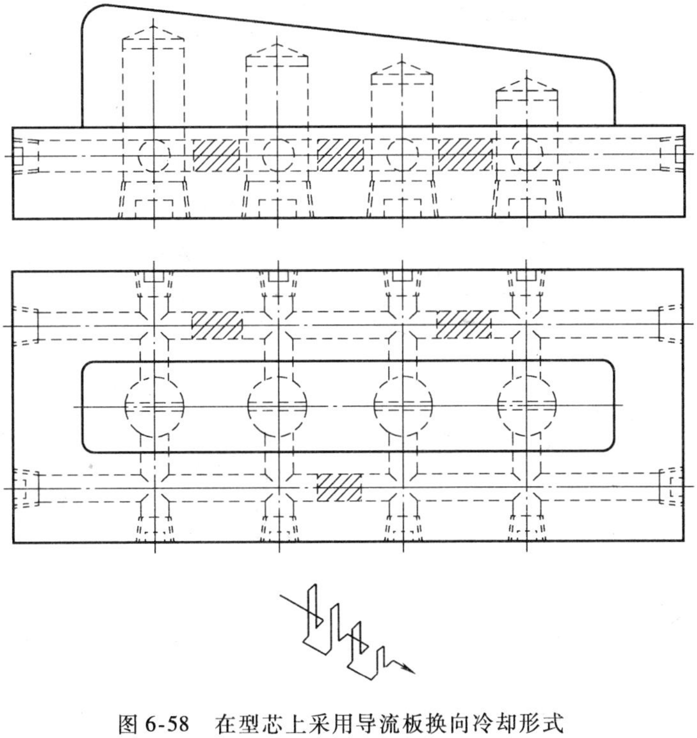

图 6-58　在型芯上采用导流板换向冷却形式

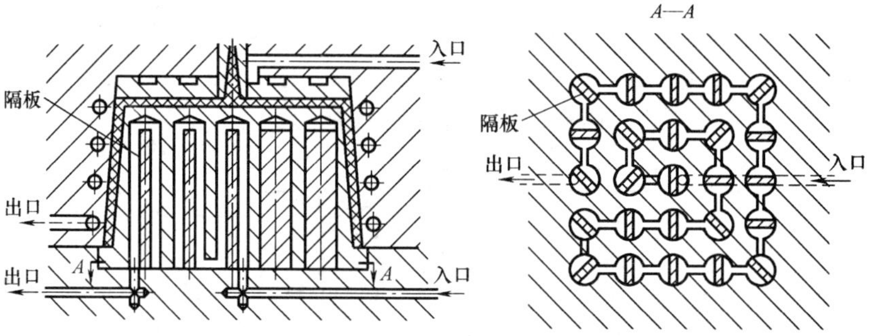

图 6-59　极深塑件直孔隔板式冷却水回路

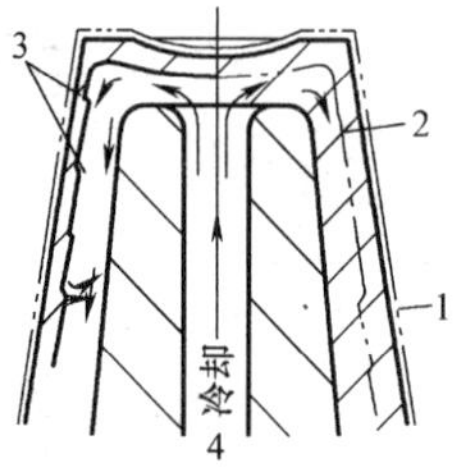

图 6-60　极深塑件直孔冷却水回路

1—成型件　2—钢　3—流动障碍

4—冷却媒质

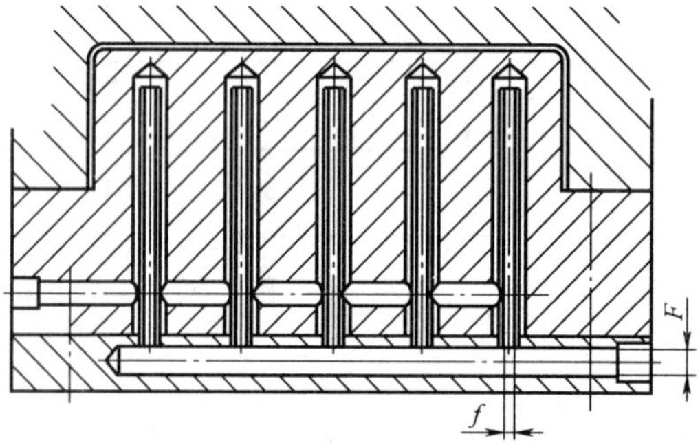

图 6-61　连续冷却水回路

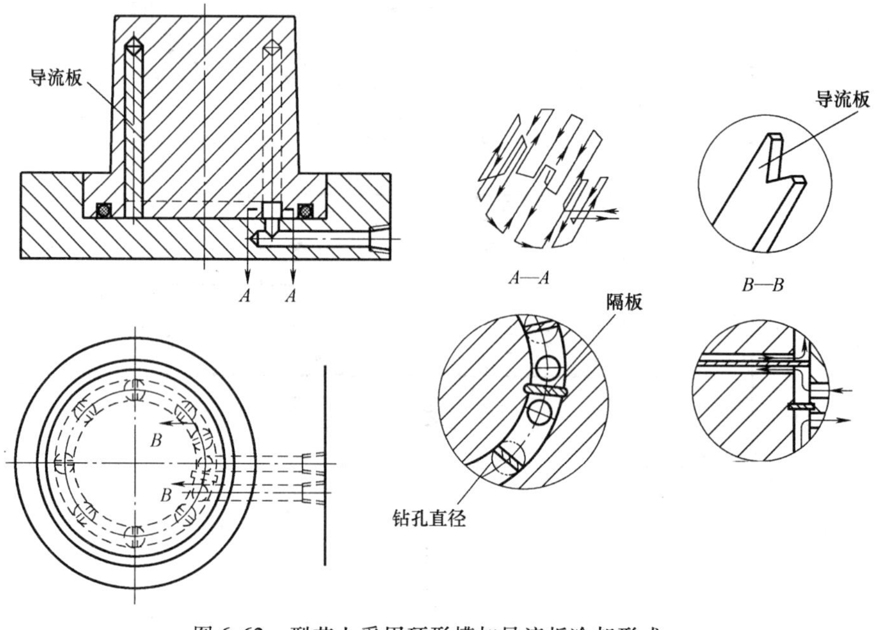

图 6-62　型芯上采用环形槽加导流板冷却形式

2）型芯上用冷却水管的冷却回路设计：①型芯上采用冷却水管冷却形式，见图6-63；②型芯上采用冷却水管冷却形式，见图6-64～图6-67；③型芯上采用冷管压缩空气冷却，见图6-68；④型芯钻水道冷却形式，见6-69、图6-70；⑤型芯采用喷流式，见图6-71～图6-73；⑥在多型芯上采用冷却水管并联形式，见图6-74；⑦在阀式推杆上应用冷却水管形式，见图6-75、图6-76；⑧阀式推杆上冷却，见图6-77、图6-78。

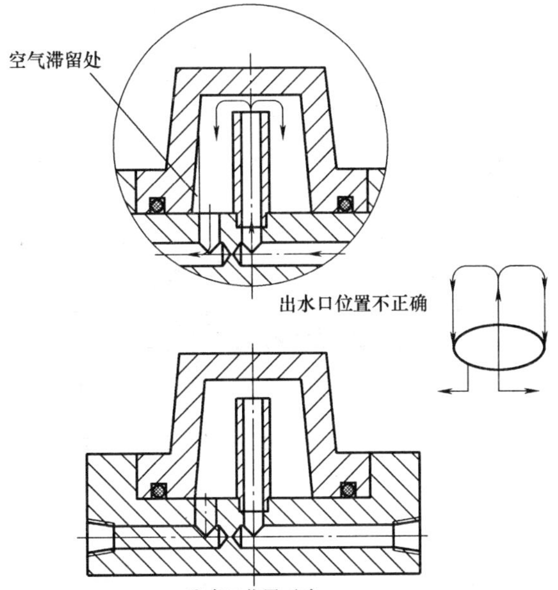

图6-63　型芯上采用冷却水管冷却形式

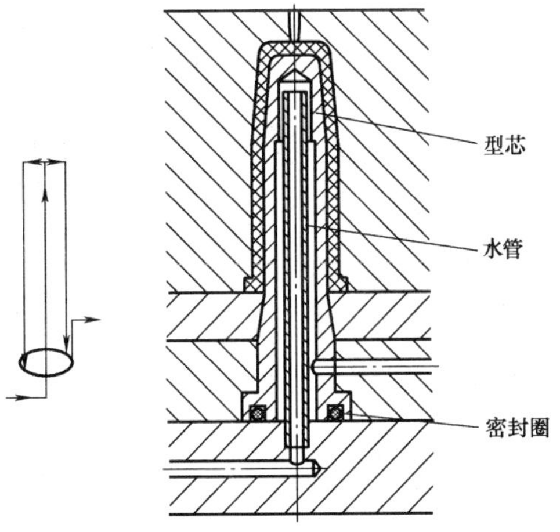

图6-64　型芯上用冷却水管冷却形式

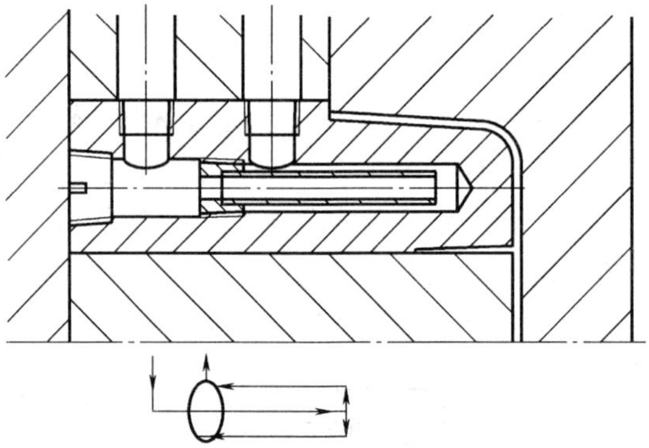

图 6-65　在型芯嵌件上用冷却水管形式

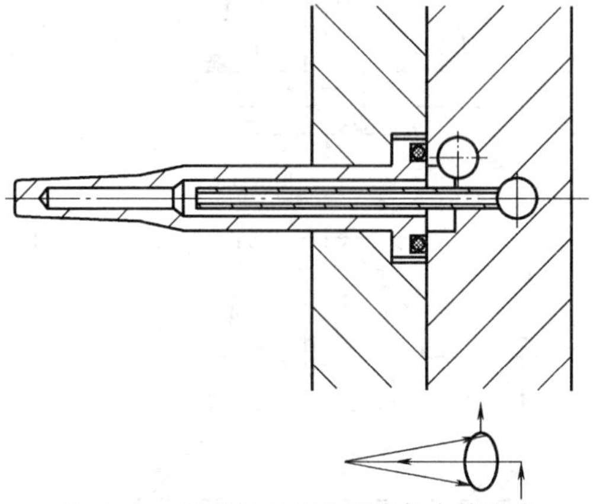

图 6-66　在细长型芯上用冷却水管形式

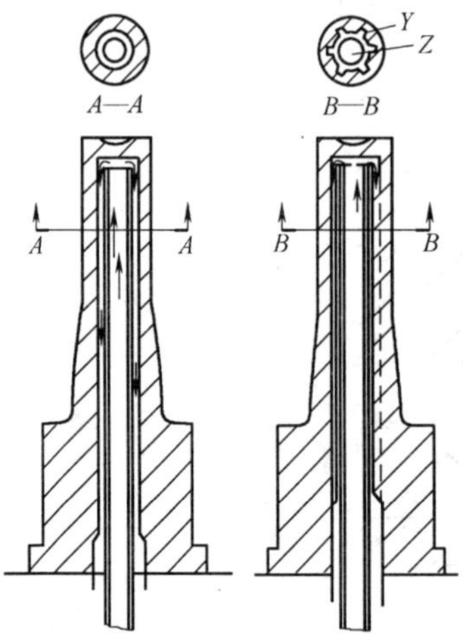

图 6-67　对细长型芯增加冷却水孔传热能力的回路

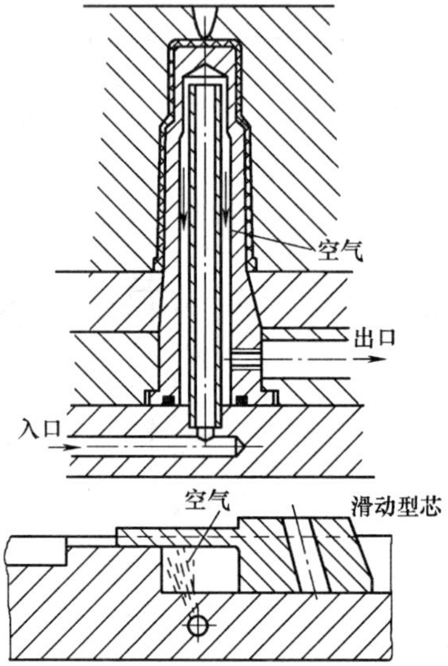

图 6-68　压缩空气冷却

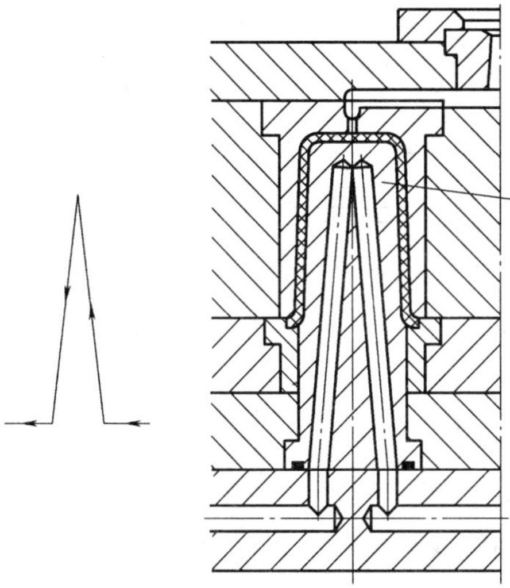

图 6-69　型芯上钻水道孔（用水管）
（型芯前端交叉冷却水回路冷却形式）

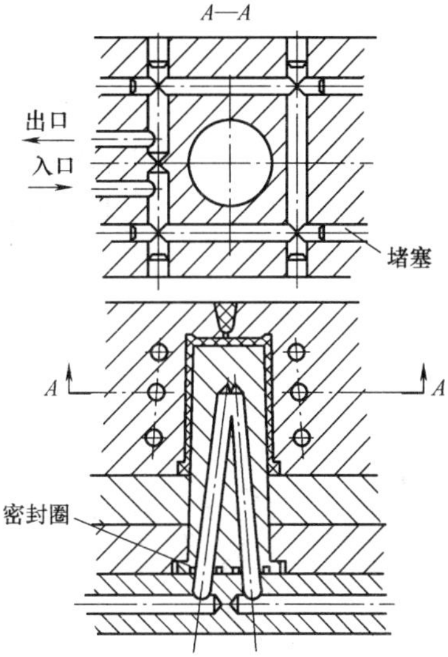

图 6-70　型芯钻水道冷却形式

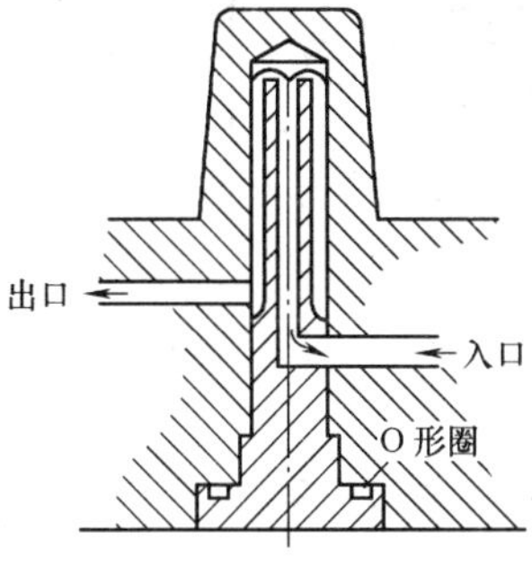

图 6-71　型芯采用喷流式

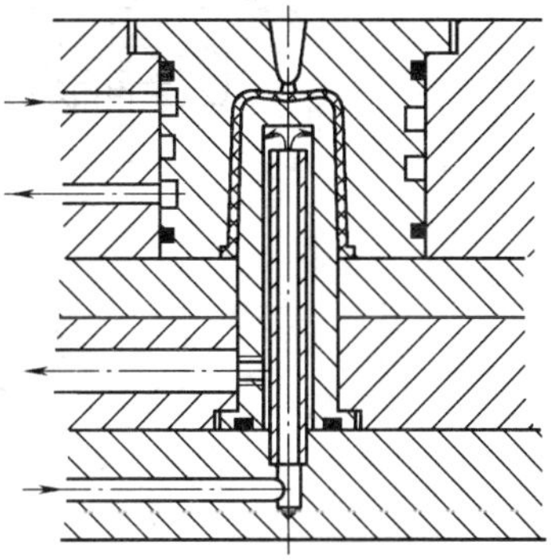

图 6-72　喷流式冷却水回路 1

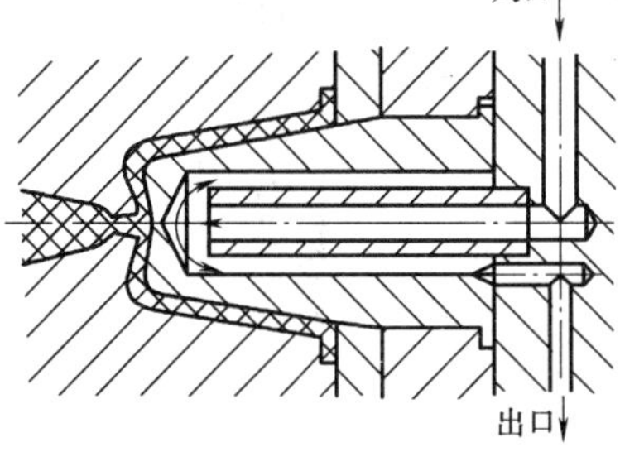

图 6-73　喷流式冷却水回路 2

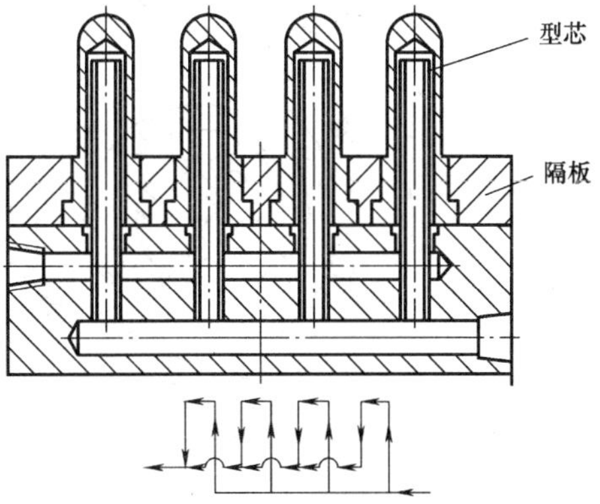

图 6-74　在多型芯上用冷却水管并联形式

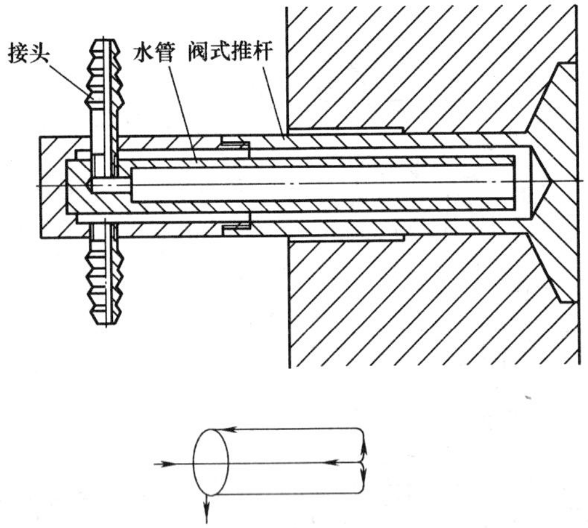

图 6-75　在阀式推杆上应用冷却水管形式 1

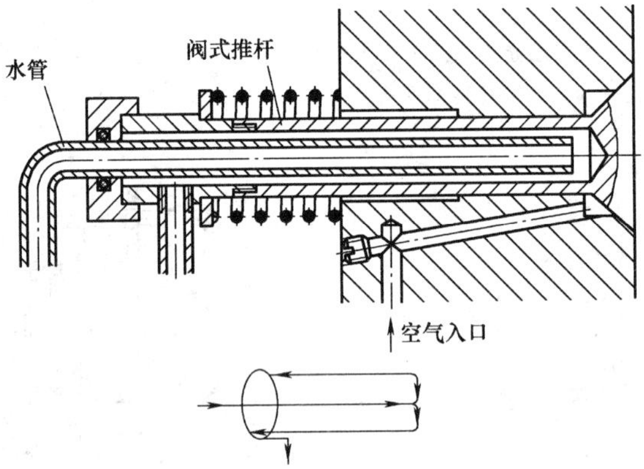

图 6-76　在阀式推杆上应用冷却水管形式 2

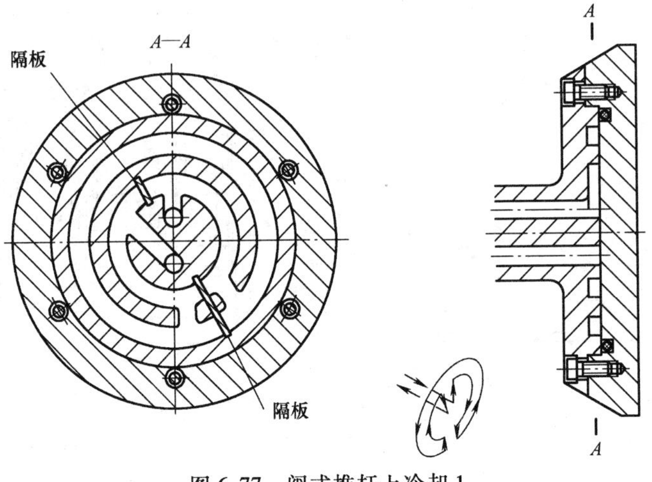

图 6-77　阀式推杆上冷却 1

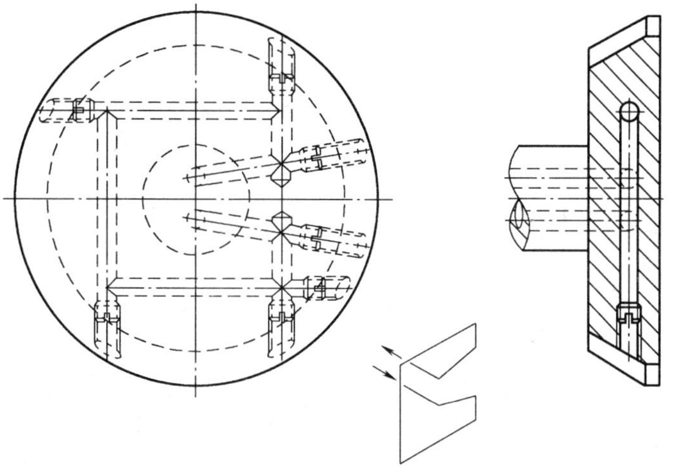

图 6-78　阀式推杆上冷却 2

3）型芯用冷却水路在嵌件上采用螺旋槽回路设计：①型芯的冷却水路在嵌件上采用螺旋槽形，见图 6-79 ~ 图 6-84；②型芯螺旋槽采用低熔点合金浇注铜管，见图 6-85；③型芯采用低熔点合金浇注铜管的冷却形式，见图 6-86。

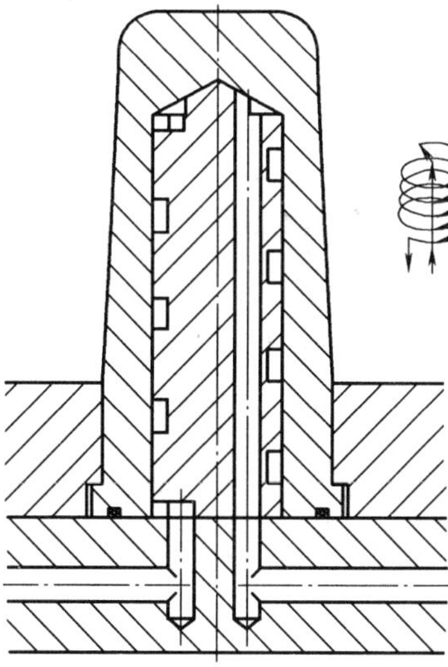

图 6-79　螺旋槽形冷却水回路 1

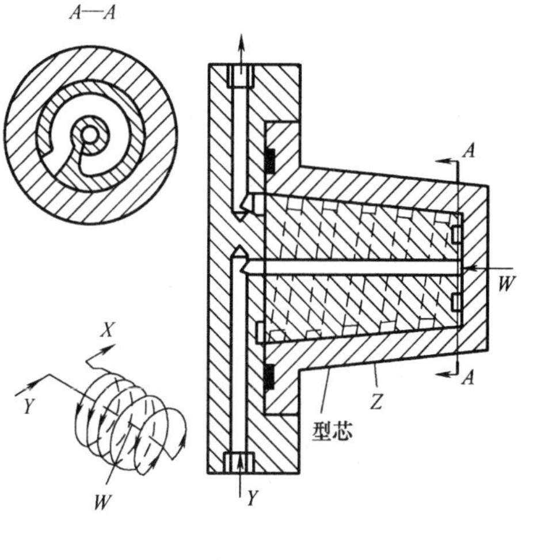

图 6-80　螺旋槽形冷却水回路 2

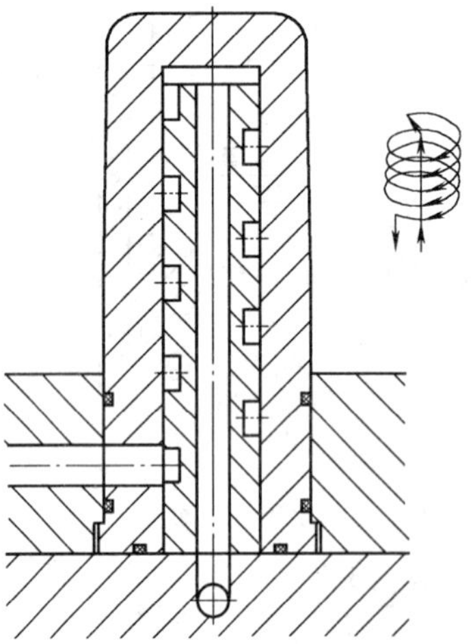

图 6-81　螺旋槽形冷却水回路 3

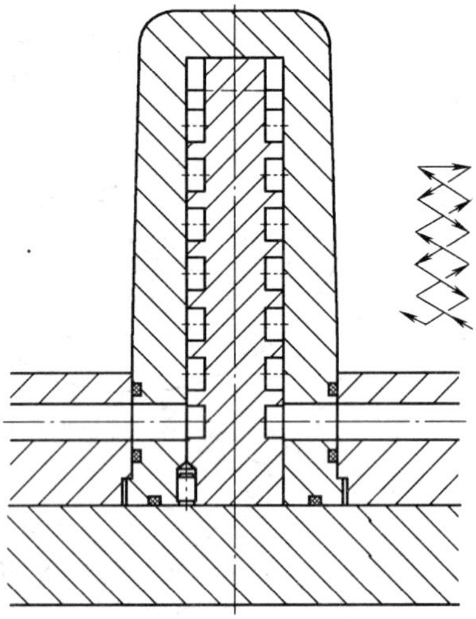

图 6-82　双头螺旋槽形冷却水回路

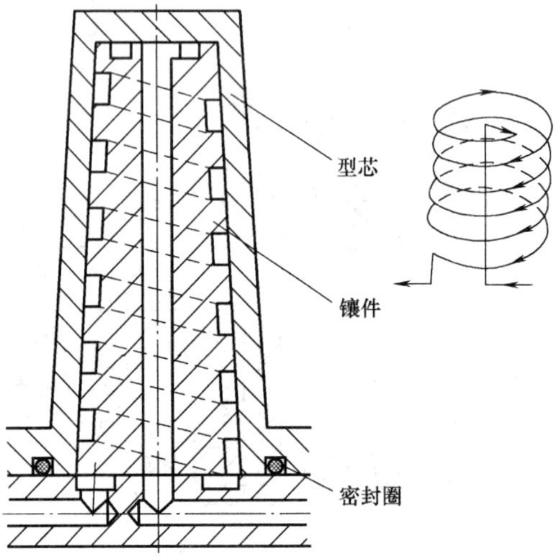

图 6-83　螺旋槽形冷却水回路 4

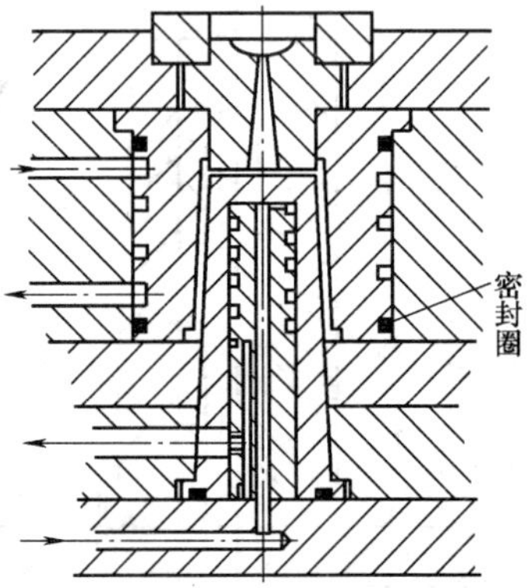

图 6-84　螺旋循环式冷却水回路

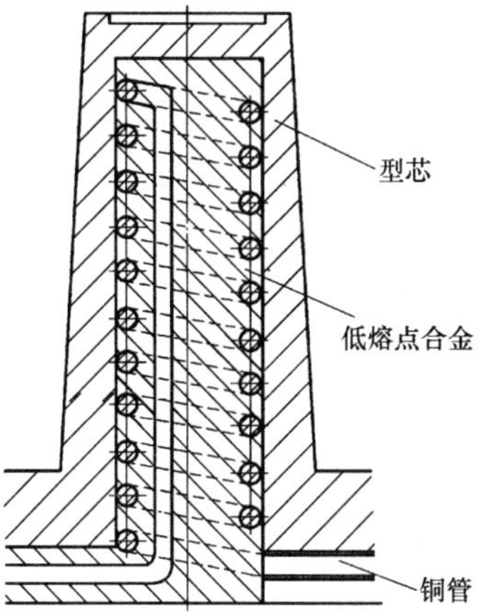

图 6-85　型芯螺旋槽采用低熔点合金浇注铜管

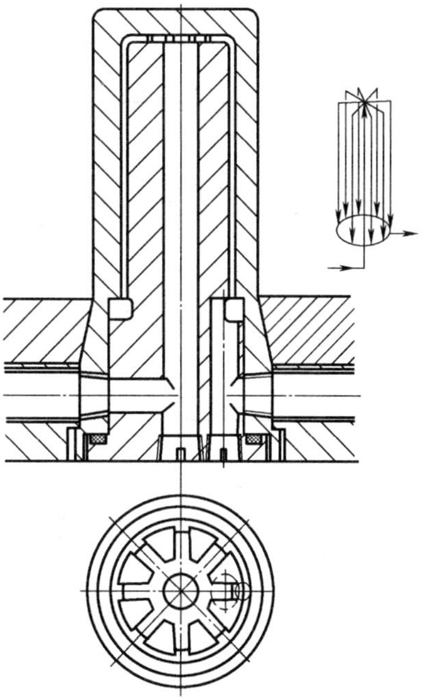

图 6-86　型芯上的冷却水路在嵌件上采用分流槽

4）下面的例子可供设计者参考选用：①两层壁管的冷却水回路，见图 6-87；②衬套式型芯冷却水回路，见图 6-88；③型芯区的温度控制回路，见图 6-89；④型芯拼块结构冷却水回路，见图 6-90；⑤在整体型芯上冷却水回路设置形式，见图 6-91；⑥不同型芯直径的调温结构，见图 6-92；⑦在滑块上应用冷却水管组合件形式，见图 6-93；⑧进料口附近多级冷却水回路，见图 6-94。

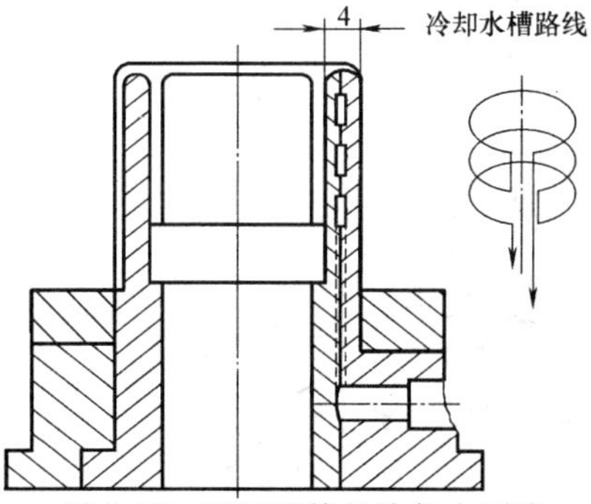

图 6-87　两层壁管的冷却水回路

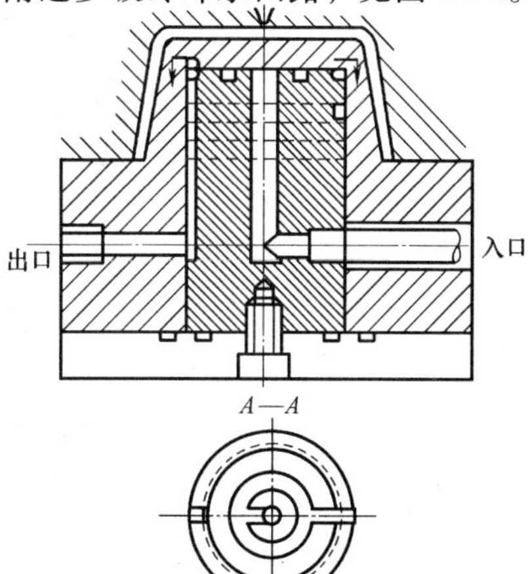

图 6-88　衬套式型芯冷却水回路

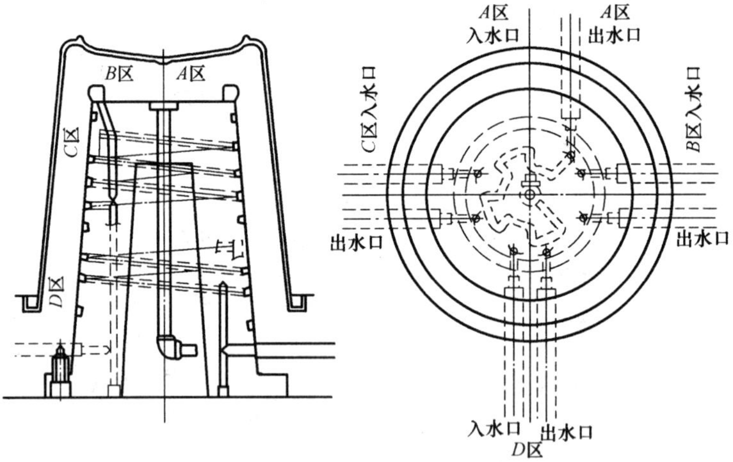

图 6-89　型芯区的温度控制回路

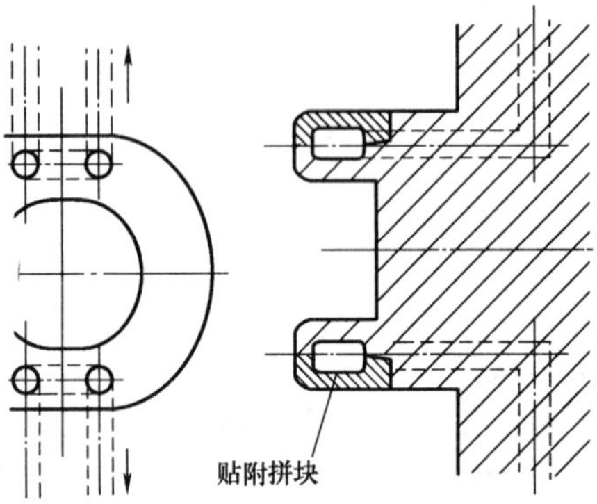

图 6-90　型芯拼块结构

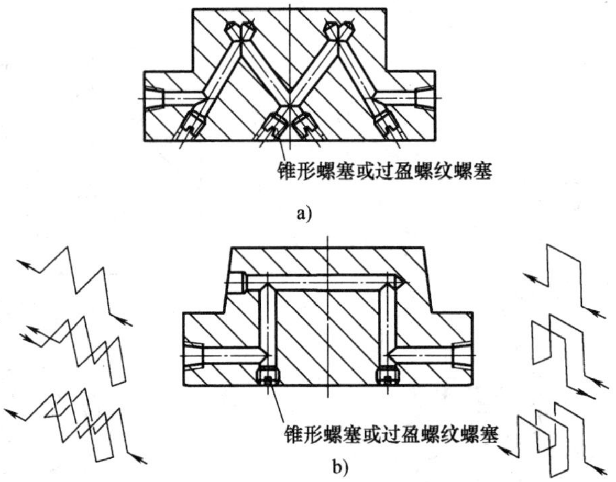

图 6-91　在整体型芯上冷却水回路设置形式

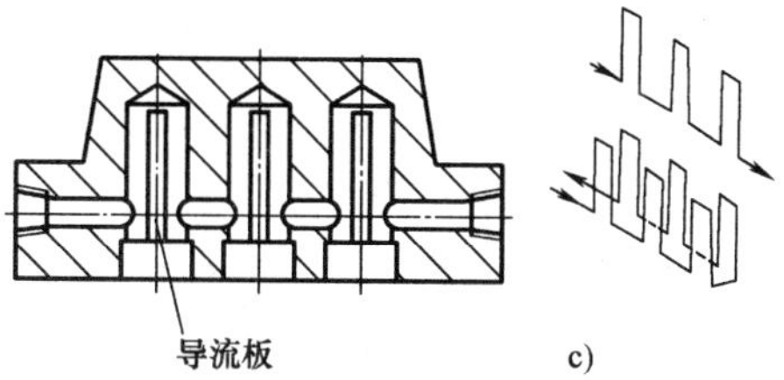

图 6-91　在整体型芯上冷却水回路设置形式（续）

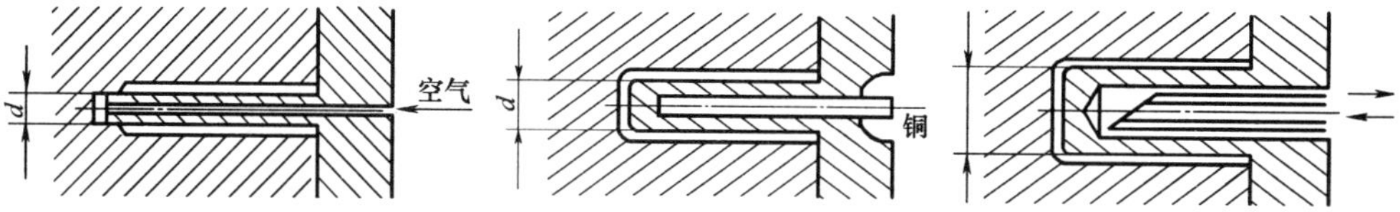

图 6-92　不同型芯直径的调温结构

（4）实例设计参考

1）冷却平板形式回路，见图 6-95。

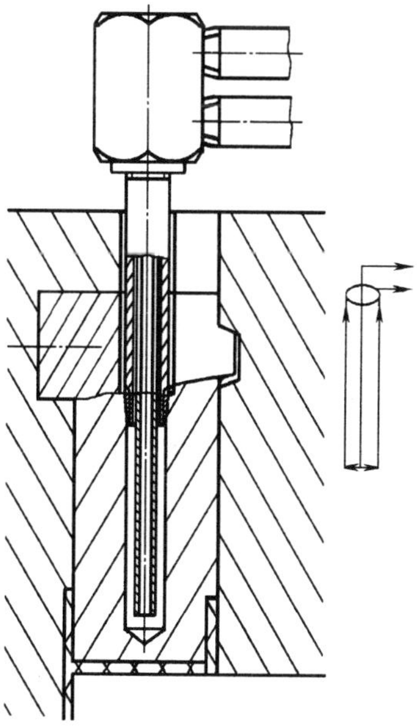

图 6-93　在滑块上应用冷却水管组合件形式

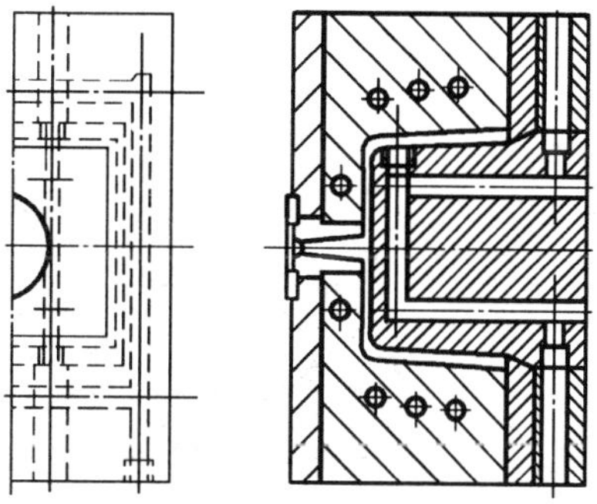

图 6-94　进料口附近多级冷却水回路

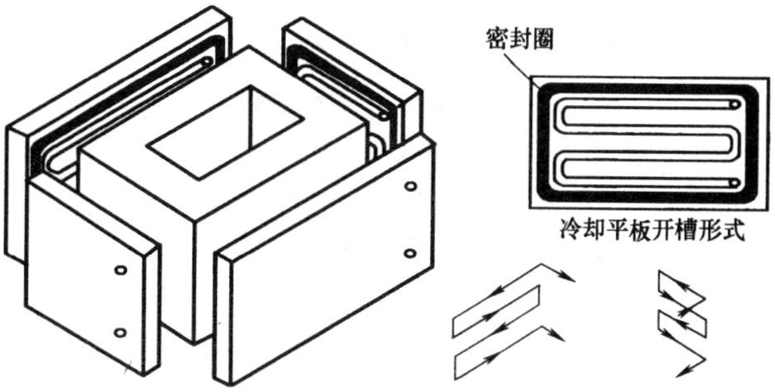

图 6-95　冷却平板形式回路

2）高筒形冷却系统设计，见图 6-96、图 6-97。

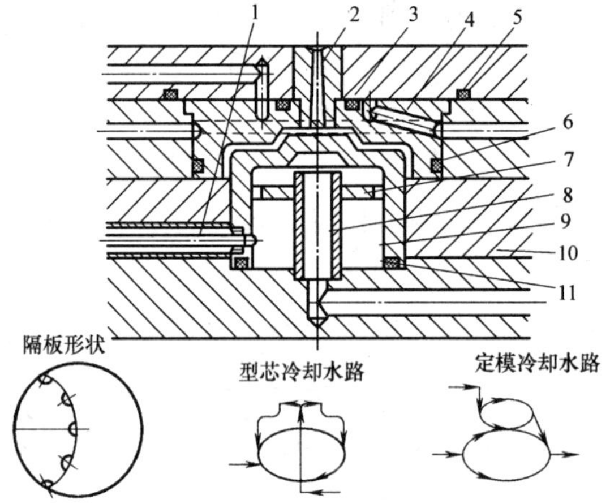

图 6-96　高筒形冷却系统 1

1—出水管　2—浇口套　3—密封圈　4—定模　5—密封圈　6—密封圈　7—隔板　8—喷水管　9—型芯　10—推件板　11—密封圈

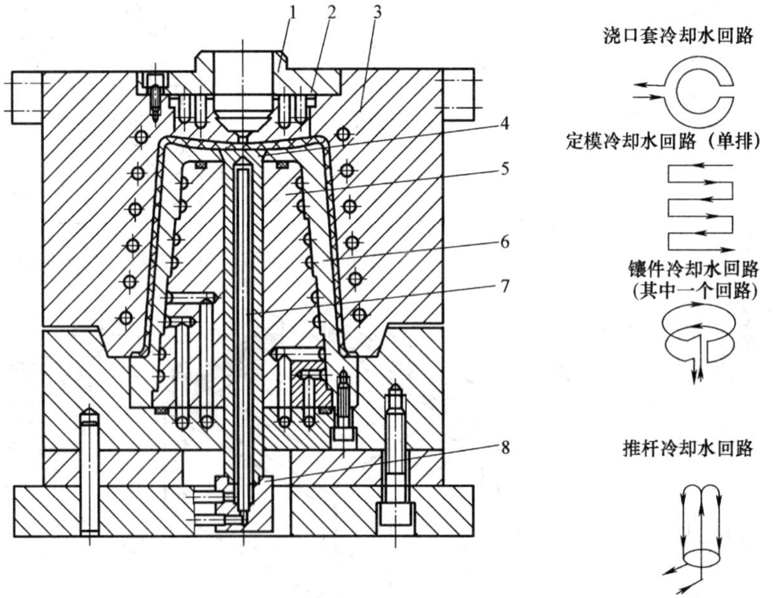

图 6-97　高筒形冷却系统 2

1—定位圈　2—浇口套　3—定模　4—推杆　5—镶件　6—型芯　7—喷水嘴　8—接头

3）注射模冷却系统设计，见图6-98。

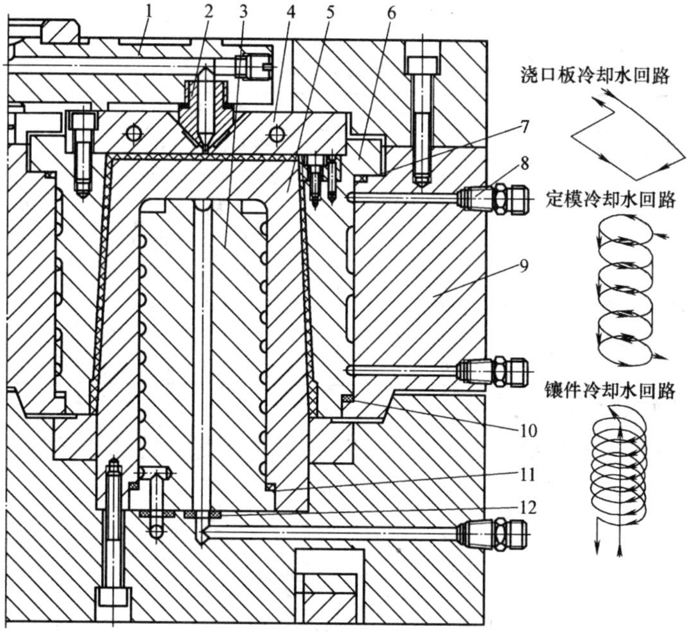

图6-98　注射模冷却系统设计

1—集流型板　2—喷嘴　3—镶件　4—浇口板　5—型芯　6—定模

7、10、11、12—密封圈　8—管接头　9—模套

4）冷却水道上应用的密封形式，见图6-99。

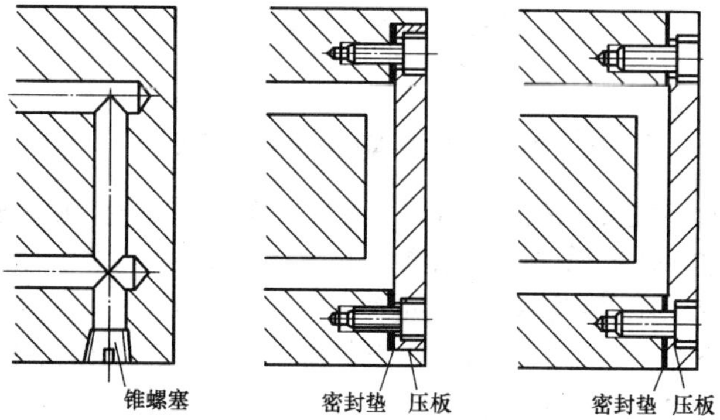

图6-99　冷却水道上应用的密封形式

154. 冷却回路效果不好时采用什么办法解决？

冷却回路效果不好时，解决办法有下面几种：

1）动模型芯、定模采用镶块结构，应用铍铜、合金铜材料冷却效果好，纯铜的热导率为 386.4W/(m^2·K)，黄铜的热导率为 108.9W/(m^2·K)，铍铜的热导率为 195W/(m^2·K)，某些模具材料的热导率见表 6-1。

表 6-1 某些模具材料的热导率

模具材料	kcal/(m^2·h·K)	模具材料	kcal/(m^2·h·K)
纯铜	1390	碳素钢(1%C)	155
铍青铜(20℃)	436	碳素钢(1.5%C)	130
铍青铜(275℃)	392	SKD61	122
铝青铜	292	不锈钢(SUS304)	58
纯铝	796	不锈钢(Cr12%)	94
硬铝(Al96%,Cu4%)	590	铬钢(Cr1%)	216
铸铝(Al87%,Cu13%)	590	锌合金(ZAS Al4%,Cu3%)	392
碳素钢(C0.5%)	191	铸铁(C4%)	187

注：1kcal/(m^2·h·K) = 1.16W/(m^2·K)。

在采用上述的各种冷却方式后，在冷却效果不好的特殊情况下，型芯上采用铍铜镶件冷却水结构形式，如图 6-100、图 6-101 所示。

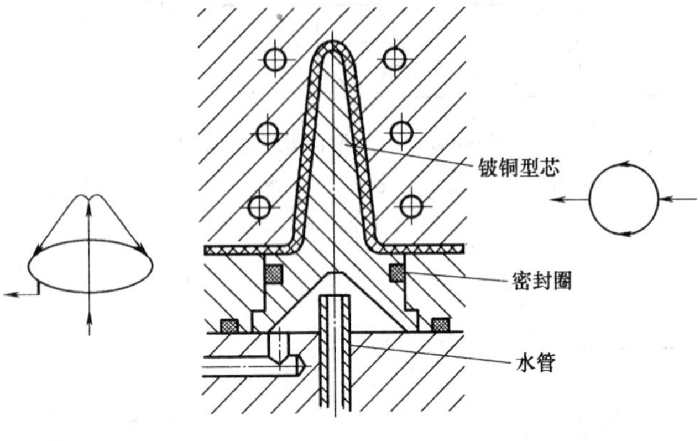

图 6-100 型芯用铍铜冷却形式

2）对于细小型芯的间接冷却方式。常常无法在型芯内直接设置冷却回路，这时若不采用特殊冷却方式，就会使型芯传热效率降低。在型芯中心压入热传导性能好的软铜或铍铜芯轴，并将芯轴的一端伸到冷却水孔中冷却，如图 6-102 所示。

采用气体冷却，如图 6-103a 所示为普通空气冷却，图 6-103b 是以铜棒做传热媒体，这种冷却方式传热效率高。

3）为了提高冷却效果，近十年来又采用了热管取代铜棒导热，取得了明显的经济效益。热管是优良的导热元件，其热导率约为同样大小铜棒的 1000 倍，有“热的超导体”之称。热管最早用于美国的航天工业，之后推广到许多工业领域，20 世纪 80 年代开始在塑料注射模中应用。热管由铜管、铜线芯及工作液（如水）等组成，其构造如图 6-104 所示。图中，铜管是密封的，铜线芯如同蜡

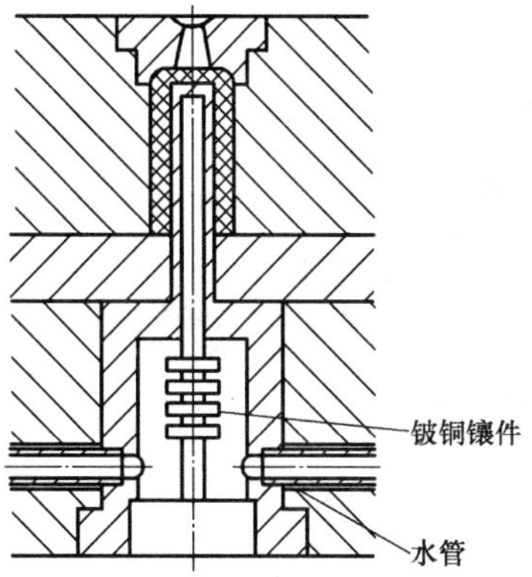

图 6-101　型芯上用镀铜镶件冷却形式

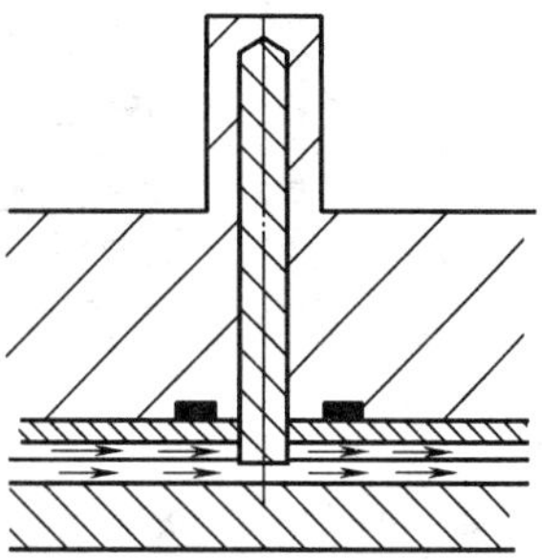

图 6-102　细小型芯的铜管冷却方式

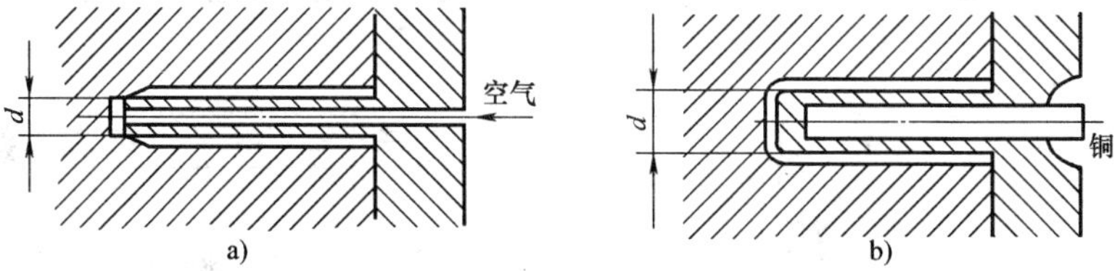

图 6-103　细小型芯的气体冷却方式

烛芯那样，利用毛细管起抽吸作用。在热管中蒸发部起加热作用，绝热部起输送工作液作用，凝聚部起冷却作用。

图 6-105 所示为应用热管冷却型芯的例子。据有关资料介绍，将热管用于塑料注射模的冷却，至少可缩短注射成型周期 30% 以上，并能使模温恒定。目前在日本，热管已达到标准化、商品化的程度，在注射模中的应用也逐渐广泛。

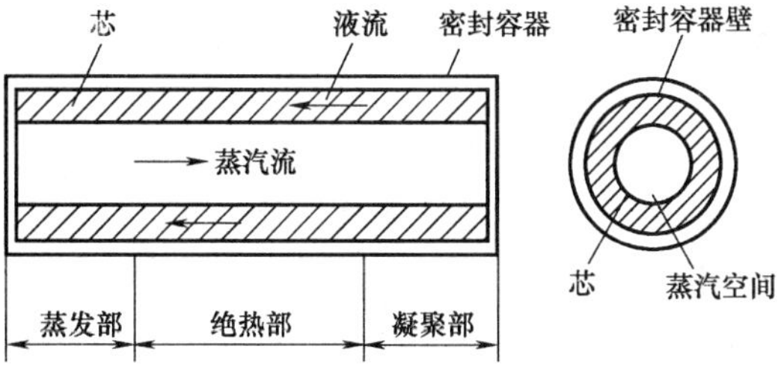

图 6-104　热管的构造

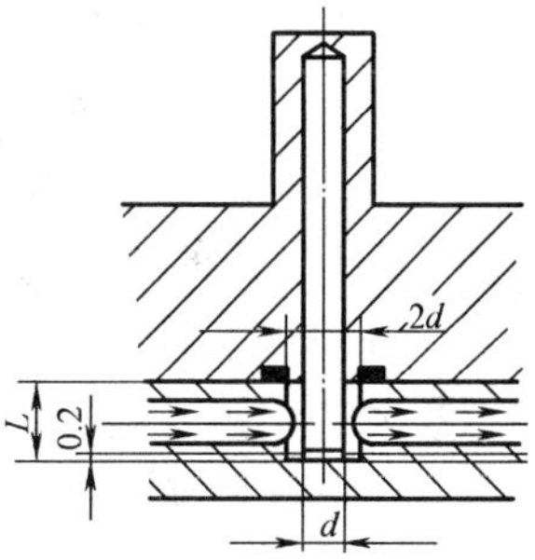

图 6-105　用热管做冷却心轴的间接冷却

4）应用急速冷却棒，如图 6-106 所示。它的优点有：①成型周期加快 30%；②冷却水回路加工简单；③减少保养；④制品品质均匀；⑤改善外观与尺寸精度。

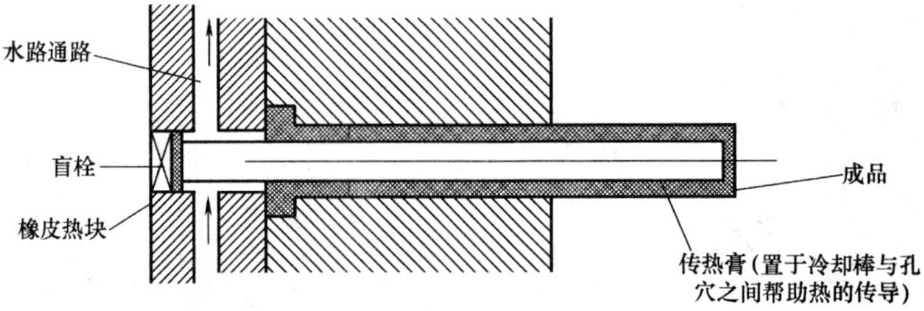

图 6-106　急速冷却棒

5）采用导热棒冷却，如图 6-107 所示。

6）采用模温机调节。

7）采用冷冻水。

8）有些特别细长型芯用水冷却易发生堵塞，可用压缩空气进行冷却。

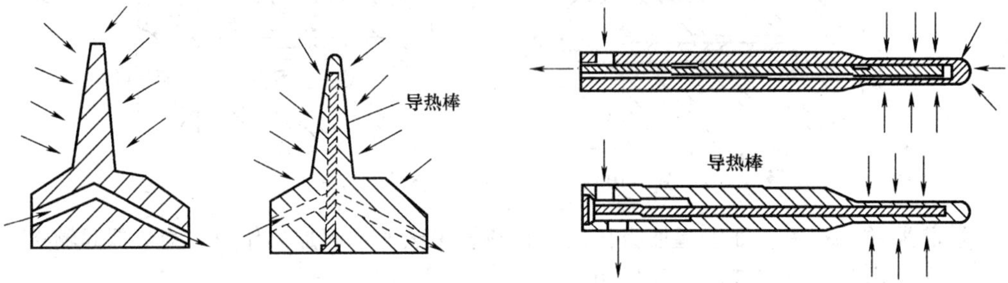

图 6-107　采用导热棒冷却

155. O 形圈规格怎样表示？怎样选用 O 形圈？

（1）O 形圈规格：

O 形圈规格表示用 O 形圈的内径 d_0 × 截面直径 W 表示，如图 6-108，已知：O 形圈内径 d_0 = 50mm，截面直径 $W \geqslant 1.8$mm。标记为：O 形圈 50mm × 1.8mmGB/T 3452.1—2005。

（2）O 形圈的选用

① 选用规格与图样相符的 O 形圈，特别要求注意截面不能选错。

② 要选用耐高温、耐油的 O 形圈。

③ O 形圈的规格见表 6-2、表 6-3。

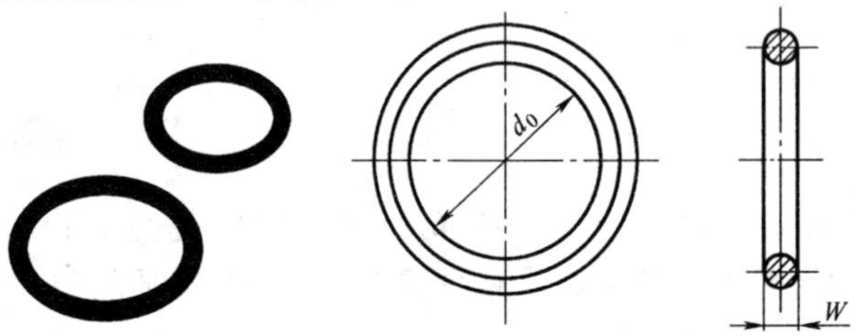

图 6-108　密封圈

表 6-2 “MISUMI” O 形橡胶圈 （单位：mm）

O 形圈安装槽加工尺寸(参考值)				W 截面直径	d_0(内径)	规格	项目表	
* d		* D_1D_2(通用)					类型	规格
3		6			2.8	P3		3
4		7			3.8	P4		4
5		8			4.8	P5		5
6	0	9	+0.05		5.8	P6		6
7	-0.05	10	0	1.9 ±0.07	6.8	P7		7
8		11			7.8	P8		8
9		12			8.8	P9	ORP	9
10		13			9.8	P10	(运动式)	10
11		15			10.8	P11		11
12		16			11.8	P12		12
14	0	18	+0.06		13.8	P14		14
15	-0.06	19	0	2.4 ±0.07	14.8	P15		15
16		20			15.8	P16		16
18		22			17.8	P18		18

O 形圈安装槽加工尺寸(参考值)						W(截面直径)	d_0(内径)		项目表	
* d		* D		* D_1					类型	规格
3		5		5.3			2.5			3
4		6		6.3			3.5			4
5		7		7.3			4.5			5
6		8		8.3			5.5			6
7		9		9.3			6.5			7
8		10		10.3			7.5			8
9		11		11.3			8.5			9
10		12		12.3		1.5 ±0.1	9.5			10
12		14		14.3			11.5			12
14		16		16.3			13.5			14
15		17		17.3			14.5			15
16		18		18.3			15.5			16
18		20		20.3			17.5			18
20		22		22.3			19.5	±0.15	ORS	20
22		24		24.3			21.5		(节省	22
24	0	27	+0.05	27.5	+0.05		23.5		空间	24
25	-0.05	28	0	28.5	0		24.5		固定	25
26		29		29.5			25.5		式)	26
28		31		31.5			27.5			28
30		33		33.5			29.5			30
32		35		35.5			31.5			32
34		37		37.5			33.5			34
35		38		38.5			34.5			35
36		39		39.5		2.0 ±0.1	35.5			36
38		41		41.5			37.5			≈8
39		42		42.5			38.5			39
40		43		43.5			39.5			40
42		45		45.5			41.5			42
44		47		47.5			43.5	±0.25		44
46		49		49.5			45.5			46
48		51		51			47.5			48

表 6-3　O 形橡胶密封圈（摘自 GB/T 3452.1—2005）　　（单位：mm）

内径		截面直径 W				内径		截面直径 W				内径		截面直径 W				内径		截面直径 W			
d_0	极限偏差	1.8 ± 0.08	2.65 ± 0.09	3.55 ± 0.1	5.3 ± 0.13	d_0	极限偏差	1.8 ± 0.08	2.65 ± 0.09	3.55 ± 0.1	5.3 ± 0.13	d_0	极限偏差	1.8 ± 0.08	2.65 ± 0.09	3.55 ± 0.1	5.3 ± 0.13	d_0	极限偏差	1.8 ± 0.08	2.65 ± 0.09	3.55 ± 0.1	5.3 ± 0.13
10	±0.14	*	*			30	±0.22	*	*	*		54.5			*	*	*	97.5				*	*
10.6		*	*			31.5		*	*	*		56			*	*	*	100			*	*	*
11.2		*	*			32.5		*	*	*		58			*	*	*	103				*	*
11.8		*	*			33.5		*	*	*		60			*	*	*	106	±0.65	*	*	*	*
12.5		*	*			34.5		*	*	*		61.5			*	*	*	109			*	*	*
13.2	±0.17	*	*			36.5	±0.03	*	*	*		65			*	*	*	115			*	*	*
14		*	*			37.5		*	*	*		67	±0.45		*	*	*	118		*	*	*	*
15		*	*			38.5		*	*	*		69			*	*	*	122		*	*	*	*
16		*	*			40		*	*	*	*	71			*	*	*	125			*	*	*
17		*	*			41.2		*	*	*	*	73			*	*	*	128		*	*	*	*
18		*	*	*		42.5		*	*	*	*	75			*	*	*	132			*	*	*
19		*	*	*		43.7		*	*	*	*	77.5			*	*	*	136		*	*	*	*
20			*	*		45		*	*	*	*	80			*	*	*	140			*	*	*
21.2		*	*	*		46.2		*	*	*	*	82.5		*	*	*	*	145	±0.9	*	*	*	*
22.4		*	*	*		47.5		*	*	*	*	85			*	*	*	150		*	*	*	*
23.6	±0.22	*	*	*		48.7	±0.45	*	*	*	*	87.5			*	*	*	155			*	*	*
25		*	*	*		50		*	*	*	*	90	±0.65	*	*	*	*	160		*	*	*	*
25.8		*	*	*		51.5		*	*	*	*	92.5		*	*	*	*	165		*	*	*	*
26.5		*	*	*		53			*	*	*	95		*	*	*	*	170			*	*	*
28		*	*	*																			

注：* 表示本标准规定的格式。

156. 模具 O 形圈为什么会漏水、渗水？冷却系统的密封圈槽有什么要求？

（1）O 形圈产生渗水、漏水原因

1）O 形圈槽尺寸设计不对或制造超差。根据密封原理，原因分析如下：①未加压力状况，如图 6-109a 所示；②加压后（O 形圈过大），四点接触达到要求，如图 6-109b 所示；③加压后 O 形圈过大，如图 6-109c 所示。有人认为这样较好，其实不然，当时螺钉拧紧使用时不会漏水，但随着时间增长，O 形圈受压后，橡胶老化，螺钉松动，就会产生渗水、漏水；④密封槽尺寸超大，会产生渗水、漏水，如图 6-109d 所示。

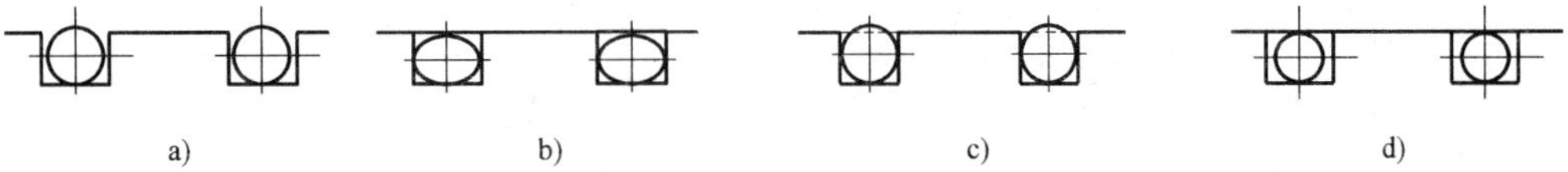

图 6-109　密封圈槽密封原理分析

2）O 形圈规格不对或橡胶老化。

3）模板的螺钉没有拧紧或水管接头尺寸不对。

（2）O 形圈槽要求

1）O 形圈槽是梯形，底部是清角，不是圆角。

2）O 形圈槽尺寸要求设计正确。

3）O 形圈与密封圈槽尺寸、成形刀具相关数据，见表 6-4、图 6-110。

4）O 形圈与密封圈槽尺寸，如图 6-110 所示。

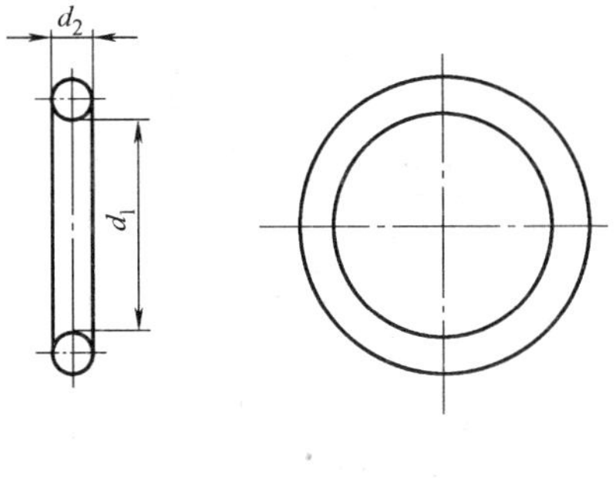

沟槽尺寸(GB/T 3452.2—2007)					
d_2	$b^{+0.25}$	b	d_1 偏差值	r_1	r_2
1.8	2.2	1.38	0 −0.04	0.2～0.4	0.1～0.3
2.65	3.4	2.07	0 −0.05	0.4～0.8	
3.55	4.6	2.74	0 −0.06		
5.3	6.9	4.19	0 −0.07	0.8～1.2	
7	9.3	5.67	0 −0.09		

图 6-110　O 形圈与密封槽尺寸规格

157. 冷却水管接头标准件的螺纹有哪些？各种冷却水管接头的沉孔尺寸有什么要求？

管螺纹：主要用来进行管道的连接，使其内外螺纹的配合紧密，有直管和锥

表 6-4　O 形密封圈与密封沟槽尺寸成形刀具相关数据

	O 形圈代号规格			密封圈槽尺寸			密封圈尺寸公差		成形刀具		
序号	O 形圈代号	内径 d_0	粗细 W	外径 D	内径 d	水管孔径 A	G	H	外径 D_0	刃幅宽 G_0	柄径 $\phi\times$全长
1	P10	9.8 ±0.17	1.9 ±0.08	13.5	9.3	7	2.1	1.6	13.5	21	12×100
2※	P12	11.8 ±0.19	2.4 ×0.07	16.5	10.9	8	2.8	1.8	16.5	2.8	16×100
3※	P14	13.8 ±0.19	2.4 ±0.07	18.5	12.9	10	2.8	1.8	18.5	2.8	16×100
4※	P15	14.8 ±0.20	2.4 ±0.07	19.5	13.9	12	2.8	1.8	19.5	2.8	16×100
5	P16	15.8 ±0.20	2.4 ±0.07	20.3	14.7	12	2.8	1.8	20.3	2.9	16×100
6	P18	17.8 ±0.21	2.4 ±0.07	22.3	16.7	14	2.8	1.8	22.3	2.9	16×100
7※	P20	19.8 ±0.22	2.4 ±0.07	24.3	18.5	15	2.8	1.8	24.3	2.9	20×100
8※	P22	21.8 ±0.24	2.4 ±0.07	26.3	20.5	18	2.9	1.8	26.3	4.4	20×120
9	P24	23.7 ±0.24	3.5 ±0.1	30.3	21.5	19	4.4	2.7	30.3	4.4	20×120
10	P25	24.7 ±0.25	3.5 ±0.1	31.3	22.5	20	4.4	2.7	31.3	4.4	20×120
11※	P30	29.7 ±0.29	3.5 ±0.1	36.3	27.5	24	4.4	2.7	36.3	4.4	25×120
12※	P35	34.7 ±0.34	3.5 ±0.1	41.3	32.5	30	4.4	2.7	41.3	4.4	25×120
13	P40	39.7 ±0.37	3.5 ±0.1	46.3	37.5		4.4	2.7	46.3	4.4	32×120

使用温度范围	材质 M	Catalog No
−15～150℃	含氟橡胶（JIS4 种 D）	ORP・ORG

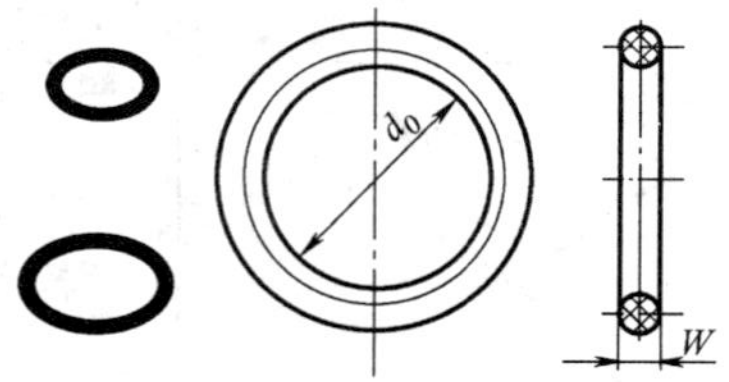

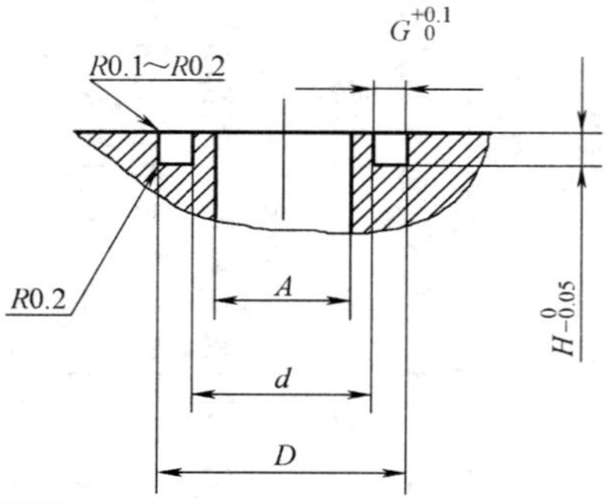

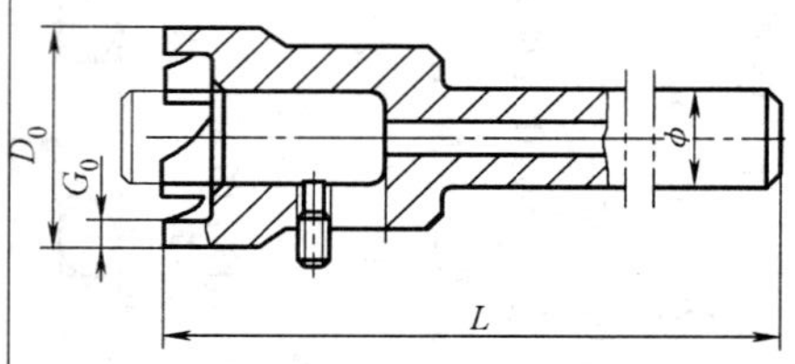

注：1. ORP 运动式、ORG 固定式。

2. 序号打※号优先使用。

管两种。

(1) 常见的冷却水螺纹接头

常见的冷却水螺纹接头标准件的主要包括以下几种：M 细牙、管螺纹 NPT、PT、G、R 等。

1) M 细牙螺纹水管接头，如图 6-111、表 6-5 所示。

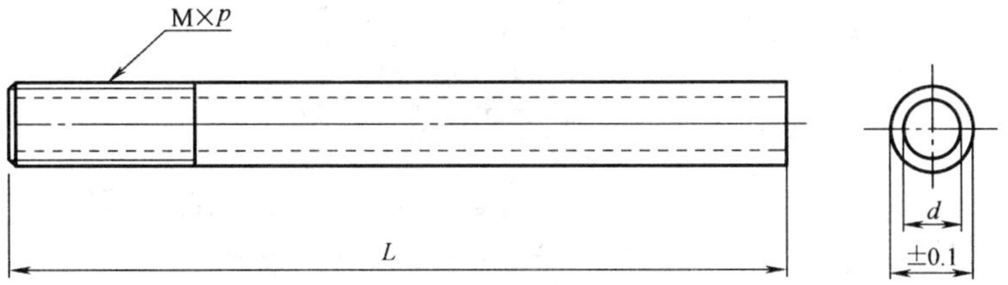

图 6-111　M 细牙螺纹水管接头

表 6-5　圆柱细牙螺纹水管接头　　（单位：mm）

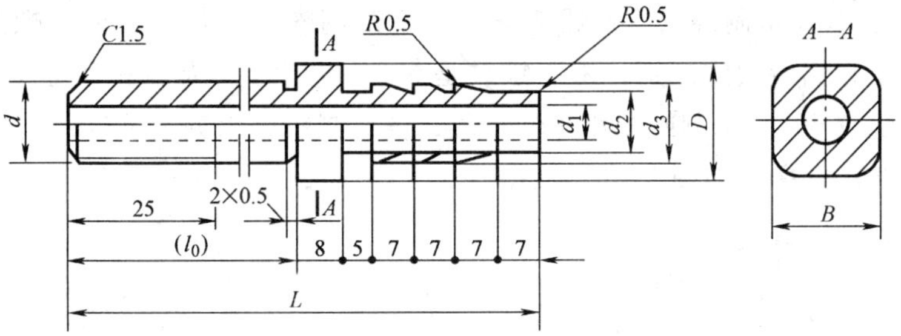

高压胶管直径	d	d_1	d_2	d_3	D	H	(l_1)	l_n、L
10	M10×1	4	8	11	14	12	14	按需要设计
13	M12×1.25	6	11	14	18	15		
16	M16×1.5	8	14	17	22	20	20	

选择冷却通道（孔）的尺寸，应适合标准管螺纹尺寸的要求（见表 6-5）。如果冷却通道小于标准管塞的尺寸，就必须用标准尺寸钻头来钻孔，达到适合于攻螺纹的最小深度，以便获得全螺纹。

2) NPT 属于美国标准的 60°密封圆锥管螺纹，如图 6-112 所示，多用于北美地区，国标查阅 GB/T 12716—2002。对于标准 NPT 管塞钻头尺寸和孔的横截面面积，按照推荐的标准，可查阅机械手册等。NPT 标准螺纹的锥度是 1:16，对应于孔中心线呈 1°47′的角度。为获得质量好的螺纹，建议用这个角度铰一下该孔的进口，尤其是用尺寸为 25.4mm 的 NPT 和更大尺寸的情况下。此斜度为用来减小淬火钢的应力的影响提供整齐的螺纹，最好在图样上标注规定斜度，多注

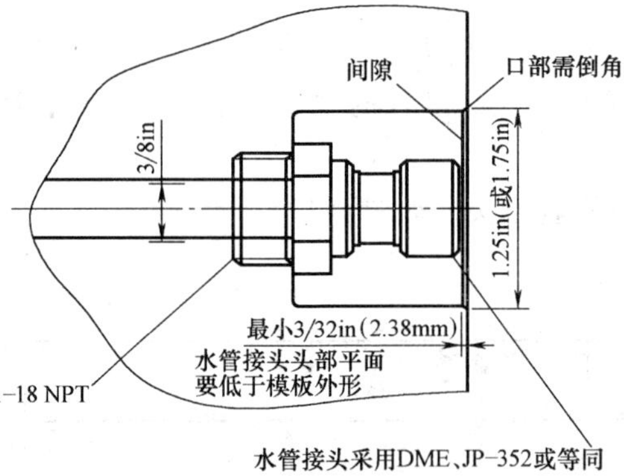

注：水管接头的规格型号应满足客户要求入口处必须倒角。

图 6-112　NPT 美制水管接头

明“攻螺纹前铰斜度”，这对于用在高压液压装置的螺纹连接也很重要。

3）PT 是 55°密封圆锥管螺纹，多用于欧洲及英联邦国家，常用于水及煤气管行业，锥度为 1:16，国标查阅 GB/T 7306—2000（国内叫法为 ZG，俗称管锥，国标标注为 Rc。米制螺纹用螺距来表示，美英制螺纹用每英寸内的螺纹牙数来表示，这是它们最大的区别，米制螺纹是 60°等边牙型，英制螺纹是等腰 55°牙型，美制螺纹 60°。米制螺纹用米制单位，美英制螺纹用英制单位）。

R（PT）管螺纹如图 6-113 所示。

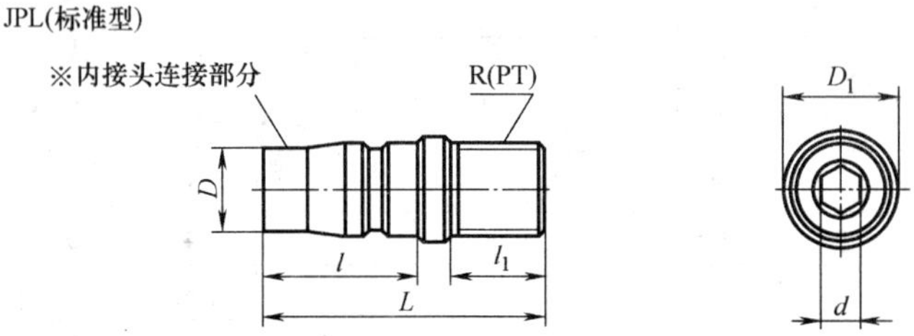

图 6-113　R（PT）管螺纹

4）G 是 55°非密封管螺纹。标记为 G 代表圆柱螺纹。国标为 GB/T 7307—2001。

英国标准管螺纹（BSP）明显不同于 NPT 螺纹，它的螺纹是直的管螺纹，且具有锥度，每英寸的螺纹数是不同的，且螺纹与 NPT 螺纹不可互换，螺纹角度是 55°，锥度是 1:16，类似于 NPT 螺纹。

德国管螺纹 Rohrgewinde 的标准（VSM51100）与 BSP 可互换，但与 NPT 不可。简单标注为：G1/4inVSM51100。表 6-6 为标准 NPT、BSP 和德国管螺纹（G）尺寸规格。

表 6-6 标准 NPT、BSP 和德国管螺纹（G）尺寸规格

标称管尺寸 BSP(或 G)	标准孔直径		管螺纹的最大外径/mm	横截面面积 /mm^2	开孔最小深度 /mm
	in	mm			
1/16-28	0.261(G)	6.63	7.72	35	7.4
1/8-28	0.3438	8.73	9.73	60	7.4
1/4-19	0.453	11.51	13.16	104	11.0
3/8-19	0.591	15.00	16.66	174	11.4
1/2-14	0.750	19.00	20.96	283	15.0
3/4-14	0.969	24.61	26.44	476	16.3

5）密封管螺纹 R。英制密封管螺纹有两种配合方式：圆柱内螺纹与圆锥外螺纹组成“柱/锥”配合；圆锥内螺纹与圆锥外螺纹组成“锥/锥”配合。.

目前的 ISO 英制密封管螺纹量规标准是按“柱/锥”配合体系设计的，英制密封管螺纹的完整标记由螺纹特征代号、螺纹尺寸代号和旋向代号组成，其标记如下：

英制密封圆柱内螺纹的特征代号为：Rp；

英制密封圆锥内螺纹的特征代号为：Rc；

英制密封圆锥外螺纹的特征代号为：R_1（与英制密封圆柱内螺纹配合使用）、R_2（与英制密封圆锥内螺纹配合使用）；

左旋螺纹的旋向代号为 LH；右旋螺纹的旋向代号省略不标。

对密封管螺纹，利用 Rp/R_1，Rc/R_2 分别表示“柱/锥”和“锥/锥”螺纹副。

（2）快速水管接头沉孔尺寸要求

1）美国 DME 公司的标准英制水管接头尺寸数据，见表 6-7。

2）欧洲 HASCO 公司的标准水管接头尺寸数据，见表 6-8。

表 6-7 美国 DME 标准英制水管接头

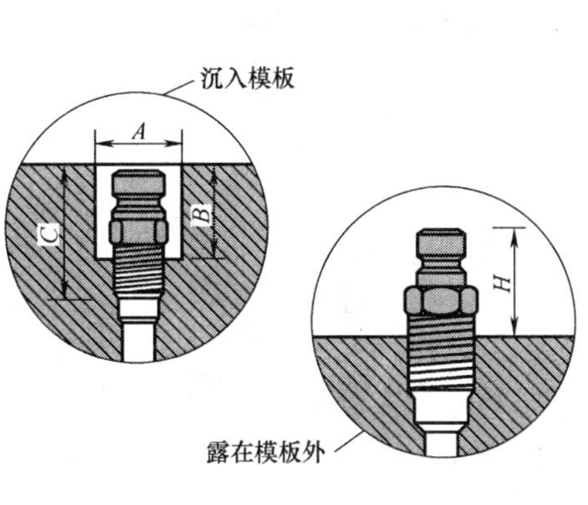

编号	NPT	英制计数	*A*	*B*	*C*	*H*
★JP-250★	1/16	7/16	1 1/16	1 1/16	1	5/8
JP-251	1/8	7/16	1 1/16	1 1/16	1	5/8
JP-252-(SV)	1/4	9/16	27/32	15/16	1 3/16	7/8
JP-253-(SV)	3/8	1 1/16	1.000	15/16	1 1/4	29/32
★JP-351★	1/8	9/16	1.000	15/16	1 1/4	7/8
JP-352-(SV)	1/4	9/16	1.000	1 3/32	1 7/16	1 1/32
JP-353-(SV)	3/8	1 1/16	1.000	1 1/8	1 7/16	1 1/16
JP-354-(SV)	1/2	7/8	1 3/16	1 1/4	1 9/16	1 3/16
★JP-553★	3/8	7/6	1 1/4	1 3/16	1 5/8	1 1/8
JP-554	1/2	7/8	1 1/4	1 1/2	1 3/16	1 7/16
JP-556	3/4	1 1/8	1 1/2	1 9/16	1 7/8	1 1/2

表 6-8 欧洲 HASCO 公司的标准水管接头

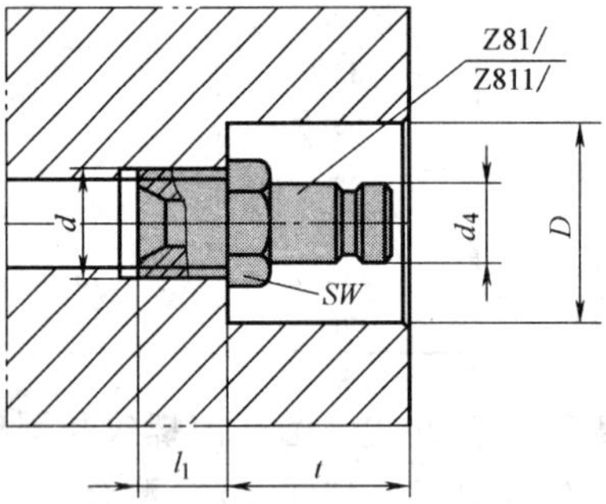

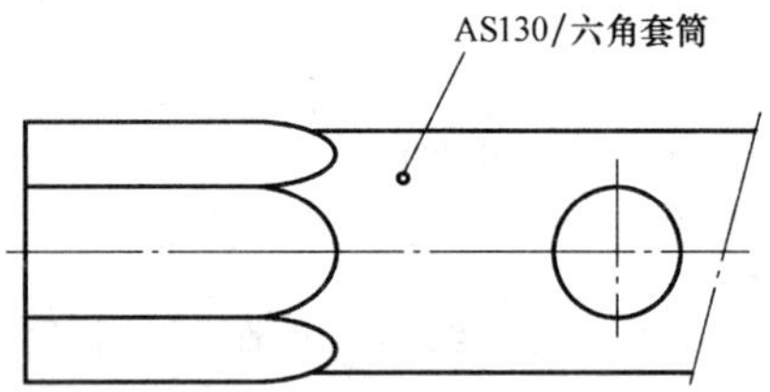

t	l_1	D	SW	d_4	d	型　号	t	l_1	D	SW	d_4	d	型　号
18	7	19	11	9	M8 ×0.75	Z81/9/8 ×0.75	18	12	22	15	9	M14 ×1.5	Z811/9/14 ×1.5
					M10 ×1	9/10 ×1						G1/4A	9/R1/4
					G1/8A	9/R1/8			24	17	13	M16 ×1.5	Z811/13/16 ×1.5
	9	22	15		M14 ×1.5	9/14 ×1.5						G3/8A	13/R3/8
					G1/4A	9/R1/4	36	16	38	27	19	M24 ×1.5	Z811/19/24/1.5
		24		13	M14 ×1.5	Z81/13/14 ×1.5						G3/4A	19/R3/4
					G1/4A	13/R1/4							
			17		M16 ×1.5	13/16 ×1.5							
					G3/8A	13/R3/8							
36	16	38	27	19	M24 ×1.5	Z81/19/24 ×1.5							
	12	34	22		G1/2A	19/R1/2							
	16	38	27		G3/4A	19/R3/4							

3）日本 MISUMI 标准快速水管接头，常见水管冷却用内接头嵌入模具沉头孔内的安装尺寸见表 6-9。

表 6-9 水管冷却水用内接头嵌入模具沉头孔内的安装尺寸

（单位：mm）

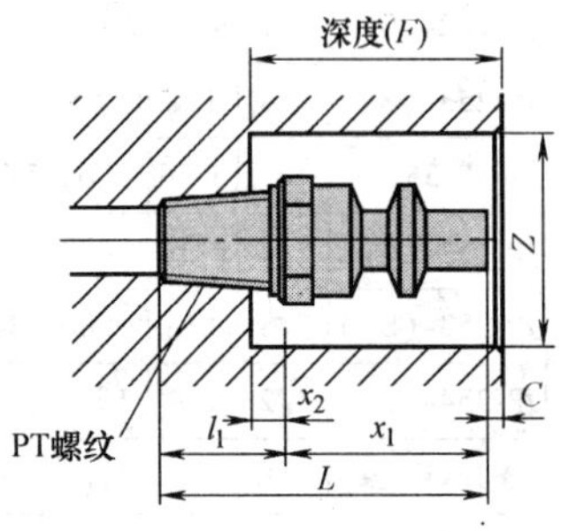

外六角形 KPM、SUS—JP、JH

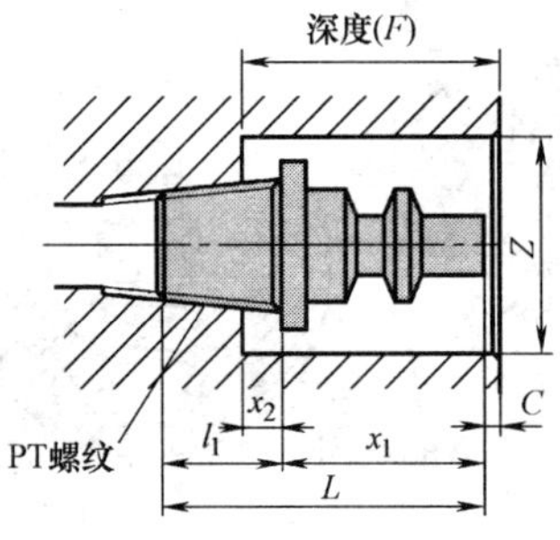

内六角形 JPS、JPJ

（续）

冷却用内接头(标准型)							安装孔				
项目 类型	规格	锥形外螺纹 R (PT) /in	全长 L	外螺纹长度 l_1	x_1	x_2 (参考值)	C	安装孔深度 F(参考值)	Z(安装孔直径) 使用内六角扳手时	Z(安装孔直径) 使用套筒扳手时	锥形内螺纹 R_c (PT) /in
KPM	1	1/8	31	10	21	2~4		21 + x_2	-	20~	1/8
	2	1/4	34	13	21	2~4		21 + x_2	-	23~	1/4
	3	3/8	35	14	21	3~5		21 + x_2	-	29~	3/8
JPS	1	1/8	27	9	18	2~4		18 + x_2	19~	-	1/8
	2	1/4	29	11	18	2~4		18 + x_2	19~	-	1/4
	3	3/8	37	12	22	3~5		22 + x_2	22~	(29~)	3/8
JPSH SUS-JPSH	1	1/8	29	9	20	2~4	<3	20 + x_2	19~	20~	1/8
	2	1/4	31	11	20	2~4		20 + x_2	19~	23~	1/4
JPJ	1	1/8	22.4	9	13.4	2~4		13.4 + x_2	18~	-	1/8
	2	1/4	24.2	11	13.4	2~4		13.4 + x_2	18~	-	1/4
	3	3/8	32.4	12	17.4	3~5		17.4 + x_2	22~	(29~)	3/8
JPJH SUS-JPJH	1	1/8	24.4	9	15.4	2~4		15.4 + x_2	18~	20~	1/8
	2	1/4	26.4	11	15.4	2~4		15.4 + x_2	18~	23~	1/4

注：若 C 尺寸超过 3mm，则在将外接头插入内接头时，外接头会同模具发生干涉，导致无法装卸。

158. 标准水道隔水片应用有何要求？

1）水道离型芯最小边距为 0.75in（19.05mm）。

2）隔水片材料禁用铝，要用黄铜材料。

3）隔水片最好采用整体式，如图 6-114 所示，如隔水片是单独的，则应与水道孔内壁固定配合。

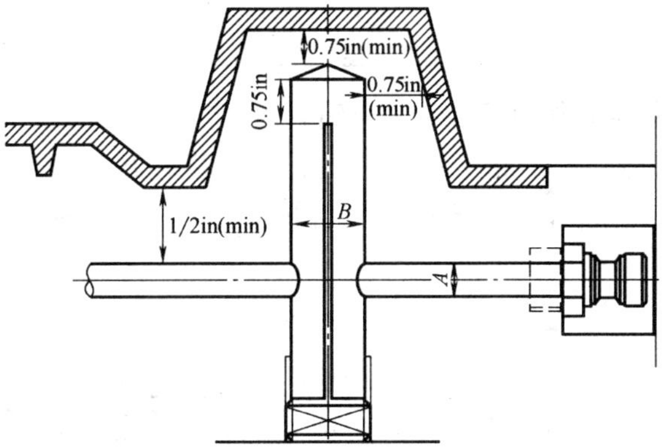

图 6-114　水道隔水片要求

159. 怎样用堵头改变流动方向？

HASCO 堵塞水道的方法，应用止水塞，如图 6-115、表 6-10 所示。

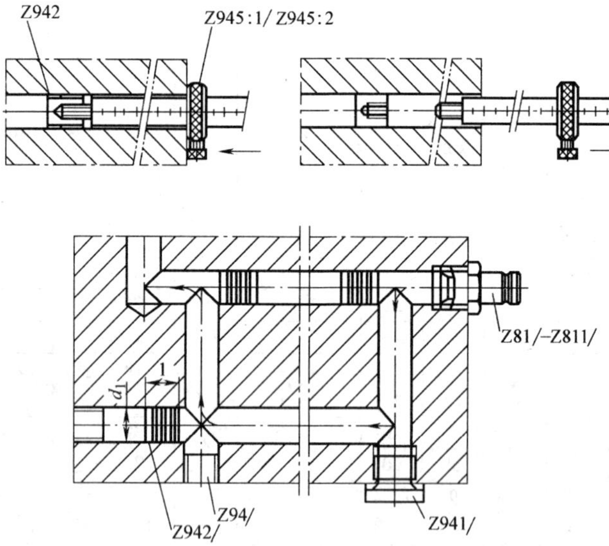

图 6-115　堵塞水道的方法

表 6-10　止水塞　　　　（单位：mm）

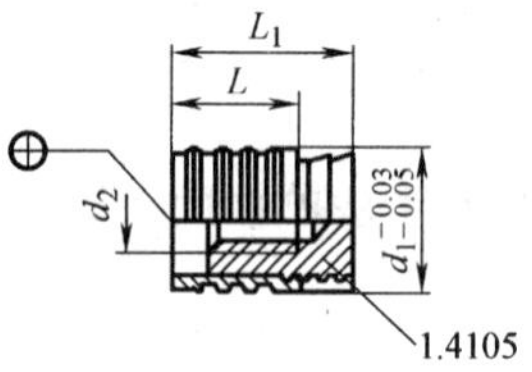

L_1	L	d_2	d_1	型号
11.5	8	M3	6	Z9424. 8
		M4	8	8
14	10	M6	10	10
			12	12
16	13	M8	15	15
			16	16

160. 斜面冷却水孔如何设计？怎样钻斜面孔？

斜面孔设计规范：如需在斜面上打孔，一定要先在斜面上做个平面，如图6-116所示，如不加工平面，攻水管螺纹时丝攻容易折断并损坏工件。

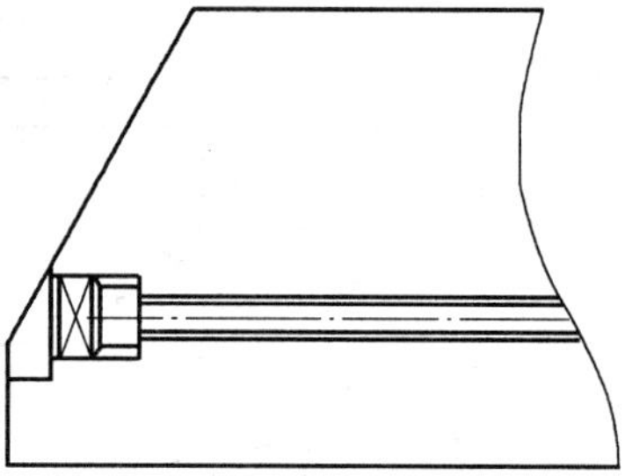

图 6-116　斜面孔设计

在斜面上钻孔，一般有三种办法：①钻前先用铣刀在斜面上铣出一个平面，然后用钻头钻孔；②用錾子在斜面上凿出很小的平面，打一个样冲眼，先用中心钻钻出较大的锥坑，或先用小钻头钻孔，这样钻削时钻头就有了定心位置，不致钻偏；③用圆弧刃多功能钻直接钻孔。

161. 在什么情况下要设置水路集成块分配器？水路集成块如何连接和固定？

（1）安置水路集成块分配器

1）三路水路以上的必须用集成块分配器，水管布置要求有条理、整齐美观。

2）水管长度较长而且又不规则的情况下，需要考虑使用水路集成块分配器。

3）操作侧有冷却水管时要考虑使用水路集成块分配器。

（2）水路集成块连接和固定

水路集成块（分配器）连接规范，要求水路集成块要安装在非操作侧，如图 6-117、图 6-118 所示。

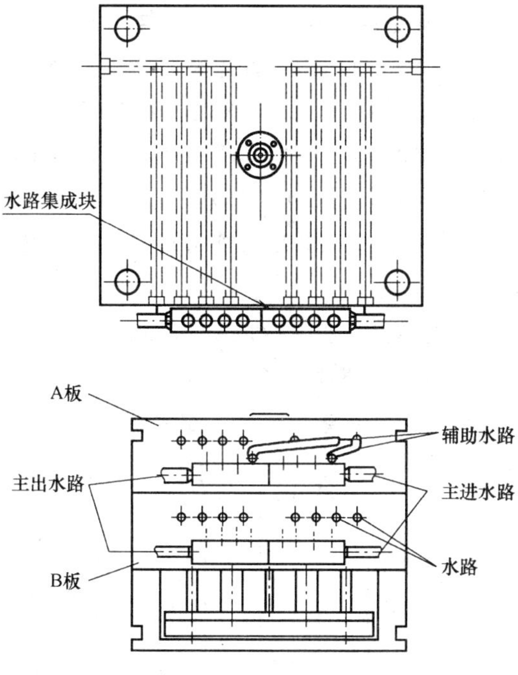

图 6-117　水路集成块连接和固定

162. 冷却水系统应怎样做水压试验？

1）用电动试压泵、管材连接装置等组成试验。

2）动、定模分别按模具设计、使用状态接好水管。

3）水压试验是在 4MPa 水压下，试验 10min，水管接头处和动、定模、滑块等零部件，通冷却水处不得出现漏水和渗水现象。

4）流量试验是指出口水流量要大，畅通无阻。

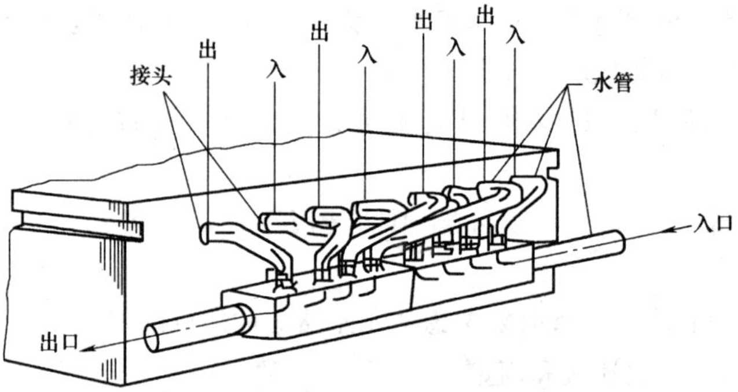

图 6-118 水路集成块

163. 冷却水回路铭牌有什么要求？

所有模具必须钉有冷却水回路铭牌。并在图样上标出、在模具上打上钢印，用英文“IN”、“OUT”表示（进行编组标志顺序，动模分组用阿拉伯数字 1、2、3、4……表示，如“1IN”、“1OUT”、“2IN”、“2OUT”；定模分组用 A、B、C、D……英文字母表示，如“AIN”、“AOUT”、“BIN”、“BOUT”字体用 3.5 号字。冷却水回路铭牌规范要求如图 6-121 所示。

1）铭牌厚度为 1.5mm，<2500kN 时外形尺寸为 90mm×60mm，>2500kN 时外形尺寸为 110mm×80mm。

2）白字、黄底，国内模具把英文改成中文。

3）铭牌内容。水路走向和塑件外形，如图 6-119 所示。

4）铭牌用铆钉或螺钉固定在垫铁或动、定模板的操作侧。

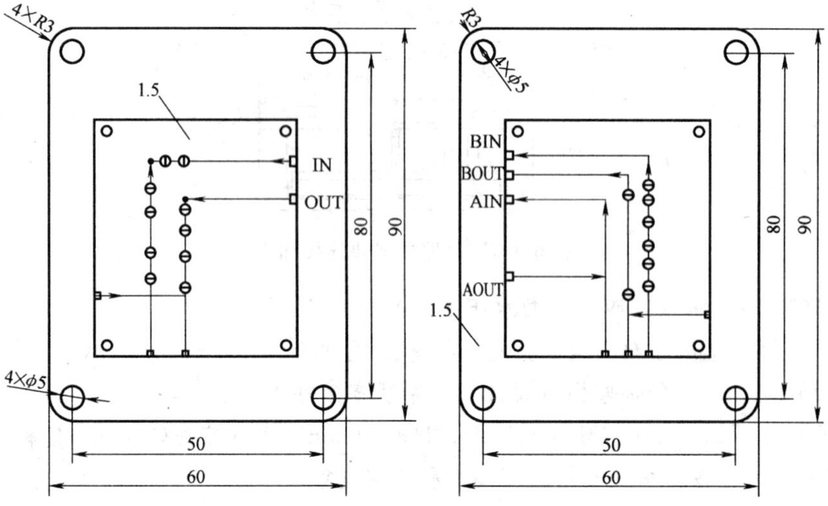

图 6-119 冷却水回路铭牌

第七章　注射模具的抽芯机构

164. 注射模侧向抽芯机构主要有哪几类?

由于制品的特殊要求，而无法避免模具侧壁内、外表面出现凹凸形状时，则需要采取特殊的手段对成型的制品进行脱模，如图 7-1 所示。当然，对于某些制品可选用软且弹性较好的材料（如聚丙烯、聚乙烯等），在侧壁凹凸形状不大的情况下，模具结构可采取以二次顶出的方式对制品进行强制脱模。但是绝大多数塑料（如 PS、ABS、SAN、PC、PMMA 等）在制品侧壁凹凸形状较大时，其模具结构采用强制脱模的方法是行不通的。因此，为解决制品侧壁内、外表面凹凸形状的脱模问题，模具中需要设置侧向分型或抽芯机构。

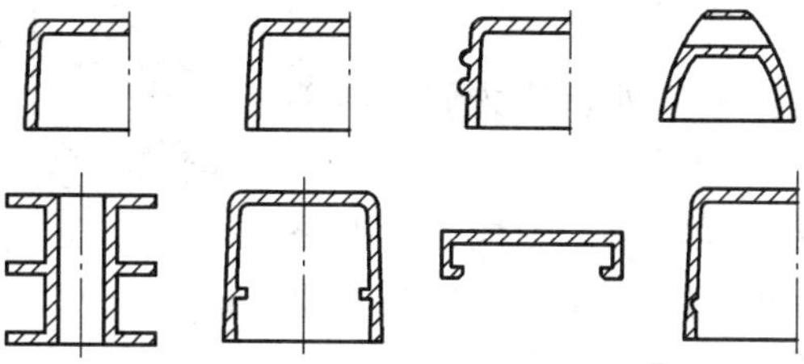

图 7-1　需要侧向分型与抽芯机构的制品

按其动力来源，注射模侧向分型与抽芯机构主要分为手动、机动、液压传动（或气动）三大类。

1）手动侧向分型抽芯机构。它的抽芯方法是在开模后人工将侧型芯和塑件一起从模内取出，在模外将塑件与侧型芯分开，或在开模前人工直接把侧型芯拔出。

2）机动侧向分型抽芯机构。它的抽芯方法是开模时依靠注射机的开模力，通过传动零件，将侧型芯抽出。按其传动方式又可分为斜导柱分型抽芯机构（这种方法应用十分广泛），斜滑块分型抽芯机构，弯销驱动机构，斜滑槽机构，弹簧驱动机构，齿轮、齿条抽芯机构等。

3）液压传动见 200 题。气动与液压传动基本相同，动力源为气体，适用于简单结构。

165. 斜导柱滑块抽芯机构有哪些具体要求?

（1）斜导柱滑块抽芯机构设计规范

1）滑块设置应优先考虑在动模处，斜导柱固定在定模处。当塑件有多组抽芯时，应尽量避免长端侧向抽芯。

2）滑块的活动配合长度应大于滑块的高度 1.5 倍，如图 7-2 所示。

3）滑块抽芯距必须大于成型凸凹部分 3 ~ 5mm（$L > l_1$，$S < L$），如图 7-3 所示。滑块完成抽芯动作以后，留在滑槽内的长度应大于整个滑槽长度的 2/3。

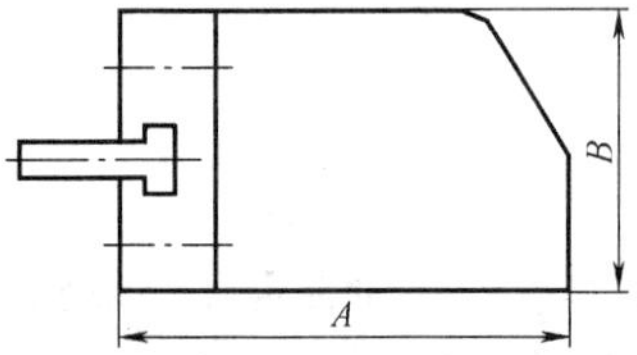

图 7-2　滑块长度与高度要求

注：$A > 1.5B$

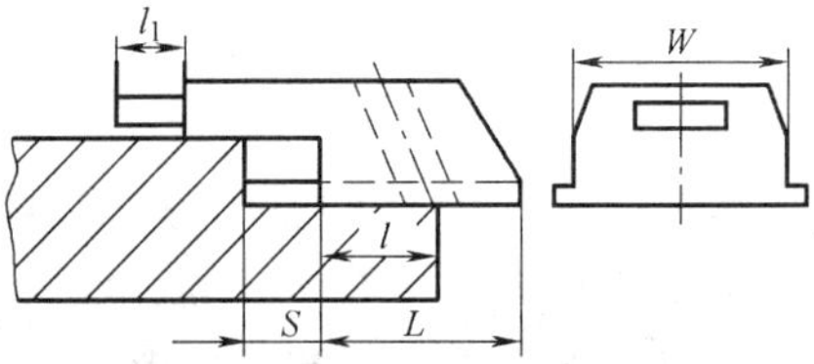

图 7-3　滑块抽芯距

4）斜导柱的夹角最大不得超过 23°（最好为 12° ~ 15°），斜导柱与模板配合为 H8/m6。斜导柱的长度与直径关系 $L/d > 1$，斜导柱与滑块的斜导柱孔的配合间隙 0.5 ~ 1mm。

5）滑块与楔紧块入口处顶部为圆角（半径2 ~ 3mm），如图 7-4 所示。

6）在受到模板特厚限制，不能采用如图 7-4结构的情况下，可采用内（外）螺纹安装型斜导柱结构，如图 7-5 所示。

7）滑块抽出后必须有定位装置。滑块的侧面要求有弹簧，弹簧最好使用导向销，如图 7-6、图 7-7 所示。滑块复位弹簧比导柱导向部分要长 15mm，这样弹簧不易折

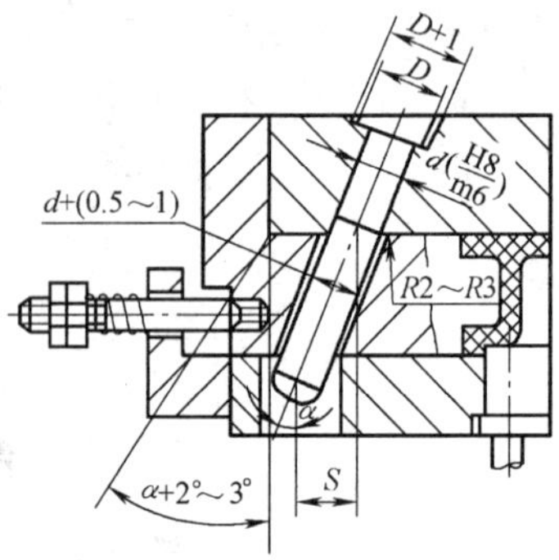

图 7-4　斜导柱滑块的结构形式

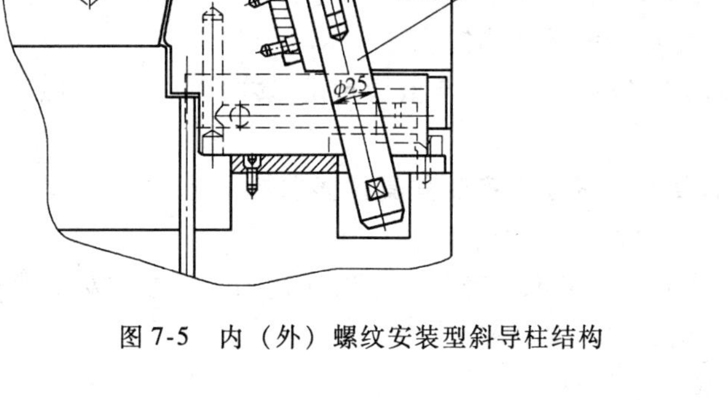

图 7-5　内（外）螺纹安装型斜导柱结构

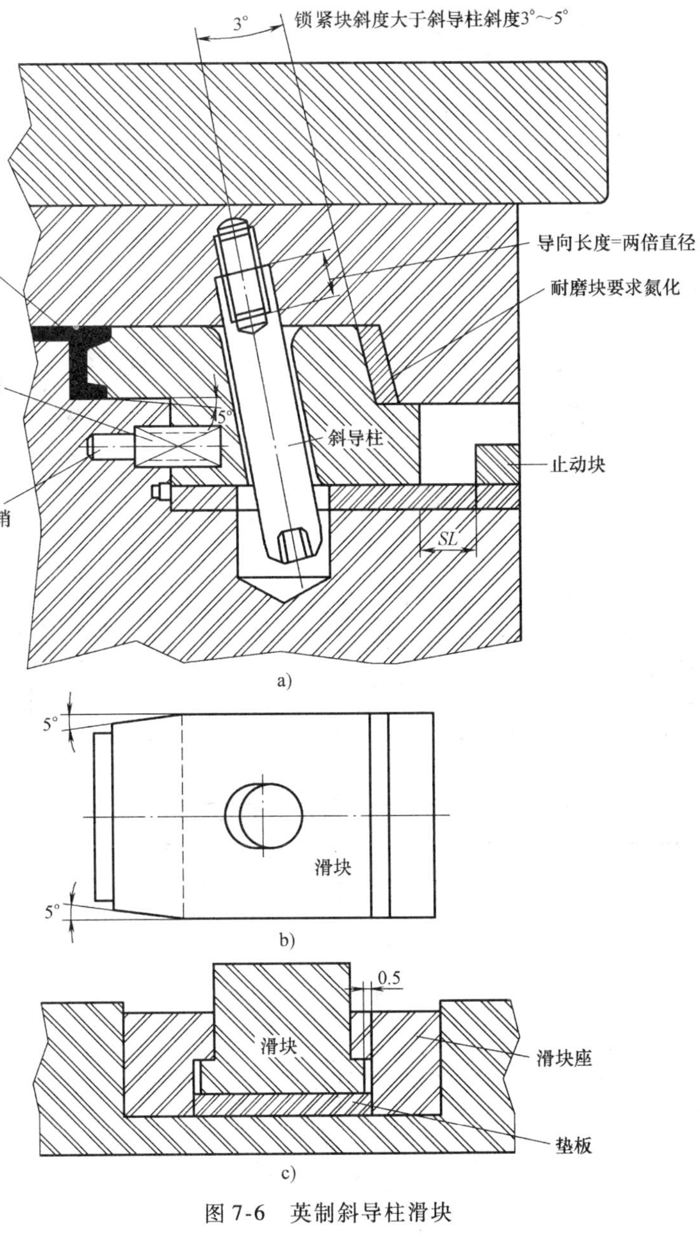

图 7-6　英制斜导柱滑块

断，注意导杆要固定住，有足够的固定长度。

8）滑块成型部分表面粗糙度在 *Ra*0.8μm 以下，配合面表面粗糙度在 *Ra*1.6μm 以下，非配合面表面粗糙度为 *Ra*3.2μm。

（2）斜导柱滑块抽芯机构的具体要求

1）20kg 以上的大型滑块，需要打上吊环孔。

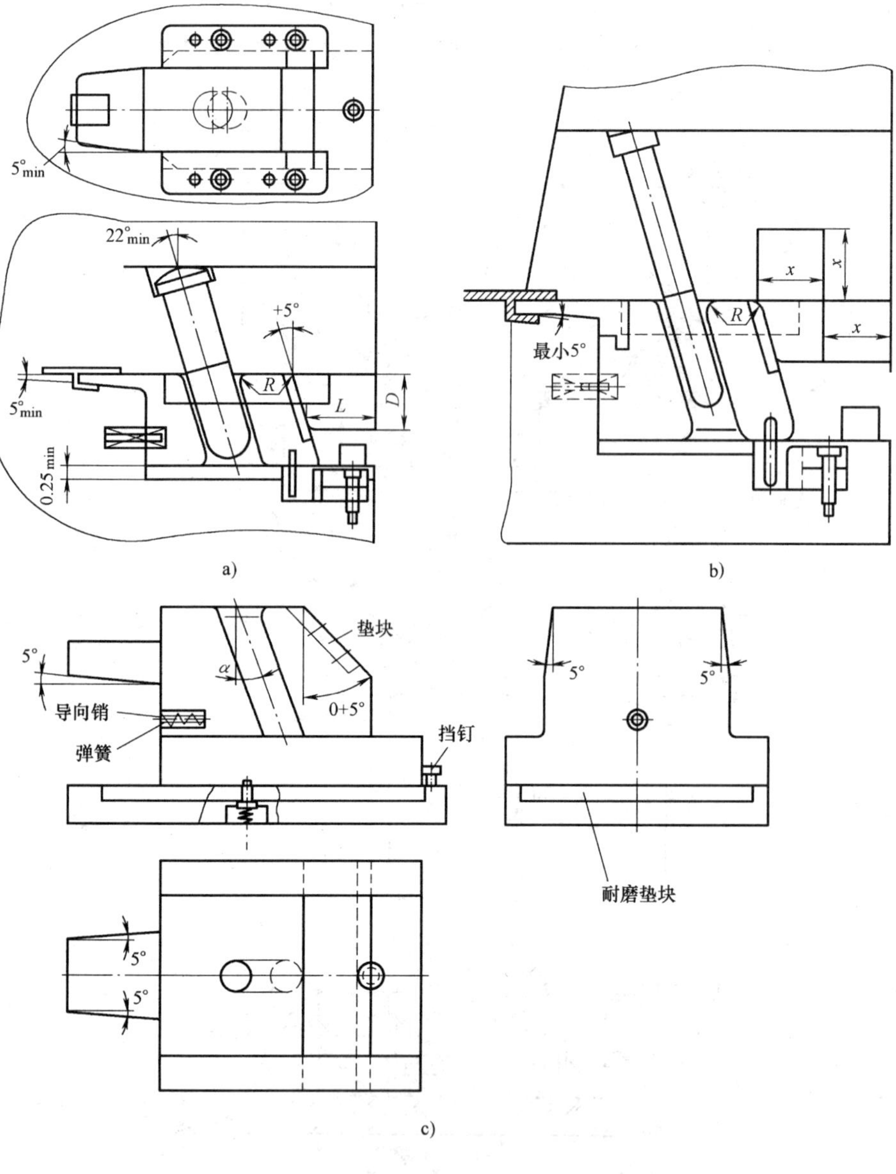

图 7-7　斜导柱滑块典型结构

2）塑件要求严格的大中型滑块，需要冷却装置，条件受到限制的成型部分用铍青铜材料。

3）滑块与型腔（动模芯）配合处最好设有 3°～5°锥面，避免配合时相碰。滑块横剖深入定模处的配合面，做成直角，最好是 3°～5°的侧面斜度，如图7-7a所示。

4）滑块成型件的成型分型面尽量做成平碰线，封闭宽度尺寸至少为8mm，不要做成直线合模线。

5）滑块成型部分深度较长、面积较大、包紧力较大的情况下，应计算抽拔力是否足够。

6）应注意滑块的重心，压板槽的高低位置，以便滑块移动顺畅，如图7-9a为重心偏高的情况，图7-9b调整重心到合适位置。

7）滑块与其相配合的零件不能使用相同材料，如采用相同材料滑块硬度要求比其相配合的零件高5HRC左右。

8）滑块成型部分有顶杆时，如发生干涉时要做先复位机构。国外客户订购的模具，需经客户认可。

9）大型模具的大滑块最好设置在水平两侧方向，如果滑块位置在天侧，推荐用液压缸抽芯装置较妥或用外拉式弹簧，最好采用DME滑块定位装置。

10）大型滑块楔紧处需用耐磨块，耐磨块高于模板或滑块0.5mm。如图7-5、图7-6所示。耐磨块的长度等于滑块底部长度加上抽拔行程长度。精度高的模具或客户要求模具采用自润滑导轨和耐磨垫铁。

11）滑块底部或耐磨块要开设油槽并符合要求。

12）若把滑块斜边孔加大，或斜导柱的入口处倒角加大，会产生滑块延迟开合的功能，如图7-8所示。

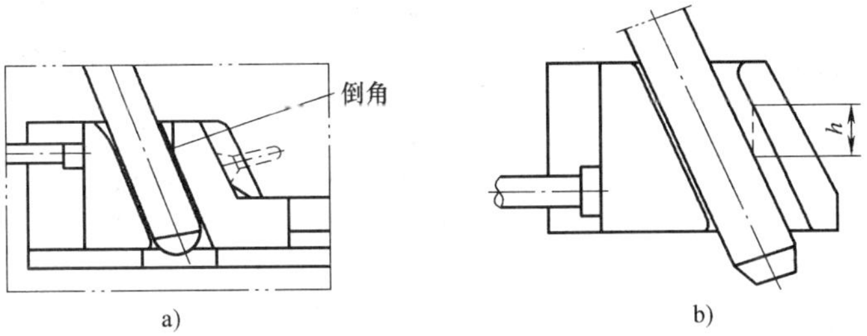

图7-8　斜导柱滑块设计

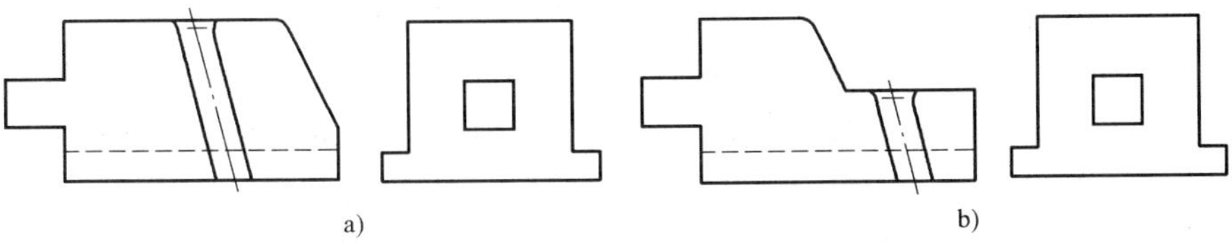

图7-9　斜导柱滑块重心

166. 滑块和导滑槽的结构形式有哪几种？配合要求怎样？

（1）各种滑块与导滑槽的配合形式

1）各种配合形式见图7-10。

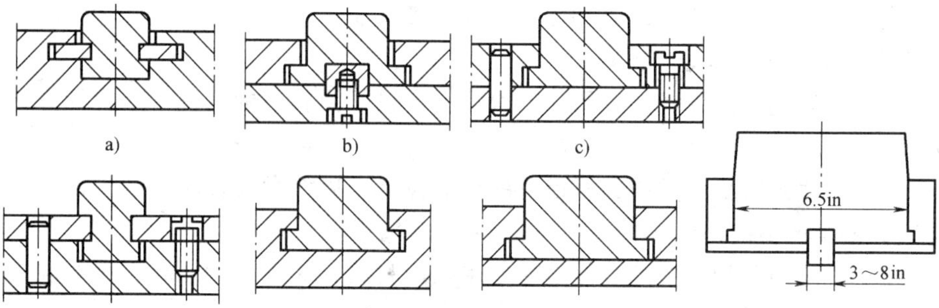

图 7-10　滑块与导滑槽的配合形式

a）滑块两侧定位　b）滑块中间定位　c）压板配合滑连　d）压板配合滑块

e）整体式　f）通槽与压板配合　g）宽度较大的滑块中间加定位导键

2）优先选用图 7-10c、e 所示形式。

3）滑块与导滑槽的配合精度为 H8/f7，或 H8/g7，非配合面 0.5 ~ 1mm。

（2）滑块和导滑槽配合要求

1）所有的滑块要从模具表面取出。滑块如用压条装配，每件滑块压条必须有 2 个螺钉以上和 2 个定位销，如图 7-10c、d 所示。

2）滑块宽度超过 160mm 时，需在中间加导向条 8mm，如图 7-10g 所示。

3）滑块抽芯滑出后，仍停留在滑槽内的长度，不应小于滑块全长的 2/3，一般为宽度的 1.5 倍，对于特殊的需要，可把滑槽局部加长，如图 7-11 所示。

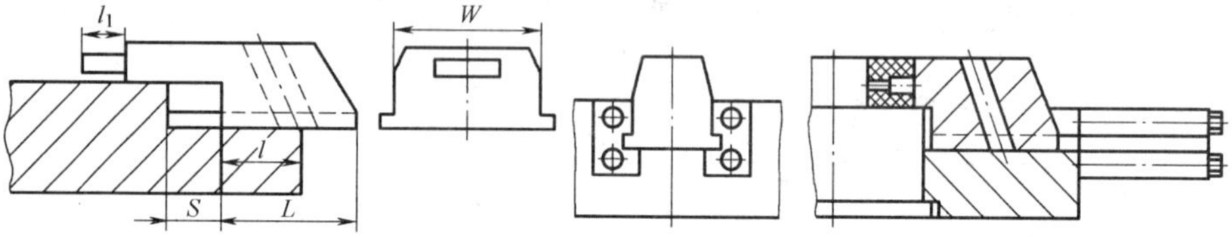

图 7-11　导滑槽的长度

167. 滑块的定位装置有哪几种？怎样选用？

各种滑块定位、限位装置的结构形式，如图 7-12 所示。滑块最好设置在模具的向下、向左右的水平位置，如在向上位置要用图 7-12c 所示的弹簧销限位装置或液压缸结构，防止闭模时滑块跌落，斜导柱与侧型芯相互碰撞。滑块位置与水平线垂直向上运动的中、大型滑块，其定位装置不得采用普通的碰珠弹簧装置来限制滑块下滑，如图 7-12d、e 所示，应采用如图 7-12b 所示的弹簧装置。

1）碰珠弹簧装置，适用于小型模具结构，最好不采用如图 7-12（d、e）所示的结构。①滑块质量在 3kg 以下可采用碰珠弹簧，碰珠弹簧直径要适合滑块质量；②滑块、圆销形、球形定位器几何尺寸，见表 7-1。

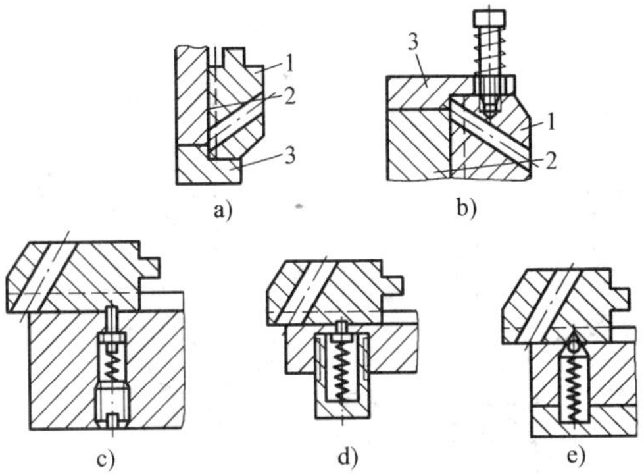

图 7-12 滑块限位装置

a)、b) 挡块限位 c)、d) 弹簧圆销限位 e) 弹簧滚珠限位

1—滑块 2—脱模板 3—挡块

表 7-1 滑块、销形、球形定位器几何尺寸 （单位：mm）

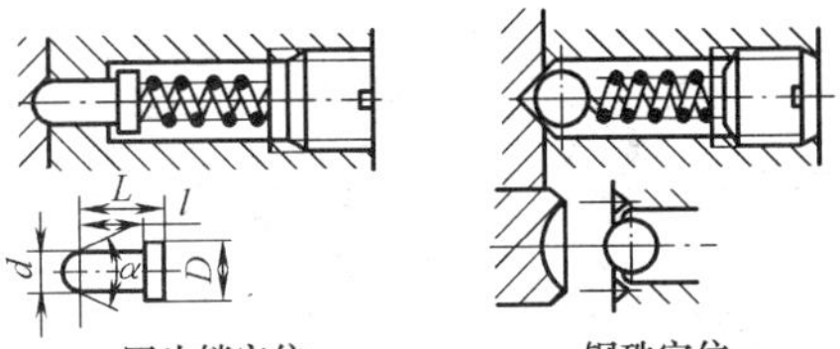

圆头销定位　　钢珠定位

圆销形定位					球形定位			弹簧
d	D	l	L	α	钢球直径	钢球孔径	固定螺钉直径	钢丝直径×平均直径×自由长度×系数
6	7.5	3	7	90°~120°	8	8.4	M10	1×6×30×5
8	10.5	4	9	90°~120°	10	12	M14	1.2×8×40×8
10	13.0	5	11	90°~120°	12	13.7	M16	1.5×11×50×8

2）若模具外形加支架，如图 7-13 所示则优先选用滑块侧面加压缩弹簧和挡块装置。

3）以销子作为滑块定位结构，如图 7-14 所示。

4）用滑块的定位夹装置见图 7-15。①不适用于天侧，型芯向上抽芯，适用滑块朝下侧的位置；②SLK-8A 适合 3.6kg 以下的滑块，SLK-25K 适合 11kg 以下的滑块；③滑块的定位夹不适用于天侧滑块朝下向上抽芯的位置，如图 7-16 所示。

5）使用弹簧固定滑块的三种方法：①滑块内侧面加压缩弹簧，如图 7-17a 所示；②滑块外侧面加压缩弹簧，如图 7-17b 所示；③模具外形加支架，滑块侧面加压缩弹簧和挡块装置，如图 7-17c、图 7-18 所示。

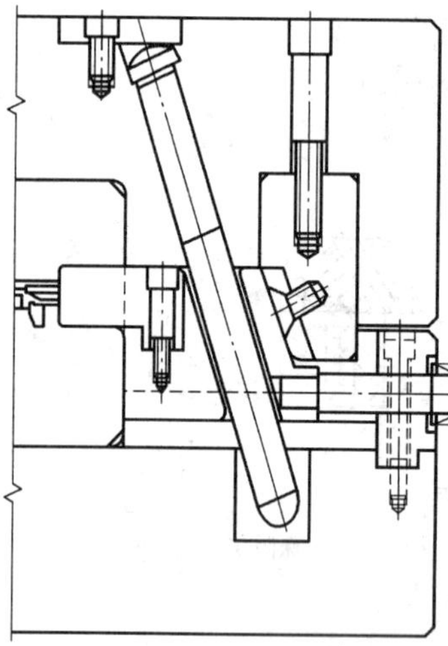

图 7-13　滑块侧面加压缩弹簧和挡块装置

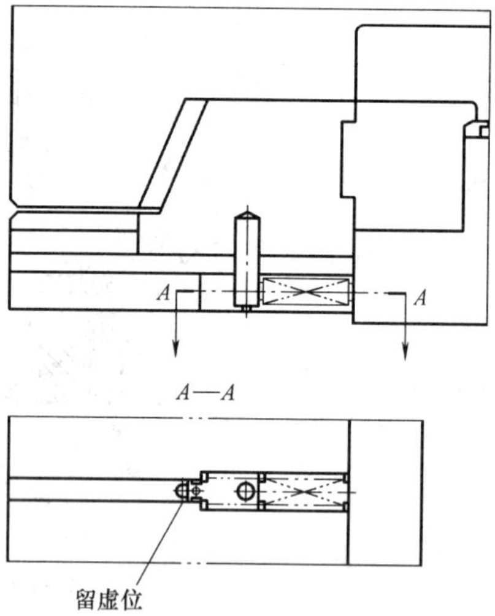

图 7-14　以销子作为滑块定位结构

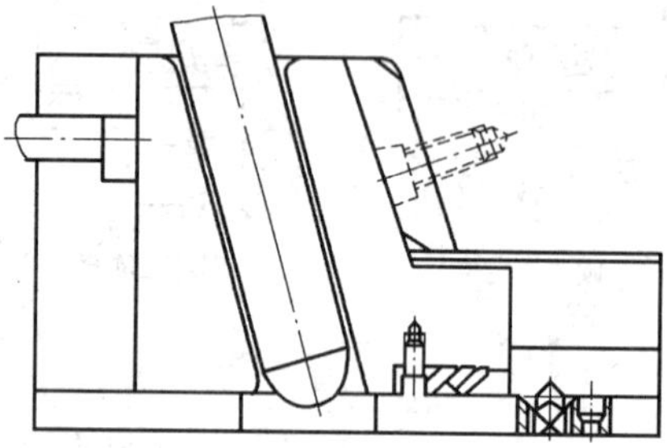

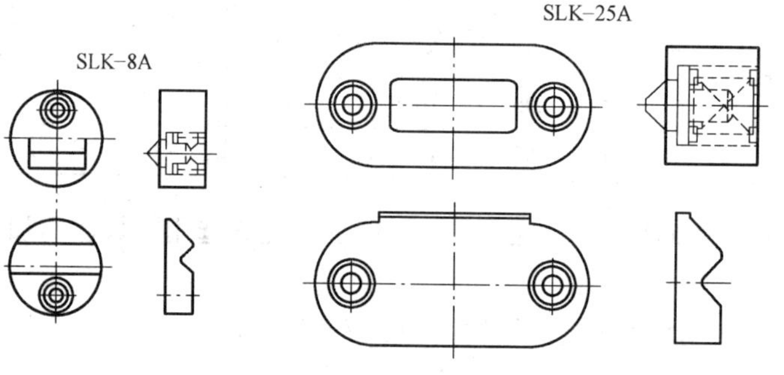

图 7-15　滑块的定位夹

6）使用弹簧固定滑块的注意事项：①滑块内用弹簧防止向下滑，所有弹簧只可压缩 25% ~30%。外径直径为 3/8in 以上用蓝弹簧（轻负荷），外径直径为 3/8in 以下的用圆弹簧；②稍大型的滑块，弹簧内需加导向销来定位，使弹簧不易折断；③安装长度超过 2in 以上时，要考虑将弹簧安在外侧。

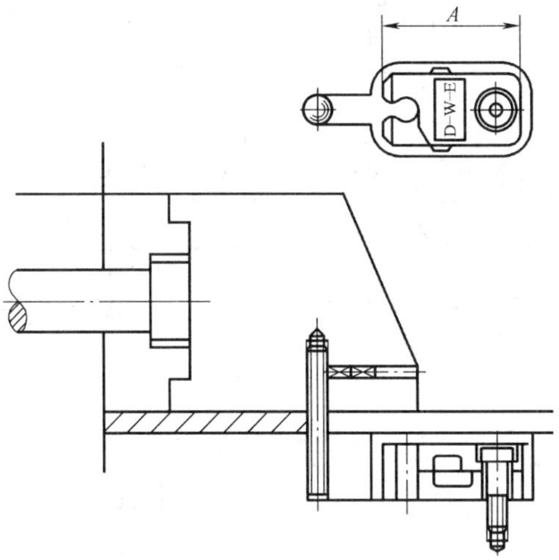

图 7-16　滑块的定位夹

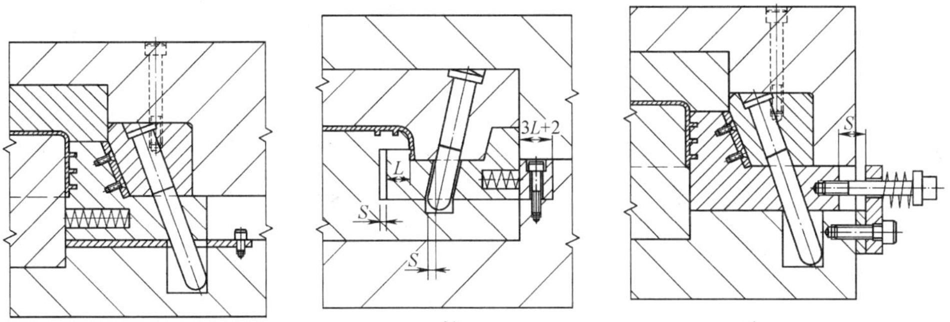

图 7-17　用弹簧固定滑块方法（S 为滑块行程）

168. 滑块和侧向抽芯的连接机构有哪几类？滑块镶芯结构有什么要求？

一般滑块侧抽芯的成型部分，中大型的可做成整体式的，小型侧抽芯的成型部分可做成连接式的，要求牢固装配在滑块上，不能松动。

1）如做成与侧向型芯的连接机构，根据具体情况选用连接机构，如图 7-18 所示。

2）滑块镶芯结构的要求，如图 7-19 所示。①尽量采用标准硬型芯；②滑块成型形状与滑块本体的尺寸或形状差异较大时，应尽量采用镶芯组合结构，防止成型后与本体的交接处（如图 7-18*B* 点）由于应力原因，造成过早折断；③要避免采用加工困难的结构；④当两滑块成型圆形时，滑块镶件要做成台阶定位，箭头 *A* 处应倒角便于装配。

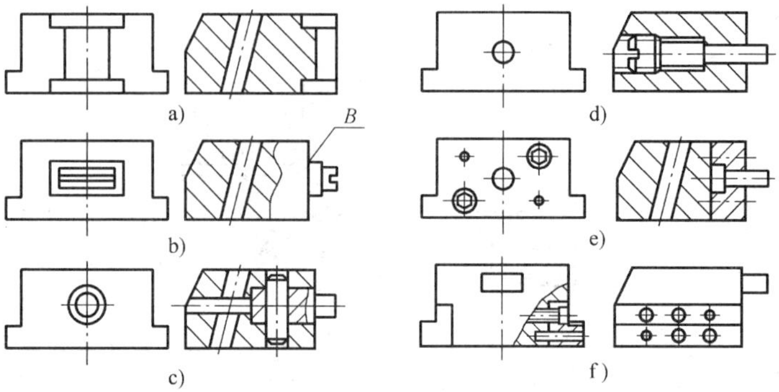

图 7-18　滑块与侧向型芯的连接

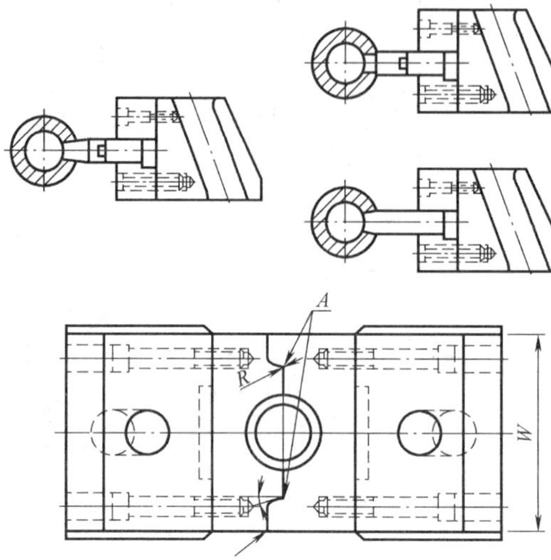

图 7-19　滑块镶芯结构

169. 滑块的楔紧块设计有什么要求？

1）楔紧块的角度应比斜导柱角度提前 2°～5°。楔紧块与滑块先接触处要有圆角，如图 7-20b、c 所示。

2）楔紧块与模板的配合要求为 H7/k6（H7/n6），尺寸要求如图 7-20b，x 尺寸最小为 2in（50.8mm）。

3）滑块上的成型投影面积较大时，楔紧块做成斜面（A）与动模板相配，如图 7-20b。

4）滑块上成型面积较小时，楔面可做成如图 7-20c 的形式，楔面的高度 h 要大于或等于滑块的$\frac{2}{3}H$ 高。

5）大型模具在楔紧块处要加耐磨块，耐磨块比楔紧块高出 0.15～0.25mm，

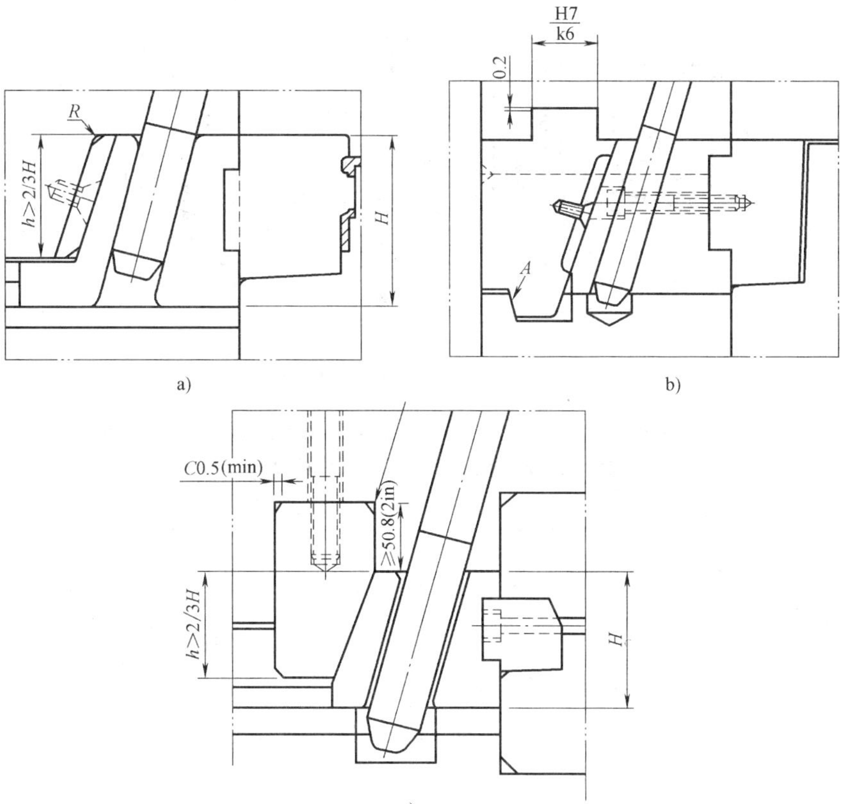

图 7-20　滑块的楔紧块设计

热处理的硬度要求为 50 ~ 55HRC，如图 7-20 所示。

170. 楔紧块的形式有哪几类?

1）楔紧块用螺钉固定的结构，适用于小型模具，如图 7-21e、图 7-22c、d、e 所示。

2）楔紧块嵌入模板内的结构，适用于中型模具，如图 7-20c、图 7-21a、d

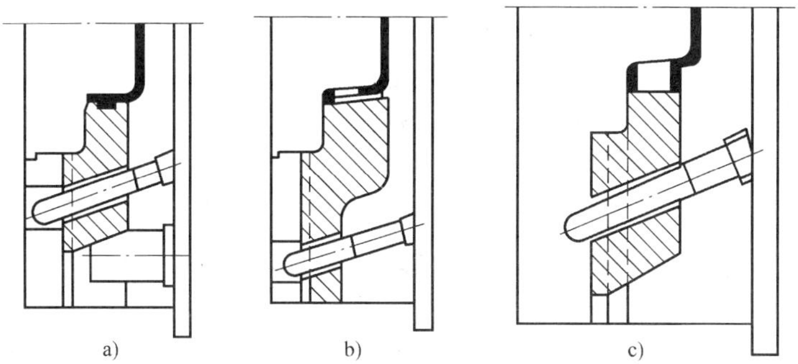

图 7-21　楔紧块的形式 1

和图 7-22f、g、h 所示。

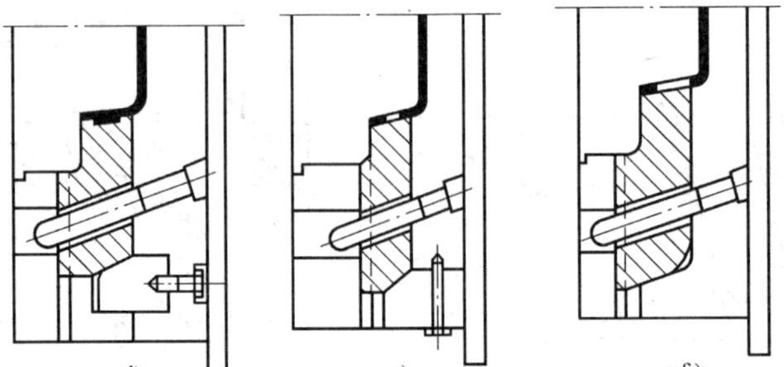

d)　　e)　　f)

图 7-21　楔紧块的形式 1（续）

3）楔紧块与模板是整体头部插入动模板内的结构，适用于抽芯部分成型面积较大的大型模具，如图 7-20a 和图 7-21b、c、f 和图 7-22a、b 所示。

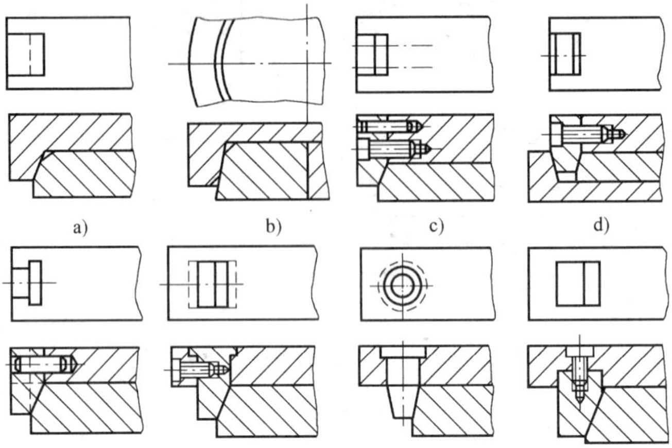

a)　　b)　　c)　　d)

e)　　f)　　g)　　h)

图 7-22　楔紧块的形式 2

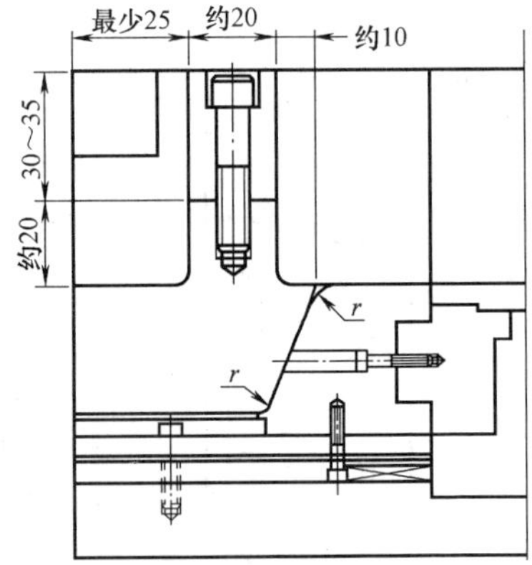

图 7-23　楔紧块要求尺寸

171. 有斜导柱固定孔的楔紧块标准件的结构如何？

1）斜导柱固定孔与楔紧块在一起的标准件，如图 7-24 所示。斜导柱固定孔的楔紧块标准件尺寸见表 7-2。

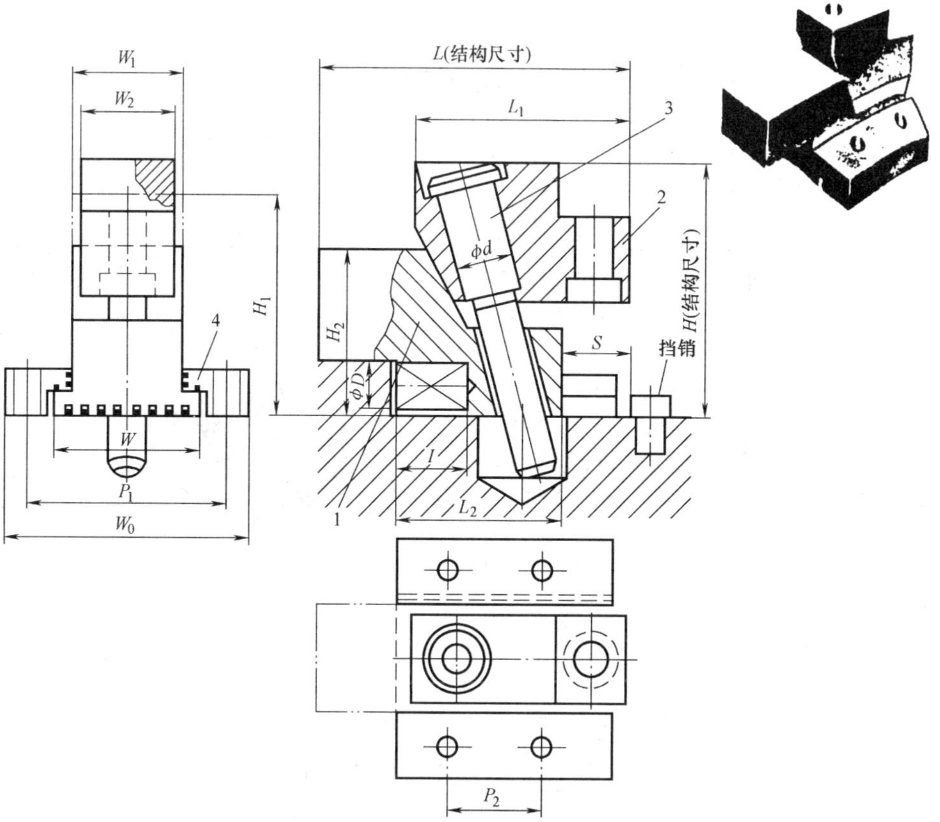

图 7-24　斜导柱固定孔与楔紧块标准件

1—型芯滑块　2—楔紧块　3—斜导柱　4—导轨

表 7-2　斜导柱固定孔的楔紧块标准件尺寸　　（单位：mm）

代表尺寸	d	S	H	H_1	H_2	L	L_1	L_2	W_0	W	W_1	W_2	D	I	P_1	P_2	回程弹簧尺寸
10	16	10	70	自定	45	自定	60	65	74	40	30	29	18	20	58	35	L16×40
15		15												25			L16×50
10	20	10	80		55		70	75	84	50	40	39	22	26	68	45	L20×40
15		15								60	50			31	78		L20×50
10		10	90		65					50	40			26	68		L20×40
15		15								60	50			31	78		L20×50

2）楔紧块标准件，如图 7-25 所示。

①适用于大型模具中斜导柱孔不便于加工的情况；②材料要求：40Cr 热处理，50～56HRC 表面淬火。

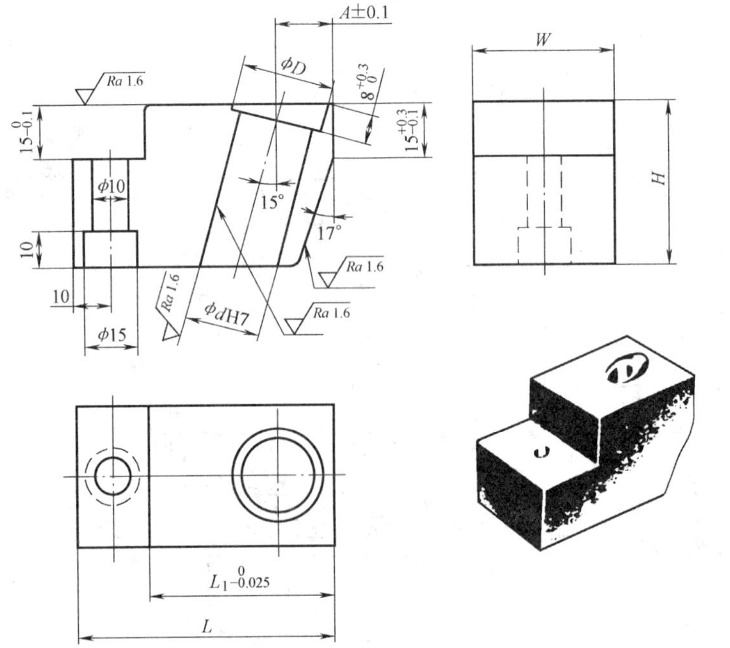

图 7-25　楔紧块标准件

3）斜导柱结构及尺寸见表 7-3。

表 7-3　斜导柱结构及尺寸　　（单位：mm）

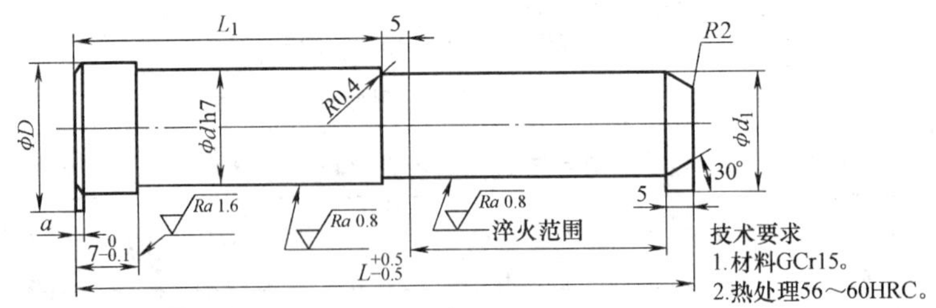

型号	dh7	ϕD	L	L_1	d_1	a	S*（滑块行程）
DAP-16×15	$16_{-0.010}^{0}$	19	89	39	15.6	1.4	10
DAP-16×15			108.5				16
DAP-20×10	$20_{-0.021}^{0}$	23	94.5	44	19.6	1.6	10
DAP-20×15			114.1				15

注：型芯滑块，S 为滑块行程，材料：40CrMoA + GR 热处理：50～60HRC 型芯前端 32～36HRC。

4）斜滑块结构及尺寸，见表 7-4。

5）压条（滑块导轨）的结构及尺寸，见表 7-5。

表 7-4 斜滑块结构及尺寸 （单位：mm）

适用于 DSCU 型斜滑块 D

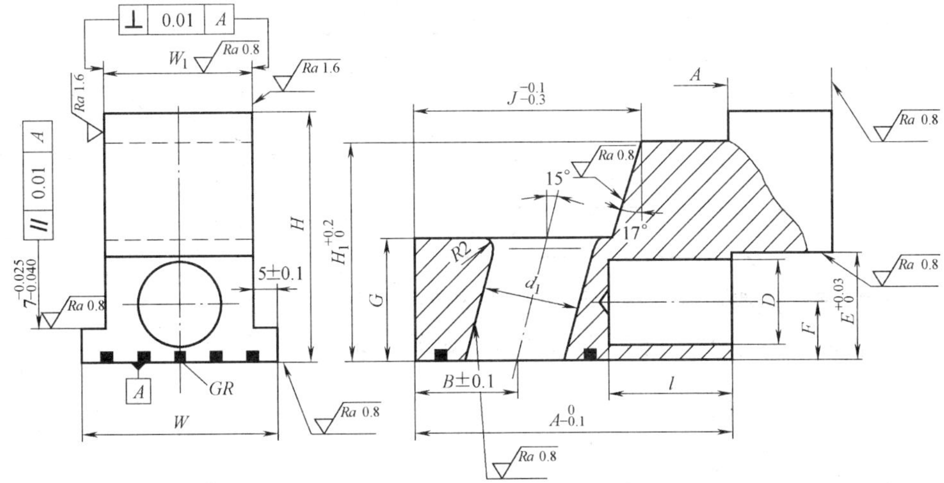

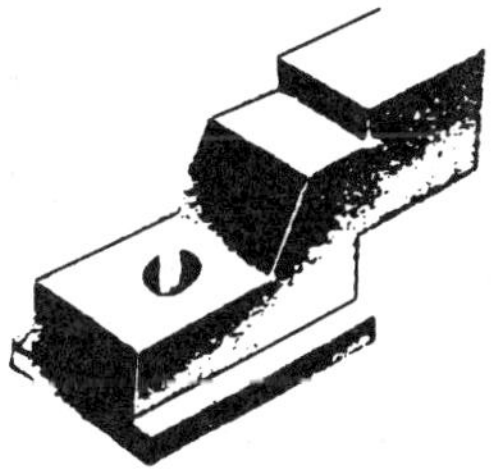

型号	A	B	E	F	G	H_1	J	D	l	d_1	W_1	W_2	
DSC-16X25-10		19.2	22	12	25	45	46.9	18	20	17.5	40	30	-0.032 -0.050
DSC-16X25-15									25				
DSC-20X30-10	75	18.6	25	13	30	55	51.9	22	26	21.5	50	40	-0.050 -0.075
DSC-20X30-15									31		60	50	
DSC-16X40-10		15.9			40	65			26		50	40	
DSC-16X40-15									31		60	50	

表 7-5　压条结构及尺寸　　　　（单位：mm）

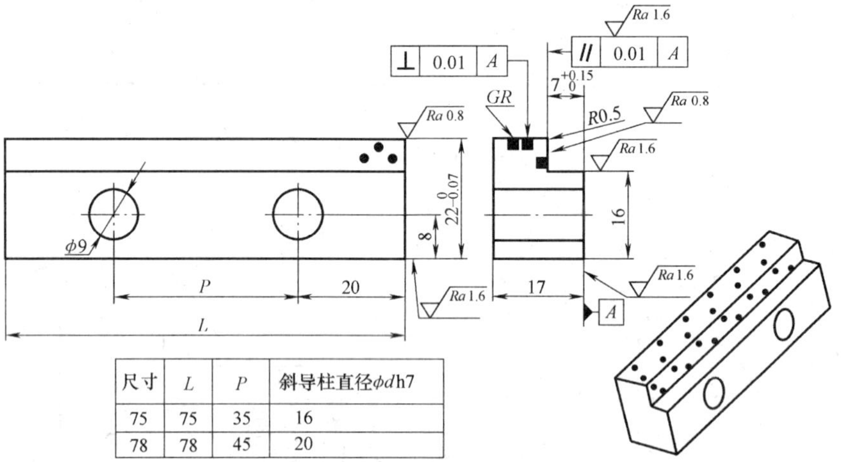

尺寸	L	P	斜导柱直径ϕdh7
75	75	35	16
78	78	45	20

172. 压板油槽和斜顶杆油槽的设计有什么要求？

压板油槽和斜顶杆油槽的设计规范，如图 7-26、图 7-27 所示。

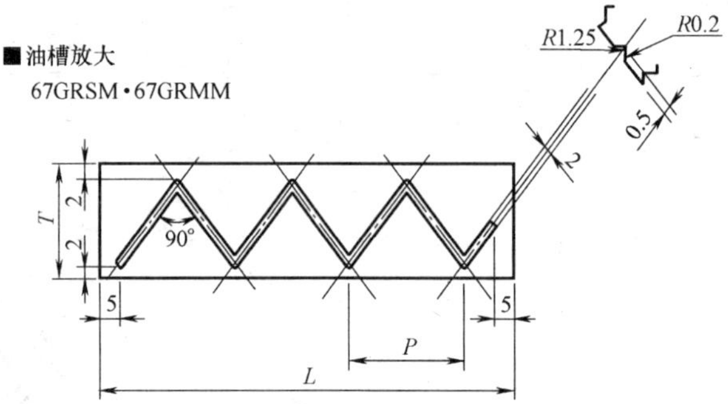

图 7-26　压板油槽设计规范

1）所有滑动面，其中一件零件必须有油槽，适用于压板、滑块底部、斜顶杆或耐磨块处。

2）油槽形状有 S 形、X 形、圆形、封闭形。截面形状应圆滑、去除棱角，油槽为 0.50mm 深 ×（2 ~2.5mm）宽，油槽转角必须有圆角，圆角最小半径为 0.2mm。

3）油槽不能太密，最多以两个“ × ”为限。

4）油槽平面不得有毛刺，油槽不能漏油，要求封闭。

5）压板油槽开设在离压板最小距离 1 ~2mm 处，如图 7-26 所示。

6）斜顶油槽开设在离斜顶的成型面顶距加 3mm 处，如图 7-27 所示。

173. 斜导柱、滑块如何采用保险顶杆保护？

斜导柱、滑块采用保险顶杆保护，如图 7-28 所示的结构。开模后，保险针插

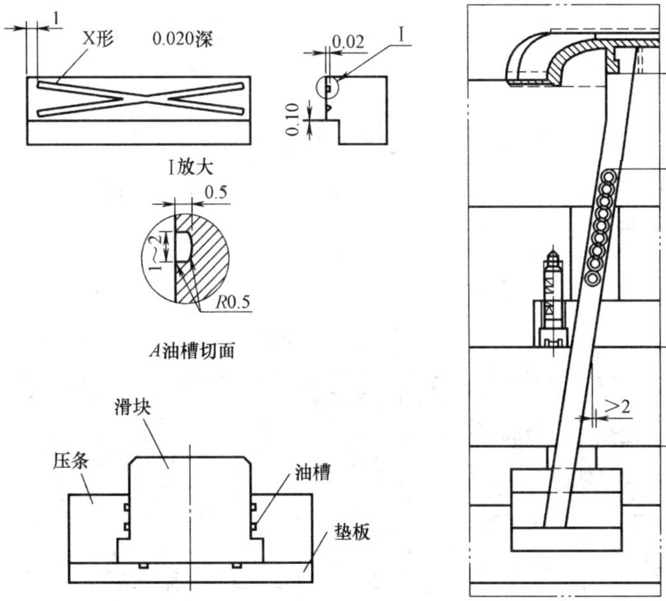

图 7-27　斜顶杆油槽设计规范

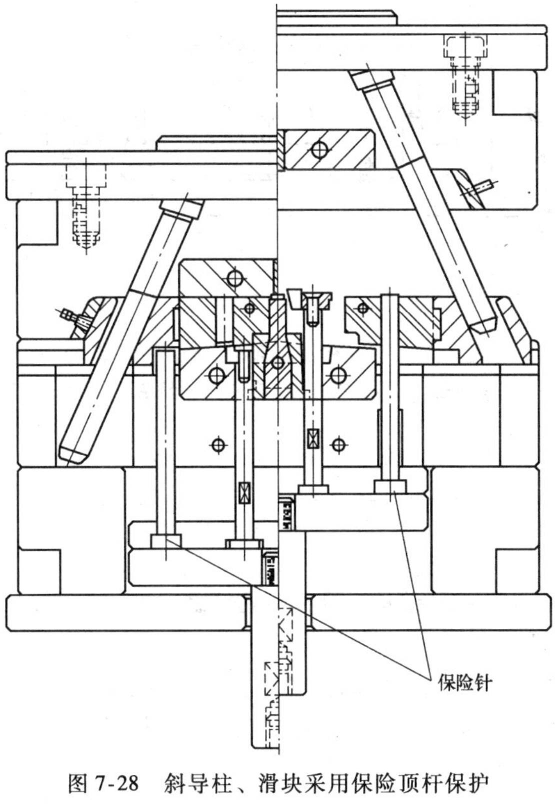

图 7-28　斜导柱、滑块采用保险顶杆保护

入滑块，使滑块不会任意移动。合模时，当斜导柱刚进入滑块、还没作用于滑块前，顶杆固定板的连接螺杆先被注射机的液压缸拉回，斜顶尖再退出滑块孔处。

174. 斜导柱、滑块都在定模，抽芯结构和抽芯顺序如何？

1）斜导柱、滑块都在定模，抽芯结构和抽芯顺序，如图7-29所示。*A*—*A*先分型，方形斜导柱2带动斜滑块8达到向外抽芯的目的，*B*—*B*面分型打开后顶出制品。

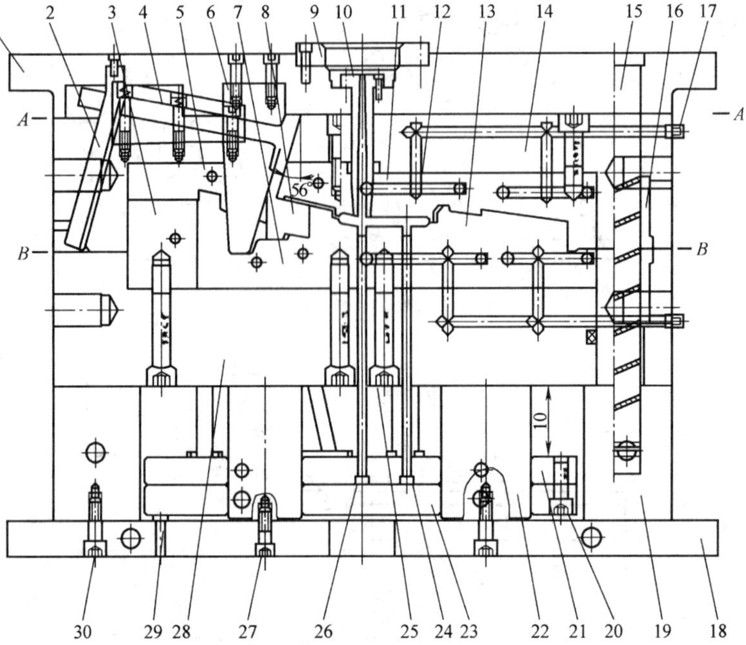

图7-29　斜导柱滑块都在定模的抽芯结构

1—定模盖板　2—方型斜导柱　3、7、13—动模镶芯　4—压条　5、11—定模镶芯　6—楔紧块　8—斜滑块　9—定位圈　10—浇口套　12—O形圈　14—定模板　15—导柱　16—导套　17—水管接头　18—动模底板　19—垫铁　20、25、27、30—内六角螺钉　21—顶杆固定板　22—支承柱　23、30—顶板　24、26—顶杆　28—动模板　29—限位钉

2）如图7-30为另一种结构，开模时在弹簧2的作用下，先由*A*面分开，再分开*B*面完成内侧抽芯。

175. 斜导柱在定模、滑块在动模的抽芯结构如何？

斜导柱在定模、滑块在动模的结构广泛应用于模具侧向抽芯机构，如图7-31所示。

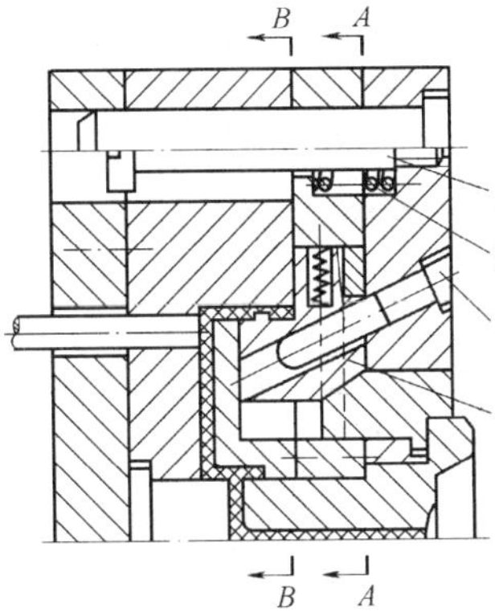

图 7-30　斜导柱、滑块同在定模的抽芯结构

1—限位钉　2—弹簧　3—斜销　4—滑块

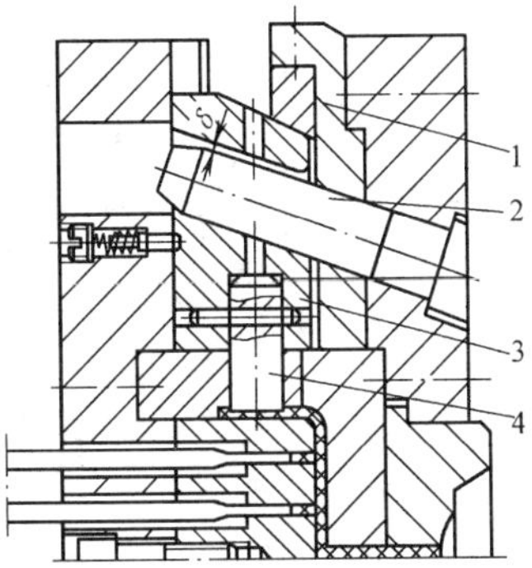

图 7-31　斜导柱抽芯机构

1—楔紧块　2—斜销　3—滑块　4—侧抽芯

176. 斜导柱、滑块的动定模都锁紧的结构如何？

斜导柱滑块的动定模双重锁紧结构，适用于抽芯侧面投影面积较大的塑件模具结构。目的是为防止锁紧块强度不够，而产生让模现象，其结构如图 7-32 所示。

177. 斜导柱内侧抽芯结构如何？

斜导柱内侧抽芯结构，如图 7-33 所示。

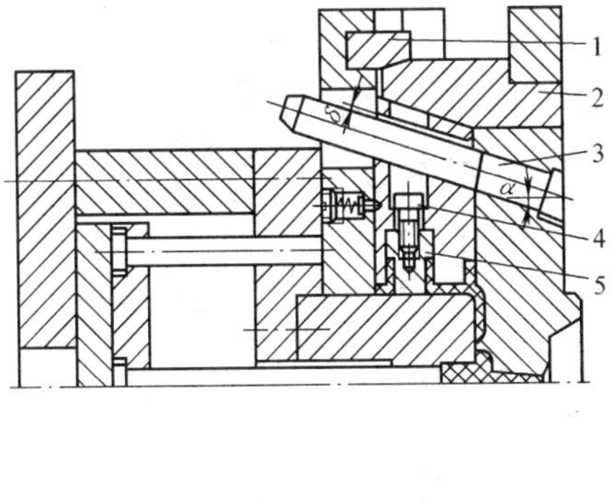

图 7-32　斜导柱抽芯结构

1—挡块　2—锁紧块　3—斜销　4—滑块　5—侧型芯

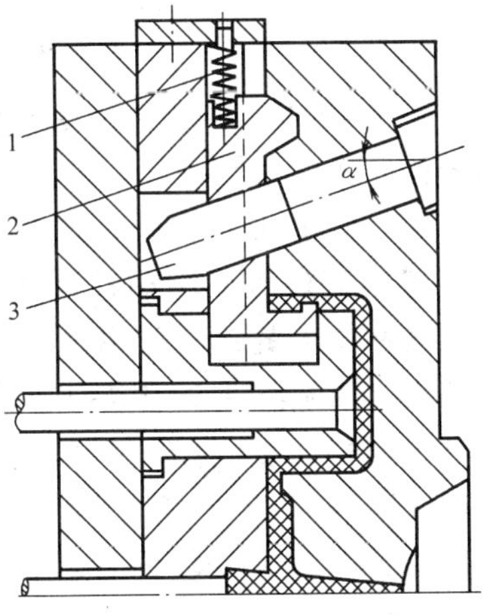

图 7-33　斜导柱内侧抽芯结构

1—弹簧　2—滑块　3—斜销

178. 斜导柱分型抽芯结构如何？

1）定模边的斜导柱抽芯，要驱动动模八个拼合滑块分型结构，如图 7-34 所示。

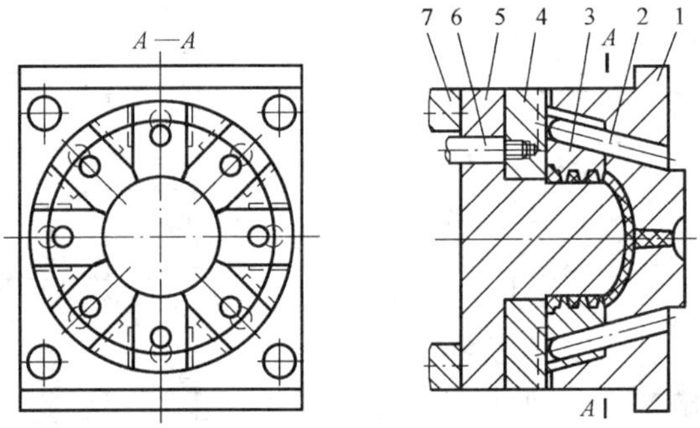

图 7-34 斜销分型结构图

1—定模模套 2—斜销 3—滑块 4—推件板 5—型芯 6—推杆 7—支架

2）定模边的斜销抽芯动模的拼块滑块装置，如图 7-35 所示。

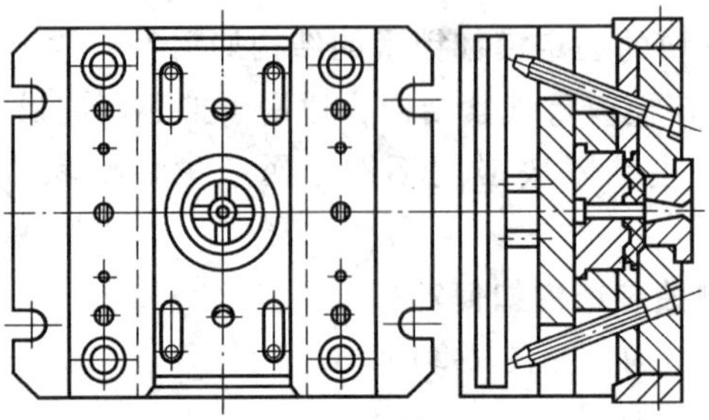

图 7-35 斜销分型结构

179. 斜导柱、滑块同在定模的抽芯结构如何？

斜导柱、滑块同在定模的抽芯结构，适用于顺序脱模结构件使用。开模时由于摆钩 6 的连接作用，使 *A*—*A* 面先分型，同时滑块 2 完成抽芯动作，如图 7-36 所示。最后 *C*—*C* 面（动定模分型面）开模。

180. 斜导柱、滑块同在动模的抽芯结构如何？

1）滑块 1 装在推件板 2 的滑槽内，开模时，在推杆 3 的作用下，同时完成脱模和两个抽芯动作，如图 7-37所示。

2）图 7-38 为类似结构。

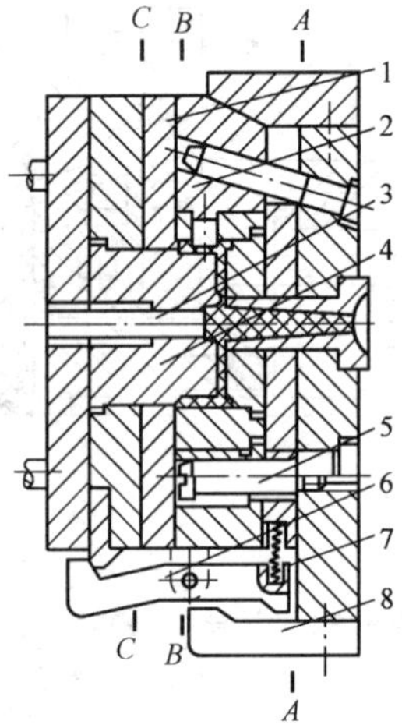

图 7-36 斜导柱、滑块同在定模的抽芯机构

1—推件板 2—滑块 3—推杆 4—型芯 5—定距螺钉 6—摆钩 7—弹簧 8—压块

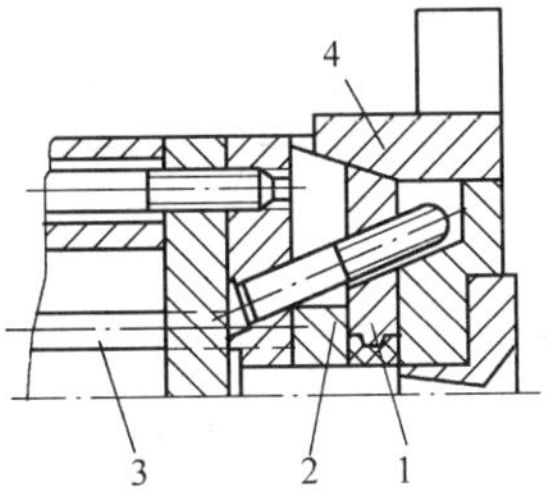

图 7-37　斜销和滑块同在动模的机构

1—滑块　2—推件板　3—推杆　4—楔紧块

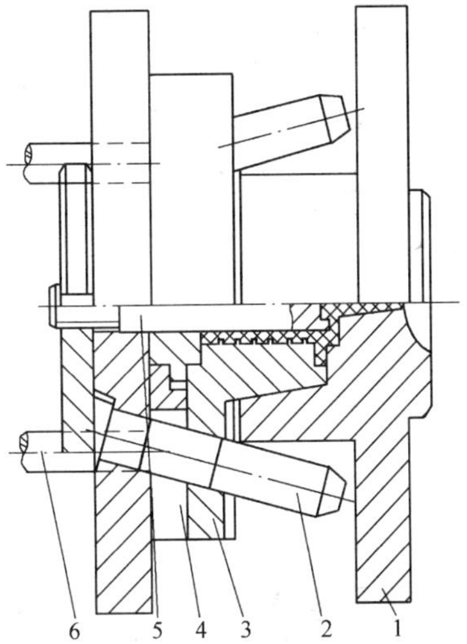

图 7-38　斜销和滑块同在动模的机构

1—座板　2—斜销　3—滑块　4—动模推件板　5—型芯　6—推杆

181. 斜导柱在动模，滑块在定模的抽芯结构如何？

斜导柱在动模、滑块在定模的抽芯机构，如图 7-39 所示，在弹簧的作用下，先在 *A* 面分开。滑块 2 抽芯，在限位钉 4 的作用下，*B* 面分开。最后由顶杆顶出塑件。图 7-40 为类似结构，型芯 7 为分模限位结构。

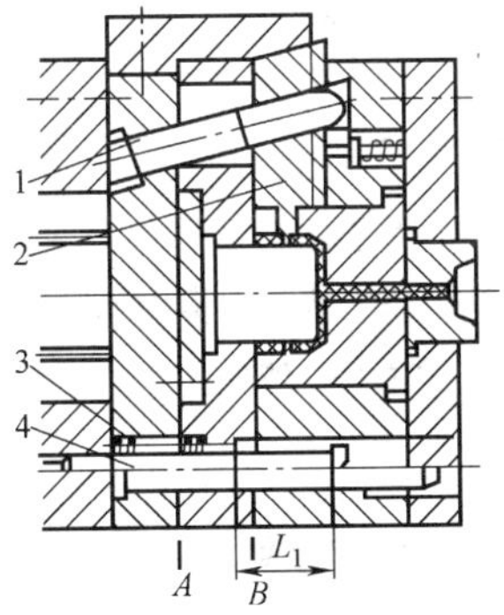

图 7-39　斜销定模抽芯

1—斜销　2—滑块　3—弹簧　4—限位钉

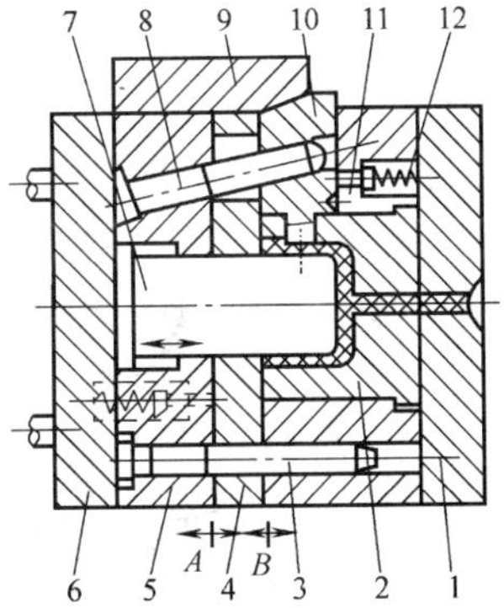

图 7-40　斜销定模抽芯

1—定模座板　2—凹模　3—导柱　4—推件板　5—型芯固定板　6—支承板　7—型芯　8—斜销　9—楔紧块　10—滑块　11—定位钉　12—弹簧

182. 斜导柱、滑块同在动模，滑块内侧抽芯结构如何？

动模顺序分型，滑块内侧抽芯机构（斜导柱、滑块同在动模），在弹簧 4 的作用下，先由 $A—A$ 面分模，完成内侧抽芯动作。然后 $B—B$ 面分型，$C—C$ 面推板顶出塑件，如图 7-41 所示。

183. 斜滑块、斜滑槽联合抽芯机构如何？

斜滑块、斜滑槽联合抽芯结构，如图 7-42 所示。

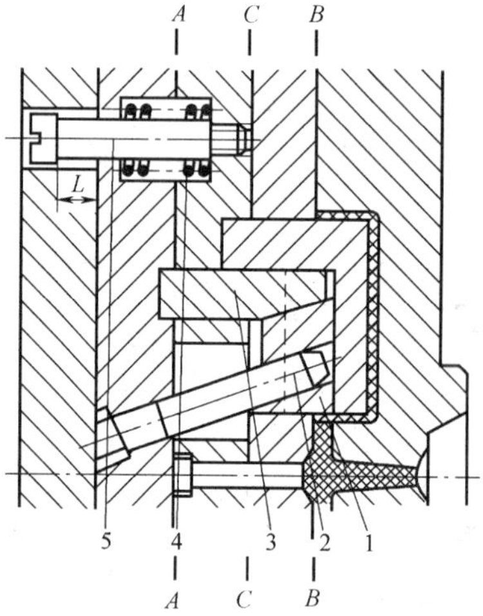

图 7-41　动模顺序分型内侧抽芯结构

1—滑块　2—斜销　3—楔紧块

4—弹簧　5—限位钉

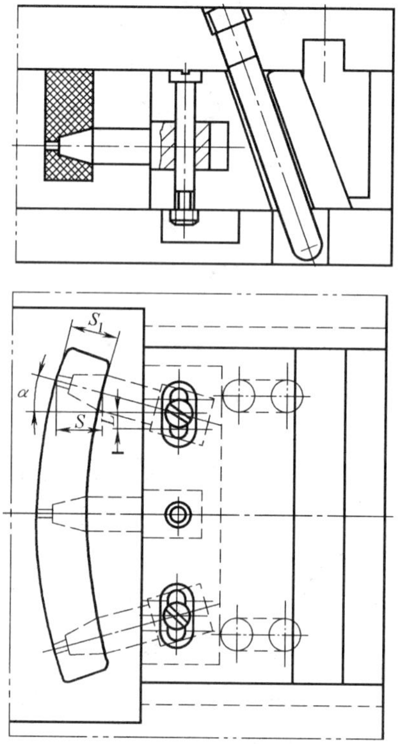

图 7-42　斜滑块、斜滑槽联合抽芯结构

注：$L \geqslant S\tan\alpha$，$S = S_1\cos\alpha$

184. 斜顶杆结构如何？设计有什么要求？滚轮斜顶杆结构如何？

（1）斜顶杆结构

如图 7-43 所示，斜顶杆 28 与动模板 9、动模镶芯 13 要求避空，动模板 9 底部有斜顶导向块 30、31，斜顶杆与顶杆固定板 5 上的滑动座 32、滑动块 38 连接，在顶板向上顶出时斜顶杆向左移动。

（2）斜顶杆结构设计要求

1）斜顶一般最好在 13°～15°最佳。

2）斜顶杆材料用 40Cr、H13、2738 等，要求调质处理（或表面氮化硬度，

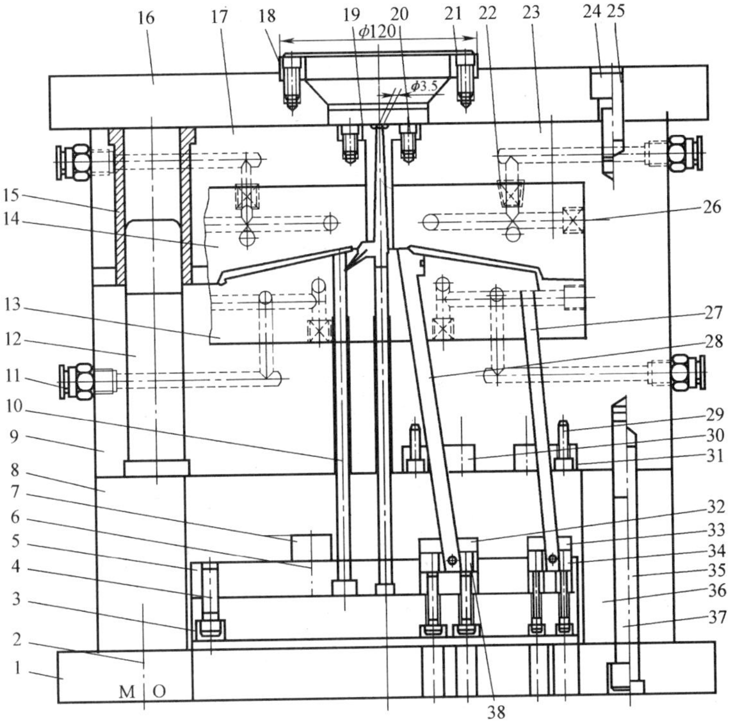

图 7-43　斜导柱、滑块都在定模的轴芯结构

1—动模底板　2、4、6、20、21、23、24、29、36、37—内六角螺钉　3—顶板　5—顶杆固定板　7—限位块　8—垫铁　9—动模板　10—浇口顶杆　11—水管接头　12—导柱　13—动模镶芯　14—定模镶芯　15—导套　16—定模盖板　17—定模板　18—定位圈　19—浇口套　22—O 形圈　25、35—定位销　26—水堵头　27、28—斜顶杆　30、31—斜顶导向块　32、33—滑动座　34、38—滑动块

要求硬度为 52 ~ 55HRC）以上，至少比母体材料模芯硬度高 5HRC 以上。

3）斜顶块比动模芯略高 0.05mm。

4）表面粗糙度在 $Ra1.6\mu m$ 以下。

5）斜顶块按照规范开制油槽。

6）大的斜顶块需要加水路，用有韧性的软管连接，需要有连接的空间，如图 7-44 所示。

（3）滚轮斜顶杆结构

如图 7-45 所示，塑件内侧凹的成型零件，其尾部带有小轴 4，小轴两端装有滚轮 6，滚轮装在固定于顶出板 7 的支架 5 上。顶出时，顶杆沿型芯 2 和型芯垫板上的斜槽运动，完成内侧抽芯并顶出塑件，与此同时滚轮 6 沿支架 5 向内滚

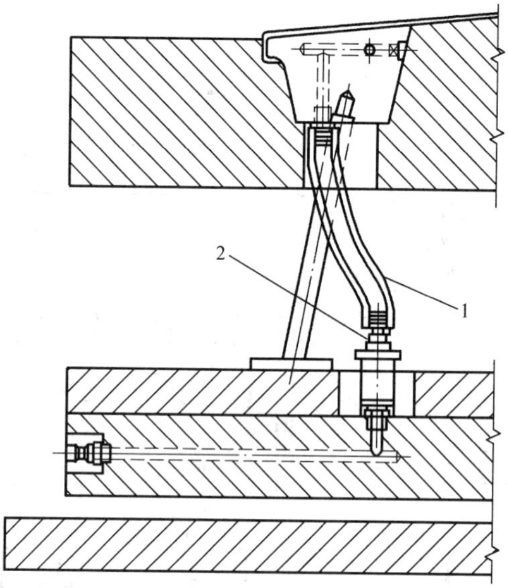

图 7-44　斜顶块的软管连接

1—软管　2—管接头

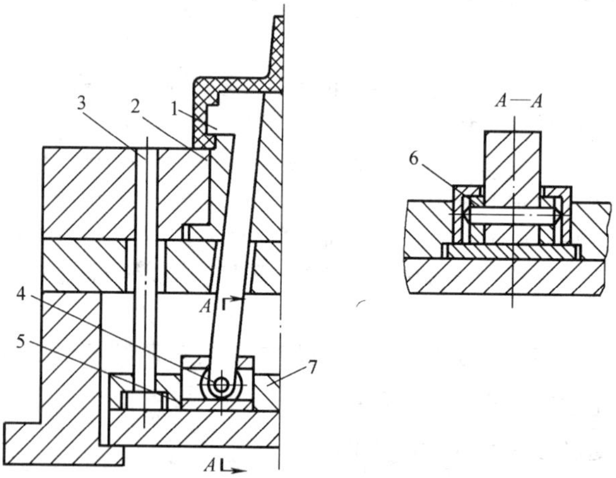

图 7-45　斜顶杆顶出抽芯

1—斜顶杆　2—型芯　3—复位杆　4—小轴　5—支架　6—滚轮　7—顶出板

动。整个顶出机构由复位杆 3 复位。

185. 如何设计英制斜顶杆结构？

（1）英制斜顶杆结构要求（见图 7-46 所示）。

1）斜顶杆不采用复位弹簧，除非得到客户认可。

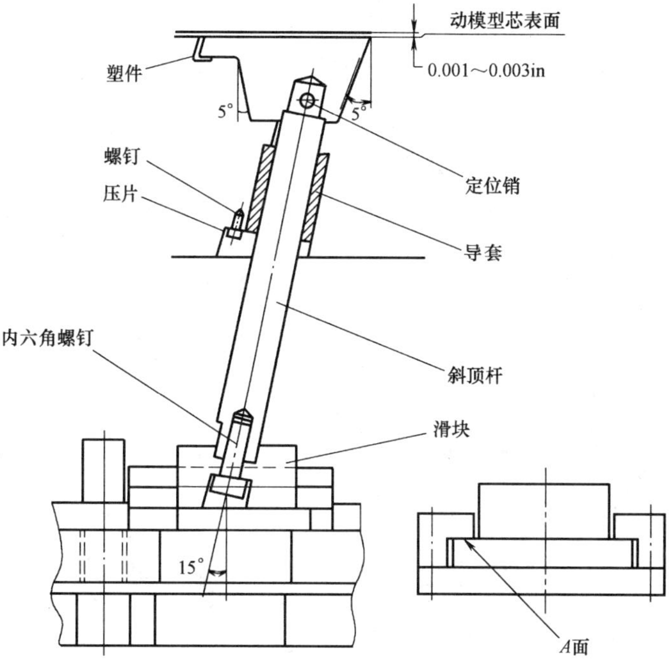

图 7-46　英制斜顶杆结构 1

2）斜顶尽可能不设排气。

3）小型的斜顶不需要回推杆。

4）斜顶的最大角度为 15°。

5）大的斜顶需要两根杆固定。

6）斜顶块的斜面必须大于 5°。

7）斜顶的滑块材料为 P20。

8）动模固定板需要拆装斜顶杆的工艺孔。

9）斜顶杆需要有限位块（柱）。

10）斜顶杆需要导套导向，导套越长越好。

11）斜顶的滑块槽最薄为 0.38in（6.65mm）。

12）斜顶杆直径为 1in，优先选用。

13）塑件壁下的斜顶平面低于动模型芯表面 0.001 ~ 0.003in（0.025 ~ 0.076mm）。

14）内六角螺钉尽可能大于 0.5in。

15）斜顶杆嵌入斜顶块至少为 0.25in。

16）滑块 A 面需有间隙。

17）内六角沉孔与斜顶杆斜度一致。

18）斜顶杆与导套要有 0.001in 间隙动配合。

（2）另一种英制斜顶杆结构要求（图 7-47）。

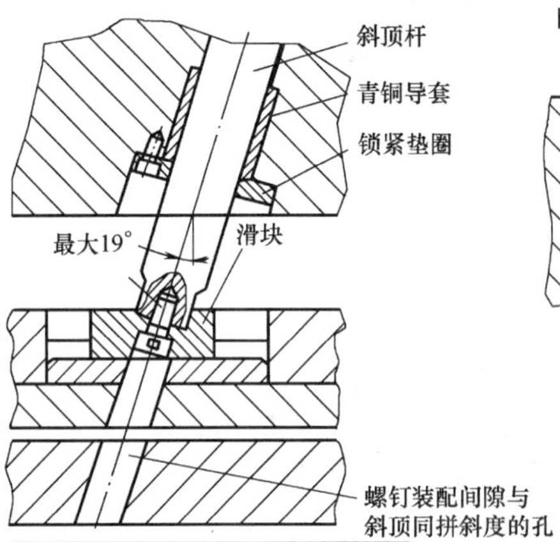

斜顶杆尺寸	螺钉尺寸
φ25.0	M12
φ30.0	M16
φ40.0	M20

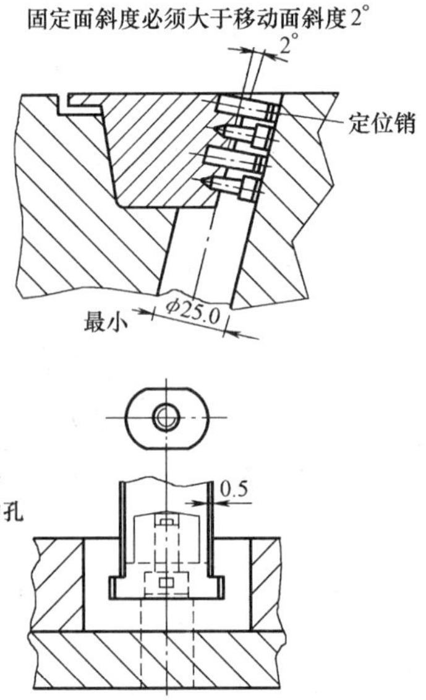

图 7-47　英制斜顶杆结构 2

186. 角度较大的斜顶应采用什么结构?

角度较大的斜顶应采用 DME 标准件斜顶杆的结构（斜顶的角度大于 17°以上时），如图 7-48 所示。

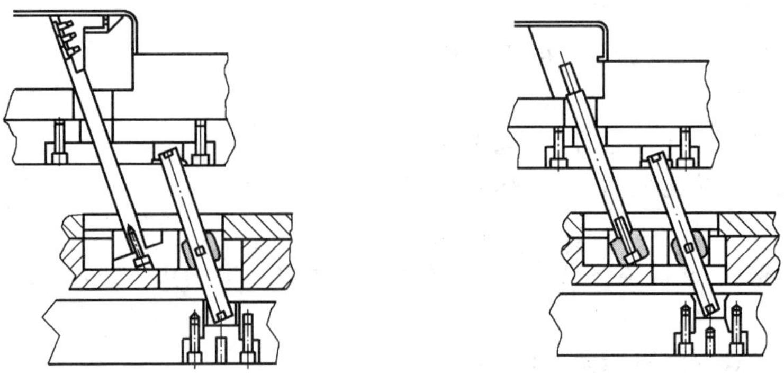

图 7-48　DME 标准件斜顶杆结构

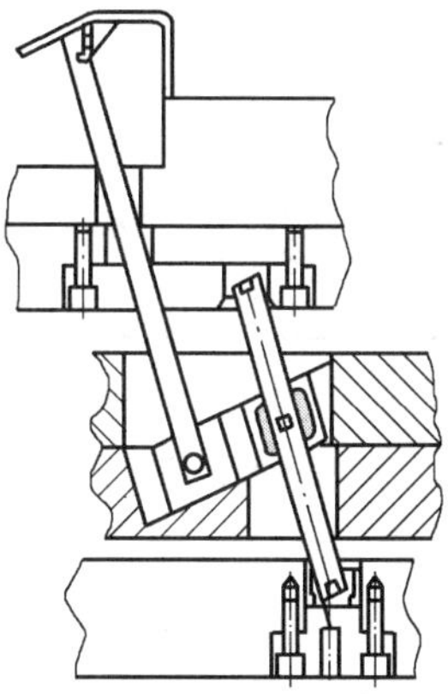

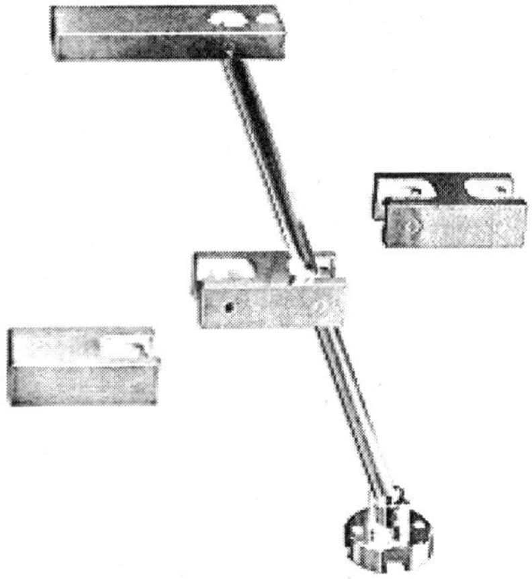

图 7-48 DME 标准件斜顶杆结构（续）

187. 斜顶杆与滑块、滑槽组合抽芯结构如何？

斜顶杆与滑块、滑槽组合的抽芯机构，适用于塑料模斜杆分型脱模或抽芯机构。

1）工作原理。如图 7-49a 所示为合模状态、图 7-49b 所示为开模状态，图 7-49c 所示为抽芯脱模状态。

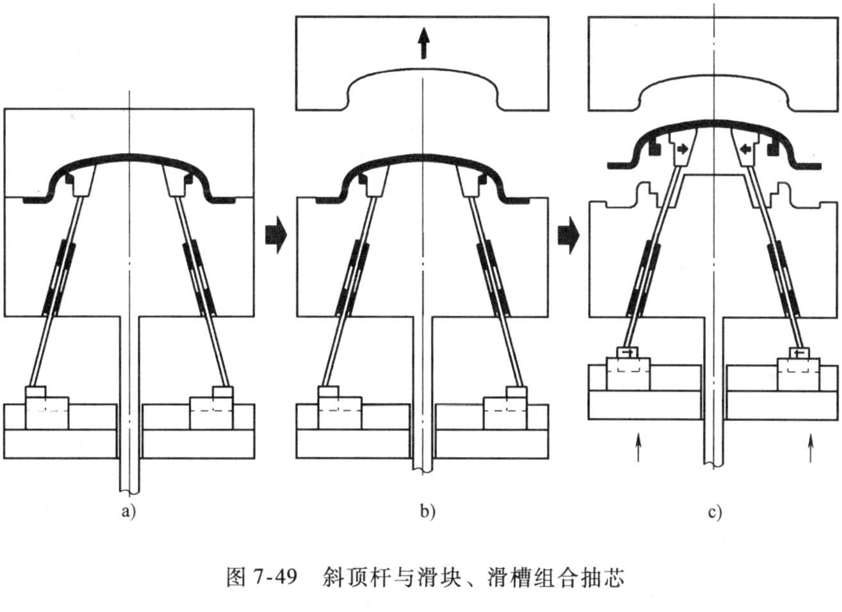

图 7-49 斜顶杆与滑块、滑槽组合抽芯

2）滑槽组合装置安装固定方法，如图 7-50 所示。

3）滑槽组合件，如图 7-51、表 7-6、表 7-7 所示。

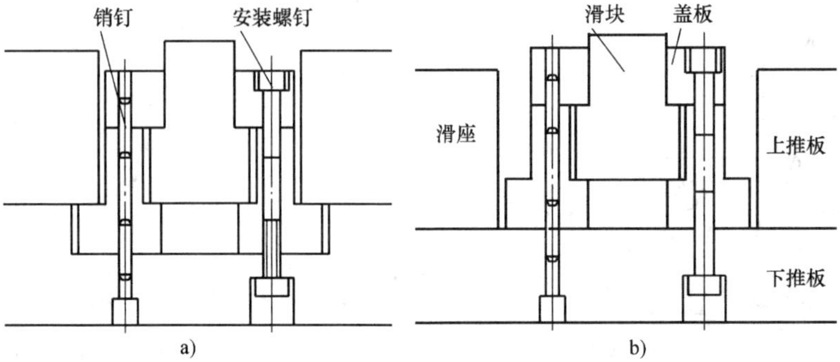

图 7-50　滑槽组合装置安装固定方法
a）用上下推板夹固法　b）型芯滑块装置安装固定方法示意图

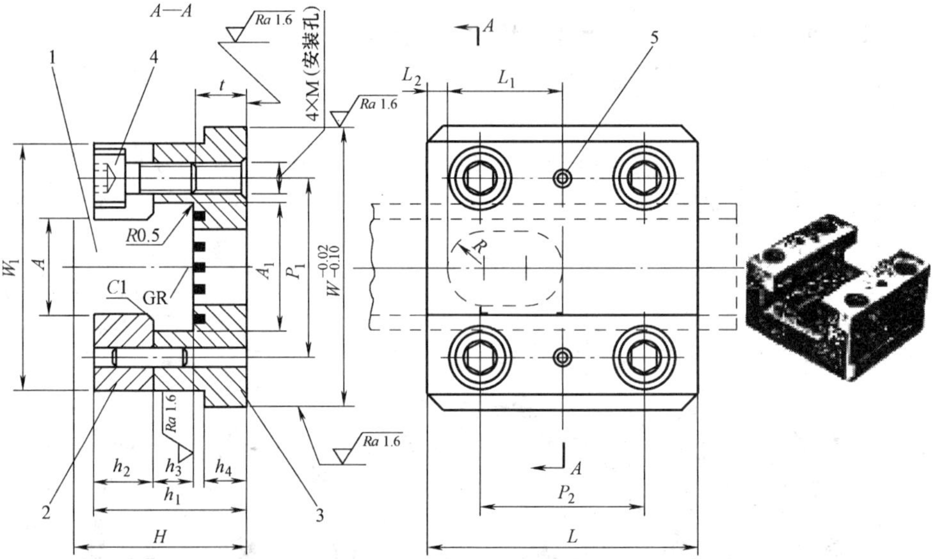

图 7-51　斜顶杆型芯滑块装置

表 7-6　斜顶杆型芯滑块装置名称

序　　号	名　　称	数　　量	材　　料	备　　注
1	滑块	1	40Cr	见表 7-8
2	盖板	2	A-9	含油处理
3	滑座	1	A-9	含油处理
4	内六角螺钉	4	45	GB/T 70. 3—2008
5	圆柱销	2	45	GB/T 882—2008

表 7-7　斜顶杆滑块装置尺寸 1　　　　（单位：mm）

代表尺寸	A (H7)	A_1	W	W_1	H	h_1	h_2	h_3	h_4	L	L_1	L_2	P_1	P_2	R	M	f
18	18	25	52	46	32	28	11	7	8	50	21	4	33	30	6	M6	10
24	24	32	60	54	41	34	13	5	8	60	25	5	41	35	8	M6	10
30	30	40	72	65	53	44	16	11	15	75	28	9.5	50	40	10	M8	15
35	35	50	100	92	63	52	17	15	15	90	33	12	70	55	13	M10	15
42	42	63	110	102	70	58	17	18	15	100	37	13	80	60	16	M10	20

注：F^* 为安装螺钉有效安装尺寸。

4）滑块装置，如表 7-8、表 7-9、图 7-52 所示。

表 7-8　斜顶杆滑块装置尺寸 2　　　　（单位：mm）

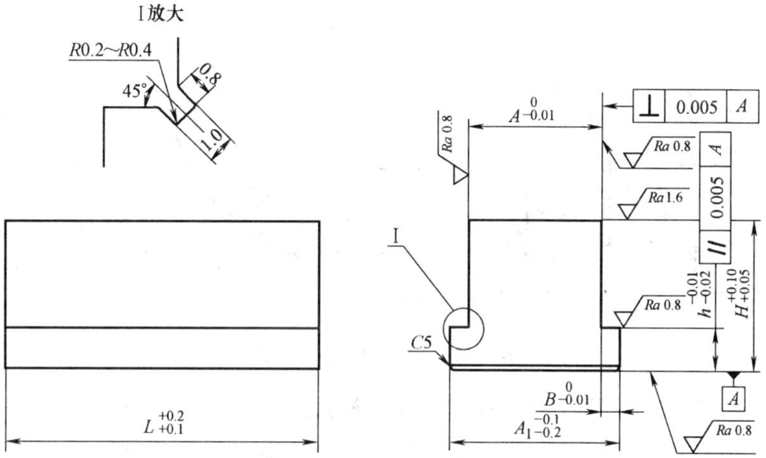

代表尺寸	A	A_1	H	h	B	L
18	18	25	22	7	3.5	30 ~ 150
24	24	32	28	8	4.0	40 ~ 200
30	30	40	36	11	5.0	50 ~ 300
35	35	50	43	15	7.5	60 ~ 300
42	42	63	47	18	10.5	70 ~ 300

表 7-9　斜顶杆滑块装置尺寸 3　　（单位：mm）

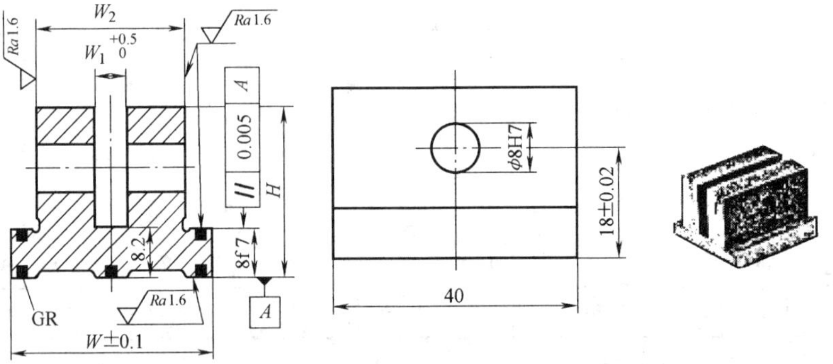

标记示例：$W = 34$　B 型斜杆滑块装置

代表尺寸	W	H	W_1	W_2	适用于推板厚度
5	34	28	5	25	5 ~ 10
10	49	28	10	40	10 ~ 20

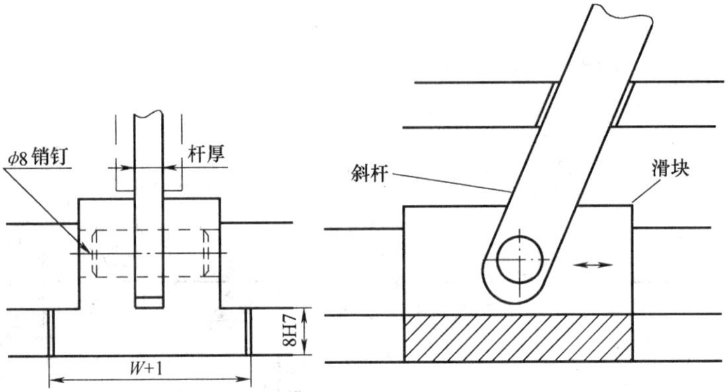

图 7-52　斜顶杆滑块装置

188. 斜顶杆旋转耳座滑槽抽芯装置结构如何?

斜顶杆旋转耳座滑槽抽芯装置，适用于塑料模斜导柱分型脱模或抽芯机构，如表 7-10、表 7-11 所示。

（1）结构特点

1）由于斜导柱耳座被设计成同轴凸耳结构，它与滑板铰接成滑块，故可在滑块中旋转一定角度（最大为 30°），并可沿滑座作直线运动，所以其适应性较强。

2）由于滑板填充了固定润滑剂，因此，具有良好的自润滑性能和耐磨性能，即使在不加油的条件下，也不会产生“过烧”或“咬卡”等现象。

3）斜导柱与导柱座之间用内六角螺钉连接，其端部允许有一定间隙（约 2mm），因此具有自动调节功能，防止由于斜导柱长度尺寸不精确所产生的各种“相切现象”，避免事故。

4）结构紧凑，安装方便。

表 7-10　斜顶杆旋转耳座滑槽抽芯机构名称　　（单位：mm）

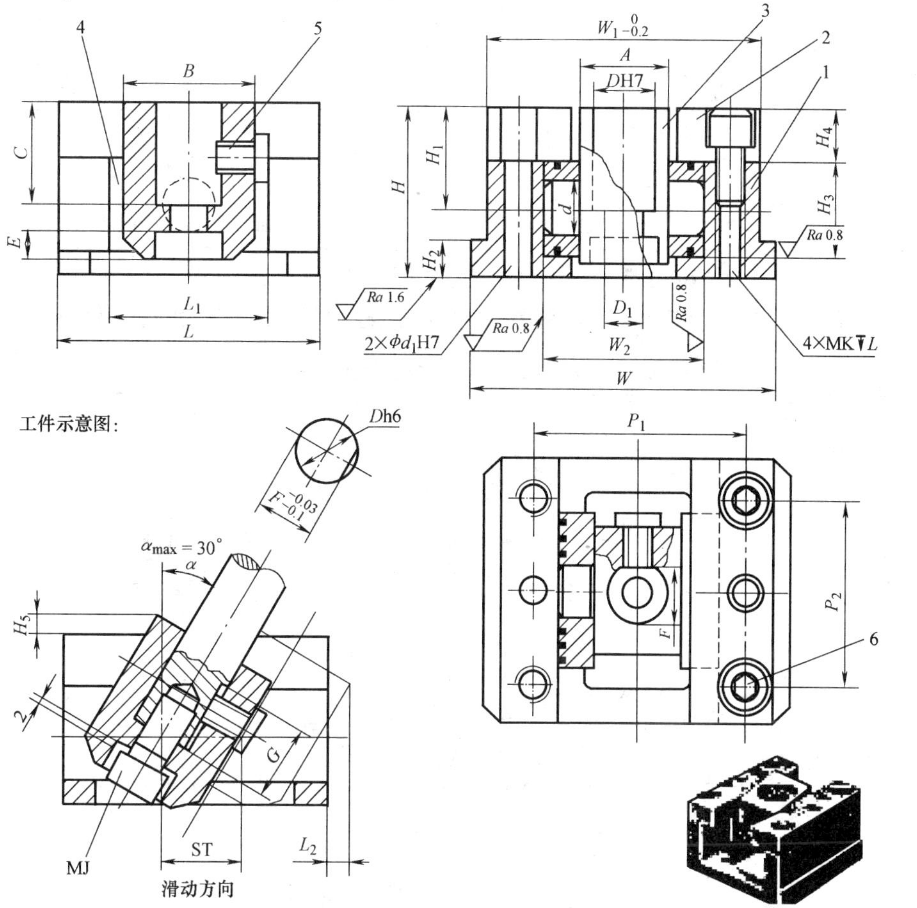

序号	名称	数量	材质	备注	序号	名称	数量	材质	备　注
1	滑座	1	40Cr		4	滑板	2	S-5 铜合金	
2	盖板	2	40Cr		5	止转螺钉	1	45	GB/T 5276—1985
3	斜导柱座	1	40Cr		6	内六角螺钉	4	45	GB/T 70.3—2008

表 7-11　斜顶杆旋转耳座滑槽抽芯装置尺寸　　（单位：mm）

代表尺寸	*D*H7	*d*	D_1	*A*	*B*	*C*	*E*	*F*	*G*	MJ	*H*	H_1	H_2	H_3	H_4
12	12	10	7	17	25	18	7	10	10	M6	32	18	7	16	10
16	16	13	9	22	30	20	7	13	13	M8	36	20	8	20	10
20	20	13	11	26	40	23	7	17	16	M10	42	23	10	22	12
25	25	16	13	32	45	28	8	22	20	M12	48	28	13	26	15
32	32	20	13	45	52	35	10	29	25	M12	60	34	15	32	18
40	40	25	17	55	63	40	12	36	32	M16	70	40	15	40	20

（续）

代表尺寸	H_5	L	L_1	L_2	W	W_1	W_2	P_1	P_2	MK	L	dH7	ST
12	4	50	30	8	58	52	30	40	35	M6	14	6	20
16	5	65	40	8	65	58	36	46	40	M6	16	6	25
20	8	80	50	8	80	72	44	65	55	M8	19	8	30
25	8	90	55	12	93	85	52	66	65	M10	22	10	35
32	10	120	63	8	120	110	70	85	80	M12	27	10	45
40	12	135	80	8	130	120	80	95	90	M12	30	10	50

注：H_5、L_2 为导柱最大倾角为30°时导柱座的外露尺寸（参考值），ST 为滑块允许工作行程。

（2）斜顶杆旋转耳座滑槽装置尺寸（见表7-12、表7-13和图7-53所示）

表7-12　斜顶杆旋转耳座滑槽

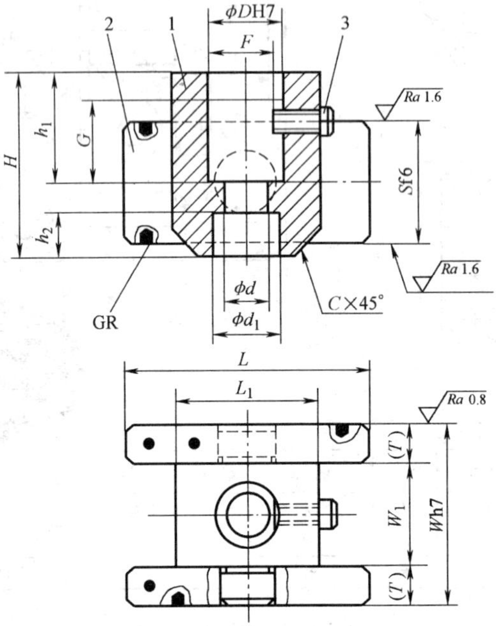

序　号	名　称	数　量	材　料	备　注
1	斜导柱耳座	1	45	凸耳直径 ϕd_2
2	滑板	2	S-5 铜合金	含油处理
3	防转螺钉	1	45	GB70

表 7-13　滑块装置尺寸　（单位：mm）

代表尺寸	ϕD	W	H	L	S	T	F	ϕd	ϕd_1	W_1	L_1	H_1	H_2	G	C	d_2
12	12	30	30	30	16	6.5	10	7	11	17	24	18	7	10		10
16	16	36	32	40	20	7	13	9	14	22	28	20	7	13	4	13
20	20	44	38	50	22	9	17	11	17	26	35	23	7	16		
25	25	52	42	55	25	10	22	13	20	32	40	28	8	20	6	16
32	32	70	52	63	32	12.5	29			45	52	34	10	25	10	20
40	40	80	60	80	40		36	17	25	55	60	10	12	32		25

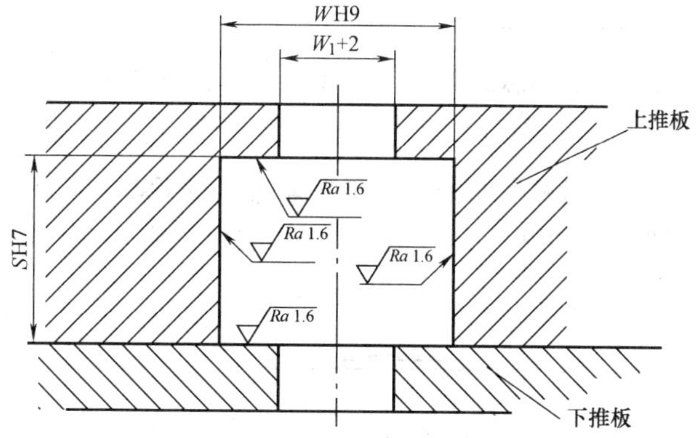

图 7-53　斜顶杆旋转耳座滑槽抽芯装置

189. 斜顶杆导滑的结构如何？

斜顶杆导滑也叫斜推杆抽芯，斜角一般在 10°～20°之间，如图 7-54 所示。截面通常为矩形，防止转动，用滚轮减少摩擦。

如图 7-55 所示的斜推杆内侧抽芯结构中，斜推块的滑座固定于推杆固定板上，使推出力轴向传递，减少摩擦。

如图 7-56 所示为斜推杆同时内侧抽芯机构。

两端分别用推板 1 和斜滑块 3 以铰链连接的结构形式，见图 7-57。

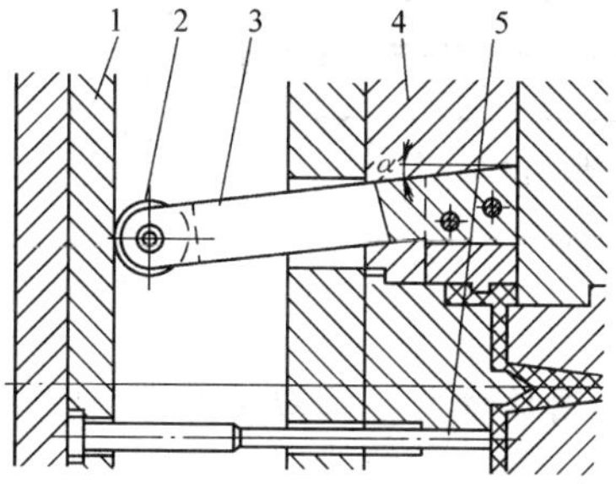

图 7-54　斜推杆内侧抽芯机构 1

1—推杆固定板　2—滚轮　3—斜推杆

4—动模　5—推杆

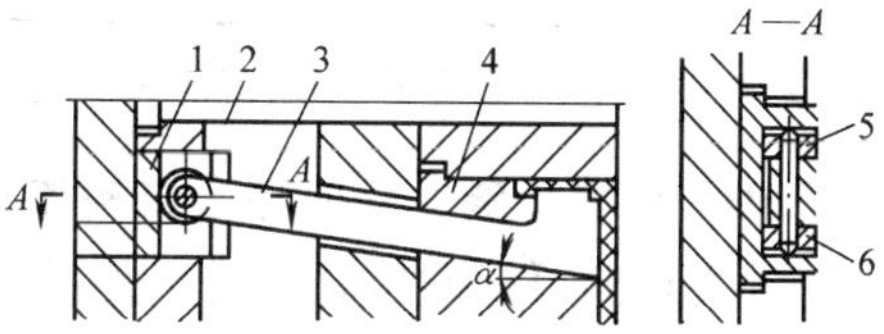

图 7-55　斜推杆内侧抽芯机构 2

1—滑座　2—轴　3—斜推杆

4—型芯　5、6—滚轮

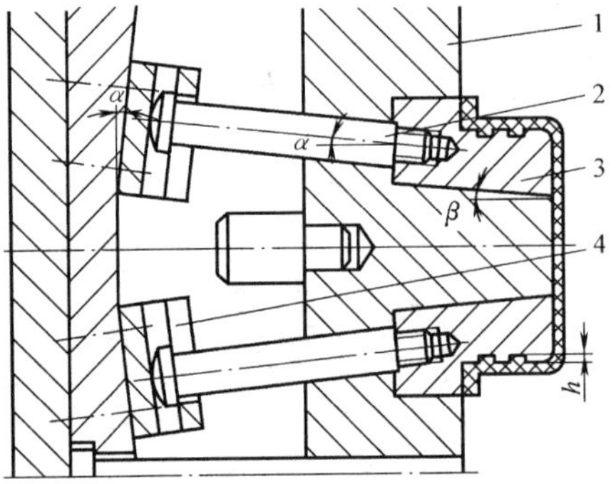

图 7-56 斜推杆内侧抽芯机构 3

1—动模板 2—斜推杆 3—镶块 4—滑座

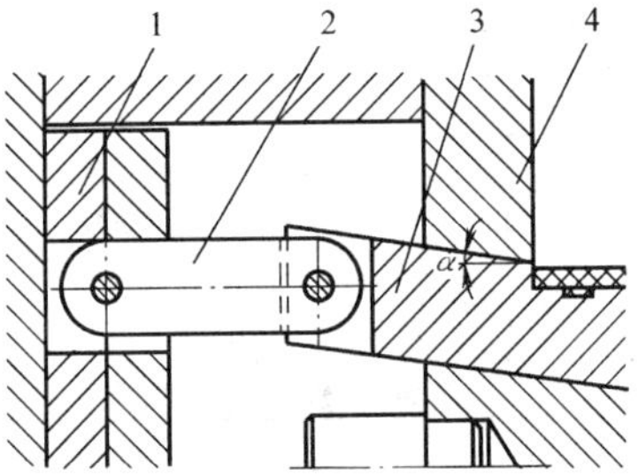

图 7-57 斜推杆内侧抽芯机构 4

1—推板 2—推杆 3—斜滑块 4—动模板

190. 如何解决斜顶杆抽芯时，塑件跟着移动的现象?

采用两根矩形顶杆卡位，可以防止塑件在斜顶向上顶出时跟着移动，如图 7-58 所示。

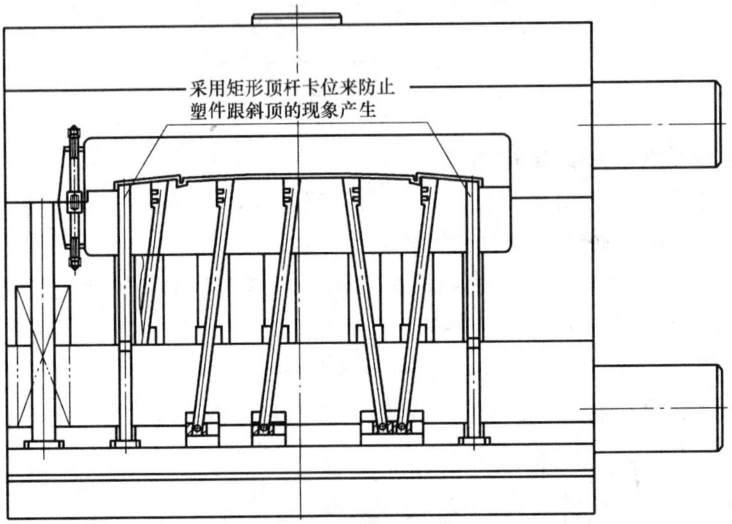

图 7-58 防止塑件移动的结构

191. 滑块和斜顶杆的组合结构如何?

滑块和斜顶杆的组合结构，见图 7-59。

192. 斜滑块抽芯结构的特点如何? 设计斜滑块抽芯机构应注意什么?

(1) 斜滑块抽芯结构的特点

斜滑块抽芯结构中，斜滑块由锥形模套锁紧，能承受较大的侧向力，但抽拔距不大，塑件不易自动脱落，需要人工取出。斜滑块抽芯机构根据导滑部位作用不同分三种类型，分别为滑块导滑、斜杆导滑、推杆平移。

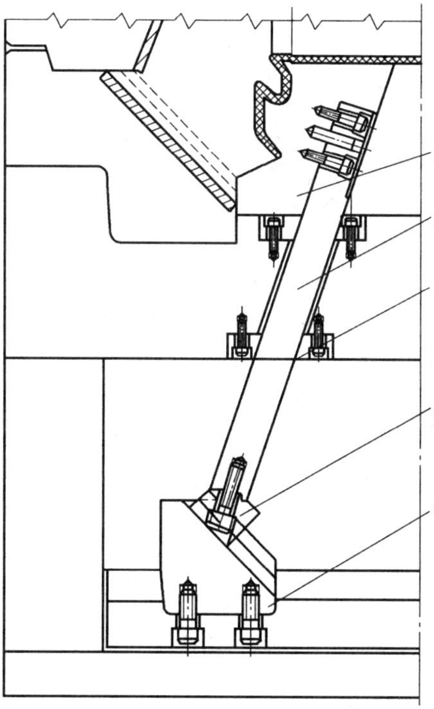

图 7-59 滑块和斜顶杆组合的结构

(2) 斜滑块导滑槽几种形式（图 7-60）。

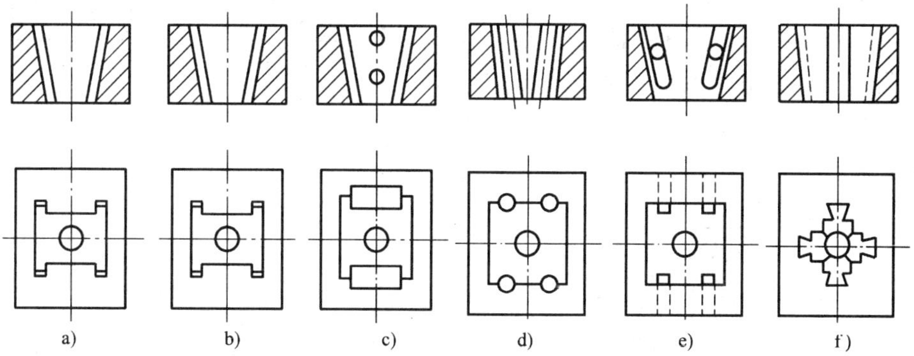

图 7-60 斜滑块导滑槽几种形式

1）图 7-61 为凹槽斜滑块外侧分型机构，凹模由两件斜滑块组成，在推杆作用下，沿滑槽向两侧分型，通常斜滑块和模套设在动模一侧，以便顶出和取件。

2）斜滑块的几种拼合形式，见图 7-62。

(3) 设计斜滑块抽芯机构应注意的问题

通常斜滑块和模套都在动模一侧，但由于包紧力较大，开模顶出容易将塑件

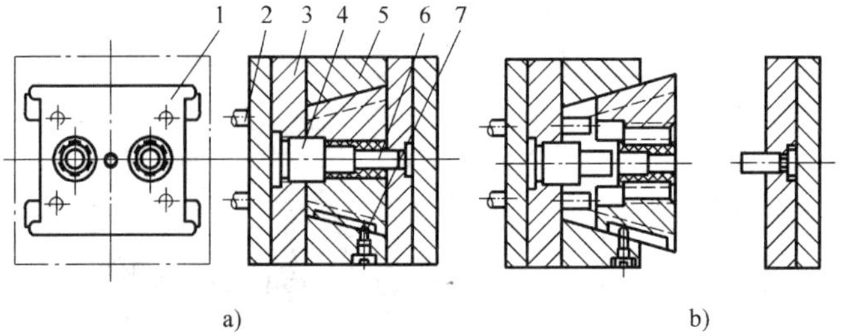

图 7-61　凹槽斜滑块外侧分型机构

1—斜滑块　2—推杆　3—型芯固定板　4—型芯　5—模套

6—定模型芯　7—限位钉

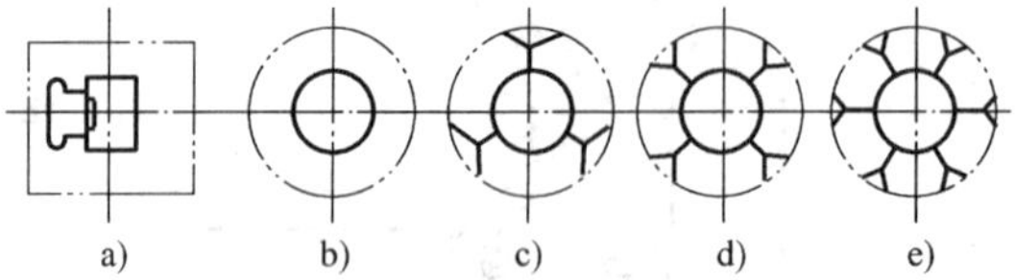

图 7-62　斜滑块的几种拼合形式

带出而损坏塑件，如图 7-63a 所示。为此采用定模边设置止动钉 5，防止滑块粘于定模，如图 7-63b 所示。将主型芯设于动模边，有利于塑件的导向脱出，如图 7-64 所示。为确保凹模斜滑块闭合锁紧，注射成型时不易溢料，底部应留有0.2～0.5mm 间隙，斜滑块应高出模套 0.2～0.5mm，如图 7-65 所示。

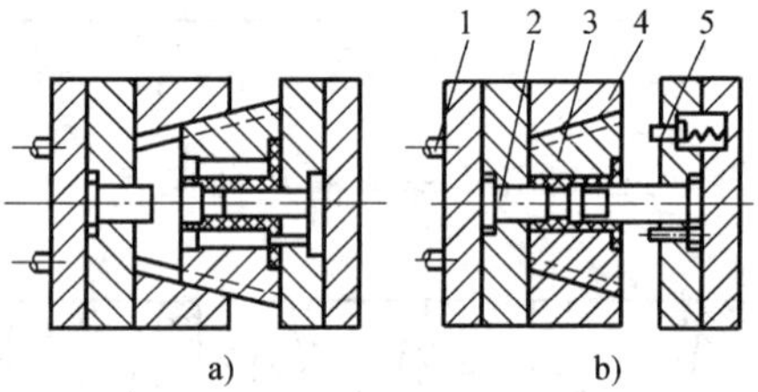

图 7-63　滑块止动结构

1—推杆　2—型芯　3—斜滑块　4—模套　5—止动钉

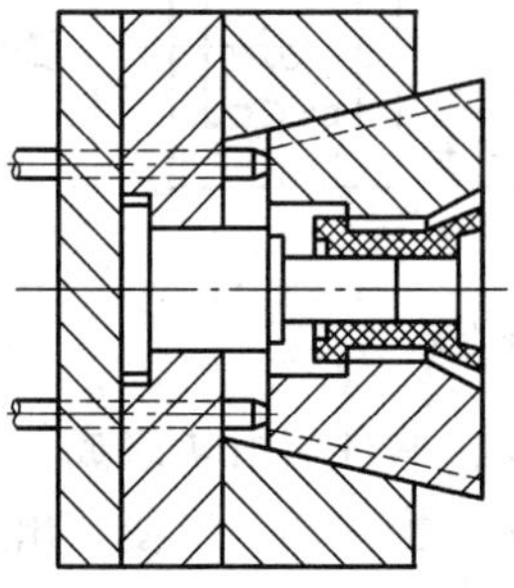

图 7-64　主型芯对塑件的导向作用

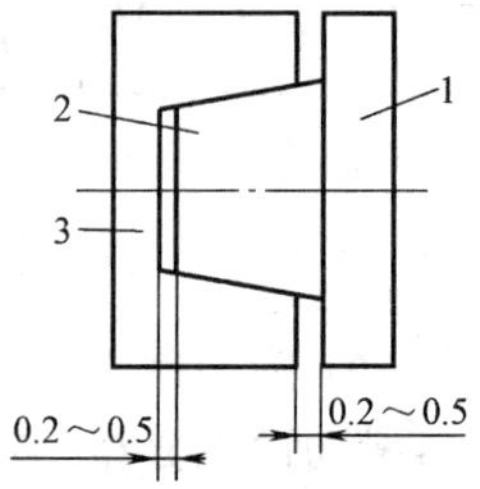

图 7-65　滑块与模套的配合

1—定模板　2—滑块　3—模套

(4）斜滑块抽芯结构

图 7-66 为镶块式斜滑块抽芯机构，推杆 3 顶出斜滑块 1。

图 7-67 为圆柱销式斜滑块抽芯机构。

图 7-68 为斜滑块内侧抽芯机构。

图 7-69 为推件板驱动斜滑块分型机构。

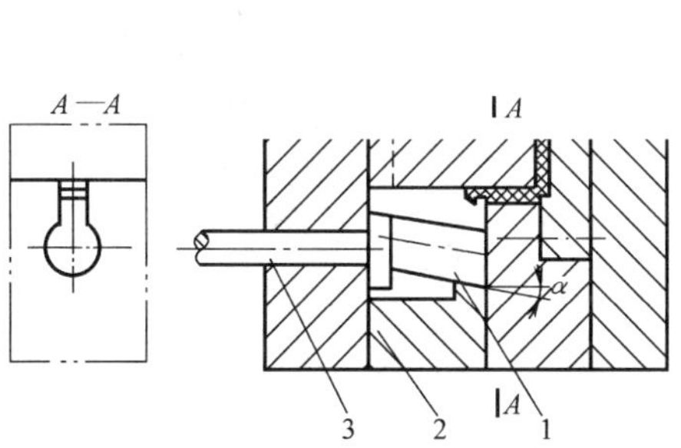

图 7-66　镶块式斜滑块抽芯机构

1—斜滑块　2—模套　3—推杆

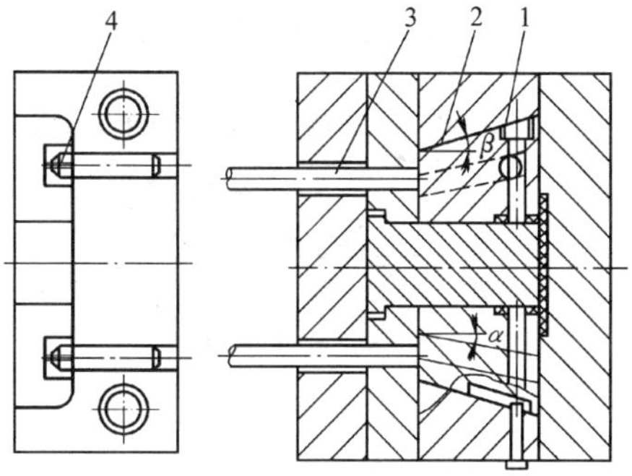

图 7-67　圆柱销式斜滑块抽芯机构

1—斜滑块　2—动模板　3—推杆　4—圆柱销

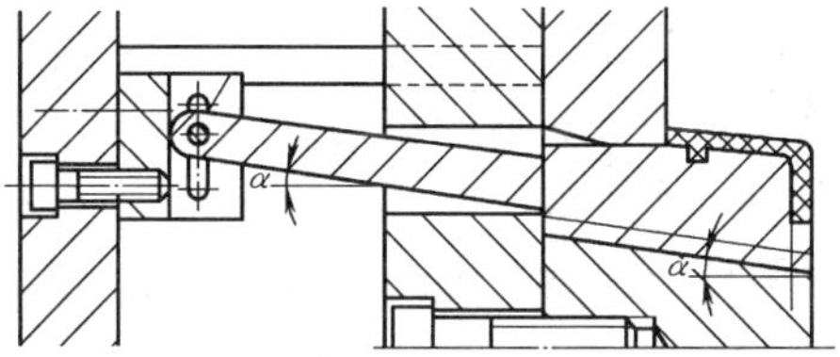

图 7-68　斜滑块内侧抽芯机构

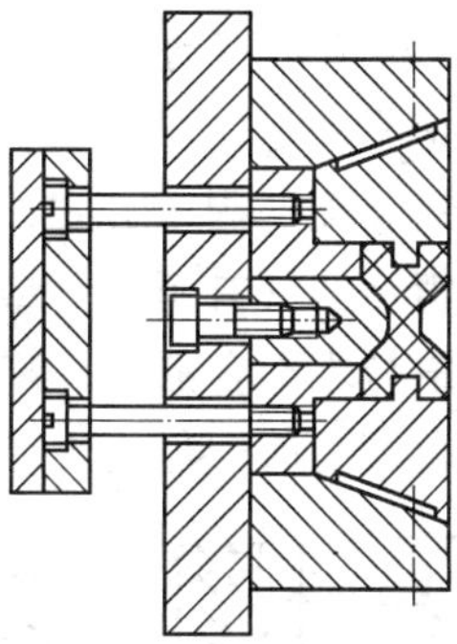

图 7-69　推件板驱动斜滑块分型机构

193. 弯销侧向抽芯动作滞后的开模结构如何？

采用弯销侧向抽芯动作滞后的开模机构的目的是：在开模时，为防止侧向抽芯零件与分型面相互垂直动定模的成型部分发生干涉，而使塑料损块，因此要求先开模，侧向抽芯动作滞后。

弯销侧向驱动机构：

1）图 7-70 为弯销侧向抽芯动作滞后的开模机构。

2）不同斜角的弯销侧向抽芯机构，另一作用是把抽芯动作分两次以上来完成，以减小抽芯力，如图 7-71 所示。

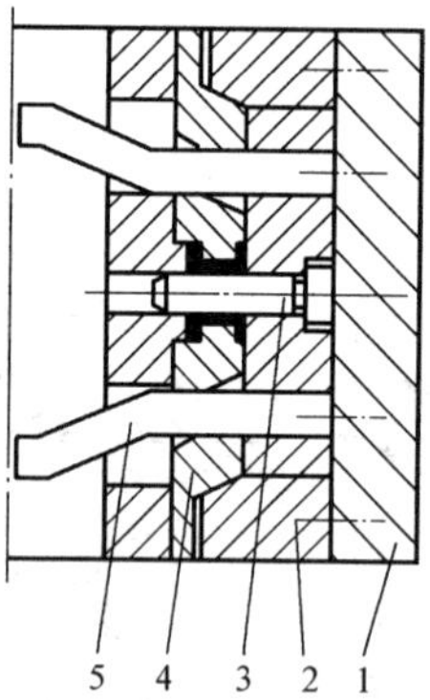

图 7-70　弯销侧向抽芯动作滞后的开模机构
1—定模板　2—楔紧块　3—型芯　4—滑块　5—弯销

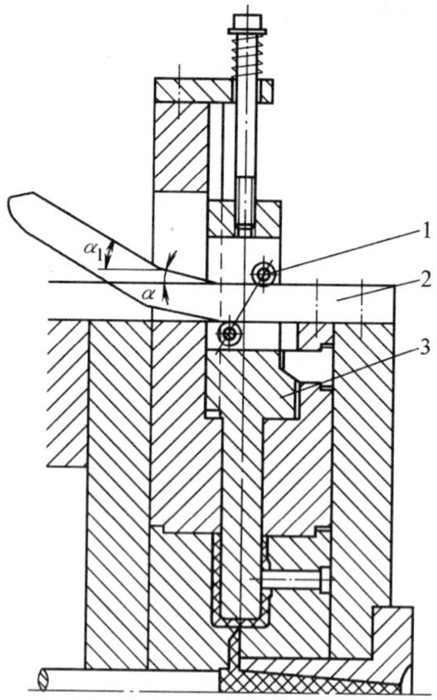

图 7-71　不同斜角的弯销抽芯结构
1—滚轮　2—弯销　3—滑块

194. 各种弯销驱动机构的结构原理如何？

1）弯销驱动是斜导柱变异形式，斜角最大为 30°。

2）弯销装配的固定方式，如图 7-72 所示。

3）弯销结构具有延迟分型（抽芯）的作用，可省去脱模结构。

4）弯销与之配合的方孔配合间隙取 0.5mm 或更大。

5）如在弯销前端加上支撑块，可利用弯销自身锁紧滑块，如图 7-73 所示。

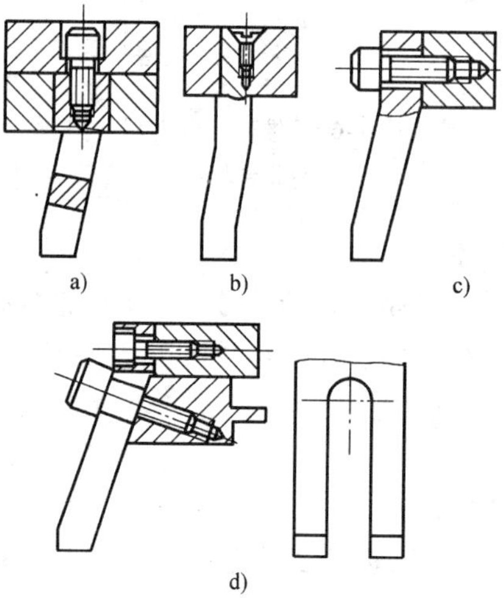

图 7-72　弯销的装配固定方式

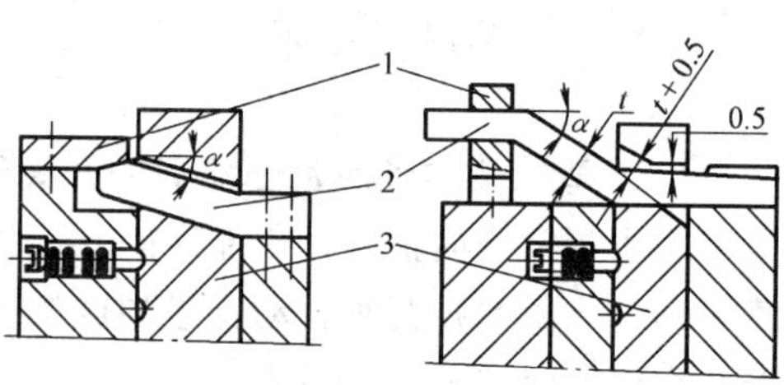

图 7-73　弯销分型与抽芯结构
1—支撑块　2—弯销　3—滑块

6）弯销各段可做成不同的斜度，用以改变抽拔速度。

7）弯销置于定模内侧抽芯，见图 7-74。

8）弯销置于动模内侧抽芯，此时应有顺序分型机构，见图 7-75。

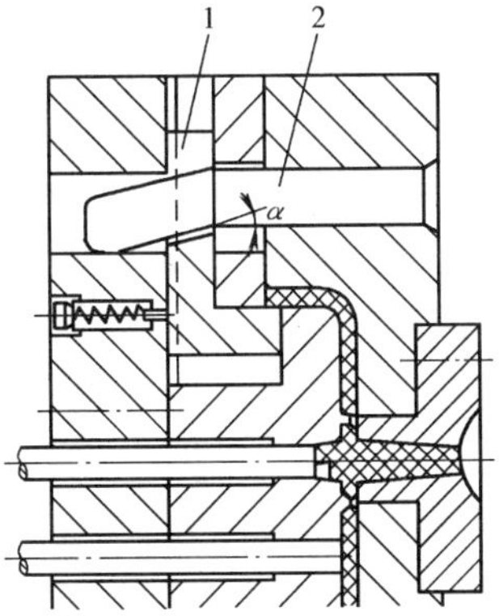

图 7-74　弯销内侧抽芯

1—滑块　2—弯销

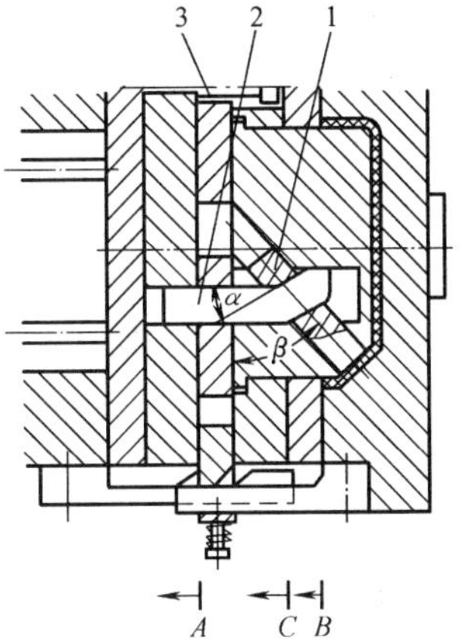

图 7-75　动模弯销内侧抽芯

1—滑块　2—弯销　3—限位钉

195. 各种斜滑槽机构的结构原理、作用、特点如何？

（1）斜滑槽驱动机构

1）将驱动滑块的斜弯销用导板上的斜滑槽代替，让滑块尾部的导销沿斜滑槽滑动，达到分型抽芯目的。

2）斜滑槽的斜角小于 20°为最好，最大不超过 30°。

3）应用举例，如图 7-76 所示，开模时滚轮 4 沿斜槽运动，驱动滑块完成抽芯动作，闭模时锁紧块 1 插入滑块并定位。

4）因型芯 1 插入滑块 2，开模时须有延迟抽芯距离为 L 的一种斜槽驱动形式，如图 7-77 所示。

（2）斜滑槽抽芯机构

1）动模斜滑槽驱动完成定模向分型结构，如图 7-78 所示。

2）滑块尾部呈工字型嵌入斜滑槽内（见 A—A 剖视），如图 7-79 所示。

（3）楔形块驱动滑块侧向抽芯

由楔形块 4 的斜面驱动滑块完成侧向抽芯，如图 7-80 所示。

196. 推杆平移或摆动的抽芯机构如何设计？

1）推杆 4 头部呈外凸圆、尾部与顶板 1 以铰链相连，当顶出距离后，推杆 A 处与镶块 5 处相碰完成外侧抽芯动作，如图 7-81 所示。

2）推杆平移内侧抽芯，如图 7-82 所示。

197. 齿条驱动机构的结构如何？

1）如图 7-83 所示，闭模时，楔紧块 7 锁住齿条 4，开模时齿条移动作空行

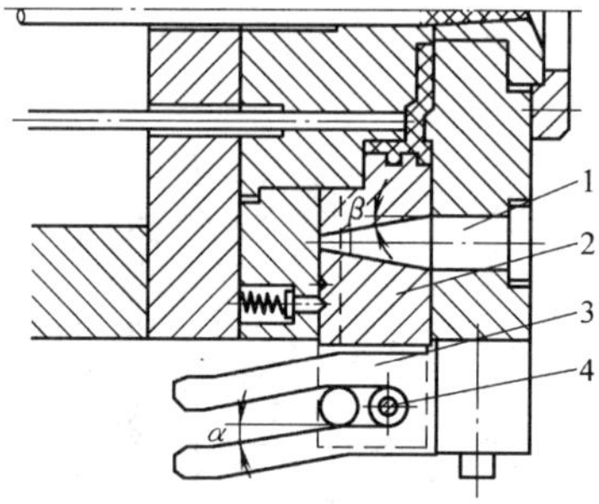

图 7-76　斜滑槽驱动 1

1—锁紧块　2—滑块　3—导板　4—滚轮

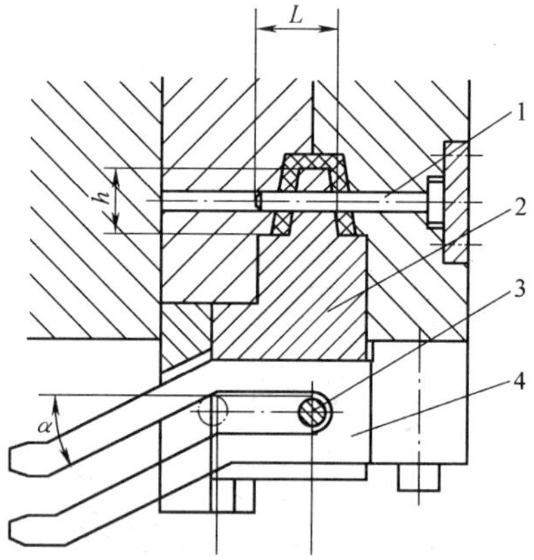

图 7-77　斜滑槽驱动 2

1—型芯　2—滑块　3—滚轮　4—导板

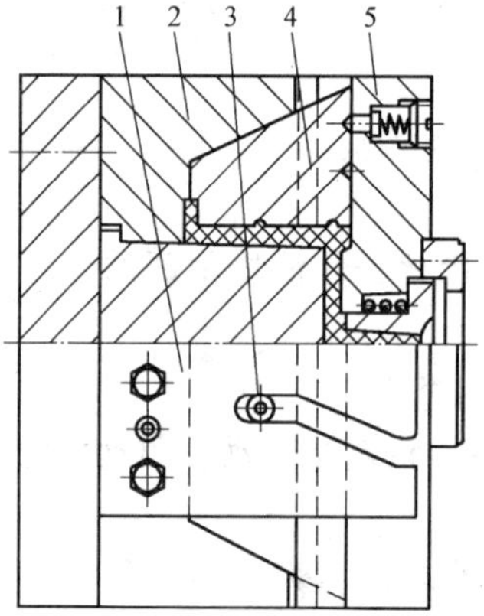

图 7-78　斜滑槽分型机构

1—导板　2—动模板　3—圆柱销
4—滑块　5—定模底座

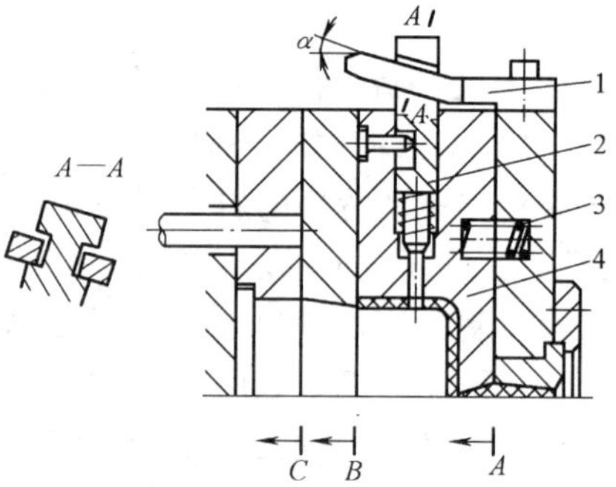

图 7-79　斜滑槽抽芯机构

1—导板　2—滑块　3—弹簧　4—定模型腔板

程，当齿轮 6 与齿条 4 脱离后，再继续抽动齿条达到抽芯目的。

2）如图 7-84 所示，摆钩 1 由调节螺杆 7 锁紧小齿条 3，防止型芯 5 位移，齿条 6 驱动带动齿轮 4，传递带动抽芯。

198. 弹簧驱动的抽芯机构应用于哪种场合？

1）用于形状简单、包紧力小、抽拔距短的塑件，见图 7-85a。

2）弹簧抽芯，见图 7-85b。

3）定模弹簧抽芯，见图 7-85c。

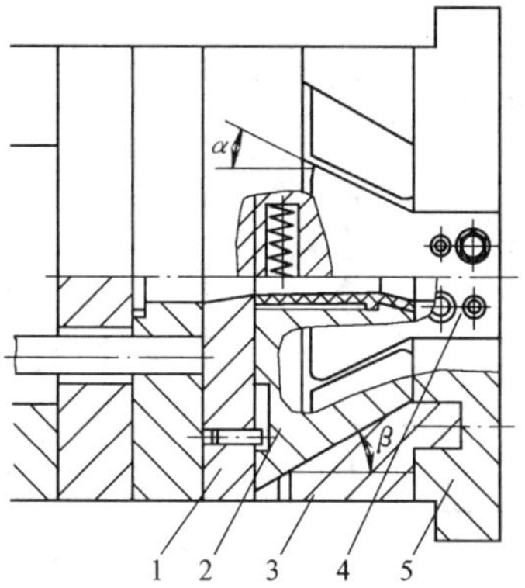

图 7-80　楔形块的斜面驱动滑块

1—动模推件板　2—滑块　3—楔紧块　4—楔形块（滑板）　5—定模座板

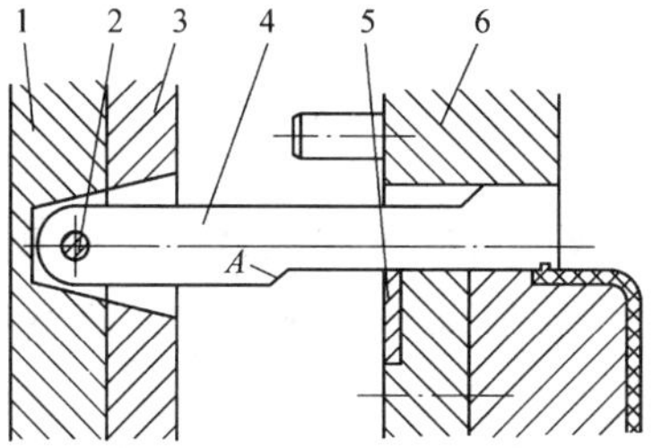

图 7-81　推杆摆动抽芯

1—顶板　2—轴　3—推杆固定板　4—推杆
5—镶块　6—动模板

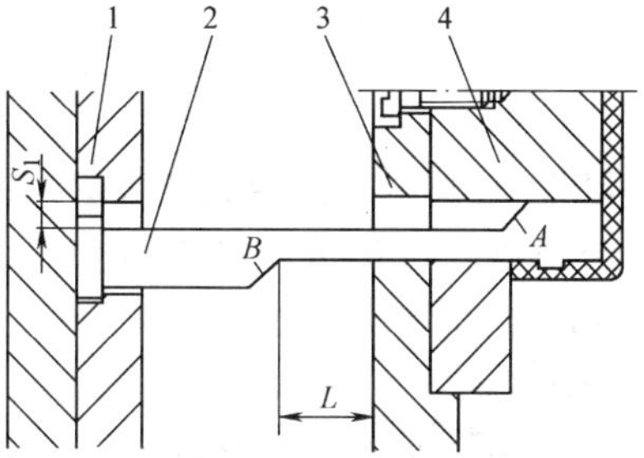

图 7-82　推杆平移内侧抽芯

1—推杆固定板　2—推杆　3—动模板　4—型芯

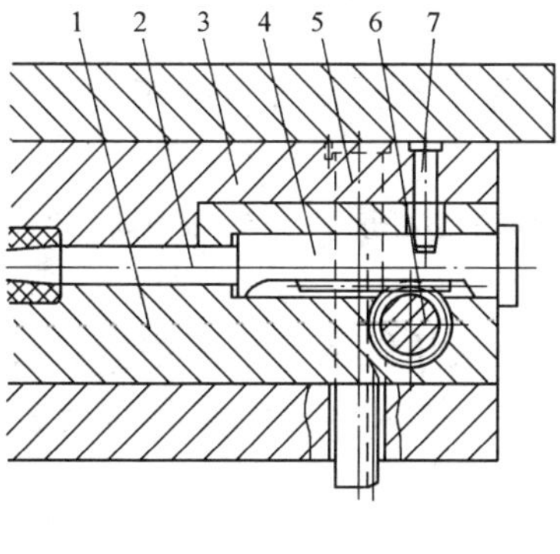

图 7-83　利用开模力实现齿条抽芯

1—杠杆　2—型芯　3—定模　4—齿条
5—导柱齿条　6—齿轮　7—楔紧块

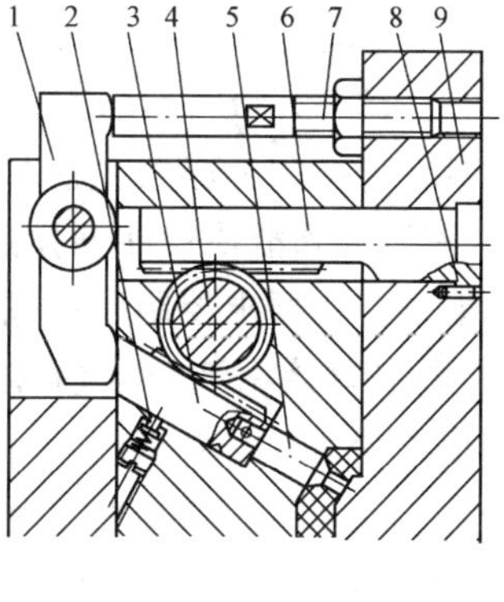

图 7-84　齿条斜向抽芯

1—摆钩　2—定位销　3—小齿条　4—齿轮　5—型芯
6—齿条　7—调节螺杆　8—圆柱销　9—定模板

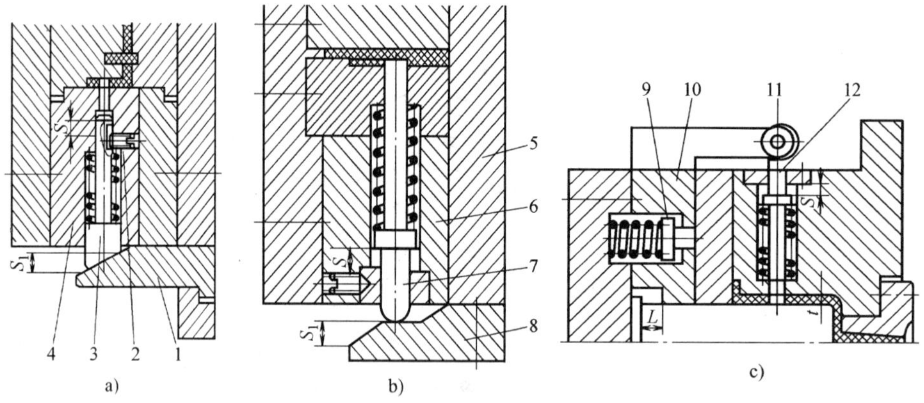

图 7-85 弹簧抽芯

1、8—楔紧块 2—限位钉 3、7、12—侧型芯 4、6—动模板 5—定模板

9—弹簧顶销 10—型芯固定板 11—滚轮

199. 定模用弹簧浮块抽芯结构如何?

塑件在定模侧边 *A* 处有碰穿孔，需设计浮块，否则就要设计成设计成三板模结构进行定模抽芯，但后者结构比较复杂。现定模处采用弹簧浮块抽芯结构，如图 7-86 所示。

开模时，弹簧 6 与弹弓胶 8 推动浮块 7，顺着浮块导轨 5 滑动，达到抽芯的目的。浮块需要做限位装置。

200. 液压抽芯机构设置有什么要求?

液压抽芯机构特点：抽拔力大、抽拔距长、抽芯时间不受开模时间或顶出时间限制、运动灵活平稳。

(1) 液压抽芯机构设置要求

1）液压缸和滑块设在动模边，开模时，楔紧块离开后才可抽芯。液压缸抽芯机构设在定模边，必须先抽芯后开模。

2）液压缸和滑块设在动模边，由于侧型芯穿过定模，预先抽芯后开模，合模后才能复位，要求控制好抽拔和复位顺序。

3）滑块直接用液压缸抽芯装置的，要注意液压缸的有效面积。如液压缸的锁模压力要大于注射压力，否则会产生让模，结构上应考虑是否有楔紧块装置。

4）液压缸抽拔力必须大于包紧力。

5）液压缸用内六角螺钉、定位销、液压缸支架固定在模板处，要求与抽芯型芯平行、动作自如。

6）任何的液压缸软管直径为 8mm（最小 3/8in），所有的液压缸的管都是平

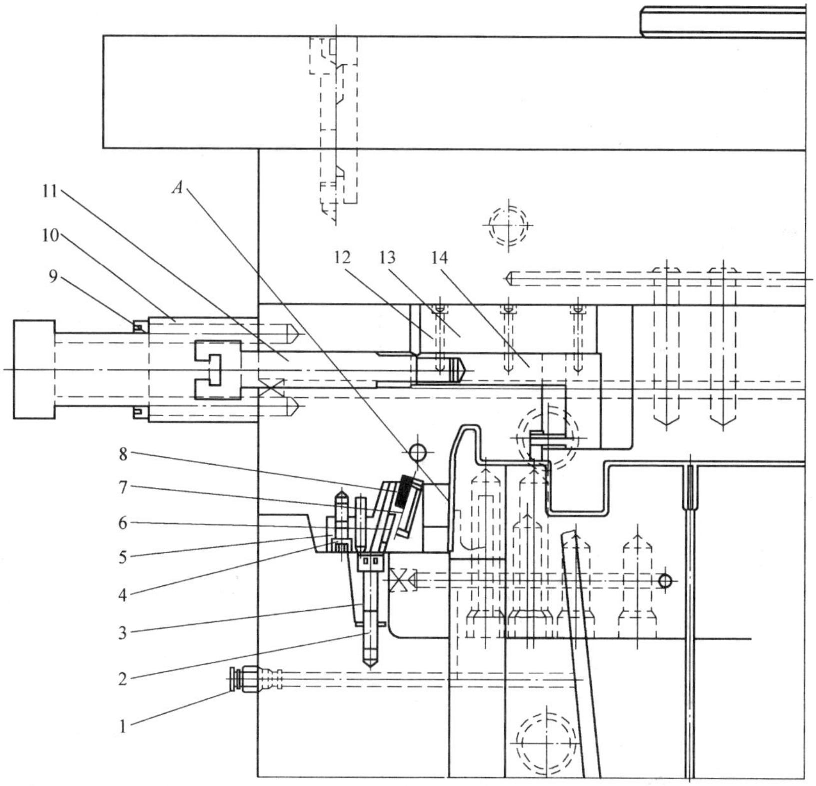

图 7-86　定模用弹簧浮块抽芯结构

1—水接头　2、4、9、12—内六角螺钉　3—塞块　5—浮块导轨　6—弹簧　7—浮块　8—弹弓胶　10—液压缸　11—连接杆　13—定模板　14—定模滑块

行的。

7）液压长抽芯机构液压缸可做在模板内。

8）当一副模具液压缸有两个以上的情况时，要设置油路分配器。

（2）液压抽芯机构应用举例：

有锁紧装置的液压抽芯机构，如图 7-87、图 7-88、图 7-89、图 7-90 所示。

201. 液压缸抽芯的限位开关装置要求如何？

1）安装行程开关，并要求能自动调节。

2）要求标记有“闭合”、“抽芯”字样。

3）液压缸的行程限位开关装置如图 7-91 所示，供参考。

4）液压缸抽芯的要有限位开关装置，如图 7-92 所示。

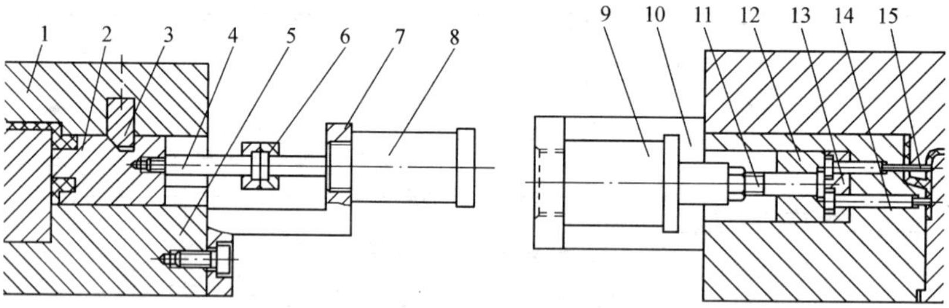

图 7-87 液压抽芯 1

1—定模板 2、14、15—型芯 3—楔紧块 4—拉杆 5—动模板 6—连接器 7、10—支架 8、9—液压缸 11—螺杆 12—滑块 13—型芯固定板

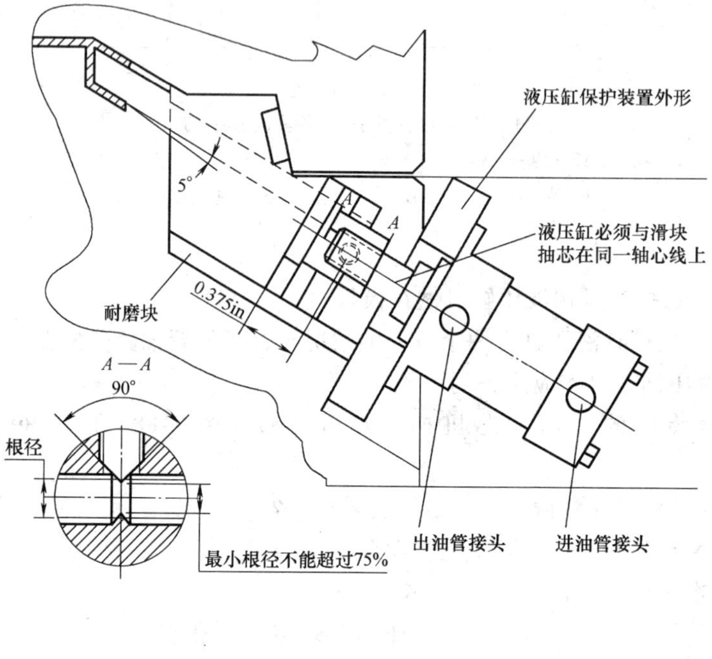

图 7-88 液压抽芯 2

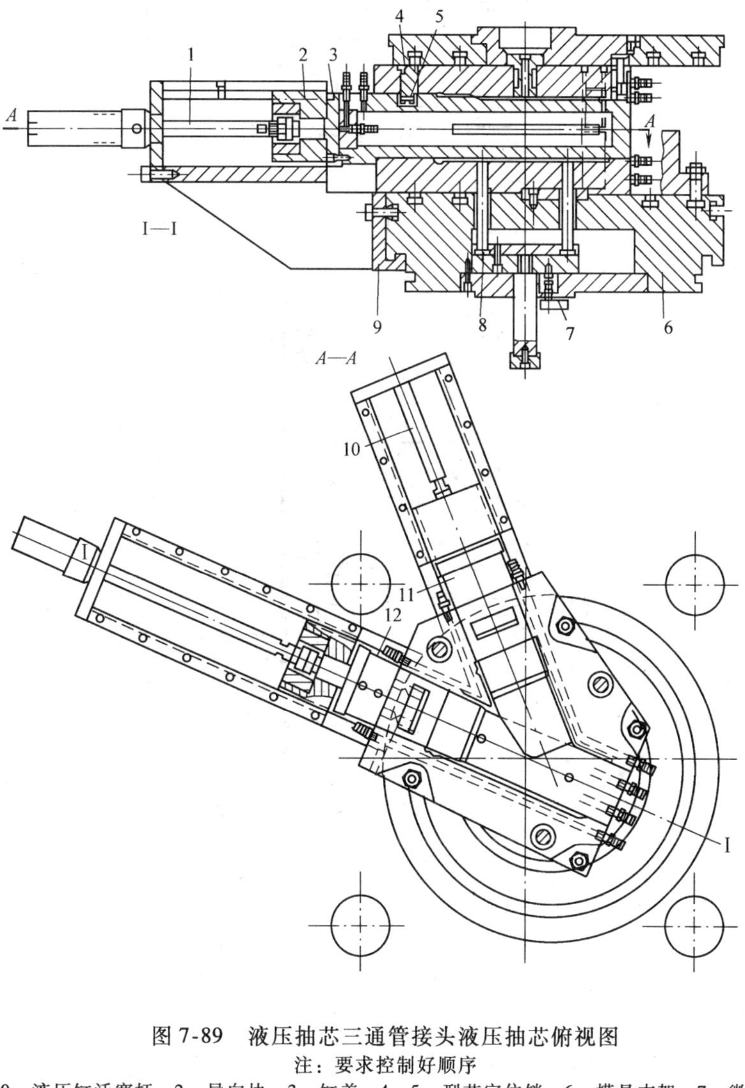

图 7-89　液压抽芯三通管接头液压抽芯俯视图

注：要求控制好顺序

1、10—液压缸活塞杆　2—导向块　3—缸盖　4、5—型芯定位销　6—模具支架　7—微动开关　8—推杆　9—可动支架　11—短型芯　12—长型芯

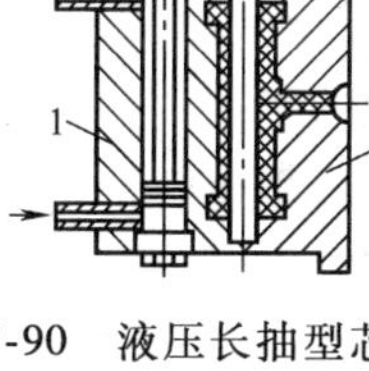

图 7-90　液压长抽型芯机构

1—动模板　2—型芯固定板　3—定模板

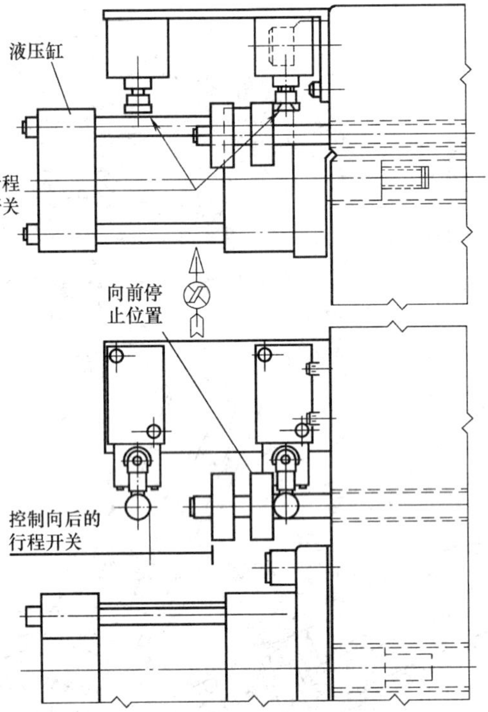

图 7-91　液压缸抽芯的行程开关装置

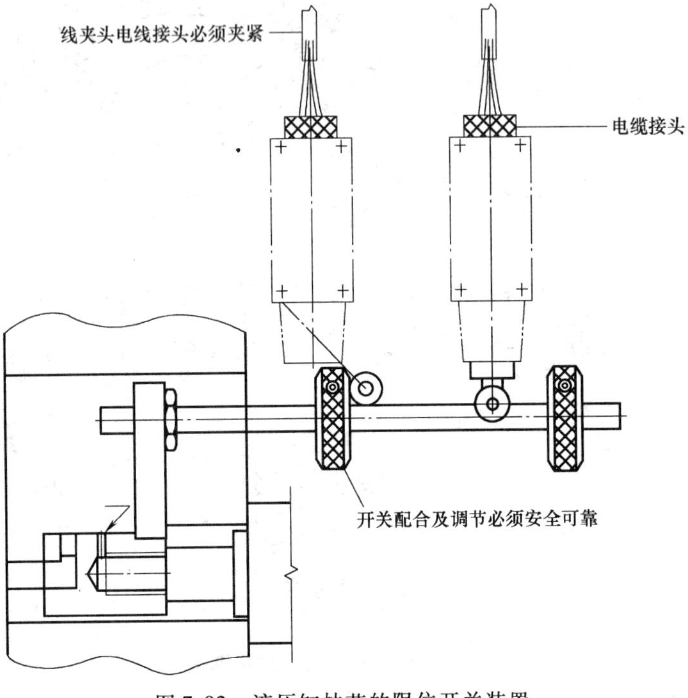

图 7-92　液压缸抽芯的限位开关装置

第八章　注射模具的顶出脱模机构设计

202. 脱模机构如何分类？

在注塑成型的每一个循环中，都必须使塑件从模具型腔中或型芯上脱出，模具中这种脱出塑件的机构称为脱模机构（又称推出机构、顶出机构）。脱模机构的动作包括脱出和取出，即首先将塑件和浇注系统凝料等与模具松动分离，称为脱出；然后把其脱出物从模具内取出。

顶出脱模机构的分类：

1）按动力来源分类。分为手动脱模机构、机动脱模机构、液压脱模机构、气动顶出结构。

2）按脱模零件的类别和按模具结构分类，有如下几种：①顶杆顶出结构，是

- 脱模机构
  - 一次脱模机构
    - 推杆脱模机构
    - 推管脱模机构
    - 脱模板脱模机构
    - 推板脱模机构
    - 利用成型零件的脱模机构
    - 多元联合式脱模机构
    - 气动或液压式
  - 二次脱模机构
    - 气动/液压二次脱模机构
    - 单推出板二次脱模机构
      - 弹簧式
      - 凸块拉杆式
      - 摆块拉板式
      - U形限制架式
      - 滑块式
      - 钢球式
    - 双推出板二次脱模机构
      - 八字形摆杆式
      - 拉钩式
      - 卡爪式
  - 双脱模/顺序脱模机构
    - 弹簧式双脱模机构
    - 杠杆式双脱模机构
    - 摆钩式顺序脱模机构
    - 滑块式、导柱式脱模机构
  - 定模脱模机构
  - 浇注系统凝料自动脱模机构
    - 普通浇口
    - 点浇口
    - 潜伏式浇口
  - 带螺纹塑件的脱模机构
    - 强自脱螺纹
    - 活动型芯和型环形式脱螺纹
    - 螺纹部分回转式脱螺纹

图 8-1　脱模机构的混合分类

顶出机构中最简单、最常用的一种形式，应用广泛，常用圆形截面顶杆；②顶板顶出结构，适用于薄壁容器、壳体，以及不允许存在推出痕迹的塑件；③顶管顶出结构，适用于薄壁圆筒形塑件；④推块顶出结构，适用于齿轮类或一些带有凸缘的制品，可防止塑件变形；⑤二次顶出结构，塑件经过两次不同的动作才能脱模；⑥缓顶顶出结构；⑦带螺纹塑件的顶出机构；⑧综合顶出结构。

3）混合分类，如图 8-1 所示。由于塑件品种、尺寸大小及形状不同，脱模机构的种类很多，不便用统一标准划分，因此在生产实践中用混合分类较为实用和直观。

203. 脱模机构设计原则有哪几点？

1）尽量使塑件滞留在动模侧，以便驱动动模脱模装置，这样模具结构较为简单。

2）保证塑件不变形不损坏，正确分析塑件对型腔（动模）的粘附力大小和部位，选择合理的推出方式和推出部位（塑件能承受力较大的部位，如肋部、凸缘、壳体壁等），使脱模力能得到均匀合理分布，使推出脱模阻力中心重合。在确定脱模零件结构时，应综合考虑，以保证塑件顺利脱模，防止顶高、顶白。

3）保证塑件良好的外观，推出位置尽量选择在塑件内部。

4）机构应尽量简单可靠，保证顶出动作灵活，零件有足够的强度、刚度和硬度。

5）模具顶出行程必须有足够的间隙使制品自由落下，最短行程必须满足模架的顶出行程，如图 8-2、图 8-3 所示。脱模行程除应恰当合理外，还应保证制品前端（包括浇注系统的主流道）和定模分型面的间距不小于 5～10mm。模具模腔沿垂直面分瓣，可使行程间隙小于制品高度，如图 8-4 所示。

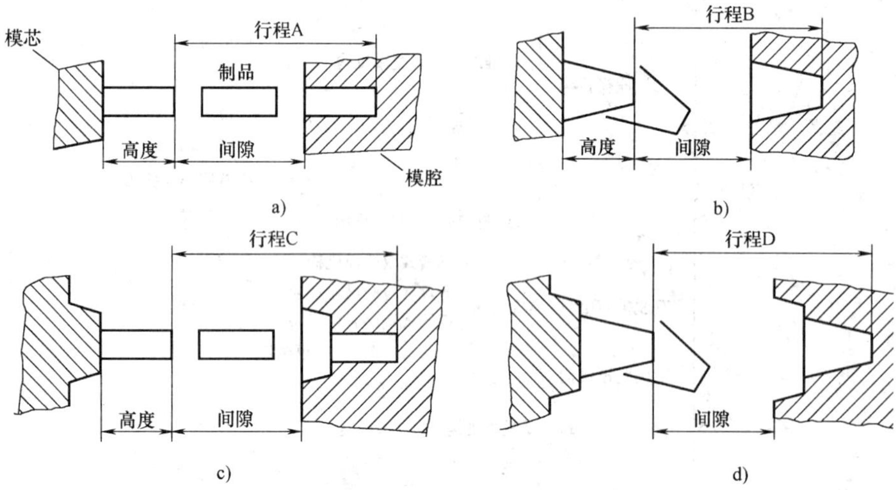

图 8-2　模具行程必须有足够的间隙使制品自由落下

a）不带锥度的制品要求间隙等于自身高度　b）带锥度的制品要求间隙值较小　c）行程必须随着定位锥面高度的增加而增加　d）行程包括定位锥面，但对于自身锥度大的制品，允许间隙较小

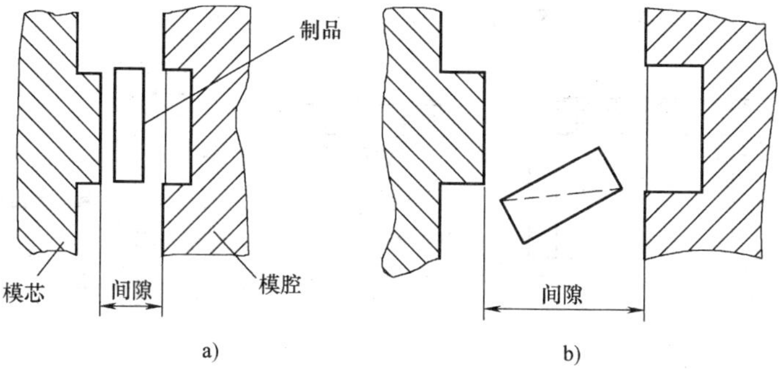

图 8-3　最短行程必须满足

a）为防止制品翻转，仅给引出装置留足间隙　b）为让制品自由落下防止卡住，间隙值大于三维对角线长度

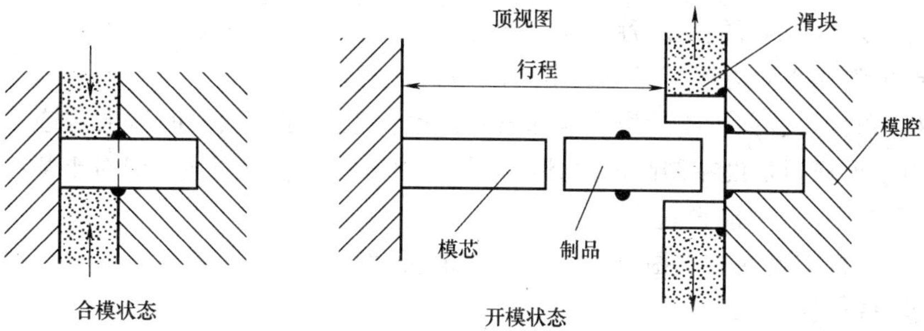

图 8-4　模具模腔沿垂直面分瓣

204. 顶杆布置原则和要求是什么？

（1）顶杆布置的原则

1）布置顶杆位置时，对于深制品（通常为帽形）一般原则是把顶出部位放在制品最硬处，如图 8-5a 所示。除要注意顶出力量是否足够之外，还要确保塑件能被平行顶出，确保脱模方便、取件容易。图 8-5b 的顶出点设置在制品较薄处，因此不正确。

2）顶杆应布置在制品最低点处，如加强肋、轮圈和凸台支撑等部位要多设

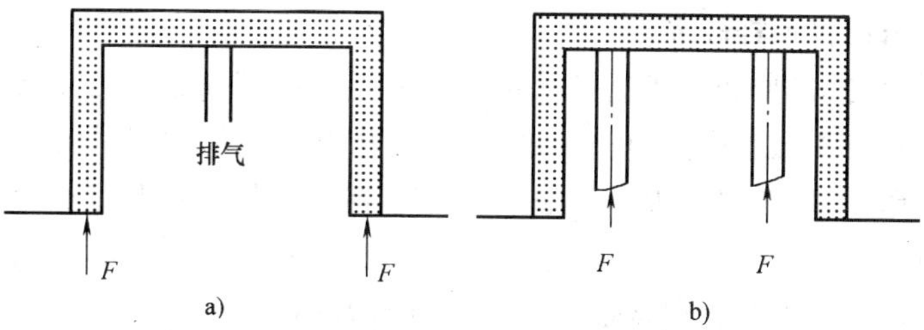

图 8-5　顶杆布置

推杆，如图 8-6、图 8-7 所示。

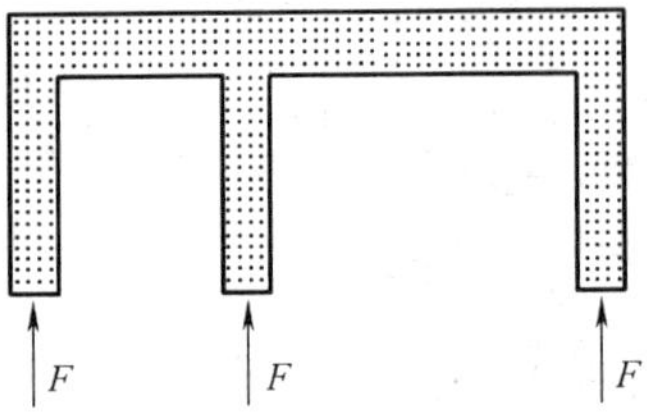

图 8-6　顶杆设在加强肋最低点

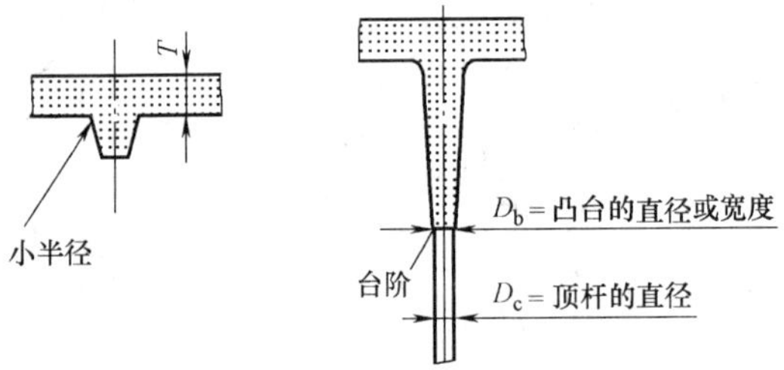

a)　　　b)

图 8-7　凸台下的顶杆

a）带适当斜度的浅凸台或高度与直径的比例小的凸台，不需要设顶杆　b）深凸台下设顶杆顶出的同时充当排气装置

3）顶杆应尽可能地对称、均匀地分布，顶杆布置考虑脱模力的平衡，尽量避免产生附加倾侧力矩，以防顶出后制品翘曲变形。

4）顶杆设置位置不能影响制品美观。塑件上顶杆和顶管的顶出痕迹称为迹线。由于顶杆通常设在制品的内部或底部，顶出痕迹并不明显，但对于某些制品（如透明制品），不能设置顶杆。

5）顶杆应设在排气困难的位置。如果顶出时在模芯和制品间产生真空，应重点考虑排气问题。

（2）顶杆布置的具体要求和设计时注意事项

1）在保证顶出良好、可靠的情况下，应尽可能地减少顶杆数。

2）不要把顶杆位置布置在浇口对准顶杆的侧面或端面，因过高的注射压力和顶出力会损伤顶杆。

3）顶杆孔位置要求：①在型芯内部要求顶杆外形离塑件内壁至少为 2mm（便于取件）；②顶针孔边与其他孔边最小应保持 5 ~ 6mm 的距离；③顶杆孔的边缘与型芯侧壁的最小距离为 0.13mm，如图 8-16 所示，以免因顶杆孔的摩擦而把型芯侧壁擦伤。

4）顶杆应设在脱模阻力较大的部位，如盖、箱类零件，侧面阻力最大，应在其端面均匀设置顶杆较妥。

5）顶杆可按需要布置于制品拐角处或靠近制品拐角处，或布置于在加强肋与加强肋、壁与加强肋的交点上，图 8-8a 为相交加强肋的尺寸计算。丁字加强肋的尺寸计算，如图 8-8b 所示。如果塑件带有较深的加强肋或凸台，顶杆和顶管都可“自然”排气（二者存在间隙配合运动，空气可通过），要求顶杆配合孔和顶管配合孔必须很短，以保证空气通过时阻力小。

6）顶杆端面应以尽可能大的面积与塑件接触，直径小于 $\phi3$ 时，应采用阶

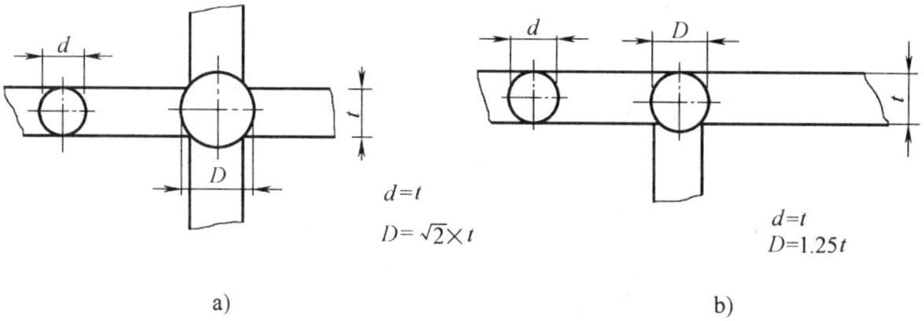

图 8-8　顶杆置于肋与肋的中间

梯式顶杆。顶杆不宜设置在塑件壁的最薄处，如需要时可采用盘状顶杆、断面形状为 D 形的顶杆。对于格状塑件，采用矩形端面顶杆较好。

7）顶杆位置设置在型芯内部和端面，如图 8-9a 所示；顶杆位置设置在塑件的肋的下端和端面，如图 8-9b 所示。

8）顶杆端面与型腔平齐，或伸入塑件（高于型芯）0.05～0.1mm，如图 8-10所示。

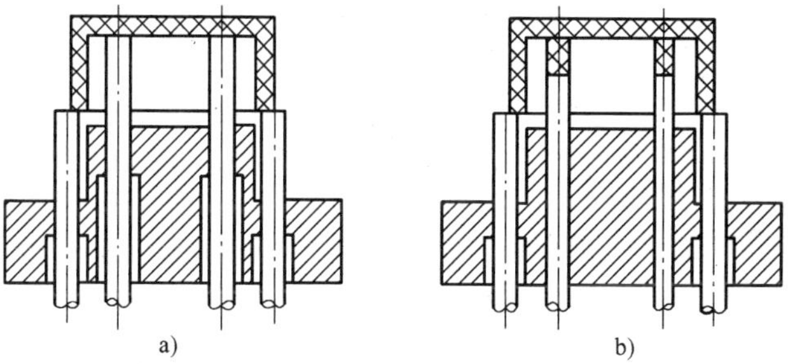

图 8-9　顶杆的位置

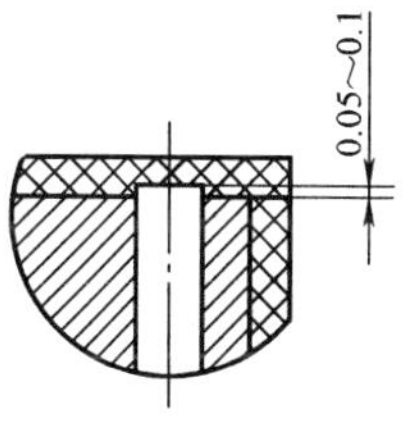

图 8-10　顶杆端面的高度

205. 顶杆结构有哪几种？如何选用？

（1）顶杆顶出形式

1）塑件端、内形顶出，如图 8-9a 所示。

2）塑件加强肋顶出，如图 8-9b 所示。

（2）顶杆的结构

顶杆的结构有 A 型、B 形 1、B 型 2 及组合结构 C 型、D 型等，如图 8-11 所示。

（3）各类顶杆的选用举例

根据结构要求，节约材料和制造方便的原则选用。

1）当有特殊结构需要时，可采用盘状顶杆，如图 8-12 所示。

2）对于薄壁零件类塑件或有加强肋的应选用断面 D 形顶杆，如图8-13 所示。

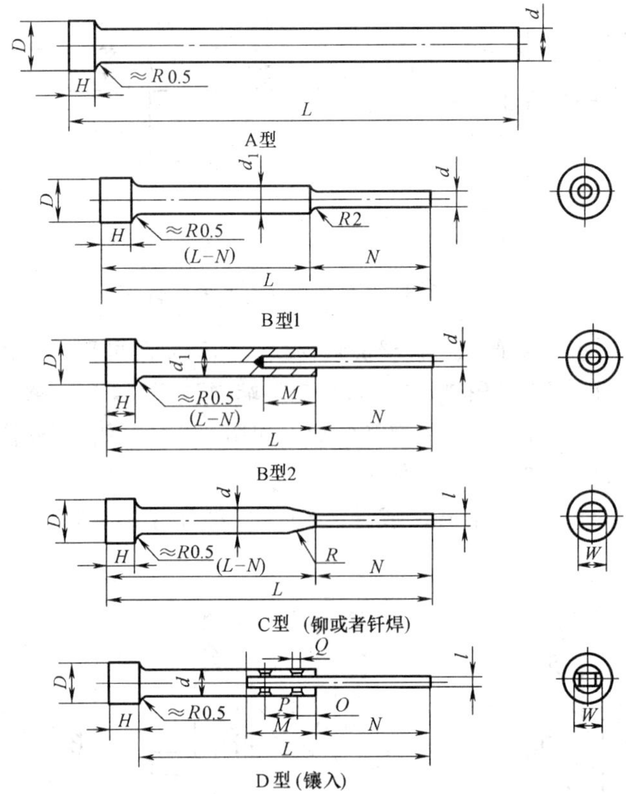

图 8-11　顶杆的结构形式

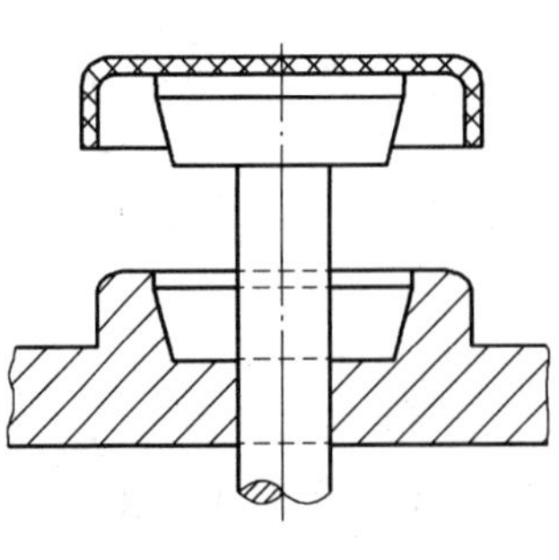

图 8-12　盘状顶杆

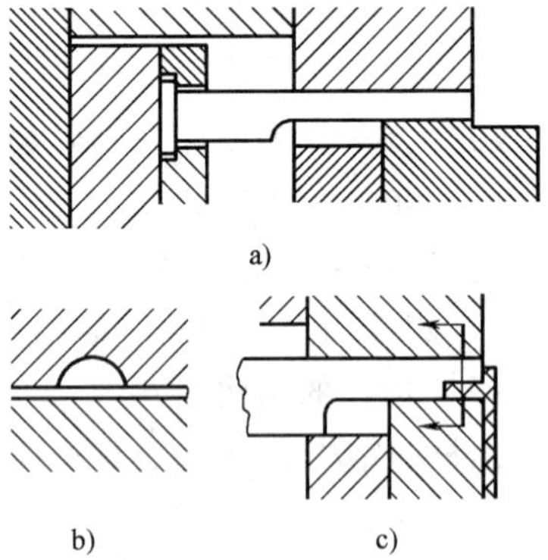

图 8-13　D 形顶杆

3）对于格子形状塑件，采用矩形（扁）顶杆最好，如图 8-14 所示。

4）若塑件上不允许有顶杆痕迹，可在塑件处设置冷料穴，顶杆推顶冷料穴带出塑件，如图 8-15 所示。

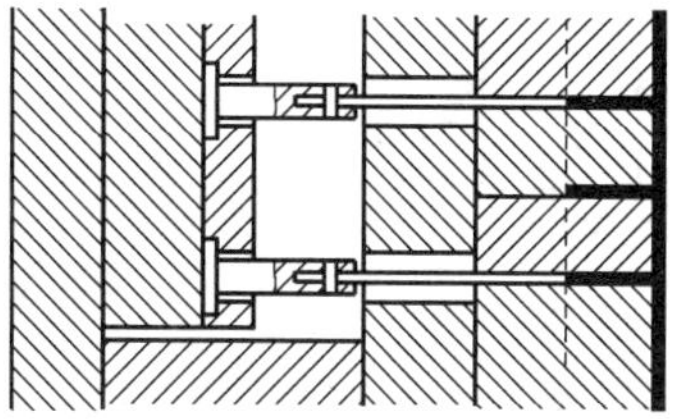

图 8-14　矩形顶杆的应用

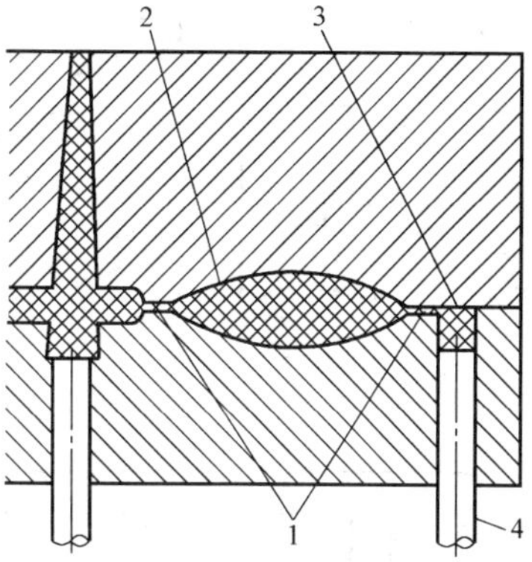

图 8-15　推顶冷料穴带出塑件

1—浇口　2—塑件　3—冷料穴凝料　4—顶杆

5）复位杆兼用顶杆，如图 8-16 所示。

6）钩形顶杆在特殊场合使用，有时为了把塑件留于动模便于顶出，将顶杆头部做成钩形，如图 8-17 所示。

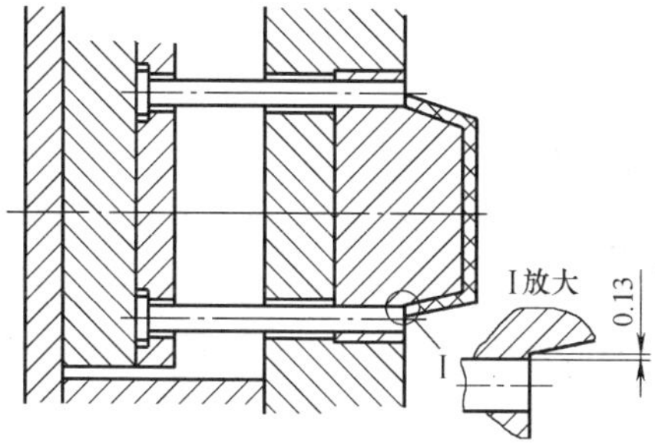

图 8-16　复位杆兼用顶杆

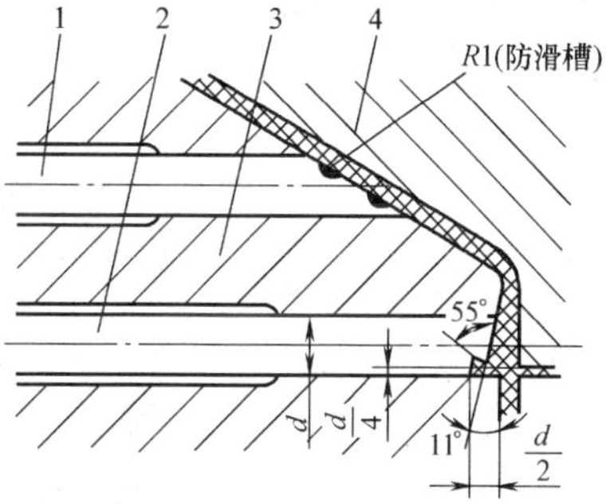

图 8-17　钩形顶杆

1—顶杆　2—钩形顶杆　3—型芯　4—型腔

7）顶杆和型腔相碰处要求低于顶杆 PL 线（分型线）0.12mm，也可以采用如图 8-54 所示的延时顶出结构，顶杆与型腔一样高（相平）。

8）当成品的高度较高或顶出圆角较大时，断面图上要把圆角的切线画出来，以此作为放顶杆的边界，这样放顶杆时就不会出错，如图 8-18 所示。

9）有圆柱、成型孔的塑件顶杆设置方法：①较深的柱位最好在柱底用顶杆，可排气用，如图 8-19a 所示；②短柱可以在旁边加顶杆，如图 8-19b 所示；③较深的有孔柱位，可用顶管顶出，如图 8-19c 所示；④短的有孔柱位可在旁边加顶杆，如图 8-19d 所示。

10）顶杆顶肋的结构。在塑件的肋、凸台、支撑杆等部位，要多设顶杆，

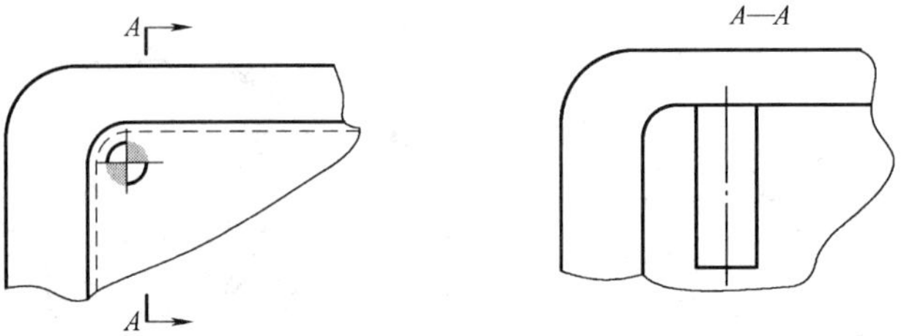

图 8-18　顶杆设置圆角处

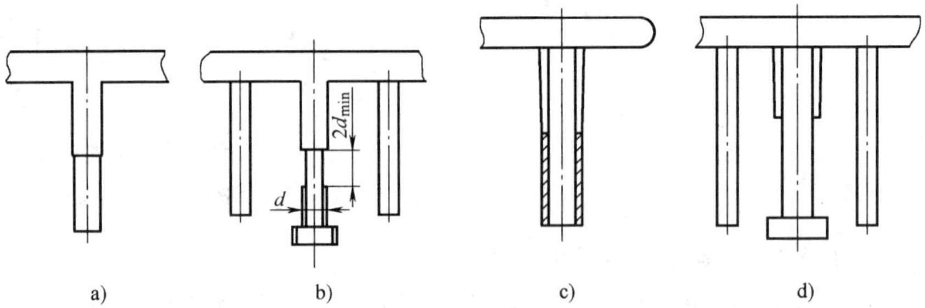

图 8-19　圆柱、成型孔方法

防止塑件顶高、顶白，有利于排气，如图 8-20a 所示。顶杆顶肋的位置如图 8-20b所示。

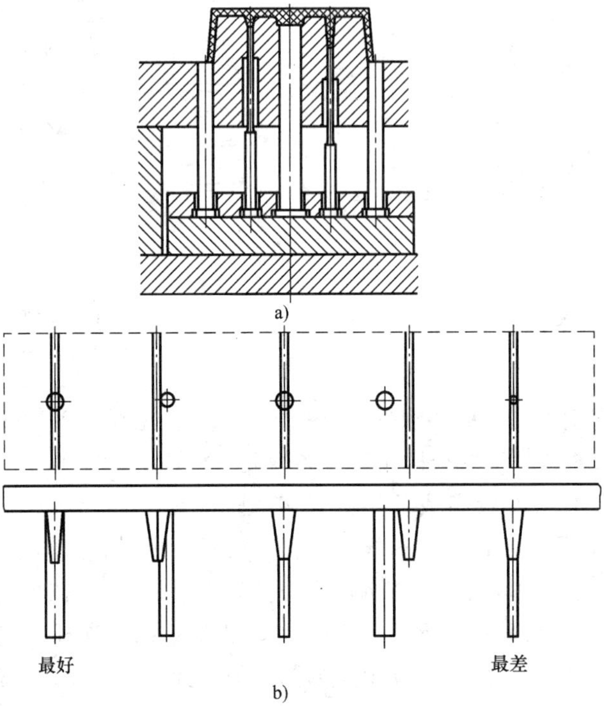

图 8-20　顶肋方法

a）顶杆布置　b）顶肋的位置

206. 顶杆和有关零件的配合有何要求?

顶杆与型腔板、型芯、顶杆固定板的配合关系和要求：

1）顶杆与型腔板、型芯配合要求为 H8/f7 或 H7/f7（型芯孔直径 = 顶针直径 +0.01 ~0.015mm），如图 8-21 所示。顶杆与型芯配合长度为直径的1.5 ~2 倍（小型顶杆有小于 6mm 直径，对大型顶杆而言，不大于 1.5d 如图 8-22、图 8-23 所示。

2）顶杆固定板的孔和型芯孔必须垂直、同轴。顶杆与顶杆固定板的孔间隙为 0.8mm，见图 8-21。顶杆固定板台肩底部孔应高于顶杆为 0.02 ~0.05mm，这样装配后顶杆摆动，使在顶出时与型腔能活动自如。所有顶杆应用标准尺寸，尾部台阶尺寸不准磨低。

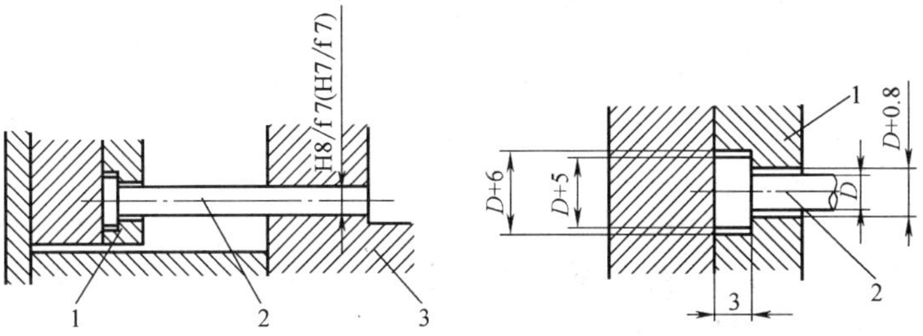

图 8-21　顶杆与型腔板、推杆固定板的配合关系

1—顶杆固定板　2—顶杆　3—型腔板

3）顶杆固定板、动模板、镶块底部都需 2 ×30°倒角，如图 8-23 所示。

4）顶杆表面粗糙度为 $Ra0.8\mu m$ 以内。顶杆孔表面粗糙度为 $Ra0.8\mu m$ 以下，为防止型芯上口出现喇叭口，引起溢料、毛刺现象，在图样上应注明“可从背面钻铰孔”标记。模具装配前要清洗干净，去除油污，不得涂润滑油。

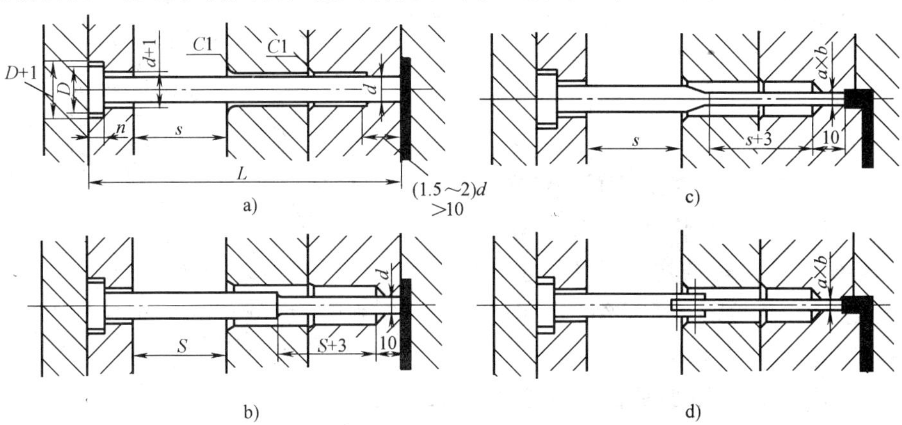

图 8-22　顶杆应用实例

a）圆柱头顶杆　b）带肩顶杆　c）扁顶杆　d）组合扁顶杆

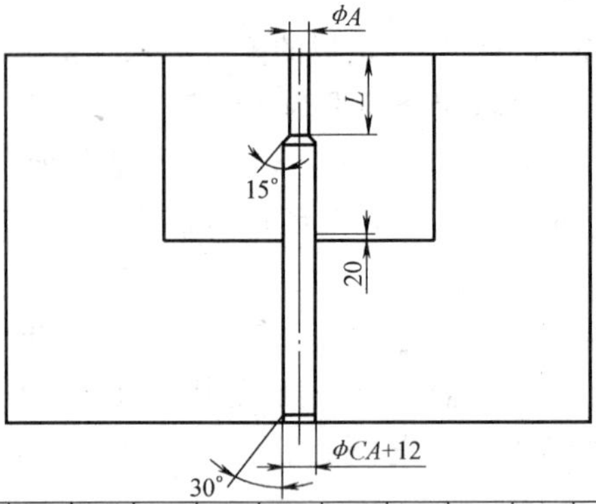

φA	2	3	4	5	6	8	10	12	14	16
L	8	10	12	13	14	16	18	20	22	24

图 8-23　顶杆孔配合长度要求

5）顶杆材料为 H13、SKS3、38CrMoAl，顶杆热处理硬度为 54 ~ 62HRC。表面氮化后硬度为 65 ~ 72HRC。

6）所有顶杆尾部的台阶背面与顶杆固定板上应标记有相应的数字编号。

207. 顶杆为什么要避空？

1）由于孔位、孔的精度与型芯、顶杆固定板的垂直度、同轴度、位置度存在误差，为了避免相互干涉而避空。

2）避空后减少接触面积，从而减少摩擦力。

3）避空后达到装配要求，运动自如，同时延长顶杆使用寿命。顶杆避空间隙为 0.8 ~ 0.1mm。

208. 细顶杆结构是怎样的？

当型芯细长（$\phi < 2$mm）制品存在通孔时，则照图 8-24 结构设计，防止型芯偏心和移位，此时推件板上加推套，推套以锥面与型芯相配合。

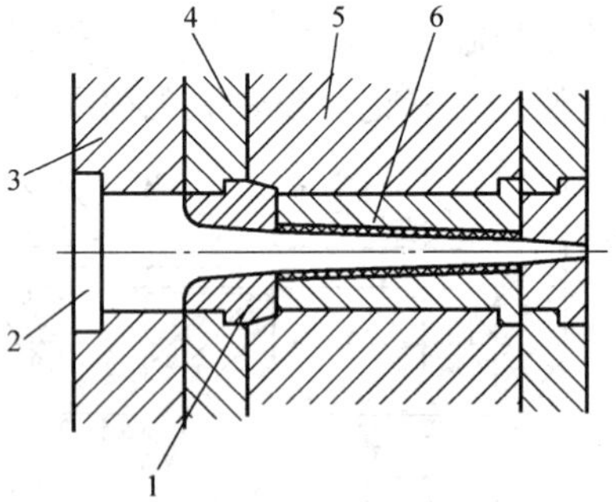

图 8-24　细顶杆结构

1—推套　2—型芯　3—型芯固定板　4—推件板　5—凹模固定板　6—凹模

209. 头部不平、有斜面的顶杆有何要求？

1）顶杆头部不平的，其顶杆的台肩必须做限位防止旋转结构。限位防止旋转结构优先选用图 8-25a 所示结构。图 8-25b 为有定位销的固定结构。

2）顶杆面上加小平位，以增加顶出力，防止顶出时打滑。顶杆尾部必须做定位结构，防止旋转，如图 8-26 所示。

3）DME 顶杆头部斜不平的固定方法，如图 8-27 所示。

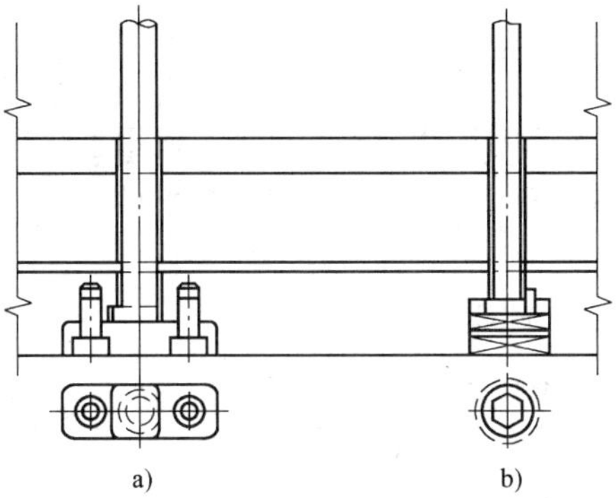

图 8-25　顶杆固定结构

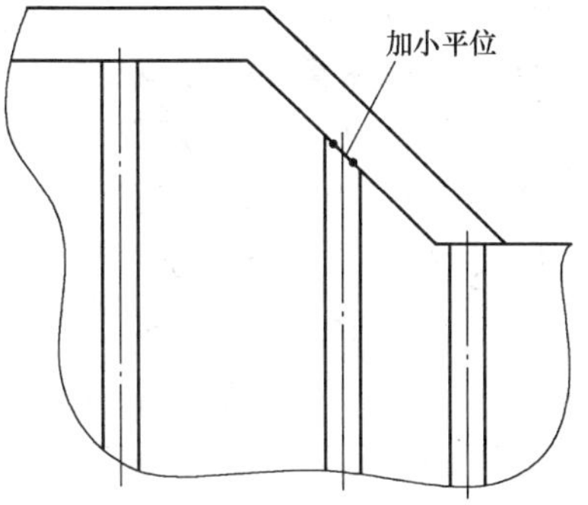

图 8-26　斜面顶杆面上加小平位

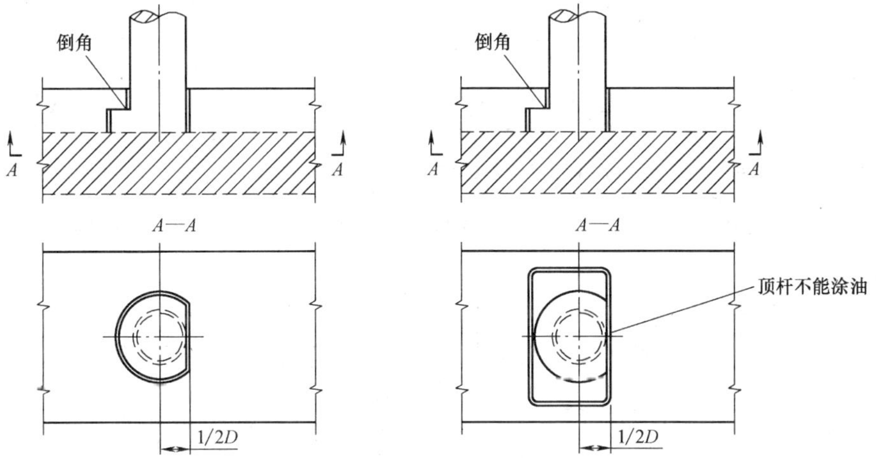

图 8-27　DME 顶杆固定方法

210. 模具使用时顶杆折断有哪些原因?

顶杆由于制造精度和装配精度达不到要求，使模具在使用时会发生顶杆折断现象，具体原因如下。

1）各顶杆孔、顶板导柱、顶板导套与相关零件的同轴度超差、中心线与相关零件的垂直度超差。顶杆、顶板导柱、导套的中心距位置偏移。顶杆与顶杆孔没有达到 H7/f6 配合要求。

2）顶杆与顶杆固定板的端面装配尺寸没有间隙，使顶杆不能自由摇摆以消除误差。

3）模板与垫铁、动模固定板间无定位销连接，装配精度达不到要求。

4）顶杆孔的表面粗糙度达不到 $Ra0.8\mu m$ 以下。

5）顶杆顶出时承受的制品包紧力过大而折断。

6）顶杆失效。

211. 标准推管的尺寸规格如何？

GB/T 4169.17—2006 规定了塑料注射模用推管的尺寸规格和公差，适用于塑料注射模所用的推管。标准同时还给出了材料指南和硬度要求，并规定了推管的标记。

1）标准推管的尺寸规格如表 8-1 所示。

2）推管表面要求渗氮或镀硬处理，62～65HRC。

表 8-1 标准推管（摘自 GB/T 4169.17—2006）（单位：mm）

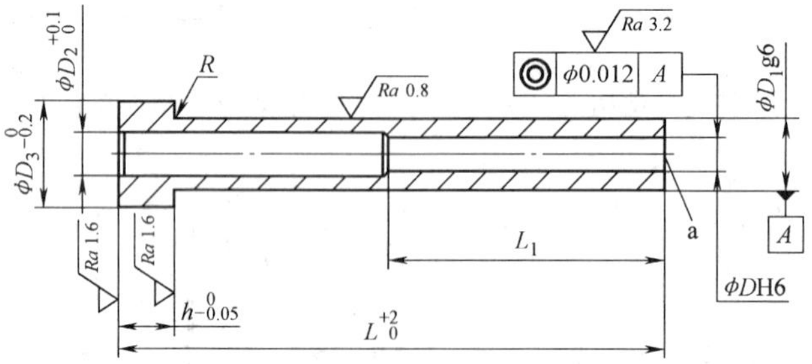

1. 未注表面粗糙度 $Ra6.3\mu m$；未注倒角为 $C1$。
2. 端面棱边不允许倒钝。

标记示例：直径 $D=2mm$、长度 $L=80mm$ 的推管，标记为：推管 2×80 GB/T 4169.17—2006

D	D_1	D_2	D_3	h	R	L_1	L						
							80	100	125	150	175	200	250
2	4	2.5	8	3	0.3	35	×	×	×				
2.5	5	3	10				×	×	×				
3	5	3.5				45	×	×	×	×			
4	6	4.5	12	5	0.5		×	×	×	×	×	×	
5	8	5.5	14				×	×	×	×	×	×	
6	10	6.5	16					×	×	×	×	×	×
8	12	8.5	20	7	018			×	×	×	×	×	×
10	14	10.5	22					×	×	×	×	×	×
12	16	12.5	22						×	×	×	×	×

注：1. 材料由制造者选定。
2. 硬度为 45～50HRC。
3. 淬火后表面可进行渗碳处理，渗碳层深度为 0.08～0.15mm，心部硬度 40～44HRC，表面硬度 ≥900HV。
4. 其余应符合 GB/T 4170—2006 的规定。

212. 推管结构有哪些规范要求？

推管适用于圆环形、圆筒形中心带孔的塑件脱模，使塑件受力均匀，脱模平稳，塑件圆孔搭子高出 12mm，须使用空心顶杆。

推管结构规范要求：

1）推管的标准件尺寸要求见上题。

2）推管壁厚应大于 1.5mm，细小的推管可以做成阶梯顶管，细部长度为配合长度加顶出行程，再加上 3 ~ 5mm 安全余量。

3）推管内径（顶管型芯）应大于塑件孔径，推管外径应小于塑件搭子外径。

4）推管材料热处理要求、表面粗糙度要求同顶杆相同。

5）推管内径与型芯配合间隙为 H8/f8，直径大的可取 H8/f7。推管与型芯配合长度为顶出行程加上 3 ~ 5mm，推管与模板的配合长度为推管外径的 0.8 ~ 2 倍。

6）推管的具体要求，如图 8-28 所示。

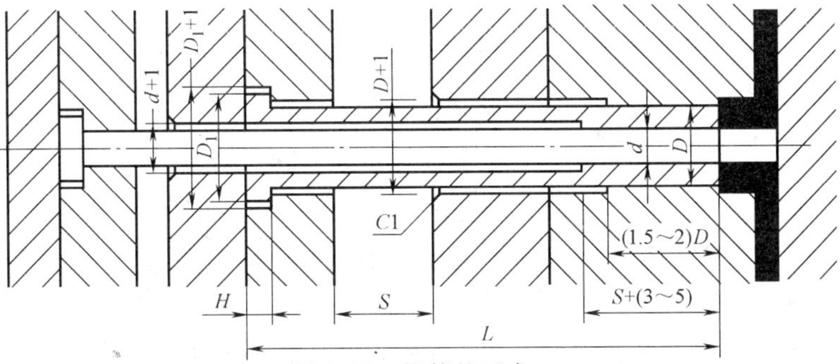

图 8-28　推管的要求

213. 推管脱模机构有哪几种？如何应用？

推管脱模机构有三类形式。

1）长型芯。型芯紧固在模具底板上，结构可靠，但底板加厚，型芯延长，只用于脱模行程不大的场合，如图 8-29 所示，阶梯推管如图 8-30 所示，DME 标准推管结构如图 8-31 所示。

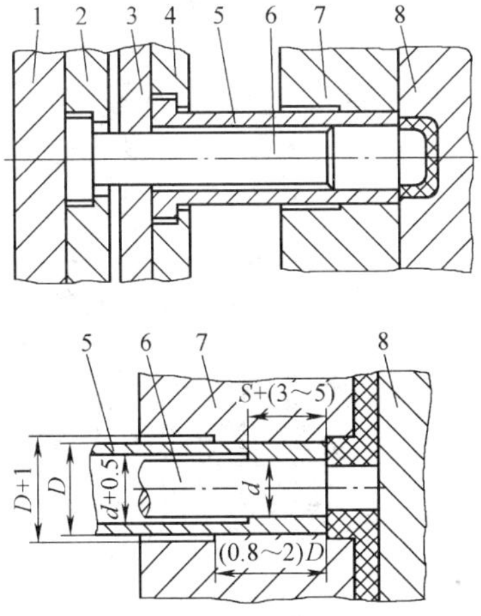

图 8-29　主型芯固定于型芯固定板的推管脱模机构

1—动模底板　2—型芯固定板　3—推板　4—推管固定板

5—推管　6—型芯　7—动模板　8—定模板

注：S 为顶出行程。

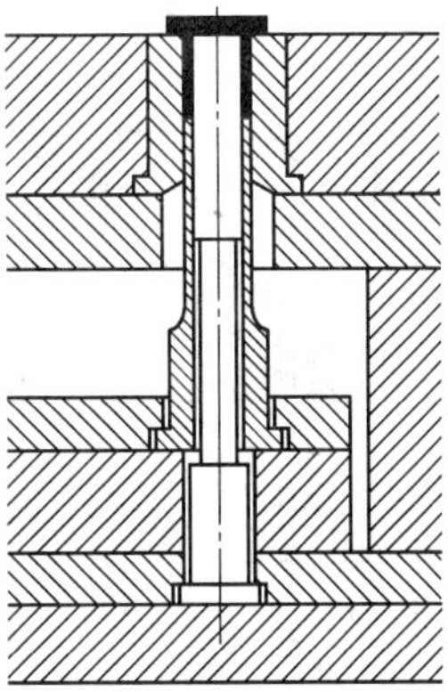

图 8-30　阶梯推管

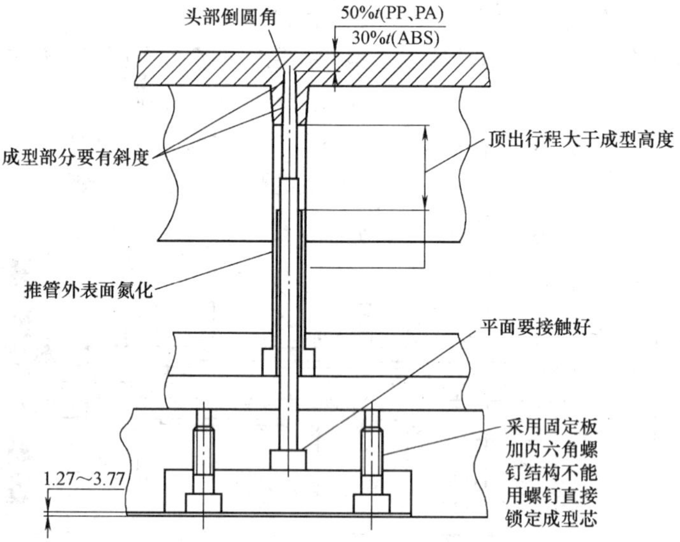

图 8-31　主型芯固定于动模座板的 DME 标准推管结构

2）中长型芯。推管用推杆推拉，主型芯固定于型芯固定板的推管脱模机构，见图 8-32，该结构的型芯和推管可较短些，但动模板因容纳脱模行程而被增厚。

3）短型芯。为避免型芯固定凸肩与运动推管相干涉，型芯凸肩须设有缺口，或用键固定致使型芯固定不可靠，且推管必须开槽，或剖切成 2～3 个脚，但致使推管被削弱，制造较困难，如图 8-33～图 8-35 所示。

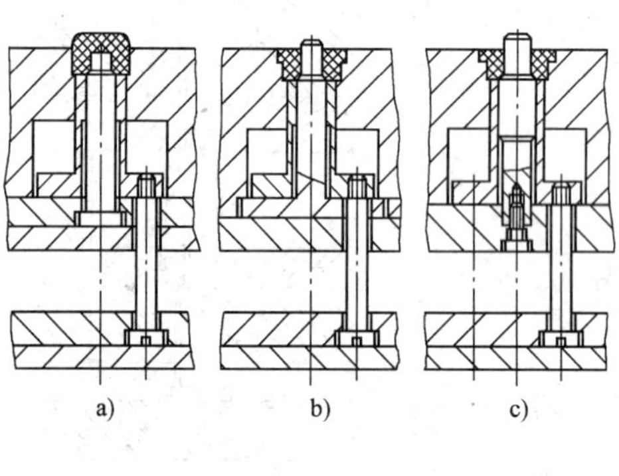

图 8-32　主型芯固定于型芯固定板的推管脱模机构

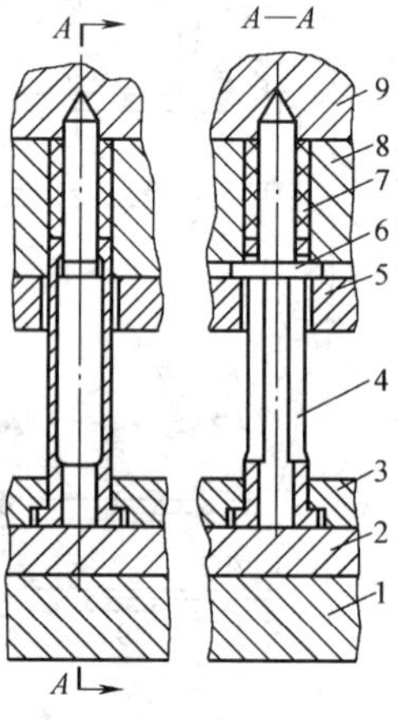

图 8-33　推管开槽的推管脱模机构（1）

1—动模底板　2—推板　3—推管固定板　4—推管　5—动模支承板　6—型芯　7—塑件　8—动模板　9—定模板

图 8-32c 为改进型。推管尾部长槽开通呈叉状，用压块固定。型芯仍用轴肩连接固定在型芯固定板上，缩短了型芯长度，但推管强度较差，仅适用于推管壁厚较大的结构。

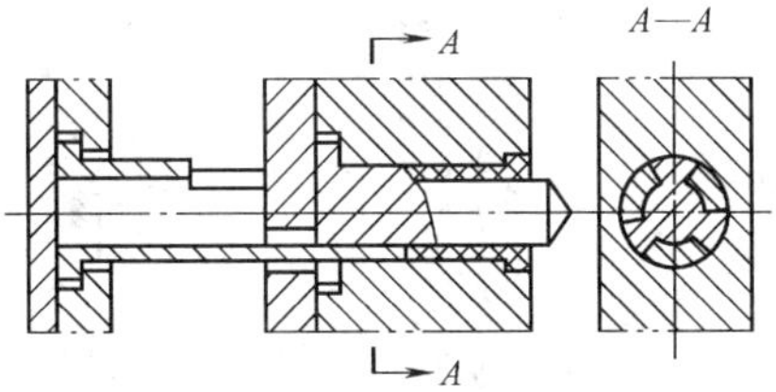

图 8-34　推管开槽的推管脱模机构（2）

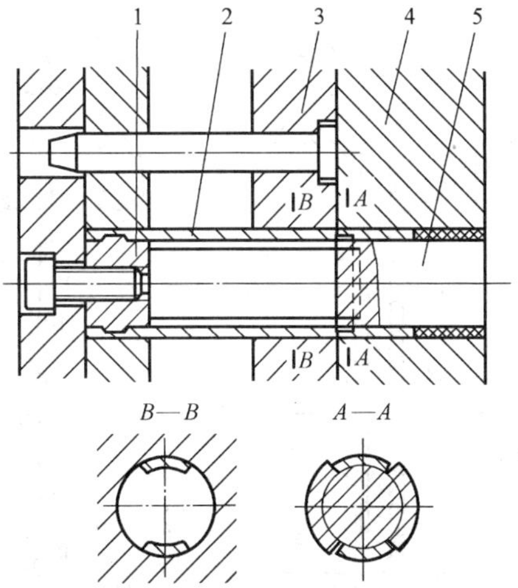

图 8-35　推管开槽的推管脱模结构（3）
1—压块　2—推管　3—支承板
4—动模板　5—型芯

214. 空心推管应如何固定？

空心推管用紧定螺钉固定，见图 8-36a，也可用内六角螺钉加定位销固定，如图 8-36b 所示。

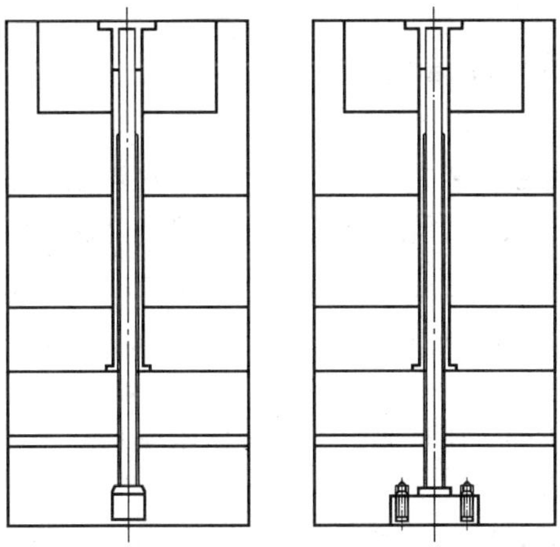

a)　　b)

图 8-36　空心推管固定方法

215. 加长空心推管应如何设计？

加长空心推管的结构如图 8-37、图 8-38 所示，加长后应有加长筒保护，提高顶杆和推管的刚性和强度。

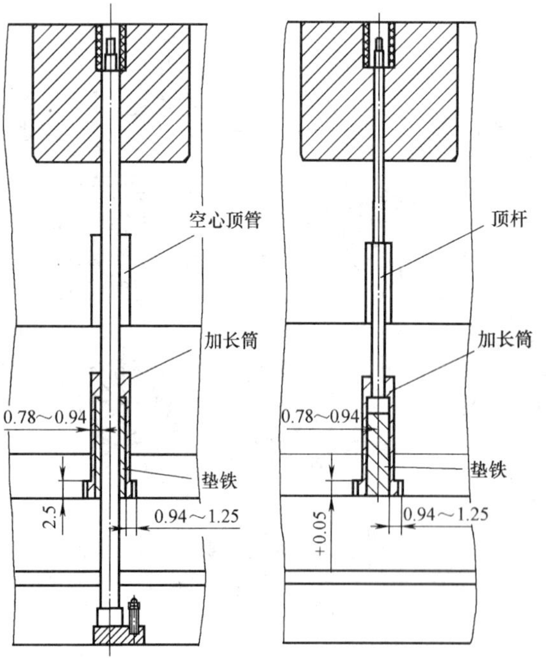

图 8-37　加长空心推管结构

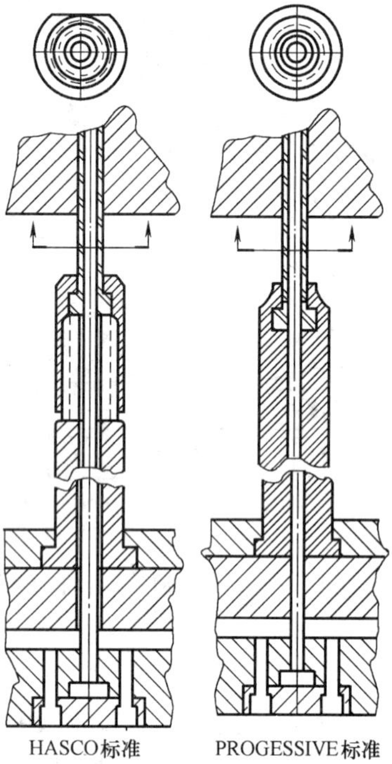

图 8-38　小于 1/8in 的顶杆必须要用护套推管

216. 压力传感器的作用和安装要求如何？

（1）压力传感器的重要作用

1）压力传感器可被安装在注射机的喷嘴、热流道系统、冷流道系统和模具的模腔内，它能够测量出塑料在注模、充模、保压和冷却过程中，从注射机的喷嘴到模腔之间某处的塑料压力。这种经采集的压力数据可以成为针对此模具和此塑料的通用工艺参数，该数据可以在不同的注射机上（使用相同的模具）指导生产。

2）不仅使模具达到了质量要求，而且还使模具制造商获得了一套经过验证了的工艺数据。

3）利用压力传感器采集的数据工艺参数，减少了试模次数，不但使试模成本大大降低，而且也缩短了试模的时间。

4）利用压力传感器所收集到的有关塑料在模具中的状态信息进行分析，就可以准确地判断出问题的症结所在。

5）压力传感器的使用，在制造精密模具中起关键作用。模具制造商能够使他们的用户更为快速地生产出符合质量要求的产品，同时还可以促进他们的模具设计、提高制造技术。

（2）压力传感器安装要求

1）国内模具一般不需要安装压力传感器。但国外有的客户要求每副模具都需安装压力传感器，便于在注塑时能知道压力大小。

2）每副模具需压力传感器两件，一般压力传感器安装在塑料先到位置附近的顶杆、顶管尾部上和最后塑料到达附近的顶杆尾部上。

3）压力传感器的安装尺寸要求，如图 8-39 所示。Dynisco FT445 压力传感器，电线槽 1/2in 的半径槽可以设计在支承柱或顶杆上。

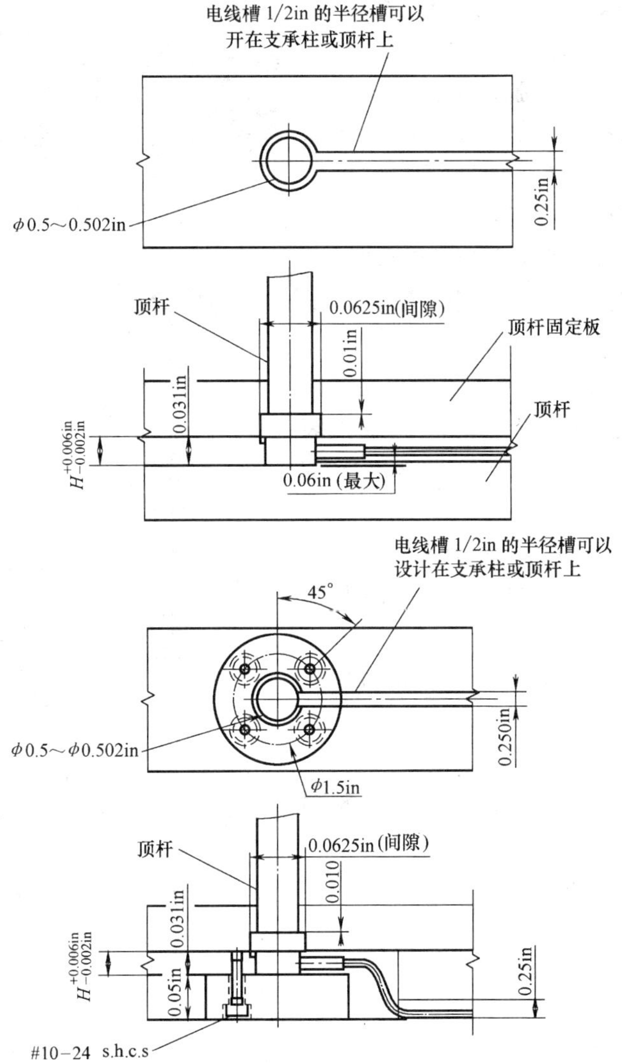

图 8-39 Dynisco FT445 压力传感器安装尺寸

217. 脱模板推出机构有何特点和设计要点？设计时要注意哪些事项？

（1）脱模板推出机构特点

和顶杆相比，脱模板（圈、杆）更适用于顶出机构。顶出时推动塑件的面积相对较大，顶出力均匀分布。另外，顶出痕迹通常不易发觉，不需要设置复位装置。

（2）脱模板机构设计要点

1）脱模板和模芯间必须畅通。

2）脱模板与型芯必须有3°～5°的锥面配合，这样可减少运动摩擦，并起到辅助定位作用，有利于防止脱模板偏心而溢料，脱模板内孔应比型芯成型部分大0.20～0.25mm，以防止它们之间产生摩擦、移位或卡死现象，如图8-40所示。

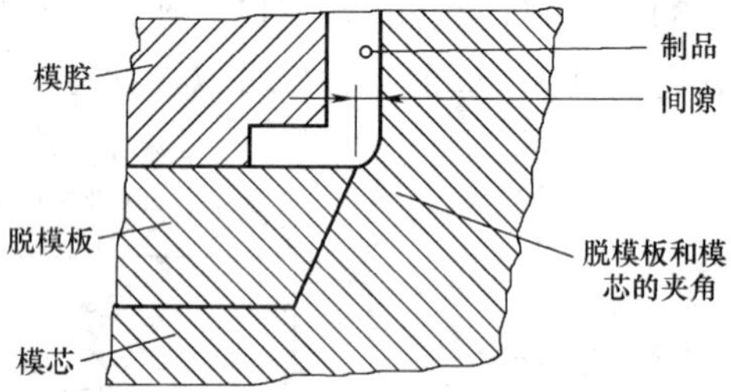

图8-40　脱模板和模芯间必须畅通

（3）设计时注意事项和应用举例

1）脱模板与型芯的配合间隙，以塑件不溢料为准，推块配合关系为H7/f7或H8/f8，如图8-41所示。

2）当脱模板脱出无通孔的大型深壳体类制品时，应在型芯上设计一个进气装置，进气阀可与顶板连接，如图8-42所示。

3）脱模板复位后，脱模板与动模座板之间应有2～3mm的间隙，如图8-43所示。

4）塑件外形较简单，但内部有较多的孔时，塑件成型收缩后必留于型芯上。型腔设在定模内，动模也采用推板就可以完成脱模，且模具结构简单，如图8-44所示。

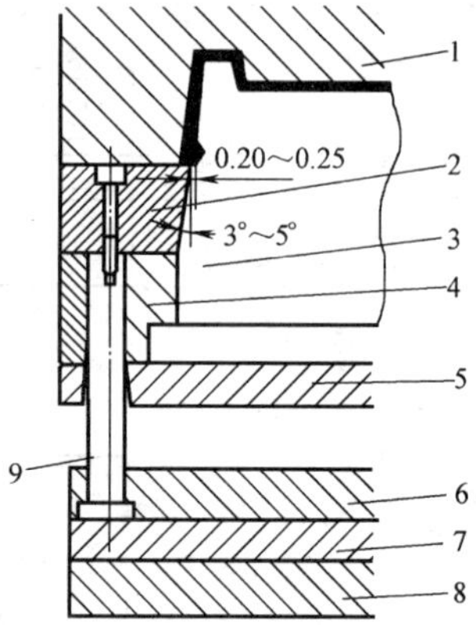

图8-41　脱模板与型芯的配合
1—定模板　2—脱模板　3—型芯　4—型芯固定板　5—支承板　6—推杆固定板　7—推板　8—动模底板　9—推杆

5）当多型腔模具采用脱模板时，脱模板应设置衬套，如图8-45所示。

6）脱模板顶杆端面应低于脱模板底面约1mm，以避免模具闭合不紧密。

7）脱模板除了顶杆推动外，也可用定距分型机构拉动，如图8-46所示。

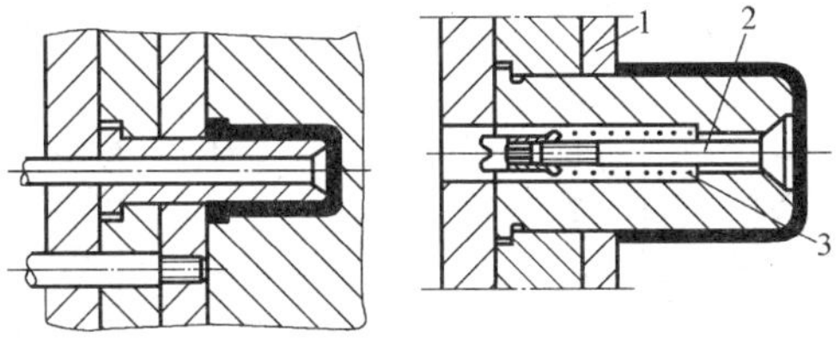

图 8-42 进气阀连接在推件上的进气装置（菌形阀）

1—脱模板 2—阀杆 3—弹簧

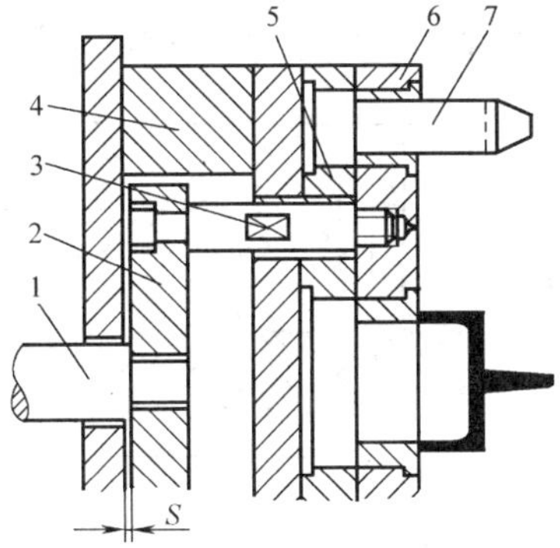

图 8-43 脱模板与动模座板之间的间隙 S

1—注射机顶柱 2—推杆固定板 3—推杆 4—垫块 5—型芯固定板 6—脱模板 7—导柱

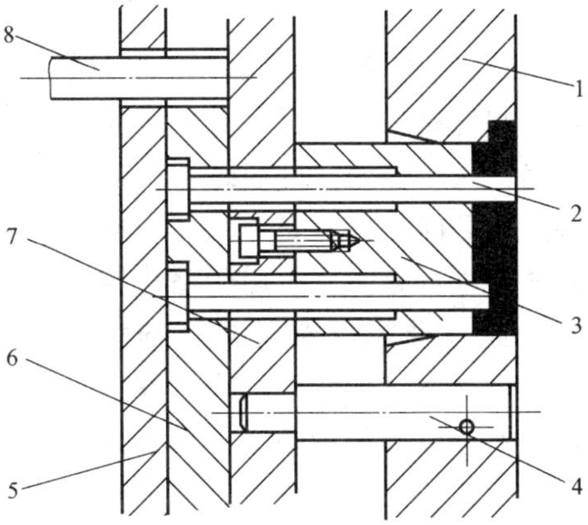

图 8-44 推块顶出机构

1—动模型板 2—型芯 3—推块 4—复位杆 5—垫板 6—型芯固定板 7—推板 8—顶杆

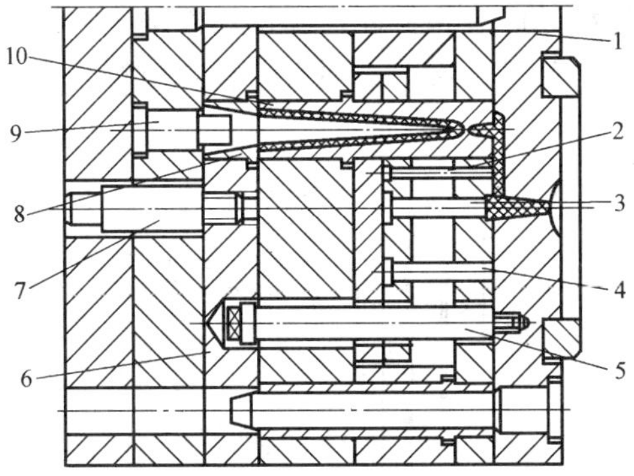

图 8-45 脱模板加衬套的结构

1—定模板 2—流道推杆 3—推料杆 4—复位杆 5—定距螺钉 6—脱模板 7—推杆 8—衬套 9—型芯 10—凹模

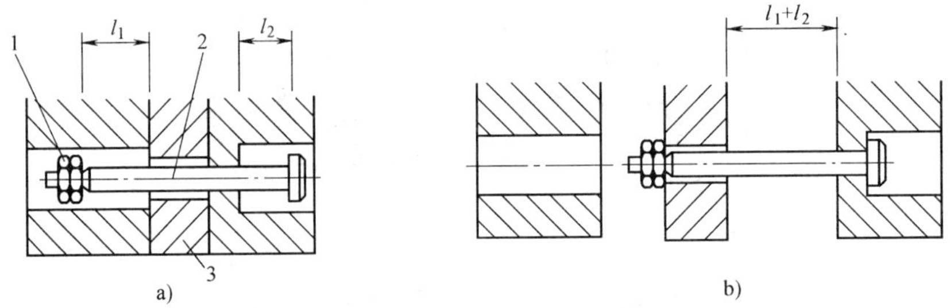

图 8-46　定距拉杆带动脱模板

a）闭模状态　b）开模状态

1—螺母　2—定距拉杆　3—脱模板

8）脱模板导向。必须沿模具轴向对脱模板导向，在保证脱模板锐利的边缘不会刮伤模芯的情况下，斜座能正确进入接合处。可通过不同方法进行导向。方法之一是使用模具导柱进行导向，适用于整块脱模板或者带脱模圈脱模杆的结构，如图 8-47 所示。另一种方法是对脱模板使用独立导销。这通常适用于三板式模具，或者由顶杆托板驱动的脱模板或脱模圈。导柱 LP_1 定位模具，如图 8-48，并且对第三板（模腔板）和流道顶出板起导向作用。导销 LP_2 和导套定位脱模板，且保护模芯。这里的问题和脱模板由模具导柱导向时相似。需要使用浮动脱模圈，否则，斜面配合将干涉导套的定位。需注意的是，有时必须有行程限位螺杆，以防止脱模板向外推出太远，如图 8-49 所示。

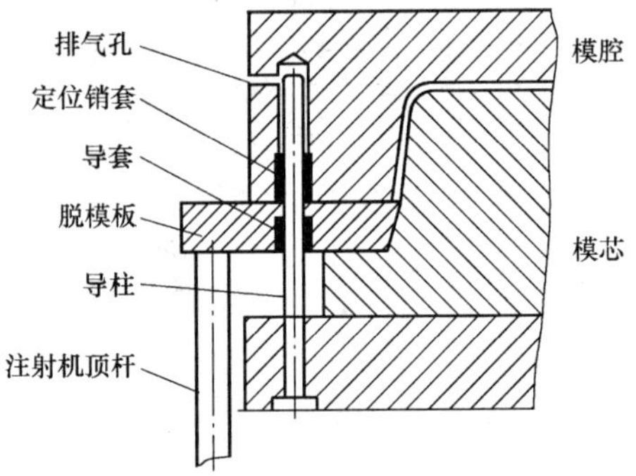

图 8-47　模具导柱用于脱模板的导向

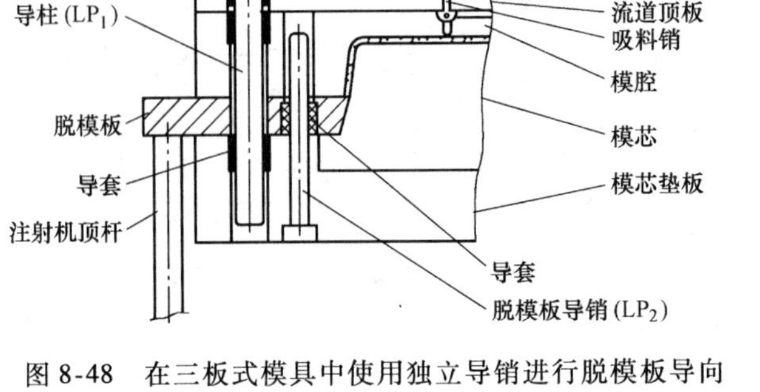

图 8-48　在三板式模具中使用独立导销进行脱模板导向

还有另外一种方法，可使用顶杆板对脱模板导向，如图 8-50 所示。这种情况里，模具导柱 LP_1 和图 8-48 中的例子作用相同。增设 LP_2 保护模芯，在模腔板内不用设导套。脱模板由模芯垫板中的导套导向。由顶杆板控制行程，不需额外设置限位螺杆。

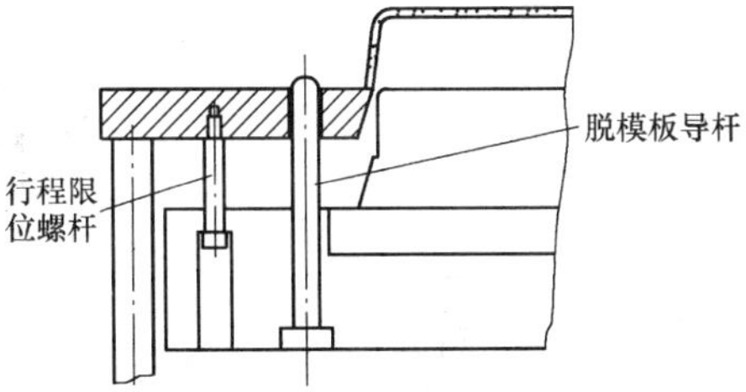

图 8-49 行程限位螺杆防止脱模板脱离导销

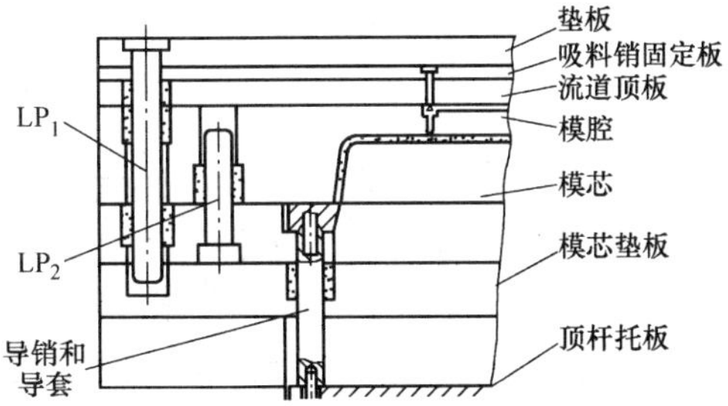

图 8-50 在三板式模具中脱模板由顶杆箱导向

9）固定脱模圈是模板中的淬硬镶件。优点是脱模圈磨损量小于脱模板，而且损坏后易于更换。缺点是整个脱模板中的锥度定位可能和导柱或导销定位发生干涉，如图 8-51 所示。

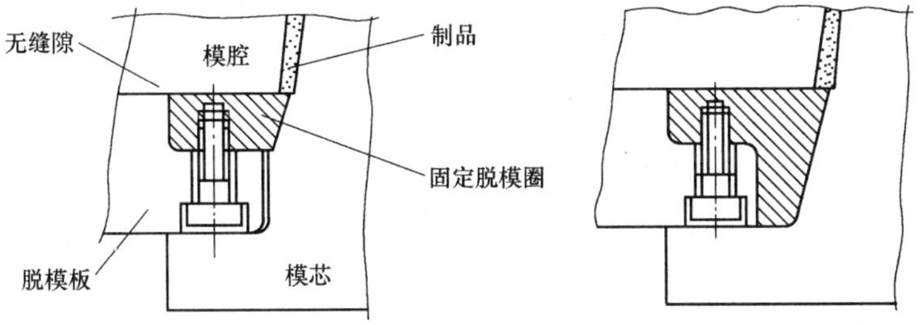

图 8-51 固定的脱模圈设计

10）脱模板顶出塑料制品的三个例子，如图 8-52 所示。

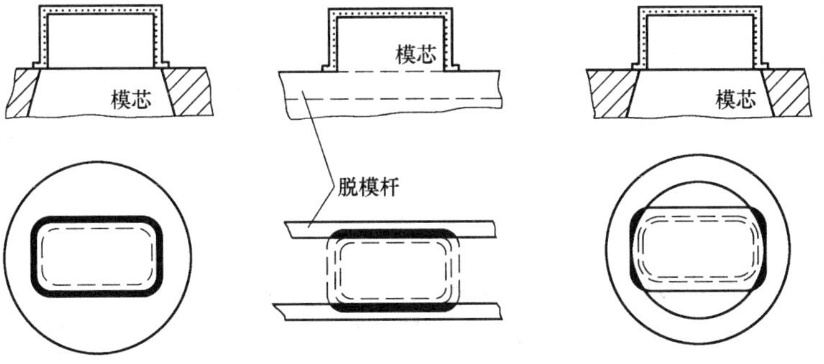

图 8-52 使用脱模板顶出塑料制品

a）按制品形状加工的脱模板 b）脱模杆 c）圆形脱模圈，仅在角部脱模

218. 在什么情况下要延时（缓顶装置）顶出？其结构是怎样的？

由于结构形状比较特殊，一次顶出塑件时，塑件容易损坏，这种情况下采用延时顶出，如图 8-53 所示的结构。图 8-54 所示的结构中，1 号板由注射机顶出，2 号板再用肩型螺栓带动顶出。

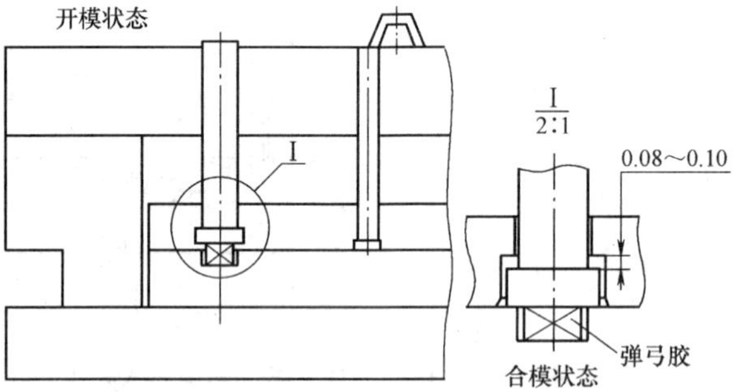

图 8-53　延时顶出 1

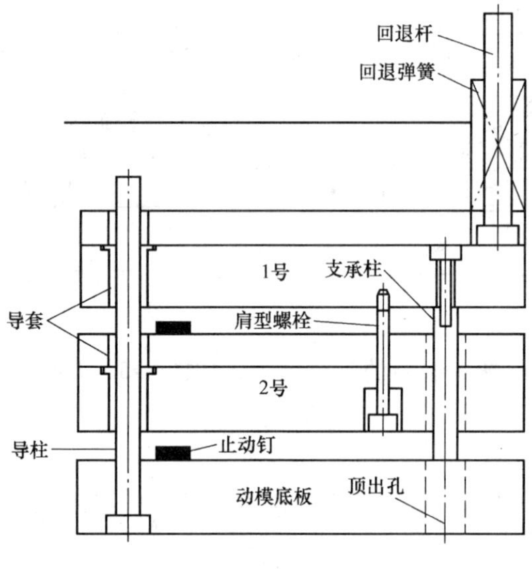

图 8-54　延时顶出 2

219. 如何设计与型腔碰穿的斜顶或顶杆？

斜顶或顶杆碰穿孔与分型面（PL 面）相碰时，设计要求：回程杆底部要加弹簧，并要留有间隙，如图 8-55 所示。

220. 气动顶出结构如何？

气动顶出机构如图 8-56 所示。气动顶出机构是指通过装在模具内的气阀把

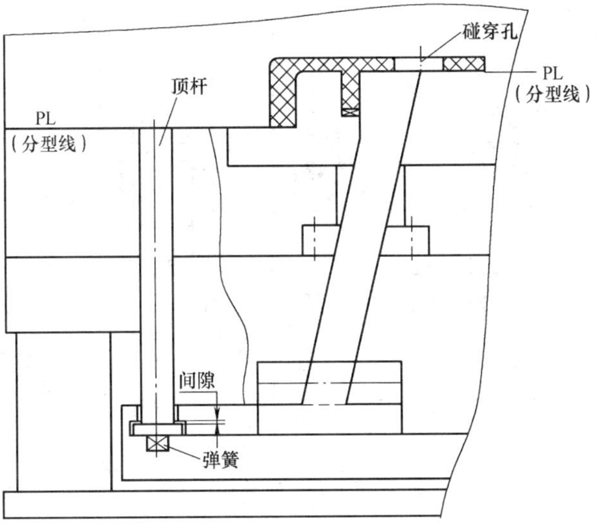

图 8-55　斜顶或顶杆碰穿孔与 PL 相碰

压缩空气引入制品和模具之间使制品脱模的一种装置。它适用于深腔薄壁类容器的脱模，但多为其他脱模形式的辅助手段。其特点是使模具结构大为简化，可以在开模过程中的任意位置顶出制品。

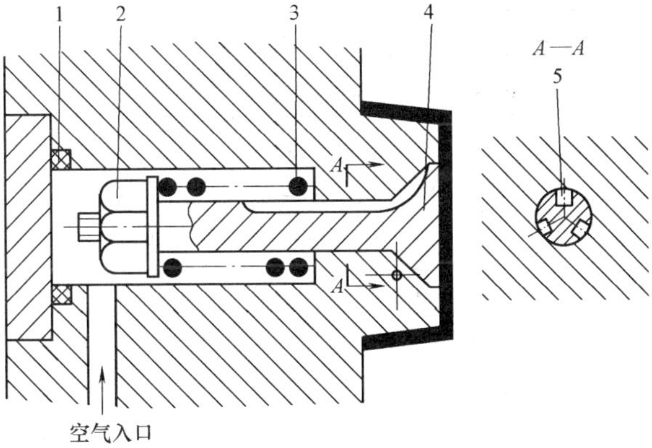

图 8-56　中心阀气动顶出机构

1—密封圈　2—螺母　3—弹簧　4—气阀　5—通气槽

221. 用机械手取件时的顶出结构有什么要求？

1）用机械手取件时顶杆头部要求是平的，不能用 Z 形拉料钩。

2）浇口须采用潜伏式浇口。

3）模具顶出行程必须有足够的空隙。

222. 顶出液压缸如何正确安装？

液压缸安装要求，如图 8-57 所示。

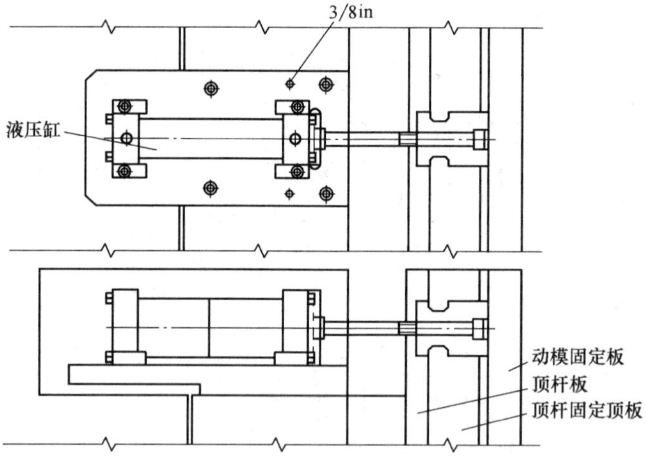

图 8-57　液压缸连接安装

1）液压缸的管路连接需有管路分配器。

2）液压缸的管路安装必须与液压缸平行。

3）液压缸的管路需要 1/2in。

4）液压缸需 3/8in（ϕ8、ϕ10）定位销定位。

5）液压缸外形需加保护装置。

表 8-2 为美制液压缸安装方法，供参考。

表 8-2　美制液压缸安装方法　　（单位：in）

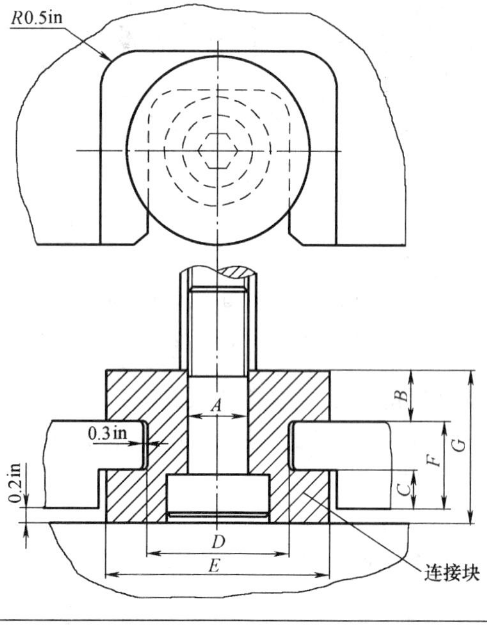

（续）

肩型螺钉	*A*	*B*	*C*	*D*	*E*	*F*	*G*
7/16-20 NF	ϕ0.47	0.500	0.700	1.250	2.00	1.00	1.70
3/4-16 NF	ϕ0.78	0.500	0.950	1.250	2.00	1.50	2.20
1-14 NF	ϕ1.03	0.750	1.200	1.500	2.25	2.00	2.95
1 1/4-12 NF	ϕ1.28	1.00	1.700	1.750	2.50	2.50	3.70

注：NF 表示美制细牙螺纹。

223. 在什么情况下，动、定模两边都需顶出？结构如何？

由于塑件的上、下模的滞紧力大致相同，成型后保证不了粘在哪一边时，用 8-58 所示的结构，需要动、定模都顶出机构要征得客户认可才能应用。

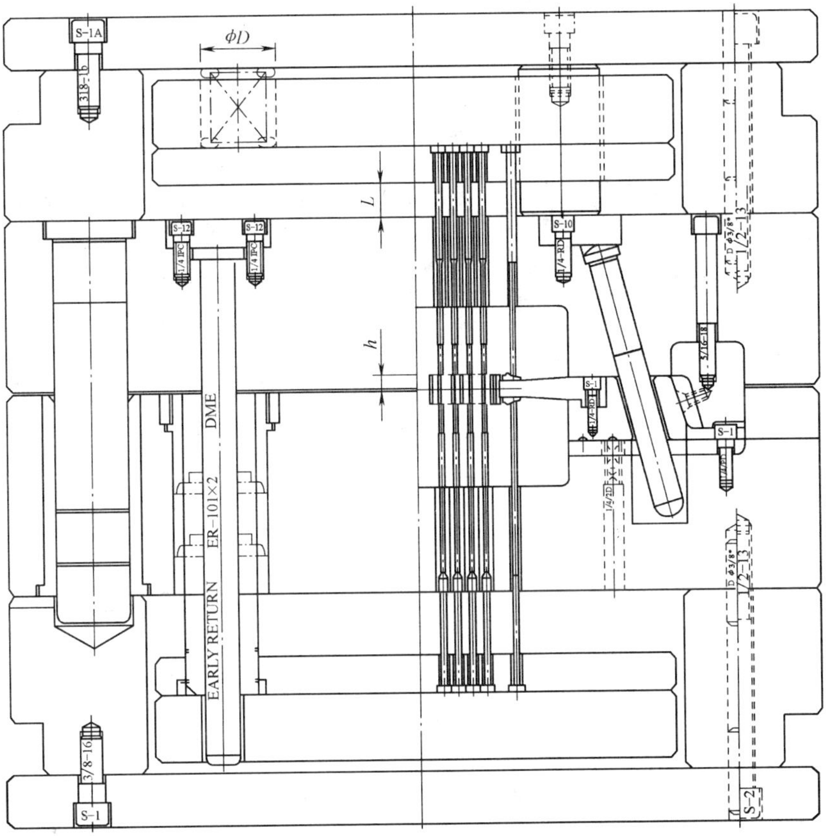

图 8-58　动定模两边都顶出结构

垫圈类塑件，壁较厚而内孔较小，塑件成型收缩对型芯包紧力较小，若型腔设于定模，很可能塑件粘在定模上，模具势必考虑采用动、定模双脱模，因此采用型腔设在动模的结构。注意事项有：①定模顶出行程，可等于或大于成品在上模型腔的深度；②定模顶出动力来源要根据成品大小或用户规格而定，可用链条拉板；小的成品可选用弹弓胶，但要注意其直径和数量。

224. 弹簧推件板定模顶出机构如何？

图 8-59 是弹簧推件板定模顶出机构的一例。开模时，由于弹簧 7 的作用，定模推件板 5 始终将塑件推向动模 4 的一侧，当定距板 9 拉住圆柱销 8 后，脱件板停止运动，由动模部分的顶杆 1 将塑件从型腔中顶出。该设计中要求弹簧 7 是较硬的弹簧，具有足够弹力克服塑件对型芯的包紧力所产生的脱模阻力。

225. 浇注系统卸料，各种脱模机构如何？

（1）利用定模拉板脱卸浇注系统凝料

1）如图 8-60 所示，分流道开在定模板上，开模后在弹簧的作用下，使Ⅰ处分型，然后通过点浇口把浇注系统从定模底板 4 中拉出，附在定模拉板 7 上。

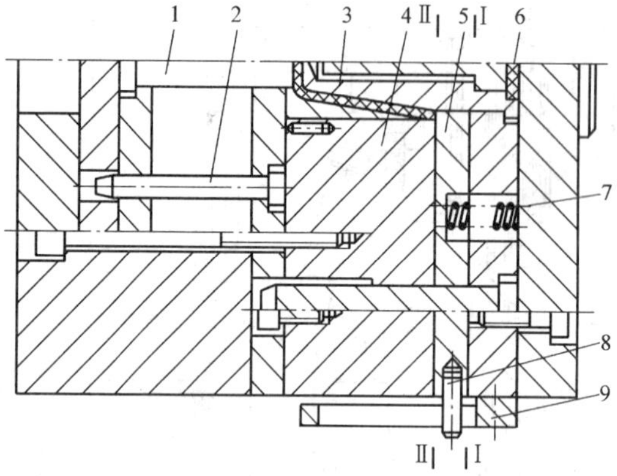

图 8-59　弹簧推件板定模顶出机构

1—顶杆　2—导柱　3—型芯　4—动模　5—推件板　6—密封垫　7—弹簧　8—圆柱销　9—定距板

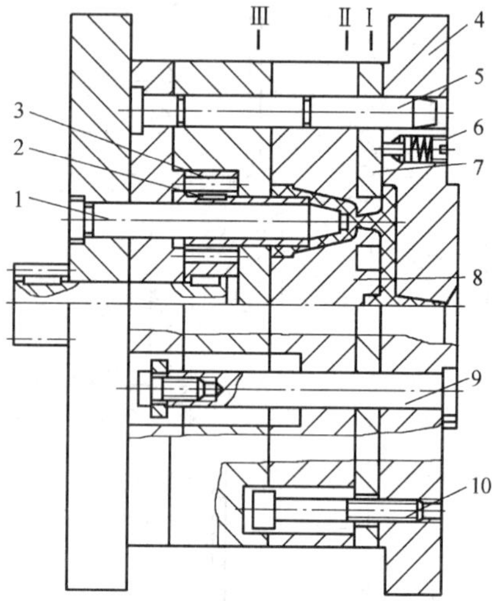

图 8-60　浇注系统卸料脱模机构

1—动模芯　2—螺纹型芯　3—齿轮　4—定模底板　5—导柱　6—弹簧顶销　7—定模拉板　8—凹模型板　9—限位拉杆　10—限位螺钉

2）限位螺钉 10 阻止定模板继续运动，点浇口被定模拉板、动模拉断，料道依靠自重从空间脱落。

3）继续开模在限位拉杆 9 作用下停止运动，模具从Ⅲ处分型。

4）齿轮 3 带动螺纹型芯 2 转动时，由于动模芯 1 不动，制品内设有止转沟槽，在开模中制品自动脱落。

（2）利用浇注系统凝料脱卸机构

如图 8-61 所示，图 8-61a 为闭模注射时的情况，图 8-61b 为注射好的状态，图 8-61c 为开模状态。

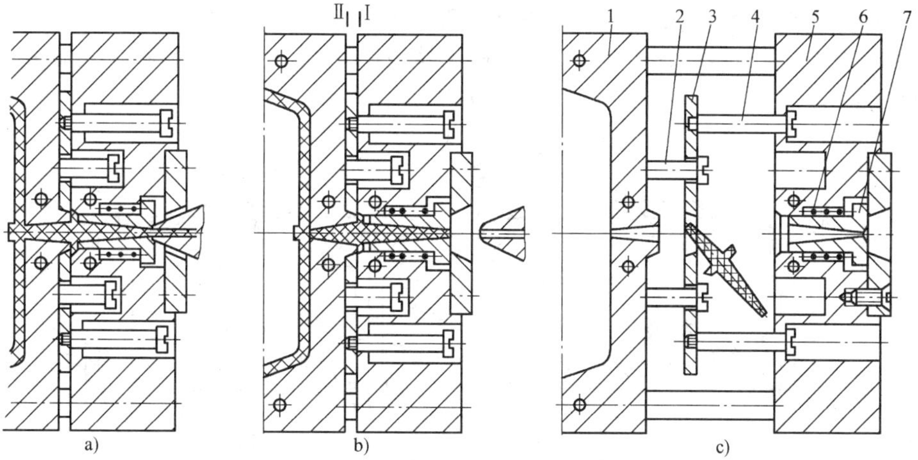

图 8-61　浇注系统凝料脱卸机构

1—凹模型板　2—限位螺钉　3—定模拉板　4—限位螺钉　5—定模底板　6—弹簧　7—主流道衬套

(3) 利用分流道推板脱卸浇注系统凝料脱卸机构

1) 如图 8-62 所示定模先分型，点浇口分型时拉断。

2) 拉板的作用下，分流道推板 6 与定模型板 2 分型，浇注系统凝料被拉住附在分流道推板 6 上。

3) 开模拉杆 1 使定模底板 5 与分流道推板 6 分型，凝料在空间中坠落。

4) 要解决主流道与喷嘴脱开时经常出现粘连的情况，可以增设弹簧顶销，以便把浇口扯断。

(4) 利用分流道斜孔和主流道拉料杆脱卸浇注系统凝料

1) 如图 8-63 所示，仅适用于二次分流道深度不大的场合，否则凝料在定模板中不易坠落。

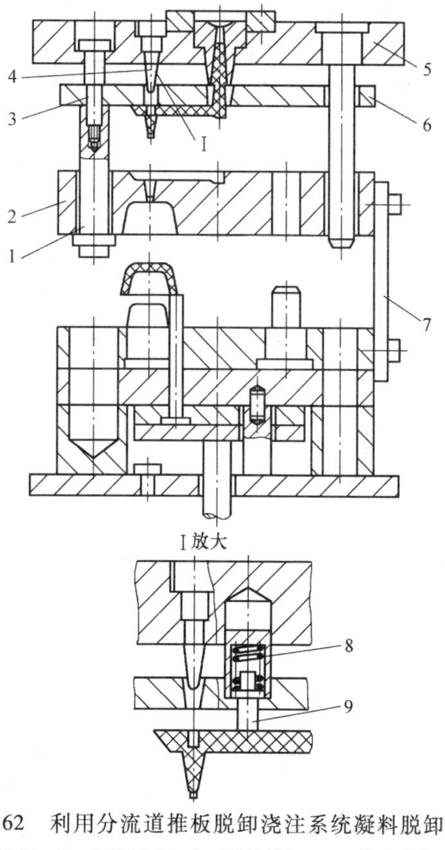

图 8-62　利用分流道推板脱卸浇注系统凝料脱卸机构

1—拉杆　2—定模型板　3—限位螺钉　4—分流道拉料杆

5—定模底板　6—分流道推板　7—拉板　8—弹簧　9—顶销

2）如图 8-63a 是把主流道拉料杆换成主流道顶杆，但要求注射机的动模固定板上应有中心线杆孔才可采用，否则无法安装。图 8-63b 拉料杆应用弹簧拉料杆。

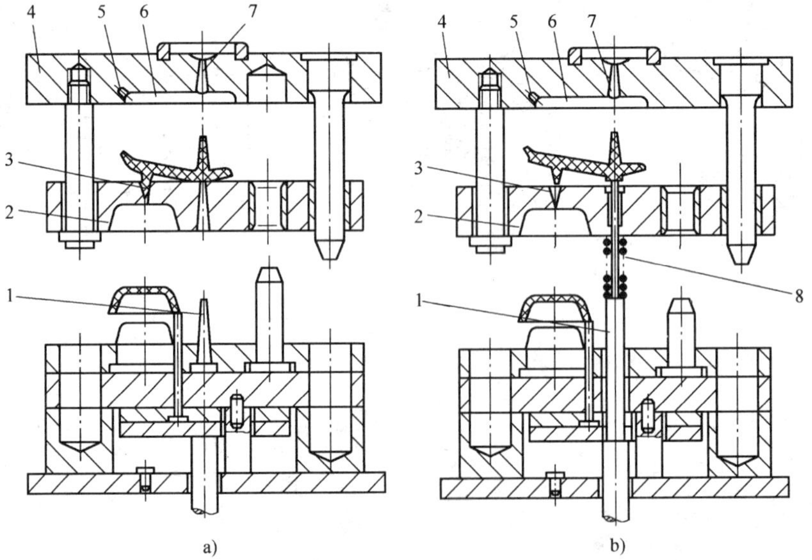

图 8-63　利用分流道斜孔和主流道拉料杆脱卸浇注系统凝料

1—主流道顶杆　2—定模型板　3—二次分流道　4—定模底板　5—分流道斜孔　6—分流道　7—主流道　8—弹簧

3）分流道上的斜孔，如图 8-64 所示。

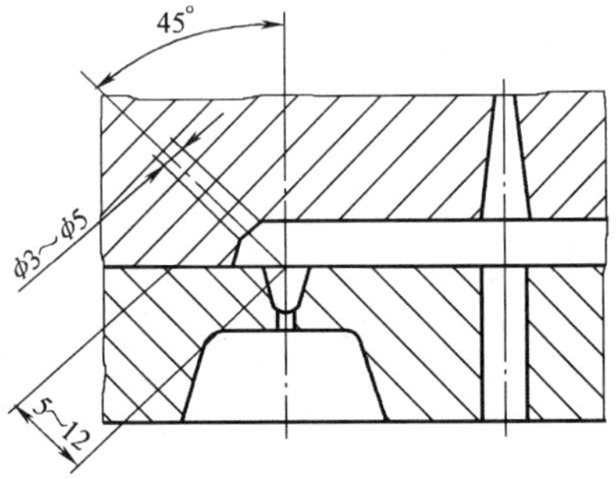

图 8-64　分流道的斜孔

（5）在凹模固定板设置点浇口系统凝料的顶出结构。

动、定模先分型，浇注系统在顶杆 7 和主流道顶杆 9 的作用下顶出模具（通常用于与开模行程有关的特殊场合），如图 8-65 所示。

（6）二次脱模机构脱卸潜伏式浇口浇注系统凝料。顶杆底板 10 和注射机顶杆（图中未画出）顶动制品顶杆 2，从而向上顶出制品，潜伏式浇口被自动切断，然后顶杆固定板 9 与凝料顶杆上的台肩接触，带动凝料顶杆顶出浇注系统凝料，如图 8-66 所示。

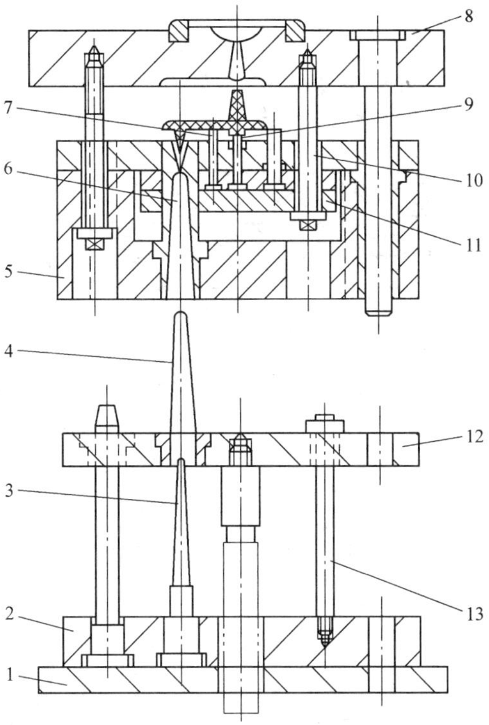

图 8-65　凹模固定板内设置浇注系统凝料顶出机构

1—动模座　2—动模型芯固定板　3—动模型芯　4—制品　5—定模固定板　6—定模　7—顶杆　8—定模座　9—主流道顶杆　10、13—拉杆　11—顶杆底板　12—推板

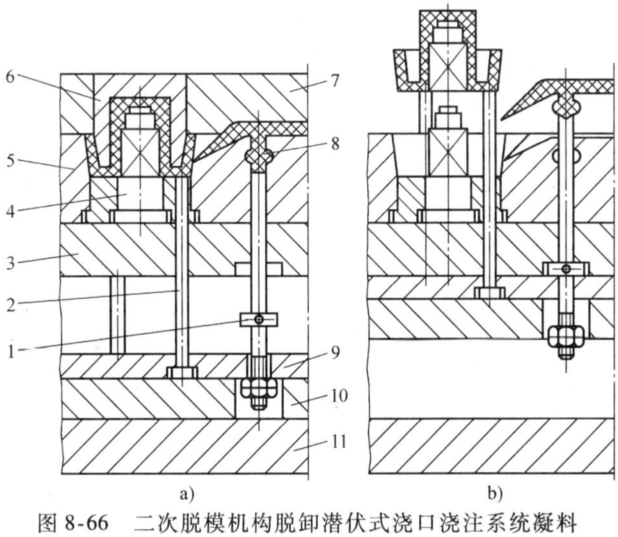

图 8-66　二次脱模机构脱卸潜伏式浇口浇注系统凝料

a）合模状态　b）开模状态

1—凝料顶杆　2—制品顶杆　3—支承板　4—动模型芯　5—动模型板　6—定模型芯　7—动模型芯固定板　8—冷料穴　9—顶杆固定板　10—顶杆底板　11—动模座

226. 常见的带螺纹的塑件脱模机构有哪些?

1）成型内螺纹用的瓣合式（直角式）。螺纹型芯由三块活动镶块构成，镶块推板4在顶杆的作用下，随脱料板一起运动，镶块向内抽芯脱出制品，如图8-67所示。

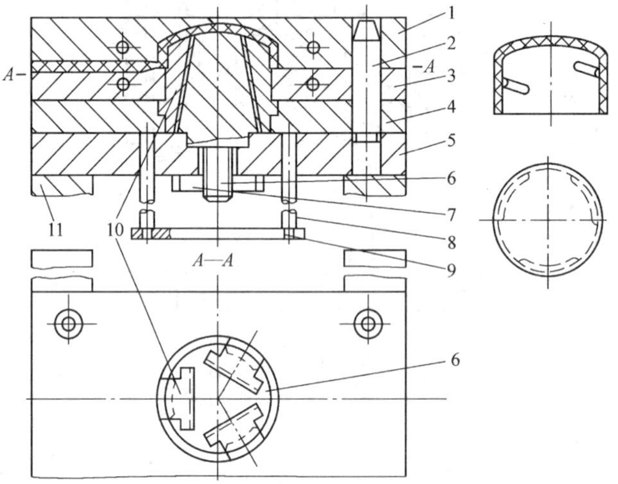

图8-67　间断型内螺纹脱模机构

1—定模型板　2—导柱　3—脱模板　4—镶块推板　5—动模垫板　6—凸模　7—螺母　8—推杆　9—推杆底板　10—螺纹型芯镶块　11—动模座

2）利用电动机或马达带动了蜗轮副机构，脱卸螺纹的机构，如图8-68所示。

3）利用链轮传动脱模机构，如图8-69所示。

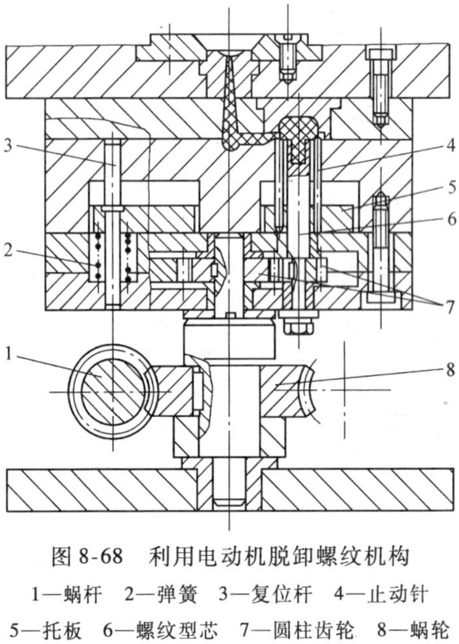

图8-68　利用电动机脱卸螺纹机构

1—蜗杆　2—弹簧　3—复位杆　4—止动针　5—托板　6—螺纹型芯　7—圆柱齿轮　8—蜗轮

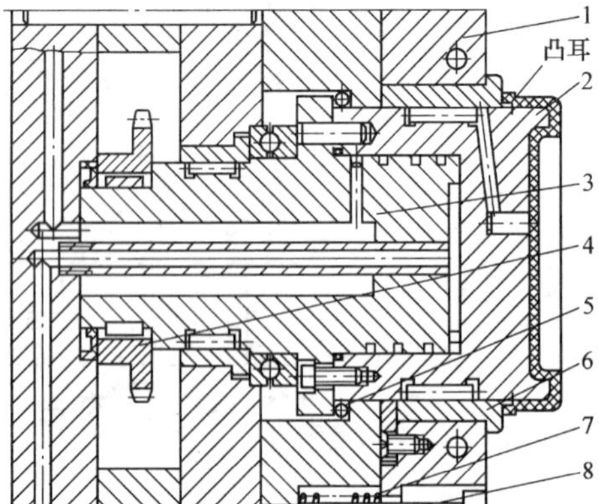

图8-69　链轮传动脱模机构

1—动模板　2—镶件　3—螺纹型芯　4—链轮　5—滚柱　6—衬套　7—弹簧　8—限位钉

4）内螺纹模内手动脱模机构，也可采用蜗轮副机动脱模，如图 8-70 所示。

5）液压驱动旋转脱模机构，如图 8-71 所示。

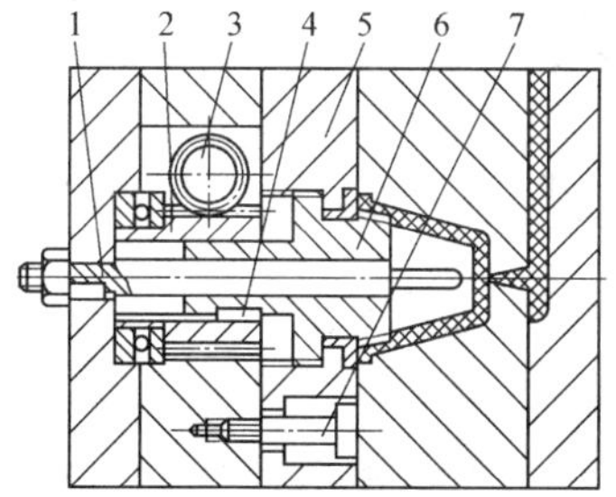

图 8-70　模内手动脱卸制品内螺纹的机构

1—型芯支承板　2—螺旋斜齿轮　3—斜齿轮凸模　4—滑键　5—推板　6—螺纹型芯　7—定距螺钉

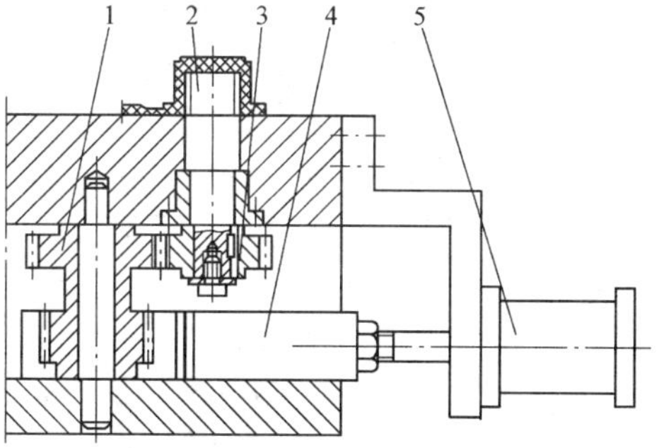

图 8-71　液压驱动旋转脱模机构

1、3—齿轮　2—螺纹型芯　4—齿条　5—液压缸

6）轴向螺纹的机动脱模机构，适用于侧浇口多腔模，螺纹型芯与制品型腔同在动模一侧，不需要螺纹型芯作轴向运动便可脱出制品，如图 8-72 所示，工作原理为开模时，齿条导柱 9 带动锥齿轮 1 与 2，从而带动圆柱齿轮 3 与 4 及螺纹型芯 5。此机构适用于多型腔模具，见图 8-73。

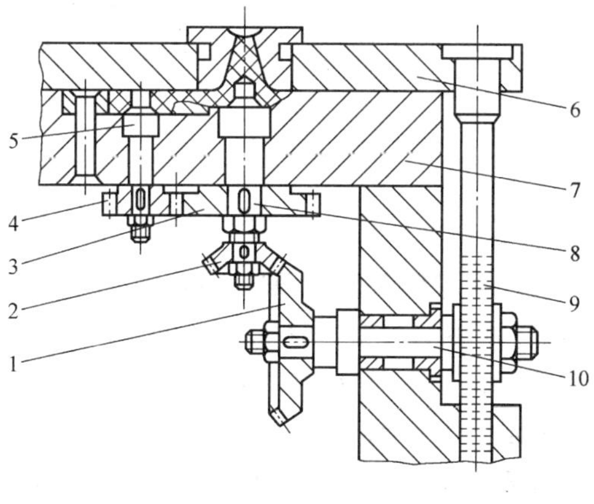

图 8-72　轴向螺纹的机动脱模机构

1、2—锥齿轮　3、4—圆柱齿轮　5—螺纹型芯　6—定模底板　7—动模板　8—螺纹拉料杆　9—齿条导柱　10—齿轮

7）侧壁螺纹的机动脱模机构。图 8-74 是这种机构的一个示例，螺纹轴线刚好与开模方向垂直，可以比较方便地利用齿条把开模时动模的直线运动转变成螺

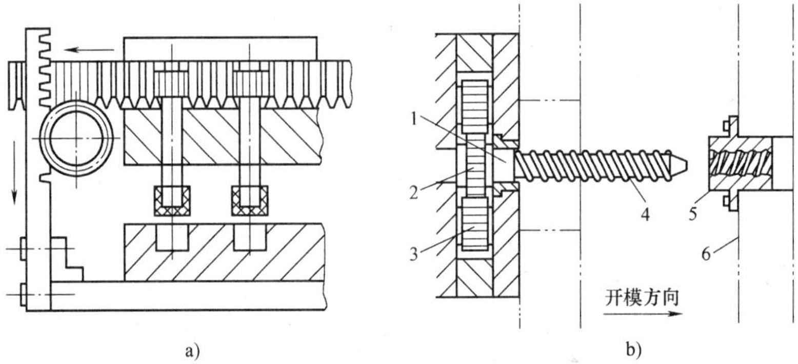

图 8-73　轴向螺纹的机动脱模机构示意
1—旋向轴　2—大齿轮　3—小齿轮　4—大升角螺杆或多头螺杆　5—固定螺母　6—动模板

纹型芯的旋转运动，但要求型芯成型端与非成型端的螺距必须相等。工作原理为开模时齿条导柱 2 带动螺纹型芯 3（螺纹型芯上装有齿轮可与齿条导柱啮合）旋转，从而使型芯成型端退出制品，而非成型端旋入紧固在模板上的套筒螺母 4 中。在该机构中，螺纹型芯需作轴向往复运动，安装在其上的齿轮宽度应保证型芯移动到左右两端极限位置，仍然可与齿条导柱保持接触，并不与左右零部件相碰撞。

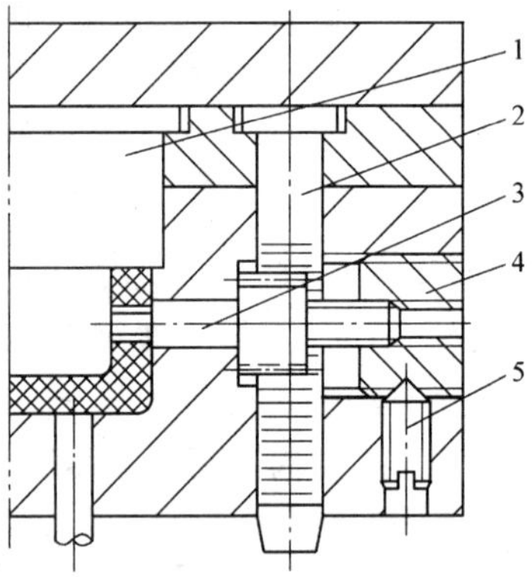

图 8-74　侧壁内螺纹的机动脱模机构
1—凸模　2—齿条导柱　3—螺纹型芯　4—螺母　5—止动螺钉

227. 弹性套（标准件）二次顶出的结构和工作原理如何？

在使用一次顶出装置较难完成产品顶出，或希望产品成型后自动脱模时，可使用二次顶出装置，如图 8-75 所示。

1）合模状态。推板顶出前的起始位置，通止块处于打开状态，卡住复位推管，此时二次顶出装置起到定距限位的作用。

2）一次顶出。当推板 1 开始顶出时，带动推板 2 顶出。在卸料推板完成一次顶出的同时，复位推管中的通止块正好通过了复位推杆，推板 2 停止运动。

3）二次顶出。推板 1 继续运动时，通止块处于闭合状态，复位推杆进入衬套中，推板 1 上的顶出零件进行二次顶出工作，$A-B$ 所得的距离为二次顶出量。

4）复位。待推板 1 完全退回原位（如图 8-75 中的合模状态），推板 2 才开始复位动作，否则将导致运动不良。

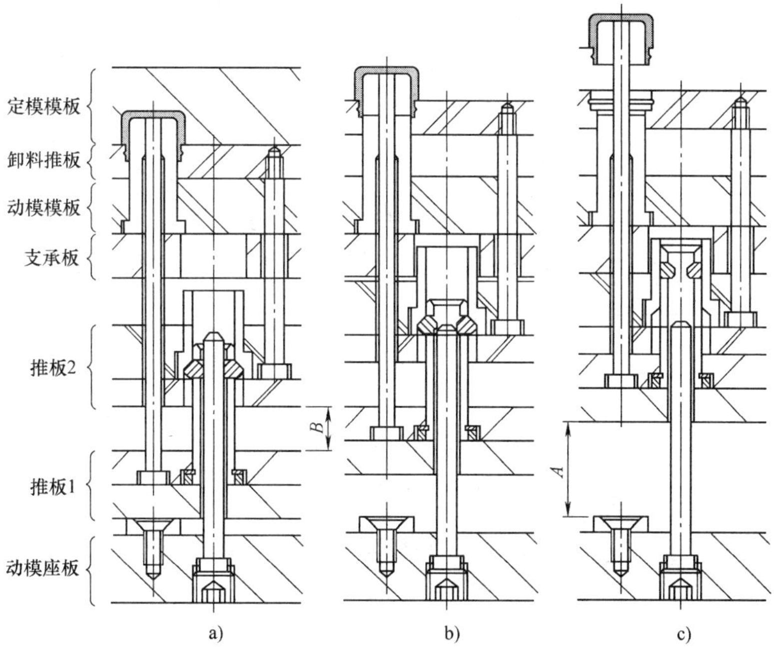

图 8-75 二次顶出结构
a）合模状态 b）一次顶出 c）二次顶出

228. 气动和液压二次顶出的机构和原理如何？

二次脱模机构气动和液压二次顶出脱模机构，经过两次顶出动作才能使制品可靠脱模。

1）推杆（图中未画出）顶动型腔板第一次顶出，第二次用压缩空气将制品吹出型腔板，实现二次顶出。如图 8-76a 所示。

2）图 8-76b 是一个可使用液压二次顶出脱模的动模架的示例。

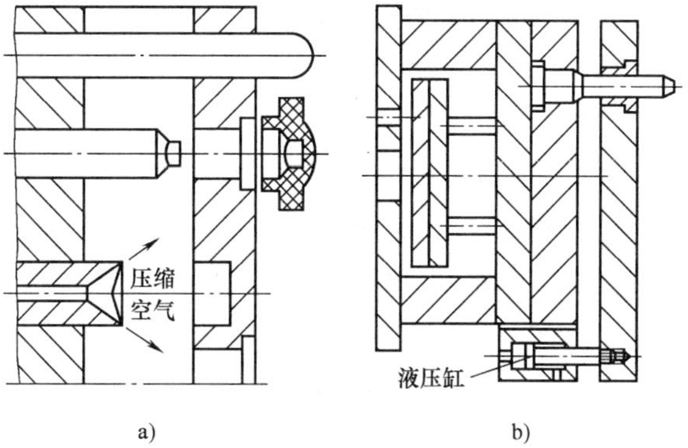

图 8-76 气动和液压的二次顶出机构

229. 单顶出底板及弹簧式二次顶出的机构和原理如何?

单顶出底板二次顶出机构，其特点为采用一个与注射机推顶装置接触的顶出底板，带动一个或一组顶出零件进行二次顶出，而一次顶出则依靠一些特殊的运动零部件实现。

图 8-77 是弹簧式二次顶出脱模机构。是一个利用弹簧带动凹模型板进行一次顶出，然后再由顶杆进行二次顶出的脱模机构。其工作原理为开模后，动模型板在弹簧的作用下移动距离，内孔脱离了型芯，第二次由顶杆机构顶出制品，弹簧容易失效，应定期更换。

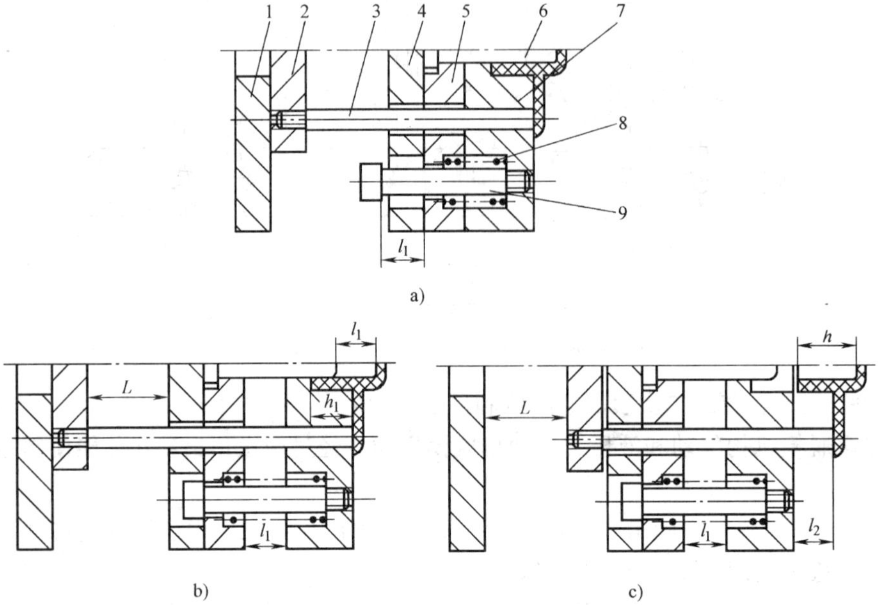

图 8-77　弹簧式二次顶出脱模机构

1—动模座　2—顶出固定板（兼顶出底板）　3—顶杆　4—支承板　5—凸模固定板　6—凸模　7—动模型板　8—弹簧　9—限位螺栓

230. 摆杆拉钩式二次顶出的机构和原理如何?

摆杆拉钩式二次顶出脱模机构工作原理，如图 8-78 所示。

1）开模一定距离后，固定在定模上的拉钩 10 首先带动摆杆 7 向内转动，迫使动模型板 13 移动 l_1 距离，使制品与型芯 6 脱离，实现第一次顶出动作。

2）继续开模，拉钩 10 不起作用，在限位螺钉 2 带动下，动模型板 13 将跟动模整体一起运动。

3）顶杆底板 3 在注射机顶推定装后，在顶杆 12 的作用下，顶出制品。

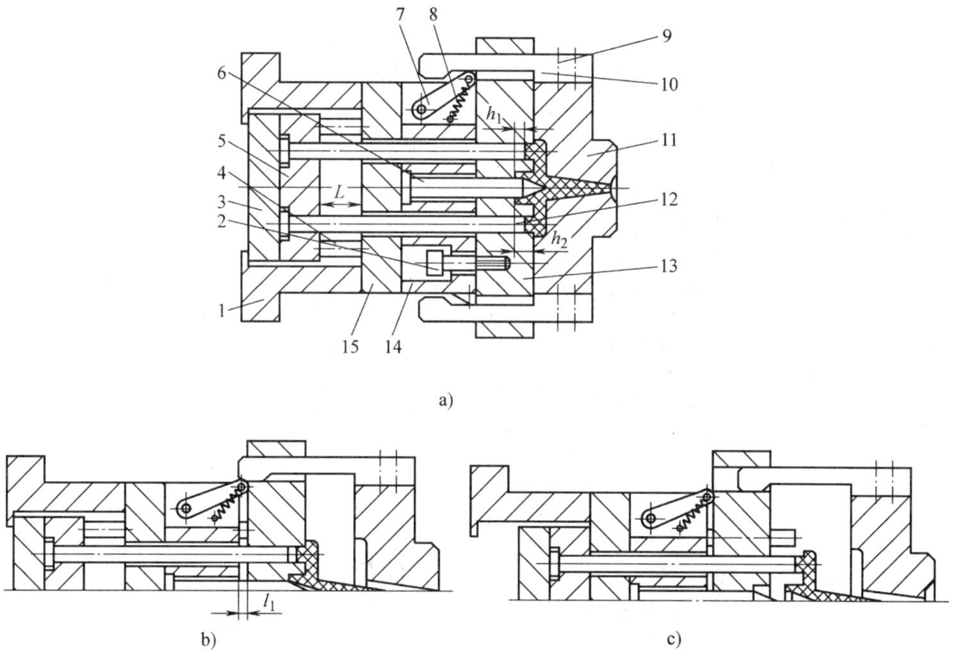

图 8-78　摆杆拉钩式二次顶出脱模机构

1—动模座　2—限位螺钉　3—顶杆底板　4—复位杆　5—顶杆固定板　6—型芯
7—摆杆　8—弹簧　9—紧固螺钉　10—拉钩　11—定模型板
12—顶杆　13—动模型板　14—型芯固定板　15—支承板

231. 八字摆杆式二次顶出的机构和原理如何？

八字摆杆式二次顶出机构工作原理，如图 8-79 所示。

1）动模型板 7 通过顶杆 9 与一次顶出底板 10 相连，第一次顶出距为 s_1。

2）顶杆 5 与二次顶出底板 2 相连，由于在定距块的传力作用下，一次顶出底板 10 与二次顶出底板 2 同步运动，摆杆 11 在一次顶出底板 10 的作用下，使二次顶板运动，同时二次顶出（顶出距为 s_4）超前于动模型板 7 的运动。

3）制品高度及其他有关几何要素之间的关系如下：摆杆转角 α 一般可取 45°。$s_1 + s_2 \geqslant h_1$，$s_1 + s_2 = s_3 = l_1 \sin\alpha + s_0$，超前量 $s_4 \geqslant h_2$，$s_4 = l_2 \sin\alpha - s_0$，$s_0 = l_2 \sin\beta$，$l_2 = s_0 + s_4/\sin\alpha$。

232. 斜楔拉钩式二次顶出的机构和原理如何？

斜楔拉钩式二次顶出机构，如图 8-80 所示。

1）安装在二次顶出底板 2 上的拉钩 6 通过柱销 7 将二次顶出底板 2 与一次顶出底板 3 拉合在一起。

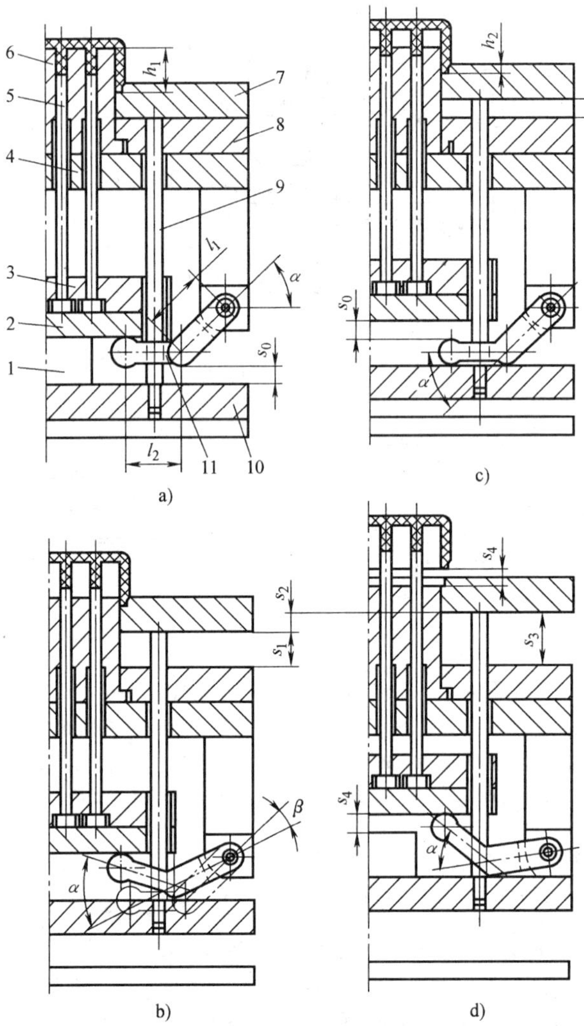

图 8-79 八字摆杆式顶出机构

1—定距块 2—二次顶出底板 3—顶杆固定板 4—支承板 5—顶杆 6—凸模
7—动模型板（动模侧） 8—凸模固定板 9—顶杆 10——次顶出底板 11—摆杆

2）开模后，注射机顶杆 4 驱动二次顶出底板 2 和顶杆 15 开始运动，一次顶出底板 3 通过推杆 10 驱动凹模型板 11 与顶杆同步运动，使塑件与型芯 13 脱开，实现第一次顶出。

3）继续开模，斜楔 12 迫使二个拉钩脱开柱销 7，一次顶出底板 3 不再运动，单独顶出二次顶出底板和顶杆 15，使塑件脱落，其公式如下：$l_1 \geqslant h_1 \quad l_2 \geqslant h_2 \quad L = l_1 + l_2$。

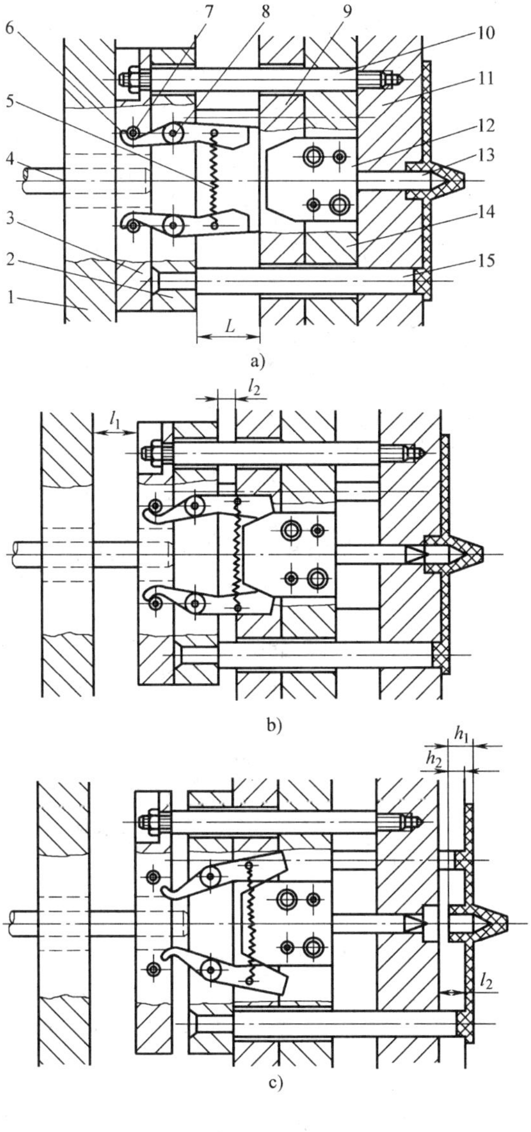

图 8-80　斜楔拉钩式二次顶出机构

1—动模座　2—二次顶出底板（兼顶杆固定板）　3——次顶出底板　4—注射机顶杆　5—拉簧　6—拉钩　7—柱销　8—转销　9—支承板　10—推杆　11—凹模型板（动模侧）　12—斜楔　13—型芯　14—型芯固定板　15—顶杆

233. 卡爪式二次顶出机构如何？

卡爪式二次顶出机构的工作原理，如图 8-81 所示。

1）卡爪 5 通过转销 6 与一次顶出底板 4 相连，合模状态时，二次顶出动作

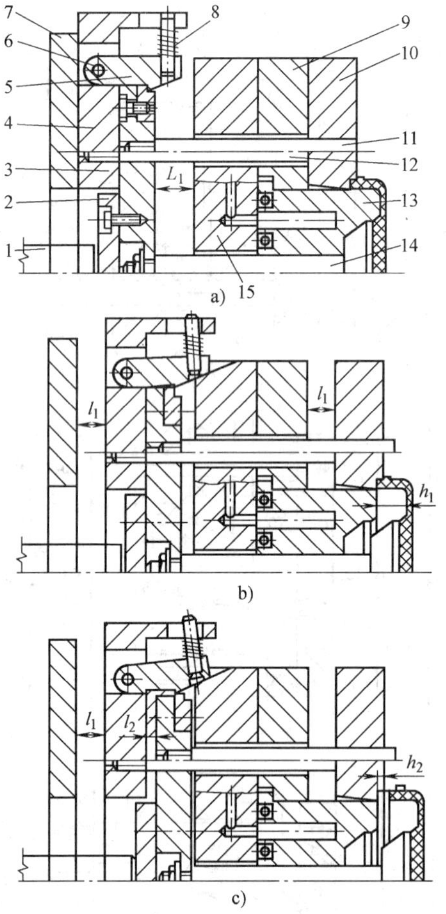

图 8-81　卡爪式二次顶出机构

1—注射机顶杆　2—二次顶出底板　3—顶杆固定板　4——次顶出底板　5—卡爪
6—转销　7—动模座　8—卡爪压紧装置　9—凸模固定板　10—动模型板（动模侧）
11—复位杆　12—推杆　13—动模芯　14—顶杆（顶盘）　15—支承板

前，在卡爪压紧装置 8 的作用下，使一次顶出底板 4 与二次顶出底板 2 连在一起。

2）注射机顶杆 1 转动二次顶出底板 2 和顶杆 14，推杆 12 与动模型板 10 同步运动，顶出塑件，使动模芯 13 与塑件脱开，完成第一次动作。

3）继续开模，动模支承板的斜面将迫使卡爪向外转动，使得一次顶出底板 4 与顶杆固定板及二次顶出底板 2 之间脱开，动模型板 10 停止运动，在注射机顶杆的作用下，使二次顶出底板继续运动，在顶杆 14 的作用下将制品顶出，顶出与制品高度的关系如下：$l_1 \geqslant h_2 \quad l_2 \geqslant h_2 \quad L_1 = l_1 + l_2$。

234. 斜楔滑块式二次顶出机构如何？

斜楔滑块式二次顶出机构的工作原理如图 8-82 所示。

1）开模一定距离后，推顶装置将推动顶杆底板 12，同时驱动顶杆 9 和动模型板 7，使塑件与动模芯脱离，实现第一次顶出动作。

2）在继续动作时，斜楔 6 同时推动滑块 4，向模具中心移动，推杆 2 会坠落在滑块 4 的圆孔中，动模型板 7 停止运动，而顶杆 9 继续运动，最终实现把塑件从动模型板中顶出。

3）滑块依靠压缩弹簧复位。其计算公式如下：$l_1 \geqslant h_1 \quad l_2 \geqslant h_2 \quad L = l_1 + l_2$。

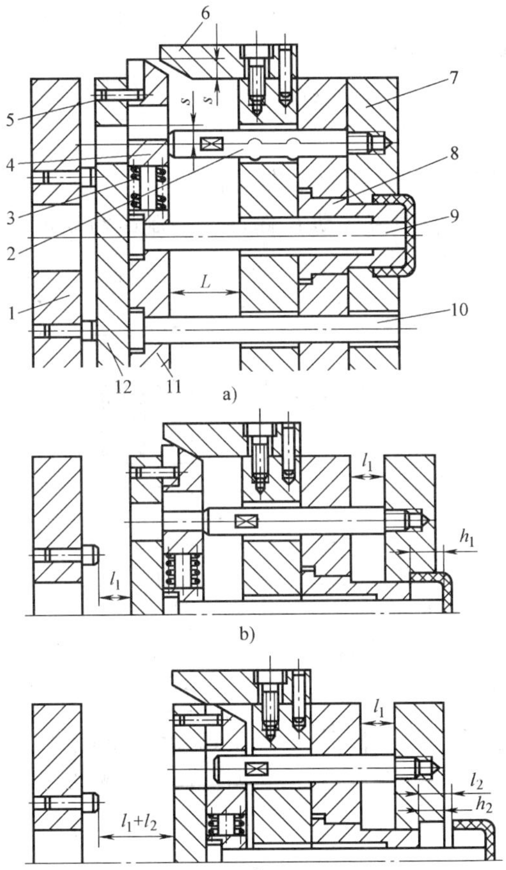

图 8-82　斜楔滑块式二次顶出机构

1—动模座　2—推杆　3—压簧　4—滑块　5—限位销　6—斜楔　7—动模型板　8—凸模 $l_1 \geqslant h_1$　$l_2 \geqslant h_2$　$L = l_1 + l_2$　9—顶杆　10—复位杆　11—顶杆固定板　12—顶杆底板（兼滑块支承板）

235. 凸块拉杆式二次顶出机构如何？

凸块拉杆式二次顶出机构工作原理，如图8-83所示。

1）开模分型后，拉杆3带动推板4，开始一次顶出运动。之后，拉杆在凸块1的作用下与推板4脱离。

2）二次顶出运动由推顶装置完成。

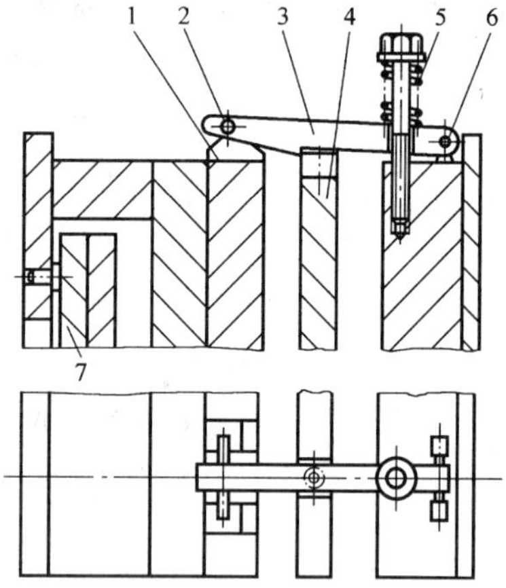

图8-83　凸块拉杆式二次顶出机构

1—凸块　2—长销　3—拉杆　4—推板　5—弹簧　6—销轴　7—顶杆底板

236. U形限制架式二次顶出机构和原理如何？

U形限制架式二次顶出机构工作原理，如图8-84所示。

1）两个对称摆杆5和14用转动销轴1固定在顶杆底板3上，并受固定在动模座16上的U形架15限制。

2）开模后，两个摆杆通过固定在动模型板9上的柱销12，推动该型板移动l_1距离，使制品与动模10脱开，实现第一次顶出动作。

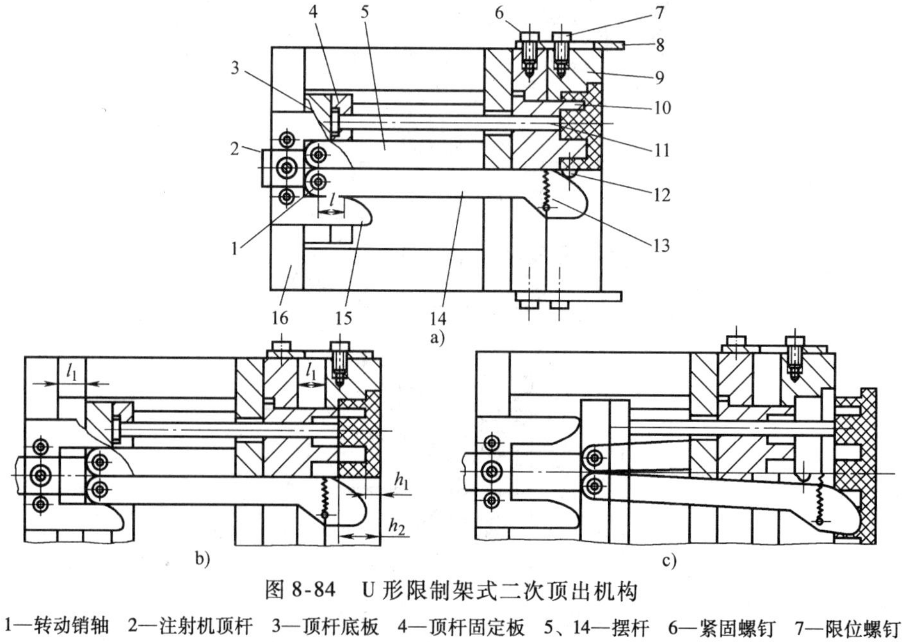

图8-84　U形限制架式二次顶出机构

1—转动销轴　2—注射机顶杆　3—顶杆底板　4—顶杆固定板　5、14—摆杆　6—紧固螺钉　7—限位螺钉　8—拉杆　9—动模型板　10—动模　11—顶杆　12—柱销　13—拉簧　15—U形架　16—动模座

3）拉杆8会通过限位螺钉7阻止动模型板继续运动，与此同时两个摆杆也不受U形架限制，在柱销12的作用下，向外张开。顶杆11继续作用将制品从动

模型板 9 中顶出。

4）合模时依靠弹簧复位。

237. 拉钩双脱模机构和顺序脱模机构如何？

动、定模都需要顶出脱模机构的称为双脱模机构。

有些塑件需先定模分型，然后再使动、定模分型，最后才顶出制品，这类机构称为顺序脱模机构。在这种情况下，总装图上要标明开模顺序，用罗马字母标准。

拉钩压板式双脱模机构工作原理，如图 8-85 所示。

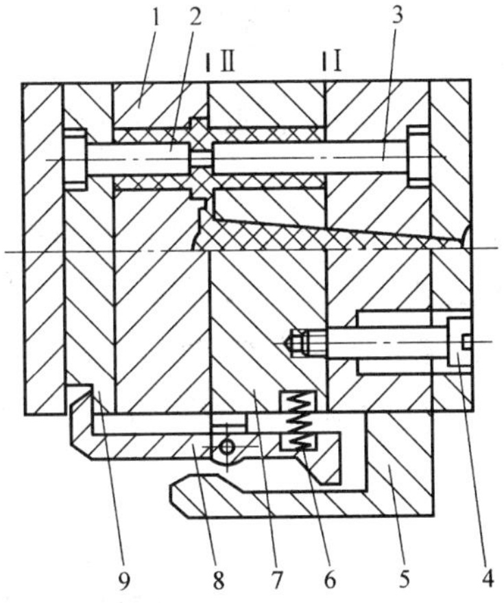

图 8-85　拉钩压板式双脱模（顺序脱模）机构

1—凹模型板　2—动模型芯　3—定模型芯　4—定距螺钉　5—压板　6—弹簧　7—定模中间板　8—拉钩　9—动模型芯固定板

1）利用弹簧 6 使安装在定模中间板 7 上的拉钩 8 钩住动模型芯固定板 9，保证分型模开模时先打开分型面Ⅰ，使制品留在动模这一侧。

2）开到定模时，压板 5 迫使拉钩 8 脱离动模型芯固定板 9。

3）顶出装置顶动凹模型板 1，使塑件顶出。

238. 拉钩滚轮式双脱模顶出机构如何？

拉钩滚轮式双脱模顶出机构工作原理，如图 8-86 所示。

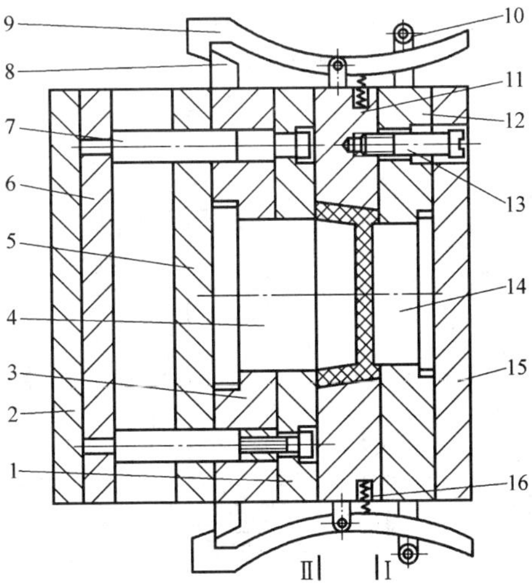

图 8-86　拉钩滚轮式双脱模（顺序脱模）机构

1—推板　2—动模座　3—动模型芯固定板　4—动模型芯　5—支承板　6—推杆底板　7—推杆　8—挡块　9—拉钩　10—滚轮　11—定模型板　12—定模型芯固定板　13—定距螺钉　14—定模型芯　15—定模座　16—压簧

1）定模型板 11 通过定距螺钉 13 安在定模一侧，合模状态下拉钩 9 钩住动模板的挡块 8，迫使从Ⅰ分模，使定模板从定模型芯 14 上脱下，保证塑件留在动模一侧，当定模分型达到一定时间，定距螺钉 13 限位起作用，定模型板停止运动。

2）在完成上述动作的同时，滚轮 10 压迫拉钩 9 脱离挡块 8。

3）顶出装置作用顶出机构（零件 7、6、1）将制品顶出动模型芯。

239. 定模侧顶出制品的脱模机构如何？

定模侧顶出制品的脱模机构，如图 8-87、图 8-88 所示。

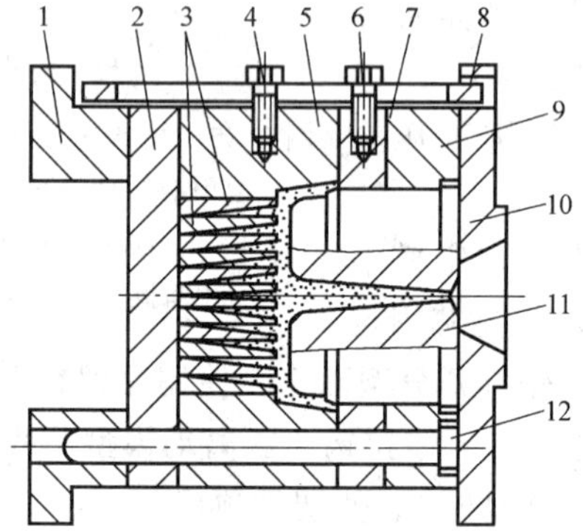

图 8-87　定模侧设有顶出脱模机构的注射模

1—动模座　2—支承板　3—成型镶块　4—拉板紧固螺栓　5—刷体凹模　6—定距螺栓　7—脱模板　8—拉板　9—定模板（凸模固定板）　10—定模板　11—凸模　12—导柱

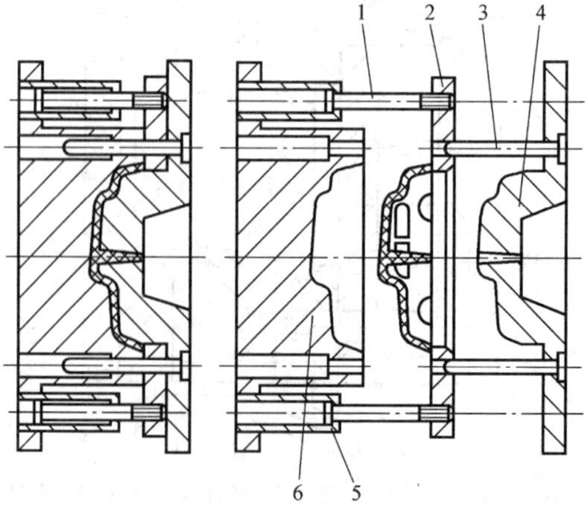

图 8-88　顶出脱模机构设置在定模一侧

1—拉杆　2—推板（脱模板）　3—定模导柱　4—凸模　5—拉杆套　6—凹模

某些制品有特殊要求或受形状限制，会将制品故意设计在定模侧，在这种情况下，必须设置定模的脱模机构，可采用拉板拉杆、链条等传动机构与动模相连。

240. 定模浮块脱模机构如何?

模具开模的时候，通过强脱机构 33 的作用，拉动浮块 13，再经弹簧 11 和弹簧导滑座 12 的作用使浮块浮出，完成侧向抽芯动作，如图 8-89 所示。

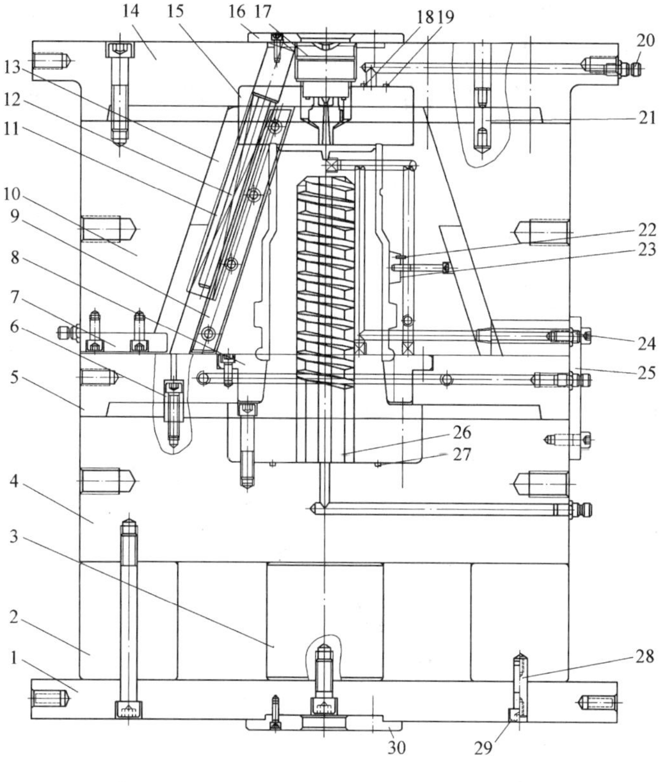

图 8-89　定模浮块脱模机构

1—动模底板　2—模垫铁　3—支承柱　4—动模板　5—脱料板　6—限位螺钉　7—限位块　8—脱料板镶块　9—导向条　10—定模外框　11—弹簧　12—弹簧导滑座　13—浮块　14—定模盖板　15—斜导柱固定镶块　16、30—定位圈　17、29、39—内六角螺钉　18—喷嘴　19、27—密封圈　20—冷却水嘴　21、28—圆柱销　22、23—浮块冷却水嘴　24—拉板螺钉　25—拉板　26—动模冷却水芯

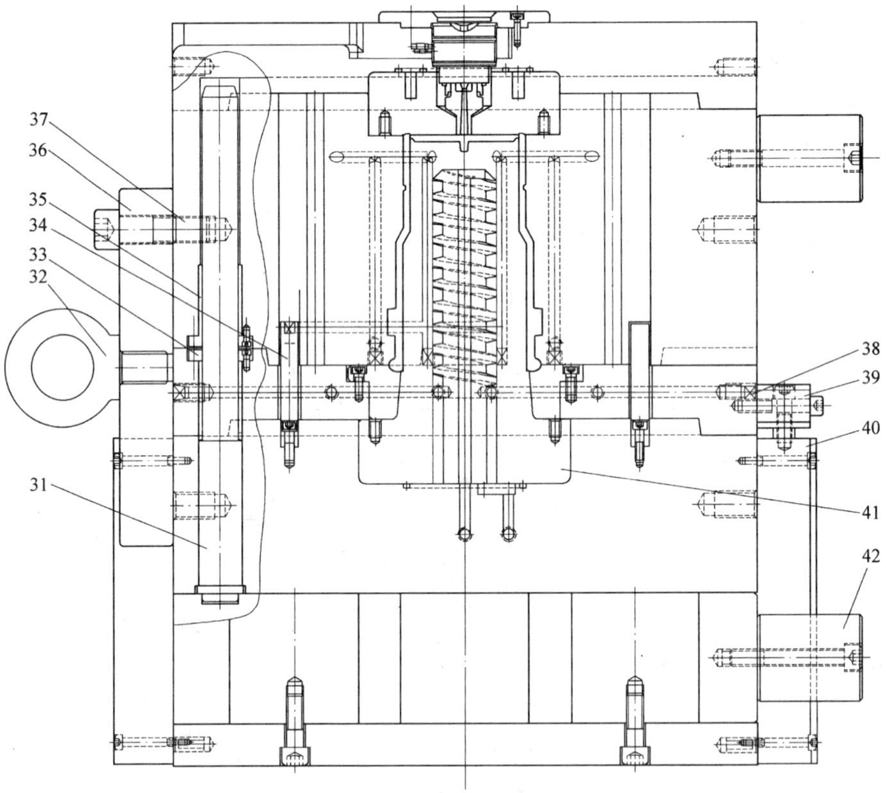

图 8-89　定模浮块脱模机构（续）

31—导柱　32—吊环　33—动外框导套　34—强脱机构　35—定模外框导套　36—起吊块
37—起吊块螺钉　38—水堵头　40—液压缸　41—动模芯　42—护脚

第九章　注射模具的先复位机构设计

241. 在什么情况下必须做先复位机构？

当选用斜导柱在定模的滑块抽芯机构时，滑块底部下面有顶杆（合模时会产生干涉），必须要有先复位机构，否则就要发生干涉，如图 9-1 所示。

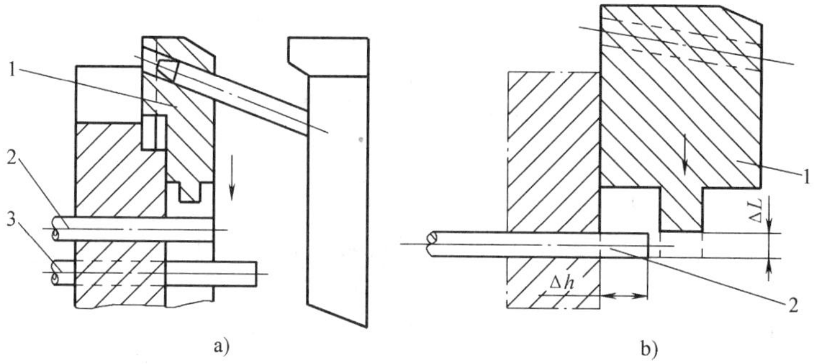

图 9-1　滑块与推杆的干涉

a）发生干涉　b）不发生干涉

1—滑块　2—推杆　3—回程杆

242. 常见的典型先复位机构有哪些？

常见先复位机构有弹簧先复位机构、楔块先复位机构、摆杆先复位机、斜面先复位机构、偏转杆先复位机构、连杆先复位机构、推板先复位机构、标准件顶板强制先复位机构、斜导柱滑块先复位机构、顶板拉回先复位机构结构、国外的“STRACK”先复位机构、液压缸先抽芯先复位机构。

243. 弹簧先复位机构如何？

弹簧先复位机构，如图 9-2 所示。侧向型芯滑块 1 安装在定模部分（可在定模中间板 4 上滑动）。开模时，在弹簧 7 作用下，定模首先从 Ⅰ 处分型，斜导柱 2 驱动滑块向外抽芯，当抽芯动作完成时，定距螺钉 8 钩住凹模侧板 6 使其不能再随动模运动；继续开模，动、定模从 Ⅱ 处分型，塑件随凸模 3 脱出凹模保持在动模一侧，然后由脱模板 10 推出脱模。这种结构受弹簧尺寸和弹簧力限制，适用于抽拔距和抽拔力不大的场合。

244. 楔块先复位机构如何？

楔块先复位机构，如图 9-3 所示。在动模支承板与推杆固定板之间设置楔形滑块。合模时，定模边的楔杆 2 首先推动楔块 3 向内移动，迫使推杆 4 先行复位。

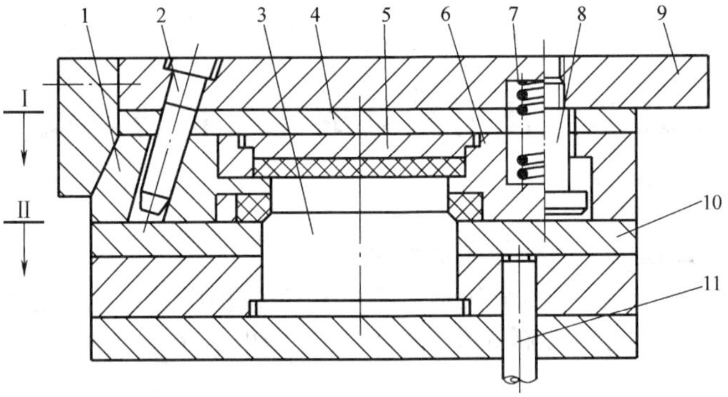

图 9-2　弹簧先复位机构

1—侧向型芯滑块　2—斜导柱　3—凸模　4—定模中间板　5—凹模底板　6—凹模侧板　7—弹簧　8—定距螺钉　9—定模底板　10—脱模板　11—推杆

245. 摆杆先复位机构如何？

摆杆先复位机构，如图 9-4 所示。在动模支承板与推杆固定板之间设有摆杆 2，合模时，固定在定模边的推杆 1，首先驱动摆杆 2 转动，从而迫使顶杆 3 先复位。

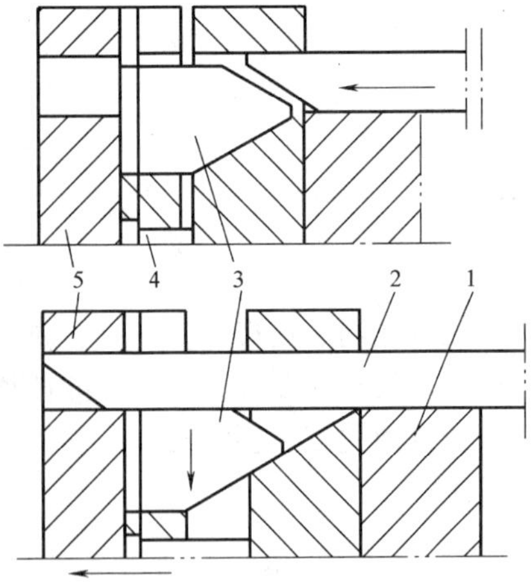

图 9-3　楔块先复位机构

1—定模板　2—楔杆　3—楔块

4—推杆　5—推杆固定板

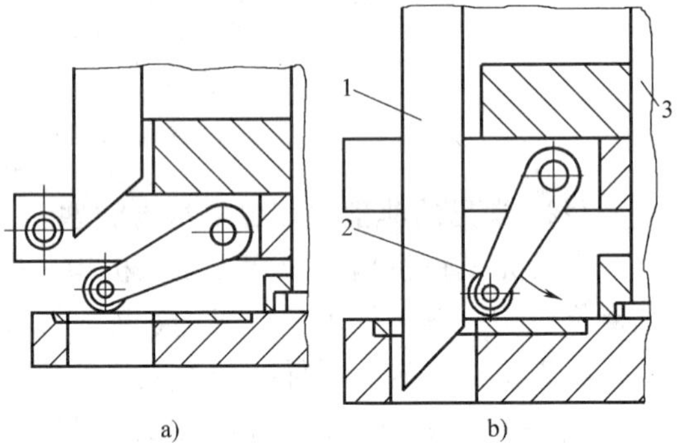

图 9-4　摆杆先复位机构

a) 开模状态　b) 合模状态

1—推杆　2—摆杆　3—顶杆

246. 斜面先复位机构如何？

斜面先复位机构，如图 9-5 所示。推杆 1 端部的 45°斜面推动杠杆 2 的外端，推杆的内端由于顶在塑模的支承板 5 上而推动顶杆固定板 3，当推杆的斜面离开杠杆时，顶杆 4 完成复位动作。

247. 偏转杆先复位机构如何？

偏转杆先行复位机构，如图 9-6 所示。合模时，偏转杆 1 对着凸块 3，迫使

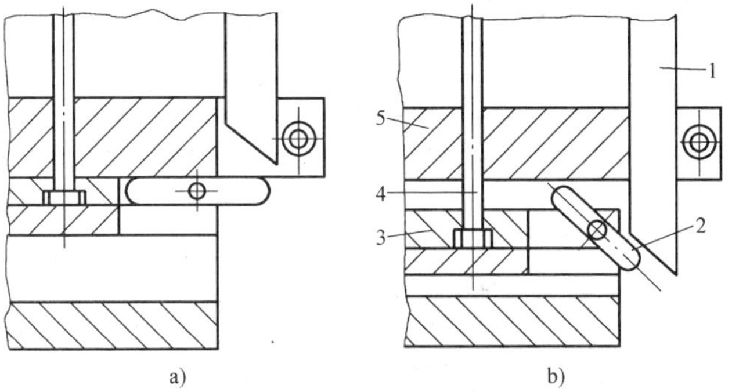

图 9-5　斜面先复位机构
a）开模状态　b）合模状态
1—推杆　2—杠杆　3—顶杆固定板　4—顶杆　5—支承板

顶杆固定板先复位，偏转杆的斜面迫使滚轮运动，使之离开凸块 3。图 9-7 所示为偏转杆向外侧偏转的机构。

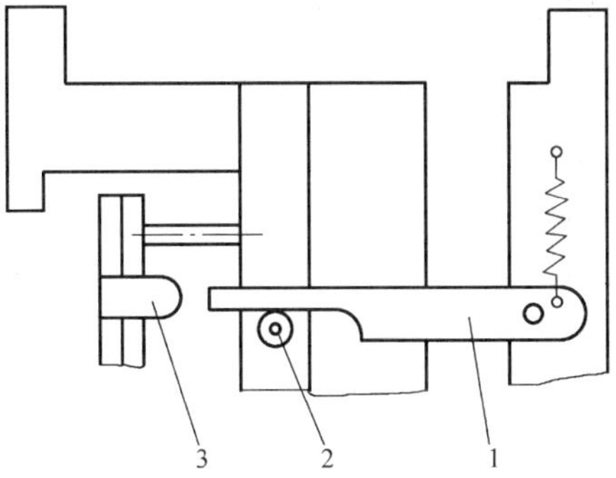

图 9-6　偏转杆先行复位机构
1—偏转杆　2—滚轮　3—凸块

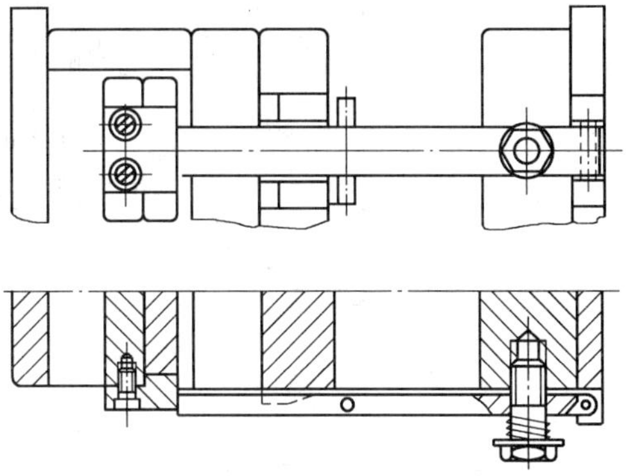

图 9-7　偏转杆向外侧偏转的先复位机构

248. 连杆先复位机构如何？

连杆先复位机构，如图9-8所示。连杆装在模具两侧的推杆固定板和支承

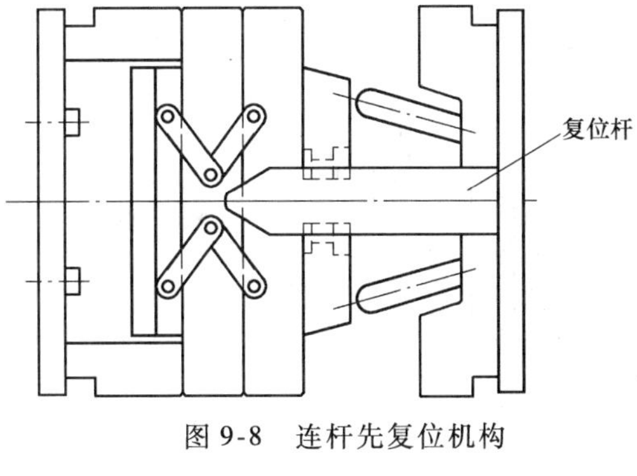

图 9-8　连杆先复位机构

板之间，合模时复位杆插入两连杆之间，迫使连杆伸直而驱动顶杆固定板先复位。

249. 标准件顶板强制先复位机构如何？

标准件顶板强制先复位机构，如图 9-9 所示。顶板早回装置的运动原理，如图9-10所示。

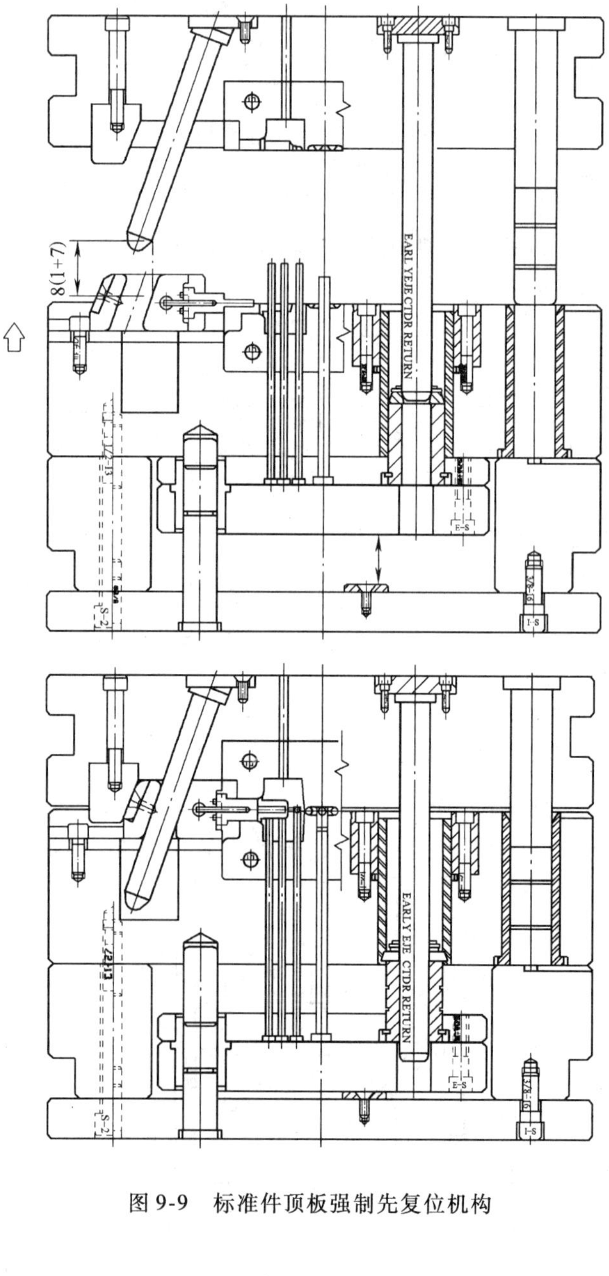

图 9-9　标准件顶板强制先复位机构

早回装置为内置式，占用空间较小且便于安装，即使顶杆的顶出行程较大，亦可完全实现早回作用。为便于使用，组成的零件可单独指定长度尺寸，其中导套长度指定为 5mm，复位推管长度指定为 0.5mm，复位推杆长度指定为 0.01mm。该装置亦可作为二次顶出装置使用。

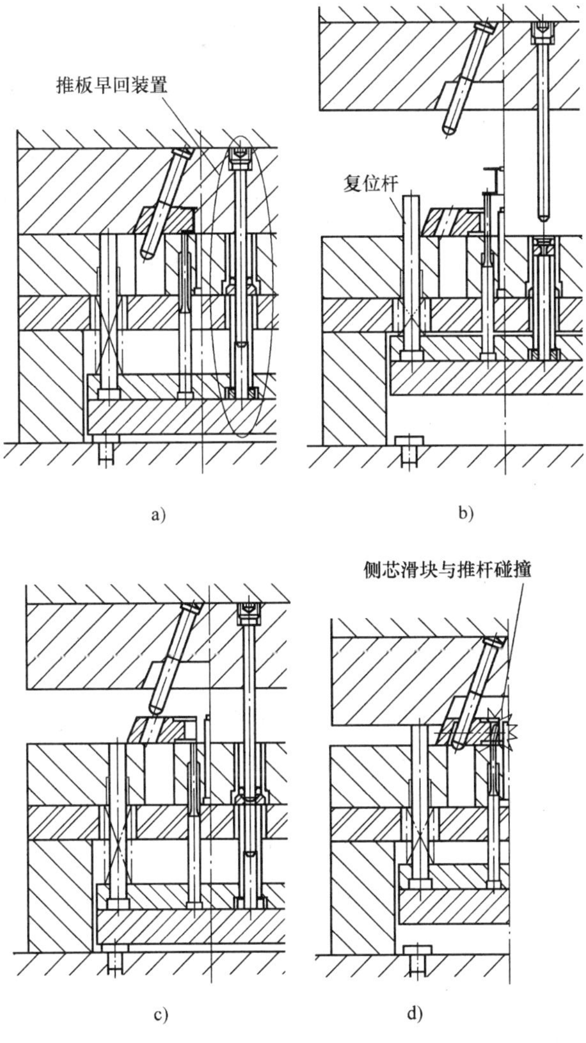

图 9-10　顶板早回装置的机构原理

a）合模　b）顶板顶出　c）、d）合模过程中

推板先复位机构的工作原理，如图 9-11 所示。复位杆插入弹性套内，顶板早回装置先于复位杆将顶板完全复位，斜导柱再插入滑块，从而防止侧芯滑块和顶杆之间发生碰撞。

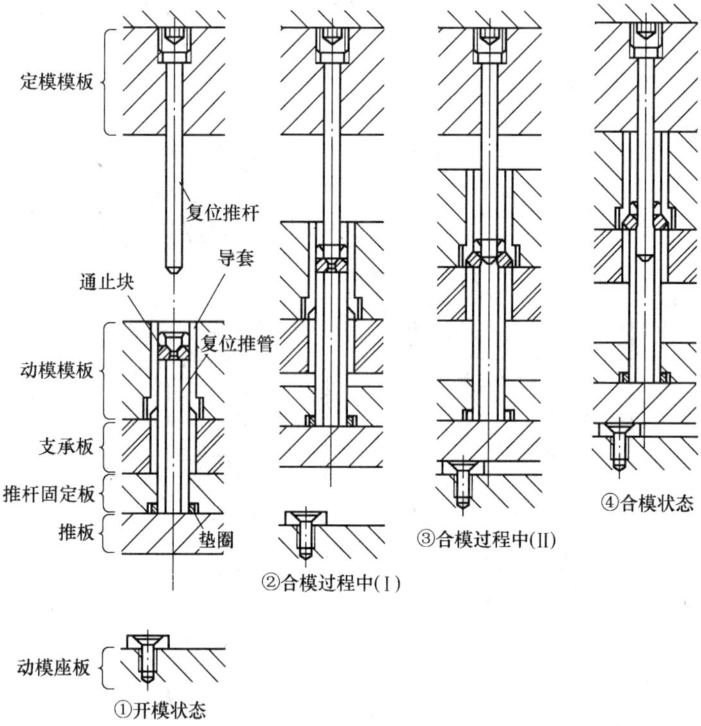

图 9-11　推板先复位机构

开模状态中，推板处于顶出位置，此时通止块受导套挤压处于闭合状态。

合模过程中（Ⅰ），随着动模模板的移动，处于闭合状态的通止块受到复位推杆的推力，带动复位推管，使推板复位。

合模过程中（Ⅱ），当推板即将到达起始位置时，通止块也运动至导套底部，在复位杆的推挤作用下，通止块向外打开。

合模状态中，通止块打开后，复位推杆进入复位推管，在不影响推板的情况下继续运动，直至完全合模。

250. 顶板拉回先复位机构如何？

顶板拉回先复位机构，如图 9-12 所示。

1）当复位弹簧不采用时，用此结构（国外很多模具采用）。

2）≥375t 时，采用螺杆拉回。

251. 德国 STRACK 先复位机构如何？

STRACK 先复位机构，如图 9-13 所示。

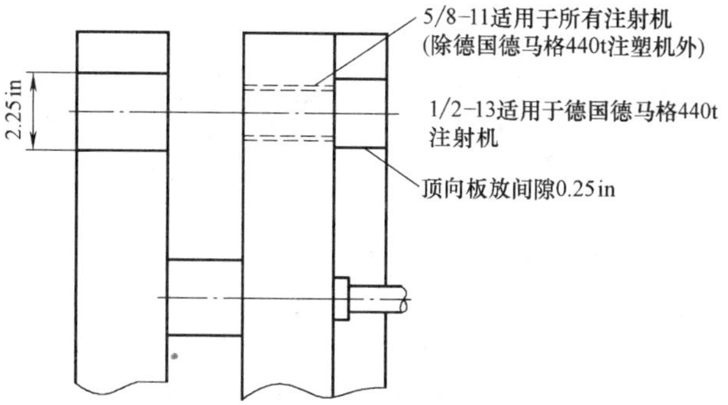

图 9-12　顶板拉回先复位机构

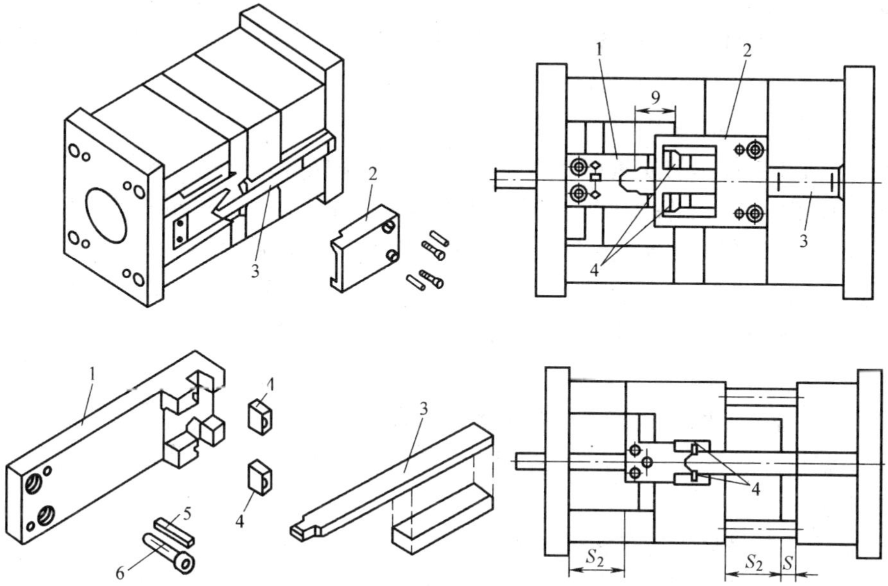

图 9-13　复位机构（STRACK）

1—座板　2—导滑板　3—先复位杆　4—滑块　5—定位销　6—内六角螺钉

第十章　注射模具的制造、工艺和装配

252. 注射模具工应掌握哪些知识？

1）应掌握机械制图的正投影原理和画图的有关知识，以及机械制图现行的国家标准。

2）了解注射模具的设计要求；了解主要零部件的典型结构原理、作用和装配调整方法、配合及技术要求；了解模具标准与标准件的选用；熟悉注射模具的主要技术性能和主要功能零件的作用。

3）了解模具的制造过程、模具工艺规程知识；清楚模具零件的加工工艺过程、基准面的选择、工件的定位误差及装夹知识。

4）清楚模具的装配工艺、总装程序及各项精度的检查、试验方法（包括试模）；了解注射模具的质量和装配要求；掌握高难度模具的加工和装配后的质量检查与校正方法；了解模具、夹具的装配质量、加工精度与使用寿命的关系。

5）掌握常用精密量具、仪器的使用调整和维护保养方法。

6）掌握塑料的成型特性、注射成型工艺和塑件成型缺陷的原因及判断。

7）掌握模具钢材性能和选用；掌握有关热处理知识，如调质、正火、氮化等作用和目的。

8）掌握平面磨、数控铣、线切割、电火花加工、抛光与研磨等工艺与装备的有关知识。熟悉钳工、钻床、砂轮机、起重等设备的安全操作规范及安全用电生产知识。

253. 注射模具工应掌握哪些技能？

1）掌握钳工各项基本操作技能（划线、錾削、锉削、钻孔、锯削、扩孔、锪孔、铰孔、攻螺纹、套螺纹、矫正、变形、刮削、研磨、抛光和简单的热处理等）。

2）能看懂三视图、总装图，会一般注射模具的设计，并能够使用 CAD 测绘复杂零件的工作图和一般模具的总装图。会用 Pro/E 或 UG 等软件查阅塑件和模具的结构、零件的有关尺寸。

3）根据模具技术要求，会编制零部件加工工艺及模具装配工艺。

4）掌握模具零部件、电火花成型电极的加工制作；掌握（大型、精密、复杂）模具的装配、调整和修复及试模方法，使质量达到图样要求。

5）基本能解决塑件的注射成型缺陷。

6）模具生产的估工。

7）使用相关的应用设备，如合模机、起重设备、电火花线切割设备、电火花成型设备、平面磨设备及钳工工具等。

8）能看懂英语注塑模术用语，并能用英语与客户直接交谈。

254. 怎样看模具装配图？

在设计零件模具结构及总装以及技术交流中，都会遇到读装配图的问题。读模具装配图的目的，是为了搞清模具主要结构、零部件的性能、工作原理、装配关系。读图的方法是灵活的，步骤可以不同，但必须事先知道注射模具的总装图有哪些习惯画法，注意三个共同性的问题，即零件之间的定位关系，浇注、顶出、抽芯系统的动静关系和各系统结构内外层次的遮挡关系。

（1）概括了解　先看标题栏内容，结合总装图的序号、明细表的内容等，再看模具结构及总装图的技术要求内容。了解工作原理及各系统关系。

1）确定是第一角画法还是第三角画法。

2）了解塑件名称、基本外形和内部结构；了解塑料的种类和性能、特性。

3）模具外形大小，模具结构如何，是二板模还是三板模，是否设有热流道。

4）了解浇注系统的浇口位置、数量、形式。

5）了解动、定模是什么分型面；了解模具的导向和定位结构。

6）了解模具是整体还是镶芯。

7）了解模具温控系统结构怎样。

8）了解有无抽芯机构，结构怎样。

9）了解顶出系统结构和排气怎样。

10）了解模具标准件和热处理要求。

（2）重点分析　分析装配关系，制造难度。分析其余的局部结构。分析配合要求（分析尺寸和零件时，不能截然分开进行）

（3）综合归纳　读懂全图综合各部分结构，建立模具的整体结构概念，知道模具总装的技术要求。

了解模具精度要求。

255. 注射模具设计、制造有哪些特点？

注射模设计制造的特点是三高一低（要求质量高、精度高、寿命高、成本低）和生产周期短。

1）注射模具大多数为单件生产，完全一样的模具极少，所以设计难度大。因此，不同的模具要求采取不同的工艺。

2）模具生产制造周期较短，同客户签订合同后，要求模具设计、采购、制造工艺、管理同步加快完成。

3）模具的设计与制造主要依靠设计人员的经验、工艺人员的技巧和工人的技能。

4）型腔（芯）呈立体型面。塑件的外形和内部形状是由模具的型腔（芯）直接成型的，型腔（芯）的形状是塑件形状的复映，这些复杂的立体形状加工难度比较大，特别是不通孔型内成型表面加工，采用通用机床加工时，不仅要求工人技术高、辅助工夹具及刀具多，而且加工周期长。

5）精度要求高。塑料模具的型腔（芯）尺寸精度一般为IT8～IT9级，精密塑件模具的型腔（芯）尺寸精度为IT6～IT7级，配合部分精度为IT7～IT8级，为了提高模具的使用寿命，成型零件还需进行淬火。因此塑料模具加工中，成形磨削、电加工等精密加工占的比例较大。

6）表面质量要求高。型芯的表面粗糙度一般为$Ra0.8\mu m$左右，型腔有镜面要求的表面粗糙度为$Ra0.04\mu m$以下。为达到要求，型腔（芯）经精加工后必须经过严格的研磨、抛光处理。目前多数采用手工研磨和抛光，其手工加工的比例约占整副模具加工量的20%～30%。精密塑件的模具，由于多为镶拼结构，手工加工量约为10%左右。

7）工种多、工序多、工艺流程长，生产过程中需要很多高精度的专用设备。为了保证相互之间的形状和位置精度，需要采取配制的方法进行加工。其加工方法包括：成形铣削、成形磨削、电火花成形、孔加工、热处理与表面强化、抛光与研磨等精密加工。

8）模具设计利用CAD技术，配有高速数字化控制（NC）和计算机数控（CNC）的机床在模具制造中被广泛应用。

9）寿命要求高。使用寿命一般要求在10万～50万次，有的要求50万～100万次。

10）模具成型技术涉及设备性能、材料性能、工艺条件、温度、压力和生产环境等诸多因素，因此很难进行过程控制。这些都是造成模具制造成本高的原因。

11）多个塑件装配的位置、装配时尺寸和有关要求之间往往有牵连影响，有时需要调整。另外若通过试模后发现模具自身存在问题要给予修整、试模直至塑件和模具合格为止。

256. 何谓注射模生产周期？影响注射模生产周期的因素有哪几方面？

（1）注射模的生产周期

所谓注射模的生产周期，是指从接受模具订货之日算起，直到模具试模鉴定合格后交客户，所使用的时间。显然，生产周期长短是衡量一个企业发展程度和技术水平的标志之一。在市场竞争日趋激烈的今天，使用注射模的单位要求能尽快得到所要求的模具，将新产品尽快地推向市场。

（2）影响模具生产周期的关键因素

1）技术人员的设计能力。①设计周期的长短、设计标准是否熟悉、模具结构是否优化、工艺是否正确等；②电脑的配置是否合理，所使用的软件功能是否全面、技巧是否熟练以及是否有标准件库。

2）模具企业的专业化程度。因注射模塑件类型较多，如家用电器（电视机、电冰箱、空调、洗衣机）、文化用品、汽车零件的装饰件等。企业生产自己最熟悉的模具，就能缩短模具生产周期。

3）模具生产技术手段的现代化程度。“工欲善其事，必先利其器”！企业的金加工设备是否先进，特别是数控机床、高精度的电火花机床、慢走丝线切割机床，有了这些现代化的加工手段，对缩短生产周期有很大的作用。

4）企业的管理水平。①项目经理的管理能力对缩短模具生产周期有很大的影响；②有的企业已用 ERP、PMS、EM 信息化管理，应用先进管理手段对缩短模具生产周期起到事半功倍的作用。

5）模具技术的标准化程度。如应用商品化的标准件、通用件（模板、模座、导柱、导套）等程度较差，从而加长了模具生产周期。

6）模具工及金加工的工人素质和技术水平高低。

7）原材料和标准件的采购时间长短。

8）工资报酬的体制是否优越，能否调动员工积极性、主动性。

9）塑件的精度、模具的结构复杂程度。

257. 什么叫工艺？什么叫工序？什么叫工位、工步？

（1）工艺的定义

工艺是劳动者借助于生产设备及工具，对各种原材料进行加工或处理，最后使之成为符合技术要求的生产技术。它是人类从生产劳动中得来并经过总结的操作经验。

（2）工序的定义

在工艺过程中，一个（或一个组）工人在一台机床（或一个工作地点）上，对一个（或同时几个）工件所连续完成的那一部分加工过程称为工序。一个零件往往是经过若干个工序才能制成。工序是工艺过程的基本组成部分，并且是生产计划的基础。

（3）工位、工步的定义

1）一次安装后，工件在相对机床所占的每一个位置上所完成的那一部分加工过程称为工位。

2）当加工表面、切削刀具和切削用量中的转速和走刀量均保持不变的情况下所完成的那一部分工艺过程，称为工步，即指完成工艺、工序的一部分，切削用或装配时的连接。其特征是加工表面均保持不变。

258. 什么叫生产过程？注射模具生产过程是怎样的？注射模具制造工艺流程如何？

（1）生产过程

由原材料到成品之间的全部劳动过程的总和称为生产过程（产品的生产过程通常由主要过程和辅助过程两部分组成）。生产过程包括原材料的运输和保管、生产准备、制造毛坯、机械加工、装配、检验、试车、油漆和包装等。

（2）模具生产过程

模具生产过程可分为模具与工艺设计、生产准备与加工、装配与试模三个阶段。这三个阶段的工作分别在技术部门、生产管理部门、车间进行，具体分解如下。

1）承接模具订单，与客户签订技术协议合同，客户资料评审。

2）设计。根据客户提供的资料和要求完成模具结构图、3D 造型、2D 图样的设计，编制好加工工艺。完成结构图设计评审、零件图审查、材料清单审查。

3）原材料准备。根据设计要求采购模架（模板）、动定模材料、标准件、辅助材料等，并进行入库检验。

4）零部件加工、电极加工及检验、工装和金加工机床设置。零件加工主要内容为进行模具零件的半精加工和精加工，工种有划线、锯、刨、钻、车、铣、磨等。把模具零件用普通切削机床（摇臂钻、平面磨、台钻、铣床等）加工，如必要，可在数控机床、深孔钻和电火花线切割机床、电火花成形机床加工等。

5）表面精加工。对型腔进行研磨、抛光。

6）热处理。氮化或淬火。

7）装配调试。钳工修配、研磨、抛光、钻孔、攻螺纹等部件装配、总装和质检。

8）试模。试模前的准备工作（包括领料、烘塑料、安排注射机的注射工艺审查）、试模。

9）检验。分别检验塑件的外观、尺寸精度和模具质量。

10）修整。对发现有不足之处或有问题处加以修整，再试模直到合格满意为止。

11）包装装箱（总装图、易损件、备件等装入箱内）出厂。

（3）注射模具常规制造工艺流程

注射模具常规制造工艺流程，见图 10-1。

259. 什么叫机械加工工艺规程？编制工艺规程应注意哪三个原则？

（1）机械制造工艺过程

用机械加工方法改变生产对象的形状、尺寸、相对位置和材料性质，使之变为成品或半成品的过程，称为机械加工工艺规程。

（2）编制工艺规程的原则

编制工艺规程的原则是在一定的生产条件下，在保证加工质量的前提下，必须注意以下三个问题：①技术上的先进性；②经济上的合理性；③有良好的工作条件。

260. 编制工艺规程前应具备哪些原始资料？

1）产品图样和验收质量标准。

2）产品的生产纲领（年产量）。

3）毛坯资料，包括毛坯制造方法及技术要求、毛坯图等。

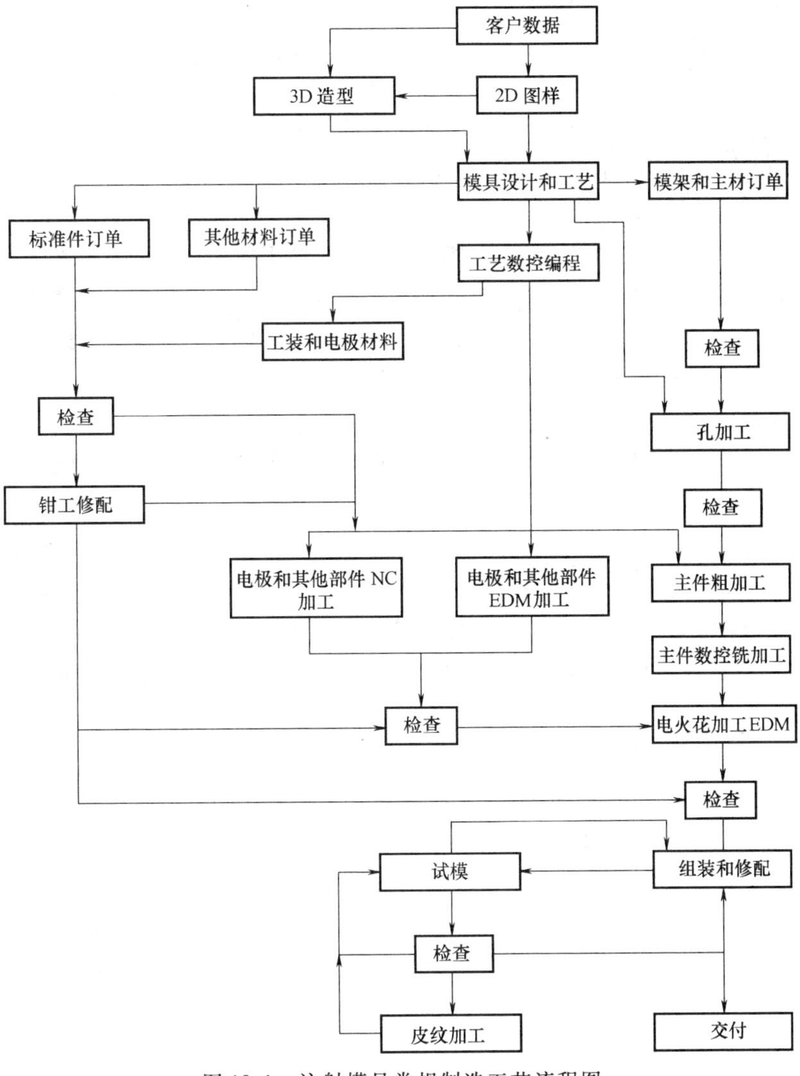

图 10-1　注射模具常规制造工艺流程图

4）现有的生产条件，如加工设备和工艺装备情况、工装制造能力、工人的技术水平、质量控制和检测手段等。

5）国内外同类产品的工艺技术资料。

261. 一般零件机械加工工艺过程包括哪些内容？

1）详细研究产品装配图和零件图，对加工零件进行工艺分析。

2）确定毛坯、选择制造方法。

3）拟定工艺路线、选择定位基准、确定加工方法、划分加工阶段、安排加工顺序和决定工序的内容等。

4）确定各工序的加工余量、工序尺寸及其公差，确定主要工序的技术条件或绘制工序简图。

5）选择确定各工序所使用的机床、刀具、夹具、量具和辅助工具。

6）确定切削用量、工人技术等级及工时定额。

7）确定主要工序技术要求及检验方法。

8）填写工艺文件等。

9）在机械加工工序中穿插安排必要的热处理工序，充分发挥热处理效果。

262. 模具零件质量要求高的加工过程怎样划分？

当零件的加工质量要求较高时，将整个加工过程划分为四个阶段，分别为：

1）粗加工阶段。任务是切除大部分余量，使毛坯在形状和尺寸上尽快接近成品。因此本阶段的主要问题是如何获得高的生产率。

2）半精加工阶段。为主要表面的精加工作好准备，并完成一些次要表面的加工。

3）精加工阶段。保证各主要表面达到规定的质量要求，如分型面等。

4）光整加工阶段。对于精度和表面粗糙度要求特别严的表面，还需进行光整加工，以提高尺寸、形状位置精度和降低表面粗糙度，如型腔面等。

263. 模具零件加工顺序怎样安排？其他非机械加工工序怎样安排？

（1）模具零件工序顺序的安排

1）先粗后精。即先安排粗加工，其次为半精加工，最后安排精加工和光整加工。

2）先基面后其他。即在各加工阶段，总是先把基面加工出来，为其他表面的加工准备好定位基准，然后再加工其他表面。

3）先主后次。即在加工（除基面以外的）其他表面时，先加工零件上质量要求高的工作表面（动模芯、型腔）和有配合要求的表面，后加工非工作表面和无配合要求的表面。要注意在模具、夹具中有些零件上的某些表面必须在装配过程中或装配组合后才能进行精加工。

4）先平面后孔。一般零件上的平面轮廓尺寸都比较大，用做定位基准比较稳定可靠，因此拟订工艺过程时常选平面定位，并先予以加工，后加工模具分型面、台阶。

5）一般模架先加工好，分别攻好模板、动模芯、定模芯的螺纹孔。

6）动模芯、定模芯（型腔）几何形状、尺寸加工好后再加工顶杆孔（有斜孔时先加工斜孔）、冷却水孔（特殊的可先加工冷却水孔）。

7）热处理工序在工艺路线中的安排顺序，主要取决于零件的材料和热处理的目的要求。①为改善金属的组织和加工性能所进行的热处理，如对零件进行退火、正火，多安排在机械加工之前或中间。一般对重要的、要求淬火过程中变形小的零件以及需进行渗氮处理的零件，都在机械加工前作调质处理，以便降低硬度和为以后的热处理做好组织上的准备。经调质处理的零件，热处理常安排在粗加工后、半精加工前；②为消除毛坯制造和机械加工过程中引起的内应力，工艺上常安排时效处理。精度要求不高的零件，只在工艺上考虑粗加工后再精加工。结构较复杂、精度要求较高的零件，粗加工后半精加工前还要安排一次时效处理。对精度要求很高的零件，应安排多次时效处理；③为提高零件的硬度和耐磨性，常需进行淬火、渗碳淬火和氮化处理等。淬火和渗氮工序一般都安排在半精加工后精加工前进行。氮化多安排在精加工成形之后、试模之后进行，对于尺寸（模具）精度要求很高的零件，氮化工序安排在精磨、试模之前。

（2）其他非机械加工工序的安排

1）表面处理工序，如镀铬、油漆等，一般安排在工艺过程的最后。模具表面抛光在试模之前。

2）检验工序通常安排在粗加工结束之后，精加工开始之前；送往外车间加工（特别是热处理）的前后；花费工时多的工序和重要工序的前后；最终加工成完成之后。

3）钳工去毛刺工序安排在检验工序前；热处理工序前；电镀工序前；易于产生毛刺的工序之后等。

4）其他的一些辅助工序，如防锈、清洗、检测可视情况而定。

264. 模具加工工艺的要点是什么？

1）基准的选择。①圆柱件选择轴线为基准；②有台阶的圆柱件选择轴线和面为基准；③三维工件基准，选择三个平面互相垂直的平面为基准。如铣床一般选择工作台左右移动的方向为 X 轴，工作台向前后移动的方向为 Y 轴，刀具上下的方向为 Z 轴；④孔为基准。选择模具零件精确位置的两个孔。

2）设备的选择。设备的本身精度及工作能力。

3）刀具的选择。切削刀具的切削能力。

4）装夹定位要正确。

5）工序要选择最经济的工序周转周期。

6）刀具与工件对刀时要基准重合，并经过试切削后，检查确认无误，才可正式加工。

265. 模具制造的工艺文件有哪些？

模具虽然是单件生产，但是由于它的工艺过程复杂，为了使生产能有秩序地进行，需有必要的工艺文件。根据工艺文件安排作业计划。模具的工艺文件比成批生产要少，一般只需要有每个零件的每副模具工艺过程卡片和工序卡片就够了。个别复杂的模具才需要工艺卡片。

模具制造工艺文件的内容和格式如下：

1）工艺过程卡片，是以工序为单位简要说明产品或零件、部件加工（装配）过程的一种工艺文件。它主要按加工顺序列出所经过的路线（包括毛坯、机械加工和热处理），同时还列出加工内容、设备、工艺装备及时间定额。其格式见表 10-1（这仅是举例，并不是规定的格式）。

表 10-1 工艺过程

模具名称									生产令号						
件数	1 →		2 →		3 →		4 →		5 →		6 →		7 →		完成

这个卡片需填写两项内容：①模具名称；②生产令号（用以辨别这是某副模具的过程卡）。

表中第一列填写这个件号的零件共有几件。第二列以后为各个工序的次序，每列分两个空格。第一个空格写加工工艺种类，如车、铣、电等；第二个空格填写计划工时，最后一列为“完成”，可以填写日期及其他应标注的事项，如“送钳”、“入库”、“转热处理”……这个表上的工时为计划工时，是从工艺卡片中抄过来的，它不包括辅助工时，也不是定额工时，这一点和成批生产不同（成批生产为定额工时）。

2）工序卡片，是根据工艺卡片为每个工序中详细内容，所编制的一种工艺文件格式，见表 10-2。

表 10-2 工序卡

生产令号		件名		件数		材质	
工序	说　明			工时	操作人		验收人
1							
2							
3							
4							
5							

工序依预定的加工顺序依次填写，第二列为各工序加工要求的简要说明，如留下工序余量、达到何种要求等。验收人一般为下工序的操作者，上工序要对下工序负责。下工序认为上工序没有按工艺卡片说明做好，可以拒绝验收。在模具加工上，一般不设工序间的专职检验人员。工序卡片的说明要写关键的、主要的

内容，见表10-3。

表10-3 工序卡片的说明

工序	说明
1	以左下侧为基准，钻四个孔及引刀孔 ϕ10，铣型腔、留余量0.05mm；换刀铣 *R* 角，留余量0.05mm
2	钳装、修配型芯

3）工艺卡片，它是以工序为单位，详细说明整个工艺过程的文件。个别复杂的零件，需要编制工艺卡，工艺卡的格式如表10-4所示。表格上面有两个空格，需填写生产令号和工序号、表格有四列。第一列为工步顺序，第二列为工步做法内容，第三列为使用的机床或重要工具，第四列为操作时的说明、技术提示。

如一副塑料注射模的钳工装配工艺卡片内容，见表10-5。

表10-4 工艺

生产令号			工序	
工步	内容	使用机床	说明	

表10-5 工艺卡片举例

工步	内容	使用机床	说明
准备	全部零件清点齐全		—
静模装配	1. 把导套(件1)压入模板(件20)		用木槌打入时，开始要注意垂直
	2. 装入浇口套(件11)和浇道销子(件12)，用定位环(件10)固定		装入浇道销子时注意，不可使其头部错向
	3. 反转模板，从上面把已经装有导套的浇道板装上		—
	4. 各件装完后把型腔板装在浇道之上。装时要保证导销的运动顺畅		—
	5. 把限位销(件15、17)从侧面装入型腔板，使浇道板在指定距离限位。把件17用扳手旋紧		弹簧(件16)要装入限位销孔内

注：使用机床一栏由加工人员填写。

确定了机械加工工艺过程以后，应以表格或卡片形式将它固定下来，作为指导工人现场操作和用于生产、工艺管理的技术文件，即工艺文件。目前，工艺文件没有统一的格式，但基本内容都是相似的。

266. 如何考虑动、定模型腔尺寸的修正值?

1）留足一定的调整余量。模具的动、定模在配合部位、对接研配部位和调整部位必须要有余量，这个余量称调整余量。

2）根据塑件的尺寸要求来确定动定模的修正余量，如定模内型尺寸先为负值，取下偏差。动模外形的修正值要加大，取上偏差。这样留足足够的修正余量便于改动。

3）零件的修正值要考虑注射模具尺寸公差，要按 DIN 标准表考虑，但要注意在塑件未注公差时，其内孔只允许为正值，不允许为负值。如 ϕ20 的孔，只允许大于 20mm，不允许小于 20mm，哪怕是 ϕ19.99 也是不合格的。轴的长度只允许短，不允许长，轴的直径只允许取负值不允许为正值，其公差值按表查用。

4）模具零件的制造公差应尽量达到塑件公差的中间值，以便在成型件时可以修正。

5）零件的制造尺寸修正值要考虑成型收缩率。

267. 什么叫内应力？如何减少或消除内应力？

1）零件在外载荷去除后，其内部仍存在的应力称为残余内应力，简称内应力。

2）减少和消除内应力的措施。用铸、锻、焊等工艺获得毛坯后，零件在粗加工后都要进行自然时效、人工时效和振动时效处理。在机器零件的结构设计中，尽量减少各部分的壁厚差。尽量不采用冷校直，对于精密件严禁冷校直。机加工过程中，设法减少切削力和切削热。

3）注射模具制造周期较短，在时间上不允许，采用正火工序去除内应力较妥当。

268. 复杂的模具型芯、型腔加工后，为什么要求正火处理？

复杂模具的型芯、型腔由于加工后的落差深度较大，这样材料加工后会产生内应力，如汽车仪表板模具的型腔，在型腔加工以后就会出现底部中间突出。几吨重的模板用两个手指就把它旋转过来，其原因是由于型腔加工后变形。一般要求在型腔、动模粗加工以后，要留有 3~5mm 精加工余量，再进行正火处理，来消除它的内应力后再精加工。在最终的形状和尺寸加工前，应进行去除应力处理，如果不采取去除应力处理，到模具装配时才发现变形，就会更加麻烦，有的尺寸是不允许改动的，模具只能报废；即使允许改动，还需要重新加工，影响交货期。甚至有的模具在使用后会产生裂缝、龟裂，提早失效。在使用后模具产生裂缝，提早失效。

269. 注射模具的动、定模能烧焊吗？为什么？

一副优质模具在制造完工之后，应该没有烧焊现象存在。在设计时要谨慎，制造加工时要精心。模具一般不允许烧焊。因为焊接方法、焊接工艺参数及水平和热处理的方法不一样，烧焊的质量就不一样。烧焊不得当会造成模具裂痕，母体被破坏，模具会提前失效。如果是汽车部件的模具，表面要做烂花或是皮纹的，有可能就会出现单件局部或配套件的色差。因此由于模具制造商设计、加工失误形成差错需改动，在必须要烧焊时，制造商需征求客户同意后才可以烧焊，而且应在图样上要明显标注烧焊区域。在没有征求客户同意的情况下而烧焊，后果自负。

270. 怎样铰顶杆孔？铰孔时废品产生原因及预防？

铰孔的方法：

铰孔是用铰刀去除微量金属层，以提高孔的尺寸程度和表面质量的方法，铰刀有手铰、机铰、可调铰刀三种。

1）铰孔时，铰刀不许倒转。

2）铰孔要用切削液、全损耗系统用油、菜籽油、肥皂水、柴油，若为铸铁、黄铜可以不用切削液。

3）机铰时，要选择适当的切削速度、进给量，铰孔完毕后，必须先把铰刀退出再停车。

4）铰孔时的钻孔、扩孔及最后铰孔的加工余量见表 10-6。

表 10-6 基孔制 IT7 和 IT8 级精度钻孔、扩孔及铰孔工序间的加工余量

（单位：mm）

在实心材料上加工上加工孔						
加工孔径	钻孔	扩孔		铰孔		
				IT7		IT8
		粗	精	粗	精	粗
3	2.9	—	—	—	3	3
4	3.9	—	—	—	4	4
5	4.8	—	—	—	5	5
6	5.8	—	—	—	6	6
8	7.8	—	—	7.96	8	8
10	9.8	—	—	9.96	10	10
12	11.0	—	11.85	11.95	12	12
14	13.0	—	13.85	13.95	14	14
15	14.0	—	14.85	14.95	15	15
16	15.0	—	15.85	15.95	16	16
18	17.0	—	17.85	17.94	18	18
20	18.0	—	19.80	19.94	20	20
22	20.0	—	21.80	21.94	22	22
24	22.0	—	23.80	23.94	24	24
25	23.0	—	24.80	24.94	25	25
26	24.0	—	25.80	25.94	26	26
28	26.0	—	27.80	27.94	28	28
30	15.0	23.0	29.80	29.93	30	30
32	15.0	30.0	31.75	31.93	32	32
35	20.0	33.0	34.75	34.93	35	35
38	20.0	36.0	37.75	37.93	38	38
40	25.0	38.0	39.75	39.93	40	40
42	25.0	40.0	41.75	41.93	42	42
45	25.0	43.0	44.75	44.93	45	45
48	25.0	46.0	47.75	47.93	48	48
50	25.0	48.0	49.75	49.93	50	50

5）钻铰型芯顶杆孔时，为防止孔口有塌角出现，可从背部处钻入并铰孔。

6）铰孔时废品产生的原因及预防方法，见表10-7。

表10-7　铰孔时废品产生原因及预防方法

废品种类	产生原因	预防方法
表面粗糙度达不到要求	1. 铰孔余量太大或太小 2. 铰刀切削刃不锋利 3. 不用切削液或采用不合适的切削液 4. 铰刀退出时反转 5. 切削速度太高 6. 刀槽内切削粘积过多 7. 刀刃上粘有切屑 8. 刀刃上有崩裂、缺口	1. 留必要的铰孔余量 2. 刃磨铰刀 3. 选择适当的切削液 4. 铰刀退出时应顺转 5. 降低切削速度 6. 清除切屑 7. 用油石轻轻将切屑磨去 8. 重新刃磨或更换新刀
孔呈多角形	1. 铰削余量太大，铰刀振动 2. 铰削前钻孔不圆	1. 减少铰削余量或将铰削余量，分2～3次铰削 2. 铰削前先用钻头扩孔
孔径扩张	1. 铰刀与孔中心不重合 2. 铰孔时两手用力不匀 3. 铰铸铁时没加煤油 4. 铰锥孔时没及时用锥销检查，铰的太深 5. 进给量与加工余量过大	1. 钻孔后立即铰孔或采用浮动夹头 2. 注意两手用力平衡 3. 加煤油 4. 铰锥孔时经常用相配的锥销检查 5. 减少进给量与加工余量
孔径缩小	1. 铰刀磨损，尺寸减小 2. 铰刀磨钝 3. 铰铸铁时加了煤油	1. 调节铰刀尺寸或更换新铰刀 2. 刃磨铰刀 3. 不加煤油

271. 怎样计算螺纹底孔尺寸？

1）韧性材料在攻螺纹前，钻底孔的钻头直径可用下面经验公式计算：

$t<1$ 时　　$d_z=d-t$

$t>1$ 时　　$d_z=d-(1.04\sim1.06)t$

式中　d_z——攻螺纹前钻头直径（mm）；

d——螺纹公称直径（mm）；

t——螺距（mm）。

2）对于脆性材料，钻螺纹底孔可用下式计算：

$$d_z=d-1.1t$$

3）攻米制螺纹时，计算公式见表10-8。

表 10-8　米制螺纹计算公式

螺纹公称直径	铸铁与青铜	钢与黄铜
3/16 ~ 5/8in	$d_z = 25\left(d - \frac{1}{n}\right)$	$d_z = 25\left(d - \frac{1}{n}\right) + 0.1$
3/4 ~ 1/2in	$d_z = 25\left(d - \frac{1}{n}\right)$	$d_z = 25\left(d - \frac{1}{n}\right) + 0.2$

注：d_z—攻螺纹前钻头直径（mm）；
d—螺纹公称直径（mm）；
n—每英寸牙数。

272. 钳工装配方法的应用范围和特点如何？用修配法装配时应注意什么？

表 10-9 是钳工装配所应用的几种方法、范围和特点。

表 10-9　钳工装配应用的方法及其适用范围

装配方法	适用范围和特点
完全互换法	配合零件公差之和小于或等于装配允许偏差，零件完全互换。操作方便，易于掌握，生产率高，便于组织流水作业。但对零件的加工精度要求较高。适用于配合零件数较少，批量较大，零件采用经济加工精度制造时采用
不完全互换法	配合零件公差平方和的平方根小于或等于规定的装配允许偏差，可不加选择进行装配，零件可互换。亦有操作方便，易于掌握，生产率较高，便于组织流水作业的优点。同时因公差较完全互换法放宽，较为经济合理。但有极少数零件需返修或更换。适用于零件略多，批量大或零件加工精度需放宽制造时采用
分组选配法	配合副中零件的加工公差按装配允许偏差放大若干倍，对加工后的零件测量分组，对应的组进行装配，同组可以互换。零件能按经济精度制造，配合精度高。但增加了测量分组工作，由于各组配合零件不可能相同，容易造成部分零件的积压。适于成批或大量生产，配合零件数少，装配精度较高时采用
调整法	选定配合副中一个零件制造成多种尺寸，装配时利用它来调整到装配允许偏差；或采用可调装置改变有关零件的相互位置来达到装配允许偏差；或采用误差抵消法。零件可按经济精度制造，能获得较高装配精度。但装配质量在一定程度上依赖操作者的技术水平。调整法可用于多种装配场合
修配法	在某零件上预留修配量，或在装配后再进行一次精加工，综合消除其积累误差。可获得很高的装配精度，但很大程度上依赖操作者的技术水平。适于单件或小批生产，装配精度要求高的场合

修配法装配时的注意事项：

1）应选择易于修配的零件作为修配对象，如导套的修配就比导柱要困难得多，因此，在进行导柱和导套装配时，就应选择导柱为修配对象。

2）对修配件也要规定一个尺寸与公差，不能不加控制，使得既要有足够的修配量，又不要使修配量过大。

3）应选择不影响精度的零件为修配对象，如标准件不能随意修改尺寸。

4）在修配法装配时，应尽量考虑能用机械加工的方法来代替手工修配，提高修配效率。

273. 注射模具应如何装配?

由于注射模具结构繁多，精度要求不一样，所以模具的装配方法也就不尽相同，由于注射模具单件生产，动、定模等零件的装配一般选用调整法为主、修配法为辅。

（1）准备工作

1）组装前应仔细研究分析总装图，了解模具的结构特点和工作性能，了解模具中各零件的作用和它们之间的相互关系、特点及其技术要求，了解配合要求及连接方式。

2）检查核对零件的数量，随后将各个零件仔细清洗干净，再仔细检查主要零件，如型腔的形状和尺寸公差、零部件的配合面及间隙。

3）准备好标准件及相关材料。

（2）注射模具的装配原则和要求

1）正确选定装配基准和装配工艺规程，制定合理的装配方法和装配顺序。装配基准可大致分为：①以注射模中的主要工作零件如型芯、型腔和镶块等作为装配的基准件，模具的其他零件都有装配基准件进行配制和装配；②以导柱、导套或模具的模板侧基面为装配基准面进行修整和装配；③分型面修配要以定模分型面为基准进行配模，不要以动模分型面为基准配模。

2）通过装配调整，使模具达到产品的各方面质量指标，使用过程中的模具动作精度及各项技术均符合要求。模具装配前要检测模具结构零件的尺寸精度，模具成型零件的精度。组成模具的各零件标准尺寸及公差标准一般采用下面介绍的 JIS 零件标准及日本模具工业会规定的数值。表 10-10 表示一般常采用模具的结构精度要求的标准值与适用规格。

表 10-10　模具的结构精度要求

模具零件	零件部位	要　求	标准值及使用规格
型板	厚度	平行度	<0.02/300
	装配总厚度	平行度	<0.1/300
	导柱孔	孔径精度	JIS H7
		动、定模同心	±0.02 以内
		垂直度	<0.02/300
	推杆孔复位杆孔	孔径精度	JIS H7
		垂直度	在配合长度之内小于 0.02
	基准面	平面度	<0.02/300
		平行度	加工面平行度 <0.02/300
		垂直度	相互交叉面 <0.02/300
		表面粗糙度	$Ra6.3\mu m$

（续）

模具零件	零件部位	要　求	标准值及使用规格
导柱	压配合部位直径	磨削	JIS K6、K7、m6
	滑动部直径	磨削	JIS f7、e7
	平直度	不弯曲	<0.02/100
	硬度	调质	55HRC 以上
导套	外径	磨削	JIS K6、K7、m6
	内径	磨削	JIS H7
	内外径关系	同心度	0.01
	硬度	调质	55HRC 以上
推杆	滑动部直径	磨削	2.5～5　$^{-0.01}_{-0.03}$
			6～12　$^{-0.02}_{-0.05}$
复位杆	平直度	不弯曲	<0.1/100
	硬度	调质	55HRC 以上
推板	推杆装配孔	孔位置与型板相同	±0.3
	复位杆装配孔		±0.1
侧型芯	滑动部配合	不阻滞、滑动平稳	JIS H7 e6
	硬度	接触部件中一方淬火	50～55HRC
倾斜杆	杆的直径	磨削	JIS K6
	倾斜角	同安装板的角度	25°以下
	硬度	调质	55HRC 以上
定位圈	外径	与注射机镶板的定位孔匹配	JIS B511 公差 $^{-0.2}_{-0.4}$
	安装螺钉	用两只以上	JIS B1101、JIS 1176，平头螺钉 M8
	表面粗糙度		Ra6.3μm

在模具图上有些尺寸公差未用数值或记号标注，这些公差称为一般公差。但是，这种尺寸公差不适用于成型部位、配合部位、对接研配部位和调整部位。另外，对接研配部位或者需要通过再次磨削进行调整的部位，必须要有调整余量。模具一般尺寸公差与调整余量的尺寸公差，见表 10-11。

（3）模具装配程序和要点

1）各部件、动模和定模分别装配，再总装。

2）装配导向系统，要求开模、合模动作轻快灵活，无晃动和阻滞现象。

3）装配型芯、镶件，应根据情况进行必要的修磨使各配合间隙达到预定要求。

表 10-11 模具一般尺寸公差与调整余量的尺寸公差 （单位：mm）

公差尺寸范围	一般尺寸公差	调整余量	
		尺寸	尺寸公差
63 以下	±0.1	0.1	+0.1
63～250	±0.2	0.2	+0.1
250～1000	±0.3	0.3	+0.1

注：1. 所谓一般尺寸，不包括制品配合、需调整的部位和对接部位的尺寸。

2. 偏心尺寸公差没有另外规定，应控制在一般尺寸公差的范围内。

4）装配顶出系统时，对多顶杆顶出系统要调整好复位和顶出装置。

5）装配冷却或加热系统，保证管路畅通，不漏水、不漏电，阀门动作灵活。

6）装配液动或气动系统，各管路应连接紧密、牢固，不得有任何泄漏。

7）紧固所有连接螺钉，加力均匀、紧固可靠，用定位销定位。

8）检查模具所用的各种配件、附件等，保证模具装配齐全。

（4）模具装配精度

1）各零部件的位置精度和相互精度，如距离尺寸精度、同轴度、平行度、垂直度等。

2）相对运动精度，如传动精度、直线运动和回转运动精度等。

3）各零部件的相互配合精度和接触精度，如导柱、导套的配合间隙，过盈量接触状况等。

4）注射模的外露部分锐角应倒钝，安装面应光滑平整。

5）装配后的动模和定模，在合模时必须紧密接触，动、定模分型面的封胶面要求间隙（ABS<0.04、PP<0.025）符合要求。封胶面的接触面积用显示剂显示，要求每平方厘米点数为15～20（或平面磨床加工）。

6）塑料成型件的壁厚大小。新制模具时，成型件壁厚应偏于尺寸的下限。

（5）装配注意事项

1）修配脱模斜度，原则上型腔应保证大端尺寸在制件尺寸公差范围内，型芯应保证小端尺寸在制件公差范围内。

2）在修正成型壁厚时，原则上以修正型芯为宜，修正时按图样要求进行修正，防止壁厚过厚，成型件壁厚应为负公差。

3）圆角处圆角半径型腔应偏大，型芯应偏小。

4）当模具既有侧面分型面又有底面分型面，修配时应使侧面水平分型面接触，底面分型面小型模具涂红丹相互接触后即可，大型模具接触时留有间隙0.02mm。

5）对于用斜面合模的模具，斜面分型面密合处应留有0.02～0.03mm的间隙。

6）修配表面的圆弧与直线连接要平滑，注意圆弧与直线的切点位置要在一条直线上；表面不允许有凹痕，锉削纹路应与开模方向一致。

7）当镶件配合时，配合部位不能有所松动。

8）分型面应整齐，在机械加工和搬运时要注意，防止分型面与型腔交接处出现撞击痕或表面出现塌角，而成为制件的致命伤。

274. 注射模具应如何验收？

注射模具验收应按“塑料注射模零件技术条件”（GB/T 4169—2006）（见附录K）。模具验收分为模具总装验收、模具试模验收、塑件验收模具资料验收、模具包装验收五方面验收内容。

（1）模具总装验收

塑件通过全面检查验收后，要对模具进行验收。能够提供完整的样件的模具，可以视为整体结构上基本合格。然而，对模具的其他部位仍要认真检查，模具结构部位的加工精度、镶块方式、热处理手段等方面的因素直接影响着模具的使用寿命。

1）首先对模具外观质量检查，要着重以下几点：①模架是否按用户要求选购或制作。模具外形应美观，外形尺寸整齐，四边有 $C2$ 或 $C3$ 的倒角，板与板之间目视无明显错位，无锈蚀，倒角均匀；②零件表面不允许有锈斑、裂纹、夹杂物、凹坑、氧化斑点和影响使用的划痕等缺陷；③模具外表面要刷漆，颜色由订货方确认；④要有出厂标牌，注有模具名称、外形尺寸、模具重量、出厂日期、生产编号、制造厂名。便于用户使用和管理；⑤模具起吊方向上要配有吊环，可以一次性将模具平衡起吊；⑥大中型模具要装有锁紧装置，防止模具起吊时开启；⑦带有液压系统的模具应备分流板，不可将油管散落在模具外部，以免运输、装配时损坏；⑧带有热流道系统的模具要配有接线板，传感器、电热元件电线通过插头迅速接电，尽量减少模具安装时的繁杂工作。电线引出后要用波纹管套上，起保护作用。

2）模具主要零件尺寸的检验：塑件验检结束后，型腔尺寸正确与否基本得到了证实，模具其他方面的尺寸公差需要进一步检查，如表10-12所示。

3）要检查注射模具的总装精度。检查主要结构件的运动状况，保证模具镶块、镶件、滑块及运动中的易损件等能够正常工作。①导柱、斜导柱动作灵活、表面没有拉伤的痕迹，当模具卧式装配后无单面受力过大的现象；②回程杆、顶杆、顶管在开启和闭合模具过程中无刺耳声音、动作平滑、无内力；③定位止口处研合粘着点在80%以上，四周着点均匀；④侧滑块、侧抽芯机构动作正常、并附有保护装置或自锁装置；⑤模具分型面平整度好，无损伤和压痕；⑥模具结构基本动作同步，液压、气动动作正常，开启距离符合设计要求；⑦模具成型零件、标准件按用户要求选择，材料及热处理符合要求，型腔的表面粗糙度、纹理

表 10-12　模具零件的尺寸公差

（单位：mm）

序号	公差类别	基本尺寸																			
		从		3	6	10	15	22	30	40	53	70	90	120	160	200	250	315	400	500	630	800
		到	3	6	10	15	22	30	40	53	70	90	120	160	200	250	315	400	500	630	800	1000
1	相应于不注明公差成型件的模具型腔尺寸公差		0.1	0.1	0.12	0.12	0.12	0.14	0.14	0.16	0.19	0.22	0.25	0.28	0.34	0.4	0.5	0.6	0.6	0.6	0.6	0.6
2	相应于注明第 1 列公差成型件的模具型腔尺寸公差		0.05	0.05	0.06	0.07	0.07	0.09	0.1	0.11	0.13	0.15	0.18	0.21	0.25	0.3	0.35	0.4	0.4	0.4	0.4	0.4
3	相应于注明第 2 列公差成型件的模具型腔尺寸公差		0.03	0.04	0.04	0.05	0.06	0.07	0.07	0.08	0.1	0.12	0.12	0.14	0.16	0.18	0.2	0.25	0.3	0.3	0.3	0.3
4	相应于注明精密技术成型件的模具型腔尺寸公差		0.02	0.02	0.02	0.03	0.03	0.04	0.05	0.06	0.07	0.08	0.09	0.1								

等满足制品质量要求；⑧为方便模具维修，模具的顶杆、复拉杆、型芯等，应在该零件上及模具的相应零件部位做对应的标记，保证重新装配时不错位；⑨模具的动模、定模，大型模具的滑块、型芯等都应设置冷却系统，以保证模具连续工作时的温度平衡。在模具交付以前做通水压力检查，保证不泄漏；⑩对热流道模具，接口应设置标准插头插座，在交付前做冷态与热态电器元件与线路检测。热流道的加热元件、热电偶、密封圈等均属易损件，应考虑必要的备件，同时应提供供货商的地址和电话号码。热流道模具在交付时，模具厂或热流道公司必须提供一张热流道系统接线图，模具用户根据接线图中温控点与温控表显示的对应关系来合理调整温度，控制料流；⑪ 对汽车类模具，在动模表面应做材料标识、表示生产时间的时间钟、左右件标识、腔号标识等。

根据模具验收单，按表10-13逐条验收。

表10-13 模具验收检查一览表

分类		检查事项
成型机械		1. 确认模具在选定的成型设备上的正确安装方法，紧固螺钉位置、确定定位圈直径、喷嘴半径、浇口套孔径、推杆孔位置及大小 2. 模具尺寸和厚度等是否适合 3. 成型设备注射量、注射压力、合模力是否达到要求
基本结构	分型面	分型面研合着点70%以上，制品无飞边、毛刺
	浇道和浇口	1. 浇口位置及大小适当 2. 进料口和浇道的大小是否合适 3. 浇口形式是否适当
	侧面抽芯机构	1. 抽芯机构设计是否合理，有无卡紧现象 2. 抽芯上的重要型芯材料、热处理有无备件
	温度控制	1. 模具预热和冷却，采用的结构合理与否 2. 冷却水孔的大小、位置、数量是否合适
	推顶方式	1. 所选择的推杆、成型件方式是否适当 2. 推杆和卸料板位置及数量是否合适
整体配套		1. 吊环孔及大小是否合理，是否能够一次平衡起吊 2. 大、中型模具要有锁紧板 3. 液压、电气元件配套安装方便、整齐，便于运输和使用 4. 易损件、备品备件数量齐全，验货
其他		1. 整体所需的全部技术资料、图样 2. 关键部件材料化验单、证明 3. 备件、易损件图样及半成品图样 4. 配套元件生产厂家名称、通信地址、供货期

4）易损件及备件。每副模具都有它的易损件，如顶管、顶尖、滑块、滚轮、拉板等辅助模具完成预期动作的零件，在模具出厂时，要配有备用件。有的

非标准件要求模具厂同时制作双份，以备客户厂更换。

（2）模具试模验收

1）模具开模、合模时，顶出系统、导向系统、复位杆、抽芯系统运动平稳无异响，无阻滞和拉伤现象。

2）模具精定位接触面、滑块的锁紧面接触面积应在80%以上。

3）模具液压缸、油管接头不漏油，动作准确、平稳。

4）冷却系统无泄漏。

5）气体辅助系统应满足产品要求，气道和接头不得漏气。

6）模具排气合理，制品不烧焦、不产生飞边、易成型。

7）制品不粘定模、脱模平稳、取件容易。

8）制品表面无变形、缺料、烧焦、凹陷、应力发白、拉伤现象，透明塑件无缩孔、气泡等表面缺陷。

9）注塑生产的成型周期满足用户要求。

10）热流道模具与温控仪匹配，工作正常。

（3）塑件的质量检验

详见第300题“注塑件应如何验收？”。

（4）模具资料验收

模具交付时，模具厂商应提供相关的模具资料，如出厂合格证、模具使用说明书、备件与易损件清单、外购件的厂商地址和电话号码、模具装配图、主要零件图、模具型腔三维数据、主要电极图、热流道的相关资料、接线图等。

（5）模具包装验收

1）模具出厂前应擦拭干净，所有零件的表面应涂覆防锈剂或采用防锈包装。

2）动模、定模尽可能整体包装。气、电路进口和出口处应采取封口措施。对于水嘴、液压缸、电气零件允许分体包装。冷却水、液压管液防止进入异物。

3）模具中易损件的备件，涂防锈剂后单独包装，应防潮、防碰压，在包装箱或袋上注明备件名称、数量和配套模具号。

4）出厂模具根据运输要求进行包装，应防潮、与包装箱相对固紧、防止磕碰，保证模具在运输过程中完好无损。

275. 电火花线切割加工时应注意什么？

电火花线切割加工工艺路线如图10-2所示。在加工中应注意下面几个工艺问题。

1）工件材料内部残余应力对加工的影响。对热处理后的坯件进行电火花线切割加工时，由于大面积去除金属的切割加工，使坯件内部残余应力的相对平衡状态受到破坏，从而产生较大的变形，影响了零件的加工精度，甚至切割过程中会突然开裂。

要正确选择线切割加工工艺路线，合理安排。如图 10-3 所示，其中图10-3a 的切割路线是错误的，若按此加工，主要连接的部位被割离，余下的材料与夹持部分连接较少，工件刚度显著降低，易产生变形而影响加工精度。在图 10-3b 中的切割加工线路，就可减少由于材料割离后残余应力重新分布而引起的变形。所以应将工件与其夹持部分分割的线段安排在切割总程序的末端。

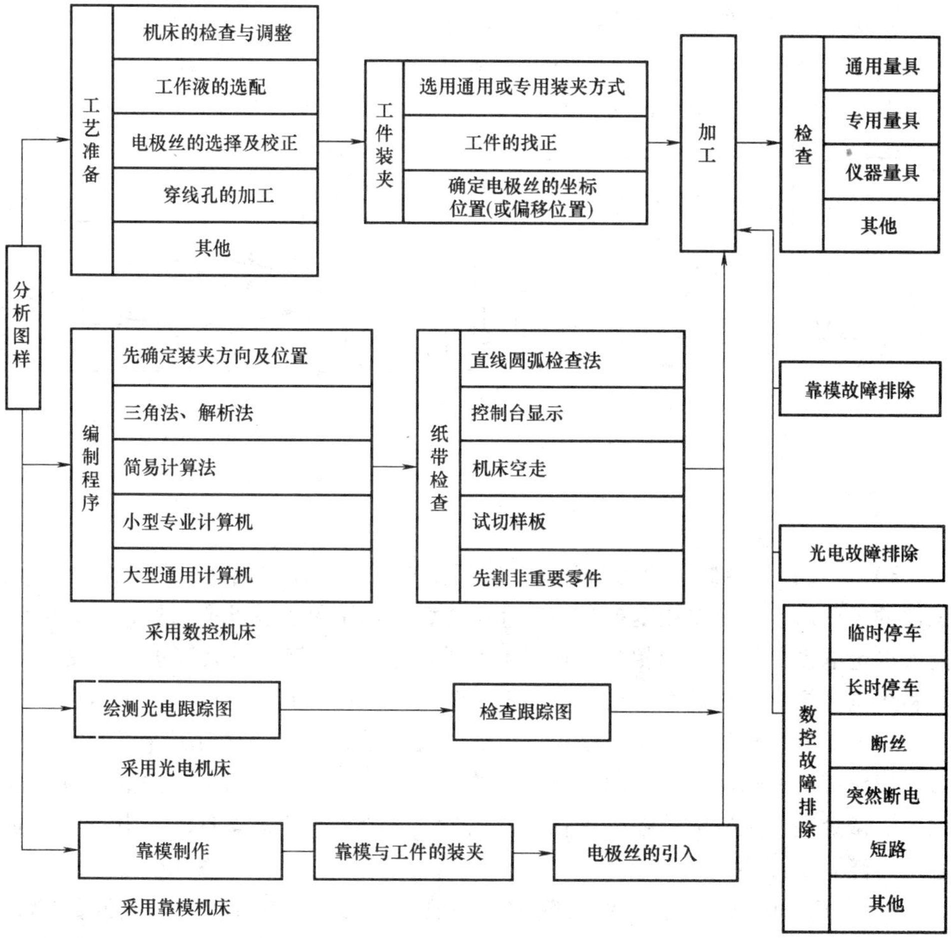

图 10-2　电火花线切割加工工艺路线

2）切割加工工艺路线对加工精度的影响。图 10-4 为由外向内顺序的切割路线，通常在加工凸模类零件时采用。图 10-4a 是不正确的，图 10-4b 的安排较为合理，但仍存在有变形的可能。对于精度要求较高的零件最好采用图 10-4c 所示方案，此时电极丝不由坯件的外部切入，而是将切割起点取在坯件预制的穿丝孔中。

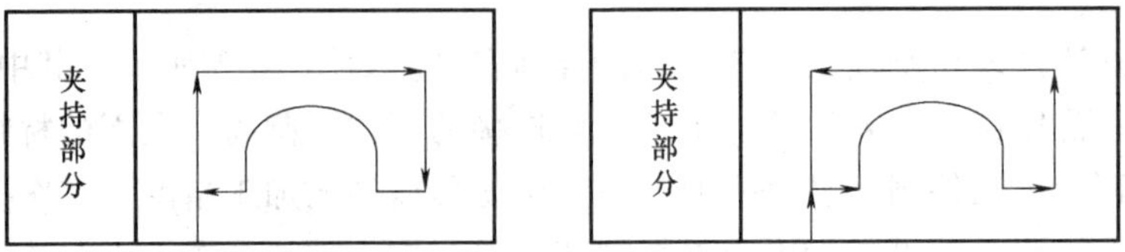

a)　　b)

图 10-3　线切割加工工艺路线

在切割孔类工件时，为了减少变形可采用两次切割法，如图 10-5 所示。第一次粗加工型孔，每边留量 0.1 ~0.5mm，以补偿工件加工中引起的应力，重新平衡而产生的变形。第二次切割为精加工，可达到较好的效果。

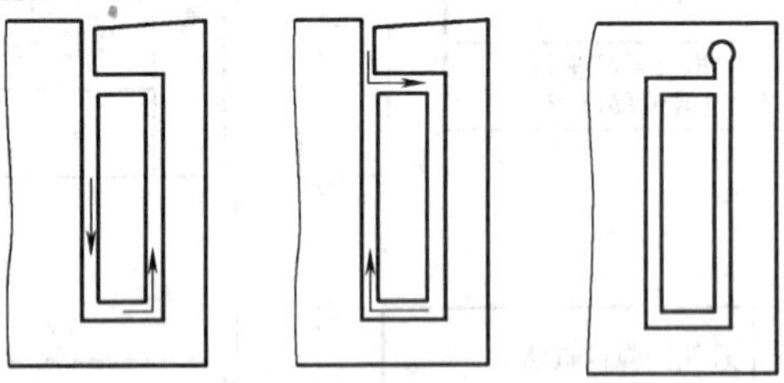

a)　　b)　　c)

图 10-4　由外向内顺序的切割路线

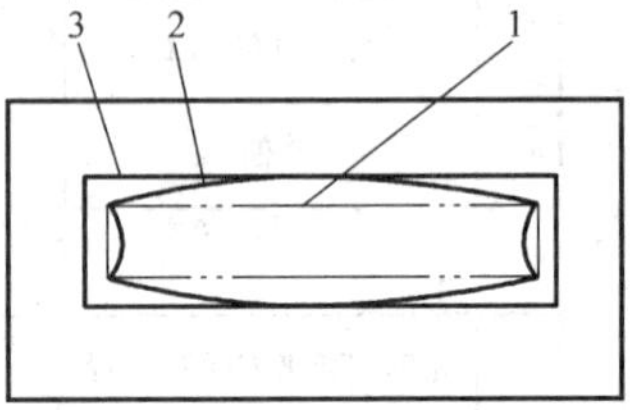

图 10-5　两次切割法

1—第一次切割路线　2—第一次粗加工

3—第二次精加工

3）电极钼丝初始位置的确定。在线切割加工中，需要确定电极钼丝相对于工件的基准面、基准线或基准孔的坐标位置。对加工要求较低的工件，可直接目测来确定电极丝和工件的相互位置，也可借助于 2 ~8 倍的放大镜进行观测，或可利用电极钼丝与工件在一定间隙下发生放电的火花来确定电极丝的坐标位置。

对加工要求较高的零件可采用电阻法，此法是利用电极丝与工件基准面由绝缘到短路接触的瞬间，两者间电阻突变的特点来确定电极丝相对工件基准的坐标位置。微处理机控制的数控电火花切割机床，一般具有电极丝自动找中心坐标位置的功能。

4）电规准的选择。因为线切割加工一般都是用晶体管高频脉冲电源，采用单脉冲能量小、脉宽窄、频率高的电参数进行正极性加工。在要求获得较好的表面粗糙度时，所选取的电规准要小。如要求获得较好的切割速度时，则脉冲参数要选大一些。但是加工电流的增大受到电极丝截面积的限制，电流过大时，将会引起断丝。

在加工厚度大的工件时，为了改善排屑条件，宜选用较高的脉冲电压、较大的脉宽和峰值电流，以增大放电间隙，利于排屑，使工作液进入加工区。在切割初期加工面积小或由于工作液中电蚀产物浓度过高，及调换新钼丝时，因为电极丝易断丝，就应增大脉冲间隔时间，减小加工电流。

5）直纹面的电火花线切割加工。电火花线切割加工一般只用于切割二维曲面（即用于切割型孔），而不能加工立体曲面（即三维曲面）。然而一些由直线组成的直纹面（如回转端面曲线型面），电火花线切割加工是可以实现的，只是需要增加一些附具。在丝架上装有专门设计的过渡导轮装置，工件装在用步进电动机拖动的回转工作台上，采取极坐标方式编程，便可完成这一加工工艺。

276. 高速走丝线切割机故障原因是什么？怎样解决？

随着新材料、新工艺的发展，高速走丝线切割机的应用日益普及，其良好的柔性、稳定的加工精度为用户带来了良好的效益。由于线切割机是应用机械、电子、计算机、电加工等技术自动化程度高且结构复杂的综合系统，机床使用过程中，故障时有发生。下面以 DK7725 、DK7735 、DK7745 几种线切割机的常见故障现象为例，分析较典型的故障原因及解决办法。

（1）走丝系统故障

走丝系统是发生故障最频繁的部位，它包括贮丝筒、上下臂、导轮、导电块、同步齿形带、螺杠与螺母、联轴器、运丝电动机等。走丝系统故障造成的最终结果就是所加工的零件不合格。

1）走丝系统异响。故障原因：贮丝筒电动机长期高速运转且频繁换向，导致贮丝筒轴、电动机轴与联轴器的键槽变形扩大，换向时因存在间隙使贮丝筒振动加大出现异响。联轴器减震套是易损件，更换不及时，也是造成异响的原因。解决办法：①制造厂家要严格控制贮丝筒部件的零件加工尺寸和装配精度，做好贮丝筒动平衡。调试过程要仔细观察，确保走丝系统运行平稳；②用户要及时更换减振套，为减少更换频率，可用聚氨酯材料替代橡胶套。良好的柔性减振，能减少联轴器对键与键槽的冲击，使走丝系统运行平稳；③贮丝筒丝杠与螺母之间注油要及时，同步齿形带松紧要合适。

2）导轮发热、轴向窜动及径向跳动大等。故障原因：导轮是走丝系统中的关键部件，由于导轮在装配过程中对其控制不严，或轴承套平面度及垂直度超差，或采购轴承质量不达标等，造成导轮在运转时发热，影响其寿命；轴向窜动及径向跳动大，引起钼丝的抖动，进而影响切割零件的精度。解决办法：①保证导轮的制造精度，控制导轮的轴向及径向跳动，有利于减少钼丝的振动，提高加工过程的稳定性；②保证导轮的安装精度，导轮转动要灵活，防止导轮跳动和摆动；③保证轴承的质量。

（2）切割过程断丝

故障原因：线切割机断丝的原因多种多样，钼丝质量差、工件材质和尺寸有误、电参数选择错误、乳化液使用不当等都能产生断丝现象。但如果发现导轮、导电块、挡丝块等因安装不当使钼丝产生磨损或接触不良的现象，那么操作者的技术水平低、责任心不强也是产生断丝的主要原因之一。解决办法：①要保持导轮，特别是下导轮转动灵活。导电块要勤检查，如拉出沟槽要更换导电块或变换合金块的位置；②操作者要虚心学业务，积累操作经验，如电参数选择要适当，切割路线要合适，避免工件变形夹断钼丝；③有些断丝问题是操作者责任心不强造成的。如乳化液脏污，长时间使用后综合性能变差而不更换。要保证上、下喷嘴不阻塞，流量合适，要勤检查电极丝的松紧等，否则极易引起断丝。

（3）工件换向条纹出现凹凸尺寸差异

高速走丝电火花线切割机工作时，钼丝换向切割工件，产生黑白相间的换向条纹。如条纹只是因为放电产生的高温，分解了碳氢化合物从而产生炭黑，应是正常现象。但如换向条纹出现较严重的凹凸，则说明机床的某些部位出现了问题。

1）上下导轮位置偏差。故障原因：钼丝在上下导轮间换向切割时，如导轮V形槽不在同一直线上，即上下某一导轮出现轴向窜动或径向跳动，使得工件换向条纹出现凹凸尺寸差异。解决办法：①使导轮和轴承保持良好的精度和运转平稳性，减少丝抖、丝跳，使丝运动轨迹尽量保持一条线；②操作者注意在线架上安装导轮时，要旋紧丝圈防止导轮轴向窜动、顶紧螺钉防止导轮径向跳动。

2）钼丝运行或换向时张力不一致。故障原因：在将钼丝缠绕在贮丝筒上时，丝绕得松紧不一。在工作时，钼丝的张力不一致，造成丝抖动。导电块安装高度不合理，钼丝正反向运动时张力出现较大的差异，造成钼丝振动。这些都能导致工件出现换向条纹，形成凹凸尺寸差异。解决办法：①绕丝时，尽量保持丝的松紧一致，不能出现叠丝及排丝不均匀现象；②让钼丝保持适当的张力，且调整好导轮和导电块位置，使钼丝在运行或换向时，张力尽量保持一致。

（4）凹凸条纹尺寸偏差

故障原因：丝杠螺母与螺母座连接不牢，或丝杠轴承安装不当，造成其出现端面跳动，出现以丝杠螺距为条纹的凹凸尺寸偏差步进电动机齿轮不等分或偏心，也会出现凹凸尺寸偏差。解决办法：①机床出厂前已调试好，一般不会出现端面跳动。使用者不要轻易调整丝杠螺母座螺栓。一旦调整，要割六方，看45°或135°方向是否出现条纹来验证；②步进电动机齿轮不等分或偏心，在出厂前的调试中就能发现。

（5）电气系统故障

故障原因：在用户反馈的信息中，线切割机发生电气系统故障占很大比重，主要原因是电子元器件损坏、性能变差等。解决办法：①通过故障现象，认真检查所涉及的电子元器件，发现问题及时更换或维修；②加强外购元器件的质量控制。

277. 型腔电火花加工机床的工作原理是什么?

电火花加工是一种利用电热能进行加工的方法，是利用工具和工件之间脉冲火花放电时，局部瞬时产生的高温把金属蚀除下来的方法，也有称为放电加工或电蚀加工的。电火花加工的原理是利用工具和工件（即正、负电极）之间脉冲性放电时的电腐蚀现象来蚀除多余金属，达到对零件的尺寸、形状及表面质量预定的要求。

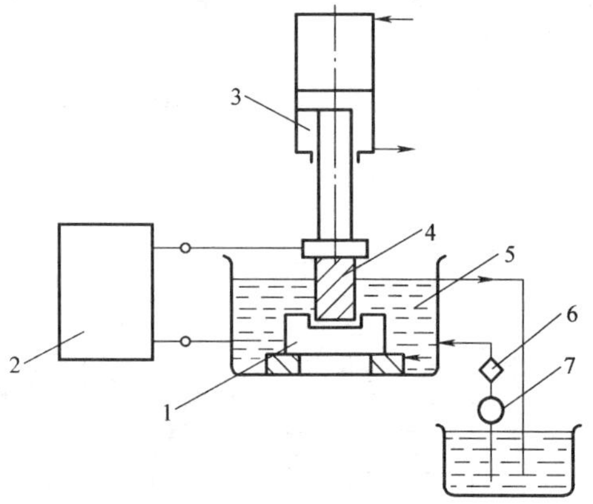

图 10-6　电火花成形加工原理的示意图

1—工件　2—脉冲电源　3—自动进给调节装置　4—工具　5—工作液　6—过滤器　7—工作液泵

图 10-6 所示为电火花成形加工原理的示意图。工件 1 与工具 4 分别接脉冲电源 2 的两输出端。自动进给调节装置 3（此处为液压缸及活塞）使工具和工件之间保持一很小的放电间隙，当脉冲电压加到两个电极（工具和工件）之间，便在当时条件下，相对某一间隙最小处或绝缘强度最低处，击穿工作液介质，在该局部产生火花放电，并在放电通道中瞬时产生大量的热，达到很高的温度，足以使任何金属材料局部熔化、汽化，使工件和工具表面都蚀除掉一小部分材料，各自形成一个小凹坑。

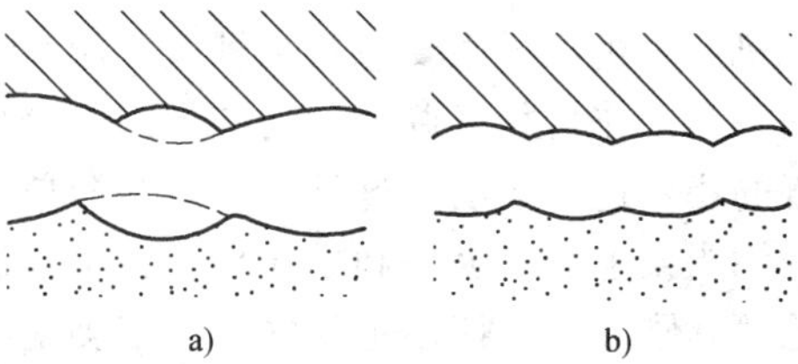

图 10-7　电火花表面局部放大图

a）脉冲放电凹坑　b）多脉冲放电凹坑

图 10-7 所示，表示单个脉冲放电后的电蚀凹坑。脉冲放电结束后，经过一段时间间隔（即脉冲间隔），使工作液恢复绝缘后，第二个脉冲又加到两电极上，又会在当时极间距离相对最近处或绝缘强度最弱处击穿放电，又电蚀出一个小凹坑。这样以相当高的频率连续不断地放电，工具电极不断地向工件进给，就可将工具的形状复制在工件上，加工出所需要的零件，整个加工表面将由无数个相互重叠的小凹坑所组成。图 10-7b 表示多次脉冲放电后的电极表面。

电火花加工不受工件材料硬、脆、软、粘和高熔点的限制，可对各种导电材料进行加工，因此广泛应用于各种模具型腔加工。

由于放电间隙的存在，型腔尺寸总是大于电极尺寸。放电间隙的大小随脉冲参数和电极材料而改变，加上电极的不断损耗，型腔精度受到了一定限制，一般电火花加工型腔的精度可达 ±0.05mm，表面粗糙度为 $Ra1.6 \sim 0.8\mu m$。

随着电火花机床的 CNC 化，型腔可采用刨成法加工，可用简单形状的电极加工复杂形状的型腔。这样使电极加工容易，而且加工精度提高到 $\pm 1\mu m$。

278. 电火花成型加工机床由哪几部分组成？各有何作用？

（1）机床总体部分

电火花成型加工机床，如图 10-8 所示，分为分离式和整体式，一般以分离式的较多。

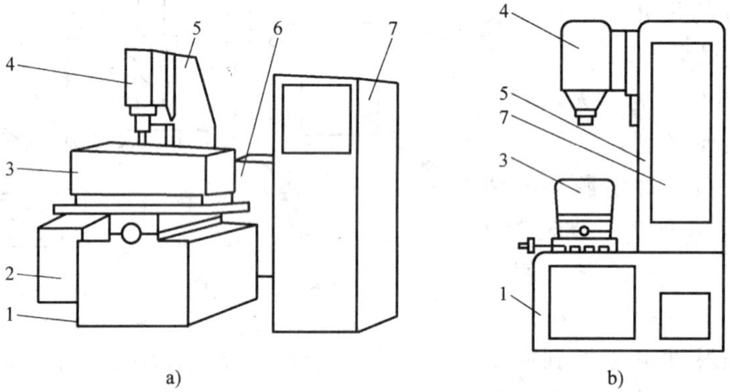

图 10-8　电火花成型加工机床

a）分离式　b）整体式

1—床身　2—油箱　3—工作液槽　4—主轴头　5—立柱　6、7—电源箱

机床主机部分主要包括主轴头、床身、立柱、工作台与工作液槽几部分。按主轴头和工作台相互调整运动的形式可分为三类。第一类是主轴头与工作台只有垂直的相对进给运动。这种机床结构简单，但使用不便，现已很少采用。第二类是主轴头架上装有纵向和横向导轨，可以调整工具和工件的相对位置，因主轴头呈悬臂状刚性差，使用也不多。第三类是工作台可作纵向和横向移动，主轴头沿主柱导轨作上下运动。这类结构的机床刚性好，精度高，装配和维修都比较方便，故应用较广。

床身和立柱是机床的主要基础件，要具有足够的刚度。

作纵横向移动的工作台一般都带有坐标装置。还有一种形式是带回转工作台的精密坐标装置，以适应按极坐标定位和分度的加工要求。

（2）主轴头

主轴头是电火花成型加工机床中最关键的部件，是自动调节系统中的执行机构，对加工工艺指标的影响极大。主轴头：结构简单、传动链短、传动间隙小、热变形小、具有足够的精度和刚度，以适应自动调节系统的惯性小、灵敏度好和能承受一定负载的要求。主轴头主要由进给系统、导向防扭机构、电极装夹及其调节环组成。目前我国生产的电火花成型机床大多采用液压主轴头。

（3）工具电极夹具

工具电极的装夹及其调整装置的形式很多，常用的有十字铰链式和球面铰链式。

（4）工作液循环、过滤系统

工作液循环过滤系统包括工作液箱、电动机、泵、过滤装置、工作液槽、油杯、管道、阀门以及测量仪表等。放电间隙中的电蚀产物除了靠自然扩散、定期抬刀以及使用工具电极附加振动等排除外，常采用强迫循环的办法加以排除，以免间隙中电蚀产物过多，引起已加工过的侧表面间二次放电，影响加工精度，同时也可带走一部分热量。

为了不使工作液越用越脏，影响加工性能，必须加以净化或过滤。具体方法有：①自然沉淀法此法速度太慢，周期太长，只用于单件小批量加工；②介质过滤法常用介质有黄砂、木屑、棉纱头、过滤纸、硅藻土、活性炭等，各有优缺点，但对中小型工件，加工用量不大时，一般都能满足过滤要求，可就地取材。其中过滤纸效率较高性能较好；③高压静电过滤、离心过滤。因技术上比较复杂，采用较少。

279. 怎样选用电极材料？电极的结构形式有哪几种？

（1）正确选择电极材料

电极应采用导电性好的材料，并要求在加工过程中材料损耗小、本身的机械加工性能好、效率高、来源丰富、价格便宜。

1）纯铜电极。纯铜电极强度高、韧性好，易做成薄片及复杂形状，电加工性能优良，适用于加工精密、复杂的型腔。相对电极耗小、适用性广、尤其适用于制造精密花纹模的电极。纯铜电极常用于精密的中小型腔加工，应注意不要或尽量少用铸造或锻造的纯铜坏料做电极，这种材料因材质疏松或有夹层、砂眼，会使电极表面产生缺陷造成加工表面不理想。

2）石墨电极。特别适用于大脉宽、大电流的型腔加工，电极损耗可小于0.5%，抗高温、变形小、制造容易、密度小。石墨是常用的电极材料，电加工性能优良，但由于石墨的品种很多，不是所有的石墨材料都可作为电极材料，有些石墨材料脆性大、易崩角，而高密度、高强度的石墨克服了其脆性大的缺点。故应使用电加工专用的高强度、高密度、高纯度的特种石墨。

3）另外，黄铜、铸铁、钢、铜钨合金、银钨合金等均可制作电极材料。

（2）结构形式的确定

根据模具的类型、型腔的内部尺寸、结构，电极的制造精度、电极的加工工艺性及装夹形式等因素，一般它有三种结构形式分别为整体式、组合式及拼块式。

1）整体式。这种电极是由整块材料加工而成，结构最简单，也最常用。通常又分为有固定板和无固定板两种形式。固定板的目的是便于电极制造和使用时的装夹、校正。整体式电极适用于复杂程度一般、中等型腔的加工。

2）组合式。在型腔的加工中，常会遇到在同一块模板上需要同时加工几个型腔的情况，为此，可把几个电极组合安装在同一块固定板上，这样，一次即可完成几个型腔的加工。在采用这种组合电极时，一定要注意各电极间的中心轴线要相互平行，且每个电极都应垂直于安装表面。采用组合式电极加工，可大大提高加工速度，各型腔的位置精度也易于保证。

3）拼块式。这种电极是由几块拼块，经单个加工后用螺钉固定或经焊接后拼装在一起而组成的整体式电极结构。由于它把复杂的型腔分成了几块较简单的拼块，因此简化了加工难度，降低了制造成本。但在制造中，应保证拼块的接缝处间隙不要过大，并且相互配合要紧凑牢固。

总之，电极的结构形式的确定，应根据所加工模具的结构、孔形大小及复杂程度来确定。

280. 型腔模的加工电极设计应考虑哪些因素？如何确定电极尺寸？

（1）电极设计时应考虑的因素

1）电极设计时应考虑排气孔和冲油孔的设计，因为型腔加工一般均为不通孔加工，排气、排屑状况将直接影响模具的加工速度、稳定性和表面质量。通常情况下在不易排屑的拐角、窄缝处应开有冲油孔。而在蚀除面积较大以及电极端部有凹入的部位应开排气孔。冲油孔和排气孔的直径一般为1~2mm。若孔过大，加工后残留的凸起太大，不易清除。孔的数目应以不产生蚀除物堆积为宜，孔距在20~40mm左右，并要把孔的位置适当错开。

2）设计型腔模加工用的电极时，电极尺寸如图10-9所示，尺寸一方面与模具的大小、形状复杂程度有关，另一方面也与电极材料、加工电流、加工深度、加工余量及间隙等因素有关。当采用平动法加工时，还应考虑所选用的平动量。

（2）电极尺寸确定

1）电极垂直方向尺寸确定。如图10-9所示为与主轴头进给方向垂直的电极尺寸，其水平尺寸可用下式确定

$$a = A \pm Kb$$

式中 a——电极的长度；

A——型腔图样上名义尺寸；

K——与型腔尺寸注法有关的系数。直径方向（双边）$K=2$，半径方向（单边）$K=1$；

b——电极单边缩放量（或平动头偏心量，一般取0.7~0.9mm）式中的±号按缩放原则确定。

$$b = S_L + H_{max} + h_{max}$$

式中　S_L——电火花加工时单面加工间隙；

H_{max}——前一规准加工时表面微观不平度最大值；

h_{max}——本规准加工时表面微观不平度最大值；

2）图样上型腔凸出、凹入部分尺寸的确定。其相对应的电极凸出部分的尺寸应放大，用＋号；反之在图样上型腔凹入部分，其相对应的电极的尺寸缩小，即用－号。

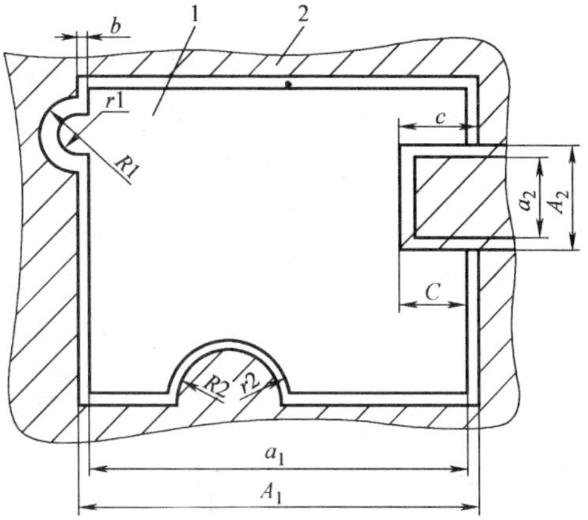

图 10-9　加工电极尺寸计算
1—电极　2—型腔

对于 K 值的选择原则为当图中型腔尺寸完全标注在边界上时（即相当于直径方向的尺寸），$K=2$。一端以中心线或非边界线为基准时（即相当于半径方向的尺寸），$K=1$。图样上型腔中心线之间的位置尺寸以及角度数值，在电极上相对应的尺寸或数值不增也不减，即 $K=0$。图 10-10 所示为电极与主轴进给方向平行的尺寸，称为垂直尺寸，可用下式确定

$$b=B\pm\Delta K$$

式中　b——电极垂直方向的有效加工尺寸；

B——型腔深度方向尺寸；

K——与尺寸注法有关的系数；

Δ——加工时的放电间隙和电极损耗要求电极端面的修正量。

$$\Delta=\Delta L_{EF}-S_p$$

式中　ΔL_{EF}——电极端面损耗（$\Delta L_{EF}\approx B\times1\%$）；

S_p——最末档精规准的加工间隙。

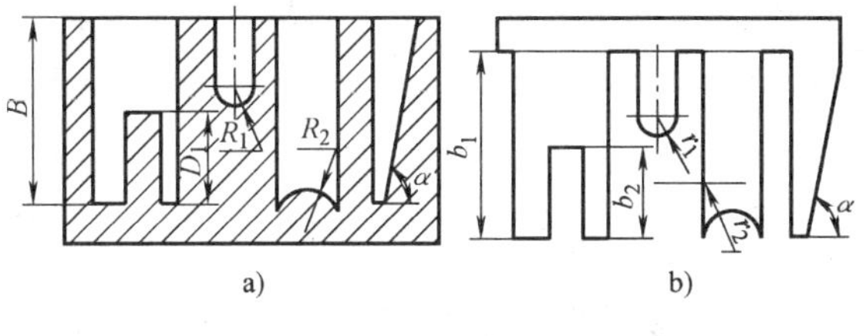

图 10-10　电极设计尺寸计算

3）电极总高度 H 的确定。如图 10-11 所示，电极总高度需根据实际情况（电极使用次数、装夹要求等）决定。从图中可知

$$H = L + L_1 + L_2$$

式中 H——除装夹部分外的电极总高度；

L——电极每加工一个型腔在垂直方向的有效高度；

L_1——当需加工的型腔位于另一型腔中时，电极需要增加的高度；

L_2——考虑到加工结束时，电极夹具或固定板不和模块或压板发生碰撞，以及同一电极能重复使用而需要增加的高度。

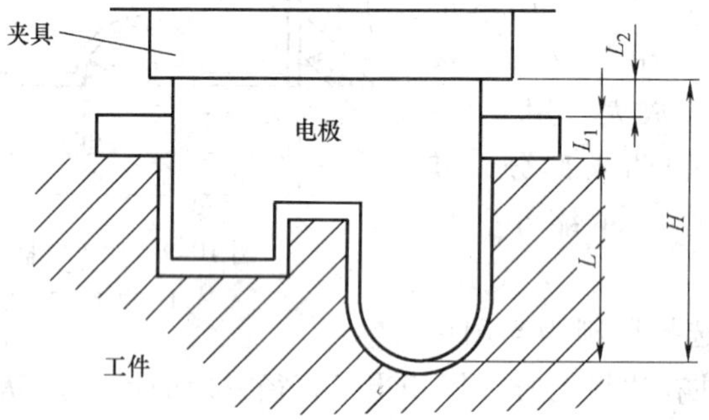

图 10-11　电极高度尺寸计算

281. 型腔模电火花加工工艺方法有哪几种？各有什么特点？

型腔模主要包括锻模、压铸模、挤压模、玻璃模、陶瓷模、胶木模、塑料模等，因为都是不通孔加工，工作液循环困难，电蚀产物排除条件差，工具损耗后无法靠进给补偿，金属蚀除量大，加工面积变化大，所以型腔模加工比较困难。型腔模电火花加工工艺方法主要有单电极平动法、多电极更换法和分解电极法等。

（1）单电极平动法

单电极平动法在型腔模电火花加工中应用最广泛。它是采用一个电极完成型腔的粗、中、精加工。首先采用低损耗（电极相对损耗率 $\theta < 1\%$）、高生产率的粗规准进行加工。然后利用平动头作平面平行运动（见图 10-12）。按照粗、中、

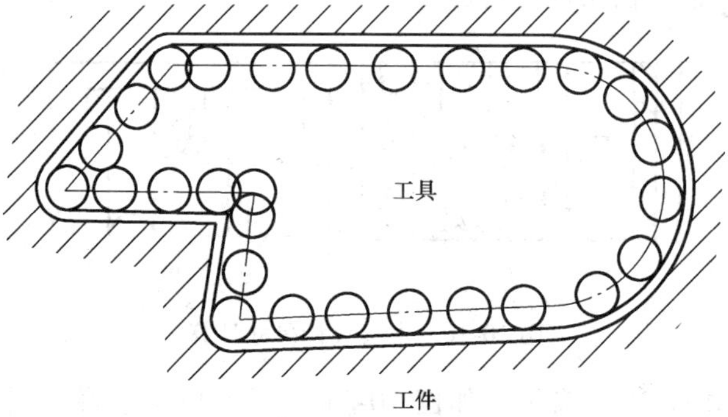

图 10-12　平动头作平面平行运动

精的顺序逐级改变电规准，与此同时依次加大电极的平动量，以补偿前后两个加工规准之间电间隙差和表面微观不平度差，实现型腔侧向仿形，完成整个型腔模的加工。

单电极平动法的最大优点是只需要一个电极，一次装夹定位便可达到0.05mm的加工精度，并方便排除电蚀产物。它的缺点是难以获得高精度的型腔模，特别是难以加工出清棱清角的型腔。因为平动时使电极上的每一个点都按平动头的偏心半径作圆周运动，清角半径由偏心半径决定。此外，电极在粗加工中容易引起不平的表面龟裂状的积炭层，影响型腔表面粗糙度。为弥补这一缺点，可采用精度较高的重复定位夹具，将粗加工后的电极取下，经均匀修光后，再重复定位装夹并用平动头完成型腔的终加工，便可消除上述缺陷。

单电极平动法采用工作台带动工件纵、横方向移动来实现型腔侧壁修光，但工作台的坐标要有较高的精度。

（2）多电极更换法

多电极更换法是采用多个电极依次更换加工同一个型腔的方法。各电极有效工作范围内的直壁部分和倾斜部分的尺寸，必须根据使用不同规准的加工间隙来确定。每次加工必须把上一规准的放电痕迹去掉。一般要用两个电极进行粗、精加工就可以满足要求。只有在型腔模的精度和表面质量要求很高时才需要采用三个或多个电极进行加工。多电极加工的仿形精度高，尤其适用于尖角、窄缝多的型腔加工。不足之处是要求多个电极制造的一致性好，制造精度要高；另外更换时要求定位装夹精度高，因此一般只用于精密型腔的加工。用多电极法加工时，寻找简便而经济的制造工具电极的方法是很重要的。如用电镀、电铸、喷涂、挤压、精密铸造等。

（3）分解电极法

分解电极加工法是单电极平动加工法和多电极更换加工法的综合应用。根据型腔的几何形状，把电极分解成主型腔和副型腔电极，分别制造。先用主型腔电极加工出主型腔，再用副型腔电极加工尖角、窄缝等部位的副腔。

此法的优点是可以根据主、副型腔不同的加工条件选择不同的加工规准，有利于提高加工速度、改善加工表面质量，同时还可以简化电极制造，便于修整电极。其缺点是更换电极时主型腔和副型腔电极之间的精确定位较难解决。

282. 什么是电规准？电规准应怎样选择和转换？

（1）电规准的定义

所谓电规准，是指在加工某一工件时，机床应选择的脉冲宽度、脉冲间隙和峰值电流这一组参数，它是完成此工件加工并达到技术要求的重要技术参数，其目的是为了较好地解决电火花加工的质量和生产率之间的矛盾。

（2）电规准的选择

在电火花加工中，电规准的选择是否合理，直接关系到生产效率和加工精度。在实际生产中，电规准一般分为粗、中、精三类。在选择电规准时，可按下列方法选择。

1）粗规准。当要求生产率较高，或型腔孔斜度加大时，可选用粗规准加工，表面粗糙度为 $Ra5\sim10\mu m$。要求高生产率和低电极损耗，一般选取宽的脉冲宽度（大于 400μs）和电流峰值大的参数进行粗加工。加工时应注意加工面积和加工电流之间的配合关系。通常石墨电极加工钢最主电流密度为 $5\sim8A/cm^2$，纯铜电极加工钢的电流密度可稍大些。

2）中规准。当型腔比较复杂且具有尖角部分时，可选用较小的粗规准或选用中规准加工，中规准则介于粗、精之间，表面粗糙度 $Ra1.25\sim5\mu m$。一般选用脉冲宽度为 20～400μs、电峰值较小的参数进行中规准加工。中规准与粗规准之间并没有明显的界限，应按具体加工对象划分。中规准要在保持一定的加工速度情况下，尽量得到低的电极损耗，以利于修型。加工小孔、窄缝等复杂型腔时可直接用中规准做粗加工成型。

3）精规准。当表面精度要求较高，或斜度要求较小时，应选用精规准加工，表面粗糙度 $Ra0.63\sim Ra1.25\mu m$。在中加工基础上进行精加工的参数，一般选用窄脉宽（$t_1=2\sim20\mu s$），小的峰值电流（2～5A），电极相对损耗约为 10%～25%。精加工的去除量很小，一般单边不超过 0.1～0.2mm，表面粗糙度优于 $Ra2.5\mu m$。

（3）电规准的转换

1）在电火花加工中，要完成一个工件的加工，往往需要几个不同的电规准转换，这个变更过程称为电规准的转换。

2）电规准的转换是在加工过程中，通过改变电规准的参数及改变主轴进给量来完成的。在通常情况下，为了提高加工速度，并保证一定的精度和表面质量，必须采用粗、中、精三种规准联合运用，一般都要有 2～3 个规准来完成。先用粗规准蚀去大量金属，减少型孔的加工余量，以达到提高加工速度的目的；再用中规准使型腔内壁能平稳过渡；而精规准则使工件达到所要求的尺寸精度和表面质量的要求。

3）在转换电规准的时候，要适当调整冲油压力。一般来说，在粗加工时，排屑较易，宜用较小油压。转入精规准后，加工深度增加，放电间隙减小，排屑困难，应逐渐加大冲油压力，在型孔快被穿透时，应适当降低压力。对加工斜度较小、粗糙度较小和精度要求较高的模具，可将工作液的循环方式由上部入口处冲油改成从孔下端抽油，以减少二次放电的影响。

283. 平动量应如何分配？

平动量如何分配是单电极平动加工法的一个关键问题。电极的平动量主要取决于被加工表面粗变细的修光量。此外还和电极损耗、平动头原始偏心量、主轴进给运动的精度等有关。加工形状复杂、纹路棱槽细浅、深度较浅、尺寸较小的型腔时规准较细，平动量应选得小些。加工形状简单、深度较深、尺寸较大的型腔时规准较粗，平动量应选得大些。因粗、中、精各规准产生的电蚀除凹坑不一样，电极的平动量不能按每档平均分配。一般，中规准加工平动量为总平动量的75%～80%，端面进给量为端面余量的75%～80%。中规准加工后，型腔基本成型，只留很少余量用精规准修光。

284. 控制电火花成形加工质量有哪些技巧?

火花成形加工是一种多参数的加工工艺，多参数使它具有很大的柔性及很强的适应能力。在加工之初要根据精度、表面质量、速度、电极损耗和安全性能等指标的要求来决定加工策略，从而选择最佳参数组合。如何合理选择加工参数以及控制加工过程的各个环节，需要进行大量的试验以及长期实际工作经验的积累。

(1) 正确选择电极材料

(2) 正确控制电极的缩放尺寸

制造电极是电火花加工的第一步，根据图样要求，缩放电极尺寸是顺利完成加工的关键。缩放的尺寸要根据所选择的加工规准决定的放电间隙再加上一定的比例常数而定。一般取理论间隙的正差，即电极的标准尺寸“宁小勿大”。若放电间隙留小了，电极做大了，电极的加工尺寸超差，会造成不可修复的废品。

(3) 正确电极装夹的工件找正

在校正完电极杆的水平与垂直位置最后紧固时，往往会使电极发生微小错位、移动，造成废品。因此，紧固后还要再找正检查一遍，甚至在加工开始进行了少量进给后，还需停机查验位置是否正确无误，因为电火花加工开始阶段是很重要的一个环节，需要操作者最精心的操作。电极装夹不紧，在加工中松动或找正误差过大，是造成废品的一个原因。

(4) 正确选用加工规准

了解和掌握脉冲宽度、脉冲间隙、电流、电压、加工极性等工艺规准对应产生的电极损耗、加工速度、放电间隙、表面粗糙度及锥度等工艺效果，是避免产生废品、达到加工要求的关键。不控制电极损耗就不能加工出好的型腔，控制不好放电间隙就不能确定修光型腔侧壁的最佳平动量，从而加工不出好的型腔。常有人埋怨电极损耗异乎寻常地大，这往往是因极性接反，或是采用高频、窄脉宽进行型腔的粗加工造成的。

(5) 防止脉冲电源中电气元件造成废品

脉冲电源在维修中由于电气元件损坏，也会使加工达不到预期的效果，这是造成工件严重损坏的原因之一。因此应十分注意易损件的工作状态、生命周期，即使更换后也不要立即投入生产，应经过试运行，掌握电源性能后再正常使用。

(6) 注意电极损耗引起的实际进给深度误差

在进行尺寸加工时，由于电极长度使加工深度产生误差，因规准变化的不同，误差也会很不一致，因此往往使实际加工深度小于图样要求。在加工程序电计算、补微电极损耗量，或在半精加工阶段时应停机进行尺寸复核，并及时补偿由于电极损耗造成的误差，然后再转换成最后的精加工。

(7) 正确控制平动量

型腔或型孔的侧壁修光要靠平动，既要达到表面粗糙度要求，又要达到尺寸要求，这就需要慎重确定逐级转换规准时的平动量。否则有可能还没达到修光要求，而尺寸已到限，或已修光但还没有达到尺寸要求。因此，应在完成总平动量75%的半精加工后复核尺寸，然后才能继续进行精加工。

(8) 防止型腔在精加工时产生波纹和黑斑

在型腔加工的底部及弯角处，易出现细线或鱼鳞状凸起的波纹。产生的原因如下。

1) 电极损耗的影响。电极材料质量差、方向性不准、电参数选择不当，造成粗加工后表面不规则点状剥落（石墨电极）和网状剥落（纯铜电极）。在平动侧面修光后反映在型腔表面上就是波纹现象。

2) 冲油和排屑的影响。冲油孔开得不合理，波纹现象就严重；另外排屑不良，蚀除物堆积在底部转角处，也会助长波纹现象的产生。

减少和消除波纹、黑斑现象的方法有：①采用较好的石墨电极，粗加工开始时用小密度电流，以改善电极表面质量；②中精度加工采用低损耗的脉冲电源及电参数；③合理开设冲油孔，采用适当抬刀措施；④采用单电极修正电极工艺，即粗加工后修正电极，再用平动精加工修正。

精加工留在型腔表面的黑斑常给最后的加工带来麻烦。仔细观察这部分，会发现表面平度较周围其他部分要差。这种黑斑通常是由于在精加工时脉冲能量小，使积留在间隙中的蚀除物不能及时排出所致。因此，在最后精加工时要注意控制主轴进给，灵敏地抬刀，不使炭黑滞留而产生黑斑。

(9) 注意电极大小对放电间隙的影响

原则上放电间隙应不受电极大小的影响，但在实际加工中，大电极的加工间隙小，而小电极的加工间隙反而偏大。一般认为，大、小电极组装精度可能不一样，小电极垂直精度不易装配得像大电极那样高，使其投影面积增大，造成穿孔加工放电间隙扩大。

小电极在穿孔加工过程中容易产生侧向振动，造成放电间隙扩大。由于穿孔进给速度受大电极的限制，使小电极二次放电机会增多，致使其放电间隙扩大。

(10) 防止在型孔加工中产生“放炮”

在加工过程中产生的气体，积聚在电极下端或油杯内部，当气体受到电火花引燃时，就会像“放炮”一样冲破阻力而排出，这种冲击力很容易使电极与凹模错位，影响加工质量，甚至造成报废。这种情况在抽油加工时更易发生。因此在工件进行型孔加工时，要特别注意排气，适当抬刀或在油杯顶部周围开出气槽、排气孔，以利排出积聚的气体。

(11) 注意热变形引起的电极与工件位移

在使用薄型的纯铜电极加工时，要注意由于电极受热变形而使型腔产生异常。另外值得注意的是，停机后由于人为因素使电极与工件发生位移，在开机时又没发现电极与工件的相对位置发生变化，这样常会使接近完工的工件报废。

(12) 注意主轴刚性和工作液对放电间隙的影响

电火花加工的蚀除物从间隙排出的过程中，常常引起二次放电。二次放电使已加工表面再次被电蚀，在凹模的上电极进口处，二次放电机会就更多一些，这样就形成了锥度。这种锥度一般在4′~6′之间。二次放电越多，锥度越大。为了减小锥度，首先要保持主轴头的稳定性，避免电极不必要地反复回升。调节好冲油、抽油压力，选择适当的电参数，使主轴伺服系统处于最佳状态，既不过于灵敏，也不迟钝。在加工深孔中为了减少二次放电造成锥度超差的现象，常采用抽油加工或短电极加工的办法。

(13) 防止电弧烧伤工件

加工过程中局部电蚀物密度过高，排屑不良，放电通道、放电点不能正常转移，将使工件局部放电点温度升高，产生积炭结焦，引起恶性循环，使放电点更加固定集中，从而转化为稳定电弧烧伤工件。防止办法是增大脉间及加大冲油、增加抬刀频率和幅度，改善排屑条件。发现加工状态不稳定时就采取措施，防止转变成稳定电弧。

总之，电火花加工中实际存在的问题是多方面的，加工要求也是多样化的，具体问题具体对待，通过实践不断积累加工经验，从而能更好地掌握电火花加工的规律。

285. 对电火花加工型腔表面的损伤现象，应如何采取措施？

电火花成型加工模具型腔表面，由于最表面的熔化重凝层在加工断面组织照片上呈现白色，故被称作白层。如图10-13所示，它是加工表面过程中难以避免的现象。在其后的精加工中加工余量往往要超过该变质层，但尽量控制在加工变质层的15~20μm以内。

在精加工中因排屑不畅、加工条件选择不当等方面原因，引起电弧烧伤、积炭、加工表面的开裂损伤等异常现象，影响型腔型芯表面的质量和模具寿命。表

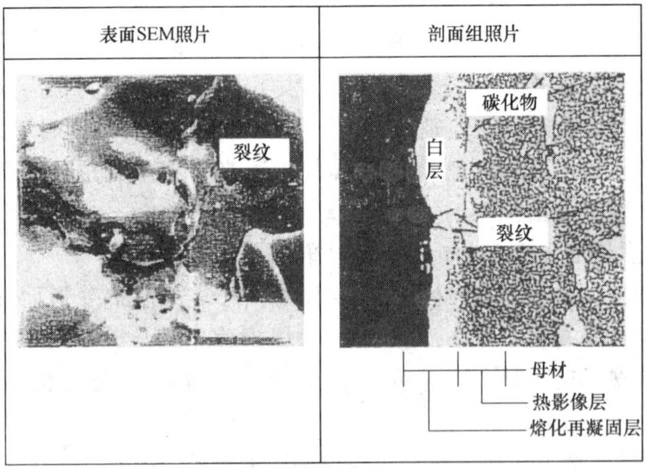

图 10-13 电火花成形加工面的 SEM 照片与剖面组织的照片

面损伤产生的原因与对策，详见表 10-14。

表 10-14 避免损伤的对策与数据图表

电火花加工面的损伤实例	原　因	对　策
棱边与拐角部分产生的裂纹(SKD11) 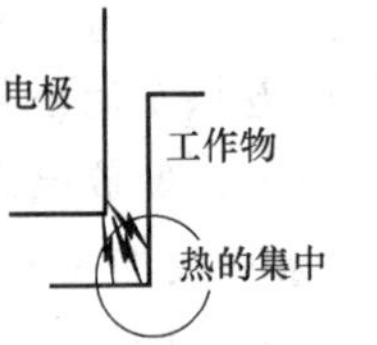 	因低温回火材料而存在内部残余应力 粗加工时放电能量高 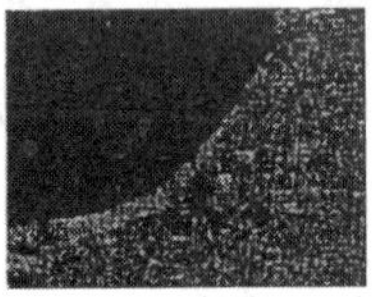	使用高温回火材料 粗加工时放电能量要低 延长放电停歇时间 降低平均加工电流 把加工电极的棱边与拐角部分修圆提高热的分散效果 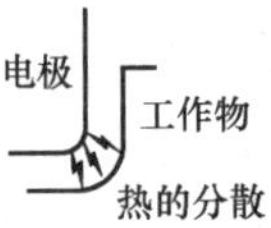
在粗大的碳化物上产生裂纹(SKD11) 	材料组织不均匀、偏析 	加工之前要观察毛坯的组织 提高平均加工电压 延长放电的停歇时间
电火花加工后抛光面上的裂纹(SKH51)	在电火花加工面有裂纹 电火花加工后抛光不够充分 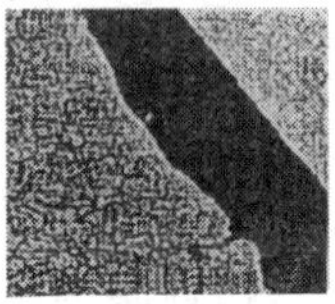	灵活运用电极抬刀与摇动加工 使用小的脉冲电流进行正极性加工 用各种手动研磨 在电火花加工面上喷丸处理

（续）

电火花加工面的损伤实例	原　因	对　策
电火花皱纹面的腐蚀 	在电火花加工表面粗糙 电火花加工表面上有裂纹 电火花加工表面存在残余拉应力 	用小的脉冲电流进行正极性加工 电火花加工后实施玻璃珠喷丸处理
电火花皱纹加工面上镀铬膜的剥离(SKD11) 	电火花加工表面存在裂纹 	用小的脉冲电流进行正极性加工 灵活运用抬刀与摇动加工
发生异常电弧(SKD11) 	加工屑在局部堆积 加工液冲洗不足 粗加工时放电停歇时间短 加工中的平均电流高 	用充足的加工液冲洗 延长电极抬刀的行程 提高电极抬刀的速度 降低平低加工电流
电弧成长物的成长(SCM440C) 	加工屑在局部堆积 加工液冲洗不足 粗加工时放电停歇时间短 加工中的平均电流高	用充足的加工液冲洗 延长电极抬刀的行程 提高电极的抬刀速度 降低平均加工电流 稍微缩短一些放电持续时间

第十一章　注射工艺及常见塑件缺陷

286. 注射模具的注射工艺过程内容有哪些？什么叫注射成型周期？

（1）注射模具的注射工艺过程

1）成型前的准备。加热料筒，清洗料筒，预热嵌件，动、定模喷脱模剂，准备塑料并事前烘料、加料。

2）注射工艺过程。塑料在注射机料筒内，经过加热塑化达到流动的状态后，由模具的浇注系统，经加压进入模具型腔成型。其过程分为合模、注射、保压、开模、顶出五个阶段，见图11-1。

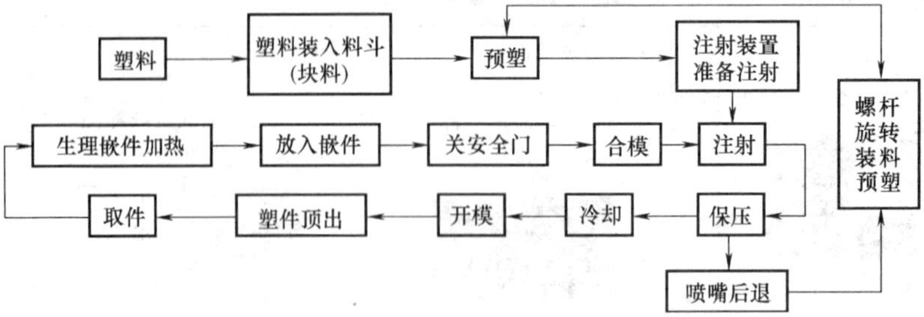

图11-1　注射模具的注射工艺过程

3）图11-2表示一台通用注射机在一个成型周期内，各种动作程序间的相互关系。

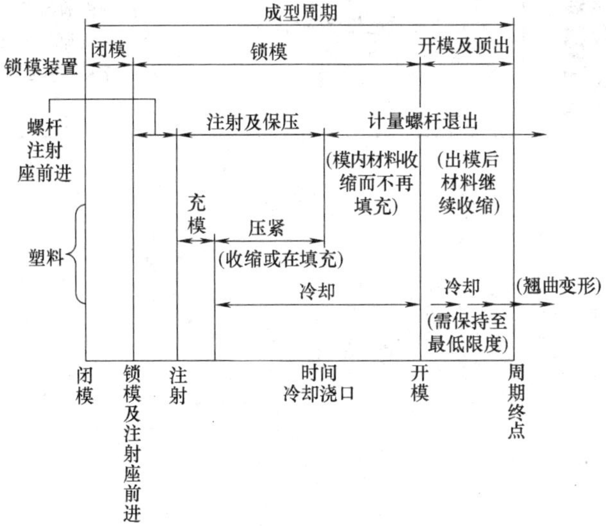

图11-2　注射成型周期的动作程序图

（2）注射成型周期

指注射机完成一个塑件所需的时间，即成型操作阶段和辅助操作阶段两部分的时间和称为成型周期，见图 11-3、图 11-4。

- 成型周期
  - 注射时间
    - 螺杆前进时间
    - 保压时间：螺杆停留在前进位置时间
  - 冷却时间
    - 预塑时间
    - 模内冷却时间
  - 其他时间：包括开模、顶出、取件、安放嵌件、闭模等各项时间

图 11-3　成型周期时间

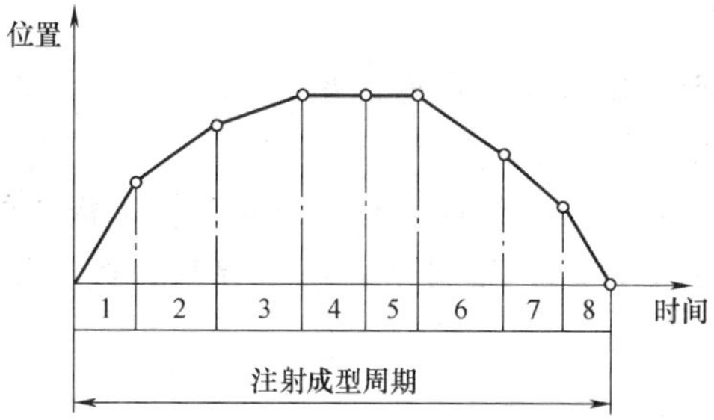

图 11-4　注射成型周期组成

1—闭门　2—闭模　3—注射加保压　4—螺杆计量　5—冷却

6—开模　7—顶出制品　8—开门取件

287. 注射机上的液压表压力就是注射模内的压力吗？压力单位如何换算？

1）通常在注射机压力表上的读数仅表示注射液压缸内的压力，因此螺杆作用在物料上的注射压力应按下式进行计算

$$p_{注射} = p_0 (D_0/D)^2$$

式中　p_0——注射液压缸内的压力，即压力表指示值（Pa）；

D_0——注射液压缸内径（mm）；

D——螺杆（或柱塞）的外径（mm）。

2）压力（压强）的法定计量单位为帕，符号为 Pa。有的压力表上的单位为 kgf/cm^2，单位的换算公式如下

$$1MPa = 1000kPa = 10.2kgf/cm^2$$

$$1kgf/cm^2 = 0.09807MPa$$

288. 什么叫背压？背压的作用是什么？背压过高或过低时会出现什么问题？如何调校背压？

在塑料熔融、塑化过程中，熔料不断移向料筒前端（计量室内），且越来越多，逐渐形成一个压力，推动螺杆向后退。为了阻止螺杆后退过快，确保熔料均

匀压实，需要给螺杆提供一个反方向的压力，这个反方向阻止螺杆后退的压力称为背压。背压亦称塑化压力，它的控制是通过调节注射液压缸的回油节流阀实现的。预塑化螺杆注射机注射液压缸后部都设有背压阀，调节螺杆旋转后退时注射液压缸泄油的速度，使液压缸保持一定的压力；全电动机的螺杆后移速度（阻力）是由 AC 伺服阀控制的。

（1）适当调校背压的好处

1）能将炮筒内的熔料压实、增加密度、提高射胶量、保证制品重量和尺寸的稳定性。

2）可将熔料内的气体挤出，减少制品表面的气花、内部气泡，提高光泽均匀性。

3）减慢螺杆后退速度，使炮筒内的熔料充分塑化，增加色粉、色母与熔料的混合均匀度，避免制品出现混色现象。

4）适当提升背压，可改善制品表面的缩水和产品周边的走胶情况。

5）能提升熔料的温度，使熔料塑化质量提高，改善熔料充模时的流动性，制品表面无冷胶纹。

（2）背压太低时易出现的问题

1）螺杆后退过快，流入炮筒前端的熔料密度小（较松散），会夹入空气。

2）会导致塑化质量差、射胶量不稳定，产品重量、制品尺寸变化大。

3）制品表面会出现缩水、气花、冷料纹、光泽不匀等不良现象。

4）产品内部易出现气泡，产品周边及骨位易走胶不满。

（3）背压过高易出现的问题

1）炮筒前端的熔料压力太高、料温高，造成粘度下降，熔料在螺杆槽中的逆流量和料筒与螺杆间隙的漏流量增大，会降低塑化效率（单位时间内塑化的料量）。

2）对于热稳定性差的塑料（如 PVC、POM 等）或着色剂，因熔料的温度升高且在料筒中受热时间增长而造成热分解，或着色剂变色程度增大，制品表面颜色、光泽变差。

3）螺杆后退慢，预塑回料时间长，会增加周期时间，导致生产效率下降。同时会造成熔体的过热和各处温度不均，使制品残余应力加大，引起制品变形等弊病。

4）熔料压力高，射胶后喷嘴容易发生熔胶流涎现象，下次射胶时，浇口流道内的冷料会堵塞浇口，或制品中出现冷料斑。

5）在喷塑过程中，喷嘴易出现漏胶现象，浪费原料并导致射嘴附近的发热圈烧坏。

6）预塑机构和螺杆筒机械磨损增大。

（4）背压的调校

注射背压的调校应视原料的性能、干燥情况、产品结构及质量状况而定，背压一般调校在0.3～1.5MPa。当产品表面有少许气花、混色、缩水、产品尺寸或重量变化大时，可适当增加背压。当射嘴出现漏胶、流涎、熔料过热分解、产品变色及回料太慢时可考虑适当减低背压。背压是注射成型工艺中控制熔料质量及产品质量的重要参数之一，合适的背压对于提高产品质量有着重要的作用，不可忽视。

289. 各种常见塑料的成型温度与模具温度是多少？成型所需的冷却时间是多少？

各种塑料的成型温度与模具温度，见表11-1。根据塑件壁厚与成型所需冷却时间的关系，见表11-2。

表11-1　几种塑料的成型温度与模具温度

塑料名称	塑料温度/℃	模具温度/℃
聚苯乙烯(PS)	200～250	40～60
AS树脂(AS)	200～260	40～60
ABS树脂(ABS)	200～260	40～60
丙烯酸树脂	180～250	40～60
聚乙烯(PE)	150～250	50～70
聚丙烯(PP)	160～250	40～60
聚酰胺(PA)	200～300	55～65
聚甲醛(POM)	180～220	80～120
聚碳酸酯(PC)	280～320	80～110
醋酸纤维素(CA)	160～250	90～120
硬聚氯乙烯(RPVC)	180～210	40～60
软聚氯乙烯(FPVC)	170～190	45～60
有机玻璃(PMMA)	220～270	30～60
氯化聚醚(CPE)	190～240	40～60
聚苯醚(PPO)	280～340	110～150
聚砜(PSF)	300～340	100～150
聚对苯二甲酸丁二醇酯(PBT)	250～270	60～80
ASA	230～260	40～90
HIPS	170～260	5～75
LDPE	190～240	20～0
HDPE	210～270	30～70
GRPP	260～280	50～80
TPX	280～320	20～90
GPPS	180～280	10～70
GRPPO	250～345	80～110
GRPA6	270～290	70～120
PBT	330～360	200
PET	340～425	65～175
PES	330～370	110～150

表 11-2 塑件壁厚与成型所需冷却时间的关系

制件厚度/mm	冷却时间/s						
	ABS	PA	HDPE	LDPE	PP	PS	PVC
0.5	—	—	1.8	—	1.8	1.0	—
0.8	1.8	2.5	3.0	2.3	3.0	1.8	2.1
1.0	2.9	3.8	4.5	3.5	4.5	2.9	3.3
1.3	4.1	5.3	6.2	4.9	6.2	4.1	4.6
1.5	5.7	7.0	8.0	6.6	8.0	5.7	6.3
1.8	7.4	8.9	10.0	8.4	10.0	7.4	8.1
2.0	9.3	11.2	12.5	10.6	12.5	9.3	10.1
2.3	11.5	13.4	14.7	12.8	14.7	11.5	12.3
2.5	13.7	15.9	17.5	15.2	17.5	13.7	14.7
3.2	20.5	23.4	25.5	22.5	25.5	20.5	21.7
3.8	28.5	32.0	34.5	30.9	34.5	28.5	30.0
4.4	38.0	42.0	45.0	40.8	45.0	38.0	39.8
5.0	49.0	53.9	57.5	52.4	57.5	49.0	51.1
5.7	61.0	66.8	71.0	65.0	71.0	61.0	63.5
6.4	75.0	80.0	85.0	79.0	85.0	75.0	77.5

290. 什么叫塑料的后收缩？

塑料制品脱模后，因各种残余应力的松弛将会产生时效变形，由时效变形引起制品尺寸缩小的现象叫做后收缩。可采用退火方法减小或消除后收缩。一般来讲，制品脱模后10h内的后收缩比较显著，24h后基本定型，但要达到最终的稳定状态，往往需要很长时间。另外还要注意，热塑性塑料的后收缩比热固性塑料大，非结晶性树脂几乎没有后收缩。

291. 什么叫塑件的后处理？后处理的作用是什么？常用的后处理方法有哪两种？

（1）制品的后处理

制品脱模后，由于成型过程中塑料熔体在温度和压力作用下的变形流动情况非常复杂，再加上流动前塑化不均以及充模后冷却速度不同，脱模后的制品内经常出现不均匀的结晶、取向和收缩应力，除引起时效变形外，还会使制品的力学性能、光学性能及表观质量变坏，严重时还会开裂。为了解决这些问题，可对制品进行一些适当的后处理。

（2）后处理的作用

使制品尺寸稳定下来，消除内应力，改善制品的性能，提高制品尺寸的稳定性，以避免制品在使用中再发生更大的变化。

（3）制品的后处理方法

制品的后处理方法主要是指退火和调湿处理。

1）退火处理是将制品加热到 $\theta_g \sim \theta_f$（θ_m）之间某一温度后，进行一定时间保温的热处理过程。利用退火时的热量，能加速塑料中大分子松弛，从而消除或降低制品成型后的残余应力。对于结晶型塑料制品，利用退火能对它们的结晶度大小进行调整，加速二次结晶和后结晶的过程，此外，退火还可以对制品解除取向，并降低制品硬度、提高韧性。生产中的退火温度一般都在制品的使用温度以上10~20℃至热变形温度以下10~20℃之间进行选择和控制。保温时间与塑料品种和制品厚度有关，如无数据资料，也可按每毫米厚度约需半小时的原则估算。退火热源或加热保温介质可采用红外线灯、鼓风烘箱以及热水、热油、热空气和液体、石蜡等。退火冷却时，冷却速度不宜过快，否则还有可能重新产生内应力。

退火处理的方法是使制品在恒温的加热液体介质或热空气循环烘箱中静置一段时间。退火时间视制品厚度而定。退火后应使制品缓冷至室温。

2）调湿处理是一种调整制品含水量的后处理工序，使制品保持在一定的湿度环境中。主要用于吸湿性很强、且又容易氧化的聚酰胺等塑料制品，它除了能在加热和保温条件下消除残余应力之外，还能促使制品在加热介质中达到吸湿平衡，以防它们在使用过程中发生尺寸变化。调湿处理所用的加热介质一般为沸水或醋酸钾溶液（沸点为120℃），加热温度为80~100℃（热变形温度高时取上限，反之取下限），保温时间与制品厚度有关，通常约取2~9h。

表11-3列出了部分热塑性塑料的后处理工艺条件，但并非所有塑料制品都要进行后处理。通常，只是对于带有金属嵌件、使用温度范围变化较大、尺寸精度要求高和较厚的制品才有必要。

表11-3　常用塑料的热处理条件

塑料名称	处理介质	处理温度/℃	塑件厚度/mm	处理时间/min
PS	空气、水	60~70	≤6	30~60
		70~77	>6	120~360
ABS	空气、水	80~100	—	16~20
PC	空气、油	125~130	1	30~40
PMMA	空气	75	—	240~360
PSU	空气	165	—	60~240
PP	空气	150	<3	30~60
			<6	60
PE	水	100	≤6	15~30
			>6	60
PA6	油	130	12	15
PA66	油	150	3	15
POM（缓冷）	空气、油	160	2.5	30（油）
				60（空气）
POM（共聚）	空气、油	130~140	1	15
		150		5
AS	空气、水	77	≤3	1
			3~6	3
			>6	4~25

292. 怎样控制成型收缩率?

为了比较准确地控制注射制品的成型收缩率，可从以下几方面着手。

(1) 注射工艺方面

1) 控制模具温度变化不可太大，如模温为80℃时，某些聚甲醛制品的收缩率会在±5%浮动。

2) 控制料温不要太高，如熔体温度为190℃时，某些聚甲醛制品的收缩率会在±2.5%之间变化。

3) 适当提高注射压力，如注射压力为80MPa左右时，某些聚甲醛制品的收缩率会在±2.5%之间变化。

4) 适当提高注射速度。

5) 延长保压时间。

6) 适当延长冷却定型时间。

7) 控制模具冷却速度。

(2) 成型物料方面

1) 成型物料的粒度应均匀，这样可使物料受热均匀、冷却均匀。

2) 选择相对分子质量大小合适、分布均匀，熔体指数适宜的成型物料，这样可使注射工艺条件容易控制，保证熔体充模流动稳定，有利于减小收缩率。

3) 对结晶型塑料采取减小结晶度和稳定结晶度的工艺条件，可以减小结晶度、稳定收缩率。对于非结晶型塑料，应尽可能减小产生取向结构的可能性，这样可减小取向结晶。

4) 采用吸湿性小的成型物料或通过干燥降低水分，以便减小收缩。

5) 选用有增强填料的成型物料可减小收缩。

(3) 模具方面

1) 准确设计成型零部件的尺寸和尺寸公差，尽量选用热膨胀系数小的模具材料。

2) 在可能的条件下，适当增大浇口截面积。

3) 尽量缩短分流道长度，减小流动比，以利于补缩。

4) 模温控制应当精确。

(4) 注射机方面

模具要求注射量和投影面积最好不要超过注射机技术参数的80%。

(5) 制品设计方面

注射成型制品的工艺性，参考35题“塑件设计评审有哪些内容?”、37题“影响塑件尺寸精度的因素有哪些?”。

293. 常见的注射件缺陷有哪些? 应怎样解决?

为了提高改善制品的成型质量，本题将对热塑性塑料的成型缺陷的起因以及可能采取的预防措施作出详细阐述，并且还将介绍一些与成型缺陷有关的模具调试方法。对于与结晶、取向、密度及物理力学性能有关的内部质量问题的解决加以介绍。

注射件最常见的表观缺陷有凹陷、缩孔、气孔、流纹、暗斑、暗纹、银纹、熔接痕、泛白、剥层、白化、烧焦、翘曲变形、没有光泽、颜色不均、浇口裂纹、缺料、断脚、顶高、表面粗糙度差、表面龟裂以及溢料飞边等。

（1）充填不足的原因分析及排除方法

1）设备选型不当。注射机的最大注射量必须大于塑件重量。注射总量（包括塑件、浇道系统的重量）不能超出注射机塑化重量的85%。

2）供料不足。克服“架桥”现象产生，增加塑料加料量。

3）原料流动性能太差。合理设置浇道位置，扩大浇口、流道和浇料口尺寸。

4）浇注系统设计不合理。若浇口或流道小、薄、长，熔料的压力在流动过程中，沿程损失太大，流动受阻，容易产生填充不良。对此，应扩大流道截面和浇口面积，必要时可采取多点进料的方法，流道的关系如表11-4所示。

表11-4 各种成型树脂与浇口、流道的关系

浇口流道 / 树脂种类	浇口									流道			
	直浇口	普通浇口	限制浇口	护耳浇口	窄缝浇口	环形浇口	盒形浇口	球形浇口	潜伏式浇口	井式喷嘴	延伸式喷嘴	绝热流道	热流道
硬聚氯乙烯	○	○		○									
聚乙烯	○	○											○
聚丙烯	○	○						○		○	○		○
聚碳酸酯		○						○		○	○		○
聚苯乙烯	○	○						○					○
改性聚苯乙烯			○				○	○	○		○	○	○
聚酰胺	○	○							○			○	
聚甲醛	○	○		○			○	○	○				
AS	○	○		○				○	○				○
ABS	○	○			○	○	○	○			○		○
丙烯酸树脂	○	○		○			○	○			○		○

注：表中的符号“○”表示适合。

5）冷料杂质阻塞料道。清理浇口加大冷料穴和流道截面。

6）模具排气不良。当模具内因排气不良而残留的大量气体受到流料挤压，产生大于注射压力的高压时，就会阻碍熔料充满，造成型腔欠注。解决方法为开设排气槽，对原料进行干燥处理。

7）模具温度太低。熔料进入低温模腔后，会因冷却太快而无法充满型腔的每个角落。应提高模温，检查冷却系统设计是否合理。

8）熔料温度太低。通常，料温与充模长度接近于正比例关系，低温料流动性能下降，可适当提高前段区域的温度。

9）喷嘴温度过低。提高喷嘴温度。

10）注射压力或保压不足。加大注射压力，延长保压时间。

11）注射速度太慢。提高注射速度。

12）塑件结构设计不合理。塑件厚度与长度比例不合适，形状复杂并且面积较大。熔料的极限流动长度与塑件壁厚间的比值如表 11-5 所示。

表 11-5　熔料的极限流动长度与塑件壁厚间的比值

树脂类别	熔料极限流动长度/塑件壁厚
低密度聚乙烯	280:1
聚丙烯	250:1
高密度聚乙烯	230:1
聚苯乙烯	200:1
丙烯腈-丁二烯,苯乙烯共聚物	190:1
聚酰胺	150:1
聚甲醛	145:1
聚甲基丙烯酸甲酯	130:1
聚氯乙烯	100:1
聚碳酸酯	90:1

在塑件为设计时，一般大型塑件为 3 ~ 6mm 厚，小型塑件为 1 ~ 3mm 厚，考虑塑料规格种类不同推荐最小厚度为：聚乙烯 0.5mm，醋酸纤维和醋酸丁酸纤维为 0.7mm，乙基纤维素塑料为 0.9mm，聚酰胺 0.7mm，聚苯乙烯 0.75mm，聚氯乙烯 2.3mm。塑料厚度最好不超过 8mm，最薄不低于 0.5mm。

（2）溢料飞边的原因分析及排除方法

1）合模力不足，当注射压力大于合模力，使模具分型面密合不良时，容易产生溢料飞边。验算方法为型腔面积 × 成型压力(40 ~ 130MPa)，若所得结果小于合模力，则不会产生飞边。调整准确模具的结合面等部位。

2）模温太高，降低模温。

3）分型面间隙超差，模具强度、刚性不够。增加模具支承柱，以增加刚性。

4）条件控制不当、加料太多或注射时太快、时间过长，应调整注射工艺。

（3）熔接痕的原因分析及排除方法

详见本章 294 题：“在什么情况下容易产生熔接痕？如何减弱熔接痕？”。

（4）裂纹及破裂的原因分析及排除方法

1）残余应力太高。当塑件的残余应力高于树脂的弹性极限时，塑件表面就会产生裂纹及破裂。当注射成型时，塑料在注射压力作用下，高分子链就从一种自然状态过渡到另一种取向状态，冷却后的塑件就会产生残余应力，同时已取向的塑料来不及恢复初始的稳定状态就被冻结，使塑件表面产生残余的内应力。一般情况下，浇口附近易发生残余应力，引起裂纹及破裂，尤其是主流道，直浇口附近更是如此，如厚薄部位不当，引起收缩量不均，产生残余应力。因此考虑改用点浇口、侧浇口。在工艺操作方面，通过降低注射压力来减少残余应力，是一种最简便的方法。此外可适当缩短保压时间，保压时间太长易产生残余应力引起破裂。

2）外力导致残余应力集中。如果脱模顶出机构的顶杆截面积太小或顶杆设置的数量不够，顶杆设置的位置不合理，不平衡，模具的脱模斜度不足，顶出阻力太大，都会由于外力作用导致应力集中，使塑件表面产生裂纹及破裂。顶杆应设置在脱模阻力最大的部位，如凸台、加强肋处。小型塑件的脱模斜度为0.1°~0.5°，大型塑件的脱模斜度可达2.5°。

3）成型原料与金属嵌件的热膨胀系数存在差异。由于热塑件的热膨胀系数要比钢材的大9~11倍，比铝材的大6倍，因此塑件内的金属嵌件会妨碍塑件的整体收缩，由此产生的拉伸应力很大，嵌件四周会聚集大量的残余应力引起塑件表面的裂纹。因此，应尽量采用线膨胀系数接近树脂特性的材料，如锌、铝等优于钢材。在选用塑料时，应尽可能采用高分子量的树脂，注射件内金属嵌件周围塑料的最小壁厚，如表11-6所示。

表11-6　注射件内金属嵌件周围塑料的最小壁厚　　（单位：mm）

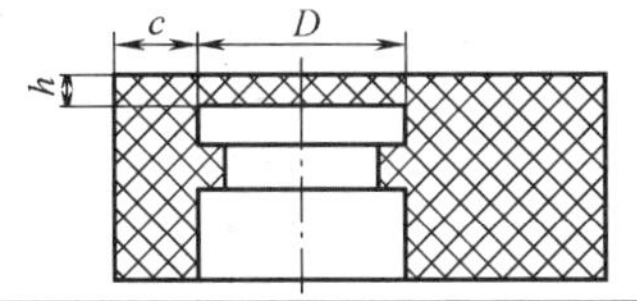

D	<4	4~8	8~12	12~16	16~25
h	1	1.5	2.0	2.5	3.0
c	1.5	2.0	3.0	4.0	5.0

4）塑件结构设计不良，塑件的尖角、缺口处最容易产生应力集中，导致塑件产生裂纹及破裂。

5）模具的龟裂痕复映到塑件表面上，收复模具。

（5）龟裂及白化的原因分析及排除方法

1）塑件表面残余应力过大，是导致塑件表面龟裂的主要原因，应按照减少塑件的残余应力的要求来设定工艺参数，尽可能降低注射压力。可参照排除裂纹及破裂方法。如果塑件已产生龟裂可采用退火的办法予以消除，退火处理是用低于塑件热变形温度5℃左右的温度充分加热1h左右，然后缓慢冷却，最好在成型以后立即进行退火处理，但大批量生产一般不宜采用。

2）塑件表面受到集中外力的作用，多数情况下产生白化是位于塑件的顶出部位，防止办法为增加脱模斜度、降低表面粗糙度及增加顶杆数量、合理布置结构。脱模推出时，由于脱模斜度小、模具型腔及凸模粗糙，使推出力过大，产生应力，有时甚至在推出杆周围产生白化或破裂现象。只要仔细观察龟裂产生的位置，即可确定原因。

3）在注射成型的同时嵌入金属件时，最容易产生应力，而且容易在经过一段时间后才产生龟裂，危害极大。这主要是由于金属和树脂的热膨胀系数相差悬殊，产生应力，而且随着时间的推移，应力超过逐渐劣化的树脂材料的强度而产生裂纹造成的。另外，成型前对金属嵌件进行预热，也具有较好的效果。

（6）银丝及斑纹的原因分析及排除方法

1）银丝及斑纹的产生原因，是熔料中含有易挥发物。常见的银丝是一些被拉长的扁气泡形成的针状白色条纹，主要有降解银丝和水汽银丝。各种银丝均产生于从注料前端析出的挥发物，降解银丝是气体分解时形成小气泡分布在塑件表面上留下的痕迹。一般排布成“V”形的尖端，背向浇口中心。当水分挥发时产生气泡也会导致塑件表面产生银丝。

2）排除故障方法：①减少再生料的使用，充分干燥原料；②工艺操作方面，应降低料筒和喷嘴温度，降低螺杆转速及前进速度、缩短加压时间、提高背压。注射原料常压条件下的预干燥要求见表 11-7、表 11-8；③模具设计和操作方面，应加大浇口主流道、分流道截面尺寸，扩大冷料穴，改善模具排气条件，尽量少用脱模剂。

表 11-7　部分塑料在空气循环干燥箱中的干燥工艺条件

塑 料 名 称	温度/℃	时间/h
软聚氯乙烯	70 ~ 80	3 ~ 4
硬聚氯乙烯	70 ~ 80	3 ~ 4
聚碳酸酯	120	6 ~ 8
ABS	85 ~ 95	4 ~ 5
聚砜	120 ~ 140	3 ~ 4
聚苯醚	95 ~ 110	2 ~ 4
聚甲醛	110	2
聚对苯二甲酸乙二醇酯	130	3 ~ 4
聚对苯二甲酸丁二醇酯	110 ~ 120	3 ~ 4
聚甲基丙烯酸甲酯	90 ~ 95	6 ~ 8

（7）黑点及条纹的原因分析及排除方法

1）熔料温度太高，会使熔料过热分解形成炭化物。但如料温、模温过低，塑件表面也会产生光亮条纹。

表 11-8　部分塑料在料斗中的干燥工艺条件

塑 料 名 称	温度/℃	时间/h
聚乙烯	70 ~ 80	1
聚氯乙烯	65 ~ 75	1
聚苯乙烯	70 ~ 80	1
聚丙烯	70 ~ 80	1
高冲击强度聚苯乙烯	70 ~ 80	1
聚酰胺	90 ~ 100	2.5 ~ 3.5
聚碳酸酯	100 ~ 120	2 ~ 8
聚甲基丙烯酸甲酯	70 ~ 85	2
ABS	70 ~ 85	2
AS	70 ~ 85	2
纤维素塑料	70 ~ 90	2 ~ 3

2）料温间隙太大，调整间隙维修设备。

3）模具排气不良，料筒排气不良。

4）注射速度太快，压力过高。

5）积料焦化，喷嘴半径与模具浇口套不符，浇口附近积料进入模腔形成黑点及条纹。

6）热流道、流道板有死角，物料流动不畅。

7）原料问题。原料中易挥发物含量过高，着色不均等。

（8）翘曲变形的原因分析及排除方法

1）分子取向不均衡，塑件径向和切向收缩的差值，也就是塑件沿熔料流动方向上的收缩大于垂直方向上的收缩，分布不均匀，因此塑件必然产生翘曲变形。为了减少取向差异产生翘曲变形，最有效的方法是降低模温和料筒温度，同时塑件脱模后立即进行热处理，将其置于较高温度下保持一定时间再冷至室温，可大量消除塑件内的取向应力。热处理的方法为，脱模后将塑件立即置于37.5～43℃的温水中任其缓慢冷却。

2）冷却不当，模温的冷却系统设计不合理或模温控制不当，塑件冷却不足，都会引起塑件翘曲变形。由于塑件各部分的冷却收缩不一致，塑件特别容易翘曲，因此塑件在模具内必须保持足够的冷却定型时间。模具温度的控制，应根据塑件的结构特征来确定动、定模与模壁及嵌件间的温差，从而利用控制注射模各部位冷却收缩速度的差值来抵消取向缩差，避免塑件按取向规律翘曲变形。塑件形状对称一致时，模温冷却应保持一致。如模芯温度较高，塑件脱模后就向模芯牵引的方向弯曲，因此动、定模的温度差影响塑件的变形方向，要根据具体情况来调整动、定模的模温高低，达到塑件变形方向一致。

3）模具浇注系统设计不合理。模具浇注系统的结构参数是影响塑件形位尺寸的重要因素，特别是模具浇口的设计涉及熔料与模具内的流动特性，塑件内应力的形成及热收缩变形等。如合理地设定浇口位置及浇口类型往往可以较大程度地减少塑件的变形，对于面积较大的矩形塑件，应采用薄膜式浇口或多点式浇口，尽量不要采用直浇口与分布在一条直线上的点浇口，尽量不要用采用侧浇口；对于环形塑件，应采用盘形浇口或轮辐式十字浇口，尽量不要采用侧浇口或针浇口；对于壳形塑件，应采用直浇口，尽量不要采用侧浇口。在设计模具浇注系统时，使流料在充模过程中尽量保持平行流动，不会引起很大的翘曲变形。

4）模具脱模及排气系统设计不合理。如塑件在脱模过程中受到不均匀外力的作用，会使塑件形体结构产生较大的翘曲变形。如脱模斜度顶出困难，顶杆分布不均，顶出速度不一致，模具强度和刚性不足，精度太差等，排气不良对塑件的翘曲变形也有一定的影响。

5）工艺操作不当。如注射压力太低，注射速度太慢，保压时间太短，塑化不均匀，烘料温度过高，塑件退火处理不当，都会导致塑件翘曲变形。

（9）尺寸不稳定的原因分析及排除方法

1）成型条件不一致或操作不当，注射成型时，温度、压力及时间等各项工艺参数要严格控制，成型周期必须一致。如果塑件成型后外形尺寸大于要求的尺寸，应适当降低注射压力和熔料温度，提高模温，缩短充模时间，减少浇口截面积，从而提高塑件的收缩率，若成型塑件的外形尺寸小于要求的尺寸，则应采取与之相反的成型条件。

2）成型原料选用不当。

3）模具故障，模具刚性不足，模具定位装置不可靠。

4）设备故障。

5）方法和条件不一致，一般塑件中在脱模的时间变化较大，24h 后才基本定形。

（10）凹陷及缩痕的原因分析及排除方法

1）成型条件控制不当。注射压力太低，保压时间太短，注射温度太高，冷却不足。嵌件温度太低，供料不足等原因。

2）模具缺陷。如果有模具的流道及浇口截面太小，充模阻力大，浇口设置不对称，进料口位置设计不合理，排气不良等现象，则凹痕及缩痕发生在远离浇口处需加大流道截面。

3）原料不符合成型要求，应对塑料进行预干燥处理。

4）塑件形体结构设计不合理，壁厚差异较大。

（11）气泡及真空泡的原因分析及排除方法

1）成型条件控制不当，工艺参数不当，如注射压力太低、速度太快、时间太短、料过少、保压不良、模温料温控制不当、冷却不均不足、排气不良等。

2）模具缺陷，如果模具的浇口位置不正确或浇口截面太小，浇口位置应设置在塑件的壁厚处。

3）原料不符合使用要求。

（12）烧焦及斑糊的原因分析及排除方法

1）熔体破裂，因注射速度太快，所受到的应力非常大，远远大于熔料的应变能力，导致熔体破裂，要克服熔体破裂避免产生斑糊，一是要注意消除流道中的死角，使流道尽量流线化；二是提高料温，使其容易恢复和弥合；三是适当控制成型工艺；四是合理选择浇口位置、浇口形式，采用潜伏式浇口、大型点浇口较为理想。不要使物料直接进入较大的型腔，可采用进入过渡腔后再进入模腔的方法。

2）成型条件控制不当。注射速度不能太高，一般注射机的螺杆的转数为 90r/min，背压小于 2MPa，这样避免料筒过热，防止塑料分解变色。

3）模具故障，排气不良引起。

（13）变色及色泽不均的原因分析及排除方法

1）着色剂不符合使用要求。

2）原料不符合使用要求。

3）成型条件不合理，对于螺杆转速、背压、注射压力、注射和保压时间等工艺参数的调整，可根据实际情况按照逐项调整的原则进行微调。

(14）脱模不良的原因分析及排除方法

1）模具表面应有符合标准的表面粗糙度和表面质量，模温不能太低，脱模斜度不够会擦伤表面。

2）条件控制不当，注射压力高、模温高、注射速度快、塑料表面粗糙度低。

3）原料不符合使用要求。

试模中常见制品缺陷及产生原因，见表 11-9。

表 11-9　试模中常见制品缺陷及产生原因

原　　因	缺陷								
	充模不满	溢边	凹陷缩边	银丝	熔接痕	气泡	裂纹	翘曲变形	难脱模
料筒温度太高		√	√	√		√		√	
料筒温度太低	√				√		√		
注射压力太高		√					√	√	√
注射压力太低	√		√		√	√			
型壁温度太高			√					√	
型壁温度太低	√		√		√	√	√		
注射速度太慢	√								
注射时间太长			√	√	√		√		√
注射时间太短	√				√				
成型周期太长		√		√					√
冷却时间不够								√	√
加料太多		√							
加料太少	√		√						
原料含水分过多				√					
分流道或浇口太小	√		√	√	√				
模穴排气不好	√			√		√			
制件太薄	√								
制件太厚或厚薄不均			√			√		√	
注射能力不足	√		√	√					
成型机锁模力不足		√							

294. 在什么情况下容易产生熔接痕？如何减弱熔接痕？

熔接痕就是模具的多点各处浇口流出的熔料汇聚形成的交接痕迹。各浇口流出的熔料经过形状复杂的型腔到达汇聚处，由于各自的温度、压力、速度、时间先后不完全一致而产生的拼缝线。一般熔接痕很难堵绝。需要依靠实践经验，并利用 CAE 模流分析软件，优化浇注系统设计，使熔接痕及气穴处在对强度与外观不敏感的部位。

1）多点浇口（两点以上浇口）。模具的浇道系统的结构参数不妥，多点浇口汇合处易产生熔接痕，尽量选用一点浇口。在浇注系统中浇口太多、太少，浇口位置选择不当，主流道进口部位及分流道的流道截面太小，导致流料阻力太大都会引起熔接不良。因此，尽量选用一点浇口，尽可能减少浇口数，合理设置浇口位置，加大浇口截面，设置辅助流道，扩大主流道及分流道直径，模具设置冷料穴。在塑件外设置小翼，然后再去除小翼，这是在别的办法克服不了的情况下采用。

2）模具结构设计不合理，浇注系统的结构参数不妥浇口位置选择不妥当。

3）模具冷却系统设计不当。熔料汇聚处设置了冷却水回路使熔接痕更加容易形成。

4）塑件有较多的碰穿孔、槽多塔子，或嵌件太多，会产生熔接痕。

5）没有开设排气槽和排气不充足，容易形成熔接痕。

6）塑件形状复杂，或塑件壁厚悬殊容易产生熔接痕。

7）脱模剂使用不当，会产生熔接痕。

8）在熔接痕实在排除不了的情况下，采用热流道针阀式多点浇口，应用顺序控制阀控制浇口启闭的时间，改变制件的熔接痕位置。

9）注塑工艺有问题。模温太低，低温熔料的分流汇合性能较差，容易形成熔接痕；提高料温、模具温度、注射压力和保压压力，必要时对模具采取加热措施和增加加热装置，可减弱熔接痕。

10）CAE 模流分析两点浇口流料会合处，（如熔接线夹角处于 90°内），会产生熔接痕。熔接线夹角达到 135°，一般不会产生熔接痕，如图 11-5 所示。

11）目前已开发了“无熔接痕高亮度注射成型模具”（模具的型腔设计采用热导率较好的材料，通过模具温度控制系统把动、定模快速升到接近熔料温度，注射成型后，最急速冷却模具。然后再急速加热模具……），应用于表面质量要求很高的制品。

图 11-5　CAE 模流分析判断

295. 制品的变形有哪几方面原因？应怎样解决？

（1）制品的变形原因

1）由于制品在各种限制的条件下成型，因此在成型过程中及成型后必然产生内部应力。内部应力，即为残余应力，是因壁厚不均匀地收缩差异产生的残余应力。它是造成变形、开裂、翘曲、弯曲和扭曲的原因。

2）向型腔内填充过量时产生的残余应力是由于向有一定体积的型腔强制注入过量的树脂而产生的。

3）在制品脱模时，若脱模推出机构的推出力和模具间的粘附力不等，那么将产生残余应力而造成裂纹。这种情况多发生在推杆的周围。

4）因树脂与嵌件材料的线膨胀系数不同，在嵌件周围会产生残余应力，此应力将引起开裂。

因制品造型不合理，如在制品设计时，制品上有锐角，在锐角处没有设适当的圆角，而使锐角处产生残余应力等。还有，加工模具零件若在常温下进行大范围深切削时，不进行消除变形的退火，则在零件内部会产生剩余变形。这种变形在模具使用过程中受到热的断续作用，内部变形会显露出来，这样不仅使尺寸不稳定，而且往往会转化成为残余应力。这种残余应力不在成型的当时立即发生，而是要经过相当长时间后才在制品上反映出来。到那时，由于已经完成制品组装，在销售使用时发生开裂，在更换缺陷制品上要增加大量花费。由于这种原因，所以要求进行过深切削加工的模具零件必须进行消除变形的退火处理。

（2）受压力最大的浇口附近的残余变形解决方法

1）树脂的种类。一般地说，非结晶性树脂比结晶性树脂容易产生残余应力，因此容易发生裂纹，宜采用热流道针点浇口。

2）浇口。在浇口的种类中，压力损失最小且注射压力高的是直接浇口（也称为主流道浇口），在其上容易产生残余应力。可选择针点浇口、侧浇口、护耳式浇口，因为由此产生的残余应力不发生在偏离浇口的部位上。

3）注射压力。高注射压力会产生残余应力，因此要降低注射压力。在实际生产上降低注射压力是最方便而且立即见效的方法。因而，若采用高温树脂、低注射压力成型，则不会产生残余应力。

4）树脂的温度。宜采用高温树脂。若熔融的树脂温度高，则用较低的注射压力也能把树脂全部注入型腔。

5）模具温度。低温模具可引起残余应力，因此必须采用高温模具。

6）保压时间。注射时间长能引起残余应力，因此必须缩短注射时间。只有一次压力的注射机与具有二次压力的注射机相比，在制品上更容易产生残余应力。

296. 影响注射成型质量问题的主要因素有哪些？

无论是注射成型制品的内部质量还是外部质量，均与注射成型时的设备、工艺、温度、压力和时间五大因素以及模具条件密切相关。因此，内、外部质量之间并不是互相独立无关的。例如，制品表观的凹陷或缩孔，往往也就是塑料内部收缩不均造成的结果。所以，仔细分析和研究制品内部质量与外部质量之间的关系，不仅对于确保成型质量，而且对于合理地制定注射成型工艺以及恰当地设计模具等工作，均具有重要意义。注射制品的质量与注射机的技术性能和注射工艺条件及模具结构有密切关系，如图11-6所示。高质量的注射件是依靠优质注射模具和注射成型组合而成的。我们应当谨慎地处理二者的细节，使质量得到保证。

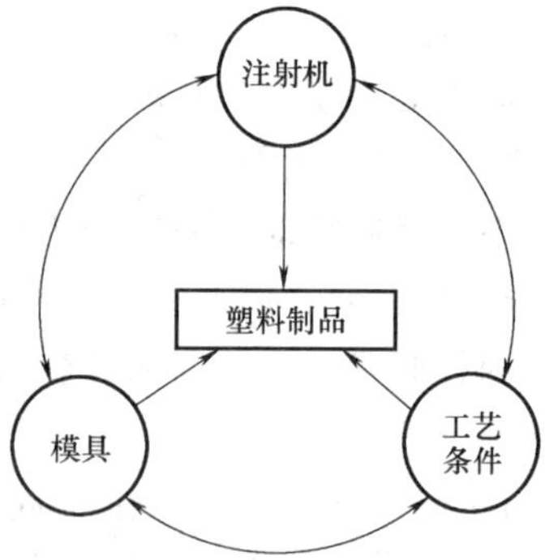

图 11-6　影响制品的成型质量因素

影响制品质量的细节因素，如图11-7的鱼刺图。

如何在注射成型生产中提高或改善制品的成型质量，是一个非常重要而且也十分复杂的问题。若要解决这一问题，几乎要涉及到注射成型技术所有的理论和实践知识。

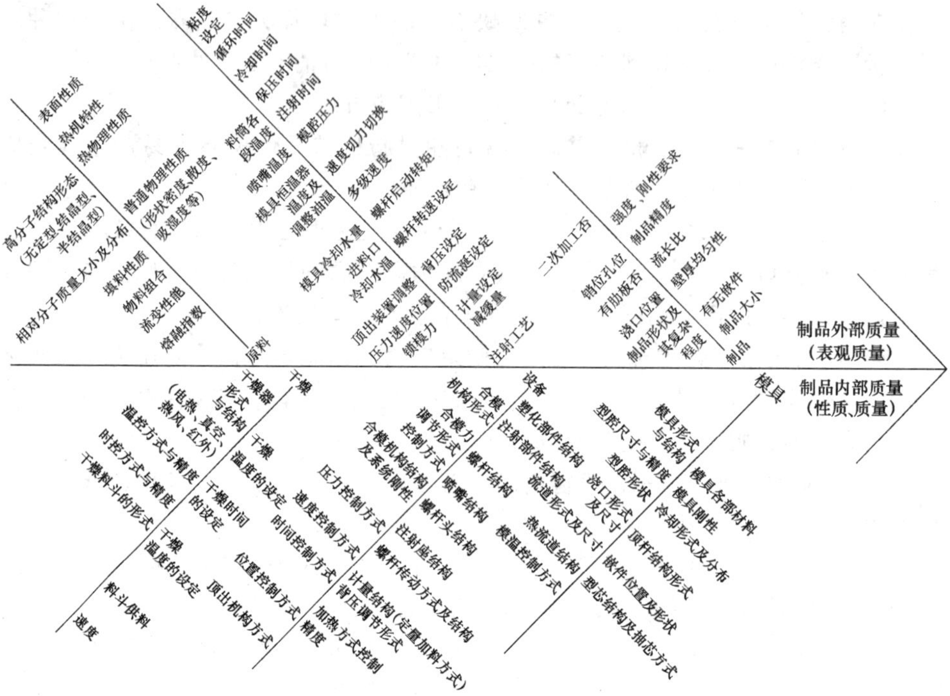

图 11-7　影响制品质量的因素

297. 怎样清洗注射机的料筒？

（1）清洗料筒的目的

如果料筒中原有积料，不清洗干净进行成型生产，将对制件质量带来较大的影响。为了保证塑料质量，必须对料筒进行清洗。节省昂贵的塑料是试模人员的职责。如果试模人员工作认真负责，一个拥有 8～12 台机器的车间，每年节省费用可达数万元左右。

螺杆式注射机料筒清洗，通常采用直接换料清洗，清洗时应了解料筒内剩料和新料的成型温度范围，热稳定性及各种塑料不同的相溶性情况，以便制定具体清洗方式。

（2）清洗料筒的步骤和方法

1）要关闭加料闸门，使塑料损失减少到最低限度，应当设法把机筒内每一点存料用于生产。

2）倒入清洗料至料斗中。

3）调整好料筒温度。

清洗时应了解料筒内剩料和新料的成型温度范围，对于积有热敏性剩料，如 PVC、POM、PCTFEF3 等的料筒情况，为防止塑料分解应采用两步走，即先用热稳定性好的塑料，如 PS、LDPE 等原料进行过渡换料清洗，然后再用能加工的新料置换出过渡清洗料。

清洗料开始出来之后，应将机筒温度降至清洗料的下限温度，但不得低于被清洗物料的下限温度。以改性聚苯醚被聚苯乙烯清洗为例。改性聚苯醚的下限温度为 475°F，而聚苯乙烯的下限温度为 350°F，475°F 可作为清洗温度。

因为某些材料，如聚碳酸酯在高温下保持 5min 以上会发生分解，难以清洗。如果使温度下降至 300°F 以下，聚碳酸酯就会趋于与机筒或螺杆熔接在一起，从而使它们损坏。没有一种塑料可在高温下长期停留而不被分解，在高温条件下，物料不易进行控制。丙烯酸类塑料，聚丙烯和耐热聚苯乙烯之类边角料都是良好的清洗料。

4）脱开模具，这时注射压力约下降 25%，机筒被迅速清洗，这种清洗过程会使机筒冷却，因此可等上 3～5min 时间，让温度回升，然后再进行三次清洗。这样就可以使机筒得到充分的清洗。至少应当用清洗料空注两次。直到用大约相当于 1.5 倍机筒容积的料清洗干净为止（一直进行到可明显看到清洗料才可加入新料）。

5）加入新料之后，并为新料重新调整机筒的温度，投入生产。

298. 注射模具为什么要试模？试模的目的是什么？

（1）注射模具试模的原因

试模是根据塑料制品设计制造的模具，把塑料在相应的注射机上实际注射检验的过程，注射成型制品的质量同时取决于以上四方面的条件，只要其中有一方面不合理，生产中就无法取得完好的制品。它是模具制造过程中必不可少的一道重要工序。

在设计模具时，并不是所有成型问题都能在设计之前考虑周到。模具的设计与制造主要依靠设计人员的经验和工艺人员的技巧。设计合理与否，其中有些问题只有等到模具制成之后，通过试模才能确定，制造的缺陷需要通过反复修理来纠正。一副质量完好的注射模具，只能在其设计、制造完毕之后，经过试模修整才能获得。尤其是对于大型、复杂、精密模具，试模工作不仅不可缺少，而且还要在试模过程中随时修改注射成型工艺。

对于塑件的成型缺陷，通常是模具条件与工艺条件相互作用的结果。因此必须在试模后，仔细分析研究缺陷生成的主要原因，才能确定究竟是采用修整模具的方法，还是采用调整工艺条件的方法好。

（2）试模的目的

试模的目的不仅是对所制造的模具质量加以确认，通过试模还要达到以下目的。

1）通过试模验收，验证模具的生产实用性、结构设计的可靠性。要检查注射模具顶出、脱模、抽芯机构的可靠性，检查冷却系统的效果、浇道系统的合理性，是否存在问题。要检查模具的制造精度、刚性和强度是否达到要求。通过试模检查，发现模具设计和制造存在的问题给予纠正，使模具得以进一步完善。

2）验证模具所提供塑件是否符合设计质量要求。通过试模，检验塑件的外观、质量、尺寸公差、表面粗糙度等是否达到图样要求，塑件的尺寸是否满足装配要求。通过试模在注射成型时，有否成型困难、把塑件存在的所有缺陷加以解决。

3）寻求模具投入生产的最佳工艺参数，同时试模为模具最终验收提供了最重要依据。通过试模验收，考核模具在正常生产工艺条件下，连续注射生产4h以上有无故障，成型周期和生产效率是否满足要求。

4）为模具设计收集反信息，调查设计的目标尺寸与实际尺寸的偏差，积累数据，以提高设计的可靠性。

299. 注射模具应怎样试模？

注射模的试模工作虽然可以从理论上加以了解，但目前一些注射成型质量缺陷，与模具条件及注射成型工艺条件之间的关系，在试模或成型生产中可能遇到的质量问题及其相应的解决措施，更多地是依靠生产经验。

一般来讲，由于工艺条件属于软技术，容易得到调整和控制，所以应尽可能考虑改变工艺条件来消除成型缺陷。千万不要一出现成型缺陷，便从模具方面找问题，否则，模具一经修整，便很难恢复形状。有时，注射模经过一次试模和修整后，经常还要两次、三次地反复试模和修整，因为在第一次试模中往往还不能全面掌握成型问题的所在。因此，试模和修整工作是一项非常复杂和繁重的工作。

（1）模具试模前要做的准备工作

1）选择合适的注射机型号、规格、类型，使注射量、合模力、制品的投影面积、拉杆内距、顶出行程的主要技术参数与模具匹配。

2）对塑料的性能和工艺进行全面了解，有的塑料需考虑先预热，如聚苯烯、ABS、聚碳酸酯、尼龙在成型前需预热。

3）编写好该塑料的注射工艺卡。

4）模具预检。①安装前，查看模具总装图，了解模具基本结构、动作原理及注意事项；②喷嘴凹坑的球半径与注射机喷嘴头半径是否吻合，主流道小端孔径是否大于喷嘴孔径；③校核该模具总体外形尺寸（宽度、高度、厚度）、定位圈尺寸、顶出孔大小及孔距是否符合注射机的条件；④模具闭合后，吊环螺钉的位置，起吊时是否使模具平衡，吊环螺钉大小、强度是否满足整副模具的起吊负荷。

（2）试模时要注意事项

1）试模时可用脱模剂，但在正式生产时不能用。

2）制品后处理，要事先说明。

3）试模用的塑料必须符合图样要求。

4）试模一星期前要开“试模通知单”，通知有关人员。

（3）试模顺序如下

1）按注射成型工艺条件把料筒温度分前、中、后加温，或在模具安装调试好后再升温（为节约时间起见）。

2）开车准备按注射机操作规程起动，调整好所有行程开关的位置使动模板运行畅通。

3）安装模具。在安装模具之前，必须清理干净模具表面与机器模板的接触面。检查模具的定位圈是否与动模板的定位心尺寸相符；要检查顶出杆孔位置、大小及顶出杆是否伸进动模内太多。检查没问题后，用起重设备吊上模具，使定位圈进入定模镶板定心孔内，然后用手动低压下将模具锁上，再用螺钉拧紧，紧固定模上的压板。在模具安装压紧完毕后，调整行程，紧固动模上的压板、动模镶板。

动作过程及注意事项。注射模的定模部分安装在注射机的固定模板上，而动模部分安装在注射机的移动模板上，主要采用下述两种紧固方式，图11-8所示的压板固定和图11-9所示的螺钉紧固。

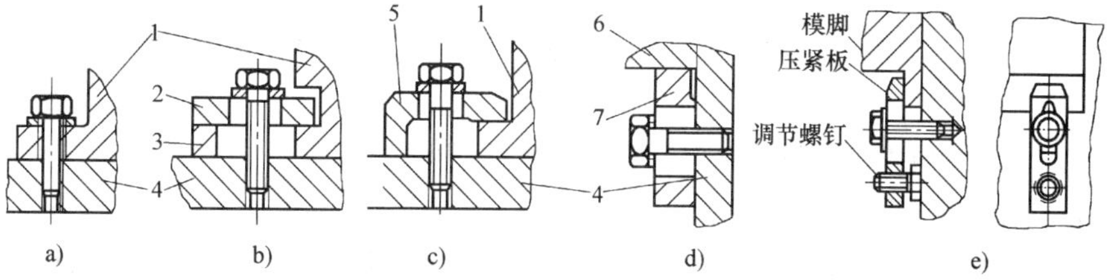

图11-8　压板固定的形式

1、6—动、定模板　2—压板　3—垫块　4—注射机模板　5—梯形压板　7—压板

4）调整顶出机构，使之能够达到制品从型腔顶出的行程要求（对照模具总装图调整）。

5）调整锁模力、张模力根据注射压力和制品投影面积而定，在保证制品质量前提下将锁模力调至最小值，这样可以延长设备使用寿命。

6）调节启闭运动的速度及压力。

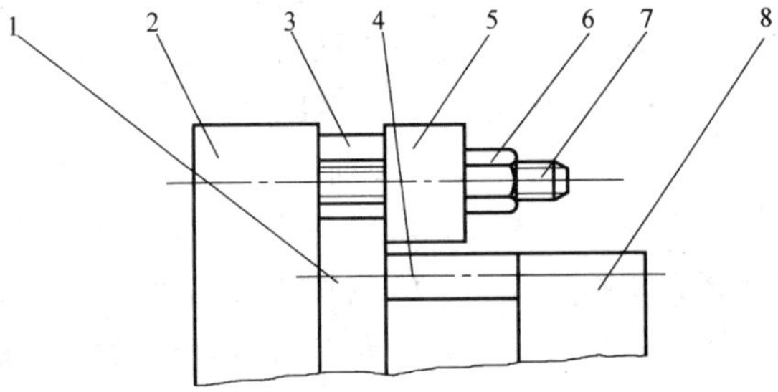

图 11-9 螺钉紧固的形式

1—动模座板 2—注射机的移动模板 3—垫铁 4—垫块 5—压板 6—螺母 7—螺钉 8—动模底板

7）把模具动、定模的冷却水按结构图进出分组接好（试模时按设计要求，接好冷却水管才可试模）。部分人认为试件样品不接冷却水也可试模，这样做是绝对错误的。因为工艺条件不一样、注射件的质量就不一样。

8）起动冷却塔的电源或打开水循环系统。

9）接好热流道的电源，接好模温机，按成型工艺条件调节好模具温度。

10）把在烘前（或不要烘过的塑料）拌好色母的料加入料斗（或料斗干燥器的料斗内），之前必须检查料斗内有无杂质或异物，如原料筒中同试模料颜色或塑料牌号不同时，应用 PP 料等清洗料筒。如果料流中没有气泡、硬块、银丝、变色等情况，料流光滑明亮料筒与喷嘴温度合适，则可以试模。

11）调节注射座行程，使喷嘴顶上模具浇口套（低压下调节）。

12）调整注射容量，按设计上的塑件重量加流道系统的塑料重量为准，不宜调整太多，防止过分缺料。

13）调节背压压力及顶出压力。调整螺杆转速，一般为 30r/min。对于粘度高，热稳定性差的塑料，采用较慢的螺杆转速和略低的背压加料、预塑较好。对于粘度低和热稳定性好的塑料，可采用较快的螺杆转速和略高的背压。

14）调整注射压力。试模时，先选择低压、低温，在较长时间下成型，然后按压力、时间和温度先后顺序变化，以求得到较好的工艺参数。

15）若注射压力小，型腔难充满，可加大注射压力。当增压效果不明显时，再改变温度和时间，当延长时间仍不能充满，再提高温度。但不能升温太快、以免塑料发生过热降解。

16）在生产壁薄而面积大的塑件时，一般采用高速注射，对于壁厚而面积小的塑件，则采用低速注射。

17）若高速和低速注射均能充满型腔时，除了玻纤增强塑料外，均可采用低速注射。

18）按注射成型工艺条件，调整好料筒后、中、前三段温度及喷嘴温度。

19）注射完料筒内的一部分存料或时间过长的分解塑料，到正常温度原料射出后才可试模。

20）注射机的成型周期动作过程，见286题。

21）注射制品按成型工艺条件，调整试模直至合格产品（如注射成型制品的表面出现缺陷现象，应针对性地采取预防措施加以克服。使塑件质量达到图样要求和使用要求）。

（4）试模记录

按现场情况做好试模记录，并在不同注射工艺的三次记录中，选取最佳工艺提供给客户。试模记录内容，见表11-10。

表11-10 试模记录

制品名称		模具编号			客户单位			
模具设计人员		模具组长			项目负责人			
设备及用料情况								
试模设备型号		试模时间	月 日		地点			
上机下机时间			时至 时		第 次试模			
塑件材料		领用重量	kg		件数		塑件颜色	
材料牌号		实用重量	kg		浇口形式		模具腔数	
单件重量		浇道重量			一次注塑量	g		
分段温度/℃	喷嘴	一段	二段	三段	四段	五段	六段	
成型周期 s	注射时间 (s)	冷却时间 (s)			开模时间 (s)	合模时间 (s)		
	保压时间 (s)	顶出时间 (s)			取件时间 (s)	备 注		
注射压力/MPa		锁模压力/MPa			保压压力/MPa			
保压速度		注射速度						
塑件质量情况	溢料、飞边、毛刺、顶高、顶白、缺料、段差、银丝、熔接痕、焦点、气孔							塑件完好
	变形、翘曲、色差、缩影、凹痕、龟裂、断裂、断脚、尺寸超差、表面粗糙度差							
模具试模运转情况		有无问题存在	采取措施		问题排除时间			
冷却效果								
顶出动作								
抽芯动作								
浇道系统								
排气								
模具表面质量								
附件是否齐全								
参加试模人员签字								
备 注								
记录			日期		年 月 日			

（5）试模后工作

试模后做好对模具和塑件的检验、判定、处理、记录等工作。如有问题应填写修改通知单，按修改通知单内容把存在问题及时修改，检查合格后再重新试模、验收，直至合格为止。

300. 注射件应如何验收？

注射件的验收分为内部质量验收和外部质量验收两方面内容。

（1）塑件的外部质量检查、验收

1）在注射机温度、模具温度、成型工艺、注射压力等正常条件下，把该模具已能稳定地生产的塑件作为检验件。

2）塑件样品取得一件后，首先作外观质量检查。要观察它的整体形状是否正确，有无变形、有无注射成型出现不允许的各种成型缺陷。基本造型是否符合产品设计。观察塑件可见的直线、圆角、曲线等部位是否连贯、一致、平滑过渡、清晰。分型面处、镶块缝隙处无飞边。

3）表面粗糙度是否太高或与图样要求、样品一致。

4）然后对塑件的基本尺寸进行检查、检验。塑件的配合尺寸是指塑件与塑件之间或塑件与相关元器件之间的配合尺寸，包括局部配合尺寸和整体相对位置尺寸。位置尺寸在产品图上通常标有公差要求。

5）试装配检验。当基本尺寸、外形尺寸、配合尺寸检查结束后，认为基本符合设计要求时，可以进行试装配检验，这是塑件检查中十分重要的手段，它可以对配合尺寸进行验证，对空间曲面进行验证。当预装符合要求后，需要对制件的外观质量进行全面的检查，检查塑件的表面平滑光泽质量是否符合要求。

6）塑件的壁厚是否均匀，重量是否超重。

7）纹面加工检查。型腔内加工各种图案的花纹、仿皮纹、仿布纹等，国内已经有了成熟的经验。其效果可基本相似于原样板。对花纹型腔应着重检查以下几方面：①花纹均匀，深浅度一致；②拐角处、形状变化部位花纹疏密度一致；③所提供的制件表面光亮、整洁；④花纹与光面、镶块间的光亮带尺寸等宽（一般为1～2mm）。⑤没有花纹加工处光亮、平整，无漏液所致的各种斑点。

（2）塑件的内部质量检查、验收

1）塑件验收至少在塑件成型或所要求的后处理完成16h之后进行。验收的标准环境为温度（23±2）℃、相对湿度（50±6）%、露点温度12℃、大气压力89～104kPa、空气流速≤1m/s。如果实际环境不标准，双方可在协商的条件下进行，或者将所测得的数值相应的线膨胀系数加以修正。

2）内部质量也称为性质质量，它包括制品内部的组织结构形态（如结晶和取向等）、制品的密度、制品的物理力学性能和熔接痕强度，以及与塑料收缩特性有关的制品尺寸和形状精度等。

附　　录

附录 A　常用塑料模塑件公差等级和选用（见表 A-1）

表 A-1　常用塑料模塑件公差等级和选用（GB/T 14486—2008）

材料代号	模塑材料		公差等级		
			标注公差尺寸		未注公差尺寸
			高精度	一般精度	
ABS	（丙烯腈-丁二烯-苯乙烯）共聚物		MT2	MT3	MT5
CA	乙酸纤维素		MT3	MT4	MT6
EP	环氧树脂		MT2	MT3	MT5
PA	聚酰胺	无填料填充	MT3	MT4	MT6
		30% 玻璃纤维填充	MT2	MT3	MT5
PBT	聚对苯二甲酸丁二酯	无填料填充	MT3	MT4	MT6
		30% 玻璃纤维填充	MT2	MT3	MT5
PC	聚碳酸酯		MT2	MT3	MT5
PDAP	聚邻苯二甲酸二烯丙酯		MT2	MT3	MT5
PE-HD	高密度聚乙烯		MT4	MT5	MT7
PE-LD	低密度聚乙烯		MT5	MT6	MT7
PESU	聚醚砜		MT2	MT3	MT5
PET	聚对苯二甲酸乙二酯	无填料填充	MT	MT4	MT6
		30% 玻璃纤维填充	MT	MT3	MT5
PF	苯酚-甲醛树脂		MT2	MT3	MT5
			MT3	MT4	MT6
PMMA	聚甲基丙烯酸甲酯		MT2	MT3	MT5
POM	聚甲醛	≤150mm	MT3	MT4	MT6
		>150mm	MT4	MT5	MT7
PP	聚丙烯	无填料填充	MT3	MT4	MT6
		30% 无机填料填充	MT2	MT3	MT5
PPE	聚苯醚；聚亚苯醚		MT2	MT3	MT5
PPS	聚苯硫醚		MT2	MT3	MT5
PS	聚苯乙烯		MT2	MT3	MT5
PVC-U	未增塑聚氯乙烯		MT2	MT3	MT5
PVC-P	软质聚氯乙烯		MT5	MT6	MT7

附录B 模塑件尺寸公差表（见表B-1）

表 B-1 模塑件尺寸公差表（GB/T 14486—2008）

公差等级	公差种类	基本尺寸												
		0~3	3~6	6~10	10~14	14~18	18~24	24~30	30~40	40~50	50~65	65~80	80~100	100~120
标注公差的尺寸公差值														
MT1	*a*	0.07	0.08	0.09	0.10	0.11	0.12	0.14	0.16	0.18	0.20	0.23	0.26	0.29
	b	0.14	0.16	0.18	0.20	0.21	0.22	0.24	0.26	0.28	0.30	0.33	0.36	0.39
MT2	*a*	0.10	0.12	0.14	0.16	0.18	0.20	0.22	0.24	0.26	0.30	0.34	0.38	0.42
	b	0.20	0.22	0.24	0.26	0.28	0.30	0.32	0.34	0.36	0.40	0.44	0.48	0.52
MT3	*a*	0.12	0.14	0.16	0.18	0.20	0.24	0.28	0.32	0.36	0.40	0.46	0.52	0.58
	b	0.32	0.34	0.36	0.38	0.40	0.44	0.48	0.52	0.56	0.60	0.66	0.72	0.78
MT4	*a*	0.16	0.18	0.20	0.24	0.28	0.32	0.36	0.42	0.48	0.56	0.64	0.72	0.82
	b	0.36	0.38	0.40	0.44	0.48	0.52	0.56	0.62	0.68	0.76	0.84	0.92	1.02
MT5	*a*	0.20	0.24	0.28	0.32	0.38	0.44	0.50	0.56	0.64	0.74	0.86	1.00	1.14
	b	0.40	0.44	0.48	0.52	0.58	0.64	0.70	0.76	0.84	0.94	1.06	1.20	1.34
MT6	*a*	0.26	0.32	0.38	0.46	0.54	0.62	0.70	0.80	0.94	1.10	1.28	1.48	1.72
	b	0.46	0.52	0.58	0.68	0.74	0.82	0.90	1.00	1.14	1.30	1.48	1.68	1.92
MT7	*a*	0.38	0.48	0.58	0.68	0.78	0.88	1.00	1.14	1.32	1.54	1.80	2.10	2.40
	b	0.58	0.68	0.78	0.88	0.98	1.08	1.20	1.34	1.52	1.74	2.00	2.30	2.60
未注公差的尺寸允许偏差														
MT5	*a*	±0.10	±0.12	±0.14	±0.16	±0.19	±0.22	±0.25	±0.28	±0.32	±0.37	±0.43	±0.50	±0.57
	b	±0.20	±0.22	±0.24	±0.26	±0.29	±0.32	±0.35	±0.38	±0.42	±0.47	±0.53	±0.60	±0.67
MT6	*a*	±0.13	±0.16	±0.19	±0.23	±0.27	±0.31	±0.35	±0.40	±0.47	±0.55	±0.64	±0.74	±0.86
	b	±0.23	±0.26	±0.29	±0.33	±0.37	±0.41	±0.45	±0.50	±0.57	±0.65	±0.74	±0.84	±0.96
MT7	*a*	±0.19	±0.24	±0.29	±0.34	±0.39	±0.41	±0.50	±0.57	±0.66	±0.77	±0.90	±1.05	±1.20
	b	±0.29	±0.34	±0.39	±0.44	±0.49	±0.54	±0.60	±0.67	±0.76	±0.87	±1.00	±1.15	±1.30

公差等级	公差种类	基本尺寸											
		120~140	140~160	160~180	180~200	200~250	225~250	250~280	280~315	315~355	355~400	400~450	450~500
标注公差的尺寸公差值													
MT1	*a*	0.32	0.36	0.40	0.44	0.48	0.52	0.56	0.60	0.64	0.70	0.78	0.86
	b	0.42	0.46	0.50	0.54	0.58	0.62	0.66	0.70	0.74	0.80	0.88	0.96
MT2	*a*	0.46	0.50	0.54	0.60	0.66	0.72	0.76	0.84	0.92	1.00	1.10	1.20
	b	0.56	0.60	0.64	0.70	0.76	0.82	0.86	0.94	1.02	1.10	1.20	1.30
MT3	*a*	0.64	0.70	0.78	0.86	0.92	1.00	1.10	1.20	1.30	1.44	1.60	1.74
	b	0.84	0.90	0.98	1.06	1.12	1.20	1.30	1.40	1.50	1.64	1.80	1.94
MT4	*a*	0.92	1.02	1.12	1.24	1.36	1.48	1.62	1.80	2.00	2.20	2.40	2.60
	b	1.12	1.22	1.32	1.44	1.56	1.68	1.82	2.00	2.20	2.40	2.60	2.80
MT5	*a*	1.28	1.44	1.60	1.76	1.92	2.10	2.30	2.50	2.80	3.10	3.50	3.90
	b	1.48	1.64	1.80	1.96	2.12	2.30	2.50	2.70	3.00	3.30	3.70	4.10

（续）

公差等级	公差种类	基本尺寸											
		120 ~ 140	140 ~ 160	160 ~ 180	180 ~ 200	200 ~ 250	225 ~ 250	250 ~ 280	280 ~ 315	315 ~ 355	355 ~ 400	400 ~ 450	450 ~ 500
标注公差的尺寸公差值													
MT6	*A*	2. 00	2. 20	2. 40	2. 60	2. 90	3. 20	3. 50	3. 80	4. 30	4. 70	5. 30	6. 00
	B	2. 20	2. 40	2. 60	2. 80	3. 10	3. 40	3. 70	4. 00	4. 50	4. 90	5. 50	6. 20
MT7	*A*	2. 70	3. 00	2. 30	3. 70	4. 10	4. 50	4. 90	5. 40	6. 00	6. 70	7. 40	8. 20
	B	3. 10	3. 20	3. 50	3. 90	4. 30	4. 70	5. 10	5. 60	6. 20	6. 90	7. 60	8. 40
未注公差的尺寸允许偏差													
MT5	*A*	±0. 64	±0. 72	±0. 80	±0. 88	±0. 96	±1. 05	±1. 15	±1. 25	±1. 40	±1. 55	±1. 75	±1. 95
	B	±0. 74	±0. 82	±0. 90	±0. 98	±1. 06	±1. 15	±1. 25	±1. 35	±1. 50	±1. 65	±1. 85	±2. 05
MT6	*A*	±1. 00	±1. 10	±1. 20	±1. 30	±1. 45	±1. 60	±1. 75	±1. 90	±2. 15	±2. 35	±2. 65	±3. 00
	B	±1. 10	±1. 20	±1. 30	±1. 40	±1. 55	±1. 70	±1. 85	±2. 00	±2. 25	±2. 45	±2. 75	±3. 10
MT7	*A*	±1. 35	±1. 50	±1. 65	±1. 85	±2. 05	±2. 25	±2. 45	±2. 70	±3. 00	±3. 35	±3. 70	±4. 10
	B	±1. 45	±1. 60	±1. 75	±1. 95	±2. 15	±2. 35	±2. 55	±2. 80	±3. 10	±3. 45	±3. 80	±4. 20

注：1. *a* 为不受模具活动部分影响的尺寸公差值；*b* 为受模具活动部分影响的尺寸公差值。

2. MT1 级为精密级，只有采用严密的工艺控制措施和高精度的模具、设备、原料时才有可能选用。

附录 C　塑料件表面粗糙度（见表 C-1）

表 C-1　塑料件表面粗糙度（GB/T 14234—1993）

材料		*Ra* 参数值范围/μm										
		0. 025	0. 05	0. 10	0. 20	0. 40	0. 8	1. 6	3. 2	6. 3	12. 5	25
热塑性塑料	PMMA	—	—	—	—	—	—	—				
	ABS	—	—	—	—	—	—	—				
	AS	—	—	—	—	—	—	—				
	降碳酸酯		—	—	—	—	—	—				
	聚苯乙烯		—	—	—	—	—	—	—			
	聚丙烯			—	—	—	—	—				
	尼龙			—	—	—	—	—				
	聚乙烯			—	—	—	—	—	—	—		
	聚甲醛		—	—	—	—	—	—	—			
	聚砜				—	—	—	—	—			
	聚氯乙烯				—	—	—	—	—			
	聚苯醚				—	—	—	—	—			
	氯化聚醚				—	—	—	—	—			
	PBT				—	—	—	—	—			
热固性塑料	氨基塑料				—	—	—	—	—			
	酚醛塑料				—	—	—	—	—			
	硅酮（聚硅氧烷）塑料				—	—	—	—	—			

附录 D 德国标准 DIN 16901 塑件尺寸公差（见表 D-1）

表 D-1 德国标准 DIN16901 塑件尺寸公差

公差等级	公差种类	基本尺寸																				
		大于	0	1	3	6	10	15	22	30	40	53	70	90	120	160	200	250	315	400	500	630	800
		到	1	3	6	10	15	22	30	40	53	70	90	120	160	200	250	315	400	500	630	800	1000
公差																							
160	*A*		±0.28	±0.30	±0.33	±0.37	±0.42	±0.49	±0.57	±0.66	±0.78	±0.94	±1.15	±1.40	±1.80	±2.20	±2.70	±3.30	±4.10	±5.10	±6.30	±7.90	±10.00
	B		±0.18	±0.20	±0.23	±0.27	±0.32	±0.39	±0.47	±0.56	±0.68	±0.84	±1.05	±1.30	±1.70	±2.10	±2.60	±3.20	±4.00	±5.00	±6.20	±7.80	±9.90
150	*A*		±0.23	±0.25	±0.27	±0.30	±0.34	±0.38	±0.43	±0.49	±0.57	±0.88	±0.81	±0.97	±1.20	±1.50	±1.80	±2.20	±2.80	±3.40	±4.30	±5.30	±6.50
	B		±0.13	±0.15	±0.17	±0.20	±0.24	±0.28	±0.33	±0.39	±0.47	±0.58	±0.71	±0.87	±1.10	±1.40	±1.70	±2.10	±2.70	±3.30	±4.20	±5.20	±6.60
140	*A*		±0.20	±0.21	±0.22	±0.24	±0.27	±0.30	±0.34	±0.38	±0.43	±0.50	±0.60	±0.70	±0.85	±1.05	±1.25	±1.55	±1.90	±2.30	±2.90	±3.60	±4.50
	B		±0.10	±0.11	±0.12	±0.14	±0.17	±0.20	±0.24	±0.28	±0.33	±0.40	±0.50	±0.60	±0.75	±0.95	±1.15	±1.15	±1.80	±2.20	±2.80	±3.50	±4.40
130	*A*		±0.18	±0.19	±0.20	±0.21	±0.23	±0.25	±0.27	±0.30	±0.34	±0.38	±0.44	±0.51	±0.60	±0.70	±0.90	±1.10	±1.30	±1.60	±2.00	±2.50	±3.00
	B		±0.08	±0.09	±0.10	±0.11	±0.13	±0.15	±0.17	±0.20	±0.24	±0.28	±0.34	±0.41	±0.50	±0.60	±0.80	±1.00	±1.20	±1.50	±1.90	±2.40	±2.90
容许偏差																							
160	*A*		0.60	0.60	0.66	0.74	0.84	0.98	1.14	1.32	1.56	1.88	2.30	2.80	3.60	4.40	5.40	6.60	8.20	10.20	32.50	15.80	20.00
	B		0.36	0.40	0.46	0.54	0.64	0.78	0.94	1.12	1.36	1.68	2.10	2.60	3.40	4.20	5.20	6.40	8.00	10.00	22.30	16.60	19.80
150	*A*		0.46	0.50	0.54	0.60	0.68	0.76	0.86	0.98	1.14	1.30	1.62	1.94	2.40	3.00	3.60	4.40	5.60	6.80	8.60	10.60	13.20
	B		0.26	0.30	0.34	0.40	0.48	0.56	0.66	0.78	0.91	1.16	1.42	1.74	2.30	2.80	3.40	4.20	5.40	6.60	8.40	10.40	13.00
140	*A*		0.40	0.42	0.44	0.48	0.54	0.60	0.55	0.76	0.86	1.00	1.20	1.40	1.70	2.10	2.50	3.10	3.80	4.60	5.80	7.20	8.00
	B		0.20	0.22	0.24	0.38	0.34	0.40	0.48	0.56	0.66	0.80	1.00	1.20	1.50	1.90	2.30	2.00	3.60	4.40	5.60	7.00	8.80
130	*A*		0.36	0.38	0.40	0.42	0.46	0.50	0.54	0.60	0.68	0.76	0.88	1.02	1.20	1.50	1.80	2.20	0.60	3.20	3.90	4.90	6.00
	B		0.16	0.18	0.20	0.22	0.26	0.30	0.34	0.40	0.48	0.56	0.68	0.82	1.00	1.30	1.60	2.00	2.40	3.00	3.70	4.70	5.80
120	*A*		0.32	0.34	0.36	0.38	0.40	0.42	0.46	0.50	0.54	0.60	0.58	0.78	0.90	1.00	1.24	1.50	1.80	2.20	2.60	3.20	4.00
	B		0.12	0.14	0.16	0.18	0.20	0.22	0.26	0.30	0.31	0.40	0.48	0.58	0.70	0.86	1.04	1.30	1.60	2.00	2.40	3.00	3.80
110	*A*		0.18	0.20	0.22	0.24	0.26	0.28	0.30	0.32	0.36	0.40	0.44	0.50	0.58	0.68	0.80	0.96	1.16	1.40	1.70	2.10	2.60
	B		0.08	0.10	0.12	0.14	0.16	0.18	0.20	0.22	0.26	0.30	0.34	0.40	0.48	0.58	0.70	0.86	1.06	0.30	1.60	2.00	2.50
精密技术	*A*		0.10	0.12	0.14	0.16	0.20	0.22	0.24	0.26	0.28	0.31	0.35	0.40	0.50								
	B		0.05	0.06	0.07	0.08	0.10	0.12	0.14	0.16	0.18	0.21	0.25	0.30	0.40								

注：*A*—受模具活动部分运动影响的尺寸；*B*—不受模具活动部分运动影响的尺寸。

附录 E　国产常用注射成型塑料名称及收缩率和成型特性（见表 E-1）

表 E-1　国产常用注射成型塑料名称及收缩率和成型特性

塑料名称		缩写代号	密度/(g/cm³)	收缩率(%)	成型温度/℃	
					模具温度	料筒温度
丙烯腈、丁二烯、苯乙烯	高抗冲	ABS	1.01～1.04	0.4～0.7	40～90	210～240
	高耐热		1.05～1.08	0.4～0.7	40～90	220～250
	阻燃		1.16～1.21	0.4～0.8	40～90	210～240
	增强		1.28～1.36	0.1～0.2	40～90	210～240
	透明		1.07	0.6～0.8	40～90	210～240
丙烯腈、丙烯酸酯、苯乙烯		AAS	1.08～1.09	0.4～0.7	50～85	210～240
聚苯乙烯	耐热	PS	1.04～1.1	0.1～0.8	60～80	200 左右
	抗冲击		1.1	0.2～0.6	60～80	200 左右
	阻燃		1.08	0.2～0.6	60～80	200 左右
	增强		1.2～1.33	0.1～0.3	60～80	200 左右
丙烯腈、苯乙烯	无填料	AS (SAN)	1.075～1.1	0.2～0.7	65～75	180～270
	增强		1.2～1.46	0.1～0.2	65～75	180～270
丁二烯、苯乙烯		BS	1.04～1.05	0.4～0.5	65～75	180～270
聚乙烯	低密度	LDPE	0.91～0.925	1.5～5	50～70	180～250
	中密度	MDPE	0.926～0.94	1.5～5	50～70	180～250
	高密度	HDPE	0.941～0.965	2～5	35～65	180～240
	交联	PE	0.93～0.939	2～5	35～65	180～240
乙烯、丙烯酸乙酯共聚		EEA	0.93	0.15～0.35	低于 60	205～315
乙烯、醋酸乙烯酯		EVA	0.943	0.7～1.2	24～40	120～180
聚丙烯	未改性	PP	0.902～0.91	1～2.5	40～60	240～280
	共聚		0.89～0.905	1～2.5	40～60	240～280
	惰性料		1.0～1.3	0.5～1.5	40～60	240～280
	玻纤		1.05～1.24	0.2～0.8	40～60	240～280
	抗冲击		0.89～0.91	1～2.5	40～60	160～220
聚酰胺(尼龙)		PA66	1.13～1.15	0.8～1.5	21～94	315～371
		PA66G30	1.38	0.5	30～85	260～310
		PA6	1.12～1.14	0.8～1.5	21～94	250～305
		PA6G30	1.35～1.42	0.4～0.6	30～85	260～310
		PA66/PA6	1.08～1.14	0.5～1.5	35～80	250～305
		PA6/PA12	1.06～1.08	1.1	30～80	250～305
聚酰胺(尼龙)		PPA/PA12G30	1.31～1.38	0.3	30～85	260～310

（续）

塑料名称		缩写代号	密度/(g/cm³)	收缩率(%)	成型温度/℃	
					模具温度	料筒温度
聚酰胺(尼龙)		PA6/PA9	1.08～1.1	1～1.5	30～85	250～305
		PA6/PA10	1.07～1.09	1.2	30～85	250～305
		PA6/PA10G30	1.31～1.38	0.4	30～85	260～310
		PA11	1.03～1.05	1.2	30～85	250～305
		PAJJG30	1.26	0.3	30～85	260～310
		PA12	1.01～1.02	0.3～1.5	40	190～260
		PA12G30	1.23	0.3	40～50	200～260
		PA610	1.06～1.08	1.2～1.8	60～90	230～260
		PA610G30	1.25	0.4	60～80	230～280
		PA612	1.06～1.08	1.1	60～80	230～270
		PA613	1.04	1～1.3	60～80	230～270
		PA1313	1.01	1.5～2	20～80	250～300
		PA1010	1.05	1.1～1.5	50～60	190～210
		PA1010G30	1.25	0.4	50～60	200～270
丙烯腈、氯化聚乙烯、苯乙烯		ACS	1.07	0.5～0.6	50～60	低于200
甲基丙烯酸甲酯、丁二烯、苯乙烯		MBS	1.042	0.5～0.6	低于80	200～220
聚4-甲基戊烯-1	透明	TPX	0.83	1.5～3	70	260～300
	不透明		1.09	1.5～3	70	260～300
聚降冰片烯		PM	1.07	0.4～0.5	60～80	250～270
聚氯乙烯	硬质	PVC	1.35～1.45	0.1～0.5	40～50	160～190
	软质		1.16～1.35	1～5	40～50	160～180
氯化聚氯乙烯		CPVC	1.35～1.5	0.1～0.5	90～100	200左右
聚甲基丙烯酸甲酯		PMMA	0.94	0.3～0.4	30～40	220～270
聚甲醛	均聚	POM	1.42	2～2.5	60～80	204×221
	均聚增强		1.5	1.3～2.8	60～80	210～230
	共聚		1.41	2	60～80	204～221
	共聚增强		1.5	0.2～0.6	60～80	210～230
聚碳酸酯	无填料	PC	1.2	0.5～0.7	80～110	250～340
	增强10%		1.25	0.2～0.5	90～120	250～320
	增强30%		1.24～1.52	0.1～0.2	120左右	240～320
	ABS/PS		1.1～1.2	0.5～0.9	90～120	250～320

（续）

塑料名称		缩写代号	密度/(g/cm³)	收缩率(%)	成型温度/℃	
					模具温度	料筒温度
聚苯醚	未增强	PPO	1.06～1.1	0.07～0.09	120～150	340左右
	增强30%		1.21～1.36	0.03～0.04	120～150	350左右
聚苯硫醚	未增强	PPS	1.34	0.06～0.08	120～150	340～350
	增强30%		1.64	0.02～0.04	120～150	340～350
聚砜		PSF	1.24	0.7	93～98	329～398
聚芳砜		PASF	1.36	0.8	232～260	316～413
聚醚砜		PES	1.14	0.4～0.7	80～110	230～330
聚对苯二甲酸乙二醇酯		PETG30	1.67	0.2～0.9	85～100	265～300
聚对苯二甲酸丁二醇酯		PBT	1.2～1.3	0.6	60～80	250～270
		PBTG30	1.52	0.3	60～80	232～245
氯化聚醚		CPE	1.4	0.6	80～96	160～240
聚三氟氯乙烯		PCTFE	2.07～2.18	1～1.5	130～150	276～306
聚偏氟乙烯		PVDF	1.75～1.78		60～90	220～290
丙酸醋酸纤维		CAP		0.3～0.6	40～70	190～225
丙酸丁酸纤维		CAB		0.3～0.6	40～70	180～220
乙基纤维素		EC	1.14		50～70	210～240
聚苯砜		PPSU	1.3	0.3	80～120	320～380
酸醚醚酮	未增强	PEEX	1.26	0.2	160左右	350～365
	增强25%		1.40	0.2	160～180	370～390
聚芳酯	未增强	PAR	1.2	0.3	120左右	280～350
	增强		1.4	0.3	120左右	280～350
聚酚氧			1.18	0.3～0.4	50～60	150～220
全氟(乙烯丙烯)共聚		FEP	2.14～2.17	3～4	200～230	330～400
热塑性聚氨酯		TPU	1.2～1.25		38左右	130～180
聚苯酯			1.4	0.5	100～160	370～380
酚醛注射料	H161Z	PF	1.5	0.6～1.1	165±5	65～95
	H163Z		1.5	0.6～1.1	165±5	65～95
	H1501Z		1.5	1.0～1.3	165±5	65～95
	6403Z		1.85	0.6～1.0	165±5	65～95
增强酚醛注射料	FX801	PF	1.7～1.8	1.0	165～180	60～90
	FX802		1.7～1.8	1.0	165～180	60～90
	FBMZ7901		1.6～1.75	1.0	165～180	60～90
聚邻苯二甲酸二丙烯酯		DAP	1.27	0.5～0.8	140～150	90左右
三聚氰胺甲醛增强		MF	1.8	0.3	165～170	70～95
醇酸树脂		ALK	1.8～2	0.6～1	150～185	40～100

附录F 国外生产常用注射成型塑料名称及成型特性（见表F-1）

表F-1 国外生产常用注射成型塑料名称及成型特性

塑料名称		缩写代号	密度/(g/cm³)	收缩率(%)	成型温度/℃	
					模具温度	料筒温度
低密聚乙烯（日旭道公司）	M6625	LDPE	0.915	4~6(参考)	<60	205~300
	M6545		0.915	4~6(参考)	<60	205~300
高密聚乙烯	日1300J	HDPE	0.965	2~5	50~70	180~250
	美DMD7904		0.94~0.95	2~5	50~70	180~250
中密聚乙烯（日三井公司）	45300	MDPE	0.944	3~5(参考)	工艺参数介于LDPE与HDPE之间	
	45150		0.944	3~5(参考)		
	4060J		0.944	3~5(参考)		
聚丙烯（美菲利浦公司）	HGH-050-01	PP	0.905	1.2~2.5	40~60	200~280
	HGN-120-01		0.909	1.2~2.5	40~60	200~280
	HLN-120-01		0.909	1.2~2.5	40~60	200~280
	HGV-050-01		0.905	1.2~2.5	40~60	200~280
增强聚丙烯（日三井公司）	K-1700 10%	GFR-PP	0.96	0.6	50~60	180~250
	V-7100 20%		1.03	0.4	50~60	180~250
	E-7000 20%		1.12	0.3	50~60	180~250
阻燃聚丙烯（日恩乔伊公司）	E-150	PP	1.19	0.8~1.0	50	180~230
	E187		1.19	0.8~1.0(参考)	50	180~230
聚4-甲基戊烯-1（日三井公司）	TR-18	TPX	0.835	1.5~3.0	20~80	270~330
	DX-810		0.830	1.5~3.0	20~80	270~330
	DX-836		0.845	1.5~3.0	20~80	270~330
苯乙烯-丙烯腈共聚物（日制铁公司）	AS-20	S/AN	1.08	0.4	65~75	180~270
	AS-41		1.06	0.4	65~75	180~270
	AS-61		1.06	0.4	65~75	180~270
苯乙烯-丁二烯共聚（美菲利浦公司）	KR-01	BS	1.01	0.4~0.5	38	204~232
	KR-03		1.04	0.5~1.0	38	204~232
丙烯腈-丁二烯-苯乙烯共聚物	美240	ABS	1.07	0.4~0.6	40~80	190~250
	美440		1.06	0.4~0.6	40~80	190~250
	美740		1.04	0.4~0.6	40~80	190~250
	HR850		1.06	0.4~0.6	40~80	190~250
	日S-10		1.05	0.4~0.6	40~80	190~250
	日S-40		1.07	0.4~0.6	40~80	190~250
增强20%~40%	ABSAFILG-1200/20	GFR-ABS	1.23	0.1~0.3	40~80	175~260
	ABSAFILG-1200/40		1.36	0.1~0.2	40~80	175~260
	AF-1004(20%)		1.20	0.15	40~80	175~260
	AF-1006(30%)		1.28	0.1	40~80	175~260
聚酰胺(尼龙)		PA				

（续）

塑料名称		缩写代号	密度/(g/cm³)	收缩率(%)	成型温度/℃	
					模具温度	料筒温度
尼龙-6	德国巴斯夫公司 B3S		1.13	0.8～1.5	20～90	后部 240～330 中部 230～290 前部 210～260 喷嘴 210～250
	美国联合公司 2314		1.13～1.14	0.8～2.0	20～90	
	法阿托化学公司 P40CD		1.13		20～90	
	英帝国公司 B114		1.13		20～90	
尼龙-66	美杜邦公司 101L		1.14	1.5	20～90	后部 240～310 中部 240～300 前部 240～300 喷嘴 230～280
	美杜邦公司 BK10A		1.15	1.5	20～90	
	英帝国公司 A100		1.14	1.6～2.3	20～90	
	英帝国公司 A150		1.14	1.4～2.2	20～90	
	日旭化成公司 1300S		1.14	1.3～2.0	20～90	
增强尼龙-6	美菲伯菲尔公司 G3/30	GFR-PA	1.4	0.3～0.5	成型温度比相应尼龙高 10～30℃	
	美菲伯菲尔公司 J-3/30		1.4	0.3～0.5		
	美菲伯菲尔公司 G-13/40		1.47	0.2～0.4		
增强尼龙-66	美杜邦公司 70G13L		1.22	0.5	成型温度比相应尼龙高 10～30℃	
	美杜邦公司 70G43L		1.51	0.2		
	美杜邦公司 71G13L		1.18	0.6		
聚甲醛		POM				
共聚甲醛	美塞拉尼斯公司 M25A		1.59	0.4～1.8	75～90	155～185
	美塞拉尼斯公司 M50		1.14	5.0	75～90	155～185
	日三菱公司 F10-10		1.14		75～90	155～185
	美 LNP 公司 KFX-1002（10%增强）		1.47	0.8	75～90	155～185
均聚甲醛	美杜邦公司 D-900		1.42	2.0	80	170～180
	美杜邦公司 D-500		1.42	2.0	80	170～180
	美塞摩菲尔公司 FG0100(30%增强)		1.63	0.5	80	170～180
	日旭化成公司 3010		1.42		80	170～180
聚对苯二甲酸丁二酯	日 TORAY 公司 1401	PBT	1.31	0.07～0.023	40	240～250
	1101-G30		1.53	0.02～0.08	40	240～250
	1401		1.48	0.017～0.023	40	240～250
	美塞拉尼斯公司 3300		1.54		30～80	160～230
	美塞拉尼斯公司 3200	GFR-PB	1.41		30～80	160～230
聚对苯二甲酸乙二酯（增强）	美杜邦公司 530	GFR-PET	1.56	0.2	120～140	250～280
	美杜邦公司 545		1.69	0.2	120～140	250～280
	RE5069		1.81	0.2	120～140	250～280
	日帝人公司 B1030		1.63		120～140	250～280
氟塑料		PTFE				

（续）

塑料名称		缩写代号	密度/(g/cm³)	收缩率(%)	成型温度/℃	
					模具温度	料筒温度
聚三氟氯乙烯	法吉乐吉内公司300/302	PCTFE	2.1～2.2	<1	130～150	230～310
	美3M公司F81		2.1～2.2	0.5～0.8	130～150	230～310
聚偏二氯乙烯	美索尔特克斯公司1008	PVDF	1.78	3.0	60～90	料筒 220～290 喷嘴 180～260
	法吉乐吉内公司1000		1.76～1.78	3.0～3.5	60～90	
	日吴羽公司1100		1.76～1.78	2～3	60～90	
	美庞沃特公司		1.75～1.78	3.0	60～90	
全氟(乙烯-丙烯)共聚物	美杜邦公司FEP-100	FEP	2.12～2.17	4～6	205～235	330～400
	美杜邦公司FEP-160		2.12～2.17	4～6	205～235	330～400
聚醛砜	美3M公司360	PAS	1.36	0.8	230～260	315～410
聚醚砜	英帝国公司200P/300P	PES	1.37	0.6	110～130	300～360
聚醚醚酮	英帝国公司	PEEK	1.32	1.1	160	350～365
聚芳酯	日尤尼奇长公司U-100	PAR	1.21	0.8	120～140	320～350
	日尤尼奇长公司U-1060		1.21	0.8	120～140	320～350
	德国KL-1-9300		1.44		120	320～350
聚酚氧	美邦合碳化物公司8060/8030		1.18	0.004	50～60	水冷 150～220
	8100		0.78	0.004	50～60	
聚苯醚(增强)	美LNP公司%ZF1004D	GFR-PPO	1.20	0.2	80～100	240～300
	美LNP公司1006D30%		1.28	0.1	80～100	240～300
	美LNP公司1008D40%		1.38	0.1	80～100	240～300
酚醛注射料(日PM8000J系列)	8700J	PF	1.4	1.1～1.3	165～175	水冷 65～95
	8800J		1.41	1.1～1.3	165～175	
	8750J			1.0～1.2	165～175	
	8601J		1.4	1.3～1.5	165～175	
热塑性聚氨酯(美TEXIN)	192A	TPU	1.23	0.9(参考)	室温	160～190
	480A		1.20	0.9(参考)	室温	160～190
	591A		1.22	0.9(参考)	室温	160～190
	355A		1.23	0.9(参考)	室温	160～190
醇酸树脂(日东芝公司)	TPX100	AK	2.0～2.05	0.5～0.6	150～185	水冷 40～100
	TPX300		1.9～2.0	0.5～0.6	150～185	
	MPX100		1.9～2.0	0.6～0.7	150～185	
	MPX300		1.8～1.9	0.6～0.7	150～185	
	AP301BE		1.9～2.0	0.4～0.5	150～185	

（续）

塑料名称		缩写代号	密度/(g/cm³)	收缩率(%)	成型温度/℃	
					模具温度	料筒温度
聚醚酰亚胺（美通用公司）	VILEM1000	PEI	1.27	0.5 ~0.7	50 ~120	330 ~430
	VILEM2100		1.34	0.4	50 ~120	330 ~430
	VILEM2200		1.42	0.2 ~0.3	50 ~120	330 ~430
	VILEM2300		1.51	0.2	50 ~120	330 ~430
聚苯酯(EKONLO)（美碳化硅公司）	2000		1.4	0.5	100 ~160	360 ~380
	200BL		1.69	0.56	100 ~160	360 ~380
聚甲基丙烯酸甲酯(美杜邦公司)	130K	PMMA	1.18	0.2 ~0.6	室温	160 ~290
	147K		1.19	0.3 ~0.7	室温	160 ~290
聚碳酸酯	美通用公司 191	PC	1.19	0,5 ~0.7	70 ~110	240 ~300
	美通用公司 940		1.21	0.5 ~0.7	70 ~110	240 ~300
	美通用公司 101		1.2	0.5 ~0.7	70 ~110	240 ~300
	日三菱公司 7022R		1.2	0.5 ~0.7	70 ~110	240 ~300
	日三菱公司 7025R		1.2	0.5 ~0.7	70 ~110	240 ~300
	日三菱公司 7025NB		1.24	0.5 ~0.7	70 ~110	240 ~300
增强聚碳酸酯	7025G10	FRPC	1.25	0.2	90 ~100	260 ~310
	7025G30		1.43	0.2 ~0.3	90 ~100	260 ~310

附录 G　我国与主要工业国家模具钢号（见表 G-1）

表 G-1　我国与主要工业国家模具钢号（成分相同或相似）对照

序号	中国 GB	美国 AISI	前苏联 ГОСТ	日本 JIS
1	T7	W1 和 W2	У7	SK6
2	T8	W1 和 W2	У8	SK6
3	T9	W1 和 W2	У9	SK5
4	T10	W1 和 W2	У10	SK4
5	T11	W1 和 W2	У11	SK3
6	T12	W1	У12	SK2
7	9Mn2V	O2	9Г2Ф	SKT6
8	CrWMn	O7	ХВГ	SKS31
9	MnCrWV	O1	—	SKS3
10	9SiCr	—	9ХС	—
11	Cr2(GCr15)	E52100	Х(ШХ15)	SUJ2
12	Cr6WV	A2	Х6ВФ	SKD12
13	Cr12	D3	Х12	SKD1
14	Cr12MoV	D2	Х12М	SKD11
15	W18Cr4V	T1	P18	SKH2
16	W6Mo5Cr4V2	M2	P6M5	SKH51
17	6W6Mo5Cr4V	H42	—	—
18	9Cr18	440C	95Х18	SUS440C
19	9Cr18MoV	440B	—	SUS440B
20	Cr14Mo	≈416	Х14М	—

（续）

序号	中国 GB	美国 AISI	前苏联 ГОСТ	日本 JIS
21	Cr14Mo4	—	X14M4	—
22	1Cr18Ni9Ti	322	12X18H10T	SUS29
23	5CrNiMo	6F2	5XHM	≈SKT4
24	5CrMnMo	6G	5XГM	SKT5
25	4Cr5MoVSi	H11	4X5MΦC	SKD6
26	4Cr5MoV1Si	H13	4X5MΦ1C	SKD61
27	4Cr5W2VSi		4X5B2ΦC	SKD62
28	3Cr2W8V	H21	3X2B8Φ	SKD5
29	4Cr3Mo3W2V	H10	—	—
30	4Cr14Ni14W2Mo	EV9(SAE)	4X14H14B2M	SUH31
31	4CrMo	4140	—	SCM4
32	40CrNiMo	4340	40XH2MA	SNCM439
33	40CrNi2Mo	4340	40XH2MA	SNCM439
34	30CrMnSiNi2A	—	30XГCH2A	—
35	10	1010	10	S10C
36	20	1020	20	S20C
37	30	1030	30	S30C
38	35	1035	35	S35C
39	45	1045	45	S45C
40	55	1055	55	S55C
41	12CrNi2	3215	12XH2	SNC415
42	12CrNi3	3415(SAE)	12XH3A	SNC815
43	12Cr2Ni4	E3310	12XH4A	SNC815
44	20Cr	5120	20X	SCr420
45	20Cr2Ni4A	3325(SAE)	20X2H4A	—
46	40Cr	5140	40X	SCr440
47	3Cr2Mo	P20	—	—
48	4Cr3Mo3SiV	H10	—	—
49	4Cr13	—	40X13	SUS420J2
50	1Cr17Ni2	431	14X17H2	SUS431
51	65Mn	1566	65Г	—
52	50CrVA	6150	50XΦA	SUP10
53	60Si2Mn	9260	60C2	SUP7
54	50CrMn	—	50XГ	SUP9
55	60Si2Cr4A	9254	60C2X4	—

序号	德国 DIN	英国 BS	法国 NF
1	C70W2	—	Y3 65
2	C80W2	—	Y2 75
3	C90W2	BW1A	Y2 90
4	C105W2	BW1B	Y2 105
5	C110W2	BW1B	Y2 105
6	C125W2	BW1C	Y2 120
7	9MnV8	B02	90MV8

（续）

序号	德国 DIH	英国 BS	法国 HF
8	105WCr6	—	—
9	100MnCrW4	B01	—
10	90CrSi5	C4(ESC)	—
11	100Cr6	534A99	100C5
12	X100CrMnV	BA2	Z100CDV5
13	X210Cr12	BD3	Z200C12
14	X165CrMoV12	BD2	Z160CDV12
15	S18-0-1	BT1	Z80WCV18-04-01
16	S6-5-2	BM2	Z85WDCV06-05-04-02
17	—	—	—
18	—	—	Z100CD17
19	X90CrMoV18	—	—
20	—	En56AM	FIS
21	—	—	—
22	X10CrNiTil8.9	321S20	Z10CNT18.11
23	55NiCrMoV6	PM1.B/1(ESC)	55NCDV7
24	≈40CrMnMo7	—	—
25	X38CrMoV51	BH11	Z38CDV8
26	X40CrMoV51	BH13	—
27	X37CrMnV51	BH12	Z38CDWV5
28	X30WCrV93	BH21A	Z30WCV9
29	X32CrMoV33	BH10	320CV28
30	—	En54	Z45GNWSo14
31	42CrMo4	708A42	42CD4
32	36NiCrMo4	815M40	35NCD6
33	36NiCrMo4	815M40	35NCD6
34	—	—	—
35	C10	040A10	CC10
36	C22	040A20	CC20
37	—	060A30	C30
38	C35	060A35	CC35
39	C45	060A42	CC45
40	C55	06057	CC55
41	14NiCr10	—	10NC11
42	14NiCr14	655A12	12NC12
43	14NiCr18	659A15	12NC15
44	20Cr4	527A19	18C3
45	—	659M15	20NC14
46	41Cr4	530A40	42C4
47	—	—	—
48	—	—	—
49	X40Cr13	En56D	Z40C14
50	X22CrNi17	431S29	Z15CN16-2
51	—	080A67	—
52	50CrV4	735A50	5CV4
53	60SiMn5	250A58	60S7
54	55Cr3	—	—
55	60SiCr7	—	60C7

附录 H　钢铁材料硬度及强度换算表（见表 H-1）

表 H-1　钢铁材料硬度及强度换算表

洛氏硬度		布氏硬度	维氏硬	近似强度	洛氏硬度		布氏硬度	维氏硬	近似强度
HRC	HRA	（HBW）	度（HV）	值/MPa	HRC	HRA	（HBW）	度（HV）	值/MPa
70	(86.6)		(1037)		43	72.1	401	411	1389
69	(86.1)		997		42	71.6	391	399	1347
68	(85.5)		959		41	71.1	380	388	1307
67	85.0		923		40	70.5	370	377	1268
66	84.4		889		39	70.0	360	367	1232
65	83.9		856		38		350	357	1197
64	83.3		825		37		341	347	1163
63	82.8		795		36		332	338	1131
62	82.2		766		35		323	329	1100
61	81.7		739		34		314	230	1070
60	81.2		713	2607	33		306	312	1042
59	80.6		688	2496	32		298	304	1015
58	80.1		664	2391	31		291	296	989
57	79.5		642	2293	30		283	289	964
56	79.0		620	2201	29		276	281	940
55	78.5		599	2115	28		269	274	917
54	77.9		579	2034	27		263	268	895
53	77.4		561	1957	26		257	261	874
52	76.9		543	1885	25		251	255	854
51	76.3	(501)	525	1817	24		245	249	835
50	75.8	(488)	509	1753	23		240	243	816
49	75.3	(474)	493	1692	22		234	237	799
48	74.7	(461)	478	1635	21		229	231	782
47	74.2	449	463	1581	20		225	226	767
46	73.7	436	449	1529	19		220	221	752
45	73.2	424	436	1480	18		216	216	737
44	72.6	413	423	1434	17		211	211	724

洛氏硬度 HRB	布氏硬度 $HB30D^2$	维氏硬度 HV	近似强度值/MPa	洛氏硬度 HRB	布氏硬度 $HB30D^2$	维氏硬度 HV	近似强度值/MPa
100		233	803	79	130	143	498
99		227	783	78	128	140	489
98		222	763	77	126	138	480
97		216	744	76	124	135	472
96		211	726	75	122	132	464
95		206	708	74	120	130	456
94		201	691	73	118	128	449
93		196	675	72	116	125	442
92		191	659	71	115	123	435
91		187	644	70	113	121	429
90		183	629	69	112	119	423
89		178	614	68	110	117	418
88		174	601	67	109	115	412
87		170	587	66	108	114	407
86		166	575	65	107	112	403
85		163	562	64	106	110	398
84		159	550	63	105	109	394
83		156	539	62	104	108	390
82	138	152	528	61	103	106	386
81	136	149	518	60	102	105	383
80	133	146	508				

附录 I 公差等级的应用说明

公差等级	应用条件说明
IT01	用于特别精密的尺寸传递基准
IT0	用于特别精密的尺寸传递基准及宇航中特别重要的极个别精密配合尺寸
IT1	用于精密的尺寸传递基准、高精密测量工具、特别重要的极个别精密配合尺寸
IT2	用于高精密的测量工具、特别重要的精密配合尺寸
IT3	用于精密测量工具小尺寸零件的高精度的精密配合及与/P4 级滚动轴承配合的轴径和外壳孔径
IT4	用于精密测量工具、高精度的精密配合和/P4 级,/P5 级滚动轴承配合的轴径和外壳孔径
IT5	用于机床、发动机和仪表中特别重要的配合。在配合公差要求很小,形状精度要求很高的条件下,这类公差等级能使配合性质比较稳定,相当于旧国标中 1 级精度轴的公差
IT6	广泛用于机械制造中的重要配合,配合表面有较高均匀性的要求,能保证相当高的配合性质,使用可靠。相当于旧国标中 2 级精度轴和 1 级精度孔的公差
IT7	应用条件与 IT6 相类似,但它要求的精度比 IT6 稍低一点。在一般机械制造中应用相当普通,相当于旧国标中 3 级精度轴或 2 级精度的孔的公差
IT8	用于机械制造中属中等精度:在仪器、仪表及钟表制造中,由于基本尺寸较小,所以属较高精度范畴。在农业机械、纺织机械、印染机械、自行车、缝纫机、医疗器械中应用最广
IT9	应用条件与 IT8 相类似,但要求精度低于 IT8 时用。比旧国标 4 级精度公差值要大
IT10	应用条件与 IT9 相类似,但要求精度低于 IT9 时用,相当于旧国标的 5 级精度公差
IT11	用于配合精度要求较粗糙,装配后可能有较大的间隙。特别适用于要求间隙较大,且有显著变动而不会引起危险的场合,相当于旧国标的 6 级精度公差
IT12	配合精度要求很粗糙,装配后有很大的间隙,适用于基本上没有什么配合要求的场合;要求较高未注公差尺寸的极限偏差;比旧国标的 7 级精度公差值稍小
IT13	应用条件与 IT12 类似,但比旧国标 7 级精度公差稍大
IT14	用于非配合尺寸及不包括在尺寸链中的尺寸。相当于旧国标的 8 级精度公差
IT15	用于非配合尺寸及不包括在尺寸链中的尺寸。相当于旧国标的 9 级精度公差
IT16	用于非配合尺寸及不包括在尺寸链中的尺寸。相当于旧国标的 10 级精度公差
IT17	用于非配合尺寸及不包括在尺寸链中的尺寸。相当于旧国标的 11 级精度公差
IT18	用于非配合尺寸及不包括在尺寸链中的尺寸。相当于旧国标的 12 级精度公差

附录 J 各种塑料的注射成型工艺参数

树脂名称		LDPE	HDPE	乙丙共聚 PP	PP	玻纤增强 PP	PS	IHPS	ABS	高抗冲 ABS	耐热 ABS
注射机类型		柱塞式	螺杆式	柱塞式	螺杆式	螺杆式	柱塞式	螺杆式	螺杆式	螺杆式	螺杆式
螺杆转速/(r/min)		—	30 ~ 60	—	30 ~ 60	30 ~ 60	—	30 ~ 60	30 ~ 60	30 ~ 60	30 ~ 60
喷嘴	形式	直通式	直通式	直通式	直通式	直通式	直通式	直通式	直通式	直通式	直通式
	温度/℃	150 ~ 170	150 ~ 180	170 ~ 190	170 ~ 190	180 ~ 190	160 ~ 170	160 ~ 170	180 ~ 190	190 ~ 200	190 ~ 200
料筒温度/℃	前	170 ~ 200	180 ~ 190	180 ~ 220	180 ~ 220	190 ~ 200	170 ~ 190	170 ~ 190	200 ~ 210	200 ~ 210	200 ~ 220
	中	—	180 ~ 220	190 ~ 220	200 ~ 220	210 ~ 220	—	170 ~ 190	210 ~ 230	210 ~ 230	220 ~ 240
	后	140 ~ 160	140 ~ 160	150 ~ 170	160 ~ 170	160 ~ 170	140 ~ 160	140 ~ 160	180 ~ 200	180 ~ 200	190 ~ 200
模具温度/℃		30 ~ 45	30 ~ 60	50 ~ 70	40 ~ 80	70 ~ 90	20 ~ 60	20 ~ 50	50 ~ 70	50 ~ 80	60 ~ 85
注射压力/MPa		60 ~ 100	70 ~ 100	70 ~ 100	70 ~ 120	90 ~ 130	60 ~ 100	60 ~ 100	70 ~ 90	70 ~ 120	85 ~ 120

（续）

树脂名称	LDPE	HDPE	乙丙共聚 PP	PP	玻纤增强 PP	PS	IHPS	ABS	高抗冲 ABS	耐热 ABS
注射机类型	柱塞式	螺杆式	柱塞式	螺杆式	螺杆式	柱塞式	螺杆式	螺杆式	螺杆式	螺杆式
保压压力/MPa	40 ~ 50	40 ~ 50	40 ~ 50	50 ~ 60	40 ~ 50	30 ~ 40	30 ~ 40	50 ~ 70	50 ~ 70	50 ~ 80
注射时间/s	0 ~ 5	0 ~ 5	0 ~ 5	0 ~ 5	2 ~ 5	0 ~ 3	0 ~ 3	3 ~ 5	3 ~ 5	3 ~ 5
保压时间/s	15 ~ 60	15 ~ 60	15 ~ 60	20 ~ 60	15 ~ 40	15 ~ 40	15 ~ 40	15 ~ 30	15 ~ 30	15 ~ 30
冷却时间/s	15 ~ 60	15 ~ 60	15 ~ 50	15 ~ 50	15 ~ 40	15 ~ 30	15 ~ 40	15 ~ 30	15 ~ 30	15 ~ 30
总周期/s	40 ~ 140	40 ~ 140	40 ~ 120	40 ~ 120	40 ~ 100	40 ~ 90	40 ~ 90	40 ~ 70	40 ~ 70	40 ~ 70

树脂名称	氯化聚醚	均聚 POM	共聚 POM	PET	PBT	玻纤增强 PBT	PA6	玻纤增强 PA6	PA11	玻纤增强 PA11
注射机类型	螺杆式	螺杆式	螺杆式	螺杆式	螺杆式	螺杆式	螺杆式	螺杆式	螺杆式	螺杆式
螺杆转速/r/min	20 ~ 40	20 ~ 40	20 ~ 40	20 ~ 40	20 ~ 40	20 ~ 40	20 ~ 40	20 ~ 40	20 ~ 30	20 ~ 40
喷嘴 形式	直通式	直通式	直通式	直通式	直通式	直通式	自锁式	直通式	直通式	直通式
喷嘴 温度/℃	170 ~ 180	170 ~ 180	170 ~ 180	250 ~ 260	200 ~ 220	210 ~ 230	200 ~ 210	200 ~ 210	180 ~ 190	190 ~ 200
料筒温度/℃ 前	180 ~ 200	170 ~ 190	170 ~ 190	260 ~ 270	200 ~ 240	230 ~ 240	220 ~ 230	220 ~ 230	185 ~ 200	200 ~ 220
料筒温度/℃ 中	180 ~ 200	170 ~ 190	180 ~ 200	260 ~ 280	230 ~ 250	240 ~ 260	230 ~ 240	250 ~ 260	190 ~ 220	220 ~ 250
料筒温度/℃ 后	180 ~ 190	170 ~ 180	170 ~ 190	240 ~ 260	200 ~ 220	210 ~ 220	200 ~ 210	200 ~ 210	170 ~ 180	180 ~ 190
模具温度/℃	80 ~ 110	90 ~ 120	90 ~ 100	100 ~ 140	60 ~ 70	65 ~ 75	60 ~ 100	80 ~ 120	60 ~ 90	60 ~ 90
注射压力/MPa	80 ~ 110	80 ~ 130	80 ~ 120	80 ~ 120	60 ~ 90	80 ~ 100	80 ~ 110	90 ~ 130	90 ~ 120	90 ~ 130
保压压力/MPa	30 ~ 40	30 ~ 50	30 ~ 50	30 ~ 50	30 ~ 40	40 ~ 50	30 ~ 50	30 ~ 50	30 ~ 50	40 ~ 50
注射时间/s	0 ~ 5	2 ~ 5	2 ~ 5	0 ~ 5	0 ~ 3	2 ~ 5	0 ~ 4	2 ~ 5	0 ~ 4	2 ~ 5
保压时间/s	15 ~ 50	20 ~ 80	20 ~ 90	20 ~ 50	10 ~ 30	20 ~ 40	20 ~ 40	20 ~ 40	15 ~ 40	15 ~ 40
冷却时间/s	15 ~ 30	10 ~ 30	10 ~ 30	15 ~ 30	15 ~ 30	15 ~ 30	20 ~ 40	20 ~ 40	20 ~ 40	20 ~ 40
总周期/s	40 ~ 110	50 ~ 150	50 ~ 160	50 ~ 90	30 ~ 70	30 ~ 60	40 ~ 100	40 ~ 90	40 ~ 100	40 ~ 90

树脂名称	电镀级 ABS	阻燃 ABS	透明 ABS	ACS	AS (SAN)	PMMA		PMMA/PC	软 PVC	硬 PVC
注射机类型	螺杆式	螺杆式	螺杆式	螺杆式	螺杆式	螺杆式	柱塞式	螺杆式	柱塞式	螺杆式
螺杆转速/(r/min)	20 ~ 60	20 ~ 50	20 ~ 60	20 ~ 30	20 ~ 50	20 ~ 30	—	20 ~ 30	—	20 ~ 30
喷嘴 形式	直通式	直通式	直通式	直通式	直通式	直通式	直通式	直通式	直通式	直通式
喷嘴 温度/℃	190 ~ 210	180 ~ 190	190 ~ 200	160 ~ 170	180 ~ 190	180 ~ 200	180 ~ 200	220 ~ 240	140 ~ 150	150 ~ 170
料筒温度/℃ 前	210 ~ 230	190 ~ 200	200 ~ 220	170 ~ 180	200 ~ 210	180 ~ 210	210 ~ 240	230 ~ 250	160 ~ 190	170 ~ 190
料筒温度/℃ 中	230 ~ 250	200 ~ 220	220 ~ 240	180 ~ 190	210 ~ 230	190 ~ 230	—	240 ~ 260	—	165 ~ 180
料筒温度/℃ 后	200 ~ 210	170 ~ 190	190 ~ 200	160 ~ 170	170 ~ 180	180 ~ 200	180 ~ 200	210 ~ 230	140 ~ 150	160 ~ 170
模具温度/℃	40 ~ 80	50 ~ 70	50 ~ 70	50 ~ 60	50 ~ 70	40 ~ 80	40 ~ 80	60 ~ 80	30 ~ 40	30 ~ 60
注射压力/MPa	70 ~ 120	60 ~ 100	70 ~ 100	80 ~ 120	80 ~ 120	80 ~ 120	80 ~ 130	80 ~ 130	40 ~ 80	80 ~ 130
保压压力/MPa	30 ~ 70	30 ~ 60	50 ~ 60	40 ~ 50	40 ~ 50	40 ~ 60	40 ~ 60	40 ~ 60	20 ~ 30	40 ~ 60

（续）

树脂名称	电镀级ABS	阻燃ABS	透明ABS	ACS	AS（SAN）	PMMA		PMMA/PC	软PVC	硬PVC
注射机类型	螺杆式	螺杆式	螺杆式	螺杆式	螺杆式	螺杆式	柱塞式	螺杆式	柱塞式	螺杆式
注射时间/s	0~4	3~5	0~4	0~5	0~5	0~5	0~5	0~5	0~3	2~5
保压时间/s	20~40	20~40	20~40	15~40	15~40	20~40	20~40	20~40	15~40	15~40
冷却时间/s	15~30	10~30	10~30	15~30	15~30	20~40	20~40	20~40	15~30	15~40
总周期/s	40~90	30~70	30~80	40~70	40~70	50~90	50~90	50~90	40~80	40~90

树脂名称	PC		PC/PE		玻纤增强PC	PSU	改性PSU	玻纤增强PSU	聚芳砜	聚醚砜
注射机类型	螺杆式	柱塞式	螺杆式	柱塞式	螺杆式	螺杆式	螺杆式	螺杆式	螺杆式	螺杆式
螺杆转速/（r/min）	20~40	—	20~40	—	20~30	20~30	20~30	20~30	20~30	20~30
喷嘴 形式	直通式	直通式	直通式	直通式	直通式	直通式	直通式	直通式	直通式	直通式
喷嘴 温度/℃	230~250	240~250	220~230	230~240	240~260	280~290	250~260	280~300	380~410	240~270
料筒温度/℃ 前	240~280	270~300	230~250	250~280	260~290	290~310	260~280	300~320	385~420	260~290
料筒温度/℃ 中	260~290	—	240~260	—	270~310	260~290	280~300	310~330	345~385	280~310
料筒温度/℃ 后	240~270	260~290	230~240	240~260	260~280	240~270	260~270	290~300	320~370	260~290
模具温度/℃	90~110	90~110	80~100	80~100	90~110	130~150	80~100	130~150	230~260	90~1120
注射压力/MPa	80~130	100~140	80~120	80~130	100~140	100~140	100~140	100~140	100~200	100~140
保压压力/MPa	40~5	40~50	40~50	40~50	40~50	40~50	40~50	40~50	50~70	50~70
注射时间/s	0~5	0~5	0~5	0~5	2~5	0~5	0~5	2~7	0~5	0~5
保压时间/s	20~80	20~80	20~80	20~80	20~	20~80	20~70	20~50	15~40	15~40
冷却时间/s	20~50	20~50	20~50	20~50	20~50	20~50	20~50	20~50	15~20	15~30
总周期/s	50~130	50~130	50~140	50~140	50~110	50~140	50~130	50~110	40~50	40~80

树脂名称	PPO	改性PPO	聚芳酯	聚氨酯	聚苯硫醚	聚酰亚胺	乙酸纤维素	乙酸丁酸纤维素	乙酸丙酸纤维素	乙基纤维素	F46
注射机类型	螺杆式	螺杆式	螺杆式	螺杆式	螺杆式	螺杆式	柱塞式	柱塞式	柱塞式	柱塞式	螺杆式
螺杆转速/（r/min）	20~30	20~50	20~50	20~70	20~30	20~30	—	—	—	—	20~30
喷嘴 形式	直通式	直通式	直通式	直通式	直通式	直通式	直通式	直通式	直通式	直通式	直通式
喷嘴 温度/℃	250~280	220~240	230~250	170~180	280~300	290~300	150~180	150~170	160~180	160~180	290~300
料筒温度/℃ 前	260~280	230~250	240~260	175~185	300~310	290~130	170~200	170~200	180~210	180~220	300~330
料筒温度/℃ 中	260~290	240~270	250~280	180~200	320~340	300~330	—	—	—	—	270~290
料筒温度/℃ 后	230~240	230~240	230~240	150~170	260~280	230~240	150~170	150~170	150~170	150~170	170~200
模具温度/℃	110~150	60~80	100~130	20~40	120~150	120~150	40~70	40~70	40~70	40~70	110~130
注射压力/MPa	100~140	70~110	100~130	80~100	80~130	100~140	60~130	80~130	80~120	80~130	80~130

（续）

树脂名称	PPO	改性PPO	聚芳酯	聚氨酯	聚苯硫醚	聚酰亚胺	乙酸纤维素	乙酸丁酸纤维素	乙酸丙酸纤维素	乙基纤维素	F46
注射机类型	螺杆式	螺杆式	螺杆式	螺杆式	螺杆式	螺杆式	柱塞式	柱塞式	柱塞式	柱塞式	螺杆式
保压压力/MPa	50~70	40~60	50~60	30~40	40~50	40~50	40~50	40~50	40~50	40~50	50~60
注射时间/s	0~5	0~5	2~8	2~6	0~5	0~5	0~3	0~5	0~5	0~5	0~3
保压时间/s	30~70	30~70	15~40	30~40	10~30	20~60	15~40	15~40	15~40	15~40	20~60
冷却时间/s	20~60	20~50	15~40	30~60	20~50	30~60	15~40	15~40	15~40	15~40	20~60
总周期/s	60~140	60~130	40~90	70~110	40~90	60~130	40~90	40~90	40~90	40~90	50~130

树脂名称	PA12	PA66	玻纤增强PA66	PA610	PA612	PA1010		玻纤增强PA1010		透明尼龙
注射机类型	螺杆式	螺杆式	螺杆式	螺杆式	螺杆式	螺杆式	柱塞式	螺杆式	柱塞式	螺杆式
螺杆转速/(r/min)	20~50	20~50	20~40	20~50	20~50	20~50	—	20~40	—	20~50
喷嘴 形式	直通式	自锁式	直通式	自锁式	自锁式	自锁式	自锁式	直通式	直通式	直通式
喷嘴 温度/℃	170~180	250~260	250~260	200~210	200~210	190~200	190~210	180~190	180~190	220~240
料筒温度/℃ 前	185~220	255~265	260~270	220~230	210~220	200~210	230~250	210~230	240~260	220~240
料筒温度/℃ 中	190~240	260~280	260~290	230~250	210~230	220~240	—	230~260	—	250~270
料筒温度/℃ 后	160~170	240~250	250~260	200~210	200~205	190~200	180~200	190~200	190~200	220~240
模具温度/℃	70~110	60~120	100~120	60~90	40~70	40~80	40~80	40~80	40~80	40~60
注射压力/MPa	90~130	80~130	80~130	70~110	70~120	70~100	70~120	90~130	100~130	80~130
保压压力/MPa	50~60	40~50	40~50	20~40	30~50	20~40	30~40	40~50	40~50	40~50
注射时间/s	2~5	0~5	3~5	0~5	0~5	0~5	0~5	2~5	2~5	0~5
保压时间/s	20~60	20~50	20~50	20~50	20~50	20~50	20~50	20~40	20~40	20~60
冷却时间/s	20~40	20~40	20~40	20~40	20~50	20~40	20~40	20~40	20~40	20~40
总周期/s	50~110	50~100	50~100	50~100	50~110	50~100	50~100	50~90	50~90	50~110

附录 K　塑料注射模的标准零件及应用

GB/T 4169.1—2006 规定了塑料注射模用推杆的尺寸规格和公差，适用于塑料注射模所用的推杆，标准同时还给出了材料指南和硬度要求，并规定了推杆的标记。

推杆为直杆式，它可改制成拉杆或直接用做复位杆，也可作为推管的芯杆使用等（见表 K-1~表 K-2）。

表 K-1 标准推杆（摘自 GB/T 4169.1—2006） （单位：mm）

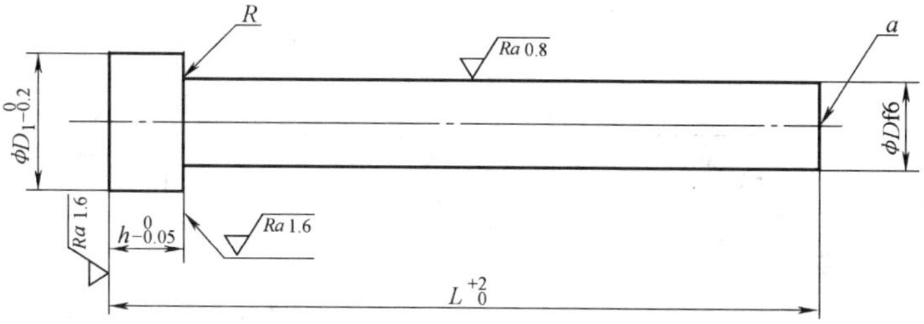

未注表面粗糙度 $Ra6.3\mu m$

a 表示端面不允许留有中心孔，棱边不允许倒钝

标记示例：直径 $D=1$mm，长度 $L=80$mm 的推杆，推杆 1×80 GB/T 4169.1—2006

D	D_1	h	R	L												
				80	100	125	150	200	250	300	350	400	500	600	700	800
1	4	2	0.3	×	×	×	×	×								
1.2				×	×	×	×	×								
1.5				×	×	×	×	×								
2				×	×	×	×	×	×	×	×					
2.5	5			×	×	×	×	×	×	×	×	×				
3	6	3	0.5	×	×	×	×	×	×	×	×	×	×			
4	8			×	×	×	×	×	×	×	×	×	×	×		
5	10			×	×	×	×	×	×	×	×	×	×	×		
6	12	5	0.8		×	×	×	×	×	×	×	×	×	×		
7	12				×	×	×	×	×	×	×	×	×	×		
8	14				×	×	×	×	×	×	×	×	×	×	×	
10	16				×	×	×	×	×	×	×	×	×	×	×	
12	18				×	×	×	×	×	×	×	×	×	×	×	×
14					×	×	×	×	×	×	×	×	×	×	×	×
16	22						×	×	×	×	×	×	×	×	×	×
18	24	8					×	×	×	×	×	×	×	×	×	×
20	26						×	×	×	×	×	×	×	×	×	×
25	32	10	1				×	×	×	×	×	×	×	×	×	×

注：1. 材料由制造者选定，推荐采用 4Cr5MoSiV1、3Cr2W8V。

2. 硬度为 50～55HRC，其中固定端 30mm 范围内硬度为 35～45HRC。

3. 淬火后表面可进行渗氮处理，渗氮层深度为 0.08～0.15mm，心部硬度为 40～44HRC，表面硬度≥900HV。

4. 其余应符合 GB/T 4170—2006 的规定。

表 K-2　标准直导套（摘自 GB/T 4169.2—2006）　（单位：mm）

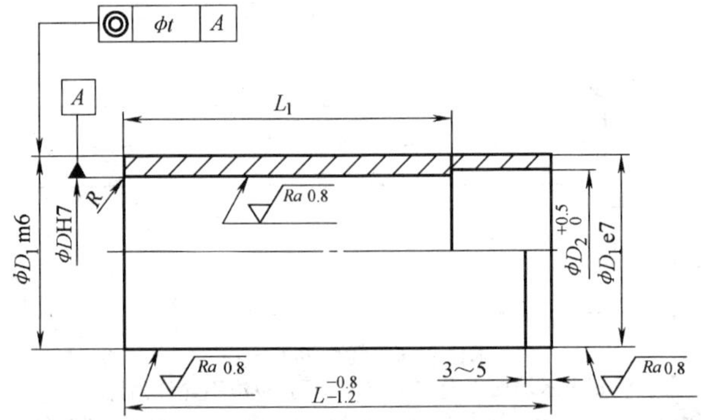

未标注表面粗糙度 $Ra3.2\mu m$；未注倒角 $C1$

标记示例：直径 $D=12$mm、长度 $L=15$mm 的直导套，直导套 12×15 GB/T 4169.2—2006

D	12	16	20	25	30	35	40	50	60	70	80	90	100
D_1	18	25	30	35	42	48	55	70	80	90	105	115	125
D_2	13	17	21	26	31	36	41	51	61	71	81	91	101
R	1.5～2	3～4				5～6				7～8			
L_1	24	32	40	50	60	70	80	100	120	140	160	180	200
L	15	20	20	25	30	35	40	40	50	60	70	80	80
	20	25	25	30	35	40	50	50	60	70	80	100	100
	25	30	30	40	40	50	60	60	80	80	100	120	150
	30	40	40	50	50	60	80	80	100	100	120	150	200
	35	50	50	60	60	80	100	100	120	120	150	200	
	40	60	60	80	80	100	120	120	150	150	200		

注：1. 当 $L_1>L$ 时，取 $L_1=L$。
2. 材料由制造者选定，推荐采用 T10A、GCr15、20Cr。
3. 硬度为 52～56HRC。20Cr 渗碳 0.5～0.8mm，硬度为 56～60HRC。
4. 标注的形位公差应符合 GB/T 1182—2008 的规定，t 为 6 级精度。
5. 其余应符合 GB/T 4170—2006 的规定。

GB/T 4169.3—2006 规定了塑料注射模用带头导套的尺寸规格和公差，适用于塑料注射模所用的带头导套，标准同时还给出了材料指南和硬度要求，并规定了带头导套的标记。

导套内孔的直径系列与导柱直径相同，标准中规定的直径范围 d 取 12～100mm。其长度的名义尺寸与模板厚度相同，实际尺寸比模板薄 1mm。

1）带头导套的尺寸规格 GB/T 4169.3—2006 规定的标准带头导套见表 K-3。

2）安装方法。带头导套安装需要垫板，装入模板后覆以垫板即可，导套安装时模板上与之配合的孔径公差按 H7 确定，安装沉孔视带头导套直径可取为 $D_2+(1\sim2)$mm。带头导套长度取决于含导套的模板厚度，其余尺寸随导套导向孔直径而定。

表 K-3　标准带头导套（摘自 GB/T 4169.3—2006）　（单位：mm）

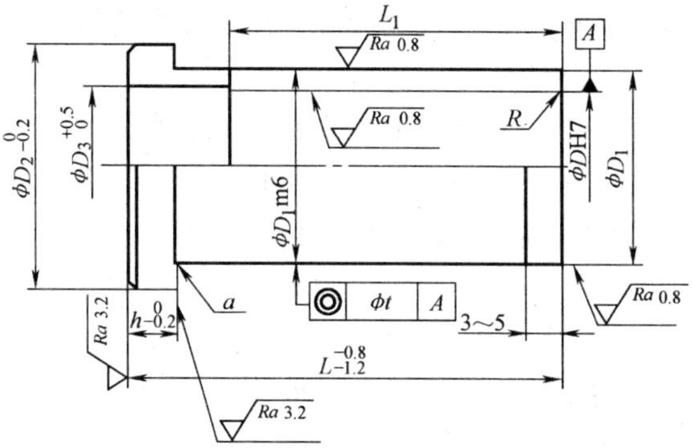

未注表面粗糙度 Ra6.3μm；未注倒角 C1

a 表示可选砂轮越程槽或半径为 0.5 ~ 1mm 圆角

标记示例：直径 D = 12mm、长度 L = 20mm 的带头导套，带头导套 12 × 20 GB/T 4169.3—2006

D		12	16	20	25	30	35	40	50	60	70	80	90	100
D_1		18	25	30	35	42	48	55	70	80	90	105	115	125
D_2		22	30	35	40	47	54	61	76	86	96	111	121	131
D_3		13	17	21	26	31	36	41	51	61	71	81	91	101
h		5	6	8		10			12	15			20	
R		1.5 ~ 2	3 ~ 4				5 ~ 6			7 ~ 8				
L_1		24	32	40	50	60	70	80	100	120	140	160	180	200
L	20	×	×	×										
	25	×	×	×	×									
	30	×	×	×	×	×								
	35	×	×	×	×	×	×							
	40	×	×	×	×	×	×	×						
	45	×	×	×	×	×	×	×						
	50	×	×	×	×	×	×	×	×					
	60		×	×	×	×	×	×	×	×				
	70			×	×	×	×	×	×	×	×			
	80			×	×	×	×	×	×	×	×	×		
	90				×	×	×	×	×	×	×	×	×	
	100				×	×	×	×	×	×	×	×	×	×
	110					×	×	×	×	×	×	×	×	×
	120					×	×	×	×	×	×	×	×	×
	130						×	×	×	×	×	×	×	×
	140						×	×	×	×	×	×	×	×
	150							×	×	×	×	×	×	×
	160							×	×	×	×	×	×	×
	180								×	×	×	×	×	×
	200								×	×	×	×	×	×

注：1. 材料由制造者选定，推荐采用 T10A、GCr15、20Cr。

2. 硬度 52 ~ 56HRC。20Cr 渗碳 0.5 ~ 0.8mm，硬度 56 ~ 60HRC。

3. 标注的形位公差应符合 GB/T 1184—1996 的规定，t 为 6 级精度。

4. 其余应符合 GB/T 4170—2006 的规定。

5. 当 $L_1 > L$ 时，取 $L_1 = L$。

GB/T 4169.4—2006 规定了塑料注射模用带头导柱的尺寸规格和公差，适用于塑料注射模所用的带头导柱，可兼做推板导柱。标准同时还给出了材料指南和硬度要求，并规定了带头导柱的标记。

带头导柱的功能为与导套配合使用，使模具在工作时的开模和闭合时，起导向作用，使定模和动模相对处于正确位置，同时承受由于在塑料注射时，注射机运动误差所引起的侧压力，以保证塑件精度。

带头导柱是常用结构，分两段。近头段为在模板中的安装段，标准采用 H7/m6 配合；远端头为滑动部分，其与导套的配合为 H7/f6。

带头导柱的尺寸规格 GB/T 4169.4—2006 规定的标准带头导柱见表 K-4。

表 K-4　标准带头导柱（摘自 GB/T 4169.4—2006）　（单位：mm）

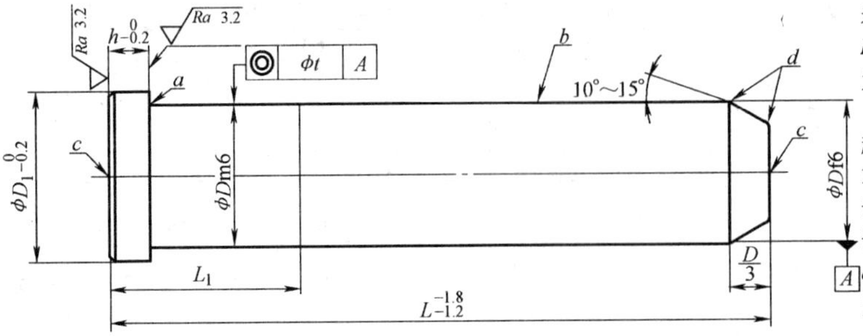

未注表明粗糙度 Ra6.3μm；未注倒角为 C1

a 表示可选砂轮越程槽或半径为0.5～1mm 圆角。*b* 表示允许开油槽。*c* 表示允许保留两端的中心孔。*d* 表示圆弧连接，半径为 2～5mm。

标记示例：直径 D=12mm、长度 L=50mm，与模板配合长度 L_1=20mm 的带头导柱，带头导柱 12×50×20 GB/T 4169.4—2006

	D	12	16	20	25	30	35	40	50	60	70	80	90	100
	D_1	17	21	25	30	35	40	45	56	66	76	86	96	106
	h	5	6		8			10	12	15			20	
L	50	×	×	×	×	×								
	60	×	×	×	×	×								
	70	×	×	×	×	×	×	×						
	80	×	×	×	×	×	×	×						
	90	×	×	×	×	×	×	×						
	100	×	×	×	×	×	×	×	×	×				
	110	×	×	×	×	×	×	×	×	×				
	120	×	×	×	×	×	×	×	×	×				
	130	×	×	×	×	×	×	×	×	×				
	140	×	×	×	×	×	×	×	×	×				
	150		×	×	×	×	×	×	×	×	×			
	160		×	×	×	×	×	×	×	×	×			

（续）

D		12	16	20	25	30	35	40	50	60	70	80	90	100
D_1		17	21	25	30	35	40	45	56	66	76	86	96	106
h		5	6		8			10	12	15			20	
L	180			×	×	×	×	×	×	×	×			
	200			×	×	×	×	×	×	×	×			
	220				×	×	×	×	×	×	×	×	×	×
	250				×	×	×	×	×	×	×	×	×	×
	280					×	×	×	×	×	×	×	×	×
	300					×	×	×	×	×	×	×	×	×
	320						×	×	×	×	×	×	×	×
	350						×	×	×	×	×	×	×	×
	380							×	×	×	×	×	×	×
	400							×	×	×	×	×	×	×
	450								×	×	×	×	×	×
	500								×	×	×	×	×	×
	550									×	×	×	×	×
	600									×	×	×	×	×
	650										×	×	×	×
	700										×	×	×	×
	750											×	×	×
	800											×	×	×
L_1		20,25,30,35,40,45,50,60,70,80,100,110,120,130,140,160,180,200												

注：1. 材料由制造者选定，推荐采用 T10A、GCr15、20Cr。

2. 硬度为 56 ~ 60HRC。20Cr 渗碳 0.5 ~ 0.8mm，硬度为 56 ~ 60HRC。

3. 标注的形位公差应符合 GB/T 1184—1996 的规定，t 为 6 级精度。

4. 其余应符合 GB/T 4170—2006 的规定。

GB/T 4169.4—2006 规定了塑料注射模用带肩导柱的尺寸规格和公差，适用于塑料注射模所用的带肩导柱。标准同时还给出了材料指南和硬度要求，并规定了带肩导柱的标记。

带肩导柱的功能与带头导柱的功能相同，在工作时的开模和闭合时，起导向作用，以保证塑件精度。带头导柱用于塑件生产批量不大的模具，可以不用导套。带肩导柱用于塑件中、大批量生产的精密模具，或导向精度要求高，必须采用导套的模具。

带肩导柱分为三段。近头段为在模板中的安装段，标准采用 H7/m6 配合；远头段为滑动部分，其与导套的配合为 H7/f6。

带肩导柱的尺寸规格 GB/T 4169.5—2006 规定的标准带肩导柱，见表 K-5。

表 K-5　标准带肩导柱（摘自 GB/T 4169.5—2006）　（单位：mm）

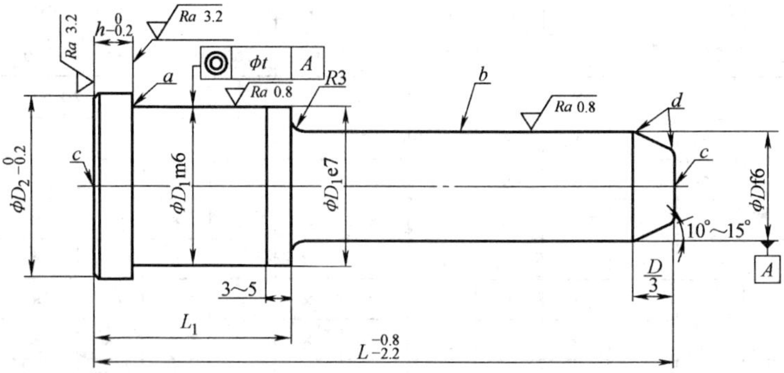

未注表明粗糙度 $Ra6.3\mu m$；未注倒角 $C1$。

a 表示可选砂轮越程槽或半径为 0.5 ~ 1mm 圆角。b 表示允许开油槽。c 表示允许保留两端的中心孔。d 表示圆弧连接，半径为 2 ~ 5mm。

标记示例：直径 $D=16$mm、长度 $L=50$mm，与模板配合长度 $L_1=20$mm 的带肩导柱，带肩导柱 16 × 50 × 20 GB/T 4169.5—2006

D		12	16	20	25	30	35	40	50	60	70	80
D_1		18	25	30	35	42	48	55	70	80	90	105
D_2		22	30	35	40	47	54	61	76	86	96	111
h		5	6	8		10			12	15		
L	50	×	×	×	×	×						
	60	×	×	×	×	×						
	70	×	×	×	×	×	×	×				
	80	×	×	×	×	×	×	×				
	90	×	×	×	×	×	×	×				
	100	×	×	×	×	×	×	×	×	×		
	110	×	×	×	×	×	×	×	×	×		
	120	×	×	×	×	×	×	×	×	×		
	130	×	×	×	×	×	×	×	×	×		
	140	×	×	×	×	×	×	×	×	×		
	150		×	×	×	×	×	×	×	×	×	×
	160		×	×	×	×	×	×	×	×	×	×
	180			×	×	×	×	×	×	×	×	×
	200			×	×	×	×	×	×	×	×	×
	220				×	×	×	×	×	×	×	×
	250				×	×	×	×	×	×	×	×
	280					×	×	×	×	×	×	×
	300					×	×	×	×	×	×	×
	320						×	×	×	×	×	×
	350						×	×	×	×	×	×
	380							×	×	×	×	×
	400							×	×	×	×	×
	450								×	×	×	×

（续）

D		12	16	20	25	30	35	40	50	60	70	80
D_1		18	25	30	35	42	48	55	70	80	90	105
D_2		22	30	35	40	47	54	61	76	86	96	111
h		5	6	8		10			12	15		
L	500								×	×	×	×
	550								×	×	×	×
	600								×	×	×	×
	650								×	×	×	×
	700									×	×	×
L_1		20,25,30,35,40,45,50,60,70,80,100,110,120,130,140,150,160,180,200										

GB/T 4169.6—2006 规定了塑料注射模用垫块的尺寸规格和公差，适用于塑料注射模所用的垫块。标准同时还给出了材料指南，并规定了垫块的标记。

垫块的用途决定于推件的距离和调节模具的高度，选用时，其长度（*L*）方向，一般应与模板长度方向一致。垫块的宽度（*W*）按同方向的模板宽度的1/6～1/5 取值，经圆整后按优先数列取值分级。其范围为：*W* 为 28～220mm，宽度 *W* 的选用取决于模板名义尺寸。垫块的宽度（*H*）主要取决于注射机行程和必需的推（顶）出距离，其高度值（*H*）每垫块宽度（*W*）规定有 3～4 个档次供选用。

GB/T 4169.6—2006 规定的标准垫块见表 K-6。

表 K-6　标准垫块（摘自 GB/T 4169.6—2006）　　（单位：mm）

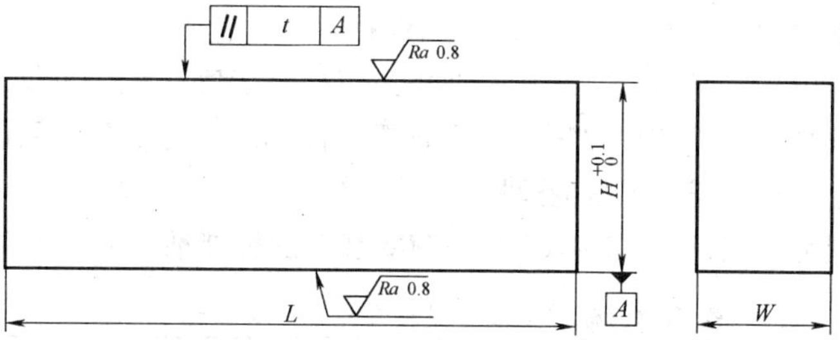

未注表面粗糙度 *Ra*6.3μm；全部棱边倒角 *C*2

标记示例：宽度 *W* = 28mm、长度 *L* = 150mm、厚度 *H* = 50mm 的垫块，垫块 28 × 150 × 50 GB/T 4169.6—2006

W	L							H													
								50	60	70	80	90	100	110	120	130	150	180	200	250	300
28	150	180	200	230	250			×	×	×											
33	180	200	230	250	300	350			×	×	×										
38	200	230	250	300	350	400			×	×	×										
43	230	250	270	300	350	400				×	×	×									
48	250	270	300	350	400	450	500			×	×	×									
53	270	300	350	400	450	500				×	×	×									
58	300	350	400	450	500	550	600				×	×	×								

（续）

W	L						H													
							50	60	70	80	90	100	110	120	130	150	180	200	250	300
63	350	400	450	500	550	600					×	×	×							
68	400	450	500	550	600	700						×	×	×	×					
78	450	500	550	600	700							×	×	×	×					
88	500	550	600	700	800							×	×	×	×					
100	550	600	700	800	900	1000							×	×	×	×				
120	650	700	800	900	1000	1250								×	×	×	×	×	×	
140	800	900	1000	1250												×	×	×	×	
160	900	1000	1250	1600														×	×	×
180	1000	1250	1600															×	×	×
220	1250	1600	2000															×	×	×

注：1. 材料由制造者选定，推荐采用45钢。

2. 标注的形位公差应符合GB/T 4170—2006的规定，t为5级精度。

3. 其余应符合GB/T 4170—2006的规定。

GB/T 4169.7—2006规定了塑料注射模用推板的尺寸规格和公差，适用于塑件注射模所用的推板和推杆固定板。标准同时还给出了材料指南和硬度要求，并规定了推板的标记。

推板用于支撑推出复位（杆）零件，传递机床推出力，也可用做推杆固定板和热固性塑料压胶模、挤胶模和金属压注模中的推板。

推板的宽度是由板面所能利用的最大投影面积、布置推杆的位置（考虑到采用卸料板顶出时，过渡推杆的位置）和保证与垫块有一定活动间隙的情况下决定的，标准中宽度（W）范围为90～790mm。

标准中规定，一种宽度（W）有两档或三档厚度值（H），可以按使用要求，选用推板和推杆固定板相同厚度，也可选用不同厚度进行组合，但选用的推板厚度（H）一般大于推杆固定板的厚度。

推板的尺寸规格　GB/T 4169.7—2006规定的标准推板见表K-7。

表K-7　标准推板（摘自GB/T 4169.7—2006）　　（单位：mm）

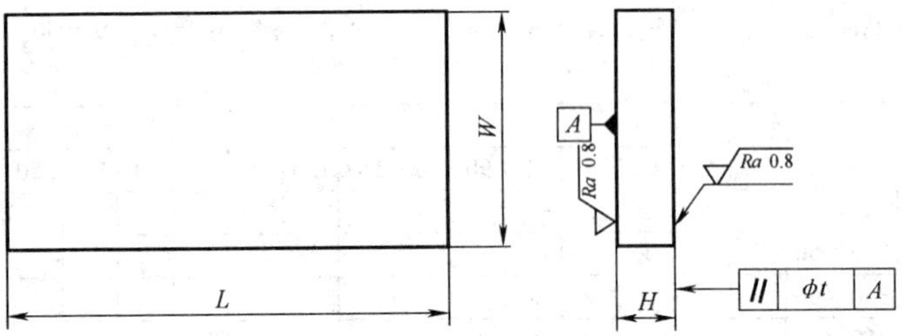

未注表面粗糙度$Ra6.3\mu m$；全部棱边倒角$C2$

标记示例：宽度$W=90mm$、长度$L=150mm$、厚度$H=13mm$，推板 90×150×13 GB/T 4169.7—2006

（续）

W	L							H							
								13	15	20	25	30	40	50	60
90	150	180	200	230	250			×	×						
110	180	200	230	250	300	350			×	×					
120	200	230	250	300	350	400			×	×	×				
140	230	250	270	300	350	400			×	×	×				
150	250	270	300	350	400	450	500		×	×	×				
160	270	300	350	400	450	500			×	×	×				
180	300	350	400	450	500	550	600			×	×	×			
220	350	400	450	500	550	600				×	×	×			
260	400	450	500	550	600	700					×	×	×		
290	450	500	550	600	700						×	×	×		
320	500	550	600	700	800						×	×	×	×	
340	550	600	700	800	900						×	×	×	×	
390	600	700	800	900	1000						×	×	×	×	
400	650	700	800	900	1000						×	×	×	×	
450	700	800	900	1000	1250						×	×	×	×	
510	800	900	1000	1250								×	×	×	×
560	900	1000	1250	1600								×	×	×	×
620	1000	1250	1600									×	×	×	×
790	1250	1600	2000									×	×	×	×

注：1. 材料由制造者选定，推荐采用 45 钢。
2. 硬度 28 ~ 32HRC。
3. 标注的形位公差应符合 GB/T 1184—1996 的规定，t 为 6 级精度。
4. 其余应符合 GB/T 4170—2006 的规定。

GB/T 4169.8—2006 规定了塑料注射模用模板的尺寸规格和公差，适用于塑料注射模所用的定模板、动模板、推件板、推料板、支承板和定模座板与动模座板。标准同时还给出了材料指南和硬度要求，并规定了模板的标记。

GB/T 4169.8—2006 规定的 A 型标准模板（用于定模板、动模板、推杆板、推料板、支承板）见表 K-8。

GB/T 4169.8—2006 规定的 B 型标准模板（用于定模座板、动模座板）见表 K-9。

GB/T 4169.9—2006 规定了塑料注射模用限位钉的尺寸规格和公差，适用于塑料注射模所用的限位钉。标准同时还给出了材料指南和硬度要求，并规定了限位钉的标记。

限位钉是用于支承推出机构，并用以调节推出距离，防止推出机构复位时受异物阻止的零件。

表 K-8　A 型标准模板（摘自 GB/T 4169.8—2006）　（单位：mm）

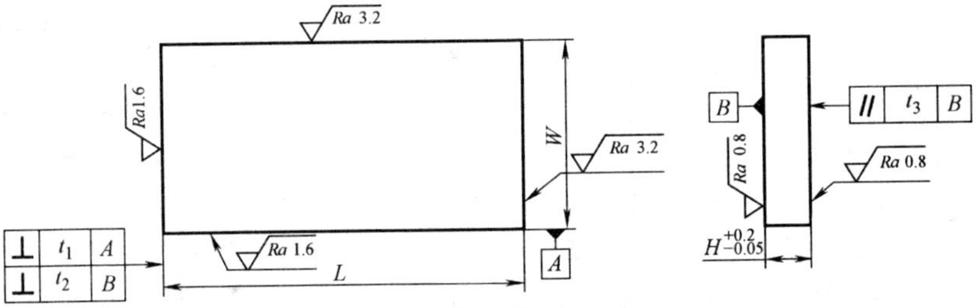

全部棱边倒角 C2

标记示例：宽度 $W=150$mm、长度 $L=150$mm、厚度 $H=20$mm 的 A 型模板，模板 A150 × 150 × 20 GB/T 4169.8—2006

W	L							H												
								20	25	30	35	40	45	50	60	70	80	90	100	
150	150	180	200	230	250			×	×	×	×	×	×	×	×	×	×			
180	180	200	230	250	300	350		×	×	×	×	×	×	×	×	×	×			
200	200	230	250	300	350	400		×	×	×	×	×	×	×	×	×	×	×	×	
230	230	250	270	300	350	400		×	×	×	×	×	×	×	×	×	×	×	×	
250	250	270	300	350	400	450	500		×	×	×	×	×	×	×	×	×	×	×	×
270	270	300	350	400	450	500			×	×	×	×	×	×	×	×	×	×	×	×
300	300	350	400	450	500	550	600			×	×	×	×	×	×	×	×	×	×	×
350	350	400	450	500	550	600					×	×	×	×	×	×	×	×	×	×
400	400	450	500	550	600	700					×	×	×	×	×	×	×	×	×	×
450	450	500	550	600	700							×	×	×	×	×	×	×	×	×
500	500	550	600	700	800							×	×	×	×	×	×	×	×	×
550	550	600	700	800	900							×	×	×	×	×	×	×	×	×
600	600	700	800	900	1000									×	×	×	×	×	×	×
650	650	700	800	900	1000										×	×	×	×	×	×
700	700	800	900	1000	1250										×	×	×	×	×	×
800	800	900	1000	1250												×	×	×	×	×
900	900	1000	1250	1600												×	×	×	×	×
1000	1000	1250	1600														×	×	×	×
1250	1250	1600	2000														×	×	×	×

W	L							H												
								120	130	140	150	160	180	200	220	250	280	300	350	400
150	150	180	200	230	250															
180	180	200	230	250	300	350														
200	200	230	250	300	350	400														
230	230	250	270	300	350	400														
250	250	270	300	350	400	450	500	×												
270	270	300	350	400	450	500		×												
300	300	350	400	450	500	550	600	×	×											
350	350	400	450	500	550	600		×	×											
400	400	450	500	550	600	700		×	×	×	×									

（续）

W	L							H												
								120	130	140	150	160	180	200	220	250	280	300	350	400
450	450	500	550	600	700			×	×	×	×	×	×							
500	500	550	600	700	800			×	×	×	×	×	×							
550	550	600	700	800	900			×	×	×	×	×	×	×						
600	600	700	700	900	1000			×	×	×	×	×	×	×						
650	650	700	800	900	1000			×	×	×	×	×	×	×	×					
700	700	800	900	1000	1250			×	×	×	×	×	×	×	×	×				
800	800	900	1000	1250				×	×	×	×	×	×	×	×	×	×	×		
900	900	1000	1250	1600				×	×	×	×	×	×	×	×	×	×	×	×	
1000	1000	1250	1600					×	×	×	×	×	×	×	×	×	×	×	×	×
1250	1250	1600	2000					×	×	×	×	×	×	×	×	×	×	×	×	×

注：1. 材料由制造者选定，推荐采用45钢。

2. 硬度28～32HRC。

3. 未注尺寸公差等级应符合GB/T 1801—2009中js13的规定。

4. 未注形位公差应符合GB/T 1184—1996的规定，t_1、t_3为5级精度，t_2为7级精度。

5. 其余应符合GB/T 4170—2006的规定。

表K-9　B型标准模板（摘自GB/T 4169.8—2006）　（单位：mm）

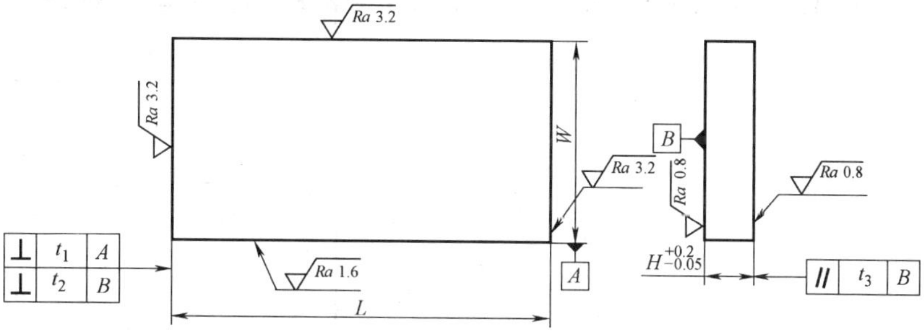

全部棱边倒角C2

标记示例：宽度$W=200$mm、长度$L=150$mm、厚度$H=20$mm的B型模板，模板B 200×150×20 GB/T 4169.8—2006

W	L							H												
								20	25	30	35	40	45	50	60	70	80	90	100	120
200	150	180	200	230	250			×	×											
230	180	200	230	250	300	350		×	×	×										
250	200	230	250	300	350	400		×	×	×										
280	230	250	270	300	350	400			×	×										
300	250	270	300	350	400	450	500		×	×	×									
320	270	300	350	400	450	500			×	×	×	×								
350	300	350	400	450	500	550	600		×	×	×	×	×							
400	350	400	450	500	550	600				×	×	×	×	×						
450	400	450	500	550	600	700				×	×	×	×	×						
550	450	500	550	600	700						×	×	×	×	×					
600	500	550	600	700	800						×	×	×	×	×					
650	550	600	700	800	900						×	×	×	×	×	×				

（续）

W	L							H												
								20	25	30	35	40	45	50	60	70	80	90	100	120
700	600	700	800	900	1000						×	×	×	×	×	×				
750	650	700	800	900	1000						×	×	×	×	×	×	×			
800	700	800	900	1000	1250							×	×	×	×	×	×	×		
900	800	900	1000	1250								×	×	×	×	×	×	×	×	
1000	900	1000	1250	1600										×	×	×	×	×	×	
1200	1000	1250	1600												×	×	×	×	×	×
1500	1250	1600	2000													×	×	×	×	×

注：1. 材料由制造者选定，推荐采用 45 钢。

2. 硬度 28 ~ 32HRC。

3. 未注尺寸公差等级应符合 GB/T 1801—2009 中 js13 的规定。

4. 未注形位公差应符合 GB/T 1184—1996 的规定，t_1 为 7 级精度，t_2 为 9 级精度，t_3 为 5 级精度。

5. 其余应符合 GB/T 4170—2006 的规定。

GB/T 4169. 10—2006 规定了塑料注射模用支承柱的尺寸规格和公差，适用于塑料注射模所用的支承柱。标准同时还给出了材料指南和硬度要求，并规定了支承柱的标记。

GB/T 4169. 10—2006 规定的 A 型支承柱见表 K-10，B 型支承柱见表 K-11。

表 K-10　A 型支承柱（摘自 GB/T 4169. 10—2006）　（单位：mm）

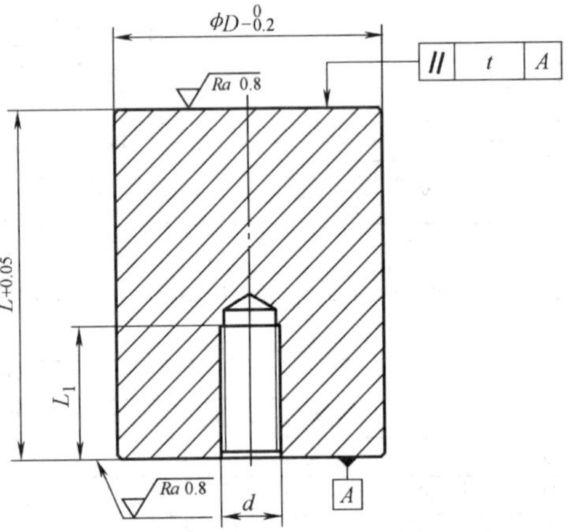

未注表面粗糙度 Ra6. 3μm;未注倒角 $C1$

标记示例:直径 D = 25mm、长度 L = 80mm 的 A 型支承柱,支承柱 A 25 × 80 GB/T 4169. 10—2006

D	L											d	L_1
	80	90	100	110	120	130	150	180	200	250	300		
25	×	×	×	×	×							M8	15
30	×	×	×	×	×								
35	×	×	×	×	×	×							
40	×	×	×	×	×	×	×					M10	18
50	×	×	×	×	×	×	×	×	×	×			

（续）

D	L											d	L1
	80	90	100	110	120	130	150	180	200	250	300		
60	×	×	×	×	×	×	×	×	×	×	×	M12	20
80	×	×	×	×	×	×	×	×	×	×	×	M16	30
100	×	×	×	×	×	×	×	×	×	×	×		

注：1. 材料由制造者选定，推荐采用 45 钢。

2. 硬度 28 ~ 32HRC。

3. 标注的形位公差应符合 GB/T 1184—1996 的规定，*t* 为 6 级精度。

4. 其余应符合 GB/T 4170—2006 的规定。

表 K-11　B 型支承柱（摘自 GB/T 4169. 10—2006）（单位：mm）

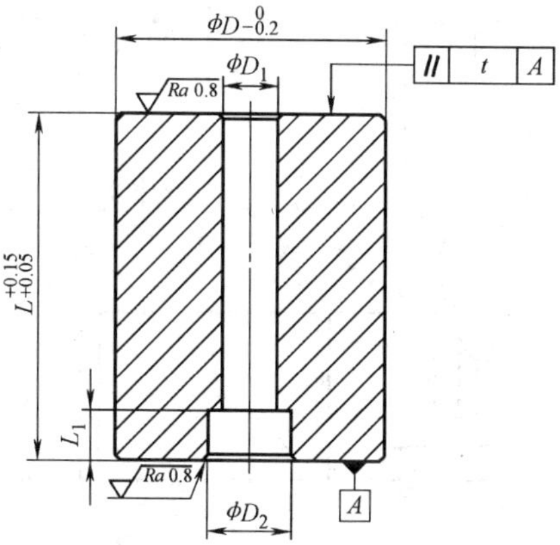

未注表面粗糙度 *Ra*6. 3μm；未注倒角 *C*1

标记示例：直径 *D* = 25mm、长度 *L* = 80mm 的 B 型支撑柱，支撑柱 B 25 × 80 GB/T 4169. 10—2006

D	L											D_1	D_2	L_1
	80	90	100	110	120	130	150	180	200	250	300			
25	×	×	×	×	×									
30	×	×	×	×	×							9	15	9
35	×	×	×	×	×	×								
40	×	×	×	×	×	×	×					11	18	11
50	×	×	×	×	×	×	×	×	×	×				
60	×	×	×	×	×	×	×	×	×	×	×	13	20	13
80	×	×	×	×	×	×	×	×	×	×	×	17	26	13
100	×	×	×	×	×	×	×	×	×	×	×			

注：1. 材料由制造者选定，推荐采用 45 钢。

2. 硬度为 28 ~ 32HRC。

3. 标注的形位公差应符合 GB/T 1184—1996 的规定，*t* 为 6 级精度。

4. 其余应符合 GB/T 4170—2006 的规定。

圆形定位元件主要用于动模、定模之间需要精确定位的场合，例如在注射成型薄壁制品塑件时，为保证壁厚均匀，则需要使用该标准零件进行精确定位。对同轴度要求高的塑件，而且其型腔分别设在动模和定模上时，也需要使用该标准零件进行精确定位，同时，还具有增强模具刚度的效果。在模具中采用的数量视需要确定。GB/T 4169.11—2006 对圆形定位元件进行了规定，见表 K-12。

表 K-12　标准圆形定位元件（摘自 GB/T 4169.11—2006）（单位：mm）

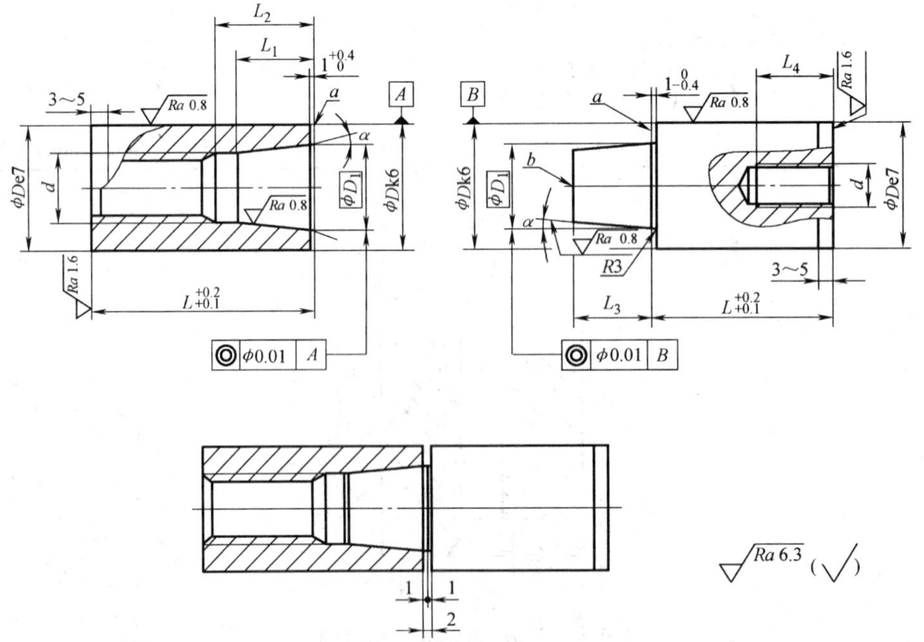

未注表面粗糙度 $Ra6.3\mu m$；未注倒角 C1

a 表示基准面。

b 表示允许保留中心孔。

标记示例：直径 $D=12mm$ 的圆形定位元件，圆形定位元件 12 GB/T 4169.11—2006

D	D_1	d	L	L_1	L_2	L_3	L_4	$\alpha/°$
12	6	M4	20	7	9	5	11	5
16	10	M5	25	8	10	6	11	5.10
20	13	M6	30	11	13	9	13	
25	16	M8	30	12	14	10	15	
30	20	M10	40	16	18	14	18	
35	24	M12	50	22	24	20	24	

注：1. 材料由制造者选定，推荐采用 T10A、GCr15。

2. 硬度为 58～62HRC。

3. 其余应符合 GB/T 4170—2006 的规定。

GB/T 4169.12—2006 规定了塑料注射模用推板导套的尺寸规格和公差，适用于塑料注射模所用的推板导套。标准同时还给出了材料指南和硬度要求，并规定了推板导套的标记。

推杆或推管将塑件推出后，必须返回其原始位置，才能合模进行下一次的注射成型。最常用的方法是复位杆回程，这种方法经济、简单，回程动作稳定可靠。其工作过程为：当开模时，推杆向上顶出，复位杆突出模具的分型面；当模具闭合时，复位杆与定模侧的分型面接触，注射机继续闭合时，则使复位杆随同推出机构一同返回原始位置。

GB/T 4169.13—2006 规定的标准复位杆见表 K-13。

表 K-13 标准复位杆（摘自 GB/T 4169.13—2006） （单位：mm）

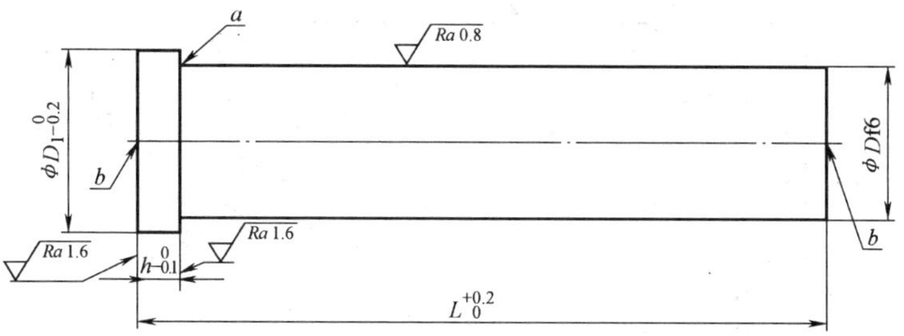

未注表面粗糙度 *Ra*6.3μm。
a 表示可选砂轮越程槽或半径为 0.5 ~ 1mm 圆角。
b 表示端面允许留有中心孔。
标记示例：直径 $D = 10$mm、长度 $L = 100$mm 的复位杆，复位杆 10 × 100 GB/T 4169.13—2006

D	D_1	h	100	125	150	200	250	300	350	400	500	600
10	15	4	×	×	×	×						
12	17		×	×	×	×	×					
15	20		×	×	×	×	×	×				
20	25			×	×	×	×	×	×	×		
25	30	8			×	×	×	×	×	×	×	
30	35				×	×	×	×	×	×	×	×
35	40					×	×	×	×	×	×	×
40	45	10					×	×	×	×	×	×
50	55						×	×	×	×	×	×

注：1. 材料由制造者选定，推荐采用 T10A、GCr15。
2. 硬度为 56 ~ 60HRC。
3. 其余应符合 GB/T 4170—2006 的规定。

GB/T 4169.14—2006 规定了塑料注射模用推板导柱的尺寸规格和公差，适用于塑料注射模所用的推板导柱。标准同时还给出了材料指南和硬度要求，并规定了推板导柱的标记。

对大型模具设置的推杆数量较多或由于塑件顶出部位面积的限制，推杆必须做成细长形时以及推出机构受力不均衡时（脱模力的总重心与机床推杆不重合），顶出后，推板可能发生偏斜，造成推杆弯曲或折断，此时应考虑设置导向装置，以保证推板移动时不发生偏斜。一般采用导柱，也可加上导套来实现导向。

导柱与导向孔或导套的配合长度不应小于 10mm。当动模垫板支承跨度大时，导柱还可兼起辅助支承作用。

GB/T 4169. 14—2006 规定的标准推板导柱见表 K-14。

表 K-14　标准推板导柱（摘自 GB/T 4169. 14—2006）（单位：mm）

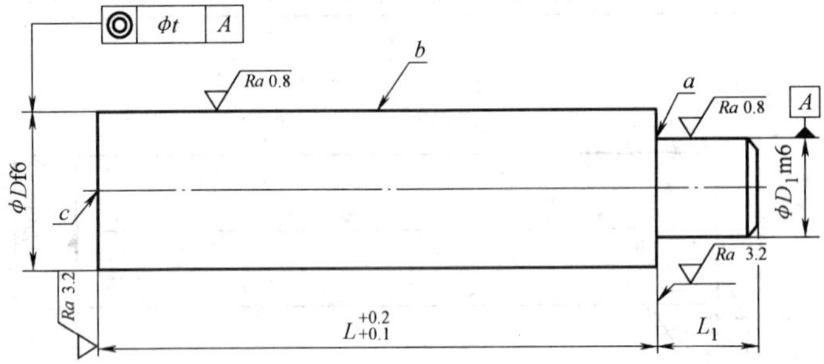

未注表面粗糙度 $Ra6.3\mu m$

a 表示可选砂轮越程槽或半径为 0. 5 ~ 1mm 圆角。

b 表示允许开油槽。

c 表示允许保留两端的中心孔。

标记示例：直径 $D=30$mm、长度 $L=100$mm 的推板导柱，推板导柱 30 × 100 GB/T 4169. 14—2006

D		30	35	40	50
D_1		25	30	35	40
L_1		20	25	30	45
L	100	×			
	110	×	×		
	120	×	×		
	130	×	×		
	150	×	×	×	
	180		×	×	×
	200			×	×
	250			×	×
	300				×

注：1. 材料由制造者选定，推荐采用 T10A、GCr15、20Gr。

2. 硬度为 56 ~ 60HRC，20Cr 渗碳 0. 5 ~ 0. 8mm，硬度为 56 ~ 60HRC。

3. 标注的形位公差应符合 GB/T 1184—1996 的规定，t 为 6 级精度。

4. 其余应符合 GB/T 4170—2006 的规定。

GB/T 4169. 15—2006 规定了塑料注射模用扁推杆的尺寸规格和公差，适用于塑料注射模所用的扁推杆。标准同时还给出了材料指南和硬度要求，并规定了扁推杆的标记。

GB/T 4169. 15—2006 规定的标准扁推杆见表 K-15。

表 K-15　标准扁推杆（摘自 GB/T 4169.15—2006）　（单位：mm）

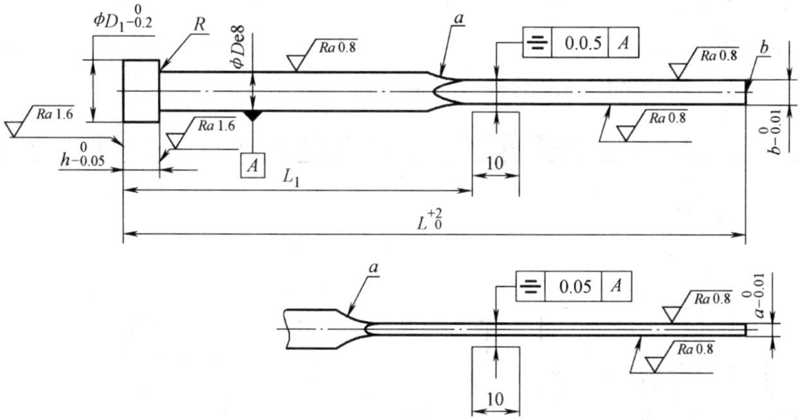

未注表面粗糙度 $Ra6.3\mu m$。
a 表示圆形半径小于 10mm。
b 表示端面不允许留有中心孔，棱边不允许倒钝。
标记示例：厚度 a = 1mm、宽度 b = 4mm、长度 L = 80mm 的扁推杆，扁推杆 1 × 4 × 80 GB/T 4169.15—2006

D	D_1	a	b	h	R	L						
						80	100	125	160	200	250	300
						L_1						
						40	50	63	80	100	125	150
4	8	1	3	3	0.3	×	×	×	×	×		
		1.2				×	×	×	×	×		
5	10	1	4			×	×	×	×	×		
		1.2				×	×	×	×	×	×	
6	12	1.2	5	5	0.5		×	×	×	×	×	
		1.5					×	×	×	×	×	
		1.8					×	×	×	×	×	
8	14	1.5	6					×	×	×	×	
		1.8						×	×	×	×	
		2						×	×	×	×	
10	16	1.5	8						×	×	×	×
		1.8							×	×	×	×
		2							×	×	×	×
12	18	1.5	10	7	0.8					×	×	×
		1.8								×	×	×
		2								×	×	×
16	22	2	14							×	×	×
		2.5								×	×	×

注：1. 材料由制造者选定，推荐采用 4Cr5MoSiV1、3Cr2W8V。
2. 硬度为 45 ~ 50HRC。
3. 淬火后表面可进行渗碳处理，渗碳层深度为 0.08 ~ 0.15mm，心部硬度为 40 ~ 44HRC，表面硬度≥900HV。
4. 其余应符合 GB/T 4170—2006 的规定。

GB/T 4169.16—2006 规定了塑料注射模用带肩推杆的尺寸规格和公差，适用于塑料注射模所用的带肩推杆。标准同时还给出了材料指南和硬度要求，并规定了带肩推杆的标记。

GB/T 4169.16—2006 规定的标准带肩推杆见表 K-16。

表 K-16 标准带肩推杆（摘自 GB/T 4169.16—2006） （单位：mm）

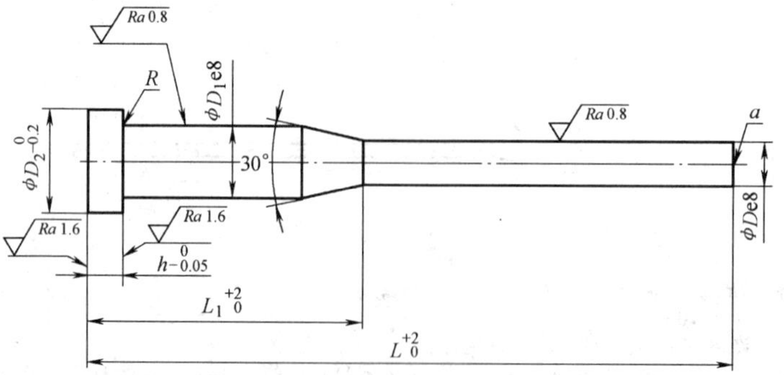

未注表面粗糙度 $Ra6.3\mu m$。

a 表示端面不允许留有中心孔，棱边不允许倒钝。

标记示例：直径 $D=1mm$、长度 $L=80mm$ 的带肩推杆 1×80 GB/T 4169.16—2006

D	D_1	D_2	h	R	L								
					80	100	125	150	200	250	300	350	400
					L_1								
					40	50	63	75	100	125	150	175	200
1	2	4	2	0.3	×	×	×	×	×				
1.5	3	6	3		×	×	×	×	×				
2					×	×	×	×	×				
2.5					×	×	×	×	×				
3	4	8				×	×	×	×	×			
3.5	8	14	5	0.8		×	×	×	×	×			
4						×	×	×	×	×	×		
4.5	10	16				×	×	×	×	×	×		
5						×	×	×	×	×	×		
6	12	18	7				×	×	×	×	×	×	
8									×	×	×	×	
10	16	22								×	×	×	×

注：1. 材料由制造者选定，推荐采用 4Cr5MoSiV1、3Cr2W8V。

2. 硬度为 45～50HRC。

3. 淬火后表面可进行渗碳处理，渗碳层深度为 0.08～0.15mm，心部硬度为 40～44HRC，表面硬度≥900HV。

4. 其余应符合 GB/T 4170—2006 的规定。

GB/T 4169.21—2006 规定了塑料注射模用矩形定位元件的尺寸和公差，适用于塑料注射模所用的矩形定位元件。标准同时还给出了材料指南和硬度要求，并规定了矩形定位元件的标记。

GB/T 4169.20—2006 规定的标准拉杆导柱见表 K-17。

表 K-17　标准拉杆导柱（摘自 GB/T 4169.20—2006）（单位：mm）

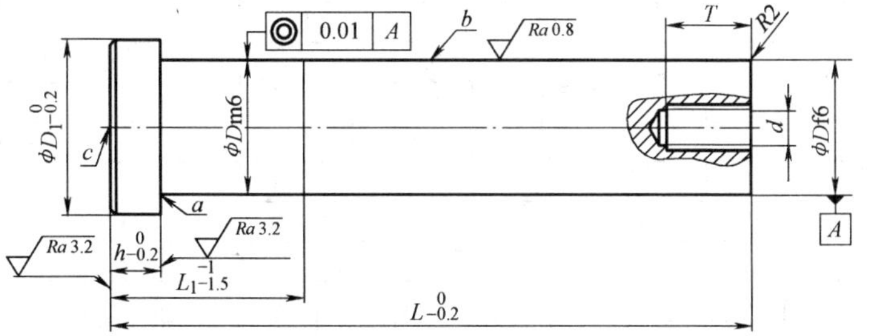

未注表面粗糙度 $Ra6.3\mu m$；未注倒角 C1。

a 表示可选砂轮越程槽或半径为 0.5 ~ 1mm 圆角。b 表示允许开油槽。c 表示允许保留中心孔。

标记示例：直径 $D=16mm$、长度 $L=100mm$ 的拉杆导柱，拉杆导柱 16 × 100 GB/T 4169.20—2006

D		16	20	25	30	35	40	50	60	70	80	90	100
D_1		21	25	30	35	40	45	55	66	76	86	96	106
h		8	10	12	14	16	18	20	25				
d		M10	M12	M14	M16				M20		M24		
T		25	30	35	40				50		60		
L_1		25	30	35	45	50	60	70 80	90	100	120	140	150
L	100	×	×	×									
	110	×	×	×									
	120	×	×	×									
	130	×	×	×	×								
	140	×	×	×	×								
	150	×	×	×	×								
	160	×	×	×	×	×							
	170	×	×	×	×	×							
	180	×	×	×	×	×							
	190	×	×	×	×	×							
	200	×	×	×	×	×	×						
	210		×	×	×	×	×						
	220		×	×	×	×	×						
	230		×	×	×	×	×						
	240		×	×	×	×	×						
	250		×	×	×	×	×	×					
	260			×	×	×	×	×					
	270			×	×	×	×	×					
	280			×	×	×	×	×	×				
	290			×	×	×	×	×	×				
	300			×	×	×	×	×	×	×			
	320				×	×	×	×	×	×			
	340				×	×	×	×	×	×	×		
	360				×	×	×	×	×	×	×		
	380					×	×	×	×	×	×		
	400					×	×	×	×	×	×	×	×
	450						×	×	×	×	×	×	×
	500						×	×	×	×	×	×	×

（续）

D		16	20	25	30	35	40	50	60	70	80	90	100
D_1		21	25	30	35	40	45	55	66	76	86	96	106
h		8	10	12	14	16	18	20	25				
d		M10	M12	M14	M16				M20		M24		
T		25	30	35	40				50		60		
L_1		25	30	35	45	50	60	70 80	90	100	120	140	150
L	550							×	×	×	×	×	×
	600							×	×	×	×	×	×
	650									×	×	×	×
	700									×	×	×	×
	750									×	×	×	×
	800									×	×	×	×

注：1. 材料由制造者选定，推荐采用 T10A、GCr15、20Cr。2. 硬度 56 ~ 60HRC。20Cr 渗碳 0.5 ~ 0.8mm，硬度 56 ~ 60HRC。3. 其余应符合 GB/T 4170—2006 的规定。

GB/T 4169.21—2006 规定了塑料注射模用矩形定位元件的尺寸规格和公差，标准同时还给出了材料指南和硬度要求。

GB/T 4169.21—2006 规定的标准矩形定位元件见表 K-18。

表 K-18　矩形定位元件（摘自 GB/T 4169.21—2006）　（单位：mm）

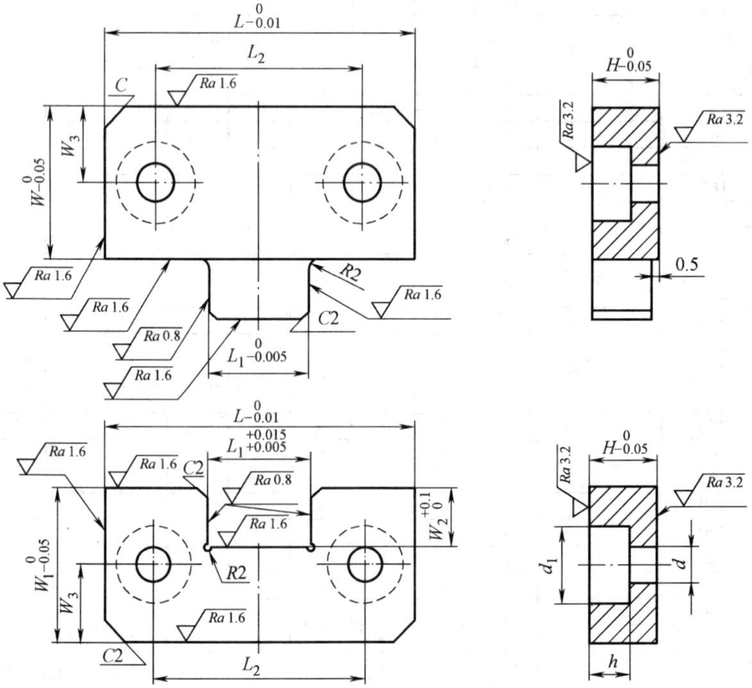

未注表面粗糙度 Ra6.3μm；未注倒角 C1

标记示例：长度 L = 50mm 的矩形定位元件，矩形定位元件 50 GB/T 4169.21—2006

（续）

L	L_1	L_2	W	W_1	W_2	W_3	C	d	d_1	H	h
50	17	34	30	21.5	8.5	11	5	7	11	16	8
75	25	50	50	36	15	18	8	11	17.5	19	12
100	35	70	65	45	21	22	10	11	17.5	19	12
125	45	84	65	45	21	22	10	11	17.5	25	12

注：1. 材料由制造者选定，推荐采用 GCr15、9CrWMn。
2. 凸件硬度为 50～54HRC，凹件硬度为 56～60HRC。
3. 其余应符合 GB/T 4170—2006 的规定。

GB/T 4169.22—2006 规定了塑料注射模用圆形拉模扣的尺寸规格和公差，适用于塑料注射模所用的圆形拉模扣。标准同时还给出了材料指南和硬度要求，并规定了圆形拉模扣的标记。

GB/T 4169.22—2006 规定的标准圆形拉模扣见表 K-19。

表 K-19 标准圆形拉模扣（摘自 GB/T 4169.22—2006）（单位：mm）

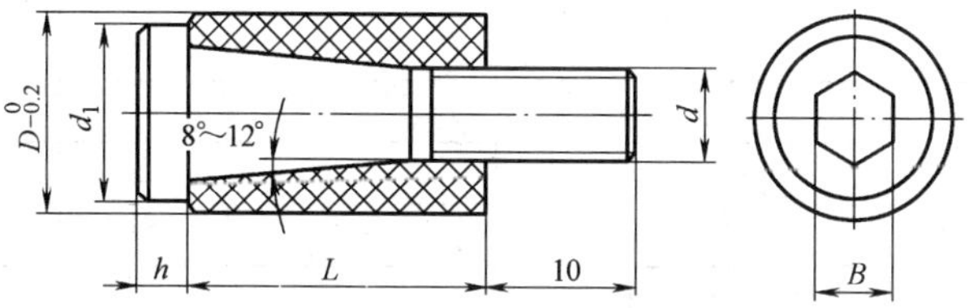

标记示例：直径 $D=12$mm 的圆形拉模扣，圆形拉模扣 12 GB/T 4169.22—2006

D	L	d	d_1	h	B
12	20	M6	10	4	5
16	25	M8	14	5	6
20	30	M10	18	5	8

注：1. 材料由制造者选定，推荐采用尼龙 66。
2. 螺钉推荐采用 45 钢，硬度为 28～32HRC。
3. 其余应符合 GB/T 4170—2006 的规定。

GB/T 4169.12—2006 规定了塑料注射模用推板导套的尺寸规格和公差，适用于塑料注射模所用的推板导套。标准同时还给出了材料指南和硬度要求，并规定了推板导套的标记，见表 K-20。

表 K-20　推板导套 GB/T 4169.12—2006　　（单位：mm）

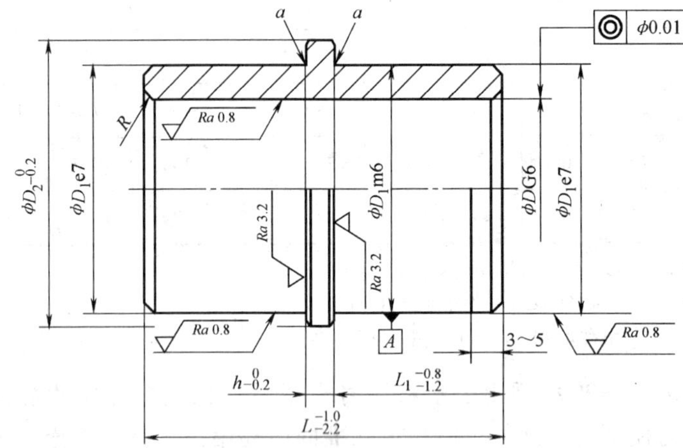

未注表面粗糙度 $Ra=6.3\mu m$；未注倒角 C_1

a. 可选砂轮越程槽或 $R0.5mm \sim R1mm$ 圆角

标记示例：直径 $D=20mm$ 的推板导套，20 GB/T 4169.12—2006

D	12	16	20	25	30	35	40	50
D_1	18	25	30	35	42	48	55	70
D_2	22	30	35	40	47	54	61	76
h	4					6		
R	3~4					5~6		
L	28		35		45	55	70	90
L_1	13		15		20	25	30	40

注：1. 材料由制造者选定，推荐采用 T10A、GCr15、20Cr。

2. 硬度 52~56HRC，渗碳 0.5~0.8mm，硬度 56~60HRC。

3. 其余应符合 GB/T 4170—2006 的规定。

附录 L　塑料注射模零件技术条件（GB/T 4170—2006）

GB/T 4170—2006《塑料注射模零件技术条件》规定了对塑料注射模零件的要求、检验、标志、包装、运输和贮存，适用于 GB/T 4169.1—2006 ~ 4169.23—2006 规定的塑料注射模零件。

GB/T 4170—2006《塑料注射模零件技术条件》规定的对塑料注射模零件的要求见表 L-1。

表 L-1　对塑料注射模零件的要求

标准条目编号	内　容
3.1	图样中线性尺寸的一般公差应符合 GB/T 1804—2000 中的 m 的规定
3.2	图样中未注形状和位置公差应符合 GB/T 1184—1996 中的 H 的规定

（续）

标准条目编号	内　　容
3.3	零件均应去毛刺
3.4	图样中螺纹的基本尺寸应符合 GB/T 196—2003 的规定，其偏差应符合 GB/T 197—2003 中 6 级的规定
3.5	图样中砂轮越程槽的尺寸应符合 GB/T 6403.5—2008 的规定
3.6	模具零件所选用材料应符合相应牌号的技术标准
3.7	零件经热处理后硬度应均匀，不允许有裂纹、脱碳、氧化斑点等缺陷
3.8	质量超过 25kg 的板类零件应设置吊装用螺孔
3.9	图样上未注公差角度的极限偏差应符合 GB/T 1804—2000 中 C 的规定
3.10	图样中未注尺寸的中心孔应符合 GB/T 145—2001 的规定
3.11	模板的侧向基准面上应作明显的基准标记

表 L-2　塑料注射模零件的检验

标准条目编号	内　　容
4.1	零件应按 GB/T 4169.1—2006～4169.23—2006 和本标准 3.3.3 的第 1 项和第 2 项的规定进行检验
4.2	检验合格后应做出检验合格标志，标志应包含以下内容：检验部门、检验员、检验日期

表 L-3　塑料注射模零件的标志、包装、运输、贮存

标准条目编号	内　　容
5.1	在零件的非工作表面应做出零件的规格和材质标志
5.2	检验合格的零件应清理干净，经防锈处理后入库
5.3	零件应根据运输要求进行包装，应防潮、防止磕碰，保证在正常运输中完好无损

表 L-4　塑料注射模的零件要求

标准条目编号	内　　容
3.1	设计塑料注射模宜选用 GB/T 12555—2006、GB/T 4169.1—2006～4169.23—2006 规定的塑料注射模标准模架和塑料注射模零件
3.2	模具成型零件和浇注系统零件所选用材料应符合相应牌号的技术标准
3.3	模具成型零件和浇注系统零件推荐材料和热处理硬度见国标，允许质量和性能高于国标推荐的材料
3.4	成型对模具易腐蚀的塑料时，成型零件应采用耐腐蚀材料制作，或其成型面应采取防腐蚀措施
3.5	成型对模具易磨损的塑料时，成型零件硬度应不低于 50HRC，否则成型表面应做表面硬化处理，硬度应高于 600HV
3.6	模具零件的几何形状、尺寸、表面粗糙度应符合图样要求
3.7	模具零件不允许有裂纹，成型表面不允许有划痕、压伤、锈蚀等缺陷
3.8	成型部位未注公差尺寸的极限偏差应符合 GB/T 1804—2000 中 f 的规定
3.9	成型部位转接圆弧未注公差尺寸的极限偏差应符合国标的规定
3.10	成型部位未注角度和锥度公差尺寸的极限偏差应符合国标的规定。锥度公差按锥体母线长度决定，角度公差按角度短边长度决定

（续）

标准条目编号	内　　容
3.11	当成型部位未注脱模斜度时，除 3.1～3.5 的要求外，单边脱模斜度应不大于国标的规定值，当图中未注脱模斜度方向时，按减小塑件壁厚并符合脱模要求的方向制造 1. 文字、符号的单边脱模斜度应为 10°～15° 2. 成型部位有装饰纹时，单边脱模斜度允许大于国标的规定值 3. 塑件上凸起或加强肋单边脱模斜度应大于 2° 4. 塑件上有数个并列圆孔或格状栅孔时，其单边脱模斜度应大于国标的规定值 5. 对于国标中所列的塑料若填充玻璃纤维等增强材质后，其脱模斜度应增加 1°
3.12	非成型部件未注公差尺寸的极限偏差应符合 GB/T 1804—2000 中的 m 的规定
3.13	成型零件表面应避免有焊接熔痕
3.14	螺钉安装孔、推杆孔、复位杆孔等未注孔距公差的极限偏差应符合 GB/T 1804—2000 中的 f 的规定
3.15	模具零件图中螺纹的基本尺寸应符合 GB/T 196—2003 的规定，选用的公差与配合应符合 GB/T 197—2003 的规定
3.16	模具零件图中未注形位公差应符合 GB/T 1184—1996 中的 H 的规定
3.17	非成型零件外形棱边均应倒角或倒圆。与型芯、推杆相配合的孔在成型面和分型面的交接边缘不允许倒角或倒圆

表 L-5　模具成型零件和浇注系统零件推荐材料和热处理硬度

零件名称	材料	硬度(HRC)	零件名称	材料	硬度(HRC)
型芯、定模镶块、动模镶块、活动镶块、分流锥、推杆、浇口套	45Cr、40 Cr	40～45	型芯、定模镶块、动模镶块、活动镶块、分流锥、推杆、浇口套	3Cr2Mo	预硬态 35～45
	CrWMn、9Mn2V	48～52		4Cr5MoSiVi	45～55
	Cr12、Cr12MoV	52～58		3Cr13	45～55

表 L-6　成型部位转接圆弧未注公差尺寸的极限偏差

转接圆弧半径		≤6	6～18	18～30	30～120	>120
极限偏差值	凸圆弧	0 −0.15	0 −0.20	0 −0.30	0 −0.45	0 −0.60
	凹圆弧	+0.15 0	+0.20 0	+0.30 0	+0.45 0	+0.60 0

表 L-7　成型部位未注角度和锥度公差尺寸的极限偏差

锥体母线或角度短边长度/mm	≤6	6～18	18～30	30～120	>120
极限偏差值	±1°	±30′	±20′	±10′	±5′

表 L-8　成型部位未注脱模斜度时的单边脱模斜度

脱模高度/mm		≤6	6～10	10～18	10～18	10～18	10～18	10～18	10～18	10～18
塑料类别	自润性好的塑料(聚甲醛、聚酰胺等)	1°45′	1°30′	1°15′	1°	45′	30′	20′	15′	10′
	软质塑料(例：聚乙烯、聚丙烯等)	2°	1°45′	1°30′	1°15′	1°	45′	30′	20′	15′
	硬质塑料(例：聚乙烯、聚甲基丙烯酸甲酯、丙烯腈-丁二烯-苯乙烯共聚物、聚碳酸酯、酚醛塑料等)	2°30′	2°15′	2°	1°45′	1°30′	1°15′	1°	45′	30′

表 L-9　装配要求

标准条目编号	内　　容
4.1	定模座板与动模座板安装平面的平行度应符合 GB/T 12556—2006 中的规定
4.2	导柱、导套对模板的垂直度应符合 GB/T 12556—2006 的规定
4.3	在合模位置，复位杆端面应与其接触面贴合，允许有不大于 0.05mm 的间隙
4.4	模具所有活动部分应保证位置准确，动作可靠，不得有歪斜和卡滞现象，要求固定的零件，不得相对窜动
4.5	塑件的嵌件或机外脱模的成型零件在模具上安装位置应定位准确、安放可靠，应有防错位措施
4.6	流道转接处圆弧连接应平滑，镶接处应密合，未注脱模斜度不小于 5°，表面粗糙度 $Ra \leqslant 0.08\mu m$
4.7	热流道模具，其浇注系统不允许有塑料渗漏现象
4.8	滑块运动应平稳，合模后滑块与楔紧块应压紧，接触面积不小于设计值的 75%，开模后限位应准确可靠
4.9	合模后分型面应紧密贴合。排气槽除外，成型部分固定镶件的拼合间隙应小于塑料的溢料间隙，详见表 L-10 的规定
4.10	通介质的冷却或加热系统应通畅，不应有介质渗漏现象
4.11	气动或液压系统应畅通，不应有介质渗漏现象
4.12	电气系统应绝缘可靠，不允许有漏电或短路现象
4.13	模具应设吊环螺钉，确保安全吊装。起吊时模具应平稳，便于装模。吊环螺钉应符合 GB/T 825—1988 的规定
4.14	分型面上应尽可能避免有螺钉的通孔，以免积存溢料

表 L-10　塑料的溢料间隙

塑料流动性	好	一般	极差
溢料间隙	<0.03	<0.05	<0.08

表 L-11　塑料注射模的验收

标准条目编号	内　　容
5.1	验收应包括以下内容 1. 外观检查 2. 尺寸检查 3. 模具材质和热处理要求检查 4. 冷却或加热系统、气动或液压系统、电气系统检查 5. 试模和塑件检查 6. 质量稳定性检查
5.2	模具供方应按模具图和本技术条件对模具零件和整套模具进行外观与尺寸检查
5.3	模具供方应对冷却或加热系统、气动或液压系统、电气系统进行检查 1. 对冷却或加热系统加 0.5MPa 的压力试压，保压时间不少于 5min，不得有渗漏现象 2. 对气动或液压系统按设计额定压力值的 1.2 倍试压，保压时间不少于 5min，不得有渗漏现象 3. 对电气系统应先用 500V 绝缘电阻表检查其绝缘电阻，应不低于 10MΩ，然后按设计额定参数通电检查

（续）

标准条目编号	内　　容
5.4	完成5.2和5.3项目检查并确认合格后，可进行试模。试模应严格遵守如下要求 1. 试模应严格遵守注塑工艺规程，按正常生产条件试模 2. 试模所用材质应符合图样的规定，采用代用塑料时应经顾客同意 3. 所用注射机及附件应符合技术要求，模具装机后应空载运行，确认模具活动部分动作灵活、稳定、准确、可靠
5.5	试模工艺稳定后，应连续提取5~15个模塑件进行检查。模具供方和顾客确认塑件合格后，由供方开具模具合格证并随模具交付顾客
5.6	模具质量稳定性检验方法为在正常生产条件下连续生产不少于8h，或有模具供方与顾客协商确定
5.7	模具顾客在验收期间，应按图样和技术条件对模具主要零件的材质、热处理、表面处理情况进行检查或抽查

表 L-12　标志、包装、运输、贮存

标准条目编号	内　　容
6.1	在模具外表面的明显处应做出标志。标志一般包括以下内容：模具号、出厂日期、供方名称
6.2	对冷却或加热系统应标记进口和出口。对气动或液压系统应标记进口或出口，并在进口处标记额定压力值。对电气系统接口处应标记额定电气参数值
6.3	交付模具应干净整洁，表面应涂覆防锈剂
6.4	动模、定模尽可能整体包装。对于水嘴、油嘴、液压缸、气缸、电器零件允许分体包装。水、液、气进出口处和电路接口应采用封口措施防止异物进入
6.5	模具应根据运输要求进行包装，应防潮、防止磕碰，保证在正常运输中模具完好无损

参考文献

[1] 杨占尧. 塑料模具标准件及设计应用手册 [M]. 北京：化学工业出版社，2008.

[2] 王幼龙. 机械制图 [M]. 北京：高等教育出版社，2001.

[3] 王槐德. 机械制图新旧标准代换教程 [M]. 北京：中国标准出版社，2004.

[4] 刘小年. 机械设计制图简明手册 [M]. 北京：机械工业出版社，2001.

[5] 刘昌祺. 塑料模具设计 [M]. 北京：机械工业出版社，2002.

[6] 唐志玉，徐佩弦. 塑料制品设计师指南 [M]. 北京：国防工业出版社，1993.

[7] 中国机械工程学会，中国模具设计大典编委会中国模具设计大典：第二册 [M]. 南昌：江西科学技术出版社，2003.

[8] 李基洪，李轩. 注塑成型技术问答 [M]. 北京：机械工业出版社，2007.

[9] 申开智. 塑料模具设计与制造 [M]. 北京：化学工业出版社，2006.

[10] 村上宗雄. 注塑用无流道模具 [M]. 北京：化学工业出版社，1988.

[11] 宋玉恒. 塑料注射模具设计实用手册 [M]. 北京：航空工业出版社，1998.

[12] 付宏生，刘京华. 塑料制品与塑料模具设计 [M]. 北京：化学工业出版社，2007.

[13] 李书常. 新编工模具钢 600 种 [M]. 北京：化学工业出版社，2008.

[14] 吴兆详. 模具材料及表面处理 [M]. 北京：机械工业出版社，2000.

[15] 谭雪松，林晓新，温丽. 新编塑料模具设计手册 [M]. 北京：人民邮电出版社，2007.

[16] 王桂萍，邱以云. 塑料模具的设计与制造问答 [M]. 北京：机械工业出版社，2002.

[17] 曹宏深，赵伸治. 塑料成型工艺与模具设计 [M]. 北京：机械工业出版社，1992.

[18] 姚开彬，单根全. 工模具制造工艺学 [M]. 北京：江苏科技出版社，1985.

[19] 白石顺一郎. 注塑成型模具 [M]. 北京：中国石化出版社. 1989. 1990.

[20] 贾润礼，李宁，梁丽华，等. 新型注塑模设计 [M]. 北京：国防工业出版社，2006.

[21] H 瑞斯. 模具工程 [M]. 朱元吉，译. 北京：化学工业出版社，2005.

[22] 王天成. 注塑成型新工艺新技术注塑模具创新设计实用手册 [M]. 北京：世界知识音像出版社，2005.

[23] 唐志玉. 塑料挤塑模与注塑模优化设计 [M]. 北京：机械工业出版社，2001.

[24] 内蒙古机械工艺协会. 实用机械技术问答 1500 题 [M]. 呼和浩特：内蒙古人民出版社，1993.

[25] 张荫郎. 中高级模具钳工考核应知问答 [M]. 杭州：浙江科技出版社，1993.

[26] 冯晓曾，王家瑛，何世禹. 提高模具寿命指南 [M]. 北京：机械工业出版社，1994.

[27] 薛宏建. 钳工实用手册 [M]. 北京：金盾出版社，2007.

[28] 刘兆有，邱世卉. 高速走丝线切割机故障原因及对策 [J]. 电加工与模具，2008 增刊(268).

[29] 张荫郎. 塑料注塑模具设计计算简明手册 [M]. 北京：中国石油化学工业出版社，1995.

[30] 黄继昌. 简明机械工人手册 [M]. 北京：人民邮电出版社，2008.

[31] 任红军. 控制电火花成形加工质量的若干实践经验 [J]. 机床与模具，2005.
[32] 王克锡. 模具电火花加工表面损伤事例及其对策 [J]. 机械工人，2006，冷加工增刊.
[33] 梁会滨，吴天用. 操作实用技术 [M]. 北京：金盾出版社，2007.
[34] 邱言龙. 模具钳工技术问答 [M]. 北京：机械工业出版社，2006.
[35] 刘承启. 考工问答参考 [M]. 呼和浩特：内蒙古人民出版社，1980.
[36] 王兴天. 注塑成型技术 [M]. 北京：机械工业出版社，1997.
[37] 屈华昌. 塑料成型工艺与模具设计 [M]. 北京：机械工业出版社，2001.
[38] 石安富，龚云表. 实用塑料成型技术手册 [M]. 上海：上海教育出版社，1994.
[39] 塑料注射模具技术手册编委会. 塑料注射模具技术手册 [M]. 北京：机械工业出版社，2001.
[40] J B 戴姆. 注射模具与注射成型实用手册 [M]. 北京：化学工业出版社，1987.
[41] 强信然. 塑料加工故障排除手册 [M]. 南京：江苏科学技术出版社，1992.
[42] 简明工具钳工编写组. 简明工具钳工手册 [M]. 北京：机械工业出版社，2000.